T0132802

Druck v. J. Haller

Felix Schmutterer

CARL RITTER UND SEINE „ERDKUNDE VON ASIEN"

Die Anfänge der wissenschaftlichen Geographie
im frühen 19. Jahrhundert

Gedruckt mit Unterstützung der Gerda Henkel Stiftung, Düsseldorf

Bibliografische Information der Deutschen Nationalbibliothek
Die Deutsche Nationalbibliothek verzeichnet diese Publikation in der Deutschen National-
bibliografie; detaillierte bibliografische Daten sind im Internet über http://dnb.d-nb.de abrufbar.

Layout: Nicola Willam, Berlin
Umschlaggestaltung: Alexander Burgold, Berlin
Umschlagabbildung: Carl Ritter/Franz August O'Etzel, „Übersichtskarte von Iran oder West-
Hochasien", siehe S. 172

Druck: Prime Rate Kft., Budapest
Schrift: Adobe Jenson Pro

ISBN 978-3-496-01599-4

INHALT

„Noch immer ist uns Carl Ritter ein großer Name, die Erinnerung an einen großen akademischen Lehrer, an einen Buchgelehrten größten Ausmaßes [...]. Jedoch entspringt diese Meinung nicht eigener Erfahrung, oder doch nur höchst selten der Begegnung mit Ritter selber, sondern ist ein Schatten, ein Nachhall vergangener Zeit. [...] Denn trotz seines Ruhmes ist Ritter der wissenschaftlichen Allgemeinheit so dunkel geworden [...]. Und doch ist die Beschäftigung mit Carl Ritter nie völlig abgerissen, wenn auch keiner, der sich mit ihm beschäftigt hat, sagen könnte, daß er mit ihm fertig geworden wäre."

Schmitthenner, Heinrich: Studien über Carl Ritter, S. 8.

VORWORT

Die vorliegende Arbeit wurde im Sommersemester 2017 als Dissertation von der Philosophischen Fakultät und Fachbereich Theologie der Friedrich-Alexander-Universität Erlangen-Nürnberg angenommen. Für den Druck wurde sie geringfügig überarbeitet, an einigen Stellen jedoch gekürzt. Vor allem die Ausführungen zu Mesopotamien sind wegen ihres repetitiven und bestätigenden Charakters weitgehend entfallen. Die Landkarten, die in dieser Publikation gezeigt werden, sind neben weiteren auch online unter http://www.reimer-mann-verlag.de/pdfs/101599_2.pdf in höherer Auflösung verfügbar.

Ohne die Unterstützung zahlreicher Menschen hätte dieses Projekt nicht erfolgreich zum Abschluss gebracht werden können. Mein Dank gilt daher zunächst meinem Doktorvater, Herrn Prof. Dr. Hans-Ulrich Wiemer, der mein Interesse für die Antike als Student und Hilfskraft am Lehrstuhl für Alte Geschichte stetig gefördert hat. Herr Wiemer hat den Fortgang der Arbeit in all ihren Phasen mit wertvollen Ratschlägen begleitet. Die intensiven Gespräche, die ich mit ihm führen konnte, haben entscheidend zum Gelingen des Vorhabens beigetragen. Herrn Prof. Dr. Georg Glasze sei herzlich dafür gedankt, dass er die Aufgabe des Zweitgutachters übernommen und mir zudem die Gelegenheit gegeben hat, Teile der Arbeit in seinem Oberseminar zur Diskussion zu stellen. Seine Expertise und sein Blickwinkel als Geograph sind der Arbeit sowohl methodisch als auch inhaltlich sehr zugute gekommen.

Herr Dr. Bernhard Kremer war mir nicht erst seit der Zeit meines Promotionsstudiums mit zahllosen Gesprächen, hilfreichen Ratschlägen und motivierenden Diskussionen stets ein besonderer Mentor. Ihm bin ich nicht nur zu Dank verpflichtet, sondern vielmehr in Freundschaft verbunden. Dank gebührt auch Angelika Jakob und dem Team des Erlanger Lehrstuhls für Alte Geschichte, die mich über die Jahre hinweg in ein ebenso angenehmes wie kollegiales Arbeitsumfeld aufgenommen haben.

Natürlich dürfen an dieser Stelle auch diejenigen Personen nicht unerwähnt bleiben, die mich außerhalb des universitären Umfeldes stets unterstützt haben. Valeria Svirskaja, Agnes Luk, Dr. Dimitrios Gounaris und Dr. Guido Berndt haben mich in zahllosen Gesprächen stets mit wertvollen Ratschlägen und konstruktiver Kritik unterstützt und motiviert.

Meiner Familie, zuallererst meinen Eltern Barbara und Peter Schmutterer, fühle ich mich in ganz besonderer Weise zu Dank verpflichtet. Dies gilt nicht nur für die vielfältige Unterstützung, die mir in jeglicher Hinsicht seit dem Beginn meines Studiums zuteil geworden ist, sondern auch und gerade für den Blick „von außen", der die Dissertation erheblich bereichert hat.

Ich hatte das Glück, ein Promotionsstipendium als Förderung der vorliegenden Arbeit zu erhalten. Der Gerda Henkel Stiftung möchte ich daher für die großzügige und mehrjährige Unterstützung danken. Ihre Förderung hat verschiedene Forschungsaufenthalte, die Beschaffung der Ritter'schen Landkarten, den Erwerb von Reiseliteratur des 18. und 19. Jahrhunderts sowie den Druck dieser Arbeit ermöglicht. Zu guter Letzt gilt mein Dank Beate Behrens, Anna Felmy, Leonie Weiß und dem Reimer Verlag. Es freut mich ganz besonders, dass die vorliegende Arbeit in das Programm jenes Verlages aufgenommen wird, der nicht nur wichtige Teile der Carl-Ritter-Forschung, sondern auch die Werke des großen Geographen selbst publiziert hat.

Erlangen, im Sommer 2017
Felix Schmutterer

I EINLEITUNG

Was diese Arbeit leisten möchte

Bereits seit der griechisch-römischen Antike ist die Geographie als Wissensgebiet bekannt. Ihre frühe Geschichte ist eng mit Hekataios von Milet, Herodot von Halikarnassos und Eratosthenes von Kyrene verbunden. Strabon und Ptolemaios gelten als die prominentesten Vertreter einer späteren Blüte der Erdbeschreibung. Obwohl ihr Wissen im abendländischen Mittelalter nur spärlich tradiert wurde, konnten die antiken Schriften nach der Erfindung des Buchdrucks schließlich seit dem Ende des 15. Jahrhunderts rasche Verbreitung finden. Waren die Impulse zunächst durch die Werke orientalischer Geographen nach Europa gekommen, erwuchs allmählich an den Fürstenhöfen des 16. Jahrhunderts ein Bedürfnis nach geographischen Schriften und Landkarten. Bartholomäus Keckermann und Bernhard Varenius gelten als Begründer der neuzeitlichen Geographie, die alsbald versuchen sollte, Inhalt und Methodik der eigenen Disziplin kritisch zu hinterfragen und weiterzuentwickeln. Dennoch war es zu Beginn des 19. Jahrhunderts an deutschen Universitäten noch nicht möglich, Geographie als reguläres Studienfach im modernen Sinn zu wählen. Dem Studium der als exotisch und *chic* geltenden Erdkunde widmeten sich damals vor allem elitäre – nicht selten adelige – Kreise. 1820 wurde jedoch an der neu gegründeten Friedrich-Wilhelms-Universität eine Professur für Geographie geschaffen. Ihre Einrichtung stand im Kontext der preußischen Reformen jener Zeit und war eng mit Personen wie Wilhelm von Humboldt, August Neidhart von Gneisenau und dem Freiherrn vom und zum Stein verbunden. Zugleich ist die Geburt der akademischen Disziplin Teil eines gesamteuropäischen Strebens nach Welterkundung, von dem vor allem die Erforschung des asiatischen Erdteils getragen wurde. Bis heute ist die Begründung der wissenschaftlichen Geographie untrennbar mit dem schillernden Namen des Entdeckers und Forschungsreisenden Alexander von Humboldt verbunden. Fragt man jedoch nach den akademischen Anfängen und der universitären Tradition, so tritt Carl Ritter als maßgebliche Figur hervor. Die Institutionalisierung des Faches erfolgte zur Zeit des Ausgreifens europäischer Staaten in die Welt. Die Erweiterung des geographischen Horizontes erzeugte seit der Mitte des 18. Jahrhunderts verstärkt das Bedürfnis, den gesamten Globus wissenschaftlich zu erschließen. 1828 wurde von Ritter und Heinrich Berghaus die Gesellschaft für Erdkunde zu Berlin gegründet, die sich bis heute der Förderung und Verbreitung geographischer Forschung widmet.

Im Jahre 1820 berief der preußische König, Friedrich Wilhelm III., Carl Ritter auf eine neu geschaffene Professur für Geographie an der noch jungen Berliner Universität. Eine Professur für dieses Fach war damals in einem deutschen Staat seit mehr als einer Generation nicht mehr besetzt worden. Was unter wissenschaftlicher Geographie zu verstehen sei, war daher zu Beginn des 19. Jahrhunderts noch keineswegs ausgemacht, und Ritter befasste sich ausführlich mit der Definition seines Faches. Dabei verstand er die Erdkunde als die Wissenschaft des „irdischerfüllten Raumes" und betrachtete daher den Menschen und seine Geschichte als integralen Bestandteil ihres Gegenstands.

Carl Ritters Berufung an die Berliner Universität markiert den Beginn der Institutionalisierung einer wissenschaftlichen Geographie an deutschen Hochschulen. Darum gilt er mit Recht bis heute neben Alexander von Humboldt als Gründervater seines Faches. Ritter, der seiner Ausbildung nach eher als Historiker oder Staatswissenschaftler zu bezeichnen wäre, setzte sich früh für die Verselbständigung der Geographie als eigene Disziplin ein. Er definierte die Erdkunde als eine Wissenschaft, die sich mit dem Raum vor allem in Zusammenhang mit dem Menschengeschlecht in teleologischer Sicht zu befassen habe. Darum sollte sich das Fach nicht nur die Vermessung von Oberflächenreliefs und topographische Fragen zum Gegenstand machen. Genauso zentral war für Ritter die Beschreibung von Kulturlandschaften. Die später vollzogene Trennung der quantifizierenden Naturwissenschaften von den verstehenden Geisteswissenschaften war ihm ebenso fremd wie diejenige der empirischen Wissenschaften von der theoretischen Philosophie. Darum vereinigt das Werk des Geographen Ansätze und Fragestellungen, die schon bald als unvereinbar betrachtet und auf mehrere Disziplinen verteilt wurden. Erkennbar ist dies vor allem an Ritters *magnum opus*, „Die Erdkunde im Verhältniß zur Natur und zur Geschichte des Menschen, oder allgemeine vergleichende Geographie", das der Wissenschaftsgemeinschaft heute eher als „Erdkunde von Asien" bekannt ist. Wenn dieses gigantische Werk schon Ritters Nachfolgern als überholt galt, so lag das vor allem daran, dass sich spätestens nach Hegels Tod ein Paradigmenwechsel im System der Wissenschaften vollzogen hatte, der auch die Geographie erfasste: Man lehnte Teleologie grundsätzlich ab und spielte Empirie gegen Philosophie aus. Die Geographie verstand sich fortan im Sinne Alexander von Humboldts als eine empirische Wissenschaft von der Natur, deren Aufgabe vor allem in der Erhebung quantifizierbarer Daten lag.

Während Ritter erfolgreich für die institutionelle Verankerung der Geographie wirkte, blieb seinen Bemühungen, das wissenschaftliche Selbstverständnis seines Faches zu prägen, nachhaltiger Erfolg versagt. Bereits die direkten akademischen Nachfolger in Berlin lehnten eine Erdkunde im Sinne ihres Begründers als unwissenschaftlich ab; sein Werk geriet in Vergessenheit. Gerade weil Ritter Gegenstand und Methoden des Faches anders definierte, als dies später üblich wurde, ist seine Arbeit für die allgemeine Wissenschaftsgeschichte ein äußerst interessantes Arbeitsfeld. Dabei geht es nicht allein um die Rekonstruktion und Analyse eines Scheiterns. Die Beschäftigung mit Ritters Werk verspricht auch Aufschlüsse über die Gewinne und Verluste, die der beschriebene Paradigmenwechsel zur Folge hatte.

Wie schon Heinrich Schmitthenner und Hanno Beck vor ihm, so hat Jürgen Oster-hammel kürzlich beklagt, der besondere Rang Ritters in der Wissenschaftsgeschichte sei bisher nur unzureichend gewürdigt worden. Das Werk und die Leistung des Grün-dervaters der modernen Geographie sind seinen Nachfolgern nur allzu schnell fremd geworden. Heute ist Carl Ritter gerade auch für den wissenschaftlichen Nachwuchs nicht viel mehr als ein Gelehrter vergangener Tage. Kaum jemand weiß, was sich hinter seinem Namen verbirgt. Seine Gründerleistung wurde von der Forschung zwar anlässlich mehrerer Gelegenheiten bemerkt und festgestellt, allerdings konnten diese Impulse nie die Hochschulgeographie erfassen. In anderen Worten: Von wenigen Ausnahmen einmal abgesehen, hat sich die jüngere Wissenschaft bestenfalls marginal mit Carl Ritter befasst. Während die Auffassung vom eigenen Fach aber zumindest unmittelbar nach Ritters Tod und später vereinzelt der Gegenstand kritischer Betrachtungen war, wurde sein großes Werk von der Forschung kaum beachtet, vielleicht sogar missachtet. Sein Inhalt wurde bisher nicht hinreichend erschlossen. Wo Versuche unternommen wurden, blieben diese stets oberflächlich und befassten sich oft lediglich mit der Struktur der Bände auf makroskopischer Ebene.

Die vorliegende Arbeit hat sich zum Ziel gesetzt, diese Lücke zu schließen. Zu diesem Zweck ist zunächst eine Klärung dessen erforderlich, was Ritter unter Geographie ver-standen hat. Dabei werden Fragen wie etwa die nach der Definition und den Aufgaben des eigenen Faches im Mittelpunkt stehen. Auch die Verortung seiner Auffassung im Kontext der zeitgenössischen Geographie beziehungsweise der Kultur- und Geschichtsphilosophie wird in diesem Teil der Arbeit Beachtung finden. Dabei werden nicht zuletzt die Dif-ferenzen und Gemeinsamkeiten zu den Zeitgenossen Ritters, namentlich zu Alexander von Humboldt, herauszustellen sein.

Parallel dazu wird Ritters „Plan" für eine „allgemeine vergleichende Geographie" ausgebreitet werden. Diesen, so hat es die Forschung des Öfteren unterstellt, hat Carl Ritter seinem großen Werk zu Grunde gelegt. Seine Vorstellung von der organischen Gliederung des Planeten bildet neben der zentralen teleologisch-anthropologischen Kom-ponente und den geodeterministischen Zügen Untersuchungsfelder, deren Beleuchtung die Voraussetzung für das Verständnis und die Darstellung der Ritter'schen Auffassung von Geographie ist.

Der empirische Hauptteil der Arbeit wird mittels der philologisch-kritischen Methode beleuchten, welche antiken und mittelalterlichen beziehungsweise nicht-zeitgenössischen Quellen Ritter für seine Studien herangezogen, nach welchen methodischen Kriterien er diese ausgewertet und bei welchen thematischen Gelegenheiten er diese angeführt hat. Auch die Beziehung dieser Quellen zu den Schriften des 18. und 19. Jahrhunderts wird konsequent miteinbezogen werden.[1] In diesem Zusammenhang wird außerdem der Frage

---

1 Zitate aus den Werken des 18. und 19. Jahrhunderts werden im Folgenden im Original und unverändert wiedergegeben. Dies erscheint insofern gerechtfertigt, als an verschiedenen Stellen sowohl auf die Diktion Ritters als auch auf die onomastischen und etymologischen Forschungen einzugehen sein wird. Unein-

nachzugehen sein, inwiefern Ritter die schier unüberschaubare Fülle an Quellenmaterial direkt oder indirekt rezipieren konnte. Die bis heute verbreitete Annahme, wonach der Geograph in hohem Maße auf antike Autoren zurückgegriffen habe, um damit fehlende Informationen aus jüngeren Epochen adäquat zu ersetzen, soll hierbei wenigstens relativiert werden. Erst aufgrund dieser ausführlichen Analyse seiner Quellenarbeit ist es in einem weiteren Schritt möglich, Ritter und seine „Erdkunde von Asien" im Bereich der Historiographie seiner Zeit zu verorten. Über die kritische Würdigung der Ritter'schen Methodik hinaus ist es aber ausdrücklich auch ein zentrales Anliegen der Arbeit, seinen Kenntnisstand im Hinblick auf Geographie und Geschichte zumindest für die zu besprechenden Erdteile einer Überprüfung zu unterziehen. Dabei wird die Länderkunde Ritters nicht nur nachverfolgt werden. Sie soll gleichzeitig im Licht der modernen Forschung bewertet und gegebenenfalls korrigiert werden. Dies ist bislang noch niemals ernsthaft versucht worden und stellt daher ein besonders schmerzliches Desiderat in der Forschung dar.

Schließlich werden die bemerkenswerten Atlanten zu Ritters Werk, vor allem die Landkarten, die den zuvor behandelten Raum abbilden, einer Betrachtung zu unterziehen sein. Weil insbesondere der Atlas von Afrika auf dem Text der „Erdkunde von Asien" und damit auf den ihm zu Grunde liegenden Quellen fußt, ergibt sich die Frage, inwiefern das Heranziehen der antiken Geographen auch in der Visualisierung und in der Kartierung des Raumes Spuren hinterlassen hat. Aussichtsreich ist dies gerade bei jenen Kartensegmenten, welche – im Vergleich zu modernen Karten – Ungenauigkeiten aufweisen.

Insgesamt möchte die Untersuchung einen Beitrag dazu leisten, das schon durch seinen Umfang sowohl den Zeitgenossen wie der modernen Forschung recht unzugängliche Werk Ritters in der allgemeinen Struktur und dem Inhalt ebenso wie den Grundgedanken und methodischen Prämissen besser zu erschließen. Vielleicht ist diese Arbeit darüber hinaus ein Anstoß für die geographische Forschung, sich erneut mit einem ihrer Gründerväter zu befassen und die „Erdkunde von Asien" der Vergessenheit zu entreißen.

heitliche Schreibweisen – etwa von Eigennamen oder fremdsprachigen Begriffen – sollen diesbezüglich nicht irritierend wirken, sie sind den zitierten Vorlagen geschuldet. Eine weitere Besonderheit ist die Schreibweise von persischen und arabischen Namen und Begriffen. Der Einfachheit halber wird auf die Längenzeichen und dergleichen, wie sie die wissenschaftliche Umschrift für die Übertragung in die lateinische Schrift durchaus kennt, verzichtet. Soweit die Namen im Deutschen gebräuchlich sind, richtet sich diese Arbeit nach der üblich gewordenen Schreibweise. Für alle anderen Fälle gilt die Transliteration der Deutschen Morgenländischen Gesellschaft als Leitfaden. Wo es nötig ist, die Varianten aus den Texten Carl Ritters und seiner Zeitgenossen anzuführen, werden diese stets als Zitate kenntlich gemacht. Literaturangaben werden generell mit Hilfe von Kurztiteln erfolgen. Wo gezielt auf eine Publikation und weniger auf deren Inhalt verwiesen werden soll, werden im Anmerkungsapparat die bibliographischen Angaben vollständig angeführt. Insbesondere betrifft dies Ritters zeitgenössische Quellen.

Gang der Forschung

Die Arbeiten Carl Ritters haben ebenso wie seine Auffassung vom Fach Geographie schon seine Zeitgenossen beschäftigt. Im Briefverkehr mit Alexander von Humboldt und vor der Gesellschaft für Erdkunde zu Berlin tauschte man Meinungen über den Gegenstand der eigenen Disziplin aus. Durch William L. Gage (1832–1889) fanden Ritters Texte ihren Weg ins Englische.[1] Gage übersetzte immerhin einige der kürzeren Werke seines Lehrers. Der Schweizer Arnold Guyot (1807–1884), Professor in Princeton, hatte ebenfalls bei Ritter Vorlesungen gehört. Er vermittelte Ritters Ideen und Ansichten jenseits des Atlantik. Guyots Buch „The Earth and Man" wurde ganz eindeutig unter dem starken Einfluss Ritters verfasst.[2] Dessen Ideen fielen gerade in den Vereinigten Staaten auf fruchtbaren Boden. Dies gilt allerdings nur für einige wenige Jahre. Bereits mit George Perkins Marshs (1801–1882) „Man and Nature, Or Physical Geography" hatten sich, wie schon der Titel zeigt, die Vorzeichen geändert. Der Mensch wurde nicht mehr länger in seiner Abhängigkeit von der Umwelt betrachtet. Marsh erkannte vielmehr dessen umgekehrten Einfluss auf die Welt. Ritters Definition der eigenen Wissenschaft hatte sich, genau wie seine Arbeitsweise als Geograph, schnell überlebt.[3] Das Fach, so viel ist an dieser Stelle vorauszuschicken, schlug einen anderen, naturwissenschaftlicheren Weg ein. Zwar wurden die Vorlesungen nach Ritters Tod von Hermann Adalbert Daniel (1812–1871) – ebenfalls Ritterschüler – in mehreren Bänden publiziert.[4] Dagegen ist es dem ersten Professor der modernen Geographie nicht gelungen, eine eigene Schule zu begründen.[5]

---

1   Gage hat nicht nur die Kramer'sche Biographie ins Englische übertragen, wobei es sich um keine Übersetzung, sondern um eine verkürzte Zusammenfassung handelt; vgl. Gage, William Leonard: The Life of Carl Ritter. Late Professor of Geography in the University of Berlin, New York 1867. Er hat ebenfalls eine weitere Kurzbiographie zusammen mit zwei Essays über Ritters geographische Arbeiten sowie über die allgemeine vergleichende Geographie veröffentlicht; vgl. Gage, William Leonard: Geographical Studies. By the Late Professor Carl Ritter of Berlin, New York 1863. Ritters „Allgemeine Erdkunde" hatte Gage bereits in den Jahren zuvor als „Comparative Geography" (New York 1865) übersetzt. Erwähnenswert erscheint auch die Übersetzung der Teile der „Erdkunde", die sich Palästina, also dem Heiligen Land, widmen; vgl. Ritter, Carl: The Comparative Geography of Palestine and the Sinaitic Peninsula. Translated and Adapted to the Use of Biblical Students by William Leonard Gage, 4 Vol., New York 1866–1870.

2   Guyot, Arnold: The Earth and Man. Lectures on Comparative Physical Geography, in its Relation to the History of Mankind, Boston 1849. Guyots Verehrung für Carl Ritter wird besonders in einem Nachruf aus dem Jahre 1860 deutlich. Er fordert darin unbedingt die Fortführung von Ritters Arbeit. Vgl. Guyot, Arnold: Carl Ritter. An Address to the American Geographical and Statistical Society, in: Journal of the American Geographical and Statistical Society, Vol. 2, 1 (1860), S. 25–63.

3   Marsh, George Perkins: Man and Nature. Or Physical Geography as Modified by Human Action, London 1864.

4   Hermann Adalbert Daniel hat Ritters Vorlesungen beziehungsweise deren Zusammenfassungen wie folgt herausgegeben: „Geschichte der Erdkunde und der Entdeckungen", „Allgemeine Erdkunde" und „Europa" (Berlin, 1861–1863); sie teilen sich den Titel: „Vorlesungen an der Universität zu Berlin gehalten".

5   Zur Geschichte der Geographie nach Ritters Tod siehe Hettner, Alfred: Die Entwicklung der Geographie im 19. Jahrhundert, in: Geographische Zeitschrift, Vol. 4, 6 (1889), S. 305–320. Hettner hat den Einfluss Ritters für das ausgehende Jahrhundert noch stark betont (S. 311f.).

Heinrich Schmitthenner hat Ritters Dilemma beziehungsweise das der Ritterforschung schon für das Jahr 1845 auf den Punkt gebracht: „Die zehn dicken Bände, die von seinem Hauptwerk bisher erschienen waren, erregten überall ‚Admiration'; aber Ritter fand sie in den Bibliotheken stets noch verklebt und ungelesen. Wenn man in gelehrten Kreisen darüber sprach, so sprach man davon, ‚wie der Blinde von der Farbe.'"[6]

Gustav Kramer hat ein „Lebensbild nach seinem handschriftlichen Nachlaß" in zwei Bänden zusammengestellt.[7] Ihm dürfte ein erheblicher Teil des Ritter'schen Nachlasses zur Verfügung gestanden haben. So sind die beiden Teile der Biographie durchaus auch eine ergiebige Quelle für die Korrespondenz des großen Geographen – auch was die Briefwechsel mit den Vertretern seines Faches anlangt. Der oftmals allzu einseitige und befangene Blick Kramers auf das Leben und Wirken seines Schwagers tut dem keinen Abbruch. Er bietet vielmehr Einblicke in das Leben des gläubigen Christen.

Die Studien, die sich dem Werk des großen Geographen bislang gewidmet haben, sind zahlenmäßig überschaubar. Die unmittelbar nachfolgende Forschergeneration äußerte zunächst Kritik an der Arbeit Ritters, später kamen knappe Würdigungen allgemeinen Stils hinzu. Die wenigen echten Forschungsbeiträge entstanden erst ab dem Ende des 19. Jahrhunderts. Schon der geringe Umfang der „Ritter-Literatur" erschwert ihre thematisch strukturierte Zusammenfassung. Daher erscheint im Folgenden eine chronologisch ausgerichtete Besprechung der wissenschaftlichen Beiträge sinnvoller. Dafür spricht auch der Umstand, dass die verschiedenen Publikationen nur selten dieselben Fragen an Ritters Arbeit gestellt haben.

Nach Ritters Tod wurde sein Werk von Oscar Peschel 1868 in dem Aufsatz „Die Erdkunde als Unterrichtsgegenstand" angegriffen.[8] Ausgangspunkt war die Geomorphologie, um die sich Peschel vor allem während seines späteren Wirkens am Lehrstuhl für Geographie in Leipzig zweifellos Verdienste erworben hat. Er kritisierte, dass Ritters Geographie zu sehr nach Schöpfungsabsichten suche und zudem keine vergleichenden Studien der Erdoberfläche durchgeführt habe. Peschel erkannte jedoch nicht, dass auch er sich mit Ritters Fachverständnis auf einer Linie befand, um an anderer Stelle gegen Alexander von Humboldts Auffassung von Geographie zu argumentieren. Heute gilt Peschel allen scheinbaren Differenzen zum Trotz als einer der bedeutendsten Nachfolger Ritters. Vor allem seine Arbeiten im völkerkundlichen Bereich sprechen hierfür.

6 Schmitthenner, Heinrich: Studien über Carl Ritter, S. 5. Für die geringe Rezeption der zehn erschienenen Bände zitiert er einen in Kramers Biographie abgedruckten Brief Ritters aus dem Jahr 1845 (Vol. 2, S. 327f.).

7 Kramer, Gustav: Carl Ritter. Ein Lebensbild nach seinem handschriftlichen Nachlaß, 2 Vol., Halle 1864 und 1870.

8 Peschel, Oscar: Die Erdkunde als Unterrichtsgegenstand, in: Deutsche Vierteljahrsschrift, Vol. 31, 2 (1868), S. 103–131. Dazu ebenfalls folgender Beitrag: Peschel, Oscar: Das Leben Carl Ritters, in: Das Ausland, Vol. 38, 5 (1865), S. 97–104 sowie Schmitthenner, Heinrich: Die Entstehung der Geomorphologie als geographische Disziplin (1869–1905), in: Petermanns Geographische Mitteilungen, Vol. 100, 4 (1956), S. 257f.

Peschels prominente Kritik bewirkte allerdings, dass sich die meisten Gelehrten seiner Meinung anschlossen.

Versuche, unterschiedliche Strömungen oder Fachrichtungen der Geographie zu versöhnen und zusammenzubringen, wurden erst im letzten Viertel des 19. Jahrhunderts unternommen. Friedrich Marthe nahm 1879, zum 100. Geburtstag Ritters, unter anderem einen Vortrag zum Anlass, Ritters Rolle für sein Fach zu würdigen.[9] Genau wie er versuchten Emil Wisotzki und Alfred Kirchhoff unter ähnlichem Vorzeichen die „Zeitströmungen in der Geographie" beziehungsweise ihre „Hauptlenker" zu erfassen.[10] Vor allem die Bestrebungen der beiden Letztgenannten, auch auf die spezielle Methodik Ritters einzugehen und so eine angemessene Beurteilung zu finden, sind erwähnenswert. Kirchhoffs Schüler, Bruno Schulze, wurde 1902 mit einer Arbeit zu „Charakter und Entwicklung der Länderkunde Karl Ritters" bei ihm promoviert. Er konnte feststellen, dass erst mit dem Erscheinen der „Erdkunde von Asien" der Beginn einer wissenschaftlichen Länderkunde anzusetzen sei. Schulze erkannte, dass Ritters Beschreibungen der Landesnatur stets in Beziehung zur „Kultur der Völker" zu verstehen seien.[11] Mit der Wende zum 20. Jahrhundert hatte sich die geographische Forschung nicht nur von einem ihrer Gründerväter distanziert und seine Arbeit kritisch betrachtet. Vielmehr kann eine Historisierung im Umgang mit der Arbeit Ritters festgestellt werden.

Umfangreichere Versuche, dem Wirken des großen Geographen wissenschaftlich gerecht zu werden, erschienen nach und nach. Mehrere von Friedrich Ratzel (1844–1904) betreute oder angeregte Dissertationen bilden den Anfang der Ritterforschung. So widmete sich beispielsweise Otto Richter in verdienstvoller Weise dem „teleologischen Zug im Denken Carl Ritters".[12] Er untersuchte nicht nur die theoretische Einleitung der „Erdkunde", sondern auch die akademischen Abhandlungen. Richter konnte unter anderem feststellen, dass gemäß Ritters Weltanschauung in allen irdischen Erscheinungen eine „zweckvolle Bestimmung" liege. Konsequent gab er als höchstes Ziel der Geographie im Sinne Ritters die Erforschung der planetarischen Bestimmung der Erdteile an.

Ernst Deutsch untersuchte das Verhältnis Ritters zu Pestalozzi. Er kam zu dem Schluss, dass der Einfluss des Schweizer Pädagogen auf Ritter recht gering einzuschätzen sei. Vor allem weil Ritter in intensivem Kontakt mit Pestalozzi stand und dessen Einfluss selbst als relativ hoch veranschlagt hat, wurde diese Position von der Forschung rasch widerlegt.[13] Die „Geschichtliche Bewegung" und ihre geographische Bedingtheit bei

---

9 Marthe, Friedrich: Festvortrag zum Andenken an Carl Ritter, in: Verhandlungen der Gesellschaft für Erdkunde zu Berlin, Vol. 6 (1879), S. 286–290 sowie Marthe, Friedrich: Was bedeutet Carl Ritter für die Geographie?, in: Zeitschrift der Gesellschaft für Erdkunde zu Berlin, Vol. 14 (1879), S. 374–400.

10 Wisotzki, Emil: Zeitströmungen in der Geographie, Leipzig 1897; Kirchhoff, Alfred: Humboldt, Ritter und Peschel, die drei Hauptlenker der neueren Erdkunde, in: Deutsche Revue, Vol. 2, 2 (1878), S. 32–37.

11 Schulze, Bruno: Charakter und Entwicklung der Länderkunde Karl Ritters, Halle 1902.

12 Richter, Otto: Der teleologische Zug im Denken Carl Ritters, Leipzig 1905.

13 Deutsch, Ernst: Das Verhältniß C. Ritters zu Pestalozzi und seinen Jüngern, Leipzig 1893.

Ritter wurden von Alwin Wünsche erforscht.[14] Bereits Wünsche bemerkte den starken Einfluss Herders, von dem später noch zu sprechen sein wird, auf Ritters Arbeit. Er erkannte zudem, dass topographische Phänomene in ihrer horizontalen und vertikalen Dimension für Ritter entscheidende Faktoren für Migrationsbewegungen waren. Besonders hervorzuheben ist das Bemühen Wünsches, die Nachwirkungen von Ritters anthropologischen oder anthropogeographischen Ansätzen aufzuzeigen: Friedrich Ratzel selbst war wohl als Wegbereiter der Anthropogeographie mit seinem Migrationsgesetz und der sogenannten Separationstheorie gleichfalls in seiner Forschung von der Bewegungslehre Ritters beeinflusst. Dieser hatte eine solche früh in seiner „Vorhalle der europäischen Völkergeschichten" skizziert. Moritz Wagner, der an dieser Stelle nicht unerwähnt bleiben darf, muss wahrscheinlich als Bindeglied zwischen den beiden Geographen angesehen werden.[15] Die vorliegende Untersuchung kann auf die Arbeiten von Ratzels Schülern aufbauen, sodass spezielle Einzelfragen – wie etwa nach der Teleologie – nicht erneuter Klärung bedürfen.

Auch wenn die begonnene Forschung gerade in Leipzig bestehen blieb, sollte sie sich erst mit Heinrich Schmitthenner erneut direkt mit Ritter befassen. Ein Nachfolger, der die wissenschaftsgeschichtliche Forschung im Sinne Ratzels weiterbetrieben hätte, wurde nicht gefunden. Erst das Carl-Ritter-Gedenkjahr 1929 gab der Forschung wieder neue Impulse. Eine Würdigung breiteren Zuschnittes, die Ritters Rolle für die Entwicklung der Geographie zum Gegenstand hat, verfasste Hans Dörries.[16] Er befasste sich mit der Gründerleistung Ritters und zugleich mit der raschen Abkehr der Forschung von dessen Gedankengängen. Dabei unterstellte Dörries Ritter grundsätzlich einen Mangel an abstraktem Denken sowie die Unfähigkeit zur logischen Begriffsbildung. Es ist Richard Bitterlings Verdienst, dass im „Geographischen Anzeiger" desselben Jahres ein Sonderheft erschienen ist. Sein Beitrag „Carl Ritter zum Gedächtnis an seinem 150. Geburtstage" wurde allerdings zum Zeitpunkt seiner Erscheinung von der Forschung kaum beachtet.[17]

Ein neues und wohl bis heute aktuelles Verständnis des Werkes und des Wissenschaftlers Carl Ritter geht auf Ernst Plewe und Heinrich Schmitthenner zurück. Ersterer widmete sich in den 1930er-Jahren in zwei Beiträgen, wieder unter allgemeinem Zuschnitt, der Frage nach der Bedeutung einer „vergleichenden Erdkunde" und der

---

14 Wünsche, Alwin: Die geschichtliche Bewegung und ihre geographische Bedingtheit bei Carl Ritter und seinen hervorragendsten Vorgängern in der Anthropo-Geographie, Leipzig 1899.

15 Vgl. Beck, Hanno: Moritz Wagner in der Geschichte der Geographie, S. 288–294; Beck, Hanno: Moritz Wagner als Geograph, in: Erdkunde, Vol. 8, 2 (1953), S. 125–128. Zur Entstehung und frühen Entwicklung der Anthropogeographie siehe: Steinmetzler, Johannes: Die Anthropogeographie Friedrich Ratzels und ihre ideengeschichtlichen Wurzeln, S. 11–16.

16 Dörries, Hans: Carl Ritter und die Entwicklung der Geographie in heutiger Beurteilung, in: Die Naturwissenschaften, Vol. 32 (1929), S. 627–631.

17 Bitterling, Richard: Carl Ritter zum Gedächtnis an seinem 150. Geburtstage: 7. August 1929, Gotha 1929 (Sonderabdruck aus: Geographischer Anzeiger, Vol. 30).

Methodik des Faches.[18] Schmitthenner, einer der bedeutendsten Ritter-Kenner, befasste sich 1951 in seinen „Studien über Carl Ritter" unter verschiedenen Gesichtspunkten mit dem Geographen.[19] Er ordnete nicht nur die bei Ratzel entstandenen Arbeiten entsprechend ein, sondern führte deren Ansätze durch eigene Ergebnisse weiter. Die Grundlage des neuen Ritter-Bildes war nun die bereits angesprochene „Vorhalle", von der später noch die Rede sein wird. So plädierte Schmitthenner dafür, Ritters Gesamtwerk von dem ihm ursprünglich zu Grunde gelegten Plan her zu betrachten und zu verstehen. Seine „Studien" enthalten neben einer umfangreichen Biographie vor allem zwei zentrale Kapitel über die Entstehung und das Wesen des großen Werkes und über das religiöse Element sowie die Teleologie in Ritters Arbeit. Schmitthenner konnte zeigen, dass Ritters Ideen – wohl gemäß seiner Ausbildung – vorwiegend von der Aufklärung bestimmt waren. Abgesehen von der ein oder anderen Modifikation haben sie sich ihre grundlegende rationalistische Ausrichtung stets bewahrt. Die große Leistung, die die Forschung Schmitthenner bis heute zuschreibt, ist der Versuch, Ritter an dem zu messen, was er mit seiner Arbeit erreichen wollte. Seine wertvollen Ergebnisse können als Ausgangspunkt für die Darstellung des Ritter'schen Weltbildes dienen.

Ein Jahr vor Schmitthenner veröffentlichte Helmut Preuß seine Dissertation über Johann August Zeune.[20] Bis dahin war die Forschung der Meinung gewesen, dass Ritters Verständnis von Naturräumen beziehungsweise von der Ordnung und Einteilung verschiedener Länder durch natürliche, topographische Gegebenheiten auf Zeune zurückgehe. Preuss konnte nachweisen, dass Zeune lediglich als Wegbereiter Ritters im Sinne der Länderkunde gelten kann. Nicht zuletzt seine Vorlesungstätigkeit an der Berliner Universität seit 1810 und seine „Gea" sprechen hierfür.[21] Umgekehrt betrachtet konnte sich durchaus ein starker Einfluss von Ritter und übrigens auch von Humboldt auf deren Zeitgenossen Zeune feststellen lassen.

Todestage oder Geburtstage waren, wie schon angedeutet, für die geographische Forschung immer wieder Anlass, sich mit Carl Ritter zu befassen. So war es auch kein Zufall, dass gerade 1959 bei der Zeitschrift der Gesellschaft für Erdkunde zu Berlin „Die Erde" ein Heft mit ganz verschiedenen Beiträgen zu ihrem Mitbegründer und ersten Vorsitzenden erschienen ist. Artikel, die unter anderem von Ernst Plewe und Hanno Beck verfasst wurden, widmen sich dem wissenschaftlichen Werdegang bis zur Berufung

18 Plewe, Ernst: Untersuchungen über den Begriff der „vergleichenden Erdkunde" und seine Anwendung in der neueren Geographie (Zeitschrift der Gesellschaft für Erdkunde zu Berlin, Ergänzungsheft Vol. 4), Berlin 1932 sowie Plewe, Ernst: Randbemerkungen zur geographischen Methodik, in: Geographische Zeitschrift, Vol. 41 (1935), S. 226–237.
19 Schmitthenner, Heinrich: Studien über Carl Ritter (Frankfurter Geographische Hefte, Vol. 25, 4), Frankfurt 1951 sowie ferner Schmitthenner, Heinrich: Die Allgemeine Erdkunde Carl Ritters und dessen Stellung zur geographia generalis (Münchner Geographische Hefte, Vol. 4), München 1954.
20 Preuß, Helmut: Johann August Zeune in seiner Bedeutung für die Geographie, Halle 1950.
21 Zeune, Johann August: Gea. Versuch einer wissenschaftlichen Erdbeschreibung, Berlin 1808 (zweite Auflage 1811).

Ritters nach Berlin sowie den zeitgenössischen Einflüssen auf sein Wissenschaftsverständnis.[22] Erstmals wurden nun auch Teile von Ritters Arbeit beleuchtet, die vorher bestenfalls indirekt Gegenstand der Forschung waren. So befasste sich Edgar Lehmann mit der kartographischen Leistung und Ernst Kirsten gezielt mit der „Vorhalle".[23] Auch ein Versuch, die Literatur über Carl Ritter in Gänze zu erfassen, wurde hier unternommen. Auf diesen darf schon wegen seines quantitativen Umfangs hingewiesen werden. Die Bibliographie enthält neben den angesprochenen Dissertationen und anderer, dezidiert Ritter gewidmeter Forschungsliteratur auch Miscellen, Buchbesprechungen und Lexikonbeiträge sowie Nachrufe und Überblicksdarstellungen.[24]

Einen besonders gelungenen Beitrag zur Ritterforschung legte der Ethnologe Klaus Müller 1965 vor.[25] Auch er berücksichtigte hauptsächlich Ritters akademische Schriften. Den „heimlichen Kulturhistoriker" Ritter, seine Auffassung von einer wissenschaftlichen Erdkunde und die Natur seines Oevres versuchte Müller vor allem mit Blick auf die spätere Entstehung der Ethnologie als eigenständige Disziplin zu fassen. Er stellte fest, dass Ritters Arbeiten von dem Bestreben geprägt seien, Kulturgeschichte möglichst als Ganzes und umfassend darzustellen, um so auch die Bedeutung des Einzelnen treffender bestimmen zu können. In wörtlicher Anlehnung an Ritter betonte Müller ganz besonders, dass „Erde-, Welt- und Menschengeschichte" oder eben „Geographie, Naturgeschichte und Geschichte nebst Völkerkunde" nicht getrennt voneinander dargestellt werden könnten. Bemerkenswerterweise formulierte er dies durchaus auch als Mahnung an seine eigenen Zeitgenossen. Insofern Müller die Rolle, die Ritter dem Menschen einräumte, nicht nur als Träger, sondern auch als Mitschöpfer der Kultur charakterisierte, ging er über so manche der vorangegangenen Forschungsbeiträge hinaus.

Die 200. Wiederkehr des Geburtsjahres, im Jahre 1979, war für die Forschung in beiden deutschen Staaten erneut Anstoß, sich mit dem Geographen zu befassen. Becks Bändchen, das sicherlich auch wegen seiner komprimierten und verständlichen Darstellung heute zur Standardliteratur über Carl Ritter gehört, bietet erneut den Einstieg mit einer Biographie, bevor abermals – unter starker Berücksichtigung der Arbeit von Schmitthenner – das Verständnis der Geographie als Fach präsentiert wird. Knapp und mehr in Form von Exkursen bietet Beck anschließend verschiedene Einblicke in einige

---

22 Plewe, Ernst: Carl Ritter. Hinweise und Versuche zu einer Deutung seiner Entwicklung, in: Die Erde, Vol. 90, 2 (1959), S. 98–166; Beck, Hanno: Die Ritterforschung Karl Simons, in: Die Erde, Vol. 90, 2 (1959), S. 241–250.

23 Lehmann, Edgar: Carl Ritters kartographische Leistung, in: Die Erde, Vol. 90, 2 (1959), S. 184–222; Kirsten, Ernst: C. Ritters „Vorhalle europäischer Völkergeschichten", in: Die Erde, Vol. 90, 2 (1959), S. 167–183.

24 Beck, Hanno: Beiträge zur Kenntnis der Literatur über Carl Ritter, in: Die Erde, Vol. 90, 2 (1959), S. 251–253. Es ist an dieser Stelle darauf hinzuweisen, dass 1983 eine beeindruckend umfangreiche Bibliographie zur Literatur von und über Carl Ritter erschienen ist. Vgl. Bernhardt, Peter/Breuste, Jürgen: Schrifttum über Carl Ritter (Geographisches Jahrbuch, Vol. 66), Gotha 1983.

25 Müller, Klaus: Carl Ritter und die kulturhistorische Völkerkunde, in: Paideuma: Mitteilungen zur Kulturkunde, Vol. 11 (1965), S. 24–57.

Bände der „Erdkunde". Besonders bemerkenswert ist, dass wohl erstmals der zugehörige Atlas mitbesprochen wurde.[26] Karl Lenz' Sammelband „Carl Ritter – Geltung und Deutung" umfasst eine Zusammenstellung der Vorträge, die anlässlich eines Symposiums eingebracht wurden.[27] Neben speziellen Beiträgen von Ernst Plewe über die Entwicklung von der Kompendien- zur Problemgeographie, von Hans-Dietrich Schultz über die Frage nach der Gründerleistung und von Manfred Büttner[28] zur Beziehung zwischen Geographie, Theologie und Philosophie im Denken Carl Ritters bietet der Tagungsband auch allgemein ausgerichtete Abhandlungen – so etwa von Hanno Beck über Ritter als Geographen. Aufmerksamkeit verdient auch der von Ernst Plewe veröffentlichte Bestand der Ritter-Bibliothek.[29] Dieser ist für all jene, die über die Quellen des Geographen und seinen Zugang zu diesen arbeiten, ein bemerkenswertes Hilfsmittel zum Material, das ihm nicht zuletzt für die Abfassung seiner „Erdkunde von Asien" zur Verfügung gestanden hat.

Hans Richter hat das ostdeutsche Gegenstück zum Sammelband der westdeutschen Geographen herausgegeben. Auch in der Deutschen Demokratischen Republik beanspruchte man das Erbe Ritters, des gebürtigen Quedlinburgers, für sich. Dieser Band zur Ritterforschung ist im Vergleich zu dem von Lenz herausgegebenen anders ausgerichtet. Die zahlenmäßig überlegenen, aber erheblich kürzeren Abschnitte befassen sich ganz im Sinne der Geographischen Allunionsgesellschaft der Sowjetunion mit der internationalen Wirkung und der Vielseitigkeit Ritters. Freilich enthält der Band auch einen ersten Abschnitt über Ritter in seiner Zeit. So werden auch hier Ritters Welt- und Menschenbild sowie verschiedene Einflüsse auf sein Denken thematisiert. Diese Teile stehen allerdings nicht nur in ihrem Umfang, sondern auch in ihrem Tiefgang hinter denen der bundesdeutschen Wissenschaftler zurück.[30]

26 Beck, Hanno: Carl Ritter. Genius der Geographie, Berlin 1979.

27 Lenz, Karl: Carl Ritter – Geltung und Deutung. Beiträge des Symposiums anläßlich der Wiederkehr des 200. Geburtstages von Carl Ritter. November 1979, Berlin 1981. Die Staatsbibliothek Preußischer Kulturbesitz zeigte anlässlich Ritters Geburtstag vom 1. November 1979 bis zum 12. Januar 1980 eine Ausstellung zu Ehren des großen Geographen. Der Katalog (wie wohl auch die Ausstellung selbst) orientiert sich an Ritters Biographie und enthält neben zahlreichen Abbildungen der Exponate auch Abdrucke einiger von ihm angefertigter Skizzen und Gemälde. Sie sind umfangreich kommentiert und bieten zusammen mit den einleitenden Texten eine interessante Einführung in Ritters Leben und Werk. Vgl. Zögner, Lothar: Carl Ritter in seiner Zeit. 1779–1859, Berlin 1979.

28 Vgl. hierzu auch den von Büttner selbst herausgegebenen Sammelband: Büttner, Manfred (Hrsg.): Carl Ritter. Zur europäisch-amerikanischen Geographie an der Wende vom 18. zum 19. Jahrhundert, Paderborn 1980.

29 Plewe, Ernst (Hrsg.): Die Carl Ritter Bibliothek, Wiesbaden 1978. Ob Glück oder Unglück, der preußische Staat war nach dem Tod seines Professors in Berlin finanziell nicht dazu in der Lage, Ritters Bibliothek zu erwerben. Sie wurde im Mai 1861 bei Weigel's Auktions-Local versteigert. Der Auktionskatalog (im Folgenden: „Ritters Verzeichnis der Bibliothek und Kartensammlung"), dessen Hauptteil schon über 10.000 Lose enthält, hat Plewes Veröffentlichung erst ermöglicht.

30 Richter, Hans: Carl Ritter. Werk und Wirkungen. Beiträge eines Symposiums im 200. Geburtsjahr des Gelehrten, Gotha 1983. Es ist durchaus erwähnenswert, dass trotz der politischen Teilung Deutschlands einige der Autoren zu beiden Festbänden beigetragen haben.

Zuletzt konzentrierte sich Andreas Schach mit seiner Dissertation erneut auf Ritters Konzept einer wissenschaftlichen Erdkunde und dessen Nachwirkung.[31] Schach versuchte dabei die Struktur der Ritter'schen Konzeption zu erfassen, indem Themen wie das Verhältnis von Geographie und Geschichte oder Geographie und Kulturentwicklung in den Mittelpunkt gerückt wurden. Der Autor behandelte auch die Einflüsse von Herder und Pestalozzi; zudem wurde erstmals die Nähe zur Philosophie Schellings thematisiert. In Übereinstimmung mit weiten Teilen der Forschung bestätigte Schach das Bild Ritters von der Menschheit als Zentrum der Schöpfung. Darüber hinaus gab er an, dass sich Ritter weniger für den Menschen aus biologischer oder anthropologischer Sicht interessierte. Vielmehr sei für ihn die entscheidende Frage gewesen, warum es zu unterschiedlichen menschlichen Lebens- und Verhaltensweisen im Raum komme. Die Dissertation aus dem Jahre 1996 kann neben den genannten Beiträgen zu bestimmten Einzelfragen als Ausgangspunkt für die Darstellung der Ritter'schen „physicalischen" Geographie herangezogen werden.

Den Briefwechsel zwischen Carl Ritter und Alexander von Humboldt hat Ulrich Päßler 2010 herausgegeben, besprochen und unter dem Gesichtspunkt verschiedener interessanter Themen geordnet. Im Anschluss an eine knappe einleitende Biographie und nach einer kurzen Zusammenstellung von Ritters Geographie sind die Briefe der beiden Pioniere ihres Faches ediert worden. Sie sind wichtige Quellen zum Austausch von geographischem Wissen. Gelegentlich gewähren sie auch Einblicke in die angedeutete Debatte um den Inhalt einer wissenschaftlichen Erdkunde.[32]

Abschließend ist in aller Kürze noch auf die große Masse an Handbüchern und Überblicksdarstellungen zur Geschichte des Faches Geographie hinzuweisen. Sie besprechen die Entwicklung der Disziplin, mitunter beginnend im antiken Griechenland. Soweit diese bis ins 18. und frühe 19. Jahrhundert reichen, kommen sie um eine Würdigung Ritters genau wie um die Person Alexander von Humboldts nicht herum. Besonders die anglo-amerikanischen Forscher haben sich der Geschichte der eigenen Wissenschaft stärker gewidmet als ihre deutschen Kollegen. Oft handelt es sich jedoch bei den knappen Beiträgen zu Ritter, die diese Darstellungen leisten, nur um die oben zitierte „Admiration", um oberflächliche Reproduktion, die dem Gegenstand kaum gerecht

---

31 Schach, Andreas: Carl Ritter (1779–1859). Naturphilosophie und Geographie. Erkenntnistheoretische Überlegungen und mögliche heutige Implikationen, Münster 1996.

32 Päßler, Ulrich (Hrsg.): Alexander von Humboldt. Carl Ritter. Briefwechsel, Berlin 2010 (im Folgenden „Briefwechsel"). Daneben sind einige weitere Publikationen, die ebenfalls die briefliche Korrespondenz Ritters zum Thema haben, bemerkenswert: Wappäus, Johann Eduard: Carl Ritter's Briefwechsel mit Johann Friedrich Ludwig Hausmann, Leipzig 1879; Koner, Wilhelm: Reisebriefe Carl Ritter's, in: Zeitschrift für Allgemeine Erdkunde, Vol. 13 (1862), S. 304–341. Es ist noch einmal auf den zweiten Band der Ritterbiographie von Kramer hinzuweisen, der wie gesagt einige Briefe gewissermaßen als Anhang enthält. Es könnten zusätzlich weitere Veröffentlichungen kleinerer Art angeführt werden, darauf sei jedoch hier ausdrücklich verzichtet. Ritters Journale beziehungsweise Reisetagebücher und die Berichte über seine Tätigkeit als Lehrer konnten für die vorliegende Arbeit eingesehen werden. Sie befinden sich im Besitz des Städtischen Museums Quedlinburg.

wird. Exemplarisch sei hier auf vier der gelungeneren Überblickswerke hingewiesen: Robert Dickinsons „The Makers of Modern Geography" und David Livingstones „The Geographical Tradition" dürfen für die englischsprachige Forschung als Standardwerke gelten,[33] Hanno Becks „Große Geographen" steht entsprechend für die deutschsprachige.[34] Jüngeren Datums ist Iris Schröders „Das Wissen von der ganzen Welt".[35] Die Autorin widmet sich der „Geschichte globaler Geographien" beziehungsweise den Problemen räumlicher Wahrnehmung. Insofern findet sich hier auch Ritter, der unter dem Abschnitt die „Neuerfindung der Geographie" seinen Platz einnimmt.[36]

Zweifellos wären am Ende eines Überblicks über die Ritterforschung noch einige weitere kleinere Titel zu den verschiedenen Facetten von Ritters Arbeit, den ihr zu Grunde liegenden Einflüssen und ihrer Wirkung anzuführen. Im Rahmen dieses Überblicks scheint allerdings eine Beschränkung auf die zentrale Forschungsliteratur, die vor allem aus den Reihen der geographischen Wissenschaft selbst stammt, angemessen zu sein. Dieses Kriterium darf für die Auswahl der zusammengestellten Beiträge gelten. Dementsprechend kann der Überblick über den Gang der Forschung zu Carl Ritter keine allumfassende Zusammenfassung bieten, wie dies wohl in der Natur einer solchen Darstellung liegt. Was Ritters Quellen, zeitgenössische wie nicht-zeitgenössische, und die ihnen eigene Forschung anlangt, ist genau wie für die landeskundliche Thematik der vorliegenden Arbeit darauf hinzuweisen, dass diese in den entsprechenden Abschnitten angeführt und besprochen werden.

Die Frage, ob und inwiefern Carl Ritters Werk der Historiographie zugerechnet werden kann, ist bislang nicht untersucht worden. Sie wurde, wenn überhaupt, von der älteren Forschung – und dann auch nur unter anderem Vorzeichen – angeschnitten. Jürgen Osterhammel hat in seinen großen und viel beachteten Monographien den „exzeptionellen Rang Ritters" mehrfach betont, aber zugleich festgestellt, dass dieser von der Wissenschaftsgeschichte bisher nicht hinreichend gewürdigt worden ist.[37] In Ritter neben dem großen Geographen auch einen Historiographen erkennen zu wollen, war der Forschung bisher fremd. So ist es wenig verwunderlich, dass eine ausführliche und

---

33 Dickinson, Robert: The Makers of Modern Geography, New York 1969; Livingstone, David: The Geographical Tradition. Episodes in the History of a Contested Enterprise, Oxford 2008.

34 Beck, Hanno: Große Geographen. Pioniere – Außenseiter – Gelehrte, Berlin 1982.

35 Schröder, Iris: Das Wissen von der ganzen Welt. Globale Geographien und räumliche Ordnungen Afrikas und Europas 1790–1870, Paderborn u. a. 2011.

36 Dickinson und Livingstone reproduzieren zugegebenermaßen die deutschsprachige Forschung, wobei hier noch Schmitthenner maßgeblich gewesen ist. Schröders „Wissen von der ganzen Welt" verfährt hier nicht anders. Bedauerlich ist, dass hier einige zentrale Themen zum Wissenschaftsverständnis, also ein tieferer Einstieg in die Ritterforschung, nicht erfolgt ist.

37 Osterhammel, Jürgen: Die Entzauberung Asiens, S. 199 und S. 249 (als Kenner Asiens und der zugehörigen Reiseliteratur) sowie S. 481 (Zitat); Osterhammel, Jürgen: Die Verwandlung der Welt, S. 53 (als Datensammler) sowie S. 133ff. (knappe Äußerung zu Ritters Quellen). Eine Würdigung mit unerwartetem Vorzeichen hat Ritter zuletzt von der Literaturwissenschaft erhalten. Vgl. Großens, Peter: Carl Ritter und die Weltliteratur. Zur Frühgeschichte des ‚spatial turn', in: Michael Eggers (Hrsg.), Von Ähnlichkeiten und Unterschieden, S. 91–120.

allgemeine Betrachtung von Ritters Arbeit und von seinem Umgang mit den Quellen in der „Erdkunde von Asien" nicht erfolgt ist. Dies betrifft sowohl die Quellenarbeit im Allgemeinen als auch den Umgang mit den antiken und mittelalterlichen Autoren im Speziellen. Deren Analyse und die daraus zu ziehenden Schlüsse wären den von Hanno Beck geäußerten „Einzelfragen" an das Werk Carl Ritters zuzurechnen.

II CARL RITTER (1779–1859)

Biographie und wissenschaftlicher Werdegang[1]

Carl Ritter wurde am 7. August 1779 in Quedlinburg geboren. Sein Vater, Friedrich Wilhelm Ritter (1747–1784), war der Leibmedicus der Prinzessin Anna Amalie von Preußen (1723–1787), der jüngeren Schwester Friedrichs des Großen und Äbtissin von Quedlinburg. Für die Familie Ritter darf mit Recht eine gewisse akademische Tradition festgestellt werden, insofern sie mehrere Theologen und später Mediziner hervorgebracht hat. So hätten sicherlich auch die Voraussetzungen für eine weiterführende Bildung Carls von vornherein unter einem guten Stern gestanden, wäre nicht der Doktor Ritter früh, mit nur 38 Jahren, an einem „hitzigen Nervenfieber" verstorben.[2] Die junge Witwe, Elisabeth Dorothea (1753–1800), geriet mit ihren sechs Kindern in existenzielle Not. Der Tod ihres Ehemannes veränderte alles.[3]

Im selben Jahr gründete der Pädagoge Christian Gotthilf Salzmann (1744–1811) in Schnepfenthal bei Gotha eine „philanthropische Erziehungsanstalt". Salzmann, der zuvor für Basedow in dessen Dessauer Philanthropinum gearbeitet hatte, wollte die aufklärerischen erzieherischen Ansätze des bekannten pädagogischen Reformers weiterführen.[4] Während geeignete Einrichtungen und Lehrer schnell aufgetan werden konnten, mangelte es der neugegründeten Schule jedoch am wichtigsten: Schüler mussten erst noch gefunden werden. Wahrscheinlich erregte die Todesanzeige beziehungsweise ein

---

1   Die meisten der zu Carl Ritter erschienenen Schriften wählen einen mehr oder weniger detailreichen biographischen Zugang. Eine knappe und gelungene Einführung bietet Linke, Max: Ritters Leben und Werk. Ein Leben für die Geographie, Halle 2000.

2   Kramer, Gustav: Carl Ritter, Vol. 1, S. 8.

3   Kramer, Gustav: Carl Ritter, Vol. 1, S. 11ff. Zur Biographie Ritters siehe auch Büttner, Manfred/Hoheisel, Karl: Carl Ritter, in: Manfred Büttner (Hrsg.), Carl Ritter, S. 85–93; Beck, Hanno: Große Geographen, S. 106ff. sowie S. 117f.

4   Lachmann, Rainer: Die Religions-Pädagogik Christian Gotthilf Salzmanns, S. 64–73 (zu Salzmanns Wirken in Dessau) sowie S. 74–81 (zu Schnepfenthal). Zu Salzmanns (religions-)pädagogischer Zielsetzung, zu seinen anthropologischen Vorstellungen und zum Moralunterricht, welche zweifellos das Denken Ritters stark beeinflusst haben, ist neben Lachmanns Arbeit aus der Reihe zur Historischen Religionspädagogik auf einen Beitrag von Reinhard Stach zu verweisen. Vgl. Stach, Reinhard: Die Erziehung zum Menschen als zentrales Thema in Salzmanns „erzählender" Pädagogik, in: Herwart Kemper/Ulrich Seidelmann (Hrsgg.), Menschenbild und Bildungsverständnis bei Christian Gotthilf Salzmann, S. 31–47.

Nachruf die Aufmerksamkeit Salzmanns für die schwierige Situation der Familie Ritter.[5] Jedenfalls wurde daraufhin der Mutter ein Angebot unterbreitet, ihren Sohn Carl in die neue Erziehungsanstalt aufzunehmen – ohne Entgelt. Gustav Kramer (1806–1888), der spätere Ehemann von Carl Ritters einziger Schwester und Verfasser des zweibändigen „Lebensbildes" des Geographen, hat den Gang dieser Ereignisse als „besondere Führung Gottes" bezeichnet und diese Worte seiner frommen Schwiegermutter sogar selbst in den Mund gelegt.[6] Sicherlich hat Kramer – allerdings in der Rückschau und mit Blick auf die weitere Biographie der Ritter-Kinder – mit seinen Worten nicht übertrieben, denn nicht nur Carl, sondern auch sein älterer Bruder Johannes wurde von Salzmann aufgenommen.

Johann Christoph Friedrich GutsMuths (1759–1839), der Hauslehrer der Familie Ritter, war nach dem Tod des Vaters zunächst ohne Gehalt im Haus geblieben. Er begleitete die beiden Jungen nach Schnepfenthal, wo auch er eine Anstellung fand. In den folgenden Jahrzehnten sollte GutsMuths sich einen besonderen Ruf als Pädagoge und Lehrer erarbeiten. Vor allem die körperliche Betätigung, Turnen und Gymnastik, standen auf seiner Agenda.[7] Das Philanthropinum suchte, so die Idee seines Gründers, einen erzieherischen Weg, der der Natur seiner Schüler entsprach. Dabei stand nicht stures Auswendiglernen im Zentrum. Stattdessen lag die Aufmerksamkeit auf „modernen" Ideen wie Vernunft, Natürlichkeit und Menschenliebe.[8] Auch Religion und christlich-moralische Wertvorstellungen sollten den Jungen vermittelt werden. Carl Ritter blieb insgesamt elf Jahre in Schnepfenthal und kam hier zum ersten Mal mit seiner späteren Profession in Kontakt. So findet sich in verschiedenen älteren und neueren Titeln der Vermerk, dass die Lehrenden bereits früh das Talent ihres Schülers zum Kartenzeichnen und seine Neigung für die Geographie bemerkten. GutsMuths hat dies jedenfalls in einem Brief an Carls Mutter mitgeteilt.[9] Ob der Pädagoge allerdings bereits zu diesem Zeitpunkt in ihm den zukünftigen Professor, wie später behauptet, sehen wollte, sei dahingestellt. Berufe wie Kartograph oder Kupferstecher schienen sicherlich näher zu liegen und wurden dementsprechend empfohlen.[10]

Es war Carls Stiefvater – seine Mutter hatte 1788 den Geistlichen Heinrich Gottlieb Zerrenner (1750–1811) geheiratet –, der eine Ausbildung zum Erzieher vorschlug.[11] Und so fügten sich in gewisser Weise auch hier die Dinge, als zum Ende von Ritters Zeit in Schnepfenthal Johann Jakob Bethmann-Hollweg (1748–1808) just dort nach einem

5   Lachmann, Rainer: Die Religions-Pädagogik Christian Gotthilf Salzmanns, S. 78; Schröder, Willi: Johann Christoph GutsMuths, S. 13f.; Kramer, Gustav: Carl Ritter, Vol. 1, S. 23f.
6   Kramer, Gustav: Carl Ritter, Vol. 1, S. 26.
7   Schröder, Willi: Johann Christoph GutsMuths, S. 53–75.
8   Kemper, Herwart: Die Natur als Schule: Salzmanns Konzept einer Öffnung von Schule und Unterricht, in: Herwart Kemper/Ulrich Seidelmann (Hrsgg.): Menschenbild und Bildungsverständnis bei Christian Gotthilf Salzmann, S. 48–63; Schröder, Willi: Johann Christoph GutsMuths, S. 25–36.
9   Kramer, Gustav: Carl Ritter, Vol. 1, S. 43f.
10   Kramer, Gustav: Carl Ritter, Vol. 1, S. 47f.
11   Kramer, Gustav: Carl Ritter, Vol. 1, S. 48.

Hauslehrer für seine beiden Söhne suchte.[12] Eine Übereinkunft scheint schnell erzielt worden zu sein. Carl Ritter verließ 1796 das Philanthropinum, um – finanziert durch den Frankfurter Bankier – für drei Jahre in Halle zu studieren. Danach sollte er seinen Dienst antreten.[13]

Ein Studium der Geographie, wie wir es heute kennen, war um die Wende zum 19. Jahrhundert nicht möglich. Das Wissensgebiet wurde, etwa als allgemeine oder historische Geographie, Topographie, Länderkunde, mitunter auch als Statistik, im akademischen Unterricht bestenfalls nebenher bedient. Dabei spielten Professoren, deren Lehrstühle ihrer Denomination entsprechend den Bereichen Geschichte – insbesondere Kirchengeschichte und Alte Geschichte –, Jura oder auch Philosophie zugeordnet waren, eine besondere Rolle.[14] Geographie im Sinne einer eigenen Hochschuldisziplin oder als gesondertes Fach existierte nicht. Dementsprechend konnte sich Ritter für ein solches auch nicht einschreiben. Stattdessen studierte er neben Pädagogik auch Kameralistik.[15] Man mag sich heute wundern, wie eine Ausbildung in staatlicher Verwaltung und Wirtschafts- und Rechtslehre für den künftigen Beruf als Erzieher qualifizieren sollte, jedoch ist hier zweifellos die leitende Hand seines Financiers zu erkennen. Abgesehen davon war es Ritter möglich, aus dem Vorlesungsangebot in Halle relativ frei zu wählen. Besondere Auflagen oder Einschränkungen, wie sie heute vor dem Examen gang und gäbe sind, kannte man im 18. Jahrhundert nicht.[16] Pädagogische Inhalte wurden Ritter unter anderem durch die Nähe zum bekannten preußischen Bildungspolitiker August Hermann Niemeyer (1754–1828) vermittelt; bei ihm wohnte Ritter sogar zeitweise. Seiner Vorliebe für Geographie konnte der Student in Halle nicht konsequent nachgehen. Jedoch fand Ritter mit Matthias Christian Sprengel (1747–1803) einen regelrecht universalgelehrten Dozenten, dessen Vorlesungen neben europäischen Ländern auch den nordamerikanischen Erdteil und Ostindien zum Thema hatten.[17] Ritter selbst nahm wohl gerade auf die statistischen Vorlesungen Bezug, wenn er seinen akademischen Lehrer als „Geschichtsschreiber und Geographen der neuesten Staatsumwälzungen" bezeichnete.[18] Diesem wissenschaftlichen

12 Klötzer, Wolfgang (Hrsg.): Frankfurter Biographie, Vol. 1, s. v. „Bethmann".

13 Kramer, Gustav: Carl Ritter, Vol. 1, S. 49–53.

14 Engel, Josef: Die deutschen Universitäten und die Geschichtswissenschaft, in: Theodor Schieder (Hrsg.), Hundert Jahre Historische Zeitschrift. 1859–1959, S. 267f., S. 271, S. 308, S. 341 und S. 367.

15 Kameralia (oder Kameralwissenschaften) fasste im 18. und 19. Jahrhundert diejenigen Disziplinen beziehungsweise Kenntnisse zusammen, die für den administrativen Staatsdienst erforderlich waren. Hanno Beck hat sie, wenn auch mit deutlichsten Abstrichen, mit der jüngeren Volkswirtschaftslehre verglichen. Vgl. Beck, Hanno: Carl Ritter, S. 20.

16 Rüegg, Walter (Hrsg.): Geschichte der Universität in Europa, Vol. 2, S. 263–277 sowie S. 451–456.

17 Sprengel hat bis in die 1780er-Jahre mehrere Titel, die den nordamerikanischen Kontinent und seinen „gegenwärtigen" Zustand betreffen, veröffentlicht. Zuletzt: Geschichte der Europäer in Nordamerika bis 1688, Leipzig 1782.

18 Zu Ritters Zeit in Halle, insbesondere zum Kontakt zu Niemeyer und Sprengel siehe: Kramer, Gustav: Carl Ritter, Vol. 1, S. 62–83; Beck, Hanno: Carl Ritter, S. 20f. Siehe außerdem Carl Ritters Studienhefte aus der Zeit in Halle (u. a. V 326, RT IV/2, B I 99; Schloßmuseum Quedlinburg).

Charakterzug, vor allem den kontinuierlichen Veränderungen der politischen Grenzen, sollte sich Ritter später regelrecht entziehen. „Die Liebe zur Geographie", so hat Hanno Beck einmal treffend formuliert, „mag in Halle nicht systematisch gepflegt worden sein, sie wurde allerdings auch keinesfalls unterdrückt und erhielt neue Nahrung, einfach weil Geographie damals unter verschiedener Flagge mitsegelte."[19]

Im Oktober 1798 wechselte Ritter in die alte Reichsstadt Frankfurt am Main und trat seinen Dienst als Hauslehrer und Erzieher an. Zunächst widmete er sich ausschließlich dem ältesten Sohn Johann Philipp (1791–1812), später auch dem jüngeren Bruder Moritz August (1795–1877) sowie dessen Freund Wilhelm Sömmerring (1793–1871).[20] Die Töchter des Hauses hat Ritter nicht unterrichtet, er scheint dies selbst abgelehnt zu haben.[21] Die neue Arbeit wurde mit demselben frischen Enthusiasmus und der großen Gewissenhaftigkeit begonnen, die wohl von den meisten jungen Lehrern mitgebracht werden. Ritter hat sie sich jedoch stets bewahrt – sowohl während seiner Zeit im Hause der Familie Bethmann-Hollweg als auch während seiner späteren Dozententätigkeit in Berlin. In seinen zahlreichen akribisch und liebevoll geführten Journalen erscheint Ritter als ein durchaus engagierter Erzieher, der Tag für Tag die Fortschritte der Jungen notierte, reflektierte und wohl auch seine Berichte deren Eltern vorlegte. Ihm lagen das Wohl und die Entfaltungsmöglichkeiten seiner Zöglinge besonders am Herzen. Verlief der Unterricht nicht wie erhofft, vermerkte Ritter kritisch: „[August ist] unaufmerksam, denn er ist nie seiner sache gewiss, wenn er gefragt wird. [Philipp ist] fleisig, aufmerksam, gefällig, giebt sich immer mehr mühe ordentlicher zu werden, hat aber nicht genug Achtung gegen Erwachsene bezeugt".[22]

---

19 Beck, Hanno: Carl Ritter, S. 21.

20 Kramer, Gustav: Carl Ritter, Vol. 1, S. 88f. und S. 125f. Detmar Wilhelm Sömmerring, Sohn des prominenten Frankfurter Arztes Samuel Thomas Sömmerring, wurde nach dem Tod seiner Mutter im Hause Bethmann-Hollweg unterrichtet. Später studierte er in Göttingen Medizin und machte sich wie schon sein Vater als Augenarzt einen Namen.

21 Anna Elisabeth (1781–1850), die ältere Tochter der Familie Bethmann-Hollweg, war zum Zeitpunkt von Ritters Eintreffen in Frankfurt bereits 16 Jahre alt und ihre Ausbildung beinahe beendet (Vgl. Kramer, Gustav: Carl Ritter, Vol. 1, S. 89). Über die Hintergründe der ablehnenden Haltung Ritters, die Töchter des Hauses zu unterrichten, gibt eine Stelle in Kramers Biographie Aufschluss. Ritter schrieb anlässlich eines Angebots, die Anstellung des Hoflehrers in Weimar zu übernehmen, an seine Schwester: „Nur täglich zwei Stunden Unterricht an zwei Töchter von fünf und sieben Jahren, dabei Ehre und Gehalt vollauf und Zeit, um meine Arbeit zu beendigen. Die Sache hatte viel Annehmliches, und selbst der Ort, [...] die Bequemlichkeit, die Sicherheit und die Zukunft u. s. w. lockten. Aber es schien mir fast zu sehr nur Tagediebere i zu sein, und zumal alle Kraft nicht einmal auf Erziehung, sondern nur auf Unterricht bei Mädchen verwendet werden soll, denen am Ende ein solcher Unterricht mehr schädlich als nützlich zu werden pflegt, wenn nicht das Gegengewicht in der Familie sich dazu gesellt" (Kramer, Gustav: Carl Ritter, Vol. 1, S. 364).

22 Siehe Carl Ritters Tagebuch aus der Hauslehrerzeit in Frankfurt (V 327, RT IV/3, B I 10; Schloßmuseum Quedlinburg). Sowie Kramer, Gustav: Carl Ritter, Vol. 1, S. 93ff., S. 103f. und S. 128f. (Auswahl).

Von seiner Stellung und den Möglichkeiten in Frankfurt profitierte das Interesse an der Geographie ganz besonders. Ritter sollte bald nicht nur die Zeit haben, sich mit ihr zu befassen, es fanden sich zudem die finanziellen Mittel und die Kontakte zur Beschaffung von Literatur und Kartenmaterial.[23] Schon 1804 konnte der erste Teil seines viel beachteten Werkes erscheinen: „Europa. Ein geographisch-historisch-statistisches Gemählde".[24] Der zweite folgte nur drei Jahre später. Das Werk befasst sich ausführlich mit Russland, Schweden, dem Dänischen Reich, Preußen, Ungarn, der europäischen Türkei und Großbritannien. Ein dritter Band, der sich mit Westeuropa hätte befassen sollen, wurde nicht mehr veröffentlicht.[25] Den Abhandlungen dieser Länder hat Ritter stets eine historische Einleitung vorgeschaltet. Diese reichen mindestens bis in die Zeit des frühen Mittelalters zurück. Die „physicalische Beschaffenheit" der Landschaften wird konsequent erst im Anschluss daran vorgestellt. Textliche und tabellarische Übersichten zu Industrie und Handel sowie zu den Einwohnern, inklusive einer Beschreibung von Lebensgewohnheiten und Traditionen, runden die Darstellungen ab, wobei stets die wichtigsten Städte und Zentren – wie etwa Moskau und Sankt Petersburg – und die administrative Gliederung des Landes speziell erwähnt werden.[26] Schon im Vorwort hat Ritter einen Atlas zu seinem Werk angekündigt, den er 1806 vorlegen konnte.[27] Wie bereits angedeutet, wurden politische Grenzen hier vernachlässigt. Stattdessen widmen sich die insgesamt sechs Karten den Eigenheiten von Flora und Fauna sowie dem Relief beziehungsweise dem topographischen Profil Europas. Das Gemälde von Europa hat sein Verfasser „Gebildeteren Jünglingen, Lehrern und allen Freunden der Erdbeschreibung"[28] zugedacht. „[Sein] Zweck war dem Leser zu einer lebendigen Ansicht des ganzen Landes, seiner Natur und Kunstproducte, der Menschen und Naturwelt zu erheben, und dies alles, ein zusammenhängendes Ganzes so vorzustellen, daß sich die wichtigsten Resultate über die Natur und die Menschen selbst, zumal durch die gegenseitigen Vergleichungen, entwickelten."[29]

23 Kramer, Gustav: Carl Ritter, Vol. 1, S. 247–255 (über den Beginn der wissenschaftlichen Publikationstätigkeit Ritters). Siehe auch Carl Ritters Notizbuch, „Titel Geographischer Werke" aus der Hauslehrerzeit in Frankfurt (V 344, RT IV/20, B I 63; Schloßmuseum Quedlinburg).

24 Ritter, Carl: Europa. Ein geographisch-historisch-statistisches Gemählde, 2 Vol., Frankfurt am Main 1804 und 1807.

25 Ritter, Carl: Europa, Vol. 1, S. XIV.

26 Zum Beispiel Russland: Ritter, Carl: Europa, Vol. 1, S. 1–23 („Historische Einleitung"), S. 24–53 („Physicalische Beschaffenheit"), S. 54–65 („Industrie und Handel"), S. 66–87 („Einwohner"), S. 87–121 (Städte und tabellarische Übersicht).

27 Der Atlas ist unter dem Titel „Sechs Karten von Europa. Mit erklärendem Texte darstellend" in Schnepfenthal (1806) erschienen. Drei der Karten sind der Flora und Fauna des Kontinents, zwei den Gebirgen beziehungsweise dem Relief gewidmet. Die letzte Abbildung betrifft die Bevölkerung Europas. Siehe auch S. 282f. sowie Nr. 7–11 online.

28 Ritter, Carl: Europa, Vol. 1, S. V.

29 Ritter, Carl: Europa, Vol. 1, S. Vf.

Der große Erfolg seines zweibändigen Werkes zu Europa und vor allem das Ansehen, das die zugehörigen Landkarten Ritter einbrachten, ebneten ihm schließlich den Weg nach Berlin. Vor allem der statistische Teil, der nicht zuletzt Angaben über die Bevölkerung der verschiedenen Länder enthält, empfahl den Verfasser einer für Preußen regelrecht sinnbildlich gewordenen Gruppe von einflussreichen Männern: den Militärs.[30] Dass Ritters Forschungen später in eine andere Richtung führen und nicht länger hauptsächlich quantifizierbare Daten und Fakten erheben sollten, ist vor diesem Hintergrund durchaus bemerkenswert.

Die Frankfurter Zeit war für Ritter aber auch noch in einem ganz anderen Punkt von Bedeutung. Hier konnte er, abermals begünstigt durch die gesellschaftliche Stellung seines Arbeitgebers, eine ganze Reihe von Kontakten knüpfen. Bethmann-Hollweg und vor allem die Frau des Hauses führten ihren Erzieher nicht nur in die entsprechenden Kreise der Stadt am Main ein.[31] Ritter begleitete sie zusammen mit den Kindern auch auf mehreren Reisen, von denen diejenigen in die Schweiz, genauer gesagt das Bergpanorama, sicherlich tiefgreifende Eindrücke hinterlassen haben. Den preußischen Zusammenbruch von 1806/07 und den Frieden von Tilsit hat Ritter anscheinend schmerzlich empfunden. Diejenigen Frankfurter, die sich mit den französischen Besatzern und der von Napoleon Bonaparte geschaffenen Herrschaftsordnung arrangierten, verachtete er. So war die Schweiz-Reise dieser Jahre sicherlich zunächst auch eine Art Flucht aus der Reichsstadt.[32]

In Iferten (Yverdon-les-Bains) traf er zum ersten Mal den großen Pädagogen Johann Heinrich Pestalozzi (1746–1827) und dessen Schüler. Spätestens hier kam Ritter in Berührung mit den neuen didaktischen Grundsätzen wie ganzheitlicher Volksbildung und der bewussten Erziehung zur Selbständigkeit.[33] Bis 1812 traf Ritter mit Pestalozzi mehrfach zusammen, sodass zwischen den beiden ein anhaltender Kontakt entstand. In Frankfurt selbst waren es der Altphilologe Friedrich Christian Matthiä (1763–1822) und Georg Friedrich Grotefend (1775–1853), der Entzifferer der Keilschrift, zu denen sich in diesen Jahren ein intensives Verhältnis entwickelte.[34] Der Freiherr vom Stein (1757–1831), der Ritters Werk kannte und schätzte, konnte ihm später durch seine Kontakte in Paris allerlei wichtige Exzerpte zukommen lassen.[35] Zur selben Zeit entstand auch der Kontakt zu Alexander von Humboldt. Dieser reiste zum Ende des Jahres 1807 von Berlin nach Paris, wobei er in Frankfurt Station machte. Es erwuchs eine freundschaftliche

30 Schmitthenner, Heinrich: Studien über Carl Ritter, S. 31f.
31 Kramer, Gustav: Carl Ritter, Vol. 1, S. 95ff. sowie Beck, Hanno: Carl Ritter, S. 26f.
32 Kramer, Gustav: Carl Ritter, Vol. 1, S. 149–155 und S. 159–162 sowie Beck, Hanno: Carl Ritter, S. 26f.
33 Zum Einfluss Pestalozzis auf Ritter siehe Deutsch, Ernst: Das Verhältniß C. Ritters zu Pestalozzi und seinen Jüngern, S. XXXf. sowie Engelmann, Gerhard: Carl Ritter und Heinrich Pestalozzi, in: Karl Lenz (Hrsg.), Carl Ritter – Geltung und Deutung, S. 101–114.
34 Kramer, Gustav: Carl Ritter, Vol. 1, S. 141ff. sowie S. 211.
35 Kramer, Gustav: Carl Ritter, Vol. 1, S. 456. Kramer schreibt „von Stein", meint aber den bekannten preußischen Reformer, der zur selben Zeit in Frankfurt lebte.

Beziehung, die zeitlebens andauern und später mit einer ständigen Briefkorrespondenz gepflegt werden sollte.[36]

Ritter war ein großer Bewunderer Humboldts, was sicherlich in erster Linie der Welterfahrenheit des Reisenden, der in den Jahren zuvor das nördliche Südamerika sowie Mittelamerika beziehungsweise Mexiko erkundet hatte, geschuldet war. Ritter schrieb bereits einige Tage nach seinem ersten Kontakt mit dem preußischen Adeligen an GutsMuths:

> [Alexander von Humboldt] ist einer der interessantesten Menschen, die ich je gesehen habe. Gleich den ersten Abend seines Hierseins hatte ich das Glück ihm näher bekannt zu werden; seitdem habe ich die genußreichsten Stunden an seiner Seite verlebt. Du kannst Dir kaum den Umfang seiner Kenntnisse groß genug denken, und seine Darstellungsgabe ist hinreißend, seine Sprache schön, sein ganzes Wesen von der größten Lebendigkeit, sein Character liebenswürdig im Umgang.[37]

Neben der Freundschaft, die beide füreinander hegten, belegt ihr Briefwechsel genau wie die Schriften Ritters eine hohe Meinung über Alexander von Humboldt. Dies gilt auch für dessen geographische Leistungen, obgleich beide Vertreter ihres Faches durchaus nicht immer einer Meinung über den Inhalt ihrer Profession und deren zukünftige Ausrichtung waren. Dies geht aus ihrer Korrespondenz allerdings nur bedingt hervor. In erster Linie tauschte man sich über neues erdkundliches Wissen – etwa zur Frage nach den Nil-Quellen – aus.[38]

Als 1808 der Bankier Bethmann-Hollweg starb, vergrößerten sich Ritters Aufgaben und seine Verantwortung auf erhebliche Weise. Daher rührt vermutlich auch der Entschluss, die Ausbildung seiner Zöglinge bald zu Ende zu bringen, um mit diesen schließlich gemeinsam noch einmal eine Hochschule zu besuchen.[39] Ritter hätte damals den Posten als Rektor an einem Gymnasium annehmen können. Er hat diesen genau wie weitere Stellenangebote ausgeschlagen. 1812, nach dem eigentlichen Abschluss, trat Ritter mit der Familie Bethmann-Hollweg noch einmal eine größere Reise an. Zur Bildung besuchte man Italien bis weit in den Süden. Über Genf erreichte man Rom, später Neapel und den Vesuv. Die Eindrücke der Architektur, vor allem aber der Landschaft und der Natur, sind Ritter

---

36 Die Briefkorrespondenz zwischen den beiden Männern wurde, wie erwähnt, ediert und ist in der Reihe „Beiträge zur Alexander-von-Humboldt-Forschung" (Nr. 32) erschienen. Der letzte edierte Brief datiert auf den 26. 2. 1859. Vgl. Päßler, Ulrich: Briefwechsel, S. 14–22. Siehe auch: Kramer, Gustav: Carl Ritter, Vol. 1, S. 163ff.

37 Kramer, Gustav: Carl Ritter, Vol. 1, S. 166.

38 Päßler, Ulrich: Briefwechsel, Nr. 1, 4, 6, 34, 102, 114, 168, 173 (Auswahl, unter anderem zu den neu erschienenen Bänden der „Erdkunde von Asien") sowie Nr. 52a/b, 56, 65 und 149a/b (zum Nil). Darüber hinaus zitiert Ritter die Schriften von Humboldts regelmäßig und mit höchstem Respekt gegenüber deren Informationsgehalt. Es wird im entsprechenden Kontext darauf hinzuweisen sein.

39 Beck, Hanno: Carl Ritter, S. 28f.

zeitlebens im Gedächtnis geblieben.[40] Der Schicksalsschlag, der die kleine Reisegruppe in Florenz traf, stürzte auch Ritter in tiefe Betrübnis. Der ältere Sohn Philipp starb an Typhus und musste fern seiner in der Heimat gebliebenen Mutter bestattet werden. Das bekannte, schmuckvoll gestaltete Epitaph, das Bertel Thorvaldsen (1770–1844) zu seiner Erinnerung anfertigte, befindet sich heute im Liebieghaus (Frankfurt).

Schließlich ging Ritter mit den beiden jungen Männern, August und Wilhelm, nach Göttingen – alle drei als Studenten. Ritter nutzte die Zeit, um seine Studien zu vertiefen und um sich in den folgenden Jahren verstärkt der Geographie zu widmen.[41] Die Arbeit am ersten Band seiner „Erdkunde von Asien" konnte voranschreiten, sodass er 1816 nach Berlin reiste, um einen Verleger zu finden. Auch mit Hilfe seines Bruders Johannes, der die Nicolaische Buchhandlung leitete, konnte er den Verlag von Georg Reimer (1776–1842) dafür gewinnen.[42] Dieser sollte später die weiteren Veröffentlichungen Ritters verlegen und auch einige namhafte Beiträge zur Ritter-Forschung publizieren.[43] Etwa zu dieser Zeit dürfte auch der Kontakt zu Julie Kramer (1795–1840), der Nichte seines Schwagers, entstanden sein. Nach der Verlobung heirateten die beiden am 9. September 1819 und wurden in Frankfurt ansässig, wo Ritter inzwischen eine Anstellung an einem Gymnasium angenommen hatte. Er unterrichtete Geschichte und Geographie. Das Unterrichtspensum und die gewissenhafte Vorbereitung machten ihm zweifellos zu schaffen. Er beklagte die fehlende Zeit, um seine Forschung weiterzuverfolgen. Hier, in seiner aktuellen Position, musste Ritter feststellen, konnte er die Erdkunde kaum fördern.[44]

In Frankfurt erreichte Ritter das Angebot einer Professur an der preußischen Kriegsschule zu Berlin. Obgleich die Arbeitsbedingungen und vor allem die Lehrverpflichtungen dort für seinen Forschungsdrang mehr Freiraum geboten hätten, zögerte der Kandidat – wohl nicht nur der schlechten Bezahlung wegen, sondern auch weil das Manuskript der sogenannten „Vorhalle" abgeschlossen und zum Druck gegeben werden sollte.[45] Ritter hat diese „Vorhalle Europäischer Völkergeschichten vor Herodotus", in der er mittels der Interpretation von Mythen, Etymologien und onomastischen Befunden versucht hat, die früheste Geschichte verschiedener Ethnien zu rekonstruieren, seinen beiden Schülern

---

40 Kramer, Gustav: Carl Ritter, Vol. 1, S. 320–331.

41 Kramer, Gustav: Carl Ritter, Vol. 1, S. 332ff. sowie Beck, Hanno: Carl Ritter, S. 36f.

42 Georg Andreas Reimer (und später dessen Sohn Dietrich Arnold Reimer) publizierte seit den ersten Bänden der „Erdkunde von Asien" sämtliche Schriften Ritters. Auch die später veröffentlichten Vorlesungen wurden hier herausgegeben. Die Europa-Bände sind bei der Hermannschen Buchhandlung in Frankfurt erschienen. Vgl. Wolzogen, Christoph von: Zur Geschichte des Dietrich Reimer Verlages, S. 17–22 und S. 27ff.

43 Der Verlag Georg Reimer ist Carl Ritter verbunden geblieben. So ist beispielsweise Hanno Becks Bändchen zum 200. Geburtstag des Geographen (1979) dort genau wie Karl Lenz' Sammelband (Carl Ritter – Geltung und Deutung) erschienen.

44 Kramer, Gustav: Carl Ritter, Vol. 1, S. 429ff.

45 Kramer, Gustav: Carl Ritter, Vol. 1, S. 358ff. sowie S. 443–448; Beck, Hanno: Carl Ritter, S. 37ff.

in „alter inniger Zuneigung" gewidmet.[46] Zwischenzeitlich schritten die Berufungsverhandlungen in Berlin voran. Die Liste derjenigen, die sich dort für Ritter einsetzten, ist nicht nur lang, sie enthält insbesondere die großen Namen der preußischen Politik beziehungsweise des Militärs. Ludwig von Wolzogen (1773–1845), General der Infanterie und Diplomat, gehörte sicherlich zusammen mit Wilhelm von Humboldt (1767–1835) zu seinen Fürsprechern der ersten Stunde. Beide stellten wohl den Kontakt zum späteren Justizminister Friedrich Carl von Savigny (1779–1861) her. August Neidhardt von Gneisenau (1760–1831), Generalfeldmarschall und Heeresreformer, dessen Meinung aufgrund seiner militärischen Erfolge gegen das Napoleonische Frankreich sehr gefragt war, wünschte Ritters Berufung ausdrücklich – auch für die Universität. Letztlich waren es dann die Kultus- und Kriegsminister, Karl vom Stein zum Altenstein (1770–1840) und Hermann von Boyen (1771–1848), die ihn nach Berlin beriefen – nicht ohne sich direkt für eine höhere Bezahlung einzusetzen.[47]

Ritter wurde zum 1. April 1820 an die Kriegsschule berufen.[48] Die Gründe beziehungsweise die Motive seiner Unterstützer sind bereits kurz angeklungen. Auch sie gehen eindeutig aus der Kramer'schen Biographie hervor. Später wurden sie zunächst von Heinrich Schmitthenner und dann von Hanno Beck auf den Punkt gebracht: Die Militärs hatten Ritters Werk zu Europa bemerkt, insbesondere weil er die Ergebnisse von barometrischen Messungen aufgenommen und darüber hinaus das Relief Europas zum Gegenstand gemacht hatte. So wurde das Land „der Höhe nach entschleiert".[49] Vorgängerwerke und Karten hatten dies allenfalls teilweise in Angriff genommen. Insofern Preußen ganz besonders unter dem Eindruck des Fiaskos mehrerer Niederlagen gegen Napoleon I. und Frankreich stand, war den Generälen in Berlin nachdrücklich bewusst geworden, dass Informationen solcher Art fehlten beziehungsweise für ihre Zwecke nicht aufgearbeitet worden waren.[50] Ritter empfahl sich konsequent als bewährter Geograph und Kartograph. Seine Beziehungen zum Hause Bethmann-Hollweg und die oben genannten Kontakte dürften ihn zusätzlich als gute Wahl präsentiert haben.

---

46 Vgl. Ritter, Carl: Die Vorhalle Europäischer Völkergeschichten, S. III. Dazu Kirsten, Ernst: C. Ritters „Vorhalle europäischer Völkergeschichten", in: Die Erde, Vol. 90, 2 (1959), S. 167 und S. 182f.

47 Kramer, Gustav: Carl Ritter, Vol. 1, S. 451–455 sowie Beck, Hanno: Carl Ritter, S. 40.

48 Carl Ritter führte seit seiner Berufung nach Berlin den Doktorgrad sowie die Amtbezeichnung eines Professors. Diesbezüglich ist es bemerkenswert, dass keine von Ritters Schriften als Promotions- oder Habilitationsschrift ausgewiesen ist beziehungsweise eingereicht wurde. Während für den Ruf nach Berlin eine formelle Habilitation Ritters nicht erforderlich war und auch nachträglich nicht erfolgte, muss die Doktorwürde *honoris causa* im selben Jahr verliehen worden sein. Hierfür spricht auch die Selbstbezeichnung „Carl Ritter, Dr. und außerordentlicher Professor an der Universität, wie auch an der allgemeinen Kriegsschule in Berlin", die er seinem 1822 erschienenen Band der „Erdkunde von Asien" voranstellte. Bedauerlicherweise schweigt die Kramer'sche Biographie zu diesem Punkt.

49 Beck, Hanno: Carl Ritter, S. 44; Schmitthenner, Heinrich: Studien über Carl Ritter, S. 31f.

50 Über das statistische Material in den beiden Europa-Bänden wurde bereits gesprochen. Hinsichtlich der beigegebenen Karten gilt es jedoch noch einmal anzumerken, dass diese in gewisser Weise den von Heinrich Berghaus 1838 bis 1848 veröffentlichten „Physikalischen Atlas" vorwegnahmen.

Zu seiner Freude begegnete dem frisch berufenen Hochschullehrer mit den Offizieren ein Publikum, das zum einen über eine gewisse Vorbildung verfügte. Zum anderen verfolgten die Hörer Ritters Vorlesungen mit großem Interesse und Eifer. Ritter lehrte „Allgemeine Geographie" und befasste sich dabei mit der gesamten Erde. Freilich lag der Fokus, wie bei seiner Anstellung gefordert, hauptsächlich auf Europa. Dabei wurde der Inhalt stets erweitert, sodass sich seine Vorlesung schließlich über mehrere Semester erstreckte.[51] Die Gliederung wurde genau wie die seiner „Erdkunde von Asien" in jenen Jahren immer weiter verfeinert – stets problematisierend und vergleichend. Ritter sah dies durchaus als angemessenes Niveau für den akademischen Unterricht an. Elementarunterricht an einer Hochschule lehnte er ab. Seiner Überzeugung entsprach es, in der Lehre von drei Stufen auszugehen: geographische Topik, Beschreibung und Verhältnislehre. Dabei sei nur Letztere für die Kriegsschule beziehungsweise Universität angemessen. Die ersten beiden seien Stoff der Schule.[52]

[Es sollte also an Stelle von sturen Zahlen, Fakten und Statistiken] das Verhältniß des Ganzen zu den Theilen, der Theile zum Ganzen und unter sich, in ihrer Characteristik – also [...] das Verhältniß des Flüssigen zum Festen, der Erdtheile und Länderräume nach allen Hinsichten, die Ausbreitung, Formen, Gestaltungen nach Characteren, Analogien, Differenzen, Individualitäten vom Größten bis zum Kleinsten; die Erdtheile und Ländergruppen nach natürlichen und anderen Abtheilungen, nach ihren horizontalen und perpendiculären Dimensionen, nach Hochländern, Stufenländern, Niederungen; die Antheile dieser Formen an den verschiedenen Erdgegenden, ihr Uebergreifen, deren Einfluß auf alle leblosen und lebendigen Erscheinungen und denselben, durch das Gebiet der Physik der Organismen, der Historie, der Ethnographie, der Politik und Ethik, kurz die so erwachsende specielle Characteristik jedes Erdtheils und seiner Glieder, seiner natürlichen, politischen, historischen, ethnologischen Unterabtheilungen, zwischen welche hindurch Herkommen und Willkür mannichfaltig geschaltet haben.[53]

Ritter fand mit seinem Unterrichtsvorhaben besonders bei der Leitung der preußischen Kriegsakademie Anklang. Carl von Clausewitz (1780–1831), der berühmte Militärwissenschaftler und Philosoph des Krieges, war sicherlich auch als Theoretiker an seiner Gedankenwelt interessiert. Sein späterer Nachfolger, Otto August Rühle von Lilienstern (1780–1847), war selbst ein Mann der Geographie.[54] Sicherlich war es an der militärischen Einrichtung eher als später an der Universität möglich, eine langfristige Verbindung zu den Schülern aufzubauen. Das Studium der Offiziere dauerte immerhin drei Jahre. So

---

51 Beck, Hanno: Carl Ritter, S. 46.
52 Beck, Hanno: Carl Ritter, S. 46f.
53 Kramer, Gustav: Carl Ritter, Vol. 2, S. 96.
54 Beck, Hanno: Carl Ritter, S. 45f. sowie Kramer, Gustav: Carl Ritter, Vol. 2, S. 10f.

entstanden für Ritter dort nicht wenige Kontakte, die mitunter zeitlebens erhalten bleiben sollten. Die prominentesten seiner Hörer waren wohl Helmuth von Moltke (1800–1891), Albrecht von Roon (1803–1879) sowie Emil von Sydow (1812–1873).[55] 1826 erlangte er das Amt des Studiendirektors und konnte noch einmal, vor allem in pädagogischer und struktureller Hinsicht, in den Unterrichtsplan „seiner" Schüler eingreifen. Gerade wohl auch deshalb hat diese Arbeit Ritter einiges an Energie und vor allem Zeit abverlangt. Hinzu kamen Aktivitäten an der Preußischen Akademie der Wissenschaften, deren Mitglied er seit 1822 war. Seine „Erdkunde von Asien" ruhte, ihre Überarbeitung beziehungsweise Weiterführung ging nicht voran.

Andererseits jedoch konnte Ritter in den folgenden Jahren seine Kontakte in Berlin weiter ausbauen. Diese reichten schließlich bis in das preußische Königshaus.[56] Der Kronprinz Friedrich Wilhelm (1795–1861) war auf die ersten Bände der „Erdkunde von Asien" aufmerksam geworden. Es war wohl ehrliches Interesse an dem Fach und dem Inhalt genau wie an dem Mann hinter dem bemerkenswerten Werk, mit dem der Hohenzoller Ritter begegnete. Man lud den Professor schließlich zu mehreren Abendgesellschaften und Unterhaltungen ein und sprach nicht nur über Länderkunde, sondern auch über Geschichte. Beides war für Ritter ohnehin nicht voneinander zu trennen. Auch sein Umfeld dürfte so gedacht haben. Für den Prinzen Albrecht las Ritter über fünf Jahre hinweg „Allgemeine Geschichte und Geographie", für die Frau des Kronprinzen, Elisabeth von Bayern (1801–1873), sprach er über Entdeckungsgeschichte und von der Entwicklung der Kenntnisse von der Welt, beginnend in der Antike. Der Kreis erweiterte sich um andere Persönlichkeiten des Hofes. Später sollten die Mitglieder weiterer deutscher Königshäuser folgen.[57] Ritter brachte seine Verbundenheit auch dadurch zum Ausdruck, dass er einige der Bände seiner „Erdkunde" verschiedenen Mitgliedern des preußischen Adels widmete.[58]

Eine außerordentliche Professur hatte Carl Ritter schon 1820 an der noch jungen Friedrich-Wilhelms-Universität erhalten. Das Ordinariat folgte erst fünf Jahre später. Oft wird Ritter bis heute in der Forschung zur Geschichte der Geographie, in Schulbüchern und Lexikonartikeln als erster Professor seines Faches bezeichnet. Dies kann jedoch so nur bedingt gelten. Schon 1509 wurde Bartholomäus Stein (1477–1520) in Wittenberg eine Professur für Geographie übertragen, nachdem dieser eine andere, diejenige für Mathematik, abgelehnt hatte.[59] Zeitlich um einiges später wäre mit Johann Michael Franz (1700–1761) ein Inhaber einer Professur zu nennen, der sich ab 1755 gezielt der

---

55 Die kursierende Liste der prominenten Hörer, die bei Ritter studiert haben sollen, ist lang. Mitunter wird behauptet, dass Persönlichkeiten wie Karl Marx und Otto von Bismarck bei ihm Vorlesungen besuchten. Vgl. Wozniak, Thomas: Quedlinburg, S. 100.

56 Kramer, Gustav: Carl Ritter, Vol. 2, S. 28ff.

57 Beck, Hanno: Carl Ritter, S. 50f.

58 Den zweiten Teil der „Erdkunde" beziehungsweise den ersten Band zu Asien hat Ritter dem Kronprinzen von Preußen, Friedrich Wilhelm, gewidmet. Die darauffolgenden sind Prinz Friedrich Wilhelm Karl, der Kronprinzessin Elisabeth Ludovike und der Prinzessin Marie Anne zugedacht.

59 Beck, Hanno: Große Geographen, S. 22–42.

Wissenschaft von der Erde und auch der Erstellung von Landkarten gewidmet hat.[60] Gegenüber den beiden Vorgängern ist jedoch anzumerken, dass Ritter gerade durch die lange aktive Zeit in der Lehre sein Fach und seine Schüler weit mehr prägen sollte. Erst die Einrichtung seiner Professur für Geographie markiert den Beginn der Institutionalisierung des Faches. Sie steht im Gegensatz zu den beiden älteren am Beginn einer kontinuierlichen Entwicklung. Diese setzte erst mit dem noch jungen 19. Jahrhundert ein. Es brauchte Gelehrte vom Format Alexander von Humboldts und Carl Ritters, genau wie das Bedürfnis des neuen Jahrhunderts, den anwachsenden Wissensstand handhabbar zu machen, um Geographie als eigenständige Disziplin zu betreiben.

Für seine erste Vorlesung an der Universität hatte Ritter im Wintersemester 1820/21 „Allgemeine Erdkunde" angekündigt – ein aus seiner Sicht sicherlich mit Bedacht gewählter Anfang, sich grundlegenden Fragen des eigenen Faches zu widmen. Aus der Sicht der Kommilitonen war es eine denkbar schlechte Wahl. Obgleich die Offiziere der Kriegsschule verpflichtet waren, seine Veranstaltungen zu besuchen, schätzten sie diese. An der Universität musste er von Neuem anfangen. Geographie war zweifellos als dumpfer Unterrichtsstoff für das Gedächtnis, eben zum Auswendiglernen, verpönt. Ritter stand zum ersten Termin seiner Vorlesung vor einem leeren Auditorium. Niemand war erschienen.[61] Allerdings griff die Popularität von der Kriegsschule allmählich auf die Studenten über. Eine Bitte, die Vorlesung doch noch abzuhalten, erreichte ihn im November und wurde nur allzu gerne erfüllt. Ritter las in den folgenden Semestern „Allgemeine Erdkunde", „Europa", „Africa" und spezieller über „Palästina", „Griechenland" und „Italien". Auch über die „Geschichte der Erdkunde und Entdeckungen" hat Ritter gesprochen.[62] Einige Mitschriften zu seinen Vorlesungen hat sein Schüler Hermann Adalbert Daniel (1812–1871), der sich im Sinne seines Lehrers vor allem um die Schulgeographie verdient gemacht hat, später herausgegeben.[63] Bemerkenswert ist, dass auch Alexander von Humboldt Ritters Vorlesungen regelmäßig besucht hat – eine aus heutiger Sicht gewiss eigenartige Vorstellung. Dialoge, die die beiden berühmtesten Geographen ihrer Zeit mitunter vor dem versammelten Auditorium führten, erzeugten bei den Studierenden eine gehobene Stimmung und mitunter Erheiterung.[64]

Obgleich Ritter bis 1853 parallel weiter an der Kriegsschule lehrte, fand er in Berlin mit der Zeit den nötigen Freiraum, um weiter an seiner „Erdkunde von Asien" zu arbeiten und die verfügbare neuere Literatur aus aller Welt und über alle Welt zu studieren. Die Länder Asiens, über die er in seinem Werk gearbeitet hat, hat er selbst nie gesehen. Der Professor war also in dieser Hinsicht ein wahrer Schreibtischtäter – und doch ist

---

60 Sandler, Christian: Die Homannschen Erben (1724–1852) und ihre Landkarten, S. 4–25 sowie Beck, Hanno: Carl Ritter, S. 52.

61 Beck, Hanno: Carl Ritter, S. 52ff.

62 Kramer, Gustav: Carl Ritter, Vol. 2, S. 89–111.

63 Hermann Adalbert Daniel hat wie bereits erwähnt die Vorlesungen Ritters postum veröffentlicht (siehe S. 15). Darüber hinaus finden sich im zweiten Teil der Kramer'schen Biographie (S. 447–254) zwei Entwürfe von Lehrprogrammen für den Unterricht an der Kriegsschule.

64 Beck, Hanno: Gespräche Alexander von Humboldts, S. 141 (Bericht von Ernst Kossak).

auch dies nur bedingt wahr. Ritter bereiste von den 1820er-Jahren an Europa wie nur wenige seiner Zeitgenossen – unter anderem auch mit seinem später in den Adelsstand erhobenen Schüler August von Bethmann-Hollweg.[65] Neben den bereits angesprochenen pädagogischen Notizen sind heute Ritters Reisetagebücher erhalten. Sie geben interessante Aufschlüsse über die Neugier und Wissbegierde des Geographen. Zahlreiche Skizzen von Reliefs sowie von der Pflanzen- und Tierwelt weisen den Verfasser zudem als begnadeten Zeichner aus.[66] Ritter besuchte neben der Schweiz und Mitteleuropa den Balkan von der heutigen Slowakei über Bulgarien und Rumänien bis zum Osmanischen Reich. Skandinavien war ihm ebenso bekannt wie die Britischen Inseln, Spanien und Italien sowie Polen.[67]

Seit ihrer Gründung 1828 war Ritter Mitglied der Gesellschaft für Erdkunde zu Berlin. Diese war vor allem auf Betreiben von Heinrich Berghaus (1797–1884), Johann August Zeune (1778–1853) und Franz August O'Etzel (1784–1850) entstanden. In der konstituierenden Sitzung am 7. Juni wurde Ritter zu ihrem ersten Direktor gewählt. Er gab dem Verein von Anfang an eine Aufgabe: die Untersuchung der Beziehung „Erde–Mensch und Mensch–Erde" oder genauer gesagt die „Ausbildung des Menschen durch den Planeten" und die „Ausbildung des Planeten durch das Menschengeschlecht".[68] Die Erforschung des irdisch erfüllten Raumes, Geographie mit einem starken historischen und anthropologischen Bezug, hätte sicherlich so im Sinne Ritters zur Definition des Faches erwachsen sollen. Schon bald zeigte sich, dass es anders kommen sollte. Der erste Vorsitzende unterstützte die Gesellschaft nicht nur während seiner Amtszeit, er setzte dies auch konsequent fort, nachdem seine Auffassung vom Fach zusehends ins Hintertreffen geraten war. Auch als Ritter ihr nicht mehr vorstand und Heinrich Barth (1821–1865) ihn beerbt hatte, trug er zu ihren Publikationen bei, leitete Anregungen weiter und bedachte sie mit Mitteilungen von Forschungsreisenden und neuen Erkenntnissen.[69] Neben anderen Ehrungen, die Ritter zuteilwurden, zeichnete Friedrich Wilhelm IV. Carl Ritter mit dem höchsten Orden aus, den der preußische Staat zu vergeben hatte. 1842, noch im Jahr der Stiftung des berühmten *Pour le Mérite* für Wissenschaften und Künste, erfolgte die Verleihung.[70]

---

65 Klötzer, Wolfgang (Hrsg.): Frankfurter Biographie, Vol. 1, s. v. „Bethmann"; Beck, Hanno: Carl Ritter, S. 57f.

66 Siehe Carl Ritters Notizbücher u. a. aus der Zeit in Göttingen (V 342, RT IV/18, B I 76 sowie V 343, RT IV/19, B I 47 und V 348, RT IV/24, B I 58 mit zahlreichen Zeichnungen von Seetieren; Schloßmuseum Quedlinburg). Vgl. Beck, Hanno: Zeichnungen von Carl Ritter, in: Die Erde, Vol. 90, 2 (1959), S. 240f.

67 Vgl. die Stationen bei Kramer, Gustav: Carl Ritter, Vol. 2, S. 175–446 („Reisebriefe"). Siehe auch Carl Ritters Reisetagebücher (u. a. V 369, RT IV/45, B I 96; V 370, RT IV/46, B I 97; V 373, RT IV/49, B I 69; V 374, RT IV/50, B I 77; V 375, RT IV/51, B I 33; V 376, RT IV/52, B I 23; Schloßmuseum Quedlinburg).

68 Beck, Hanno: Carl Ritter, S. 51.

69 Beck, Hanno: Carl Ritter, S. 51f.

70 Vgl. Bittel, Kurt: Orden Pour le Mérite, Vol. 1, S. XXXV und S. 82f.

Carl Ritter wurde von seinen Zeitgenossen und von der Forschung stets als überzeugter Christ und religiöser Mann beschrieben, der bei mehr als einer Gelegenheit Halt im Glauben gesucht und gefunden hat.[71] Auf die Rolle des tief verankerten Schöpfungsglaubens für seine Auffassung von Geographie wurde ja bereits hingewiesen. Er besuchte – jedenfalls in Berlin – regelmäßig den Gottesdienst in der St. Gertraud-Kirche, wo Justus Gottfried Hermes in enger Anlehnung an das Evangelium predigte. Ritter scheint dies, genau wie der Eindruck von der kleinen Gemeinde, die er selbst als „apostolisch" bezeichnete, sehr zugesagt zu haben.[72] Vermutlich war es auch diese protestantische Frömmigkeit, die ihn den wichtigen Stellen in Preußen empfohlen hat. Sie dürfte ihm manche Unterstützung eingebracht haben. Ritter war ein Christ evangelisch-lutherischer Konfession, aber sein Verständnis des Christentums war nicht dogmatisch oder pietistisch. Vielmehr war es durch Salzmann und Pestalozzi geprägt und kann als aufgeklärt und rationalistisch charakterisiert werden. Für Ritter war das Christentum die Religion der Vernunft, die Welt als Gottes Schöpfung konsequent sinnvoll und geordnet.

In der Rückschau und in Anbetracht der weiteren Entwicklung seines Faches trug diese Vermischung von Theologie und Geographie, von Geistes- und Naturwissenschaft, erheblich zur Ablehnung seiner Konzeption in den nachfolgenden Generationen bei.[73] Man könnte meinen, dass gerade diese Auffassung von der Welt einiges an Differenzen zum Agnostiker Alexander von Humboldt mit sich brachte. Beide Männer verband jedoch wie gesagt eine tiefe Freundschaft, die auch in den späteren Lebensjahren anhielt. Diesbezüglich ist sicherlich von Bedeutung, dass Ritter seinen Glauben kaum nach außen kehrte. Kramer berichtet, dass es Ritter nicht leicht gefallen sei, „sein innerstes Heiligthum" auszusprechen.[74] Das Bedürfnis, seinen Glauben in dogmatischer Fassung zu formulieren, war ihm fremd. Diese Zurückhaltung war dem einvernehmlichen Miteinander sicherlich zuträglich. Auch das vermeintliche Konfliktpotential zwischen Naturwissenschaft und Religion ist durch diesen Charakterzug Ritters erheblich vermindert worden.[75] Nachdem seine Frau „Lilli" 1840 verstorben war, lebte Ritter in Berlin, zusammen mit seinem Bruder Johannes und mit zwei Nichten. Bis zu seinem Tod am 28. September 1859 hat er sich mehr und mehr seinem großen Werk, der „Erdkunde von Asien" gewidmet, wohl wissend, dass diese ihrem Grundgedanken gemäß nicht fertiggestellt werden konnte.[76]

---

71 Schmitthenner, Heinrich: Studien über Carl Ritter, S. 71ff.; Beck, Hanno: Carl Ritter, S. 58f.

72 Kramer, Gustav: Carl Ritter, Vol. 1, S. 361f.

73 Peschel, Oscar: Die Erdkunde als Unterrichtsgegenstand, in: Deutsche Vierteljahrsschrift, Vol. 31, 2 (1868), S. 103–131; Zur Wirkung Ritters: Dickinson, Robert: The Makers of Modern Geography, S. 51–59; Lehmann, Edgar: Carl Ritters Vermächtnis, in: Hans Richter (Hrsg.), Carl Ritter. Werk und Wirkung, S. 15–20 (vergleichsweise optimistisch); Schmitthenner, Heinrich: Studien über Carl Ritter, S. 98f.; Schultz, Hans-Dietrich: Carl Ritter – Ein Gründer ohne Gründerleistung?, in: Karl Lenz (Hrsg.), Carl Ritter – Geltung und Deutung, S. 55–68.

74 Kramer, Gustav: Carl Ritter, Vol. 1, S. 362.

75 Für Ritter dürfte dieser vermeintliche Konflikt insofern nicht existiert haben, als seinem Verständnis entsprechend das Studium der Natur letztlich zur Erkenntnis Gottes führte.

76 Kramer, Gustav: Carl Ritter, Vol. 2, S. 146–149.

Was ist „physicalische Geographie"?

Ritters Verständnis des eigenen Faches

Obgleich die Versuche der Forschung, sich direkt mit dem Text und dem Inhalt der „Erd-kunde von Asien" auseinanderzusetzen, kaum über Ansätze hinausgekommen sind, hat es in der Vergangenheit nicht an Bemühungen gemangelt, die Frage nach dem wissenschaft-lichen Konzept Ritters zu beantworten.[1] Carl Ritter suchte, dies gilt heute als gesichert, ganz eindeutig die Abgrenzung zur sogenannten Staatengeographie. Ansatzpunkte, die in diese Richtung wiesen, hatte es bereits zuvor gegeben.[2] Wahrscheinlich spielten hier seine Überlegungen zum Geographieunterricht, genauer gesagt zur Schulgeographie, eine maßgebliche Rolle. Nicht zuletzt in den Jahren nach dem Zusammentreffen mit Pestalozzi hat sich Ritter verstärkt damit befasst.[3] Eine Einteilung des Stoffs – wenn man so will der Länderkunde oder der Erdkunde – nach veränderlichen politischen Kriterien erschien im ausgehenden 18. beziehungsweise frühen 19. Jahrhundert den Gelehrten kaum mehr sinnvoll. Auch wenn, wie gezeigt wurde, die beiden Bände zu Europa noch eben diesen Leitlinien und Grenzen folgen, ist Ritter bei der Einteilung seiner „Erdkunde von Asien" völlig davon abgekommen. Dass hierin auch eine Reaktion auf die kurzlebigen politischen Zustände der Zeit zu sehen ist, liegt auf der Hand. Napoleon Bonaparte gestaltete nicht erst in den Jahren nach seiner Kaiserkrönung (1804) die Landkarte Eu-ropas mehrfach nach seinem Willen um. Die Geographen gaben es vor allem deswegen auf, jene Staatsumwälzungen konsequent verzeichnen zu wollen. Manfred Büttner und Karl Hoheisel haben diesbezüglich treffend festgestellt, dass die gedanklichen Voraus-setzungen für Ritters großes Werk in der „reinen Geographie" sowie in Überlegungen zu einem naturgemäßen Geographieunterricht liegen. „Ausgelöst aber wurde es durch die politischen Umwälzungen jener Zeit".[4]

---

1   Abgesehen von den älteren angesprochenen Dissertationen hat erst Hanno Beck versucht, Einblicke in den Text des großen Werkes zu geben. Ist dies für den Afrika-Band oder für Palästina noch vergleichsweise ausführlich geschehen, wurde die „Iranische Welt" lediglich oberflächlich in wenigen Zeilen vorgestellt. Vgl. Beck, Hanno: Carl Ritter, S. 78–100. Eine knappe Einführung unter dem Vorzeichen des Raum-konzepts bietet Rau, Susanne: Räume, S. 27–31.
2   Auf den bereits erwähnten Johann August Zeune und sein Werk „Gea" sei an dieser Stelle noch einmal verwiesen.
3   Beck, Hanno: Carl Ritter, S. 27; Schmitthenner, Heinrich: Studien über Carl Ritter, S. 46f.
4   Büttner, Manfred/Hoheisel, Karl: Carl Ritter, in: Manfred Büttner (Hrsg.), Carl Ritter, S. 96. Sowie Beck, Hanno: Carl Ritter, S. 25 (allgemein); Richter, Heinz: GutsMuths' Bedeutung für die Schulgeographie und sein Einfluß auf Carl Ritter, in: Hans Richter (Hrsg.), Carl Ritter. Werk und Wirkung, S. 85–88 sowie Mirus, Hans/Possner, C.: Einflüsse Carl Ritters auf die Schulgeographie, in: Hans Richter (Hrsg.), Carl Ritter. Werk und Wirkung, S. 185–195 (zur Schulgeographie); Engelmann, Gerhard: Carl Ritter und Heinrich Pestalozzi, in: Karl Lenz (Hrsg.), Carl Ritter – Geltung und Deutung, S. 101–110.

Ritter forderte dementsprechend die Wahl von naturräumlichen Untersuchungsgrößen, die Wahl von „Erdindividuen".[5] Solche Räume, wie etwa der Nil oder der Indus im hydrogeographischen Sinn, sollten zunächst identifiziert werden. Die durch die Beschreibung gewonnenen Erkenntnisse müssten dann in einem zweiten Schritt mit denen anderer Räume verglichen werden. Dabei könnten diese Vergleiche sowohl mit ähnlichen als auch mit unähnlichen Naturräumen erfolgen. Die erzielten Ergebnisse seien dann im nächsten Schritt in Beziehung zum „Erdganzen" zu setzen. So könnten Gesetzmäßigkeiten erschlossen und herausgearbeitet werden. Besonders erwähnt werden soll, dass es jedoch nicht nur topographische Strukturen waren, nach denen der Raum eingeteilt wurde.[6] Andere Merkmale der Erdteile spielten erstmals eine gewichtige, wenn auch nicht exklusive Rolle. „Gliederungsprinzipien in der Horizontalen bilden die Küstengestalt der Kontinente und der Quotient aus Flächeninhalt und Küstenlänge als Maß von Offenheit beziehungsweise Verschlossenheit des Erdteils".[7] In der Vertikalen versuchte Ritter den Weg, den er mit seinen Landkarten zu Europa beschritten hatte, fortzusetzen. Höhenverhältnisse erlaubten – soweit sie verfügbar waren – kleinere räumliche Einheiten zu definieren und von anderen zu trennen. Ritters Kategorien wie „Hochland", „abfallende Stufenländer" und „randnahe Tiefländer" verdeutlichen dies.[8]

Diese kleineren Einheiten beziehungsweise Räume bilden für ihn ein „physisch-historisches Ganzes im Gesamtzusammenhang der Erde".[9] Der Gedanke einer im Allgemeinen zu betrachtenden Individualität geht wohl auf das von Ritter früh verfasste, aber unveröffentlicht gebliebene „Handbuch der allgemeinen Erdkunde, oder die Erde, ein Beitrag

---

5 Ritter, Carl: Allgemeine Bemerkungen über die festen Formen der Erdrinde, in: Ders., Einleitung zur allgemeinen vergleichenden Geographie, S. 73–77; Ritter, Carl: Allgemeine Erdkunde (Vorlesung), S. 199f.; Ritter, Carl: Einige Bemerkungen über den methodischen Unterricht in der Geographie, in: Zeitschrift für Pädagogik, Erziehungs- und Schulwesen, Vol. 2, 7 (1806), S. 205; Ritter, Carl: Afrika, S. 64 und S. 68 (erster Teil der „Erdkunde von Asien", zweite Auflage). Dazu Hözel, Emil: Das geographische Individuum bei Karl Ritter und seine Bedeutung für den Begriff des Naturgebietes und der Naturgrenze, in: Geographische Zeitschrift, Vol. 2 (1896), S. 378–396 und S. 433–444.

6 Vgl. zum dreistufigen Vorgehen Ritter, Carl: Allgemeine Bemerkungen über die festen Formen der Erdrinde, in: Ders., Einleitung zur allgemeinen vergleichenden Geographie, S. 73–78 sowie S. 88f.; Päßler, Ulrich: Briefwechsel, S. 12; Büttner, Manfred/Hoheisel, Karl: Carl Ritter, in: Manfred Büttner (Hrsg.), Carl Ritter, S. 95ff.; Beck, Hanno: Carl Ritter als Geograph, in: Karl Lenz (Hrsg.), Carl Ritter – Geltung und Deutung, S. 14–22; Schmitthenner, Heinrich: Studien über Carl Ritter, S. 65f.

7 Büttner, Manfred/Hoheisel, Karl: Carl Ritter, in: Manfred Büttner (Hrsg.), Carl Ritter, S. 97; vgl. Beck, Hanno: Carl Ritter, S. 83f.

8 Ritter, Carl: Allgemeine Bemerkungen über die festen Formen der Erdrinde, in: Ders., Einleitung zur allgemeinen vergleichenden Geographie, S. 98f.; Ritter, Carl: Afrika, S. 64–74 sowie S. 75–87 (zur Terminologie, auch zur Strukturierung von Flussläufen). Vgl. u. a. Büttner, Manfred/Hoheisel, Karl: Carl Ritter, in: Manfred Büttner (Hrsg.), Carl Ritter, S. 97; Beck, Hanno: Carl Ritter, S. 66f. Vor allem für die beiden Bände zu Mesopotamien und die Einteilung des Oberlaufes des Tigris oder des Araxes im anatolischen Osten zeigt sich die erwähnte Gliederung deutlich. Ferner wären die von Indus und Nil durchschnittenen Stufenländer beziehungsweise Transversaltäler zu nennen.

9 Büttner, Manfred/Hoheisel, Karl: Carl Ritter, in: Manfred Büttner (Hrsg.), Carl Ritter, S. 97.

zur Begründung der Geographie als Wissenschaft" zurück. Hier dürfte sich deutlich der Einfluss Pestalozzis widerspiegeln. Nicht nur der angedeutete Inhalt spricht dafür. Auch die Entstehungszeit des Manuskripts fällt in die Jahre des enger werdenden Kontakts mit dem bekannten Pädagogen.[10]

Einen ersten Zugang zur Geographie Ritters bietet für die Forschung schon beinahe traditionell der immer wieder diskutierte Titel der „Erdkunde von Asien": „Die Erdkunde im Verhältnis zur Natur und zur Geschichte des Menschen oder allgemeine, vergleichende Geographie als sichere Grundlage des Studiums und Unterrichts in physicalischen und historischen Wissenschaften". Mehrfach wurde angenommen, dass das monumentale Werk die Auffassung seines Autors von den Zielen und Aufgaben, von den Methoden sowie von der Art einer wissenschaftlichen Geographie enthält und preisgibt. Allerdings muss betont werden, dass die theoretischen Schriften, die Ritter verfasst hat, in aller Regel nur Spezialbereiche des eigenen Faches betreffen.[11] Dies gilt es zusammen mit der Tatsache, dass die „Erdkunde von Asien" unvollendet geblieben ist und auch Ritters Vorlesungstätigkeit nicht umfassend erschlossen werden kann, zu berücksichtigen.[12] Letztlich kann die Forschung das Wissenschaftsverständnis des prominenten Geographen lediglich erschließen oder erahnen. Es ist daher umso wichtiger, sich direkt mit dem Inhalt des großen Werkes auseinanderzusetzen. Denn selbst wenn Ritter eine umfassende Programmschrift verfasst hätte, wäre seine Praxis als Geograph wohl wichtiger als die Theorie.

Das Ziel, das Ritter mit der „Erdkunde von Asien" schon von Beginn an verfolgte, war, die gesamte Erdoberfläche „chronologisch im Lichte des gesamten Wissens aller Zeiten darzustellen".[13] Dieses „gesamte Wissen" hat er nicht lediglich bearbeitet, er hat nicht nur die daraus zu ziehenden Schlüsse präsentiert. Er hat es tatsächlich, also seine Quellen in vielfältiger Weise, umfangreich in sein eigenes Werk integriert. Nur so lässt sich die ungeheure Dimension von rund 20.000 Seiten erklären. Diese zeitlich abgestufte Länderkunde richtet den Fokus besonders auf die Transformationsprozesse, seien sie anthropologischer, biologischer oder topographischer Art.[14] Die Wandlung des Raumes in all ihren Facetten, Deutungen und Wirkungen, die auch den Menschen einschließen, wollte Ritter erfassen und abbilden.[15] Die Forschung hat festgestellt, dass die präsentier-

---

10 Kramer, Gustav: Carl Ritter, Vol. 1, S. 260ff.

11 Zur Entwicklung des Titels der „Erdkunde von Asien" vgl. Ritter, Carl: Die Erdkunde im Verhältniß zur Natur und zur Geschichte des Menschen, oder allgemeine, vergleichende Geographie [...], Vol. 1, Berlin 1817. Zu den Schriften Ritters siehe Plott, Adalbert: Bibliographie der Schriften Carl Ritters, in: Die Erde, Vol. 94 (1963), S. 13–36.

12 Vgl. S. 65–71.

13 Büttner, Manfred/Hoheisel, Karl: Carl Ritter, in: Manfred Büttner (Hrsg.), Carl Ritter, S. 96; vgl. Ritter, Carl: Afrika, S. 8ff.; Beck, Hanno: Große Geographen, S. 116.

14 Päßler, Ulrich: Briefwechsel, S. 13; Beck, Hanno: Carl Ritter als Geograph, in: Karl Lenz (Hrsg.), Carl Ritter – Geltung und Deutung, S. 21 sowie Beck, Hanno: Große Geographen, S. 116. Vgl. exemplarisch S. 90–99 sowie 118–125.

15 Müller, Klaus: Carl Ritter und die kulturhistorische Völkerkunde, in: Paideuma: Mitteilungen zur Kulturkunde, Vol. 11 (1965), S. 29f.

ten Fakten anders als bei der Kompendiengeographie nicht der Vollständigkeit wegen und unverbunden nebeneinanderstanden. Ritter soll seinen Stoff so ausgewählt haben, dass dieser sich kausal, funktional und in einem letzten Schritt wohl auch teleologisch verbinden lässt.[16] Er hat Räume daher nicht ausschließlich physikalisch definiert. Er bearbeitete gleichfalls eine Historie sozialer Räume und deren Wandel. So hat er den Ural, einst eine wahre Scheidewand zwischen Europa und Asien, mit voranschreitender Zeit schließlich als ein Land des Übergangs definiert. Ähnlich, so Ritter weiter, verlören die Küsten und Meere ihre trennende Funktion. „[S]ie sind es, welche die Völker verbinden, ihre Schicksale verknüpfen, auf die bequemste, selbst auf die sicherste Weise [...]. Das Südende Afrika's liegt also heutzutage dem Nordwesten Europa's wirklich um weniger Tage näher als damals um eine weit größere Summe von Jahren".[17] Es ist bei Ritter also auch der Mensch und hier zuletzt die voranschreitende technische Entwicklung, die Räume definiert. Dementsprechend könnte man neben dem Kap der Guten Hoffnung etwa St. Helena als „Nachbarinsel unseres Erdtheils" betrachten.[18]

Ein besonderes Merkmal der „Erdkunde von Asien" darf an dieser Stelle vorausgeschickt werden. Es sind die umfangreichen Exkurse und Anmerkungen, die vor allem die zweite, für diese Arbeit maßgebliche Auflage auszeichnen.[19] Diese Einschübe sorgen nicht selten dafür, dass dem Leser der Gesamtzusammenhang des Textes verloren geht. Sie sind allen voran der Geschichte des Raumes, der Verbreitung von Naturprodukten oder speziellen Kulturgütern gewidmet. Zusammengenommen haben diese Abschnitte, wie zu zeigen sein wird, einen so mächtigen Anteil an der „Erdkunde", dass von ihnen kaum mehr als Exkursen oder Anmerkungen gesprochen werden kann. Sie machen zusammen mit dem übrigens sehr viel kleiner ausfallenden topographischen Teil des Werkes die Geographie Ritters aus. Der Geograph suchte regelmäßig den Zusammenhang zwischen dem Raum einerseits und der Geschichte seiner Bewohner andererseits. Einer naturwissenschaftlichen Länderkunde folgen daher stets kulturgeographische Abschnitte.[20] Kehrt man zum Titel als Ausgangspunkt für den Versuch, Ritters Auffassung vom eigenen Fach zu begreifen, zurück, erfordert gerade der vermeintlich definierende Passus „Allgemeine vergleichende Geographie" eine Erklärung.

16 Vgl. Plewe, Ernst: Carl Ritter. Von der Kompendien- zur Problemgeographie, in: Karl Lenz (Hrsg.), Carl Ritter – Geltung und Deutung, S. 37–51.

17 Ritter, Carl: Ueber das historische Element in der geographischen Wissenschaft, in: Ders., Einleitung zur allgemeinen vergleichenden Geographie, S. 168f.

18 Ritter, Carl: Ueber das historische Element in der geographischen Wissenschaft, in: Ders., Einleitung zur allgemeinen vergleichenden Geographie, S. 167ff. Dazu Schlögel, Karl: Im Raume lesen wir die Zeit, S. 42ff.

19 Ein Vergleich zwischen dem ersten Band der ersten Auflage von Ritters „Erdkunde von Asien" und dem später folgenden ersten Band der zweiten, „stark vermehrten" Auflage zeigt, dass die quantitative Erweiterung des Werkes vor allem diese Abschnitte, Anmerkungen und Erläuterungen jenseits der Topographie betrifft. Ritter hat dieses Prinzip, wie später für die Länder vom Indus an zu zeigen sein wird, beibehalten.

20 Schmitthenner, Heinrich: Studien über Carl Ritter, S. 67ff.

„Allgemein" hat Ritter nicht nur im Sinne eines Bernhardus Varenius (1622–1650/51) verstanden. Dessen „Geographia Generalis" formulierte – wenn auch nicht als erste, so doch am prominentesten – die allgemeinen Richtlinien und Grundsätze des Faches.[21] Dabei unterschied Varenius zunächst zwischen allgemeiner Geographie, der eine erläuternde Funktion zukommt, und spezieller Regionalgeographie, deren Aufgabe die Beschreibung ist. Der allgemeine Teil gliedert sich wiederum in drei Abschnitte: Die absolute Geographie (*pars absoluta*) ist auf die Erde als Ganzes bezogen und befasst sich mit ihrer Gestalt und Dimension. Hier überwiegt die mathematische Komponente. Relative Geographie (*pars respectiva*) betrachtet den Planeten vor dem Hintergund der Klimatologie und dem Wechsel der Jahreszeiten, vor allem in Beziehung zu anderen Himmelskörpern, insbesondere der Sonne. Der dritte Abschnitt, die vergleichende Geographie (*pars comparativa*), behandelt schließlich die Erdoberfläche, ihre Gliederung und die Stellung der Erdteile zueinander. Varenius geht dabei auch methodischen Fragen wie etwa der Kartenkonstruktion unter Berücksichtigung der Longitude nach. Ebenso wenig erscheint es sinnvoll, Ritters „Allgemeine Geographie" ausschließlich auf den großen Umfang seines Werkes zu beziehen. Es wäre nur allzu einseitig, die Absicht des Autors, alle verfügbaren Informationen zu den verschiedenen Landschaften zusammenzutragen und auszuwerten, für den Schlüssel zum Verständnis halten zu wollen. Physische Geographie im Sinne einer ganzheitlichen Bildungswissenschaft, wie sie etwa von Kant verstanden wurde, wird auch Carl Ritter, wie bereits angedeutet, nicht zuletzt über Pestalozzi erreicht und beeinflusst haben. Allerdings dürfte nach dem bisher Angeführten klar sein, dass ein monokausaler Ansatz zur Erfassung von Ritters Verständnis kaum ausreicht.[22]

Keiner der erwähnten Erklärungsansätze wird für sich genommen der „Erdkunde von Asien" gerecht. Sie lassen jedoch zusammengefasst eine Annäherung zu. In seiner „Einleitung zu dem Versuche einer allgemeinen vergleichenden Geographie" aus dem Jahre 1818, die übrigens auch in nur leicht veränderter Form dem ersten Band des großen Werkes vorangestellt wurde, hat Ritter eine Abkehr von speziellen Zwecken wie den bereits erwähnten politischen gefordert.[23] Ebenso wenig sollte die Frage nach dem reinen Nutzen oder die Dienstfunktion für benachbarte Wissenschaften die Arbeit des Geographen bestimmen. Auch das mehr oder weniger einsichtige Prinzip der Auswahl von „Merkwürdigkeiten", wie es der Kompendiengeographie mitunter unterstellt wurde, hat Ritter abgelehnt.[24] Es erschien

21 Varenius, Bernhardus: Geographia generalis. In qua affectiones affinis materiae, ex variis autoris collecta et in ordinem redacta, Amsterdam 1650. Dazu auch Dickinson, Robert: The Makers of Modern Geography, S. 6–11.
22 Büttner, Manfred/Hoheisel, Karl: Carl Ritter, in: Manfred Büttner (Hrsg.), Carl Ritter, S. 98; Beck, Hanno: Carl Ritter, S. 76f. sowie Schmitthenner, Heinrich: Studien über Carl Ritter, S. 61f.
23 Vgl. Ritter, Carl: Einleitung zu dem Versuche einer allgemeinen vergleichenden Erdkunde, in: Ders., Einleitung zur allgemeinen vergleichenden Geographie, S. 24f. sowie Ritter, Carl: Afrika, S. 21.
24 Vgl. Plewe, Ernst: Carl Ritter. Von der Kompendien- zur Problemgeographie, in: Karl Lenz (Hrsg.), Carl Ritter – Geltung und Deutung, S. 37–51; Büttner, Manfred/Hoheisel, Karl: Carl Ritter, in: Manfred Büttner (Hrsg.), Carl Ritter, S. 98.

ihm eher willkürlich und wenig systematisch. So bleiben wohl eher die wie auch immer gearteten „Naturgesetzmäßigkeiten", die die entscheidenden Kriterien für den Zuschnitt eines geographischen Werks im „allgemeinen" Sinne Ritters bestimmen sollten.

Ritter hat über seinen Objektivitätsanspruch kaum berichtet, sein „philosophisches Problembewusstsein" war schwach ausgebildet.[25] Die Forderung nach naturgegebenen Zusammenhängen, die ihm gerade auch für die Herausbildung einer unabhängigen Geographie als eigene Diziplin wichtig erschienen, sowie die Zurückweisung der genannten willkürlichen Zwecke könnten dahingehend interpretiert werden, dass Ritter die Loslösung der Geographie vom „Erkenntnissubjekt", dem Menschen, beabsichtigte.[26] Allerdings widerspräche dies der bereits angesprochenen Positionierung des Menschen als festen Bestandteil des „irdisch erfüllten Raumes".[27] Auch Ritters Auffassung von der historischen Geographie lässt sich hiermit nur schwerlich in Einklang bringen.

Otto Richter und später Manfred Büttner haben sich speziell dem Geographiehistoriker[28] Ritter genähert und treffend festgestellt, dass Ritter die Entwicklungsgeschichte einzelner Landschaften und ihre Veränderung durchaus adäquat bearbeitet hat.[29] Dennoch konnte Büttner zeigen, dass er keinen festen Plan einer Geographiegeschichte verfolgte, jedoch durchaus erfolgreich verschiedene Etappen des Wissens über einzelne Landschaften und Regionen der Welt nachzeichnen konnte.[30] Ob nun Geographiegeschichte, in Ritters Sinn „sich wandelndes Wissen über Landschaften", von historischer Geographie als „Studium der Wandlungen von Landschaften"[31] so eindeutig geschieden

---

25 Büttner, Manfred/Hoheisel, Karl: Carl Ritter, in: Manfred Büttner (Hrsg.), Carl Ritter, S. 98f. sowie Büttner, Manfred: Zu Beziehungen zwischen Geographie, Theologie und Philosophie im Denken Carl Ritters, in: Karl Lenz (Hrsg.), Carl Ritter – Geltung und Deutung, S. 75–80. Schmitthenner, Heinrich: Studien über Carl Ritter, S. 35, S. 72, S. 80f. und S. 97.

26 Büttner, Manfred/Hoheisel, Karl: Carl Ritter, in: Manfred Büttner (Hrsg.), Carl Ritter, S. 98f.

27 Vgl. Ritter, Carl: Ueber das historische Element in der geographischen Wissenschaft, in: Ders., Einleitung zur allgemeinen vergleichenden Geographie, S. 153f. sowie S. 157.

28 Ritter hat einen erheblichen Teil seiner Dozententätigkeit der Geographiegeschichte gewidmet. Aus den von Daniel veröffentlichten Vorlesungen ist bekannt, dass Ritter nicht nur speziell über die Geschichte der Entdeckungen und über die Erweiterung des geographischen Wissens gelesen hat. Allgemeiner hat er der Geschichte der Geographie im Sinne der Erweiterung des Wissens von der Welt auch in anderen Vorlesungen nicht weniger Aufmerksamkeit zukommen lassen als den übrigen Themenbereichen. Vgl. Ritter, Carl: Geschichte der Erdkunde und Entdeckungen (Vorlesung), S. V.

29 Richter, Otto: Der teleologische Zug im Denken Carl Ritters, S. 78f. (zur Zunahme oder „Last" des historischen Materials in der „Erdkunde von Asien"); Büttner, Manfred: Zu Ritters Konzeption der Geographiegeschichte und aus ihr sich ergebende Anregungen für gegenwärtige Forschungen, in: Ders., Carl Ritter, S. 111–141; ferner Beck, Hanno: Carl Ritter, S. 120; Beck, Hanno: Große Geographen, S. 115f.; Päßler, Ulrich: Briefwechsel, S. 14f.

30 Büttner, Manfred/Hoheisel, Karl: Carl Ritter, in: Manfred Büttner (Hrsg.), Carl Ritter, S. 99. Zum Verhältnis von Geographie und Geschichte siehe auch Schröder, Iris: Carl Ritters Berliner Studien zur Universalgeographie und zur Geschichte, in: Wolfgang Hardtwig/Philipp Müller (Hrsgg.), Die Vergangenheit der Weltgeschichte, S. 123–140.

31 Büttner, Manfred/Hoheisel, Karl: Carl Ritter, in: Manfred Büttner (Hrsg.), Carl Ritter, S. 99.

werden kann, wie dies mitunter von der Forschung versucht wurde, oder ob dies in der „Erdkunde von Asien" doch eher untrennbar zusammengehört, ist eine Frage, die nicht nur methodische Probleme aufwirft. Um Aussagen zu solchen Fragen zu treffen, hat Ritter konsequent antike und mittelalterliche Autoren, also historische Zeugnisse, angeführt und die Grenzen damit stets verwischt. Folglich darf zumindest der erwähnte Widerspruch zurückgenommen werden. Historiographie und Geographie sind in Ritters Werk durchaus verwandte Disziplinen. Die zentrale Position der erstgenannten, die mehr als nur eine Komponente in der „Erdkunde von Asien" bildet, wird später zu zeigen sein. In jedem Fall ist aber davon auszugehen, dass für Ritter das historische Element nicht aus seinem Fach wegzudenken war.[32]

Der „vergleichende" Aspekt in Ritters Geographie wurde von der Forschung mehrfach diskutiert. Fest steht, dass dieser zunächst auf die topographischen Strukturen bezogen war und wohl auch die Klimageographie einschloss.[33] Entsprechende Passagen finden sich in der „Erdkunde von Asien" nicht selten. Diese vermeintlich stark eingeschränkte Perspektive hat Oscar Peschel, wie erwähnt, heftig kritisiert.[34] Allerdings hat Ritter unter „vergleichen" weit mehr verstanden. Er hat damit auch die Verbindung von verschiedenen Phänomenen des „irdisch erfüllten Raumes" gemeint, um so die bereits erwähnten Gesetzmäßigkeiten erfassen zu können. Die Auffassung von der Erde als „Gesamtorganismus" machte es für Ritter notwendig, auf prominente Erscheinungen und ihre Verzahnung mit anderen hinzuweisen.[35] Als Beispiel sei an dieser Stelle auf die Verbreitung der *olea europaea* verwiesen.[36] Ritter hat sein Vorgehen selbst genauer formuliert, seine Worte weisen zurück auf die zeitlich abgestufte Länderkunde, also auf die Geschichte des Raumes:

> Die Grundregel, welche dem Ganzen seine Wahrheit sichern soll, ist die von Beobachtung zu Beobachtung, nicht von Meinung oder Hypothese zu Beobachtung fortzuschreiten. So schwer und öfter in der That unmöglich es auch seyn mag, dieser auf das Haar getreu zu bleiben: so wird man sich doch der Consequenz in ihrer Anwendung immer um so mehr nähern, je mannichfaltiger die Zahl und Art der treuesten Beobachter, und zwar der verschieden gebildeten aus den nahesten und entferntesten

---

32 Zur „natürlichen Einheit" des Historischen und Geographischen bei Ritter siehe Schlögel, Karl: Im Raume lesen wir die Zeit, S. 40ff.

33 Zur Selbstauskunft Ritters vgl. Ritter, Carl: Afrika, S. 21f.; dazu Beck, Hanno: Carl Ritter, S. 76f. sowie Büttner, Manfred/Hoheisel, Karl: Carl Ritter, in: Manfred Büttner (Hrsg.), Carl Ritter, S. 98f.

34 Peschel, Oscar: Abhandlungen zur Erd- und Völkerkunde, Vol. 1 (1877), S. 375–383.

35 Ritter, Carl: Einleitung zu dem Versuche einer allgemeinen vergleichenden Geographie, in: Ders., Einleitung zur allgemeinen vergleichenden Geographie, S. 7; Ritter, Carl: Ueber geographische Stellung und horizontale Ausbreitung der Erdtheile, in: Ders., Einleitung zur allgemeinen vergleichenden Geographie, S. 104; Ritter, Carl: Ueber das historische Element in der geographischen Wissenschaft, in: Ders., Einleitung zur allgemeinen vergleichenden Geographie, S. 181; dazu Schmitthenner, Heinrich: Studien über Carl Ritter, S. 96 und Schach, Andreas: Carl Ritter, S. 137.

36 Vgl. S. 268–273.

Ländern und Jahrhunderten ist. Daher hier wo möglich die bewährtesten Zeugnisse aller Völker und Zeiten für jedes einzelne Factum und jeden Punct desselben dicht zusammengedrängt, wenn nicht zur Vereinigung doch zur Vergleichung (und zwar in den ihnen eigenthümlichen Ausdrücken, die gewöhnlich individualisirend sind) stehen sollten.[37]

Schließlich erfordert die Bezeichnung „Geographie" selbst noch einige Erläuterungen, zumal sich Ritters Sprachgebrauch wie der seiner Zeitgenossen von der modernen Bezeichnung der wissenschaftlichen Disziplin unterscheidet. Darüber hinaus war ja auch zu Lebzeiten des großen Geographen keinesfalls ausgemacht, was unter der Bezeichnung zu verstehen sei. Dass Erdkunde und Geographie gewissermaßen als Synonyme gebraucht wurden, hat die Forschung spätestens seit Heinrich Schmitthenners Studien über Carl Ritter verworfen.[38] Er vertrat die Ansicht, dass Erdkunde als „elementare Topographie" verstanden wurde. In anderen Worten: Unter Erdkunde sei die entleerte Erdoberfläche und damit eine „noch nicht wissenschaftliche Geographie" zu verstehen.[39] Manfred Büttner und Hanno Beck haben dieser Meinung zu Recht widersprochen.[40] Schmitthenners Auffassung ist schließlich nicht mit Ritters Verständnis der Erdkunde, die sich ja mit dem „irdisch erfüllten Raume" zu beschäftigen habe, in Einklang zu bringen. Gerade dass Ritter in seiner „Erdkunde von Asien" den Menschen und seine Geschichte weit stärker als die topographischen Elemente und übrigens auch stärker als die „Naturprodukte" einer Betrachtung unterzieht, kann nur gegen Schmitthenners Überlegungen sprechen.

Um das Begriffspaar Erdkunde und Geographie besser interpretieren zu können, hilft eine Betrachtung dessen weiter, was Ritter unter dem Titel seines großen Werkes nicht verstanden haben wollte. Er nannte seine Wissenschaft selbst „physicalisch", „weil in ihr von Naturkräften die Rede ist, insofern sie im Raume wirken und bestimmte Formen bedingen und Veränderungen hervorbringen".[41] Ritter hat aber bewusst das Adjektiv nicht in die Überschrift aufgenommen, da es seiner Meinung nach „eine zu enge Sphäre" des Begriffs Geographie beinhalte. Er hat ausdrücklich festgelegt, dass in seiner „Erdkunde von Asien" auch von organischen Kräften, „die nur in der Zeit sich offenbaren und auch in verständige und sittliche Naturen" (Menschen) eingehen, die Rede sein werde.[42] Hanno Beck hat darauf hingewiesen, dass sich der Ausdruck „physiologische Geographie"

---

37 Ritter, Carl: Einleitung zu dem Versuche einer allgemeinen vergleichenden Geographie, in: Ders., Einleitung zur allgemeinen vergleichenden Geographie, S. 27f.; ebenfalls bei Ritter, Carl: Afrika, S. 23.
38 Schmitthenner, Heinrich: Studien über Carl Ritter, S. 61ff.
39 Schmitthenner, Heinrich: Studien über Carl Ritter, S. 61ff.
40 Beck, Hanno: Carl Ritter, S. 74ff.; Beck, Hanno: Große Geographen, S. 114ff.; Büttner, Manfred/ Hoheisel, Karl: Carl Ritter, in: Manfred Büttner (Hrsg.), Carl Ritter, S. 99.
41 Ritter, Carl: Einleitung zu dem Versuche einer allgemeinen vergleichenden Geographie, in: Ders., Einleitung zur allgemeinen vergleichenden Geographie, S. 24.
42 Ritter, Carl: Afrika, S. 21.

angeboten hätte.[43] Aber auch diesen hat Ritter abgelehnt. Zweifelsfrei kann festgehalten werden, dass Ritter Geographie also nicht als reine Naturwissenschaft begriffen hat; die weitere, durchaus offenere Ausrichtung hat er versucht durch die Worte „allgemein" und „vergleichend" zu umschreiben.

Ritter definierte seine Geographie als anthropozentrische Wissenschaft. In einer frühen Schrift über den geographischen Unterricht hat er ihr selbst das Ziel gegeben, „den Menschen mit dem Schauplatze seiner Wirksamkeit im Besonderen und im Allgemeinen bekannt zu machen; darum ist sie Beschreibung dieses Schauplatzes, nicht an sich, sondern in Bezug auf den Menschen."[44] Dies widerspricht der heute gängigen Definition der physischen/physicalischen Geographie, die neben – aber getrennt von – der sogenannten Humangeographie den wichtigsten Teilbereich der modernen Disziplin darstellt. Für ihn stand der Mensch im Zentrum der Schöpfung. So hat er seinem Fach die Aufgabe zugewiesen, den „irdisch erfüllten Raum" auch unter dem Gesichtspunkt der sinnvollen und vor allem zweckdienlichen Einrichtung des Planeten zur Erfüllung eines göttlichen Heilsplanes für die Menschheit zu betrachten.[45] Ritters Denken ist daher im Grundsatz teleologisch. Dies gilt auch für seine Auffassung von der Geschichte, insofern er ein zeitliches Fortschreiten zu höheren Formen annimmt. An diesem Fortschritt haben seiner Auffassung nach jedoch nicht alle Räume und „Völker" in gleicher Weise Anteil. Die „Kultur" begann – ganz im Sinne Hegels – im Osten Asiens, in den Kinderschuhen steckend, und zivilisierte über den Vorderen Orient schließlich Europa und den Norden Amerikas, wo allmählich ein relativer Höchststand erreicht wurde.[46] Umstände wie etwa klimatische Bedingungen, die diese Entwicklung begünstigten oder hemmten, waren für Ritter nicht nur in den Umweltfaktoren der physischen Geographie beziehungsweise in der naturräumlichen Ausstattung eines Erdteils zu suchen.[47] Ernst Plewe spricht diesbezüglich von dem „Gegenüber".[48] Während Asien nur den Ozean und Südeuropa nur das

43 Beck, Hanno: Carl Ritter, S. 76.

44 Ritter, Carl: Einige Bemerkungen über den methodischen Unterricht in der Geographie, in: Zeitschrift für Pädagogik, Erziehungs- und Schulwesen, Vol. 2, 7 (1806), S. 205; dazu Müller, Klaus: Carl Ritter und die kulturhistorische Völkerkunde, in: Paideuma: Mitteilungen zur Kulturkunde, Vol. 11 (1965) S. 55f.

45 Beck, Hanno: Carl Ritter, S. 67f. und 76f.; Büttner, Manfred: Zu Beziehungen zwischen Geographie, Theologie und Philosophie im Denken Carl Ritters, in: Karl Lenz (Hrsg.), Carl Ritter – Geltung und Deutung, S. 80–84; Schach, Andreas: Carl Ritter, S. 147.

46 Büttner, Manfred/Hoheisel, Karl: Carl Ritter, in: Manfred Büttner (Hrsg.), Carl Ritter, S. 102f.; Schmitthenner, Heinrich: Studien über Carl Ritter, S. 40ff. sowie S. 86ff.; Wünsche, Alwin: Die geschichtliche Bewegung und ihre geographische Bedingtheit bei Carl Ritter, S. 97–117; Schnädelbach, Herbert: Georg Wilhelm Friedrich Hegel, S. 104ff., S. 108ff. sowie 115ff.

47 Müller, Klaus: Carl Ritter und die kulturhistorische Völkerkunde, in: Paideuma: Mitteilungen zur Kulturkunde, Vol. 11 (1965) S. 30ff.

48 Plewe, Ernst: Untersuchungen über den Begriff der „vergleichenden Erdkunde" und seine Anwendung in der neueren Geographie (Zeitschrift der Gesellschaft für Erdkunde zu Berlin, Ergänzungsheft, Vol. 4), S. 1–22; dazu ferner Schröder, Iris: Das Wissen von der ganzen Welt, S. 252ff.

„unwirtliche Afrika" habe, entstehe aus dem „Gegenüber" von Nordamerika, West- und Mitteleuropa eine bemerkenswert günstige Dynamik der Entwicklung.

Ritters Blick auf die Menschheitsgeschichte ist, insofern er an mehreren Stellen topographische Phänomene und klimatische Bedingungen sowie deren vermeintliche Auswirkungen mit den lokalen Zuständen in unmittelbaren Bezug gesetzt hat, sicherlich zum Teil als geodeterministisch zu bezeichnen.[49] Als prominentes Beispiel darf etwa die besondere „Verschlossenheit" des afrikanischen Kontinents, gemessen an seinen Küstenlinien in Beziehung zur großen Fläche, angeführt werden.[50] Auch auf historische Ereignisse kann in diesem Kontext hingewiesen werden. Der nahöstliche Kriegsschauplatz – Ritter behandelt dessen Geschichte tatsächlich auch als Kriegsgeschichte seit der Antike – lässt sich seiner Ansicht nach auf die geographische Lage zwischen den angrenzenden Erdteilen zurückführen.[51]

Ritters Weltbild ist allerdings nicht exklusiv geodeterministisch. Verbunden damit muss der tief verwurzelte Schöpfungsglaube des Geographen angesprochen werden. Abgesehen davon, dass die Biographie Kramers diesen, oder anders gesagt, den gläubigen Christen Carl Ritter nur allzu sehr herausstellt, finden sich in Ritters eigenen Schriften mehrere Hinweise darauf.[52] In der Einleitung zu einer allgemeinen vergleichenden Geographie gebraucht Ritter den Ausdruck „Schöpfung" in einem ganz alttestamentlichen Sinn. Er bezeichnet damit Natur und Kultur gleichermaßen. Weiter gefasst fällt für ihn alles Belebte wie auch alles Unbelebte, zusammen genommen alles Irdische unter den Begriff.[53] Dass sich diese Auffassung auch in Ritters großem Werk niedergeschlagen hat, überrascht wenig. Innerhalb der „Erdkunde von Asien" wären allen voran die beiden Palästina-Bände zu nennen.[54] Man könnte annehmen, dass hier oberflächlich teleologische

---

49 Schach, Andreas: Carl Ritter, S. 148; Päßler, Ulrich: Briefwechsel, S. 13f.; Büttner, Manfred/Hoheisel, Karl: Carl Ritter, in: Manfred Büttner (Hrsg.), Carl Ritter, S. 94ff. sowie S. 102; Dickinson, Robert: The Makers of Geography, S. 42–47.

50 Beck, Hanno: Carl Ritter, S. 79–84; Henze, Dietmar: Afrika im Spiegel von Carl Ritters „Erdkunde", in: Karl Lenz (Hrsg.), Carl Ritter – Geltung und Deutung, S. 155–163; Büttner, Manfred/Hoheisel, Karl: Carl Ritter, in: Manfred Büttner (Hrsg.), Carl Ritter, S. 97.

51 Im zehnten Teil der „Erdkunde von Asien" („Stufenland des Euphrat- und Tigrissystems", Vol. 2, S. 54 und S. 66f.) bezeichnet Ritter das Zweistromland beziehungsweise den Nahen Osten aus dem oben genannten Grund als „Tummelplatz" der Heere.

52 Otto Richter hat geglaubt in seiner Dissertation nachgewiesen zu haben, dass die teleologisch-theologischen Motive Ritters seine kritischen Forschungen zumindest teilweise übertreffen. Vgl. Richter, Otto: Der teleologische Zug im Denken Carl Ritters, S. 101–105. Dies haben nicht zuletzt Hanno Beck und zuvor auch Heinrich Schmitthenner widerlegt oder zumindest eingeschränkt. Vgl. Beck, Hanno: Carl Ritter, S. 95ff.; Schmitthenner, Heinrich: Studien über Carl Ritter, S. 71–77 und S. 85; Büttner, Manfred/Hoheisel, Karl: Carl Ritter, in: Manfred Büttner (Hrsg.), Carl Ritter, S. 100–103. Zu den Wurzeln von Ritters Denken siehe Hübner, Jürgen: Beziehungen zwischen Theologie und Naturwissenschaften vom 17. bis zum 19. Jahrhundert, in: Manfred Büttner (Hrsg.), Carl Ritter, S. 13–26.

53 Ritter, Carl: Einleitung zu dem Versuche einer allgemeinen vergleichenden Geographie, in: Ders., Einleitung zur allgemeinen vergleichenden Geographie, S. 5f., S. 11, S. 16 sowie S. 48 und S. 57.

54 Vgl. Teile 15, 1 und 15, 2 der auf S. 67 vorgenommenen Einteilung von Ritters „Erdkunde von Asien". Die beiden 1850 und 1851 erschienenen Bände sind, wie überhaupt das Alterswerk Ritters, für die For-

Pseudofakten an die Stelle der eigentlichen kritischen Erdbeschreibung getreten wären. Ritter ist für seine Darstellung des Heiligen Landes nicht von seinem zuvor bewährten Vorgehen abgewichen. Allerdings hat er bei mehreren Gelegenheiten „die Ergebnisse der Kausalforschung durch deduktiv-teleologische Erklärungen überhöht".[55] Die mittlerweile für die Ritterforschung kanonisch gewordenen Worte über den scheinbaren Gegensatz einer bei oberflächlicher Betrachtung empfundenen „Ordnungslosigkeit", die sich bei näherem Hinsehen als ein wohl organisiertes Ganzes darstellt, fassen die verschiedenen hier angesprochenen Facetten von Ritters Weltbild noch einmal zusammen. Ritter hat sich ihrer in Anlehnung an Johann Gottfried Herder bedient.

Sollte dieser Gegensatz bei dem größten der uns näher bekannt gewordenen Naturkörper, unserm Planeten, und wären wir auch nur mit seiner äußerlichsten Oberfläche und auch mit dieser fürs erste für noch ganz oberflächlich bekannt, nicht stattfinden? und diese, wie durch blinde Naturgewalt wild zerrissen erscheinende Außenseite blos einer zufälligen system- und zwecklosen, chaotisch wirkenden neptunischen und plutonischen Dictatur und gegenseitig sich nur zufällig bedingenden Gewalt ihre gegenwärtige bei einem Gesammtüberblick die Sinne verwirrende Erscheinung angenommen haben? Wie wäre dies mit dem Geschick ihrer Belebungen, ihrer Bevölkerungen, mit den Schicksalen des Menschengeschlechts, seinen Geschichten und Entwicklungen zu vereinen, wenn wir auch nur bei dem einen Gedanken stehen bleiben, daß der Planet nur als das Erziehungshaus und mit allen seinen Einrichtungen als die große Erziehungsanstalt des Menschengeschlechts in ihrem irdischen Vorübergange erscheinen kann.[56]

schung vor allem unter den oben genannten Gesichtspunkten von besonderem Interesse. Vgl. Schulz, Heinz: Bemerkungen zur Weltanschauung Carl Ritters, in: Hans Richter (Hrsg.), Carl Ritter. Werk und Wirkung, S. 45–54. Hanno Beck hat die beiden Bände und deren Inhalt ein wenig ausführlicher besprochen (Beck, Hanno: Carl Ritter, S. 94–97), Manfred Büttner hat wieder eine breitere Perspektive gewählt (Büttner, Manfred: Zu Beziehungen zwischen Geographie, Theologie und Philosophie im Denken Carl Ritters, in: Karl Lenz (Hrsg.), Carl Ritter – Geltung und Deutung, S. 78–84). Siehe zu dieser Frage auch: Schulze, Bruno: Charakter und Entwicklung der Länderkunde Karl Ritters, S. 16–40 (zur Auswertung von Ritters erster Auflage) sowie S. 41–61 (zum Vergleich mit der erweiterten zweiten Auflage); Richter, Otto: Der teleologische Zug im Denken Carl Ritters, S. 69–82 sowie S. 95–100.

55 Büttner, Manfred/Hoheisel, Karl: Carl Ritter, in: Manfred Büttner (Hrsg.), Carl Ritter, S. 101. Die Überhöhung des Heiligen Landes sowie Ritters Auffassung vom göttlichen Schöpfungsplan wurden von gewissen Kreisen gerne aufgenommen. Vgl. Hoffmann, Wilhelm: Die Erdkunde im Lichte des Reiches Gottes, in: Deutsche Zeitschrift für christliche Wissenschaft und christliches Leben, Neue Folge, Vol. 3 (1886), S. 17–21 und Vol. 4 (1886), S. 25–27.

56 Vgl. Ritter, Carl: Ueber räumliche Anordnungen auf der Außenseite des Erdballs und ihre Functionen im Entwicklungsgange der Geschichten, in: Ders., Einleitung zur allgemeinen vergleichenden Geographie, S. 208f.

Zeitgenössische Auffassungen und Einflüsse

Ritters Verständnis von Geographie oder Erdkunde lässt sich kaum auf eine einfache und prägnante Formel bringen. Der über ihm liegende Schleier kann nur für gewisse Facetten und Aspekte gelüftet werden. Hierin liegt manche Gemeinsamkeit mit seinem großen Werk, der „Erdkunde von Asien", auch wenn diese eher hinter dem Nebel des wissenschaftlichen Desinteresses verhüllt geblieben ist. Um Ritters Profil als Geograph zu schärfen, bietet sich ein Vergleich mit den zeitgenössischen Geographen beziehungsweise Kultur- und Geschichtsphilosophen an. Die Nähe Ritters zu Alexander von Humboldt ist bereits angeklungen; beide waren miteinander freundschaftlich bekannt und pflegten eine stetige Korrespondenz. Eine Analyse von Unterschieden und Gemeinsamkeiten der Väter ihres Faches bietet sich aber nicht nur deswegen an. Beide Männer verfolgten trotz mancher Differenzen dasselbe Ziel: die Institutionalisierung und Abgrenzung der Geographie als eigenständige Disziplin.[57]

Während sich ein Vergleich zwischen Ritter und von Humboldt nicht zuletzt wegen der Popularität des Letzteren geradezu aufdrängt, bedarf die Wahl von Immanuel Kant und Johann Gottfried Herder einiger Erläuterungen. Dies gilt vor allem vor dem Hintergrund, dass sich Kant und Herder im Gegensatz zu Ritter nicht exklusiv der Geographie widmeten. Vor allem Letzterer betrieb geographische Forschungen eher nebenher. 1868 veröffentlichte Hermann Guthe (1825–1874) sein später in zahlreichen Auflagen überarbeitetes Lehrbuch der Geographie.[58] Das viel beachtete Werk würdigt schon in der Einleitung die Bedeutung Carl Ritters, unter anderem für die Schulgeographie. Bemerkenswert ist jedoch die ursprüngliche Gestaltung des Titelblatts. Es zeigt die Porträts Ritters, von Humboldts und Herders. Nun gibt es zwar in Herders Werken keine eindeutigen und gezielten Hinweise darauf, dass er sich dezidiert der Förderung der (Schul-)Geographie gewidmet hat, allerdings zeigt Guthes Illustration deutlich, dass man den „Theologen und Geschichtsphilosophen, Dichter und Literaturkritiker Herder, wenn schon nicht zu den Baumeistern, so doch zu den Anregern und Wegbereitern der modernen wissenschaftlichen Geographie rechnete".[59]

Diese Auswahl erscheint insofern wenig verwunderlich, als sich die Ansicht, wonach Herders Verdienste um die Geographie sogar die seines akademischen Lehrers Immanuel Kant übertroffen haben, relativ früh in der Forschung durchgesetzt hat.[60] Wie zu zeigen sein wird, ist Herders Einfluss auf Ritters Arbeit gleich an mehreren Punkten fassbar und

---

57 Beck, Hanno: Große Geographen, S. 101 sowie S. 117f.; Beck, Hanno: Carl Ritter und Alexander v. Humboldt – eine Polarität, in: Karl Lenz (Hrsg.), Carl Ritter – Geltung und Deutung, S. 98f.

58 Guthe, Hermann: Lehrbuch der Geographie. Für die mittleren und oberen Classen höherer Bildungsanstalten sowie zum Selbstunterricht, Hannover 1868, S. III–VII (mit einem ausdrücklichen Bekenntnis zu Ritter).

59 Hoheisel, Karl: Kant – Herder – Ritter, in: Manfred Büttner (Hrsg.), Carl Ritter, S. 65.

60 Guthe, Hermann, Lehrbuch der Geographie, S. VII (hier in der dritten Auflage aus dem Jahr 1874). Dazu auch Hoheisel, Karl: Kant – Herder – Ritter, in: Manfred Büttner (Hrsg.), Carl Ritter, S. 65.

auch bereits nachgewiesen worden. Anders liegen die Dinge bei der Frage nach Kants Konzeption einer wissenschaftlichen Geographie. Zwar konnte Hanno Beck dessen Wirkung auf Alexander von Humboldt zweifelsfrei verfolgen, der Einfluss auf Ritter ist dagegen weit weniger deutlich.[61] Die Bedeutung und Wirkung von Kants Arbeiten hat die Forschung allerdings als „den entscheidenden Wendepunkt der modernen Geographiegeschichte"[62] gewürdigt. Es ist daher nur konsequent, auch dessen Auffassung vom Fach zusätzlich aufzugreifen.[63]

Alexander von Humboldt (1769–1859)

Mit dem Titel „Carl Ritter und Alexander von Humboldt – eine Polarität" hat Hanno Beck einen Forschungsbeitrag zum Verhältnis der beiden Geographen überschrieben. Er gebrauchte den Ausdruck „Polarität" dabei im Sinne zweier verschiedener Positionen, die sich gegenseitig ergänzen und nicht in abgeschiedener Koexistenz nebeneinanderstehen sollen. Tatsächlich passt dieser Ausdruck auf das Verhältnis der beiden Gelehrten ausgesprochen gut. Sowohl in ihrem wissenschaftlichen Werdegang als auch in ihrer Biographie findet sich Trennendes, aber bei genauerer Betrachtung auch mehr und mehr Gemeinsames.[64] Einer vergleichenden Biographie stünden durchaus, etwa mit dem frühen Tod beider Väter und den mehr oder weniger starken Einflüssen der Mütter, gewisse Ansatzpunkte für eine Analyse zur Verfügung.[65] Allerdings soll die Frage nach der „physicalischen Geographie" als Leitgedanke der folgenden Abschnitte im Zentrum stehen. Ein besonderer Aspekt darf jedoch nicht vernachlässigt werden, auch wenn dieser genau genommen in seinem Ursprung nicht zur wissenschaftlichen Arbeit gerechnet werden

---

61 Alexander von Humboldt sagte: „Das Einzige, worin ich einigermaßen bewandert bin, ist die Kantische Philosophie. Im Uebrigen habe ich wohl dies und das gelesen, aber nicht so viel nachlesen und nachdenken können als zur gründlichen Kenntniß dieser Gegenstände nothwendig ist." – Alexander von Humboldt zu Friedrich Althaus (Beck, Hanno: Gespräche Alexander von Humboldts, S. 284). Dazu auch Beck, Hanno: Alexander von Humboldt, Vol. 2, S. 237–243 sowie Beck, Hanno: Große Geographen, S. 90f.

62 Beck, Hanno: Geographie, S. 161.

63 Eine knappe Einführung u. a. zu wissenschaftlichen Ansätzen und Auffassungen in der Geographie (seit Herder) bietet Birkenhauer, Josef: Traditionslinien und Denkfiguren. Zur Ideengeschichte der sogenannten Klassischen Geographie in Deutschland, Stuttgart 2001.

64 Beck, Hanno: Carl Ritter und Alexander v. Humboldt – eine Polarität, in: Karl Lenz (Hrsg.), Carl Ritter – Geltung und Deutung, S. 93f.

65 Wie bereits erwähnt, hat Carl Ritter seinen Vater im Alter von fünf Jahren verloren. Alexander von Humboldt war nur doppelt so alt, als sein Vater starb. Während Ritters Mutter selbst die Erziehung der Kinder übernehmen musste, überließ Marie Elisabeth von Humboldt dies einem Erzieher. Man könnte darüber hinaus die Einflüsse von Pestalozzi (für Ritter) und von Goethe (für von Humboldt) diskutieren und vergleichen, auch andere Ansatzpunkte ließen sich finden. Es soll jedoch hier keine geistesgeschichtliche Parallele oder die Suche nach Differenzen in der Biographie betrieben werden.

kann: Es ist die Religion, die mitunter als trennendes Hindernis zwischen den beiden Geographen angesehen wurde.[66] Dass der überzeugte Christ Carl Ritter auch als solcher in Teilen seiner Arbeit wiederentdeckt werden kann, wurde bereits festgestellt. Die verschiedenen Implikationen, die diese grundlegende Überzeugung mit sich brachte, finden sich bei von Humboldt nur in kaum feststellbarer Weise. Er verfuhr bei der Erforschung der Erde als Agnostiker. Dennoch disqualifizierte dieser wichtige Unterschied Ritter nicht in den Augen seines Kollegen. Alexander von Humboldt hat Religion nie abgelehnt. In zahlreichen Teilen seiner privaten Korrespondenz und sogar in seinem „Kosmos" wird auf Religion beziehungsweise Gott Bezug genommen.[67]

Carl Ritter hat seinen adeligen Zeitgenossen bewundert. Vor allem die großen Reisen und die Berichte imponierten ihm sehr. Im Jahre 1807, anlässlich des ersten Zusammentreffens, schrieb Ritter:

> Ich habe ihn sehr viel über seine Resultate, die er von der großen Reise mit zurück brachte sprechen hören […]. Er hat mir von seinen astronomischen Beobachtungen mitgetheilt, seine Eudiometrischen Versuche der Luftarten erklärt, seine Untersuchungen über die Temperatur der Meere und ihre Tiefen, über die Meeresströmungen u. s. w. anschaulich dargestellt – ja er will uns noch einen Nachmittag schenken und mir und meinen Freunden die Sammlung von einigen 70 Karten und Ansichten zeigen, die er theils selbst gemacht, oder doch alle aus America mitgebracht hat […]. Du siehst leicht, wie ich diese Tage hindurch für alles andere verloren sein und alle meine Zeit nur ihm und dem Andenken an ihn gehören mußte. Noch nie wurde von irgend einer Gegend ein so anschauliches, in sich vollkommenes Bild in mir erweckt, als durch Humboldt in mir von den Cordilleren entstand. Ich hatte desto mehr Berührungspunct mit ihm, als ich alle seine herausgekommenen Werke mit einer Art von Heißhunger verschlungen hatte.[68]

Das Ansehen, das Alexander von Humboldt bei Ritter und in der ganzen Runde, die sich zu diesem Zeitpunkt in Frankfurt zusammengefunden hatte, genoss, wird in diesen kurzen Zeilen deutlich. Umgekehrt darf dem Ehrengast eine gewisse Begabung und ein besonderes Engagement bei der Anleitung seiner Zuhörer zugeschrieben werden. Ritter

---

66 Beck, Hanno: Carl Ritter und Alexander v. Humboldt – eine Polarität, in: Karl Lenz (Hrsg.), Carl Ritter – Geltung und Deutung, S. 96; Schulz, Heinz: Bemerkungen zur Weltanschauung Carl Ritters, in: Hans Richter (Hrsg.), Carl Ritter. Werk und Wirkung, S. 49f.

67 Schon das von Eduard Buschmann erstellte Register zu von Humboldts Kosmos weist unter den Stichwörtern „Gott" zahlreiche Einträge aus. Vgl. Humboldt, Alexander von: Kosmos, Vol. 5, (Buschmanns Register) S. 505. Zu Humboldts Meinung in Bezug auf Ritters „religiöse Tendenzen" siehe Beck, Hanno: Gespräche Alexander von Humboldts, S. 290f.

68 Zit. nach Kramer, Gustav: Carl Ritter, Vol. 1, S. 166f. (Ritter an GutsMuths). Vgl. auch Müller, Alice: Carl Ritter. Eine Auswahl von Reisetagebüchern und Briefen, S. 35f.

kannte die Werke von Humboldts wahrscheinlich sämtlich.[69] Sie wurden auch, wie später zu zeigen sein wird, für die Abfassung der „Erdkunde von Asien" herangezogen. Vor allem der sogenannten „Pflanzengeographie" kommt dabei eine besondere Bedeutung zu.[70] Anhand seines viel gelobten Atlas, der „Sechs Karten von Europa", wird von Humboldts Einfluss bereits auf die frühe Arbeit Ritters sichtbar.[71] Die „Tafel der Gebirgshöhen von Europa nebst ihren Vegetationsgrenzen und Luftschichten verglichen mit den Cordilleren unter dem Aequator" fußt wesentlich auf seinen Angaben; für die Beschreibung der Kordilleren erwähnt Ritter ihn mehrfach.[72]

Mag für von Humboldts frühe Auffassung von der Geographie noch ein dreistufiges Forschungsprogramm feststellbar sein (1. Physiographie oder Naturbeschreibung, 2. *Historia telluris* oder Erdgeschichte, 3. *Geognosia* oder Erdkunde), vertrat er später eine *physique du monde*, die den Menschen als Gegenstand des Faches nicht ausschließen sollte.[73] Unter diesem Gesichtspunkt erfolgte auch seine fünfjährige amerikanische Forschungsreise.[74] Dieses grundlegende, ja durchaus entscheidende Anliegen rückt beide Geographen zusammen, und auch wenn die anthropologische Komponente bei Ritter zweifellos eine sehr viel stärkere Ausprägung erfahren hat, wirkte sie doch für die physische Geographie beider Gelehrter gemeinsamkeitsstiftend.

Entgegen neueren populären literarischen und filmischen Porträts von Alexander von Humboldt war es nicht sein Hauptanliegen, unbekannte Pflanzen und Tierarten zu entdecken oder zu sammeln. Es war vielmehr die „Verbindung längst beobachtbarer Tatsachen [...] [wie] eine Beobachtung über die geographischen Verhältnisse der Vegetabilien, über die Wanderungen der gesellschaftlichen Pflanzen und über die Höhenlinie, zu der sich die verschiedenen Gattungen derselben gegen den Gipfel der Kordilleren erheben."[75] Bei diesen Worten fühlt sich der Betrachter unweigerlich an Ritters Aussagen über die „allgemeine" und vor allem „vergleichende" Geographie erinnert. Beide Geographen waren nicht exklusiv an einer Bestandsaufnahme des Einzelnen und Speziellen interessiert. Stattdessen galt ihre Aufmerksamkeit verknüpften Problemen oder Prozessen und deren räumlichen Kontexten.

---

69 Vgl. Ritters Verzeichniss der Bibliothek und Kartensammlung, S. 259.

70 Humboldt, Alexander von/Bonplandt, Aimé: Essai sur la géographie des plantes (Voyage de Humboldt et Bonplandt, Vol. 1), Paris 1807.

71 Vgl. auch S. 279ff.

72 Es handelt sich um das fünfte Blatt („Tafel der Gebirgshöhen von Europa"), siehe auch S. 283 sowie Nr. 10 online.

73 Humboldt, Alexander von: Werke. Vol. 7, 2, S. 345–350; Beck, Hanno: Alexander von Humboldt, Vol. 2, S. 225–232; Beck, Hanno: Große Geographen, S. 90ff.

74 Zur wissenschaftlichen Erschließung Südamerikas siehe: Sarnowsky, Jürgen: Die Erkundung der Welt, S. 195–205.

75 Humboldt, Alexander von/Bonplandt, Aimé: Reise in die Aequinoctial-Gegenden des neuen Continents, Vol. 1, S. 3.

Ein Werk über physikalische Geographie hat Alexander von Humboldt nicht fertiggestellt, Ritter hatte sein eigenes, wie gesagt, nicht veröffentlicht. Allerdings ist von Humboldts „Kosmos", seine wohl bekannteste Schrift, diesem Thema gewidmet. Es ist jedoch ebenfalls Fragment geblieben und wurde nicht mehr seiner nachweisbaren „geographisch-physikalischen Herkunft" zugerechnet.[76] Das Fundament seiner Forschungen hat er in klaren Worten selbst formuliert:

Die Natur ist für die denkende Betrachtung Einheit in der Vielheit, Verbindung des Mannigfaltigen in Form und Mischung, Inbegriff der Naturdinge und Naturkräfte, als ein lebendiges Ganzes. Das wichtigste Resultat des sinnigen physischen Forschens ist daher dieses: in der Mannigfaltigkeit die Einheit zu erkennen, von dem Individuellen alles zu umfassen, was die Entdeckungen der letzteren Zeitalter uns darbieten, die Einzelheiten prüfend zu sondern und doch nicht ihrer Masse zu unterliegen, der erhabenen Bestimmung des Menschen eingedenk, den Geist der Natur zu ergreifen, welcher unter der Decke der Erscheinungen verhüllt liegt.[77]

Aus unvollständigen Beobachtungen und noch unvollständigeren Inductionen entstehen irrige Ansichten von dem Wesen der Naturkräfte, Ansichten, die, durch bedeutsame Sprachformen gleichsam verkörpert und erstarrt, sich, wie ein Gemeingut der Phantasie, durch alle Klassen der Nation verbreiten. Neben der wissenschaftlichen Physik bildet sich dann eine andere, ein System ungeprüfter, zum Theil gänzlich mißverstandener Erfahrungskenntnisse. Wenige Einzelheiten umfassend ist diese Art der Empirik um so anmaßender, als sie keine der Thatsachen kennt, von denen sie erschüttert wird. Sie ist in sich abgeschlossen, unveränderlich in ihren Axiomen, anmaßend wie alles Beschränkte; während die wissenschaftliche Naturkunde, untersuchend und darum zweifelnd, das fest Ergründete von dem bloß Wahrscheinlichen trennt, und sich täglich durch Erweiterung und Berichtigung ihrer Ansichten vervollkommnet.[78]

Mit der Auffassung von der Erde als lebendigem Ganzen und mit von Humboldts Bestreben, in der „Mannigfaltigkeit die Einheit zu erkennen", sind die beiden Geographen durchaus auf derselben Linie zu verorten. Von Humboldts Plädoyer, alles Individuelle zu erfassen, wurde von der Forschung mitunter als Gegensatz zur Geographie Ritters ins Feld geführt, zumal die Reisetätigkeit der beiden Männer kaum unterschiedlicher hätte ausfallen können und von Humboldt ja nicht wenig zur Erhebung von Daten beigetragen hat. Dies trifft allerdings nicht den Kern der Forderung nach quantifizierbaren Daten. Es ist nötig, hier zwischen Ziel und Methode der Disziplin zu unterscheiden. Die Erweite-

---

76 Humboldt, Alexander von: Werke, Vol. 7, 2, S. 341ff. und S. 379; Beck, Hanno: Carl Ritter und Alexander v. Humboldt – eine Polarität, in: Karl Lenz (Hrsg.), Carl Ritter – Geltung und Deutung, S. 98.
77 Humboldt, Alexander von: Werke, Vol. 7, 1, S. 14f.
78 Humboldt, Alexander von: Werke, Vol. 7, 1, S. 27.

rung des Kenntnisstandes haben Ritter und von Humboldt als grundlegend anerkannt und gefordert, auch wenn Letzterer dies deutlicher als Ritter formuliert hat. Durch ihren Einfluss haben beide diverse Reisevorhaben auch gemeinsam unterstützt.[79] Mit der Übertragung von Einzelaussagen auf das Erdganze teilten sie ein zentrales Anliegen, was der Zusammenstellung zuverlässiger Aussagen bedurfte. Ritter ist allerdings mit seinem mehrstufigen Modell bezüglich der zu ziehenden Schlüsse, von dem noch die Rede sein wird, über das Ziel seines Freundes hinausgegangen.[80] Auch die Rolle des Menschen, obgleich sie von beiden anerkannt wurde, wurde von Ritter freilich zentraler definiert. Besonders deutlich wird dies hinsichtlich der historischen Komponente des Faches. Von Humboldt hat sein Fach nicht als sich wandelndes Wissen über Landschaften begriffen. Eine historisch gestaffelte Länderkunde ausführen zu wollen, war ihm fremd. Sein Streben nach der Erweiterung des erdkundlichen Wissens auf empirischer Basis schloss jedoch für ihn keinesfalls benachbarte Wissenschaften generell aus. Von Humboldt forderte, wie das Zitat deutlich macht, keine reine Geographie. Stattdessen versuchte er konsequent, andere Wissensgebiete, allen voran die Biologie, genauer gesagt Botanik und Zoologie, zu integrieren. Die sich ergebenden Zusammenhänge sollten dann in einen größeren Kontext gestellt werden.

Immanuel Kant (1724–1804)

Bis vor einigen Jahren war die Forschung bei der Untersuchung von Kants Konzept einer physischen Geographie auf die umstrittenen älteren Ausgaben seiner Vorlesungen von Friedrich Theodor Rink (1770–1821) und Gottfried Vollmer (1768–1815) angewiesen.[81] Eine fundierte Rekonstruktion von Kants Auffassung von Geographie ist erst mit der neueren Edition der verfügbaren Nachschriften seiner Vorlesungen durch Werner Stark ermöglicht worden. Zum Begriff „physische Geographie" hat sich Kant nur bedingt geäußert. Karl Hoheisel konnte noch feststellen, dass sich der Ausdruck bei Kant mit „Geographie" überhaupt deckt. „Mathematische", „moralische" und „politische" seien ledig-

---

79 Zur Unterstützung der Reisenden Heinrich Barth (Afrika) und der Brüder Schlagintweit (Indien und Hochasien) siehe Päßler, Ulrich: Briefwechsel, S. 20f. Jürgen Osterhammel hat diesbezüglich festgestellt, dass gerade bei Ritter und von Humboldt folglich zahlreiche der Reisebriefe eintrafen. Besonders bei Ritter flossen so die länderkundlichen Informationen in Form von Berichten zusammen (vgl. Osterhammel, Jürgen: Die Entzauberung Asiens, S. 178), so etwa die Briefe des vergessenen Indienreisenden und Offiziers Leopold von Orlich. Vgl. Orlich, Leopold von: Reise in Ostindien. In Briefen an Alexander von Humboldt und Carl Ritter, 2 Vol., Leipzig 1845².

80 Vgl. S. 65–71.

81 Kant, Immanuel: Physische Geographie. Auf Verlangen des Verfassers, aus seiner Handschrift herausgegeben und zum Theil bearbeitet von Friedrich Theodor Rink, 2 Vol., Königsberg 1802; Kant, Immanuel: Physische Geographie, herausgegeben von Gottfried Vollmer, 4 Vol., Mainz und Hamburg 1801–1805.

lich „Unterabteilungen" oder „integrierende Bestandteile" derselben.[82] Im Gegensatz dazu geht die jüngere Forschung heute davon aus, dass der Königsberger Professor in seinem Kolleg durchaus differenzierter mit dem vermeintlichen Sammelbegriff „Geographie" umgegangen ist. Diesbezüglich sind zunächst Veränderungen in den Jahren von 1755 bis 1796, während derer Kant seine Vorlesung über physische Geographie gehalten hat, zu erkennen. In einer ersten Phase war es Kants Ziel, die vom Menschen erfahrene Welt zu behandeln.[83] Der Stoff scheint zunächst dreifach gegliedert gewesen zu sein, wobei eingangs physische Geographie im modernen Sinn gelesen wurde. Zur Erklärung und Beschreibung der Topographie gehörten auch das Verhältnis von Wasser und Land sowie die Darstellung von klimatischen Unterschieden.[84] In einem zweiten Schritt erfolgte die Analyse der drei sogenannten „Reiche der Natur" als „Produkte" der Erde – gemeint waren Tiere, Pflanzen und Mineralien. Erwähnenswert ist, dass der Mensch, dem freilich eine besondere Stellung zukommt, zusammen mit den Tieren im selben Bereich behandelt wurde. Dabei wurden vor allem physische Unterschiede hauptsächlich auf Umweltfaktoren wie lokale klimatische Verhältnisse zurückgeführt.[85] In diesem Sinne wurde die „Kantianische Geographie" als „Kausalwissenschaft ohne theologische-teleologische Ausrichtung" charakterisiert.[86] Mit dem dritten und letzten Schritt hat Kant dann im frühen Zuschnitt seiner Vorlesung die bekannten Erdteile geographisch behandelt. Mit Hilfe der zur Verfügung stehenden zeitgenössischen Reiseberichte wurden die Kontinente vorgestellt, wobei der Fokus durchaus auf der Lebensweise der Menschen beziehungsweise „Völker" lag.[87]

Kants Vorgehen, genauer gesagt der Duktus seiner Vorlesung, änderte sich allem Anschein nach mit dem Wintersemester 1772/73.[88] Von da an las er erstmals über Anthropologie, wodurch gleichzeitig die Rolle des Menschen in seiner physischen Geographie in den Hintergrund rückte.[89] Die drei Reiche der Natur traten ebenfalls in ihrer Bedeutung für den Vorlesungsstoff zurück. Es blieben die erwähnten Elemente wie Topographie und

---

82 Hoheisel, Karl: Kant – Herder – Ritter, in: Manfred Büttner (Hrsg.), Carl Ritter, S. 66 sowie Hoheisel, Karl: Immanuel Kant und die Konzeption der Geographie am Ende des 18. Jahrhunderts, in: Manfred Büttner (Hrsg.), Wandlungen im geographischen Denken von Aristoteles bis Kant, S. 263–275.

83 Vgl. Kant, Immanuel: Vorlesungen über Physische Geographie (Kant's Vorlesungen, Vol. 3, 1), herausgegeben von Werner Stark, S. 3ff. sowie S. 7ff.; dazu auch May, Joseph: Kant's Concept of Geography, S. 64–72 (zur Entwicklung) sowie S. 73–84 (zum Einfluss).

84 Kant, Immanuel: Vorlesungen über Physische Geographie (Kant's Vorlesungen, Vol. 3, 1), herausgegeben von Werner Stark, S. 10ff., S. 21ff. und S. 64ff.

85 Kant, Immanuel: Vorlesungen über Physische Geographie (Kant's Vorlesungen, Vol. 3, 1), herausgegeben von Werner Stark, S. 85ff., S. 161ff. und S. 179ff.

86 Hoheisel, Karl: Kant – Herder – Ritter, in: Manfred Büttner (Hrsg.), Carl Ritter, S. 66.

87 Kant, Immanuel: Vorlesungen über Physische Geographie (Kant's Vorlesungen, Vol. 3, 1), herausgegeben von Werner Stark, S. XIII–XVII sowie S. 242–248 (zu Persien und Arabien).

88 Zur Datierung und zur Veränderung des Konzepts siehe Kant, Immanuel: Vorlesungen über Physische Geographie (Kant's Vorlesungen, Vol. 3, 1), herausgegeben von Werner Stark, S. XL–XLV.

89 May, Joseph: Kant's Concept of Geography, S. 107ff. (zum Zusammenhang von Geographie und Anthropologie).

Klima sowie deren Einflüsse auf die „Produkte" zusammen mit deren Verschiedenartigkeit. Allerdings wurde der Inhalt nicht nur verkürzt, indem Kant fortan auch die Zeit, wenn man so will die Geschichte, als bedeutende Größe zur Erklärung von Gemeinsamkeiten und Differenzen in die Betrachtung integriert hat. „Naturgeschichte" und „Beschreibung der Natur" waren somit zu voneinander abgetrennten Bereichen geworden.[90]

Später betonte Kant, dass die Geographie die Natur, mit der sie sich ja beschäftige, „kosmologisch" zu betrachten habe.[91] Hier scheint wie bei so manchen der bereits besprochenen Punkte abermals die Nähe zu von Humboldt und Ritter auf. In der Tat hat auch Kant die Absicht bekundet, das Einzelne in seiner Beziehung zum Ganzen betrachten und verorten zu wollen. So lässt sich für den Moment festhalten, dass alle drei Gelehrten der „ganzheitlichen Tradition" ihrer Zeit zugeordnet werden können.[92] Kant hat sich insofern explizit dazu geäußert, als er die Geographie in einer Anzeige zu seiner Vorlesung 1765 wie folgt ankündigte:

> Als ich gleich zu Anfange meiner akademischen Unterweisung erkannte, daß eine große Vernachlässigung der studirenden Jugend vornehmlich darin bestehe, daß sie frühe vernünfteln lernt, ohne gnugsame historische Kenntnisse, welche die Stelle der Erfahrenheit vertreten können, zu besitzen: so faßte ich den Anschlag, die Historie von dem jetzigen Zustande der Erde oder die Geographie im weitesten Verstande zu einem angenehmen und leichten Inbegriff desjenigen zu machen, was sie zu einer praktischen Vernunft vorbereiten und dienen könnte, die Lust rege zu machen, die darin angefangenen Kenntnisse immer mehr auszubreiten. Ich nannte eine solche Disciplin, von demjenigen Theile, worauf damals mein vornehmstes Augenmerk gerichtet war: physische Geographie. [...] Diese Disciplin wird [...] eine physisch- moralisch- und politische Geographie seyn, worin zuerst die Merkwürdigkeiten der Natur durch ihre drei Reiche angezeigt werden, aber mit der Auswahl derjenigen, unter unzählig andern, welche sich durch den Reiz ihrer Seltenheit, oder auch durch den Einfluss, welchen sie vermittelst des Handels und der Gewerbe auf die Staaten haben, vornämlich der allgemeinen Wissbegierde darbieten. Dieser Theil, welcher zugleich das natürliche Verhältniss aller Länder und Meere und den Grund ihrer Verknüpfung enthält, ist das eigentliche Fundament aller Geschichte, ohne welche sie von Märchenerzählungen wenig unterschieden ist.[93]

---

90 Kant, Immanuel: Vorlesungen über Physische Geographie (Kant's Vorlesungen, Vol. 3, 1), herausgegeben von Werner Stark, S. VIff. Zur Übersicht der vorgenommenen Veränderungen im Vorlesungskonzept siehe Stark, Werner: Immanuel Kant's Lectures on Physical Geography. A brief Outline of its Origin, Transmission and Development: 1754–1805, in: Stuart Elden/Eduardo Mendieta (Hrsgg.), Reading Kant's Geography, S. 69–86.

91 Hoheisel, Karl: Kant – Herder – Ritter, in: Manfred Büttner (Hrsg.), Carl Ritter, S. 69.

92 Hoheisel, Karl: Kant – Herder – Ritter, in: Manfred Büttner (Hrsg.), Carl Ritter, S. 69.

93 Kant, Immanuel: Sämtliche Werke, herausgegeben von Gustav Hartenstein, Vol. 1, S. 107.

Abgesehen davon, dass Kant bemerkenswerterweise hier seine Motive für die Abhaltung seiner geographischen Vorlesung wiedergegeben hat, fällt in seinen Ausführungen die Nähe zu Ritters historischem Element in der Geographie auf. Beide waren sich durchaus darin einig, dass sowohl die Geschichtsschreibung als auch die Erdbeschreibung einander bedurften. Ritters Aussage, wonach es die Geographie vorzugsweise mit den Darstellungen und Verhältnissen des Nebeneinanders der Örtlichkeiten zu tun habe und sich hierdurch von den historischen Wissenschaften unterscheide, „welche das Nacheinander der Begebenheiten oder die Aufeinanderfolge und Entwicklung der Dinge im Einzelnen und Ganzen, von innen nach außen, zu untersuchen und darzustellen haben", hätte auch von Kant stammen können.[94]

Genau wie Ritter konnte auch Kant bei seinen Ausführungen zur Geographie auf eine teleologische Komponente – gemeint sind menschliche Zwecke und Ziele – nicht verzichten. Zu einem regulativen Prinzip im Sinne biblisch-theologischer Zwecke hat er diese allerdings nie erhoben, obschon er sich in anderen, nicht-geographischen Schriften sehr wohl physikotheologisch damit befasst hat.[95] Eindeutig hat er sich später, 1790, in seiner „Kritik der Urteilskraft" dazu geäußert, dass der Beobachter die Natur nach gewissen Zwecken untersuche und diese dabei generell voraussetze.[96] In dieser elementaren Kritik, so hat Karl Hoheisel festgestellt, könnte man die Grundsteinlegung für eine weltanschauungsfreie Geographie sehen.[97]

Inwiefern Kants zugegebenermaßen nicht ohne weiteres rekonstruierbare Auffassung von der Geographie Carl Ritter direkt beeinflusst hat, ist schwer festzustellen. Eine Studie, die sich konzentriert dieser Frage widmet, steht bis heute aus, obgleich eine solche durchaus mehrfach angemahnt wurde.[98] Sicher ist, dass Ritter einige der Schriften des Philosophen kannte und selbst besessen hat. Unter anderem finden sich im bereits genannten Weigel'schen Auktionskatalog der Ritter-Bibliothek Ausgaben von Kants „Kritik der praktischen Vernunft" sowie seine „Kritik der reinen Vernunft" und andere bekannte Werke. Zwei Exemplare der „Physischen Geographie" sind dort ebenfalls verzeichnet.[99] Im Gegensatz zu Alexander von Humboldt, der den Philosophen schätzte, hat Ritter ihm keine Würdigung zuteilwerden lassen, er wurde lediglich in der „Allgemeinen Vergleichenden Geographie" kurz namentlich erwähnt.[100] Bei einer anderen Gelegenheit spricht

94 Ritter, Carl: Ueber das historische Element in der geographischen Wissenschaft, in: Ders. Einleitung zur allgemeinen vergleichenden Geographie, S. 153; May, Joseph: Kant's Concept of Geography, S. 118–130 (zum Verhältnis von Geographie und Geschichte).

95 Hoheisel, Karl: Kant – Herder – Ritter, in: Manfred Büttner (Hrsg.), Carl Ritter, S. 72 f. sowie Grondin, Jean: Immanuel Kant, S. 134 f.

96 Kant, Immanuel: Sämtliche Werke, herausgegeben von Gustav Hartenstein, Vol. 7, S. 3–7, S. 180 sowie S. 227–376 (zur „Kritik der teleologischen Urtheilskraft").

97 Hoheisel, Karl: Kant – Herder – Ritter, in: Manfred Büttner (Hrsg.), Carl Ritter, S. 73.

98 U. a. dazu Schach, Andreas: Carl Ritter, S. 60.

99 Ritters Verzeichniss der Bibliothek und Kartensammlung, S. 313.

100 Ritter, Carl: Einleitung zu dem Versuche einer allgemeinen vergleichenden Geographie, in: Ders., Einleitung zur allgemeinen vergleichenden Geographie, S. 16.

Ritter von einem „apriorischen Begriffsmenschen", der „bei geschlossenem Blick in die Natur von seinem egoistischen Standpunkte aus oft große, aber nichtige Schritte thun kann".[101] Mutmaßlich hat Ritter diese Kritik auf Immanuel Kant bezogen, wenn man in Rechnung stellt, dass sich Ritter bei dem Studium der „Kritik der reinen Vernunft" alles andere als auf dem richtigen Weg fühlte. Er hat selbst dazu notiert, dass er sich nicht so leicht „der speculativen Philosophie" ergeben könne. „Ich weiß nicht, von allen Resultaten, die hier bewiesen und so scharf bestritten werden, war und würde es mir nicht einmal in den Kopf gekommen sein, sie entweder zu bezweifeln oder sie für wahr zu halten."[102]

Hier kommt die Distanz, die Ritter selbst zwischen sich und Kant gebracht hat, deutlich zum Ausdruck. Allerdings kann diese die zuvor festgestellten Gemeinsamkeiten beziehungsweise ähnlichen Absichten, die beide Gelehrte mit der Geographie verbanden, nicht relativieren. Dass Ritter Kants geographisches Denken bekannt war, ist wohl kaum in Zweifel zu ziehen, zumal Ritter auch gewisse von Kant geprägte Termini wie „Natursystem" oder Natur-„Producte" gebraucht hat.[103] Inwiefern er jedoch die Ideen direkt aus den Schriften des Philosophen bezog, muss eine eigene Studie klären. Die Vermutung, wonach Kants Inhalte ihn mit einem Umweg über Herders Werk, dem Ritter sehr viel aufgeschlossener gegenüberstand, erreichten, erscheint durchaus plausibel zu sein. Weil sie aber impliziert, dass Ritters Kenntnis von der geographischen Literatur Kants nicht oder wenigstens kaum existent war, muss sie schon aufgrund ihrer Pauschalität eingeschränkt werden.

Johann Gottfried Herder (1744–1803)

Anders als die komparatistischen Ausführungen zu Kants und von Humboldts Auffassung von Geographie in Bezug auf Ritters Fachverständnis verspricht ein Blick auf Herders Werke die Feststellung genetischer Aspekte. Der Name des vielleicht bekanntesten von Immanuel Kants Schülern wird für gewöhnlich mit der Aufklärung beziehungsweise der Weimarer Klassik, mit theologischen oder philosophischen Arbeiten verbunden. Dabei steht Herders Neigung zur Geographie außer Frage. Auch seine Bibliothek

---

101 Ritter, Carl: Einleitung zu dem Versuche einer allgemeinen vergleichenden Geographie, in: Ders., Einleitung zur allgemeinen vergleichenden Geographie, S. 47. Vgl. auch Grondin, Jean: Immanuel Kant, S. 124ff.

102 Zit. nach Kramer, Gustav: Carl Ritter, Vol. 1, S. 68f.

103 Vgl. Ritter, Carl: Afrika, S. Vf.; Ritter, Carl: Einleitung zu dem Versuche einer allgemeinen vergleichbaren Geographie, in: Ders., Einleitung zur allgemeinen vergleichenden Geographie, S. 51; Ritter, Carl: Ueber das historische Element in der geographischen Wissenschaft, in: Ders., Einleitung zur allgemeinen vergleichenden Geographie, S. 163; Ritter, Carl: Der tellurische Zusammenhang der Natur und der Geschichte in den Produktionen der drei Naturreiche, oder: Ueber eine geographische Produktenkunde, in: Ders., Einleitung zur allgemeinen vergleichenden Geographie, S. 187ff. sowie S. 198.

umfasste, genau wie diejenige Ritters, nicht wenige zeitgenössische Reiseberichte und Landkarten.[104] Für das Weimarer Gymnasium, dem er zeitweise vorstand, forderte er eine Abkehr vom sturen und trockenen Auswendiglernen der Zahlen und Fakten. So kann man auch hier die Ablehnung der sogenannten Kompendiengeographie fassen. Die „Jünglinge" müssten zunächst in „physischer Geographie" unterwiesen werden, wobei Herder diese mit „Erdbeschreibung" gleichgesetzt hat.[105] Erst dann könne politische Geographie gelehrt werden. Mit diesem ersten Schritt ist aber keinesfalls lediglich eine Bestandsaufnahme der Topographie gemeint. In einer Rede aus dem Jahre 1784 scheint bereits die Rolle des Erdganzen, die Ausrichtung auf das Allgemeine und Vergleichbare in Ansätzen durch:

> Die Erde also […] als einen Planeten kennen zu lernen, sich die allgemeinen Gesetze bekannt zu machen, nach denen sie sich um sich selbst und die Sonne bewegt, und wie dadurch Tage und Jahre, Klimate und Regionen aus ihr werden, dies alles mit der Faßlichkeit und Würde vorgetragen, die der große Gegenstand fordert; wenn das nicht den Geist erhebt und erweckt, was sollte ihn erheben und erwecken? […] Aus der größten Einheit von Naturprincipien wird eine ungemessene Reihe von geographischen Folgen sichtbar, die wir täglich empfinden und genießen, und von denen doch jeder Verständige Aufschluß wünschet.[106]

Mit Geographie im weitesten Sinne hat sich Herder in seinen „Ideen zur Philosophie der Geschichte der Menschheit" befasst.[107] Er legte in seinem Hauptwerk seine Erkenntnisse über die Erde sowie deren Bewohner dar, wobei er als grundlegenden Zweck aller Existenz die „Humanität" feststellte.[108] Diesbezüglich spiegelt die geographische Komponente in Herders Werk, oder genauer gesagt die Bedeutung der Umwelt, die Einflussfaktoren auf dem Weg zur „Erziehung" des „Menschengeschlechts" wider.[109] Hinzu kommen weitere

---

104 Hoheisel, Karl: Kant – Herder – Ritter, in: Manfred Büttner (Hrsg.), Carl Ritter, S. 65 und S. 67.

105 Herder, Johann Gottfried: Sämmtliche Werke. Zur Philosophie und Geschichte, Vol. 9, herausgegeben von Johann Georg Müller, S. 78ff. („Von der Annehmlichkeit, Nützlichkeit und Nothwendigkeit der Geographie").

106 Herder, Johann Gottfried: Sämmtliche Werke. Zur Philosophie und Geschichte, Vol. 9, herausgegeben von Johann Georg Müller, S. 80.

107 Herder, Johann Gottfried: Ideen zur Philosophie und Geschichte der Menschheit, 4 Vol., Riga und Leipzig 1784–1791. Zum Werk und zur Rolle des Menschen im Kosmos siehe Clark, Robert: Herder, S. 308–347 sowie Heise, Jens: Johann Gottfried Herder, S. 68–76.

108 „Humanität" darf hier auf zweierlei Art begriffen werden: Für den Zweck der Beschreibung von Sprachen, Sitten oder zur Darlegung von Entwicklungen historischer Art gilt „Humanität" in einem weit gefassten Rahmen als alles, was dem Menschen zugehörig oder eigen ist. Bezieht man den Begriff enger und lediglich auf das menschliche Verhalten, kommt der „Humanität" im Sinne Herders ein normativer Charakter entsprechend einer idealen Bestimmung zu. Vgl. Heise, Jens: Johann Gottfried Herder, S. 77–82 sowie S. 92ff.

109 Heise, Jens: Johann Gottfried Herder, S. 92–96.

Aussagen zur Rolle und Bedeutung der Schulgeographie. Somit ist eine Analyse, die Herders Verständnis von der Wissenschaft von der Erde in den Blick nimmt, ebenfalls mit nur eingeschränkten Quellen ausgestattet. Nichtsdestotrotz hat die Forschung einige Anläufe zur Erschließung unternommen.[110] Diese konnten zeigen, dass Herder „erdräumliche Fakten praktisch ausschließlich als Triebfedern der Geschichte" bewertet hat.[111] Allerdings hat der Gelehrte, obgleich er in seinem vierbändigen Werk durchaus Kenntnisse von den Ländern der Erde eingebracht hat, keine geschlossene Darstellung im Sinne einer Erd- oder Länderkunde vorgelegt. Die Forschung hat zu Recht festgestellt, dass Herder Geographie nur nebenbei betrieben hat. So ist es wenig verwunderlich, dass seine Auffassung vom Fach durchaus in eine etwas andere Richtung zielte als die der bisher Angesprochenen, die ihren Fokus mehr oder weniger stark auf die Erdoberfläche gerichtet haben.

Die oben zitierte Rede hat bereits angedeutet, dass vor allem die mathematische Komponente der Geographie, in diesem Fall also die Entstehung von Jahreszeiten beziehungsweise der Gang der Erde um die Sonne, für Herder von einem gewissen Stellenwert war.[112] Weiter ausgegriffen hat er in seinen „Ideen zur Philosophie der Geschichte der Menschheit". Direkt am Anfang des Werkes hat er die Erde als „Stern unter Sternen" bezeichnet und diese kosmologisch verortet.[113] Er hat ebenso eine kontinuierlich fortschreitende Entwicklung der Lebewesen skizziert, an deren Ende der Mensch als gewissermaßen organisiertestes Lebewesen platziert worden ist.[114] Herder hat die Geographie wohl als „Grundwissenschaft vom räumlichen Nebeneinander" konzipiert, ähnlich wie sein Lehrer Kant ging er dabei über die Erdoberfläche hinaus. Beide haben die Grenzen des Planeten verlassen.[115]

Über die Methodik der Geographie hat Herder, der untergeordneten Rolle des Faches in seinem Werk entsprechend, kaum Aussagen getroffen. Bemerkenswert ist jedoch ein anderer, inzwischen wohlbekannter Punkt. Auch bei ihm ist der Mensch fester Bestandteil der physischen Geographie. Weit enger als bei Kant oder von Humboldt

---

110 Herders Einfluss auf Ritter hat zuerst Friedrich Ratzel (Anthropogeographie, Vol. 1, S. 44) festgestellt. Paul Lehmann hat ihn als „Vorläufer Ritters" bezeichnet (Herder in seiner Bedeutung für die Geographie, S. 6–9). Bezüglich der historischen Bewegung und ihrer geographischen Faktoren hat Alwin Wünsche auf die Nähe der beiden Gelehrten hingewiesen (Die geschichtliche Bewegung und ihre geographische Bedingtheit bei Carl Ritter, S. 30).

111 Hoheisel, Karl: Kant – Herder – Ritter, in: Manfred Büttner (Hrsg.), Carl Ritter, S. 67.

112 Vgl. Beck, Hanno: Geographie, S. 177.

113 Herder, Johann Gottfried: Ideen zur Philosophie und Geschichte der Menschheit, Vol. 1, S. 3.

114 Herder, Johann Gottfried: Ideen zur Philosophie und Geschichte der Menschheit, Vol. 1, Bücher 3 (zu den Tieren und Pflanzen) und 4 (zur Organisation der Menschen). Dazu auch Nisbet, Barry: Herder and the Philosophy and History of Science, S. 103–107.

115 Kant hat das sechste und siebte „Hauptstück" des ersten Teils seiner physischen Geographie dem Luftkreis und den Winden sowie den Jahreszeiten beziehungsweise deren Einflüssen gewidmet. Tatsächlich befasst sich Herders erstes Buch seiner „Ideen" mit der Erde als Planeten.

ist bei Herder die wechselseitige Beziehung zwischen Mensch und Natur greifbar.[116] Diesbezüglich forderte er Kenntnisse vom „Schauplatz" des menschlichen Handelns ein. Die Umwelteinflüsse und ihre Auswirkungen auf das Leben auf der Erde sind bei Herder sicherlich das zentrale Anliegen oder – anders gesagt – der Kontext seiner geographischen Überlegungen.[117] Aspekte, die einer naturwissenschaftlichen und nicht auf den Menschen bezogenen Geographie zuzurechnen wären, spielten wenn überhaupt nur eine nachrangige Rolle:

> Durch den Bau der Erde an die Gebirge ward nicht nur für das große Mancherlei der Lebendigen das Klima derselben zahllos verändert: sondern auch die Ausartung des Menschengeschlechts verhütet, wie sie verhütet werden konnte. Berge waren der Erde nöthig; aber nur einen Bergrücken der Mogolen und Tibetaner giebt's auf derselben; die hohen Cordilleras und so viele andre ihrer Brüder sind unbewohnbar. Auch öde Wüsten wurden durch den Bau der Erde an die Gebirge selten: denn die Berge stehen wie Ableiter des Himmels da und gießen ihr Füllhorn aus in befruchtenden Strömen. Die öden Ufer endlich, der kalte oder feuchte Meeresabhang, ist allenthalben nur später entstandenes Land, welches also auch die Menschheit erst später und schon wohlgenährt an Kräften beziehen durfte. Das Thal Quito war gewiß eher bewohnt als das Feuerland; Kaschmire eher als Neuholland oder Nova-Zembla. Die mittlere größeste Breite der Erde, das Land der schönsten Klimate zwischen Meer und Gebirgen, war das Erziehungshaus unsres Geschlechts, und ist noch jetzt der bewohnteste Theil der Erde.[118]

Es ist wohl nicht zu weit gegriffen, wenn man ausgehend von einer speziellen Definition von Zweck und Inhalt der Geographie im Sinne Herders feststellt, dass seine Auffassung Ritter besonders in einem Punkt beeinflusst hat: der Verbindung von Natur und Mensch, der bereits angesprochenen Idee von der Welt als „Erziehungshaus" beziehungsweise „Entwicklungsanstalt" der Menschheit.[119] Ritters teleologische und auch theologische Auffassung ist, so hat die Forschung seit Otto Richter mehrfach treffend bemerkt, bereits bei Herder angelegt.[120] Dies betrifft nicht nur den Zusammenhang zwischen den

---

116 Herder, Johann Gottfried: Ideen zur Philosophie und Geschichte der Menschheit, Vol. 1, S. 56–87 (zum Verhältnis zwischen Mensch, Tier- und Pflanzenreich). Dazu auch Nisbet, Barry: Herder and the Philosophy and History of Science, S. 29–32 sowie Schach, Andreas: Carl Ritter, S. 55ff.

117 Grundmann, Johannes: Die geographischen und völkerkundlichen Quellen und Anschauungen in Herders „Ideen zur Geschichte der Menschheit", S. 115ff.; Hoheisel, Karl: Kant – Herder – Ritter, in: Manfred Büttner (Hrsg.), Carl Ritter, S. 71.

118 Herder, Johann Gottfried: Ideen zur Philosophie und Geschichte der Menschheit, Vol. 2, S. 102.

119 Vgl. Ritter, Carl: Ueber räumliche Anordnung auf der Außenseite des Erdballs und ihre Function im Entwicklungsgange der Geschichten, in: Ders., Einleitung zur allgemeinen vergleichenden Geographie, S. 208f.

120 Richter, Otto: Der teleologische Zug im Denken Carl Ritters, S. 26ff.

jeweiligen heilsgeschichtlichen Bedeutungen des gelobten Landes bei beiden Gelehrten. Jenseits der Ausnahmeerscheinung Palästina finden beide in der Geschichte Ägyptens, Griechenlands oder Babylons Kulturen, die korrespondierend mit der naturräumlichen Ausstattung ihrer Länder keine Zufallsprodukte waren.[121] Geht man einen Schritt weiter in Richtung einer teleologisch geprägten Auffassung von Geographie, so lassen sich in den Worten Ritters weiterhin die Ideen Herders finden, wenn er sagt, dass Erdkunde „uns also die Lehre von unserm Planeten nach seinen Theilen, Eigenschaften und wesentlichen Verhältnissen, als einem selbständigen planetarischen Erdganzen, in seinen Beziehungen zur Natur und zu dem Menschen, und zu Gott seinem Schöpfer [sei]!"[122]

Herders Einfluss auf Ritters Verständnis von der Rolle des Menschen in der Welt und damit in seiner Auffassung von Geographie ist kaum zu unterschätzen. Er wurde von Richter, Schmitthenner, Hoheisel und Beck übereinstimmend als grundlegend bezeichnet.[123] Dabei wurde dies nicht erst für die „Erdkunde von Asien" bemerkt, sondern bereits für die Europa-Bände festgestellt. Ritter hat seine Auffassung von Erdkunde, sofern diese als anthropozentrische Wissenschaft bezeichnet werden kann, basierend auf den Ideen Herders entwickelt.[124]

121 Herder, Johann Gottfried: Ideen zur Philosophie und Geschichte der Menschheit, Vol. 3, S. 63–74 (zu Babylon), S. 109–120 (zu Ägypten) sowie S. 135–145 (und nachfolgende Abschnitte zu Griechenland). Vgl. dazu auch Hoheisel, Karl: Kant – Herder – Ritter, in: Manfred Büttner (Hrsg.), Carl Ritter, S. 72.

122 Ritter, Carl: Allgemeine Erdkunde (Vorlesung), S. 17. Dagegen eher Schach, Andreas: Carl Ritter, S. 56ff. Schach spaltet die Rolle der äußeren Einflüsse auf die Entwicklungsgeschichte des Menschen – Klima einerseits für Herder und Natur andererseits für Ritter – und will darin eher Trennendes erkennen.

123 Stellvertretend dazu Beck, Hanno: Carl Ritter, S. 61, S. 68 und S. 78 sowie Hoheisel, Karl: Kant – Herder – Ritter, in: Manfred Büttner (Hrsg.), Carl Ritter, S. 74.

124 Schon Grundmann hat Herder ganz selbstverständlich „als einen Vorläufer Carl Ritters bezeichnet". Siehe Grundmann, Johannes: Die geographischen und völkerkundlichen Quellen und Anschauungen in Herders „Ideen zur Geschichte der Menschheit", S. 114. Gabriele Schwarz nannte das Werk Ritters eine „Frucht Herderschen Geistes". Vgl. Schwarz, Gabriele: Johann Gottfried von Herder und Karl Ritter, eine geistesgeschichtliche Parallele, in: Otto Flachsbart u. a. (Hrsgg.), Jahrbuch der Technischen Hochschule Hannover (Jg. 1952), S. 149–159.

Die Erdkunde

im Verhältniß zur Natur und zur Geschichte
des Menschen,

oder

allgemeine,
vergleichende Geographie,

als

sichere Grundlage des Studiums und Unterrichts in
physikalischen und historischen Wissenschaften,

von

Carl Ritter,

Dr. und außerordentlicher Professor an der Universität, wie auch
an der allgemeinen Kriegsschule in Berlin; wirkliches Mitglied der
Wetterauischen Gesellschaft für die gesammte Naturkunde, außer-
ordentliches correspondirendes Ehren-Mitglied der Gesellschaft für
ältere Deutsche Geschichtskunde, Correspondent der Königl. So-
cietät der Wissenschaften zu Göttingen, der Senkenbergischen
naturforschenden Gesellschaft zu Frankfurt a. M., der
Märkischen ökonom. Gesellschaft zu Potsdam u. a. m.

Erster Theil,

Erstes Buch. Afrika.

Zweite stark vermehrte und verbesserte Ausgabe.

Berlin, 1822.

Gedruckt und verlegt
bei G. Reimer.

III DER PLAN DES GESAMTWERKS – METHODISCHE SELBSTAUSKÜNFTE UND WISSENSCHAFTLICHES KONZEPT

Die „Erdkunde von Asien" – Ritters *magnum opus*

Carl Ritter gilt der Geographie heute als Gründervater, als Genius des eigenen Faches.[1] Wer ein Studium der Geographie antritt, wird an ihm – genau wie an Alexander von Humboldt – nicht vorbeikommen. Was sich allerdings hinter dem Namen Ritters verbirgt, bleibt den meisten tatsächlich verborgen – ganz im Gegensatz zum Werk seines Freundes und Zeitgenossen, das die Leser noch immer anzieht. Hanno Beck, einer der wenigen Kenner, hat treffend formuliert, dass von Ritters Werk nach wie vor ein Zauber ausgeht. „Wenige sind ihm jedoch wirklich erlegen und haben immer wieder die Lektüre gewagt. Die meisten, unter ihnen zum Beispiel Ausländer und heutige deutsche Studenten der Geographie, pflegen es von außen zu respektieren oder nach wenigen Seiten ziellosen Lesens zu ermüden".[2] Becks Feststellung zu widersprechen wäre falsch. Seine Einschätzung der Studierendenschaft ist dahingehend sicherlich richtig, dass die Wissenschaftsgeschichte des Faches Geographie in der Lehre an deutschen Hochschulen kaum mehr eine Rolle spielt. Jedoch darf an dieser Stelle hinzugefügt werden, dass der Blick zurück auf die Genese und die Entwicklung der eigenen Disziplin auch in der geographischen Forschung eher stiefmütterlich behandelt wird. Zwar sind in den letzten Jahrzehnten einige wenige Schriften allgemeiner Art erschienen, sofern diese jedoch Ritter und sein Werk betreffen, sind sie meistenteils nur ein Beleg dafür, dass Becks Feststellung vom ziellosen Lesen auch für weitere Kreise der Universität zutrifft.[3]

In der Tat gehören Ritters Bücher – übrigens auch die „Vorhalle" – zu jenen Schriften, die zweifellos viel beachtet und viel gelobt, jedoch kaum gelesen und rezipiert wurden. Dies gilt einerseits schon für die individuellen Einzelbände der „Erdkunde von Asien". Andererseits und umso mehr betrifft es das Gesamtwerk – sicherlich auch wegen seines beinahe unüberschaubaren Ausmaßes.[4]

---

1   Hanno Beck hat seiner kleinen Monographie zum Leben und Werk Ritters den etwas pathetischen Untertitel „Genius der Geographie" gegeben.

2   Beck, Hanno: Carl Ritter, S. 68.

3   Dickinson, Robert: The Makers of Modern Geography, S. 34–48; Schröder, Iris: Das Wissen von der ganzen Welt, S. 80–86; Livingstone, David: The Geographical Tradition, S. 139–142.

4   Kirsten, Ernst: C. Ritters „Vorhalle europäischer Völkergeschichte", in: Die Erde, Vol. 90, 2 (1959), S. 168ff. sowie S. 180–183; Osterhammel, Jürgen: Die Entzauberung Asiens, S. 186; ferner auch Plewe, Ernst: Carl Ritters Stellung in der Geographie, in: Erich Otremba/Hans-Günter Gierloff-Emden (Hrsgg.), Deutscher Geographentag Berlin. 20. bis 25. Mai 1959. Tagungsbericht und wissenschaftliche Abhandlungen S. 67.

Ritter hat mit der „Erdkunde von Asien" der Welt ein Werk hinterlassen, das gleich in mehrfacher Hinsicht seinesgleichen sucht. Er hat, wie gesagt, den ersten Band 1817, den zweiten im darauffolgenden Jahr vorgelegt. Die Gliederung dieser ersten Auflage erscheint dem Leser eigenartig, insofern sich der erste Teil mit Afrika (1. Buch) und Ost-Asien (2. Buch), der zweite Teil mit West-Asien (3. Buch) befasst.[5] Afrika war für Ritter stets Thema seines Werkes – auch in der zweiten, erweiterten Auflage. So ist es angebracht, im Weiteren allgemeiner von Ritters „Erdkunde" zu sprechen, um nicht den Blick unnötig zu verengen. Der Autor hat seinem Werk von Beginn an den Titel „Die Erdkunde im Verhältniß zur Natur und zur Geschichte des Menschen, oder allgemeine vergleichende Geographie als sichere Grundlage des Studiums und Unterrichts in physicalischen und historischen Wissenschaften" gegeben.[6] Er spiegelt wohl in einzigartiger Weise Ritters Verständnis vom eigenen Fach, wie dies bereits besprochen wurde, wider.

Die „Erdkunde" ist bis heute das umfangreichste geographische Werk, das von einem einzelnen Verfasser geschaffen wurde. Es gliedert sich in 19 Teile beziehungsweise 21 Bände. Damit hat Ritter auch die große „Nouvelle Géographie Universelle" von Jacques Élisée Reclus (1830–1905) rein quantitativ übertroffen.[7] Ein jeder der Bände ist mit durchschnittlich etwa 1.000 Seiten bereits eine Leistung, die einer individuellen Würdigung bedarf. Bleibt das Augenmerk aber für den Moment noch auf dem Gesamtwerk, so fällt zunächst der ausgedehnte Zeitraum auf, über den es entstanden ist: Ritter hat an der zweiten Auflage von 1822 bis 1859 gearbeitet. So unterstreicht auch die Entstehungszeit mit rund 37 Jahren den Umfang der „Erdkunde" auf eindrückliche Art.

Ritter hat sein *magnum opus* in sechs aufeinander folgende Hauptgruppen gegliedert, wobei die erste, der sogenannte Afrika-Band, für sich steht:

1. Afrika in einem Band (Teil I).
2. Ostasien in fünf Bänden (Teil II–VI).
3. Westasien in fünf Bänden (Teil VII–XI).
4. Arabien in zwei Bänden (Teil XII–XIII).
5. Sinai-Halbinsel, Palästina und Syrien in vier Bänden (Teil XIV–XVII).
6. Kleinasien (unvollständig) in zwei Bänden (Teil XVIII–XIX).

---

5   Vgl. beide Bände, erste Auflage.
6   Vgl. Ritter, Carl: Die Erdkunde im Verhältniß zur Natur und zur Geschichte des Menschen, oder allgemeine vergleichende Geographie als sichere Grundlage des Studiums und Unterrichts in physicalischen und historischen Wissenschaften, Berlin 1817, S. I.
7   Vgl. Reclus, Jacques Élisée: Nouvelle Géographie Universelle. La Terre et les Hommes, 19 Vol., Paris 1875–1894. Obwohl die Bände des französischen Werkes allesamt ein größeres Format als die der „Erdkunde" besitzen, ist Ritters Werk gemessen am Text das umfangreichere – auch weil Ritter im Gegensatz zu Reclus nahezu vollkommen ohne Illustrationen ausgekommen ist. Vgl. Beck, Hanno: Große Geographen, S. 134–141.

Blickt man konkret auf die 19 Teile, die übersichtlich in den Hauptgruppen zusammen-gefasst wurden, so wird abermals der monumentale Charakter des Werkes deutlich:

1. Afrika, Berlin 1817, XX und 832 S.; zweite stark vermehrte und verbesserte Aus-gabe, Berlin 1822, XXVIII und 1.084 S.
2. Der Norden und Nord-Osten von Hoch-Asien, Berlin 1818, XVIII und 939 S.; zweite stark vermehrte und verbesserte Ausgabe, Berlin 1832, XXXII und 1.143 S.
3. Der Nord-Osten und der Süden von Hoch-Asien, Berlin 1833, XX und 1.206 S.
4. Der Süd-Osten von Hoch-Asien, Berlin 1834, XX und 1.244 S.
5. Die Indische Welt I, Berlin 1835, XVIII und 1.046 S.
6. Die Indische Welt II, Berlin 1836, XIV und 1.248 S.
7. Uebergang von Ost- nach West-Asien, Berlin 1837, XII und 825 S.
8. Iranische Welt I, Berlin 1838, XIV und 952 S.
9. Iranische Welt II, Berlin 1840, XX und 1.048 S.
10. Das Stufenland des Euphrat- und Tigrissystems I, Berlin 1843, XVIII und 1.150 S.
11. Das Stufenland des Euphrat- und Tigrissystems II, Berlin, 1844, XIV und 1.074 S.
12. Die Halbinsel Arabien I, Berlin 1846, XXVIII und 1.037 S.
13. Die Halbinsel Arabien II, Berlin 1847, XIV und 1.057 S. (mit Register).
14. Die Sinai-Halbinsel, Berlin 1848, XVIII und 1.141 S.
15. Palästina und Syrien I, Berlin 1850, XX und S. 1–780; Palästina und Syrien II, Berlin 1851, X und S. 781–1.498 (mit Register).
16. Palästina und Syrien III, Judäa, Samaria, Galiläa, Berlin 1852, XII und 834 S.
17. Syrien I, Berlin 1854, XXII und S. 1–995; Syrien II, Berlin 1855, XX und S. 995– 2.176 (mit Register).
18. Klein-Asien I, Berlin 1858, XXIV und 1.024 S.
19. Klein-Asien II, Berlin 1859, XVIII und 1.200 S.

Hinzu kommt ein zweibändiges „Namen- und Sachverzeichnis", das die Teile II–VI (Ostasien) beziehungsweise VII–XI (Westasien) erfasst. Den ersten, 1841 ebenfalls bei Reimer erschienenen Band hat der Naturforscher und Philologe Julius Ludwig Ideler (1809–1842) bearbeitet. Es ist wohl seinem frühen Tod geschuldet, dass der zweite erst 1849 erscheinen konnte. Ihn hat Georg Friedrich Hermann Müller erstellt.

Zur „Erdkunde" gehört ein von der Forschung kaum beachteter Atlas.[8] Dieser ist – oder besser gesagt – seine einzelnen Landkarten sind in mehreren „Lieferungen" erschienen. Es scheint, als ob zunächst der Titel „Karten und Pläne zur Allgemeinen Erdkunde" gewählt wurde. Allerdings sind lediglich die drei ersten Lieferungen (1825, 1826 und 1831), die Afrika betreffen, so überschrieben. Dieser von der Forschung oft vergessene

---

8 Für eine Zusammenstellung des gesamten Kartenmaterials zu Ritters „Erdkunde" siehe: Kretschmer, Ingrid: Der Einfluß Carl Ritters auf die Atlaskartographie des 19. Jahrhunderts, in: Karl Lenz (Hrsg.), Carl Ritter – Geltung und Deutung, S. 188f.

„Hand-Atlas" von Afrika umfasst 14 Blatt.[9] Für die Darstellung des asiatischen Erdteils wurden 20 Karten verteilt auf vier Lieferungen veröffentlicht. Dieser „Atlas von Asien zu C. Ritter's Allgemeiner Erdkunde", wie der veränderte Titel lautet, erschien ab 1833 und wurde von den namhaften Kartographen der Zeit umgesetzt. Neben dem bereits erwähnten Heinrich Kiepert, der vor allem für die letzten Teile verantwortlich zeichnete, darf die wichtige Mitarbeit von Heinrich Mahlmann und Johann Ludwig Grimm nicht unerwähnt bleiben. Als Herausgeber ist Ritter selbst zusammen mit Franz August O'Etzel ausgewiesen.[10] Von 1841 bis 1851 bearbeitete Carl Zimmermann den „Atlas von Vorder-Asien", der zwar nicht zum zentralen Atlas von Ritters „Erdkunde" gehört, jedoch als Vorläufer angesehen werden darf. Dieser ist in sechs Heften erschienen. Sein Inhalt läuft in einigen Teilen parallel zum Atlas von Asien, reicht aber weiter nach Westen, bis an die Levante.[11]

Heinrich Schmitthenner und abermals Hanno Beck haben sich unter anderem auch mit der inneren Struktur des großen Werkes befasst.[12] Dabei glaubte man, eine dreifache Gliederung erkennen zu können. So wurde postuliert, dass sich Ritters „Erdkunde" 1. der festen Form beziehungsweise den Erdteilen, 2. der flüssigen Form beziehungsweise den Elementen und 3. den Körpern der drei Reiche der Natur widmen sollte. Beck erkannte im ersten Punkt den „topischen Teil", einen „elementaren Kursus über die natürliche Einteilung der Erdoberfläche".[13] Hier sollten Afrika, Asien und Europa sowie die übrigen Erdteile behandelt werden. Die Forschung hat festgestellt, dass Ritter dies nach einem gewissen Muster umsetzen wollte. Ausgehend von drei topographischen Hauptformen, Plateaus in der kontinentalen Mitte sowie diversen abfallenden Mittelstufen und Ozeanen, sollte so die „Naturplastik" beschrieben werden. Durch eine solche Charakterisierung der Erdteile hätten dann unter anderem entsprechende „Einwirkungen auf Natur und Geschichte", bedingt durch die „Weltstellung", dargestellt werden sollen.[14] Auch wenn die Forschungsergebnisse der Vergangenheit, die meistenteils direkte Zitate aus Ritters Werken sind, an dieser Stelle verkürzt und nur auf das Wesentliche reduziert präsentiert werden können, bleiben sie vage und mit dem Blick auf das Folgende mitunter redundant.[15]

9 Ritter, Carl/O'Etzel, Franz August (Hrsgg.): Hand-Atlas von Afrika, in 14 Blättern zu Ritter's allgemeiner Erdkunde, Berlin 1825–1831.

10 Ritter, Carl/O'Etzel, Franz August (Hrsgg.): Atlas von Asien, zu C. Ritter's allgemeiner Erdkunde, Berlin 1833–1854.

11 Ritter, Carl/O'Etzel, Franz August (Hrsgg.): Atlas von Vorder-Asien zur Allgemeinen Erdkunde von Carl Ritter, Berlin 1841–1851. Dazu Kretschmer, Ingrid: Der Einfluß Carl Ritters auf die Atlaskartographie des 19. Jahrhunderts, in: Karl Lenz (Hrsg.), Carl Ritter – Geltung und Deutung, S. 182f.

12 Schmitthenner, Heinrich: Studien über Carl Ritter, S. 40ff.; Beck, Hanno: Carl Ritter, S. 65ff.

13 Schmitthenner, Heinrich: Studien über Carl Ritter, S. 51f. sowie S. 63–66; darauf basierend: Beck, Hanno: Carl Ritter, S. 66.

14 Ritter, Carl: Afrika, S. 15.

15 Das von Hanno Beck veröffentlichte und hier schon mehrfach zitierte Bändchen ist über weite Strecken eine ausführliche Aneinanderreihung von Carl Ritters eigenen Worten, die dabei mehr oder weniger ergiebig kommentiert und erläutert werden. Sie im Original und mit dem wichtigen jeweiligen Kontext

Der zweite Teil könne, so Hanno Beck weiter, als „formeller Teil" die „Hauptformen von Land, Meer und Luft in ihren wechselseitigen physischen Verhältnissen" beschreiben. Im weitesten Sinne wurden Ritter hier hydrogeographische, meteorologische beziehungsweise klimatologische sowie vulkanologische Forschungsansätze zugeschrieben. Der dritte und letzte Teil, der „materielle Hauptteil", sei dann den Regeln zur „Verbreitung der Naturkörper der drei Reiche" gewidmet.[16] Gemeint ist eine Untergliederung in Mineralogie, Botanik und Biologie. Hierunter würden dann etwa die „Geschichte der Wanderungen und das Klima als Bedingung der Verbreitung" zusammengefasst.[17] Der Mensch wurde von Ritter dabei explizit nicht ausgeklammert, er wurde als Teil des großen Planes begriffen und wäre dementsprechend dem letztgenannten Aspekt zuzurechnen. Der Mensch solle als „lebendiger Spiegel" der Naturverhältnisse wirken.[18] „Auf diese Weise kommen nach und nach alle wesentlichen Naturverhältnisse zur Sprache, in welche die Völker auf diesem Erdenrund gestellt sind, und es sollen aus diesen alle Hauptrichtungen ihrer entwickelteren Zustände, welche die Natur bedingt, hervorgehen."[19]

Im Hinblick auf die Dreiteilung des großen Werkes wurde mehrfach festgestellt, dass es sich mit Ritters „Erdkunde" um ein Fragment im doppelten Sinne handle:[20] einerseits, weil Ritter sein Werk nicht weiter als bis nach Kleinasien fortführen konnte; es fehlen also beträchtliche Teile, verglichen mit dem Plan, weiter nach Westen vordringen zu wollen. Andererseits ist man davon ausgegangen, dass es sich bei den vorgelegten Bänden lediglich um die Ausarbeitung der ersten Stufe des vermeintlich dreifach gegliederten Werkes handle.[21] In anderen Worten: Ritters Forschungen seien über den topischen Teil beziehungsweise über die Darstellung der festen Formen nicht hinausgekommen. Diese Annahme, die schon wegen ihrer Pauschalität und der faktisch fehlenden Verweise auf den Inhalt der „Erdkunde" zu Gunsten ihrer Untermauerung Zweifel erregen muss, wird

---

ausfindig zu machen und nachvollziehen zu können ist mit erheblichem Rechercheaufwand meist möglich. Die hier zu Grunde liegenden Aussagen Ritters zur Struktur der „Erdkunde" stammen jedoch nicht aus dem Werk selbst. Ritter hat, wie es scheint, seinem Freund und Lehrer Pestalozzi das Versprechen gegeben, eine „allgemeine Geographie" (im Sinne eines Lehrbuches) zu verfassen. Die Kramer'sche Biographie (Vol. 1, S. 261ff.) berichtet davon. Kramer gibt den Titel des unveröffentlicht gebliebenen Manuskripts mit „Handbuch der allgemeinen Erdkunde oder die Erde, ein Beitrag zur Begründung der Geographie als Wissenschaft" an. Weiterhin findet sich hier das dargestellte Stufenmodell, das Forschungen jüngeren Datums versucht haben auf die „Erdkunde von Asien" zu übertragen. Siehe auch Ritter, Carl: Einleitung zu dem Versuche einer allgemeinen vergleichenden Erdkunde, in: Ders., Einleitung zur allgemeinen vergleichenden Geographie, S. 15–22.

16 Beck, Hanno: Carl Ritter, S. 66f.
17 Beck, Hanno: Carl Ritter, S. 66f.
18 Beck, Hanno: Carl Ritter, S. 67.
19 Ritter, Carl: Afrika, S. 19.
20 Beck, Hanno: Carl Ritter, S. 68.
21 Schmitthenner, Heinrich: Studien über Carl Ritter, S. 37f. sowie S. 63–71; Dickinson, Robert: The Makers of Modern Geography, S. 38ff.

später, nach dem Studium des großen Werkes und der Analyse von Ritters Arbeitsweise, noch einmal aufgegriffen und diskutiert werden.

Richtet man den Fokus von der Makrostruktur des Werkes auf die Mikrostruktur beziehungsweise auf die Gliederung der einzelnen Bände, fällt zunächst auf, dass diese in Paragraphen, Kapitel, Erläuterungen und Anmerkungen unterteilt sind. Dabei ist die suggerierte hierarchische Struktur bestenfalls nur eine angedeutete. Oftmals werden vor allem die ersten drei Gliederungsstufen synonym oder vermischt gebraucht. So können Erläuterungen durchaus ganzen Abschnitten, die vorher noch als Kapitel bezeichnet wurden, entsprechen. Zwar sind diese Teile stets eigene Sinnabschnitte, allerdings folgen ihre Abstufung und ihre Stellung zueinander keiner logischen Ordnung. Die innere Gliederung der Bände folgt, wie später zu zeigen sein wird, durchaus einem gewissen System, nach dem die Naturräume abgehandelt werden. Allerdings ist dieses in der Regel von Ost nach West gerichtete Vorgehen nur bedingt aus der verwirrenden Struktur des Werkes, wie sie die Blattweiser wiedergeben, ersichtlich. Wie gesagt haben nur wenige Wissenschaftler Ritters Werk gelesen. Noch weniger haben es wirklich studiert – sicherlich auch, weil zusätzlich zum unüberschaubaren Umfang der Zugang von vornherein erschwert wird.

Es ist ein wahres Kunststück, sich innerhalb der „Erdkunde" zurechtzufinden. Diesbezüglich gilt es noch einmal darauf hinzuweisen, dass Ritter kaum versucht hat, seine Darstellung an den sich ohnehin stetig verändernden politischen Grenzen zu orientieren. Es war die Topographie, die für den Zuschnitt der einzelnen Bände verantwortlich war. Naturräume wie das Iranische Hochland oder das Zweistromland Mesopotamien definierten beispielsweise den Umfang von vier Bänden der „Erdkunde". Dass die Grenzen dieser Landschaften nicht immer eindeutig festzulegen waren und im topographischen Sinne auch nicht scharf zu bestimmen sind, muss als Problem angesehen werden. Es ist daher ohne die nötigen Register nur mit erheblichem Aufwand möglich, sich über die jeweiligen Grenzregionen und deren Städte mit Hilfe der „Erdkunde" gezielt zu informieren. „Wie hoch Humboldt die Geographie Ritter's, mit welchem er auch durch Freundschaft und gemeinsame Arbeit innig verbunden war, schätzte, ist bekannt, und doch konnte er über Ritter's bahnbrechenden ersten Teil schreiben:‚[…] Man muß es anbeten, aber es ist ein heillos confuses Buch.'"[22]

Abschließend ist noch auf eine nicht weniger zentrale Hürde, die sich dem Leser in den Weg stellt, hinzuweisen. Es ist der Text selbst, genauer gesagt die Sprache und Ausdrucksweise Ritters, die eine Lektüre erschwert. Es bedarf eines erheblichen Aufwandes, sich einzulesen und den Inhalt zu erfassen. Die Diktion ist dunkel, teilweise schlicht unverständlich. Die Sätze neigen stets zur Überlänge. Sie sind verschlungen und umkreisen oft genug nur die Thematik. Prägnante und zugespitzte Formulierungen waren nicht Ritters Art und – wenn man der Ritter-Forschung folgen mag – wohl auch nicht

---

22 Aus einer Besprechung zur zweiten Auflage von Kramers Ritterbiographie. Vgl. Wappäus, Johann Eduard: Carl Ritter. Ein Lebensbild nach seinem handschriftlichen Nachlaß, in: Göttingische gelehrte Anzeigen, Jg. 1876, 1, S. 429f.

sein Ziel. Ob man allerdings wie Hanno Beck glauben will, dass die dunkle Sprache dem Werk Würde gibt und so eine Form der Annäherung an das Göttliche in der Welt sei, mag dahin gestellt bleiben.[23] Studiert man den Text der „Erdkunde" intensiver, wird schnell klar, dass dieser keinesfalls durchweg ein schwülstig aufgeblähtes Monstrum ist, wie man leicht generalisierend vermuten möchte. Es finden sich zahlreiche Abschnitte, die sich durchaus durch eine klare Ausdrucksweise auszeichnen. Auffällig ist dabei, dass zum einen das Thema des konkreten Abschnittes und zum anderen auch die zur Verfügung stehenden Quellen, von denen Ritter einmal stärker, einmal weniger stark abhängig gewesen ist, einen erheblichen Einfluss auf die Diktion seiner Arbeit hatten. Auch diesen Punkt gilt es bei der Arbeit mit der „Erdkunde" zu berücksichtigen.

23 Beck, Hanno: Carl Ritter, S. 68.

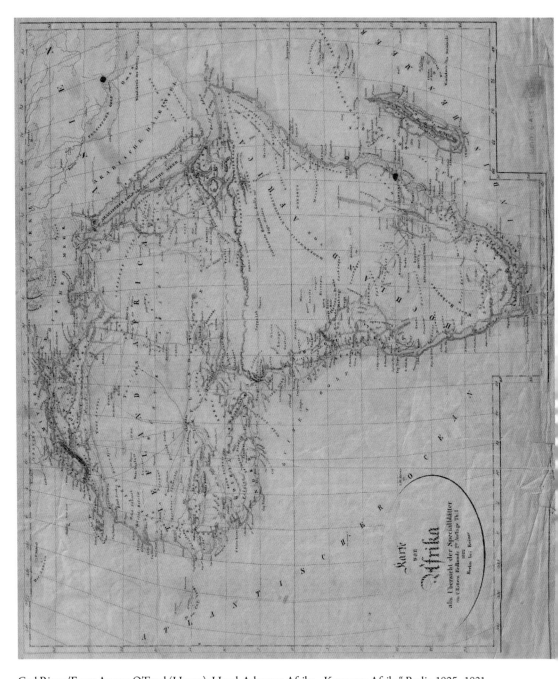

Carl Ritter/Franz August O'Etzel (Hrsgg.): Hand-Atlas von Afrika, „Karte von Afrika", Berlin 1825–1831

Einführung in den ersten Band

Texte antiker Autoren in Ritters Werk

Fragen nach den Quellen, die der „Erdkunde" zugrunde liegen, wurden bereits mehrfach von der Forschung formuliert.[1] Dass diese bisher nicht aufgegriffen und beantwortet wurden, ist dem Gang der Forschung seit Ritters Tod geschuldet. Wie schon erwähnt, war das Interesse lediglich zu besonderen Gelegenheiten und auch nur ganz vereinzelt strohfeuerartig aufgeflammt. Jedoch fällt schon auf den ersten Blick auf, welche Art von Materialien Ritter für seine Forschungen verwendet hat, finden doch in den entsprechenden Bänden der „Erdkunde" neben zeitgenössischen Reiseberichten europäischer Entdecker oder Kolonialoffiziere auch die Texte antiker Historiographen und Ethnographen Verwendung. Generell bezog der Geograph sein Wissen über die Erdteile, wie er sie in seinem Werk behandelt, durchweg aus Bibliotheken. Ein einziges Mal betrat er im heutigen Istanbul asiatischen Boden.[2] Afrika hat er niemals bereist. Die aus späterer Sicht merkwürdige Vermengung moderner und antiker Informationsquellen wirft nicht nur für Geographen stets die Frage auf, ob Ritter keine Zweifel an der Aktualität und Relevanz von Berichten hegte, die zwei volle Jahrtausende vor seiner Zeit verfasst worden waren. Eine erste und weit verbreitete Reaktion der Fachwissenschaft hierauf ist folgende: Zweifellos spielte die mangelhafte Verfügbarkeit zeitgenössischer Informationen dabei eine Rolle.[3] Diese Antwort kann allerdings nur für den Moment befriedigen. Sie ist ganz gemäß der Natur flüchtiger Reaktionen oberflächlich und undifferenziert. Ritters Arbeit und der Rolle, die antike Quellen in der „Erdkunde" spielen, wird sie nicht gerecht.

Dass Ritter aufgrund seines Wissenschaftsverständnisses bereit war, antike Autoren als Quellen zu verwenden, wurde gezeigt. Um aber ihren tatsächlichen Wert für die „Erdkunde" zu dokumentieren, ist es zunächst nötig, für eine Analyse geeignete Bände des großen Werkes zu separieren. Eine erste Eingrenzung fällt leicht: Bände, die beispielsweise das

---

1   Beck, Hanno: Carl-Ritter-Forschungen, in: Erdkunde, Vol. 10, 3 (1956), S. 227–231 (auch spezielle Fragen nach dem Quellenmaterial für Ritters „Vorhalle" wurden hier bereits gestellt).

2   In der jüngeren Ritterforschung findet sich die Behauptung, dass Ritter Asien nie betreten habe. Vgl. Büttner, Manfred/Hoheisel, Karl: Carl Ritter, in: Manfred Büttner (Hrsg.), Carl Ritter, S. 93. Ein Brief Ritters an seine Frau „Lilli" belegt jedoch anlässlich seiner Reise nach „Constantinopel" das Gegenteil. Vgl. Kramer, Gustav: Carl Ritter, Vol. 2, S. 241ff. Siehe außerdem Ritters Notizen zu seinem Aufenthalt in „Constantinopel" (V 369, RT IV/45, B I 96; Schloßmuseum Quedlinburg) und Koner, Wilhelm: Reisebriefe Carl Ritter's, in: Zeitschrift für Allgemeine Erdkunde, Vol. 13 (1862), S. 328f.

3   Schon Marthe hat darauf verwiesen, dass es für Ritter nötig war, „zur Feststellung des wirklichen und gegenwärtigen Sachverhalts […] auf die Berichte der fernen Generationen von Urzeugen zurückzugreifen". Vgl. Marthe, Friedrich: Was bedeutet Carl Ritter für die Geographie?, in: Zeitschrift der Gesellschaft für Erdkunde zu Berlin, Vol. 14 (1879), S. 388. Bei Hanno Beck (Carl Ritter, S. 112) findet sich diese Annahme nur noch andeutungsweise. Iris Schröder (Das Wissen von der Ganzen Welt, S. 118ff.) weist, wenn auch indirekt, wieder stärker in diese Richtung.

fernöstliche Asien oder den indischen Subkontinent zum Thema haben, sind ungeeignet, weil die antiken Autoren darüber nur wenig berichten. Daher muss die Wahl auf diejenigen Teile des Werkes fallen, die sich mit dem Raum der griechisch-römischen Antike decken. Der Afrika-Band, dessen Sonderstellung zum Gesamtwerk besprochen worden ist, empfiehlt sich so als ein guter Ausgangspunkt für die Quellenanalyse. Zwar macht dieser Teil den Versuch, den gesamten Kontinent zumindest topographisch zu erfassen. Jedoch fällt schon bei der Durchsicht des Inhaltsverzeichnisses auf, dass der Text, vor allem für Zentralafrika, erhebliche Lücken aufweist. Die beigegebene Karte von Afrika bestätigt dies, wobei hier eine Reihe Ergänzungen hypothetischer Art vorgenommen wurden. Allerdings ist zu bemerken, dass die Karte gerade für den nördlichen Teil im Bereich der Maghreb-Staaten sowie für die Nilregion recht präzise und vollständig ist.[4] Was für die Oberflächenbeschreibung festgehalten werden muss, gilt für die kulturgeographischen Abschnitte des Bandes noch in erhöhtem Maße. Ritters Hauptaugenmerk liegt im Nordosten, genauer gesagt auf den Kulturländern des Nils. So erfüllt gerade dieser Teil des Afrika-Bandes die genannten thematischen Auswahlkriterien. Darüber hinaus enthält er einige Abschnitte, die explizit der Quellenlage gewidmet sind. Diese gilt es eigens zu betrachten.

Für die erforderliche Probe aufs Exempel kommen darüber hinaus diejenigen Teile der „Erdkunde", welche sich mit dem geographischen Raum zwischen Zweistromland und Hindukusch befassen, für eine Auswertung in Betracht. Die Frage nach Benutzung und Bewertung antiker Autoren als Quellen wird den entsprechenden Bänden folgend untersucht werden. Da der angesprochene Teil des asiatischen Kontinents erst im Laufe des 18. Jahrhunderts verstärkt seinen Weg in das Bewusstsein der Europäer fand, lässt sich nicht bestreiten, dass das zeitgenössische Material mitunter spärlich gesät war. Weil aber Literatur durchaus in einem gewissen Umfang publiziert war und auch von Ritter

---

4   Die Karte zu Carl Ritters Erdkunde ist bei Reimer in Berlin erschienen. Vgl. Ritter, Carl/O'Etzel, Franz August (Hrsgg.): Hand-Atlas von Afrika, „Karte von Afrika". Siehe auch S. 72 sowie Nr. 16 online. Die einzelnen Teile der Karte sind von recht unterschiedlicher Qualität. Generell ist festzuhalten, dass der Karte ein exakter Maßstab fehlt. Die Verortung der afrikanischen Landmasse erfolgt lediglich durch das Netz von Meridianen und Breitenkreisen. Was die Dimensionen des Kontinents insgesamt anlangt, ist die Karte für ihre Entstehungszeit präzise, auch wenn der Vergleich mit modernen Karten einige Abweichungen ergibt. Anzumerken ist an dieser Stelle jedoch, dass Ritters Gradnetz um 15° (genauer: 17° 31') nach Westen verschoben ist und der Nullmeridian somit nicht mit dem uns vertrauten Greenwich-Meridian übereinstimmt. Festgelegt wurde letzterer erst 1884 auf der Internationalen Meridian-Konferenz in Washington (zur Geschichte der Longitude und zur Geschichte der verschiedenen Ansätze des Nullmeridians siehe: Howse, Derek: Greenwich Time, S. 1–13 sowie S. 116–151). Ritters Ausgangspunkt liegt also an der äußersten Westküste Afrikas, am Kap Verde. Wie später noch zu zeigen sein wird, ist auch die Karte zur „Erdkunde" recht detailreich, was die Beschaffenheit der küstennahen Landschaften anlangt. Sowohl die von Ritter als „Hochland" als auch die als „Tiefland von Afrika" benannten Großräume sind bestenfalls als „weiße Flecken" auf der Landkarte zu bezeichnen. Ausnahmen sind das nördliche Afrika und die Nilregion. Die Karte bietet im ersten Fall Details bis zum südlichen Rand des Atlasgebirges, im zweiten Fall bis zur äthiopischen Hochterrasse.

in erheblichem Maße herangezogen wurde, kann in diesem Kontext besonders die oben zitierte Forschungsmeinung des Ausweichens auf antike Quellen kritisch betrachtet und geprüft werden. Ganz anders stellen sich die Verhältnisse für den östlichen Mittelmeerraum dar. Einmal geknüpft, war dessen Verbindung mit Europa seit der klassischen Antike nicht wieder verloren gegangen.[5] Und so standen dem Geographen für die Bände, die Kleinasien, Syrien, Palästina sowie den Sinai thematisieren, Informationen zur Verfügung, die jüngeren Datums und wesentlich konkreter und detaillierter waren. Dies zeigt bereits die gen Westen feiner werdende Gliederung der „Erdkunde".[6]

Eine Untersuchung, welche vornehmlich den Umgang Ritters mit den antiken und mittelalterlichen Quellen in den Blick nimmt, hat sich daher den formulierten Kriterien entsprechend zunächst mit dem „Afrika-Band" zu befassen. Die Teile VII („Uebergang von Ost- nach West-Asien"), VIII und IX („Iranische Welt") sowie X und XI („Euphrat- und Tigrissystem") werden für den östlichen Teil der antiken Welt betrachtet werden.[7] Eine Analyse der Bände, die der Levante gewidmet sind, verbietet sich aus den oben genannten Gründen. Das Alterswerk Ritters, vor allem die beiden Palästinabände und auch weite Teile der Behandlung Syriens und der Sinaihalbinsel, haben eine gewisse Prägung und Überhöhung durch das teleologisch-religiös geartete Weltbild ihres Autors erhalten.[8] Da entsprechende Untersuchungen zu den Teilen X und XI weder in methodischer noch in inhaltlicher Hinsicht neue Ergebnisse erbracht, sondern lediglich die Erkenntnisse aus den vorangegangenen Kapiteln bestätigt haben, ist bewusst darauf verzichtet worden, die Analyse der entsprechenden Abschnitte in diese Arbeit aufzunehmen.[9]

Methodischer Teil des Bandes

Der erste Band der „Erdkunde" erschien in seiner zweiten, hier herangezogenen Auflage im Jahr 1822. Ritter hat diesem Band im Gegensatz zu den folgenden ein Kapitel vorangestellt, welches den Titel „Quellen" trägt.[10] Dieser Abschnitt bildet einen ersten

---

5 Zu den Asienkontakten der griechisch-römischen Antike siehe Reinhard, Wolfgang: Die Unterwerfung der Welt, S. 31–39.

6 Siehe Gliederung des Gesamtwerks auf S. 66f. Darüber hinaus spiegelt sich der Kenntnisstand der Zeit von den verschiedenen Erdteilen im Bestand von Carl Ritters Bibliothek wider. Ihren Umfang zeigt der Katalog von Weigel's Auktions-Local. Der Bestand zu Gesamt-Afrika macht dort rund zehn, der zu Persien drei und der Bestand zum Vorderen Orient vierzehn Seiten aus.

7 Die Zählung der Teile richtet sich an dieser Stelle nach dem zuvor präsentierten Schema. Ritter hat den Bänden zu „Westasien" die Ordnungszahlen V, VI (1 und 2) sowie VII (1 und 2) gegeben.

8 Eine entsprechende Unterscheidung der Bände hat bereits die ältere Forschung getroffen. Vgl. Richter, Otto: Der teleologische Zug im Denken Carl Ritters, S. 98ff.

9 Vgl. entsprechende Bemerkung im Vorwort.

10 Ritter, Carl: Afrika, S. 26–56.

Ausgangspunkt, um festzustellen, wie Ritter den Umgang mit den ihm zur Verfügung stehenden Informationen definierte. Vor allem die allgemein gehaltenen ersten Seiten geben hierüber Aufschluss. So stellt Ritter eingangs klar, dass diese keine Bibliographie der verwendeten Literatur seien. Es gehe ihm vielmehr darum, die mangelhafte Sorgfalt seiner Kollegen bei dem Gebrauch von Quellenmaterial anzumahnen. Betrachtet man die Entstehungszeit der „Erdkunde", so darf festgehalten werden, dass wissenschaftliches Arbeiten im modernen Sinne, also auch Angeben und Kenntlichmachen von Quellen mittels Zitaten und Literaturverweisen, erst nach und nach üblich wurde. Gewisse Standards wurden in den zwanziger und dreißiger Jahren des 19. Jahrhunderts durch die Arbeiten von Leopold von Ranke gesetzt.[11] Der erste Teil des Kapitels richtet sich explizit gegen die „mehr und minder schadhaften Glieder"[12] des Faches. Gemeint sind hier jedoch nicht länger Fachkollegen, die genannte Kriterien des wissenschaftlichen Arbeitens nicht erfüllen. Die wiederkehrenden Diskussionen um Plagiatsaffären und um die strikte Trennung des eigenen von fremden Gedanken drängen diese Interpretation heute nahezu auf. Was Ritter stattdessen meint, sind strittige oder zweifelhafte Punkte des geographischen Wissens von der Erde. Es gelte somit, Meinungen oder Behauptungen überzeugend zu präzisieren und zu korrigieren:

> Nicht selten wird es […] wichtig seyn, bei zweifelhaften oder bestritten Puncten alle bedeutenden Zeugnisse anzuführen, um des Ursprungs herrschender Ansichten willen. Denn so viele Irrthümer sich in den geographischen Wissenschaften auch eingeschlichen haben mögen, so daß der mit der Wahrheit Aufgewachsne sich zu weilen höchlich über die gelehrten Fabeln zu verwundern hätte […], so sind dieß in der That doch nur äußerst selten, reine Unwahrheiten.[13]

Falsch verstandene und „schief benutzte" Ansichten will Ritter nicht als reine Unwahrheiten abqualifizieren. Subjektiv gesehen gesteht er ihnen durchaus einen gewissen Wert und Wahrheitsgehalt zu. Da es sich stets um Mitteilungen eines „speciellen oder beengten" Standpunktes handele, seien sie auch immer in ihrem jeweiligen Entstehungskontext zu interpretieren. Geschichtswerke, wie sie Tacitus oder Prokopios verfasst haben, dürften daher – genau wie Marco Polos Reiseberichte oder das geographische Handbuch des Matthias Quad von Kinckelbach (1557–1613) – nicht mit dem „Maaßstabe objektiver Realität" gemessen werden.[14] Das Kapitel weist im Folgenden die historische Methode des Herodot als den angemessenen wissenschaftlichen Umgang mit den Quellen aus. Ohne dies zu spezifizieren, erhebt Ritter diesen zum „Muster aller Berichterstattung".[15]

---

11 Zur Geschichte des wissenschaftlichen Zitierens siehe: Grafton, Anthony: The Footnote, S. 1–33.
12 Ritter, Carl: Afrika, S. 26.
13 Ritter, Carl: Afrika, S. 26f.
14 Ritter, Carl: Afrika, S. 27.
15 Ritter, Carl: Afrika, S. 27.

Bereits auf den ersten Seiten des Bandes werden also antike Autoren als Quellen und Vorbilder für das große Werk angeführt. Allein dieser Umstand ist schon für sich genommen bemerkenswert, insofern als diese ohne Einschränkung neben zahlreichen anderen grundlegenden Titeln genannt werden. Im Grunde werden in diesem Kapitel die Berichte und Veröffentlichungen von modernen und zeitgenössischen Autoren überhaupt nicht erwähnt. Dies sollte jedoch nicht ihrer großen Gesamtzahl zugeschrieben werden. Vielmehr unterstreicht es den hohen Stellenwert, den der Geograph sowohl der älteren als auch der antiken Literatur beigemessen hat. Sicherlich gilt dies umso mehr, als die oben genannten Autoren – Tacitus oder Prokopios – bekannte Größen im Bewusstsein zeitgenössischer gebildeter Fachkreise waren. Für die prominenten Schriften der Frühen Neuzeit und des beginnenden Humanismus gilt dies nicht minder. Anders liegen die Dinge jedoch in Bezug auf die Forschungsreisenden des ausgehenden 18. Jahrhunderts und des beginnenden 19. Jahrhunderts. In aller Regel erreichten ihre Schriften nur einen begrenzten Leserkreis. Dieser war zusätzlich regional eingeschränkt. Selten erzielten die Veröffentlichungen eine bemerkenswerte Auflagenzahl.[16] Kurzum: Ein Vergleich der zeitgenössischen Schriften verbot sich von selbst, hätte er doch den allgemeinen Charakter, der das Kapitel prägen sollte, verfehlt.

Im folgenden Abschnitt über die Natur der von ihm verwendeten Quellen bietet Ritter einen Überblick über die Forschung. Im Wesentlichen erfasst dieser die theoretischen zeitgenössischen Schriften. Inhaltlich beschränkt sich Ritter dabei, wie er selbst hervorhebt, auf die Nennung der Veröffentlichungen von „gelehrten Gesellschaften" wie derjenigen zu Paris, Stockholm, London oder Berlin. Kaum spezieller erfolgt die Wiedergabe der Quellen für die Bereiche „Bildungen der Erdrinde", „Bildungen der Ozeane", „Atmosphäre" oder für die „Wirkungen unter der Erde".[17] Zwar wird in diesen Abschnitten der themenspezifische Gang der Forschung referiert, jedoch handelt es sich dabei eher um bloße Aufzählungen von Namen. Selten werden Aspekte wissenschaftlicher Art behandelt. Vor allem durch die Gliederung der Quellen in die genannten vier Bereiche wird die bereits besprochene physisch-naturwissenschaftliche Ausrichtung der Geographie erneut deutlich. Verweise auf antike Autoren finden sich in keinem der genannten Bereiche. In den beiden anschließenden Abschnitten zum Thema „Pflanzen" und „Tierwelt"[18] erfolgt dann wiederum ein – wenn auch pauschaler – Verweis auf die antike Literatur. Genauer gesagt stellt Ritter für diese Themenbereiche lediglich fest, dass „schon fast jeder Schriftsteller des Alterthums darüber Aufschlüsse gibt"[19], ohne anschließend weiter ins Detail zu gehen.

---

16 Für einige der prominenteren Forschungsreisenden und Militärs beziehungsweise für deren Werke konnte die Forschung durchaus eine besondere Wirkung und einen erhöhten Leserkreis feststellen. Hierzu würden etwa die Erinnerungen der bekannten Offiziere Elphinstone und Malcolm zählen. Auch für Carsten Niebuhrs Werk hat Hanno Beck (Große Reisende, S. 113–117) einen gewissen Einfluss verzeichnet. Generell darf, wie erwähnt, die Anzahl der Auflagen als Indikator für die Verbreitung und die Nachfrage der einzelnen Reiseberichte gelten.

17 Ritter, Carl: Afrika, S. 34–47.

18 Ritter, Carl: Afrika, S. 47–52.

19 Ritter, Carl: Afrika, S. 51.

Den Abschluss des Kapitels bildet ein Abschnitt über das als „Regulativ" bezeichnete Material.[20] Regulierend oder vielmehr sortierend, so Ritter, wirke die mathematische Geographie, welche damit auf gewisse Art zur Grundlage des eigenen Faches erhoben wird. Aristoteles und die ihm nachfolgende Alexandrinische Schule werden in diesem Zusammenhang neben Eratosthenes und Hipparchos genannt.

> [V]on dem Himmel aus, [würde] ein Netz über den Erdball also gezogen, daß nach Länge und Breite jeder einzelne Punct der alten bekannten, oder neu zu entdeckenden Erde, darauf in gehöriger Ordnung und mit größter Bestimmtheit nach Grad und Minute, zur Auffindung seines räumlichen Verhältnisses und Sicherung aller mit demselben zusammenhängenden Thatsachen, für die Gegenwart, wie für die Zukunft eingetragen werden konnte.[21]

Nur dieses „Netz" mache es möglich, den mit fortschreitender Zeit immer größer gewordenen Quellenreichtum zu verorten und überhaupt handhabbar zu machen. Diese mathematisch-geographische Leistung sei somit die Grundlage der allgemeinen vergleichenden Geographie. Sämtliche Voraussetzungen, wie etwa eine Bestandsaufnahme von naturräumlichen Fakten im Sinne Carl Ritters, seien ohne ein Bezugsystem nicht zu erfüllen. Die Würdigung, die hierbei speziell den griechischen Geographen zukommt, ist klar ersichtlich, ihr Wert nicht zu bestreiten. Und auch wenn nun die „neuere" Forschung eher nach „Universalität" strebe, während die „frühere Zeit" nach „Formen, Erscheinungen und Thatsachen" gefragt habe,[22] macht dies für Ritter qualitativ keinen Unterschied. Beide Ansätze gehören für ihn grundlegend zu einer wissenschaftlichen Erdkunde; sie ergänzen sich.

Schon das einleitende Quellenkapitel des Afrika-Bandes verweist, wie gezeigt wurde, an mehreren Stellen auf antike Autoren. Dies geschieht weniger durch die ausführliche Nennung von in Frage kommenden Texten, sondern vielmehr allgemein und mit Verweis auf entsprechende Themenbereiche. Dass sich bei den angeführten, physikalisch-naturwissenschaftlichen Bereichen der modernen Geographie keine Erwähnung der antiken Quellen findet, führt zu der vorläufigen Annahme, dass Ritter sie eher für die kulturgeographischen Abschnitte seines Werkes als relevant ansah.

---

20 Ritter, Carl: Afrika, S. 52–56; Ritter, Carl: Allgemeine Erdkunde (Vorlesung), S. 33–36; Dickinson, Robert: The Makers of Modern Geography, S. 3ff.
21 Ritter, Carl: Afrika, S. 52f.
22 Ritter, Carl: Afrika, S. 55.

Seine Gliederung und Struktur

Bevor im folgenden praktischen Hauptteil der Quellengebrauch, wie der Text ihn wiedergibt, analysiert wird, ist es nötig, den Aufbau des ersten Bandes der „Erdkunde" exemplarisch einmal ausführlicher vorzustellen. Ritter scheint Afrika in seiner Gesamtheit als „inselartig"[23] und von geringer naturräumlicher Gliederung begriffen zu haben. Im Wesentlichen wurde seine Vorstellung vom Gegensatz zwischen nördlichem Tiefland einerseits und südlichem Hochland andererseits bestimmt. Das Gebiet zwischen diesen Räumen, also ihre Überschneidungszone, sei die Großlandschaft Sudan.[24] Diese grundlegende Annahme spiegelt sich auch in der Einteilung des Bandes wider:

„Erste Abtheilung: Das Gebirgsganze oder Hochafrika". Gemeint ist hiermit die Landmasse Afrikas, die nach Ritters Meinung „von der terrassenförmig aufsteigenden Südküste des Vorgebirges der guten Hoffnung nordwärts bis zum Äquator und bis gegen 5 und 10 Grad N. Breite" reicht „und höchstwahrscheinlich ein zusammenhängendes Hochland" bildet.[25] Text und Karte zeigen vor allem für diesen südlichen Abschnitt des Kontinents den dürftigen Kenntnisstand der Geographen. Während sowohl das „Kongo-Gebirge" als auch Abessinien bekannt waren und besprochen werden, konnte Ritter nur über die Ränder „Hochafrikas" schreiben. Für das Innere lagen, wie bereits erwähnt, kaum Informationen vor.

„Zweite Abtheilung: Uebergangsformen vom Hochlande zum Niederlande in Afrika. Die Wassersysteme und Stufenländer". Mittels dreier Flusslandschaften strukturiert, bietet dieser Abschnitt zunächst Informationen über den südafrikanischen Oranje-Fluss sowie zu dessen Einzugsgebieten. Genauso verfährt Ritter anschließend bei seiner Beschreibung der Flüsse Senegal und Niger. Schließlich bilden die „Stufenländer des nördlichen Afrika oder das Wassersystem des Nilstroms" den letzten Abschnitt. Es ist

---

23 Hanno Beck (Carl Ritter, S. 83) stellt diese sicherlich treffende Beschreibung lediglich in den Raum. Sie kann durch den Inhalt der Vorbemerkungen, die den Band einleiten, untermauert werden. Ritter beschreibt hier den Kontinent als „isolirtes Ganzes" (Ritter, Carl: Afrika, S. 62) und begründet diese Einschätzung nicht nur durch die ebenmäßige Ausprägung der Extremitäten der afrikanischen Landmasse. Auch die Idee eines südlichen Gegengewichts zum europäisch-asiatischen Erdteil wird von antiken Autoren übernommen und hat Eingang in den Text des Bandes gefunden. Das erwähnte Symposium anlässlich Ritters 200. Geburtstag hat sich mit einem eigenen Beitrag Ritters Afrikaband und seiner Vorstellung vom Kontinent genähert. Vgl. Henze, Dietmar: Afrika im Spiegel von Carl Ritters „Erdkunde", in: Karl Lenz (Hrsg.), Carl Ritter – Geltung und Deutung, S. 155–163.

24 Der Begriff „Sudan" (mittelalterlich, aus dem Arabischen *bilad as-sudan* oder „Land der Schwarzen") ist für die Entstehungszeit der „Erdkunde" durchweg als Bezeichnung eines geographischen Raumes zu verstehen, nicht als politisches Gebilde. Dieser Raum wurde im Norden durch die Saharawüste und im Süden von der Regenwaldzone begrenzt. Im Westen bildet die Küste Guineas, also der Atlantische Ozean, eine natürliche Grenze. Das äthiopische Hochland im Osten wird aufgrund seiner topographisch-klimatischen Beschaffenheit nicht mehr zur Großlandschaft gezählt. Der „Sudan" war also im Verständnis der Zeitgenossen eine Art ausgedehnte Übergangszone.

25 Ritter, Carl: Afrika, S. 91f.

klar, dass hier die größten Ströme des Kontinents ausgewählt wurden, nicht nur um ihre Räume zu beschreiben und zu charakterisieren, sondern auch um diese zu vergleichen. Wie wichtig Flussläufe bei der Erschließung unbekannten Terrains waren, wird dadurch deutlich, dass vor allem die Kapitel zu Senegal und Niger gewissermaßen die gesamten Informationen zum westlichen Zentralafrika ausmachen. Ihr Verlauf war zumindest seit dem ausgehenden Mittelalter bekannt.[26] Die Kenntnis ihrer Existenz lässt sich allerdings bereits für das erste nachchristliche Jahrhundert feststellen.[27] Bemerkenswert ist, dass sowohl der Kongo (bei Ritter auch „Zairefluss") als auch der Sambesi schon in der vorangegangenen ersten Abteilung besprochen werden,[28] obwohl diese ja in ihrer Ausdehnung und Bedeutung bis heute keineswegs weniger wichtig sind. Eine Erklärung hierfür kann lediglich darin liegen, dass Ritter die Dimensionen der beiden Ströme nicht kannte und daher ihre geographische Bedeutung unterschätzt hat. Geschuldet ist dies, zumindest im Falle des Kongos, dem mangelhaften Kenntnisstand der Zeit.[29]

„Dritte Abtheilung: Die getrennten Gebirgsglieder Afrika". In dieser kürzesten Abteilung des Bandes wird der äußerste Nordwesten der Landmasse thematisiert. Gemeint ist das „Hochland von Mauretanien", genannt „die Berberei"[30], welches heute den Namen Atlas-Gebirge trägt. Als einziger Gebirgszug von bemerkenswerter Ausdehnung hat er nach Ritters Meinung eine topographische Sonderrolle, da sich dieser völlig von seiner räumlichen Umgebung unterscheidet. Ritter sieht in seiner Beschaffenheit eine gewisse Nähe zum südlichen Hochland des Kontinents.[31] Die Nordküste inklusive der beiden Syrten und der Cyrenaica wird im Anschluss an die Beschreibung der Gebirgszüge abgehandelt.

„Vierte Abtheilung: Das Tiefland von Afrika": Im Wesentlichen wird hier das Gebiet besprochen, welches heute unter dem Begriff Sahara-Region zusammengefasst wird. Ägypten ausgenommen, erläutert Ritter hauptsächlich die Grenzräume und nur wenig die nach dem Kenntnisstand der Zeit heterogenen, inneren Phänomene der Landschaft. Konsequent beginnt dieser letzte Teil des Bandes bei der „Oasenkette" Ägyptens und endet,[32] nachdem die Übergänge im Westen Alexandrias besprochen worden sind, an der Atlantikküste.

---

26 Reinhard, Wolfgang: Geschichte der europäischen Expansion, Vol. 1, S. 25 und S. 13–38 (zum Niger) sowie 39–54 (zum Sambesi). Zur Entdeckungsgeschichte der Flüsse siehe insbesondere McLynn, Frank: Hearts of Darkness, S. 39–54.

27 Vgl. u. a. Plin. nat. 5, 1 (bambotus) sowie Ptol. 4, 9 (Νίας).

28 Zum Kongo siehe: Ritter, Carl: Afrika, S. 267–287 sowie S. 140ff. (für den Sambesi).

29 Ritter, Carl: Afrika, S. 286ff.; Reinhard, Wolfgang: Geschichte der europäischen Expansion, Vol. 4, S. 28–31 sowie S. 47f.

30 Ritter, Carl: Afrika, S. 283f.

31 Ritter, Carl: Afrika, S. 883ff. Die Vorstellung spiegelt durchaus die gängige Meinung der Zeitgenossen wider. Ritter standen für die Bearbeitung des Afrika-Bandes mehrere Übersichtskarten zum Kontinent zur Verfügung, diese dürften die Vorstellungen maßgeblich beeinflusst haben. Siehe auch S. 82f., 296f. sowie Nr. 2, 4, 6 und 12 online.

32 Ritter, Carl: Afrika, S. 964f.

Nach der Betrachtung des Aufbaus des Afrika-Bandes können einige erste grundlegende Feststellungen getroffen werden: Um die naturräumlichen Phänomene zu erfassen und diese zu beschreiben, gliedert Ritter den Kontinent in vier Großräume. Diese unterscheiden sich generell in ihrem Höhenniveau untereinander oder zumindest von den direkt angrenzenden Räumen. Grundformen dieser Unterscheidungen sind Hoch- sowie Tiefländer als direkt gegensätzliche topographische Erscheinungen sowie Stufen- oder Stromländer als Misch- beziehungsweise Übergangsformen. In diese Grobgliederung des Landes sind zahllose Darstellungen eingestreut. Sie füllen das zu Grunde liegende physikalische Gerüst des Bandes mit Informationen über die belebte Welt. Indem also Ritter hierbei auch immer den Fokus auf die Rolle und die Geschichte des Menschen richtet, sind es diese Abschnitte der „Erdkunde", die dem Werk seinen historiographischen Charakter verleihen. So wird beispielsweise neben entdeckungsgeschichtlichen Berichten und Informationen über die Lebensweise bestimmter Volksgruppen auch die Geschichte des bewohnten Raumes wiedergegeben. Besonders eindrucksvoll und ausführlich geschieht dies für das Land am Nil. Deshalb soll dieses Kapitel im Folgenden mit Blick auf die Quellen und die Arbeitsweise Ritters einer ersten Analyse unterzogen werden.

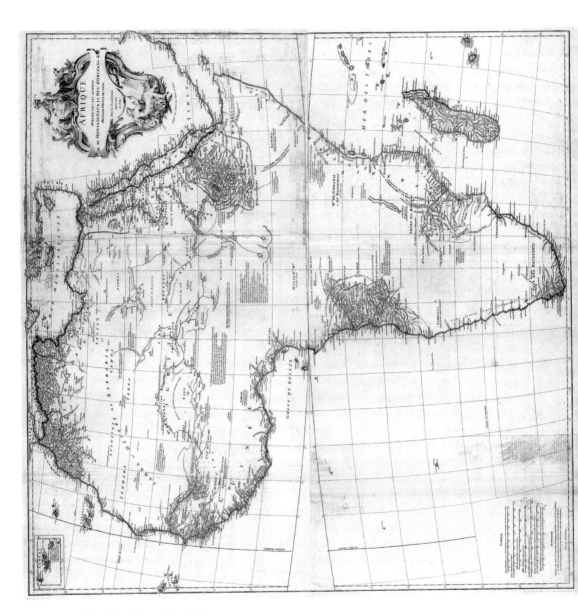

Jean-Baptiste d'Anville: Afrique, Paris 1749

82

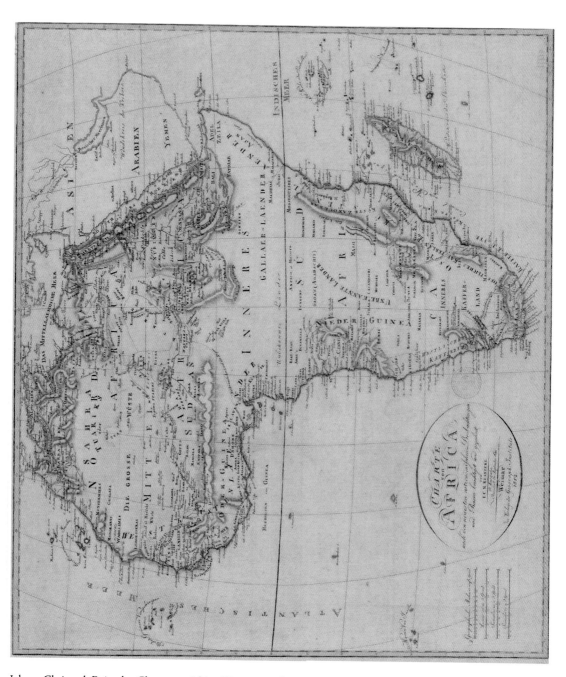

Johann Christoph Reinecke: Charte von Africa, Weimar 1812[3]

IV RITTER UND SEINE QUELLEN – DIE UMSETZUNG DES HISTORIOGRAPHISCHEN PROGRAMMS

Der Oberlauf des Nils

Die Entdeckung des amerikanischen Kontinents 1492 hatte einen relativen Stillstand der weiteren Erforschung Afrikas zur Folge. Das Hauptaugenmerk der großen Seefahrernationen richtete sich vom Süden in den Westen. Erst über 100 Jahre später erwarb Frankreich Besitzungen im heutigen Senegal, die Holländer um 1650 am Kap der Guten Hoffnung. Andere Nationen folgten.[1] Mit der Neugründung der *Royal African Company* wurde schließlich auch in Großbritannien dem politischen Willen zur Erschließung des Kontinents Nachdruck verliehen. Ein regelrechtes Aufflammen von Expeditionen ins Innere Afrikas war die Folge. Die Portugiesen Páez (1564–1622) und Lobo (1595–1687) hatten versucht, die Quellen des Blauen Nils ausfindig zu machen, André Brué[2] (1654–1738), Geschäftsführer der *Compagnie Royal du Sénégal* war ein Pionier der französischen Senegambien-Forschung. Für Äthiopien hatte sich Charles-Jacques Poncet (gest. 1708) einen Namen gemacht. Im Laufe des 18. Jahrhunderts stieg die Zahl der Entdecker sprungartig an, auch wenn direkte Besitzungen tatsächlich marginal blieben.[3] Ihre Wege richteten sie in den meisten Fällen an Flussläufen aus. So folgte beispielsweise Pierre Compagnon[4] (gest. um 1750) dem Lauf des Senegal und gelangte so nach Bambuk. Von 1769 bis 1772 bereiste James Bruce (1730–1794) Nubien, Äthiopien und das Quellgebiet des Blauen Nils. Bis 1777 entdeckte Robert Jacob Gordon[5] (1743–1795) den Oranje-Fluss.[6] In der Kartographie verfehlten die oftmals in Form von Reisetagebüchern veröffentlichten Berichte ihre Wirkung nicht. Johann Matthias Hase (1684–1742) und Jean-Baptiste d'Anville (1697–1782) erstellten in den dreißiger

---

1   Krämer, Walter (Hrsg.): Entdeckung und Erforschung der Erde, S. 84ff.; Harding, Leonhard: Geschichte Afrikas im 19. und 20. Jahrhundert, S. 1ff.

2   Vgl. Henze, Dietmar: Enzyklopädie der Entdecker und Erforscher der Erde, s. v. „Páez, Pedro", „Lobo, Jerónimo", „Brué, André".

3   Reinhard, Wolfgang: Die Unterwerfung der Welt, S. 903ff.

4   Vgl. Henze, Dietmar: Enzyklopädie der Entdecker und Erforscher der Erde, s. v. „Compagnon, Pierre", „Poncet, Charles-Jacques".

5   Vgl. Henze, Dietmar: Enzyklopädie der Entdecker und Erforscher der Erde, s. v. „Gordon, Robert Jacob", „Bruce, James".

6   Reinhard, Wolfgang: Geschichte der europäischen Expansion, Vol. 4, S. 9–17 sowie Vol. 1, S. 28–49; Krämer, Walter (Hrsg.): Entdeckung und Erforschung der Erde, S. 85f.

und vierziger Jahren erste kritische Karten von Afrika. Johann Christoph Reineckes erste Version der „Charte von Afrika" markiert einen Meilenstein der Versuche, die Topographie des afrikanischen Kontinents abzubilden.[7] Die bereits erwähnte Landkarte zu Ritters Afrika-Band steht ganz in ihrer Tradition. Zu den bekannten ökonomischen und politischen Motiven, die im Laufe der Zeit zu den unangefochten dominanten werden sollten, trat sicherlich auch die wissenschaftliche Neugierde hinzu. Aus der 1788 in London gegründeten *Association for Promoting the Discovery of the Interior Parts of Africa* ging später die prominente *Royal Geographical Society* hervor. Auf diese Art und Weise wurden in den verschiedenen europäischen Nationen institutionelle Strukturen geschaffen, die die wissenschaftlichen Resultate verwerten sollten.

Historischer Kontext und zeitgenössische Auskünfte zum Oberlauf

Die Liste der Afrikaforschenden ist lang, und selbst wenn diese heute nach ihrer Herkunft oder nach den bereisten Gebieten gegliedert wird, bleibt sie unübersichtlich. Für die Entstehungszeit der „Erdkunde" gilt dies nicht weniger. Jedoch ergibt sich nach der Durchsicht der zu betrachtenden Abschnitte des Afrika-Bandes eine begrenzte Anzahl an zeitgenössischen Quellen für das Gebiet des heutigen Sudan und für das nördliche Äthiopien.[8]

Ritter bezog sein Wissen über den Oberlauf des Nils im Wesentlichen aus fünf größeren Darstellungen. Diese seien in aller Kürze angesprochen. James Bruce[9] (1752–1796) gilt als Begründer der neueren Äthiopien-Forschung. Er unternahm 1770 zwei Expeditionen, um den Ursprung des Blauen Nils zu erkunden, den er richtigerweise im Südwesten des Tzana-Sees vermutete. Er identifizierte jedoch nicht die Hauptquelle. Sein größtes Verdienst ist die exakte astronomische Vermessung des Gebietes eines der Zuflüsse. Sein Landsmann, William George Browne[10] (1768–1813), hatte sich unter anderem als Asienforscher einen Namen gemacht, gilt jedoch als Entdecker Darfurs.

---

7 Vgl. Hase, Johann Matthias: Africa, Nürnberg 1737; d'Anville, Jean-Baptiste: Afrique, Paris 1749; Reinecke, Johann Christoph: Charte von Africa, Weimar 1804. Dazu Black, Jeremy: Maps and History, S. 21–24.

8 Zu einer kurzen Einführung in die historischen Entwicklungen des Sudan vor der Kolonialzeit vgl. Smidt, Wolbert: Schwarze Königreiche von der Antike bis zur kolonialen Unterwerfung, in: Bernhard Chiari (Hrsg.), Wegweiser zur Geschichte. Sudan, S. 17–25.

9 Vgl. Henze, Dietmar: Enzyklopädie der Entdecker und Erforscher der Erde, s. v. „Bruce, James". Die Veröffentlichung seiner Erinnerungen in fünf Bänden („Travels to Discover the Sources of the Nile", London 1790) lag Ritter in deutscher Übersetzung vor. Ritters Angaben nach zu urteilen muss er jedoch auch die zweite Edition des Werkes (1805) herangezogen haben.

10 Vgl. Henze, Dietmar: Enzyklopädie der Entdecker und Erforscher der Erde, s. v. „Browne, William George". Sein Werk („Travels in Africa, Egypt and Syria. Form the Year 1792 to 1798", London 1799) lag Ritter ebenfalls in deutscher Sprache vor.

Die Frage nach den Quellen des Nils war seiner Meinung nach von Bruce keinesfalls gelöst worden. Allerdings war es für ihn selbst aufgrund von Kriegsunruhen nur bedingt möglich, danach zu forschen. Eine ähnliche Meinung vertrat auch Johann Ludwig Burck-hardt[11] (1784–1817). Seine Berichte wurden von Ritter sicherlich am ausführlichsten für die Beschreibung des nubisch-äthiopischen Gebietes herangezogen. Der Schweizer unternahm zwei größere Reisen den Blauen Nil entlang gen Süden. Jedoch sollte auch ihm, genau wie dem befreundeten Browne, der Zugang verwehrt bleiben. Sein Werk beinhaltet zahlreiche Exzerpte arabischer Geographen des Mittelalters, die beinahe ausnahmslos auf diese Weise für Ritter zugänglich und von ihm daraus zitiert wurden. Die Schrift von Charles-Jacques Poncet, der bereits oben erwähnt wurde, ist die älteste der zeitgenössischen Quellen, auf welche die „Erdkunde" regelmäßig zurückgreift.[12] Ihr Wert war allerdings bereits zur Mitte des 18. Jahrhunderts umstritten, sodass den drei erstgenannten Autoren auch von Ritter eine höhere Zuverlässigkeit beigemessen wurde. Poncets Bericht bietet aber gerade bei der Beschreibung des Nillaufes Informationen, die – obgleich sie ungenau sind – in den Dokumenten anderer fehlen; so beispielsweise bezüglich der großen Anzahl von Nebenflüssen. Von nicht zu unterschätzendem Wert für Ritters Arbeit ist das zweibändige Werk „The Geographical System of Herodo-tus" von Major James Rennell[13] (1742–1830). Dieser gilt wegen seiner Tätigkeit als Landvermesser im Dienste der Britischen Ostindien-Gesellschaft als Vater der indischen Geographie. Aus seinem Werk konnte Ritter nicht nur Informationen zu den antiken griechischen Geographen entnehmen. Weil Rennell genau wie Burckhardt Exzerpte mittelalterlicher Autoren integriert hat, konnte die „Erdkunde" indirekt auf diese zugreifen. Hervorzuheben ist, dass Rennells Arbeitsweise von dem Versuch bestimmt ist, die geographischen Angaben des griechischen Textes mit denen von nachfolgenden Länderkunden abzugleichen und nach Möglichkeit diese mit dem Kenntnisstand der eigenen Epoche in Einklang zu bringen. Vor allem was die geographische Verortung von Lokalitäten angeht, ist dies ein charakteristisches Motiv der Zeit, das sich durchaus auch in Ritters Werk wiederfindet.

Die Arbeit mit dem zeitgenössischen Material erfolgt im Afrika-Band der „Erdkunde" allgemein betrachtet mittels indirekten Zitierens von Informationen. Ritter hat dies zuverlässig gekennzeichnet. Es handelt sich dabei in der Regel um längere Passagen, die entweder exzerptartig den Text des Bandes bestimmen oder als Resümee integriert sind. Direkte Zitate finden sich eher selten. Wenn überhaupt, so sind dies Schilderungen von Erlebnissen, welche den Reisenden vor Ort widerfahren sind. Allerdings verschwimmen hier die Grenzen zwischen direkter und zusammenfassender Wiedergabe der Quellen,

---

11 Vgl. Henze, Dietmar: Enzyklopädie der Entdecker und Erforscher der Erde, s. v. „Burckhardt, Johann Ludwig". Ritter bezieht sich stets auf die post mortem publizierten „Travels in Nubia" (London, 1819).

12 Gemeint ist hier: Poncet, Charles: Relation abrégée du voyage que M. Charles Poncet fit en Éthiopie en 1698, 1699 et 1700 (diverse Ausgaben, u. a. 1704; deutsch 1781).

13 Vgl. Henze, Dietmar: Enzyklopädie der Entdecker und Erforscher der Erde, s. v. „Rennell, James".

sodass aufgrund des noch jungen und geringen Grades der Formalisierung eine strikte Unterscheidung wenig zielführend erscheint. Generell ist vorauszuschicken, dass Ritter seinen Fachkollegen und ihren Werken gegenüber eher unkritisch eingestellt gewesen zu sein scheint. Es fällt auf, dass in kaum einem Fall widersprüchliche Aussagen gegeneinander abgewogen werden oder dass – im Falle von konkurrierenden Meinungen – selten einer Position der Vorzug eingeräumt wird. Eine kritische Betrachtung des Umgangs mit den zeitgenössischen Werken wird im Folgenden – soweit möglich – analog zu den Texten der antiken Autoren vorgenommen. Auf diese Art kann nicht nur das Verhältnis der beiden Bereiche zum Gesamtwerk der „Erdkunde" in den Blick genommen, sondern auch ein Vergleich zwischen ihnen gezogen werden.

Blauer und Weißer Nil – die Suche nach den Quellen

Ritter betrachtet den Verlauf des Nils beginnend bei seinen Quellen. Auf einigen kurzen darstellenden Seiten werden zunächst Weißer und Blauer Nil als Quellströme präsentiert. Für die beiden Arme bietet die „Erdkunde" zahlreiche Details.[14] Das Ursprungsgebiet des westlichen Nils wird mit 7°/8° nördl. Br. und mit 49° östl. L. (von Ferroe) gemessen am Kenntnisstand der Zeit treffend eingegrenzt.[15] Zwar bleibt die Beschreibung des Verlaufes recht vage – Ritter nennt weder den Victoria-See noch die benachbarten kleineren Seen –, jedoch finden zahlreiche Neben- und Zuflüsse namentliche Erwähnung, die meistenteils identifiziert werden können.[16] Über die Beschaffenheit der Natur wird wenig berichtet. Durchweg tritt der Flusslauf als bestimmender Faktor einer vom tropischen Klima beherrschten Region auf, deren Beschreibung an Feuchtsavannen erinnert. Sehr knapp fällt auch der Bericht über die Bewohner der Landschaft aus, wobei sich Ritter auf das Volk der Schilluk-Niloten beschränkt. Für die Beschreibung ihrer Lebensgewohnheiten schöpft er dabei stets aus den Schriften von Forschern und Afrikareisenden seiner Zeit. Nicht anders wird der zweite Flussarm, der Blaue Nil, bearbeitet:

---

14 Ritter, Carl: Afrika, S. 517f.

15 Seit Ptolemaios' Idee der Festlegung eines Nullmeridians hatten sich bis ins 17. Jahrhundert mehrere konkurrierende Möglichkeiten entwickelt. 1634 unternahm Kardinal Richelieu einen ersten Versuch der Vereinheitlichung: Ganz im Sinne des antiken Geographen sollte der westlichste Punkt der Kanaren, Ferro (heute El Hierro), als *primus meridianus* dienen. Zwar konnte sich dieses Konzept aus politischen Gründen nicht völlig durchsetzen, blieb jedoch bis 1884 als Vergleichsvariante neben Paris und Greenwich in Gebrauch. Siehe hierfür: Howse, Derek: Greenwich Time, S. 128ff.

16 Den Bahr al-Abiad sieht Ritter richtig als leitenden Strom. In diesen münden unter anderem die Zuflüsse Bahr (al-)Indry, Bahr al-Harras; die Teile des Stromes werden damals wie heute unter dem gefälligeren Namen „Weißer Nil" zusammengefasst, bevor dieser sich mit dem Bahr al-Azrak (Blauer Nil) vereint. Vgl. Tietze, Wolf (Hrsg.): Westermann Lexikon der Geographie, s. v. „Nil".

Als seine Quellen nennt man insbesondere zwei (nach Lobo) oder drei (nach Bruce) wasserreiche Brunnen, welche nur wenige Fuß im Durchmesser, aber von größerer Tiefe, einen Steinwurf auseinander, auf einer sumpfigen, grasreichen Alpenhöhe […] im Lande der Agows, sich befinden. […] Diese kreisförmigen Höhen […] verleiteten Bruces Phantasie, in ihnen des Ptolemäus *Montes Lunae* zu sehen. […] In zahllosen Windungen strömt der Nil von hier nordwärts, 26 geogr. Meilen weit, bis er sich in der Landschaft Dembea in den See von Tzana ergießt. […] Dieser Alpensee liegt in der Mitte eines sehr fruchtbaren Alpenthales, das einst Seeboden war. Er nimmt eine sehr große Zahl von Alpenströmen auf […].[17]

Die Darstellung der beiden Nil-Quellen wirkt zunächst unstrittig. Ritter hält sich klar erkennbar an die von ihm verwendeten Quellen. Explizit wird, wann immer möglich, auf Zahlen und Fakten verwiesen, die geodätische Arbeiten verfügbar gemacht hatten. Kritik an Bruce' fehlerhafter Annahme, die Quelle des Blauen Nils identifiziert zu haben, wird nicht geäußert. Bemerkenswert ist jedoch, dass sich Ritter gegen die Verbindung des von Ptolemaios gebrauchten Namens „*selenes oros*"[18] (dt. „Mondberg", heute Ruwenzori-Gebirge) mit den von Bruce beschriebenen Höhen zu wenden scheint. Eine Begründung hierfür bleibt der Geograph schuldig. In einem kurzen Erläuterungskapitel befasst sich Ritter allerdings detaillierter mit den „Nachforschungen über die Nilquellen" und mit zuvor ausgeblendeten Ungereimtheiten.[19] Beginnend mit Herodot enthält dieser Abschnitt sämtliche Informationen, soweit sie die topographischen Fragen von Makrostrukturen betreffen. So wird Herodots Bericht über einen Fluss, der im Inneren von Afrika von West nach Ost verlaufe, aufgegriffen.[20] Allerdings will Ritter den Inhalt des antiken Textes auf den Niger bezogen wissen. Jedoch muss er anerkennen, dass die bei Herodot vermerkte Flussrichtung des Gewässers seiner Annahme widerspricht. Um diesen Konflikt zu lösen, wird nach dem Zusammenhang des Ursprungs der beiden Flüsse (Niger und nun Weißer Nil) gefragt. Der Gedanke einer *spina mundi*[21] wird aus den Werken von Bruce und Browne übernommen. Die Annahme, dass diese die Ströme westlich der Quellen des Weißen Nils in eben diese Richtung leite, soll den Bezug

---

17 Ritter, Carl: Afrika, S. 518f.
18 Ptolemaios (4, 8, 3) spricht vom sogenannten „Mondgebirge" („Σελήνης ὄρος"), von dem die Seen des Nils das Schneewasser aufnehmen. Zur Entdeckungsgeschichte der Nil-Quellen siehe McLynn, Frank: Hearts of Darkness, S. 55–81.
19 Ritter, Carl: Afrika, S. 523–526.
20 Hdt. 2, 28 sowie 2, 32 und 2, 33.
21 Die angenommene Existenz einer zentralafrikanischen Wasserscheide hat im Laufe des 19. Jahrhunderts breite Akzeptanz gefunden. Vermutet wurde diese im Bereich des Lupata-Gebirges, dessen Ausdehnung allerdings völlig unklar definiert wurde. Die Angaben zu dessen Grenzen reichen vom „Horn" von Afrika im Osten bis weit nach Süd- beziehungsweise Zentralafrika im Westen. Ludwig Gottfried Blanc verortet im dritten Teil seines weit verbreiteten Handbuches des „Wissenswürdigsten" (1853[6], S. 507) die *spina* im nördlichen Bereich der Sambesi-Quellen, ein Areal in der Grenzregion zwischen der Demokratischen Republik Kongo und Sambia. Dies zielt in etwa in die Region, welche bereits zuvor angesprochen wurde.

des herodoteischen Textes auf den Niger untermauern. Jedoch scheint Ritter damit die eigene Skepsis nicht beseitigt zu haben. Auf der Suche nach einer Erklärung für den genannten Widerspruch der Strömungsrichtung exzerpiert er die Berichte zweier persischer beziehungsweise arabischer Gewährsmänner, die ihrerseits auf Ptolemaios aufbauen.[22] Es sind Abu l-Fida (1273–1331), Herr des syrischen Hama, und al-Idrisi (1100– um 1162), der gebürtig aus Spanien stammte, aber vor allem am Königshof auf Sizilien als Geograph tätig war. Sie berichten von mehreren „Nilströmen", die alle einen gemeinsamen Ursprung haben. Neben dem „Nil Ägyptens" existiere ein „Nil von Ganah" gen Westen sowie ein „Nil von Makadsch" gen Osten. Für Ritter ist jedoch lediglich der „Nil von Ganah" von Interesse, die anderen beiden bleiben unbeachtet.[23] Indem Ritter diesen im Sinne des Ptolemaios nach Westen verlaufend betrachtet, kann er – wenn nicht als Ursprung – dann doch als Zufluss des Nigers interpretiert werden. Eine Klärung der Aussage bei Herodot bedeutet dies jedoch nicht. Hier ist ja von der entgegengesetzten Flussrichtung die Rede. Fast versteckt findet sich am Ende des Kapitels eine andere Interpretation: Ritter schlägt vor, den „Nil von Ganah" mit dem Bahr Misselad als Zufluss des Fitri-Sees gleichzusetzen. Dass dieser jedoch von Südosten nach Nordwesten verläuft, eröffnet nunmehr eine dritte Variante hinsichtlich des Strömungsverlaufes. Eine Auflösung der widersprüchlichen Berichte bietet die „Erdkunde" nicht. Vielmehr gleitet der Text am Ende des Abschnitts regelrecht ins Spekulative ab.

Zu betonen ist, dass Ritter keine der existierenden Meinungen zu bevorzugen scheint. Es darf angenommen werden, dass sich der Geograph aufgrund der diffusen Berichte nicht festlegen wollte und somit in diesem nachgeschobenen Kapitel über die Entdeckung der Nil-Quellen das zuvor als Fakten präsentierte Wissen problematisierte. Weil dieser Umstand im besprochenen Fall auf den direkten Kontrast zwischen antiken Texten und zeitgenössischen Berichten zurückgeht, können erste Schlüsse für Ritters Umgang mit seinen Quellen gezogen werden. Fest steht, dass die Afrikaforschung – auch über Zentralafrika und das äthiopische Hochland – zu Beginn des 19. Jahrhunderts eine Fülle von zuverlässigen Details gewonnen hatte. Eine wissenschaftliche Abhandlung über den Ursprung des Nils war also keinesfalls auf die Texte von Herodot oder Ptolemaios angewiesen. Dass auf diese hier aber dennoch, also gewissermaßen ohne Not, zurückgegriffen wurde, kann auf zweierlei Weise interpretiert werden. Einerseits ist davon auszugehen, dass der „Erdkunde" alle zur Verfügung stehenden Informationen beigegeben werden sollten. Ein solches Vorgehen deckt sich mit dem universellen

---

22 Er entnimmt diese von James Rennell. Der geographischen Verortung der Nil-Quellen werden dort durch den Bericht des Abulfeda (Abu l-Fida) zusätzliche Details beigegeben. Rennell erwähnt auch Ibn Sina. Dessen latinisierter Name Avicenna ist heute geläufig. Vgl. Scott Meisami, Julie/Starkey, Paul (Hrsgg.): The Routledge Encyclopedia of Arabic Literature, s. v. „Abu al-Fida", „al-Idrisi, Muhammad ibn Muhammad" sowie „Ibn Sina". Zu Ritters Arbeit siehe: Ritter, Carl: Afrika, S. 524f.; Hartmann, Johann: Edrisii Africa, S. 11ff. sowie S. 82ff. und S. 327.

23 Zu den Berichten bei Ibn Sina und Abu l-Fida siehe: Rennell, James: The Geographical System of Herodotus, S. 408–448; siehe auch Vol. 2 der zweiten Auflage, S. 48f.

Charakter des Werkes. Es jedoch als bloßen Anhang von zusätzlichen Informationen anzusehen, stünde im Widerspruch zum besprochenen Abschnitt, in dem Ritter die Korrektur strittiger oder zweifelhafter Punkte fordert.

Gerade dieses erklärte Ziel gibt einer zweiten Interpretationsmöglichkeit Gewicht: Die Tatsache, dass die zeitgenössischen Erkenntnisse durch den Gebrauch der antiken Autoren in Frage gestellt werden, zeigt, wie hoch Ritter ihre Reliabilität hinsichtlich topographischer Strukturen eingeschätzt haben muss. Es wird zwar angestrebt, beides in Einklang zu bringen; der Versuch, Verbindungen zu schaffen, bleibt jedoch erfolglos. Am Ende steht ein nicht aufzulösender Widerspruch, der erkennen lässt, dass in diesem Abschnitt der Quellenwert antiker Texte nicht hinter dem der modernen zurücksteht.

Sennaar und Meroë, Berber und Blemmyer – der weitere Verlauf bis Ägypten

Den ersten Abschnitt des Stromes definiert die „Erdkunde" als eine landschafts-geographische Einheit. Diese reicht von rund 16° bis 24° nördl. Br., also dem Punkt der Vereinigung von Weißem und Blauem Nil beim heutigen Khartum bis zum nördlichen Ende des in den sechziger Jahren des 20. Jahrhunderts angelegten Nasser-Sees bei Assuan (Syene). Ritter beschreibt hier im Wesentlichen die Terrasse von Sennaar im nördlichen Sudan als ein vom Gewässer durchbrochenes Stufenrelief. Er gibt eine Reihe von Details an, die er als Zusammenfassung der Berichte von Burckhardt und Bruce kennzeichnet. Wieder finden sich ausführliche Passagen über Flora und Fauna, über Klima und Bodenverhältnisse – oft mit Bezug zu landwirtschaftlicher Nutzung. Recht umfangreiche Darstellungen über das Reich von Sennaar[24] und dessen abhängige Herrschaften verdeutlichen die Art und Weise, wie das Wissen über ortsansässige Menschen, deren politische Strukturen und Lebensgewohnheiten aufgegriffen wird.

> Bruce lernte den König Achmed von Sennaar kennen, der aus dem Orte Fazuglo gebürtig und noch ein Heide zu seyn schien, wenigstens hatte er viele Nuba-Priester bei sich, die ihn durch Zauber von der Epilepsie zu heilen suchten. Von diesen erhielt Bruce die Nachricht von ihrer Einwanderung vom Gebirge Dyre und Tegla nachdem sie von einer Sündfluth dort errettet worden [...]. Es ist Gesetz, daß jeder König einmal in seiner Regierungszeit mit eigner Hand den Acker pflügen und besäen muß [...]. Der Stifter von Sennaar hieß Amru, Sohn von Adelan; gleich von

---

24 Ritter, Carl: Afrika, S. 535–545 (Sennaar inklusive abhängige Herrschaften). Die Encyclopaedia Britannica bietet in ihrer Ausgabe von 1817 (Vol. 19, s. v. „Senaar") Informationen über das ehemalige Reich von Sennaar, die hauptsächlich auf den Aussagen von James Bruce basieren. Moderne Darstellungen sind äußerst spärlich gesät. Wenn überhaupt befassen sich diese mit den nubischen Herrschaften des Mittelalters. Zur Lage siehe Tietze, Wolf (Hrsg.): Westermann Lexikon der Geographie, s. v. „Sennar".

Anfang an blieb diese neubegründete Stadt der Mittelpunct des Reichs. Die Fungi verheiratheten sich allmählig mit Weibern von Arabischer Abkunft, und gingen nach und nach zum Islam über, ohne sich aber an die Strenge der Gesetze des Korans zu binden; sie ergriffen ihn mehr um des Handels willen, und blieben im Herzen Heiden wie zuvor.[25]

Die Araber haben hier überall ihre alte Lebensweise als Hirten beibehalten, sich aber häufig mit den einheimischen Aboriginern vermischt. Ihr Hauptgeschäft ist Cameelzucht, denn sie ziehen die Tausende von diesen Lastthieren auf, die das unentbehrlichste Bedürfniß aller Horden, aller Heere, aller Landleute, aller Kaufleute sind, und der Pilgercaravanen welche diese Südostecke Afrika's, die Mekka gegenüber liegt, jährlich durchziehen aus dem Inneren des Erdtheils.[26]

Die ursprüngliche Art des Reiseberichts beibehaltend, sind solche Passagen von der Art einer Erzählung geprägt. Sie beschreiben Protagonisten, deren Eigenarten sowie Alltägliches einer fremden Ethnie. Ganz der Natur von Exzerpten entsprechend, die lediglich auf einer berichtenden Quelle beruhen, sind diese Abschnitte eher subjektiv; insofern Einblicke in die Geschichte gewährt werden, sind sie für die Charakterisierung des Fremden stets suggestiv. Bei genauerer Betrachtung klingt hier bereits an, dass für Ritter nicht nur politische Strukturen das Bild von der Bevölkerung im besprochenen Raum prägen. Ebenso wichtig sind für seine Arbeit die ethnologische, genauer gesagt die ethnographische Kontextualisierung von Volksgruppen und ihre Migrationsgeschichte.

Ein sehr ausführlicher Exkurs behandelt beispielsweise die vermeintlich etymologische Verwandtschaft der Begriffe „Bärber" und „Berbera".[27] Während „Bärber" oder „Berber" hier auf das in der Atlasregion lebende Volk bezogen wird, bezeichnet „Berbera" eine Volksgruppe beziehungsweise einen Teil der nördlichen Küste am Horn von Afrika. Ritter setzt voraus, dass beide Bezeichnungen auf das griechische βάρβαρος zurückgehen. Die Beobachtung Burckhardts, dass der Name „Berber" auch in der oberen Nilregion um Assuan beheimatet sei, führt zu der These, dass eine historische Verwandtschaft zwischen den mittlerweile verschiedenen ethnischen Gruppen bestehen müsse.[28] Ausgehend vom Südosten wären die „Berber" am oberen Nil demnach ein Bindeglied zur Bevölkerung in der Atlasregion.[29] Durch historische Belege bei Herodot und Strabon soll diese These

---

25 Ritter, Carl: Afrika, S. 535; Bruce, James: Travels to Discover the Sources of the Nile, Vol. 6, S. 389f.
26 Ritter, Carl: Afrika, S. 536.
27 Ritter, Carl: Afrika, S. 554f.
28 Eine ursprünglich aus dem südasiatischen Raum stammende ethnische Gruppe, die Ritter im Sanskrit nachgewiesen wissen will, soll über den Indischen Ozean ins östliche Afrika eingewandert sein (Afrika, S. 556–560); Burckhardt, Johann: Travels in Nubia, S. 535.
29 Die moderne Forschung interpretiert die „Berber" der Atlasregion heute als indigene Bevölkerung des nördlichen Afrika. Der Eigenname wird bis heute in seinem Ursprung als Fremdbezeichnung angenommen. Es werden zwar Migrationsbewegungen, welche mitunter einen engeren Kontakt mit dem Nildelta

bewiesen werden.[30] Eine Erklärung, weshalb die Bezeichnung „Barbar" als ursprünglicher Eigenname der helleren Bevölkerung bereits in vorchristlicher Zeit verschwunden sei, sieht Ritter darin, dass dieser zum „allgemeinen Appellativ"[31] aller Fremden geworden sei. Und so sei es verständlich, dass Herodot auch nur allgemein von fremdartig sprechenden Barbaren schreibe, aber tatsächlich „Berber" meine. Vergleichbar habe sich das Wort „Nuba" oder „Nubier", welches in seinem Ursprung die dunklere Bevölkerung gemeint haben soll, als Terminus für beide Gruppen durchgesetzt. Und so verdreht Ritter förmlich die Aussagen bei Strabon über die am oberen Nillauf ansässigen „Nubier", indem er hier ebenfalls das ursprüngliche Volk der „Berber" belegt haben will.[32]

Einer kritischen Betrachtung hält dies freilich nicht stand. Der Exkurs der „Erdkunde" steht ganz offenkundig stark unter dem Einfluss des damals noch jungen Faches der allgemeinen vergleichenden Sprachwissenschaft, wie sie von Franz Bopp begründet worden war.[33] Aus dieser sollte später die sogenannte Indogermanistik hervorgehen. Ungeachtet dessen, dass die Aussagen beider antiker Geographen überstrapaziert werden, dienen sie Ritter doch als Quellen historisch-ethnographischer Art. Damit unterscheiden sich ihre Verwendung sowie der Charakter des Umgangs vom vorangegangenen Abschnitt. Der Text Strabons wird in diesem Kapitel als Zeugnis für dessen Entstehungszeit gebraucht, als eine ethnographische Momentaufnahme. Dementsprechend war die Quelle im Sinne der Wissenschaft von Ritter zu interpretieren und gegebenenfalls anzupassen. Die vermeintlich höhere Warte, auf der er sich aufgrund der Informationen seiner Zeitgenossen befand, scheint dies geradezu herausgefordert zu haben.

Das Bestreben, verschiedene Ethnien zu lokalisieren und ihren Siedlungsraum zu beschreiben, scheint hier bereits durch. Spezieller und deutlich präziser erfolgt dies für das Reich von Kusch, genauer gesagt für dessen Hauptstadt Meroë. Dabei geht es nicht nur um das antike Zentrum, sondern auch um dessen Nachfolgereich Aloa.[34] Dem Verlauf

einbrachten, angenommen; eine große Einwanderungswelle, wie sie Ritter und seine Zeitgenossen nachweisen wollen, gilt jedoch als verworfen. Siehe hierfür: Brett, Michael/Fentress, Elizabeth: The Berbers, S. 10–31.

30 Hdt. 2, 158 sowie Strab. 17, 1, 53.

31 Vgl. Ritter, Carl: Afrika, S. 557.

32 Zu den Berichten über das Atlas-Gebirge mit seinen Einwohnern, die Ritter gleichfalls als „Berber" anspricht, siehe: Ritter, Carl: Afrika, S. 899–908.

33 Vgl. Mayrhofer, Manfred: Indogermanistik, S. 9ff.

34 Ritter, Carl: Afrika, S. 565–571. Aloa oder Alodia war eines der drei christlichen Königreiche in der Region Nubien. Johannes von Ephesos berichtet in seiner Kirchengeschichte (4, 49–53) über das Reich, wird jedoch von Ritter nicht erwähnt. Die moderne Forschung ist mit dem Inhalt der Erdkunde konform, insofern bis heute von drei Nachfolgereichen Meroës ausgegangen wird (Alwa oder Aloa, Makuria sowie Nobodia). Allerdings wird Aloa keinesfalls als mächtigster oder gar als regionaler Alleinerbe des Reiches von Kusch angesehen. Es ist aber hervorzuheben, dass diese Nachfolgereiche durch die islamische Eroberung ab dem 13. Jahrhundert (Aloa spätestens ab dem 16. Jahrhundert) verschwunden waren. Ritter und seine Zeitgenossen irren hier, wenn sie von diesen politischen Gebilden für die eigene Zeit sprechen. Vgl. Welsby, Derek: The Medieval Kingdoms of Nubia, S. 254f.

des Nils nach Norden folgend, stellt Ritter zunächst fest, dass die Lage der Königsstadt noch nicht archäologisch nachgewiesen sei.[35] Indem er aber eine Kontinuität zwischen den beiden Reichen voraussetzt, können durch zeitgenössische Angaben Informationen über Landschaft und Topographie Meroës übernommen werden.[36] Des Weiteren greift Ritter wiederum auf einen mittelalterlichen Geographen zurück: Ibn Selim al-Aswani, ein Gelehrter des zehnten Jahrhunderts. Die bei ihm besprochenen Details decken sich, soweit überprüfbar, mit denen der griechischen Autoren. Erneut hat Ritter nicht selbst auf das Dokument zugegriffen, er rezipiert es durch Burckhardt, welcher al-Aswani seinerseits aus al-Maqrizis „Historia Regum Islamiticorum" entnommen hatte.[37] Nach einer recht unklaren und sicherlich fehlerhaften Eingrenzung des Gebietes zwischen Weißem und Blauem Nil bis zur Höhe ihrer Vereinigung werden ganz ähnlich wie zuvor für das Reich von Sennaar die Insel und das Reich von Aloa besprochen. „Prachtvolle Gebäude, weitläufige Wohnhäuser, schöne Gärten, eine Vorstadt wo Muselmänner lebten, und Kirchen, reich mit Gold geschmückt"[38], hätten die christliche Hauptstadt einst ausgezeichnet. Einmal abgesehen davon, dass die antiken Quellen nur zu Beginn des Abschnittes Erwähnung finden, stützt sich der Text vordergründig nicht auf diese. Bei der Beschreibung der Königsherrschaft Aloas werden die Quellen allerdings vermischt:

> Der König von Aloa herrscht unumschränkt, bestraft, und macht zum Sclaven nach Gutdünken; Niemand widersetzt sich, sondern jeder wirft sich vor ihm nieder, wie einst vor den göttergleich verehrten Königen von Meroë [...]. Er trägt eine goldne Krone und ist mächtiger als sein Nachbar, der König unterhalb Aloa.[39]

Zunächst sei darauf hingewiesen, dass für diesen Abschnitt zwei Quellen herangezogen wurden. Zum einen ist es der Text des erwähnten mittelalterlichen Gelehrten, zum anderen gibt Ritter an, die Informationen zur Verehrung des Königs aus Strabon übernommen zu haben.[40] Neben diesem Befund ist es zusätzlich bemerkenswert, dass die Passage im Präsens verfasst worden ist. Die „Erdkunde" beschreibt hier also – wenn auch in den bekannten Stereotypen – eine fremdländische Kultur zum Zeitpunkt der

---

35 Zur Entdeckung Meroës siehe Shinnie, Peter: Meroe, S. 13–28.

36 Ritter, Carl: Afrika, u. a. S. 567. Die Angabe stützt sich vornehmlich auf eine lockere Interpretation bei Burckhardt (Travels in Nubia, S. 67f.).

37 Al-Maqrizi (1364–1441) ist wohl einer der bedeutendsten arabischen Autoren, sicher der wichtigste seiner Zeit. Seine zahlreichen Schriften widmen sich zu einem Großteil der Geschichte Ägyptens. Zu den beiden mittelalterlichen Autoren: Scott Meisami, Julie/Starkey, Paul (Hrsgg.): The Routledge Encyclopedia of Arabic Literature, s. v. „al-Maqrizi"; Atiya, Aziz (Hrsg.): The Coptic Encyclopedia, s. v. „Ibn Salim al-Aswani" (Lebensdaten unklar). Ritters Text basiert auf Burckhardt, Johann: Travels in Nubia, S. 501.

38 Ritter, Carl: Afrika, S. 565 (aus al-Aswani, bei: Burckhardt, Johann: Travels in Nubia, S. 500).

39 Ritter, Carl: Afrika, S. 565.

40 Strab. 17, 2, 3.

Abfassung des Textes. Somit wird hier Quellenmaterial, welches um die Zeitenwende entstanden war, explizit benutzt, um Aussagen über die Zustände in der eigenen Zeit zu treffen. Nicht anders liegen die Dinge für die erstgenannte Quelle. Zwar ist der zeitliche Abstand ein anderer, das zu Grunde liegende Prinzip aber dasselbe.

Über Macht und Ansehen des meroitischen Priesterstaates bietet der Text einige Details. Das berühmte Orakel des Gottes Ammon wird genau wie die Kultstätten für Jupiter und Dionysos erwähnt.[41] Die Nähe zur ägyptischen Kultur wird deutlich gemacht, indem Vergleiche zwischen Architektur und Schrift gezogen werden. Auch die wichtigen Karawanenverbindungen, die über die Stadt nach Süden und ans Rote Meer verliefen, werden betont. Erwartungsgemäß verweist Ritter für diesen Abschnitt auf die antiken Autoren. Dies geschieht allerdings unter Bezugnahme auf Arnold Hermann Ludwig Heerens (1760–1842) „Ideen über die Politik, den Verkehr und den Handel der vornehmsten Völker der Alten Welt".[42] Zwar wird Diodor als Beleg erwähnt, jedoch geht der Gebrauch der Quelle auf Heeren zurück, auf dessen Werk auch die Zusammenfassung in der „Erdkunde" beruht. Es verwundert, dass bei der Beschreibung der Stadt weitere antike Autoren nicht erwähnt werden – umso mehr als Heerens Darstellung ausgewiesenermaßen auf diesen fußt.[43] Seine sehr ausführlichen Untersuchungen zu Meroë weisen ein überaus breites Spektrum griechischer und römischer Autoren aus: Zusätzlich zu Diodor werden dort Strabon, Herodot, Plinius, Eratosthenes und Arrian genannt. Allerdings widmet sich Ritter der Verortung der antiken Stadt nur mit Hilfe der Angaben bei Herodot und Strabon, die beide von der „Insel Meroë" berichten sowie geographische Details zur Bestimmung ihrer Lage bieten.[44] Vor allem Strabon nennt den Nil (Bahr al-Abiad) zur Linken sowie den Atbara-Fluss zur Rechten als Faktoren, welche die Halbinsel zwischen ihnen begrenzen.[45] Diese Verortung steht im Gegensatz zu der bereits genannten zwischen Weißem und Blauem Nil. Seit der Wiederentdeckung der meroitischen Königsstadt im frühen 19. Jahrhundert ist klar, dass die erste, südlichere Angabe falsch ist.[46] Eine Erklärung für den Widerspruch innerhalb des Kapitels kann nur darin liegen, dass Ritter selbst mit den Gegebenheiten vor Ort kaum vertraut war und somit einer gewissen Verwirrung erlegen ist. Vielleicht darf in diesem Sinne auch der anschließende Abschnitt verstanden werden, der eine Übersicht über die verschiedenen „Nilnamen" bieten soll.

---

41 Eine Verbindung oder Gleichsetzung von Ammon (Amun) und Jupiter erfolgt hier nicht.

42 Ritter, Carl: Afrika, S. 568ff.; Heeren, Arnold: Ideen über Politik, den Verkehr und den Handel der vornehmsten Völker der Alten Welt, 2 Vol., Göttingen 1793–1796 (erste Auflage).

43 Heeren, Arnold: Ideen über Politik, Vol. 2, 1, u. a. S. 286–401. Zwar greift Ritter später (Afrika, S. 601) erneut die Residenz Meroë auf, referiert allerdings lediglich nochmals etwas ausführlicher den Text Heerens.

44 Hdt. 2, 29 sowie Strab. 17, 1, 1–2.

45 Die Erdkunde greift hier unter anderem auf Burckhardt mit seinen umfangreichen Appendices (u. a. zu al-Maqrizi) sowie auf das Werk von Bruce zurück.

46 Frédéric Cailliaud, der Entdecker Meroës, hat die Lage der Stadt korrekt kartiert (Carte générale de l'Égypte et de la Nubie, Paris 1827). Siehe auch Nr. 14 online.

Im nubisch-ägyptischen Grenzland verortet die „Erdkunde" auch das Volk der Blemmyer.[47] Die Quellenlage wie der Stand der Forschung zum Thema sind bis heute karg und überschaubar. Möglicherweise ist ein Personenverband bereits um 1.100 v. Chr. nachweisbar,[48] spätestens aber seit 30 v. Chr., als Ägypten unter Octavian ins Römische Reich integriert wurde. Burckhardt folgend beschreibt Ritter die Blemmyer als eine Gemeinschaft, die eine nomadische Lebensweise pflege und auch in seiner eigenen Zeit im genannten Gebiet anzutreffen sei.[49] Der Text bietet zunächst einen Überblick über die Geschichte des Personenverbandes, soweit dieser in Kontakt mit dem Römischen Reich stand beziehungsweise bei den antiken Autoren Erwähnung findet. Als erster, so Ritter, habe Theokrit[50] von den Blemmyern geschrieben. Zudem seien Dionysius Periegetes und Strabon verlässliche Quellen.[51] Plinius allerdings berichte von ihnen als „fabelhaftes Volk" des Atlas-Gebirges,[52] und Ptolemaios wisse nur Unrichtiges zu sagen.[53] Die „Erdkunde" erzählt die Geschichte des Volkes für das vierte und fünfte Jahrhundert folgendermaßen:

> Gegen diese furchtbaren Feinde der Römer, die damals den andringenden Germa-
> nen und den Parthern gleichgestellt wurden, war es, daß Kaiser Diocletian, nach
> Procopius, die Lybischen Nabatae einlud, ihre Oasen zu verlassen und sich an den
> Aegyptischen Cataracten niederzulassen [...]. Diese Nabatae mögen nun wirklich
> westliche Nubier, vielleicht ein in den Oasen angesiedelter Nubischer Stamm, oder
> gewöhnliche Nubier vom oberen Nil gewesen, und von Procopius nur aus Irrthum in
> eine Oase versetzt worden seyn, bald schmolzen beide Völkerstämme, die Grenzbe-
> satzung und die abzuhaltenden Blemmyer zusammen, denn unter Kaiser Theodosius
> d. jüng. und Marcian, fallen beide Völker die Nabatae und die Blemmyer vereint in die
> Thebais ein, und müssen durch ein neues Bündniß [...] in Zaum gehalten werden.[54]

Ritter greift hier – wie der Text selbst angibt – auf Prokopios zurück; später wird dieser durch Olympiodor ergänzt.[55] Wie schon im Fall von Meroë wird zunächst historiogra-phisch gearbeitet. Allerdings zeichnen sich nun Forschungsansätze ethnographischer

---

47 Die „Erdkunde" behandelt die Blemmyer erst auf den Seiten 663–673. Somit bedeutet die Behandlung des Volkes an dieser Stelle einen Vorgriff, jedoch bietet sich ein Vergleich des Textes mit dem der Herr-schaft Meroës an.
48 Updegraff, Robert: The Blemmyes, S. 55.
49 Ritter, Carl: Afrika: S. 666f. Burckhardt wird abermals im Text erwähnt, die genannten Verbindungen auf ihn zurückgeführt. Ein konkreter Verweis bleibt jedoch aus.
50 Theok. 7, 114.
51 Dion. Per. 220; Strab. 17, 1, 53.
52 Gemeint ist hier wohl Plin. nat. 5, 8: „Blemmyes traduntur capita abesse, ore et oculis pectore adfixis".
53 Ritter (Afrika, S. 664) gibt Ptol. 4, 8 als Referenz an und bezieht sich damit auf Gesamt-Äthiopien. Richtiger träfe 4, 7, 31 zu.
54 Ritter, Carl: Afrika, S. 664f.
55 Prok. BP 1, 19; Ritter zitiert Olympiodor ap. Photium, Cod. 80, S. 112 (ed. Hoesch).

Art ab. Die Veränderungen, die die Gemeinschaft erfuhr, werden durch den Bericht des spätantiken Lexikographen Stephanos Byzantios erweitert. Dieser nannte die Blemmyer ein „Lybisches Barbarn Volk um sie von den schwarzen Äthiopen zu unterscheiden".[56] Indem hierin die Erklärung für Plinius' Lokalisierung des Volkes im Atlasgebiet gesehen wird, greift Ritter auf die oben bereits geschilderte Wanderbewegung der Berber zurück. Dieses Urvolk, als welches die Blemmyer somit angesehen werden, sei eines der ältesten und wichtigsten und sei, vermutlich als Teil oder genau wie die Berber, aus dem asiatischen Erdteil nach Afrika eingewandert.

Bewertet man den Umgang Ritters mit den antiken Texten, soweit sie für diese Abschnitte des Bandes herangezogen wurden, so lässt sich dieser wiederum nur schwer mit der Rolle, die etwa Herodot für die Lokalisierung der Nil-Quellen einnimmt, vergleichen. Was sich im „Berber-Exkurs" abgezeichnet hatte, setzt sich hier in einer ähnlichen Dimension fort: Aufgrund von angenommenen, teilweise lediglich postulierten Kontinuitäten personeller oder politischer Natur schafft sich die „Erdkunde" mitunter die Möglichkeit, ihre Quellenbasis zu erweitern, indem so auf antike oder auch mittelalterliche Texte zurückgegriffen werden kann. Allerdings müssen die Darstellungen Meroës und die der Blemmyer differenziert betrachtet werden. Ritter bezieht sich für Meroë wiederum direkt auf das gewohnte „Dreigestirn": Herodot, Strabon und Ptolemaios. Andere Autoren sind, wenn überhaupt, in nur geringem Umfang rezipiert worden. Im Vergleich mit der zeitgenössischen Literatur werden die älteren Texte nachrangig gebraucht. Meist werden Letztere durch die Forschungsberichte oder Geschichtswerke des 19. Jahrhunderts aufgenommen, und ihre Interpretation wird übernommen. Paradox mutet diese Vorgehensweise an, stellt man in Rechnung, dass ja gerade das Kapitel zur Königsstadt Meroë der erste Ort auf klassischem Boden ist, dem sich die „Erdkunde" am oberen Nil widmet. Quellen werden allenfalls exemplarisch zur Beschreibung ausgewiesen; die Wiedergabe ihrer Geschichte fällt entsprechend knapp aus. Verglichen damit wird Meroës Nachfolgeherrschaft Aloa ein deutlicher Vorzug eingeräumt. Für den gesamten, nun als „Nubien" bezeichneten Raum liefert der Band jedoch in einer Anmerkung einen Überblick über „Quellen und Augenzeugen über Nubien"[57] nach, in dem nochmals knapp auf die Kenntnisse von und über diesen Raum in vorchristlicher Zeit eingegangen wird. Die Feststellung, wonach „die Griechischen und Römischen Autoren nichts genaueres [...] über Nubien berichten konnten"[58], fügt sich in das bereits gewonnene Bild ein. Andererseits ist die Quellenbasis für die Darstellung der Blemmyer breiter. Somit darf angenommen werden, dass Ritters Aussage auf geographische Fakten im topographischen Sinne bezogen werden sollte. Die „Erdkunde" betrachtet die Blemmyer weit stärker unter dem Blickwinkel ihrer Ethnogenese. Dies erfolgt wie schon

---

56 Ritter gibt außer einem Textzitat keine explizite Textstelle an. Es handelt sich wohl um: Steph. Byz. s. v. „Βλέμυες".

57 Ritter, Carl: Afrika, S. 580–592.

58 Ritter, Carl: Afrika, S. 582.

zuvor im Fall des Berber-Exkurses, wobei kaum zeitgenössische Literatur Verwendung findet. Stattdessen steht das antike Quellenmaterial im Zentrum. Die Tragfähigkeit einer Annahme von Kontinuitäten terminologischer und personeller Art geht auch hier wieder auf das Begriffspaar „Berber" und „Barbar" zurück. Somit ist die Arbeit Ritters in diesem Abschnitt zwar die logische Fortsetzung des Vorangegangenen, die Belastung der Quellen beziehungsweise deren Interpretation jedoch wiederum eher eine Überlastung.

Die Beschreibung des weiteren Nilverlaufes bis zur Grenzregion südlich des Nasser-Sees fällt, gemessen an der Länge des Flusses, relativ kurz aus. Für diesen Abschnitt, der vom fünften bis zum zweiten Katarakt reicht, bietet der Band lediglich Inselwissen. Nach bewährter Art werden Regionen und Städte benannt, die meist regionalspezifische Eigennamen tragen.[59] Der Text wartet allerdings in den meisten Fällen lediglich mit geographischen Angaben hinsichtlich ihrer Ausdehnung auf. Einzig die Stadt Dunqula[60] (Dongola) hebt Ritter ausdrücklich hervor. Ihre mittelalterliche, vom Christentum geprägte Geschichte wird auf mehreren Seiten ausgebreitet. Hier verlässt sich Ritter hauptsächlich auf zwei Quellen: Poncet und Burckhardt.[61] Vor allem der Reisebericht von Burckhardt wird ausführlich zitiert. Die Nähe zwischen dessen Text und der „Erdkunde" wird an dieser Stelle ganz besonders deutlich. Das moderne Dunqula, sudanesische Provinzhauptstadt, ist eine Gründung des frühen 19. Jahrhunderts. 80 Kilometer weiter südlich liegt „Alt-Dunqula", dessen Geschichte über das fünfte Jahrhundert zurückreicht. Burckhardt unterscheidet zwar an einer Stelle seines Berichts beide Orte, jedoch geschieht dies nicht in der nötigen Deutlichkeit.[62] Daher verwundert es nicht, dass Ritter gewissermaßen eine durchgängige Geschichte der Stadt bis auf seine eigene Zeit wiedergibt.[63] Für die folgenden Abschnitte „Dar el Mahaß", „Das Gebiet Say" und „das Klippengebiet" basiert der Text völlig auf Burckhardts Darstellungen.[64]

Die folgenden Teile über das „Untere Nubien" sind, was die Quellenarbeit anlangt, relativ unspektakulär. Die Beschreibung des Flussverlaufes bis zum Gebiet von Wadi Halfa, wo sich heute das südliche Ende des Nasser-Sees befindet, ist eine Collage von Exzerpten. Allerdings integriert Ritter durch ihren Detailreichtum bemerkenswerte Beschreibungen dreier historisch wie archäologisch bedeutsamer Stätten am Grenzgebiet zu Ägypten. Die erste wird als „Felsentempel" beschrieben, die sich nördlich von Wadi

---

59 Nach Ritter: u. a. „Wady Nuba", „Wady el Kenous", „Wady Dakke", „Wady Kalabshe". Die Namen wurden hauptsächlich aus der englischsprachigen Literatur übernommen, ihre Schreibweise teilweise von Ritter abgeändert.

60 Tietze, Wolf (Hrsg.): Westermann Lexikon der Geographie, s. v. „Dongola".

61 Poncet, Charles: Rélation du voyage en Ethiopie, in: Lettres édifiantes et curieuses, Vol. 4 (Recueil, 1705), S. 1–195.

62 Burckhardt, Johann: Travels in Nubia, S. 65–68.

63 Ritter, Carl: Afrika, S. 604–612. Angemerkt sei, dass die Karte zum Afrika-Band durchaus sowohl „Alt-" als auch „Neu-Dunqula" verzeichnet und sich somit vom Text unterscheidet.

64 Ritter, Carl: Afrika, S. 612–623; dazu Burckhardt, Johann: Travels in Nubia, S. 39–56 sowie S. 119 und S. 128.

Halfa bei „Ebsambal oder Epsambol" befindet.[65] Lediglich die Köpfe von vier ungeheuren Colossalstatuen hätten aus dem Sand hervorgeragt, als Burckhardt diese 1813 entdeckte. Diesem als „Osiris-Tempel" bezeichneten und aus dem Sandstein gehauenen Bau liege ein der Isis geweihter Tempel gegenüber. Die Fassaden beider Bauwerke werden Burckhardt folgend sehr ausführlich besprochen. Der Text nennt Abmessungen der *pronaoi* und beschreibt die enorme Dimension sowie das Aussehen zahlreicher Skulpturen. Das Innere beider Anlagen sei reich an Hieroglyphen, deren Bedeutung noch unbekannt war. Und so deutet Ritter lediglich eine Nähe zwischen den Bauten und Pharao Psammetich II. (reg. 595–589 v. Chr.) zumindest als Namensgeber an; die Frage nach dem Bauherrn wird nicht gestellt.[66] Beide Bauten sind der Welt als Tempel von Abu Simbel bekannt geworden. Ihre Errichtung geht, anders als bei ihrer Entdeckung angenommen, bis ins 13. Jahrhundert v. Chr., auf Ramses II. und dessen Gemahlin Nefertari, zurück.[67] Der Vollständigkeit halber sei erwähnt, dass sich beide Bauwerke heute nicht mehr an ihrem ursprünglichen Ort befinden. Ihre Verlegung war in der ersten Hälfte der 1960er-Jahre nötig geworden, da die Errichtung des Assuan-Staudamms einen erheblichen Anstieg des Nilpegels zur Folge hatte.

Die zweite bedeutsame Anlage ist der Tempelkomplex von Philae. Das Hauptheiligtum der Isis wurde zusammen mit den zahlreichen Anbauten und Erweiterungen ebenso wie die Felsentempel verlegt.[68] Heute befindet es sich auf der höher gelegenen Insel Agilkia. Wie schon zuvor finden sich abermals Angaben über die Baulichkeiten der Anlagen zusammen mit Bezügen zu deren Rolle im religiösen Leben der alten Ägypter. Riten werden ebenso wie der prominente Mythos um das Grab des Osiris angesprochen. Herodot und Plinius[69] werden hierbei als Gewährsmänner angeführt und später durch Diodor, Plutarch sowie Strabon erweitert.[70] Nachdem kurz der mythologische Hintergrund referiert worden ist, widmet sich der Text dem Namen Philae. Zu den verschiedenen Varianten bei Strabon („Φίλαι") und Plutarch („Φίλαις") wird „Φίλα" als entsprechende aus der „Notitia Dignitatum" hinzugezählt. Die anschließende Darstellung der noch immer aufragenden Tempelmauern geht auf die zeitgenössische Forschungsliteratur zurück, dank derer Säulenhallen, Portiken sowie Pylonen ausführlich beschrieben werden konnten. Allgemein charakterisiert Ritter diese Region

---

65 Ritter, Carl: Afrika, S. 623–628; Burckhardt, Johann: Travels in Nubia, S. 87–92.

66 Wie es scheint, versuchte Ritter als erster eine Verbindung zwischen dem Namen des Pharaos und der angenommenen Bezeichnung „πσαμ-πολις" für den Ort zu ziehen.

67 Helck, Wolfgang u. a. (Hrsgg.): Lexikon der Ägyptologie, s. v. „Abu Simbel".

68 Bard, Kathryn (Hrsg.): Encyclopedia of the Archaeology of Ancient Egypt, s. v. „Philae".

69 Ritter (Afrika, S. 680f.) gibt Hdt. 2, 23 (sic! vermutlich eher 2, 30) sowie Plin. nat. 5, 9 an. Die zeitgenössische Forschung bezieht die Notizen zu Elephantine auf Philae. Es wären demnach weitere Stellen zu ergänzen, zumal die angegebenen fragwürdig sind.

70 Diod. 1, 22; für Plutarch und Strabon erfolgt keine Stellenangabe. Gemeint sind wohl Plut. Is. 20 sowie Strab. 17, 1, 23.

als vom Nil umspülte Inseln und gibt deren Lage mit Hilfe der Beschreibungen des kaiserzeitlichen Rhetors Aelius Aristides an.[71]

Die nördlichste Insel und Stadt Elephantine wird als drittes Denkmal geschildert. Erneut sind es die oben genannten Autoren, deren Berichte für die Festungsanlagen der Garnison aus ägyptisch-römischer Zeit gebraucht werden.[72] Neben der landwirtschaftlichen Nutzbarkeit der Insel scheint Ritter ein ganz besonderes Detail am Herzen gelegen zu sein. Unter Bezugnahme auf Strabon und Eusebios wird ein Tempelbau des „Cnupis" (Chnum) in Verbindung mit einem Wassermesser beschrieben.[73] Zur Ermittlung des Nilhochwassers hätten Priester diesen am noch immer sichtbaren Kai abgelesen. Die Herren über Ägypten hätten so das alljährliche Maß an Abgaben und Steuern gemäß der Fruchtbarkeit des Ackerlandes bestimmen können.

Geographische Informationen im klassischen Sinne werden in diesem Abschnitt des Bandes freilich weder erwähnt noch verarbeitet. Lediglich die Lagebestimmungen der drei genannten Orte wären anzuführen. Dies geschieht wiederum auch unter der Verwendung antiker Texte. Dabei stellt sich die Frage, wieso Ritter dabei ausgerechnet einen griechischen Redner und Sophisten des zweiten Jahrhunderts heranzieht, zumal Ptolemaios[74] die geographische Lage von Syene, des Tempels von Abu Simbel, Philaes sowie Elephantines angibt. Eine Erklärung hierfür kann nicht gefunden werden, da auch die von Ritter gebrauchte Literatur keine Hinweise liefert. Jedoch ist damit eine Art der Verwendung identifiziert. Allgemein gesagt bieten die drei besprochenen Abschnitte Informationen historisch-archäologischer Natur. Die „Erdkunde" berichtet dem Leser von antiker Bausubstanz, die Reisende der eigenen Zeit noch immer in eindrucksvoller Gestalt vorfanden. Indem Ritter für die Beschreibung der Architektur neben der Literatur seiner Zeit auch auf Strabon und Herodot zurückgreift, gelingt es ihm, den entsprechenden Abschnitten den Charakter eines archäologischen Führers zu verleihen. Dass mythische Aspekte sowie historische Sachverhalte anhand der Quellen dargestellt werden, wurde gesagt. Somit können insgesamt drei Arten des Quellengebrauchs für diese Passagen festgestellt werden. Hinsichtlich der Bezugzeit des verwendeten Materials ist zu sagen, dass die „Erdkunde" die Informationen, wie sie aus den Schriften der antiken Autoren entnommen werden, recht konsequent auch für die historische Dimension der Darstellungen gebraucht. In anderen Worten: Der Text soll die Geschichte des jeweiligen Ortes erzählen, indem er die Quellen miteinbezieht. Einzig topographische Angaben als gewissermaßen zeitlose Tatsachen sind hiervon ausgenommen.

---

71 Ritter (Afrika, S. 680) zitiert Aristides in der Ausgabe von 1722 mit S. 343. Gemeint ist hier: Aristeid. 36, 46–47.

72 Hdt. 2, 30. Für die römische Zeit werden Strabon und Tacitus, wiederum ohne explizite Stellen, angegeben. Vgl. Ritter, Carl: Afrika, S. 689ff.; Bard, Kathryn (Hrsg.): Encyclopedia of the Archaeology of Ancient Egypt, s. v. „Elephantine".

73 Strab. 17, 1, 48.

74 Ptol. 4, 5, 7.

Zusammenschau

An dieser Stelle – bevor sich der Afrika-Band dem ägyptischen Kulturraum widmet – kann ein erstes Fazit zu Ritters Quellenarbeit gezogen werden: Was die zeitgenössische Literatur anlangt, so steht fest, dass diese für die Arbeit an dem hier untersuchten Abschnitt sehr umfangreich herangezogen worden ist. Soweit die Reiseberichte des 18. und frühen 19. Jahrhunderts publiziert und verfügbar waren, finden sie sich im Anmerkungsapparat. Dem Katalog der Ritter-Bibliothek nach zu urteilen, wurden sie fast immer in deutscher Übersetzung gebraucht. Es wurde außerdem festgestellt, dass einzelne dieser Titel für einige Abschnitte als eine Art Grundstock an Informationen angesehen werden können. Größere Teile beziehungsweise Kapitel sind sehr nahe an den verwendeten Reiseberichten arrangiert. Allen voran wäre hier nochmals Burckhardts Bericht über die nubischen Reisen zu nennen. An nicht wenigen Stellen werden die Angaben hauptsächlich durch antike, seltener mittelalterliche oder frühneuzeitliche Quellen angereichert. Da letztere jedoch nur an einer Stelle, zur Entdeckungsgeschichte Äthiopiens, gebraucht wurden, werden sie im Folgenden nicht berücksichtigt. Ritters Verwendung historischen Quellenmaterials kann also hinsichtlich des jeweiligen Zwecks unterschieden werden. Erstens werden die antiken Texte als zeitlos gültige Zeugnisse betrachtet, insofern sie für die geographische Lagebestimmung von Städten, Flüssen oder Landschaften für die eigene Zeit gebraucht werden. Die Abschnitte zur Frage nach den Nil-Quellen zeigen dies ebenso wie mehrere Verortungsversuche von geschichtsträchtigen Stätten. Der Glaube an die Verlässlichkeit der Angaben bei Strabon, Herodot und Ptolemaios zeigt sich nirgends deutlicher als hier.

Zweitens: Nicht weniger Vertrauen in die Richtigkeit der Texte brachte Ritter diesen entgegen, wenn er sie andererseits als Zeugnisse für seine Berichte von der Geschichte einzelner Volksgemeinschaften oder Königreiche verwendete. Die Bezugsrichtung ist dabei zeitlich gesehen jedoch eine andere. Antike Texte werden hier nicht als mögliche Aussagen für die eigene Zeit gebraucht, sondern sind ganz im Sinne einer darstellenden Historiographie Dokumente, deren Inhalt Aufschluss über ihre Entstehungszeit gibt. Allerdings verwischt der Aspekt des zeitlichen Bezugs mitunter. Für den Fall der politischen Organisation des Reiches von Aloa wurde dies gezeigt.

Eine dritte Möglichkeit des Gebrauchs von Quellen ist der Bereich der Ethnologie. Die teilweise auf bloßen Annahmen und unbewiesenen Grundlagen basierenden Quelleninterpretationen – wie im Falle der Berber-Wanderung – werden stets auf antike Autoren zurückgeführt. Während der zeitliche Bezug hierbei dem der historiographischen Abschnitte gleicht, liegt ein signifikanter Unterschied im Bereich der Quelleninterpretation. Ritter hätte die Zuverlässigkeit von Herodot und Strabon in Bezug auf die Bezeichnungen von verschiedenen Ethnien nicht geringer einschätzen können. Wie zuvor dargestellt wurde, werden hier Begriffspaare vertauscht oder relativ frei neu definiert. Dieses Verfahren hatte Ritter zuvor in der „Vorhalle Europäischer Völkergeschichten" erprobt. Dort wurde bereits versucht, mittels onomastischer und etymologischer Beobachtungen, Kombinationen und Analysen in Zeiten und Räume Licht zu tragen, über die Herodot und die antike Historiographie nicht oder nur ganz knapp berichten.

Die große Anzahl der zitierten antiken Texte wirft fast zwangsläufig die Frage nach dem Zugang zu ihnen auf. Es scheint schwer vorstellbar, dass es dem Verfasser der „Erdkunde" möglich war, sämtliche der Stellen, die bisher im Text des Afrika-Bandes angegeben wurden, ausfindig zu machen. Das sich ergebende Textkorpus wäre schlichtweg zu umfangreich für eine sorgfältige Durchsicht. Darüber hinaus ergibt der Katalog zur Ritter-Bibliothek, dass sich einige ausgefallene Titel, wie etwa das Werk al-Aswanis, wahrscheinlich nicht in Ritters Besitz befunden haben. Weil der mittelalterliche Geograph nach Burckhardt zitiert wird, darf die Vermutung formuliert werden, dass der Zugang zu den antiken Texten oder zumindest das Ausfindigmachen der relevanten Stellen in gleicher Weise über die zeitgenössische Literatur erfolgt ist. Die Schriften von Poncet und einmal mehr die von Burckhardt können genau wie das große Werk Heerens als Indizien hierfür herangezogen werden.

Ägypten

Zeitgenössische Schriften zum Land der Pharaonen

Mit der Beschreibung Assuans als des südlichsten der großen geschichtsträchtigen Orte Ägyptens ändert sich die Basis der zeitgenössischen Literatur, auf die Ritter zurückgegriffen hat. Wie beispielsweise schon aus den Titeln der Werke von Bruce oder Poncet ersichtlich wird, behandeln die Schriften der bisher angesprochenen Entdeckungsreisenden ausschließlich den nubisch-äthiopischen Raum. Als fester Bestandteil und Faktor der Geschichte des Mittelmeerraumes war Ägypten stets im historischen und sicherlich auch im geographischen Bewusstsein der europäischen Mächte verankert. Vor allem Frankreich, seit 1535 mit dem Osmanischen Reich verbündet, unterhielt umfangreiche Handelsbeziehungen mit dem Land am Nil, die zum Ende des 18. Jahrhunderts ihren Höhepunkt erreicht hatten. Selbst innenpolitische Wirren, die auf die Machtkämpfe zwischen verschiedenen, miteinander konkurrierenden Mameluken-Fraktionen zurückzuführen waren, sind den Gerüchten um den Reichtum des Landes nicht abträglich gewesen. So hatte sich in den Kreisen der Wohlhabenden und Gelehrten allmählich eine gewisse Ägyptomanie entwickelt. Allerdings stand eine systematische Erschließung und Vermessung von Nildelta und Flusstal noch aus.[1]

Es darf Napoleon Bonaparte angerechnet werden, dass sich dies zum Beginn des 19. Jahrhunderts änderte. Mehr als 150 Forscher begleiteten die Ägyptische Expedition (1798–1801) des Generals.[2] Aus der Fülle des zusammengetragenen Materials entstanden in den Jahren nach dem Feldzug 20 Bände, die unter dem Titel „Description de l'Égypte" veröffentlicht wurden.[3] Diese sind thematisch in die Bereiche „Antiquités", „État Moderne" sowie „Histoire Naturelle" gegliedert. Hinzu kommen Kupferstiche, die neben dem Zustand der Monumente auch die Landschaft abbilden. Die Erstausgabe erschien unter der Leitung von Edmé François Jomard[4] (1777–1862), der als Ingenieur und Geograph Napoleon begleitet hatte. Carl Ritter hat das Werk für die weitere Beschreibung Ägyptens weithin benutzt. Die Beiträge Jomards wurden neben denen seiner Kollegen intensiv rezipiert und wiedergegeben. Nicht zuletzt weil die enzyklopädisch anmutende „Description de l'Égypte" eine schier unermessliche Fülle von Detailaspekten behandelt

---

1 Schlicht, Alfred: Geschichte der arabischen Welt, S. 200–219 sowie S. 250ff.; Reinhard, Wolfgang: Die Unterwerfung der Welt, S. 907f. und S. 1048f.

2 Die Zahlen zum französischen wissenschaftlichen Korps wurden von der Forschung uneinheitlich angegeben. Vgl. Burleigh, Nina: Mirage, S. X und S. 20.

3 Ritter lag die „Description de l'Égypte" nachweislich in der zweiten Fassung (Paris, 1820–1830) vor. Für den Afrika-Band darf allerdings aufgrund der Veröffentlichungsdauer und nach Abgleichung zitierter Stellen von einer Verwendung der ersten Fassung ausgegangen werden.

4 Zur wissenschaftlichen Leistung, zur Geschichte der französischen Ägypten-Forschung sowie zur Biographie Jomards siehe Laissus, Yves: Jomard, u. a. S. 513–518.

und von prominenten Wissenschaftlern und Ingenieuren wie etwa Jean-Baptiste Prosper Jollois (1776–1842), François Michel de Rozière (1775–1842) oder Pierre-Simon Girard (1765–1836) ausgearbeitet wurde,[5] ist sie die Basis für die weiteren Kapitel des Afrika-Bandes. Ergänzend zog Ritter die Berichte des italienischen Ausgräbers und Schatzjägers Giovanni Battista Belzoni[6] (1778–1823) heran. Seit 1815 hatte sich Belzoni mit der Entdeckung der Grabkammer der Chephren-Pyramide, der Freilegung von Abu Simbel und durch Erfolge im Tal der Könige einen Namen gemacht. Was die Beschreibung der Geschichte des Alten Ägypten und dessen baulicher Überreste anlangt, wären an dieser Stelle mehrere Einzelpublikationen zu Detailfragen zu nennen. Von größerer Relevanz ist jedoch lediglich das Erstlingswerk von Jean-François Champollion (1790–1832), das etwa zur selben Zeit erschienen war: „l'Égypte sous les pharaons".[7] Der Ägyptologe, der heute vor allem für die Entzifferung der Hieroglyphen mit Hilfe des Steins von Rosetta berühmt ist, war zuvor über die Grenzen Frankreichs hinweg bereits bekannt geworden. Das zweibändige Werk, welches auch geographische Informationen beinhaltet, diente Ritter gewissermaßen als Klammer zur Verbindung von historiographischen Anmerkungen und Exkursen einerseits sowie zeitgenössischen Beschreibungen andererseits. Der Vollständigkeit halber sei hinzugefügt, dass die Reiseberichte von Burckhardt und Bruce mitunter auch in den ersten Abschnitten zitiert werden, aber mit fortschreitender Beschreibung gen Norden aus dem Anmerkungsapparat verschwinden.

Zum Umgang mit der zeitgenössischen Literatur ist generell zu sagen, dass Material für den Mittellauf des Nils sowie für das Flussdelta in größerer Fülle verfügbar war. Reiseberichte wie die von Frederic Louis Norden (1708–1742), Richard Pococke (1704–1765) und Claude-Étienne Savary (1750–1788) aus der Mitte des 18. Jahrhunderts waren Ritter ebenfalls bekannt.[8] Obwohl gerade diese Veröffentlichungen erheblich zur steigenden Beliebtheit der Ägypten-Forschung beigetragen hatten, flossen sie nicht oder nur in äußerst begrenztem Maße in die „Erdkunde" ein. Somit ergibt sich mit den oben angeführten Schriften wiederum ein durchaus begrenzter Bestand an zeitgenössischen Titeln. Nimmt man die Autoren der „Description de l'Égypte" zusammen, lässt sich zugespitzt feststellen, dass dieses Werk die Arbeit Ritters dominiert hat und leitend geworden ist – gewisse Einzelaspekte ausgenommen. Noch stärker als im vorangegangenen Kapitel tritt damit eine kritische Auseinandersetzung mit den Texten in den Hintergrund. Erneut erinnert der Umgang mit den Informationen eher an ein durch geographische Kriterien bestimmtes Arrangement, in das weiterführende Details eingepasst wurden.

---

5 Vgl. Henze, Dietmar: Enzyklopädie der Entdecker und Erforscher der Erde, s. v. „Girard [ohne Vorname]"; Burleigh, Nina: Mirage, S. 92f., S. 161 sowie S. 186, 191 (zu Jollois und de Rozière; Auswahl).

6 Vgl. Henze, Dietmar: Enzyklopädie der Entdecker und Erforscher der Erde, s. v. „Belzoni, Giovanni Battista".

7 Champollion, Jean-François: l'Égypte sous les pharaons, 2 Vol., Paris 1814.

8 Savary, Norden und Pococke werden u. a. in den Bänden zu West-Asien erwähnt. Für den Afrika-Band ergibt die Durchsicht keine erwähnenswerten Gebrauchsstellen.

Ritters Darstellung von Ägypten ist in drei größere Abschnitte gegliedert: Ober-, Mittel- und Unterägypten. Mittelägypten definiert die „Erdkunde" als den Teil des Flusslaufes zwischen der alten Stadt Abydos im Süden und dem Nildelta im Norden. Die Abgrenzung von Letzterem ist schon aufgrund der naturräumlichen Beschaffenheit der Flussmündung nachvollziehbar und wird nicht weiter erläutert. Abydos ist für Ritter deswegen eine bedeutsame Landmarke, da der Strom von dort an „nun allgemach wieder seiner Normaldirection gegen Norden hin" folgt und diese beibehält.[9] Ober- und Unterägypten schließen demnach im Süden beziehungsweise im Norden an diese Landschaft an. Weil diese Einteilung aber lediglich für die Gliederung des Bandes von Relevanz ist, wird der Text Ritters im Folgenden in die Behandlung des Niltales einerseits und des Deltas andererseits aufgeteilt werden.

Assuan, Ombos und Edfu – der Versuch einer Interpretation antiker Kultorte

Assuan markiert, wie schon erwähnt, den Beginn des Kapitels über das Land der Pharaonen.[10] Dem bewährten Muster folgend, bestimmt Ritter die Lage der „neuen" Stadt.[11] Jedoch weiß er über diese, abgesehen von einigen allgemeinen Fakten, recht wenig zu berichten. Stattdessen wird die Bedeutung des „alten" Syene ausführlicher referiert. Zunächst wird die prominente Rolle des Ortes, die dieser dank Eratosthenes' Überlieferung bei Strabon erlangt hatte, vorgestellt.[12] Im Zuge dessen findet auch die Erzählung vom schattenlosen Brunnen sowie die Bestimmung des ersten Meridian ihren Platz. Die Kenntnis vom Versuch des Eratosthenes, den Erdumfang zu berechnen, gehört heute zum Allgemeinwissen und hat ihren festen Platz im Mathematik- und Physikunterricht der höheren Klassen. Eratosthenes wusste, dass die Sonne bei Assuan in einen Brunnen am Mittag der Sommer-Sonnenwende genau senkrecht hineinscheint. Zur selben Zeit wirft die Sonne in Alexandria einen Schatten von 7,2°, gemessen an einem Monolithen. Mit diesen Daten und dem recht genau geschätzten Abstand beider Orte, welche nach Eratosthenes' Annahme auf einer gedachten Nord-Süd-Achse liegen, gelang es ihm, den Erdumfang mit 252.000 Stadien anzugeben. Ein Wert, der lediglich um rund 4% vom tatsächlichen Wert abweicht.[13]

---

9 Ritter, Carl: Afrika, S. 769.
10 Dumper, Michael/Stanley, Bruce (Hrsgg.): Cities of the Middle East and North Africa, s. v. „Aswan" (zur Stadtgeschichte).
11 Ritter, Carl: Afrika, S. 693ff.
12 Vgl. u. a. Strab. 17, 1, 48.
13 Eratosth. 34. Die Zitierweise der Fragmente von Eratosthenes' Geographie richtet sich nach der Einteilung der Fragmente, wie sie zuletzt von Duane Roller (Eratosthenes' Geography) vorgenommen worden ist. Zur Berechnung des Erdumfangs siehe: Ebenda, S. 151–154 sowie Roller, Duane: Ancient Geography, S. 121ff.

Die historische Bedeutung der Stadt und ihre Blütezeit werden im anschließenden Abschnitt herausgestellt. Ritter verwendet hierfür verschiedene antike und mittelalterliche Autoren. Die Passage ist jedoch für die weitere Analyse eher unergiebig und trägt ganz den Charakter einer historiographischen Darstellung, die mit dem Niedergang des Ortes endet. Assuan ist Teil der Granitregion Ägyptens, die nicht nur im Reich der Pharaonen genutzt wurde. Als „Werkstatt" für die Mehrheit der inzwischen weit verstreuten Monolithen, besser bekannt als Obelisken, ist die Region bis heute berühmt. In diesem Zusammenhang schöpft die „Erdkunde" hauptsächlich aus der „Description de l'Égypte". Hervorzuheben sind jedoch einige Stellen bei Plinius, derer sich die „Erdkunde" bedient.

Hier überall liegt alles übersaet mit Klippen des schönsten, rosenrothen, oder sogenannten orientalischen Granits, dem Plinius vom Fundorte den Namen Syenites giebt. Er zeichnet sich durch seine schönen Farben, […] durch Härte, die eine treffliche Politur annimmt besonders aus. […] Da aus ihm auch viele Monolithe und Obelisken unter den Ruinen von Theben sich befinden, so hat ihn Plinius auch Lapis Thebaicus und wegen seiner flammigen Zeichnung Pyropoecilon genannt.[14]

Neben verschiedenen Begriffen für das Gestein, welches besser unter dem Namen Rosengranit bekannt ist, beschäftigt sich Ritter zunächst mit der Beschreibung des Geländes und seiner Oberflächenstruktur. Diese wird als ein in Ost-West-Richtung verlaufendes Stufenrelief charakterisiert. Detailreich und ausführlich widmet sich der Text der „Erdkunde" der besonderen optischen Beschaffenheit des Materials. Dies geschieht nicht etwa um seiner selbst willen. Vielmehr ist dies für Ritter der Aufhänger, um die Bedeutung des Werkstoffes Granit sowohl für die Antike als auch für die eigene Zeit aufzuzeigen. So werden zahlreiche Monumente genannt und deren Verbreitung – etwa von Obelisken in Rom, Konstantinopel und anderen europäischen Städten – hervorgehoben. Dabei stehen die Beliebtheit und die robuste Natur des Steins im Zentrum. Gerade die Schilderung der Monumente hätte sich für das Ausweisen von antiken Quellen regelrecht angeboten. Plinius, genauer gesagt das 36. Buch seiner „Naturalis historia", wird zwar ausdrücklich erwähnt, jedoch werden seine ausführlichen Berichte nicht in die „Erdkunde" integriert. Andere Autoren wie etwa Sueton, Ammianus Marcellinus oder Marcellinus Comes werden, ebenso wie der tatsächliche Zweck des Obeliskentransports im Mittelmeerraum, nicht angesprochen.[15]

---

14 Ritter, Carl: Afrika, S. 698f.; die „Erdkunde" gibt hier Plin. nat. 36, 8 an, gemeint ist 36, 13 sowie 36, 14. Dazu Rozière, François Michel de: Description des carrières qui ont fourni les matériaux des monuments anciens (Description de l'Égypte, Ant. Descr., Vol. 1, Appendix, erste Auflage), S. 1–22.

15 Siehe unter anderem Suet. Claud. 20; Amm. 17, 4; Marc. Com. 526 (Mommsen, Chronica Minora II, 1894). Dazu: Hornig, Karin: Obelisken unterwegs, in: Renate Schlesier/Ulrike Zellmann (Hrsgg.), Mobility and Travel S. 50–56.

Weiter nach Norden kommend, beschreibt Ritter das geschichtsträchtige Gebiet um Theben, die Thebaïs.[16] Topographisch wird sie ganz ähnlich der zuvor besprochenen Region als Stufenrelief beschrieben. Diese bestehe nun allerdings aus Sandstein, einem der wichtigsten Baustoffe des Alten Ägypten. Besondere Aufmerksamkeit widmet der Text dabei den „Transversalthälern" sowohl zur rechten als auch zur linken Seite des Stroms. Während Letztere bis in Ritters Zeit meistenteils unerforscht geblieben waren, kennt die „Erdkunde" durchaus Details über die Landschaft zwischen Niltal und Rotem Meer. Berichten über drei von alters her bekannte Straßen (1. von Edfu nach Berenike, 2. von Esna nach Kosseir, 3. von Koptos nach Kosseir)[17] sind zunächst Informationen allgemeiner Art vorangestellt. So meint Ritter, dass diese West-Ost-Verbindungen, genauer gesagt die Täler, das Wasser der Winterregen regelrecht speichern und Vegetation hervorbringen. Somit seien sie für Beduinen und deren Herden sowie für Karawanen beliebte Anlaufstellen. Darüber hinaus werden die geologischen Merkmale der „Ausgänge dieser Querschluchten, sowohl gegen das rothe Meer wie gegen das Nilthal"[18] besprochen. Diese Übergangszonen zwischen Wüste und Küsten bestünden aus Kieseln, die als natürliche Begrenzung wirken. An dieser Stelle erklärt Ritter, dass man dort bis auf den heutigen Tag – „gleich den alten Priestern Aegyptens"[19] – den beständigen Wechsel, welchem die Landschaft unterliegt, beobachten könne. Gemeint ist der Einfluss des Wüstensandes, der durch die vorherrschenden West- und Nordwestwinde in Richtung Niltal transportiert wird. Dies sei, so Ritter weiter, der Kampf „Typhons" (Seth) gegen Isis und Osiris. Dieser kurze Exkurs in die Mythologie des Altertums zeigt die Gottheiten in Verbindung mit den ihnen zugeschriebenen Naturkräften. Die negativen Eigenschaften Seths – unter anderem Chaos, Gewalt, Zorn – sowie seine Verantwortung für negative Umweltphänomene werden mit dem Flugsand, der das fruchtbare Gebiet stetig zu verkleinern droht, assoziiert. Dem entgegen steht das Götterpaar als Verkörperung der Fruchtbarkeit. Während Isis als Symbol der Überwindung des Todes zudem die Mutterrolle verkörpert, akzentuiert Osiris an dieser Stelle als Gottheit der Nilflut eher die Fruchtbarkeit des Landes. Mitnichten darf Ritter nun unterstellt werden, die mythologischen Erklärungsmuster auf beobachtbare Phänomene angewendet zu haben. Die Passage ist vielmehr in eine Reihe mit den Berichten über die historische Bedeutung der bereits genannten Nilinseln (Philae und Elephantine) zu stellen. Der gelehrte Adressatenkreis, dem das Werk ja zugedacht war, dürfte die naturphilosophische Erklärung des Mythos mit Sicherheit ebenso verstanden haben.

16 Heute ist die Stadt für den Tempelkomplex von Karnak berühmt. Ritter, Carl: Afrika, S. 701–707.
17 Ritter, Carl: Afrika, S. 705ff.
18 Ritter, Carl: Afrika, S. 706.
19 Ritter, Carl: Afrika, S. 706. Zur Rolle der ägyptischen Priester als „Stand" und zu ihren Aufgaben sowie zum Streiten des Seth mit Osiris siehe: Shafer, Byron u. a.: Temples of Ancient Egypt, S. 9–28 sowie Helck, Wolfgang u. a. (Hrsgg.): Lexikon der Ägyptologie, s. v. „Priester"/„Priestertum".

Nach dieser Grobbeschreibung der Wüsten jenseits des Flusstales verfährt Ritter weiter in gewohnter Manier. Er stellt allerdings nun noch deutlicher als zuvor das Anliegen seines Werkes heraus, indem er mit einigen einleitenden Worten sowohl auf die Rolle der Menschen des Landes Ägypten als auch auf deren Geschichte und kulturelle Errungenschaften hinweist.

Wir können nach dieser allgemeinen Uebersicht nun die merkwürdigen Stellen und Ortschaften, wie sie sich beim Hinabschiffen des Niles von selbst darbieten genauer ins Auge fassen, um unstreitig eins der für die Geschichte der Menschheit merkwürdigsten Länder der Erde seinen Hauptmomenten nach genauer uns vergegenwärtigen auch seine Geschichten und ihre Entwicklungen wie die der mit ihnen aufgegangenen Wissenschaften und Künste immer richtiger würdigen zu lernen.[20]

Allgemein ist an dieser Stelle voranzuschicken, dass die „Erdkunde" lediglich eine kleine Zahl von Orten und Städten in Richtung Norden bespricht. Ritter hat seine Auswahl stark eingeschränkt und nur die prominentesten in sein Werk aufgenommen. Die Abschnitte zu Ombos, Edfu und natürlich Theben werden im Folgenden besprochen und analysiert. Zwar enthält der Afrika-Band auch Informationen über Esna, al-Kab und Erment,[21] jedoch sind diese Passagen derart gestaucht und kaum detailliert, sodass sie für eine kritische Analyse nicht in Betracht kommen.

Ombos oder Kom Ombo beschreibt Ritter als einen vom „Sand überwehten" Ort, der sich direkt in einer am Nil gelegenen Ebene befindet.[22] Sein altägyptischer Name sei nicht bekannt, allerdings kenne die „Notitia Dignitatum" die Stadt als „Ambo". Überhaupt bestimme dort, wie in der ganzen Region, das Klima der umgebenden Wüste mit einer übermäßigen Hitze das Leben. Ritter hat hier seinem Text eine Anekdote aus dem Jahr 1800 beigegeben: „[I]m September fanden die französischen Soldaten die Hitze im Sande dort so groß (54 Gr. Reaum. Therm.), dass sie Eier darin sieden konnten."[23] Auch wenn nicht explizit angegeben ist, woher diese Geschichte stammt, dürfte sie mit Sicherheit in den Kontext der Ägyptischen Expedition gehören und damit aus der „Description de l'Égypte" entnommen worden sein, zumal sie als Hauptquelle dieses sowie die folgenden Kapitel dominiert. Über die zeitgenössische „neue" Stadt wird lediglich festgestellt, dass sie über der altägyptischen liegt. Auf die Wiedergabe von Details hat Ritter verzichtet, ihre geographische Lage wird nicht angegeben. Stattdessen ist er an den noch sichtbaren antiken Bauwerken interessiert. Den heute sogenannten Doppeltempel von Kom Ombo beschreibt der Text als zwei getrennte Bauwerke. Der größere Tempel sei zwar

---

20 Ritter, Carl: Afrika, S. 706f.
21 Die ersten beiden Städte sind bis heute unter den genannten Namen geläufig. Erment ist der Wissenschaft eher unter seinem griechischen Namen Hermonthis bekannt.
22 Ritter, Carl: Afrika, S. 707ff.
23 Ritter, Carl: Afrika, S. 707ff.

„mächtig zerstört", jedoch betont Ritter die architektonische Leistung der Baumeister.[24] Die mächtigen Quader seien mit Zapfen verbunden und mit Zement verfugt. Das Innere des Baus konnte, obgleich dieser erst 1893 endgültig vom Sand befreit wurde, als reich verziert und mit Hieroglyphen und Statuen ausgeschmückt beschrieben werden. Bemerkenswert ist, dass sich Ritter hier direkt mit der Diskussion um die Frage nach dem Tempelkult befasst. Er gibt zunächst an, dass Griechen wie Römer diesen falsch verstanden hätten. Die zahlreichen Darstellungen von Krokodilen im Gebäude hätten bei beiden zu der Vermutung geführt, dass die Tiere hier gottgleich verehrt worden seien. Auch eine Interpretation der gesamten Anlage als einen Tempelkomplex für Sol und Luna will Ritter nicht gelten lassen. Vielmehr wird in der Verehrung der Krokodile eine spezielle Form des Isiskults gesehen. In Verbindung mit dem Tier betone der Kult die Nähe zum Wasser des Nils und damit zur Fruchtbarkeit des Landes. Diese Ansicht geht ausgewiesenermaßen auf Eusebs „Praeparatio Evangelica" zurück.[25] Damit ist sicher der Kern des Kultes, wie er in Kom Ombo beheimatet war, richtig getroffen.[26] Allerdings hat die ägyptologische Forschung gezeigt, dass in Kom Ombo wie auch andernorts tatsächlich ein „Krokodilgott" verehrt wurde. Sobek verkörperte im Glauben der alten Ägypter wohl durchaus die bereits genannten Eigenschaften, jedoch ist er nicht mit der „Muttergottheit" Isis zu vermischen. Mehrere Tempelanlagen waren der Gottheit zugedacht, so unter anderem auch in Fayyum. Die große Bedeutung der Krokodile in der Kultpraxis lässt sich vor allem an den zahlreichen Funden von mumifizierten Tieren ermessen.[27]

Was sich bei der vorangegangenen Passage zum Bau und Transport von Obelisken sowie bei der Darstellung der „Granit-" und „Sandsteinregion" angedeutet hatte, wird bei der Beschreibung von Kom Ombo noch deutlicher. Thematisch steht vor allem Letztere in einer Reihe mit den Berichten über die ägyptischen Bauwerke südlich von Assuan. Obwohl sich Ritter auch hier wiederum dezidiert antikem Boden widmet und zeitgenössische Fragen gezielt auslässt, greift er auffälligerweise nicht auf griechische oder lateinische Quellen zurück.[28] Diese hätten aber durchaus zur Verfügung gestanden. Sowohl Strabon als auch das Werk des Ptolemaios bieten Informationen über den

---

24 Die Vollendung des heute erhaltenen Tempelbaus geht auf die Zeit Ptolemaios' VI. Philometor (reg. 180–164 sowie 163–145) zurück. Zur Bauart und zur spezifischen Weihung siehe: Bard, Kathryn (Hrsg.): Encyclopedia of the Archaeology of Ancient Egypt, s. v. „Kom Ombo"; Allgemeines zum Ort findet sich bei Helck, Wolfgang u. a. (Hrsgg.): Lexikon der Ägyptologie, s. v. „Ombos".

25 Eus. Pr. Ev. 3, 11.

26 Der Forschung ist heute bekannt, dass der kleinere Tempel des Komplexes Haroeris, einer Erscheinungsform des Horus, geweiht war. Auf diesen sowie auf die zahlreichen „Kapellen" des Heiligtums geht die „Erdkunde" jedoch nicht näher ein.

27 Zum Krokodilkult, seiner spezifischen Ausgestaltung, auch in Verbindung mit Fruchtbarkeitsvorstellungen der Isisverehrung, sowie zur Verbreitung siehe: Helck, Wolfgang u. a. (Hrsgg.): Lexikon der Ägyptologie, s. v. „Isis", „Krokodil" und „Sobek".

28 Euseb ist für den Moment zurückzustellen. Der Gebrauch der „Praeparatio Evangelica" wird eigens besprochen werden.

Kultort von Kom Ombo.[29] Der Anmerkungsapparat zum Text weist indes kaum mehr als die bereits genannte französischsprachige Literatur, namentlich Chabrol, Jomard („Description de l'Égypte") sowie Champollion aus.[30]

Eine befriedigende Erklärung hierfür kann ad hoc nicht gegeben werden, zumal die zuletzt besprochenen Abschnitte den vorangegangenen in ihrer Art und Absicht sehr ähnlich sind. Eine erste Vermutung, dass die nun verwendete zeitgenössische Literatur auf antike Quellen verzichte, sich also in dieser Hinsicht qualitativ von den Werken zu Nubien beziehungsweise Äthiopien unterscheide, gilt es jedoch zu überprüfen. Gerade die beiden Bände Champollions („l'Égypte sous les pharaons") sind ja gewiss eine die historische Dimension des Alten Ägypten darstellende Arbeit. Als solche fußt sie ganz erwartungsgemäß auf antiken Autoren.[31] Gleiches gilt im Allgemeinen für die ersten Bände des napoleonischen Werkes. Besonders die ersten vier Teile befassen sich ausschließlich mit den Altertümern des Nillandes.[32] Betrachtet man allerdings die Quellenarbeit beider Texte für Ombos genauer, so ist festzustellen, dass konkrete Stellenangaben und eine Diskussion derselben auch hier ausbleiben. Insofern geographische Werke der Antike überhaupt genannt werden, bleiben die Autoren im Umgang mit ihnen ausnahmslos oberflächlich. Ritter hat für die „Erdkunde" die Informationen bei Champollion – inklusive des Verweises auf die „Notitia Dignitatum" – umfassend übernommen. Der Bericht der französischen Wissenschaftler wurde komprimiert. Die Beschreibungen der beiden Tempel und die hierfür nötigen Details der „Erdkunde" stammen von ihnen. Die fehlenden Verweise auf Ptolemaios und Strabon sind wahrscheinlich dieser verkürzenden Zusammenfassung geschuldet.

Anders liegen die Dinge mit Blick auf Euseb als Quelle, auf dessen Text nun zurückzukommen ist. Ritter hatte dessen Inhalt, wie bereits gesagt, als Argument gegen die Deutung der Tempelbauten als Heiligtum für Sol und Luna angeführt. Er gebraucht somit augenscheinlich die Stelle aus der „Praeparatio Evangelica", die den Krokodilskult nennt, um Kritik an einer existierenden Meinung zu äußern. Dies ist insofern erwähnenswert, als Ritter bei zahlreichen anderen Fragen und widersprüchlichen Meinungen kaum eindeutig Position bezieht. Woher die seiner Meinung nach fehlerhafte Interpretation der Bauwerke stammt, gibt Ritter nicht an. Auch liefert die „Erdkunde" keine Erklärung für die Behauptung, dass schon die späteren Besatzer Ägyptens die Verehrung des Krokodils nicht richtig zu verstehen wussten. Nach einer sorgfältigen Überprüfung der

---

29 Vor allem: Strab. 17, 3, 47 sowie Ptol. 4, 5, 63–77. Entgegen der Meinung verschiedener wissenschaftlicher Kommentare kann „Κροκοδείλων πόλις" bei Strabon nicht mit Krokodilopolis (Medinet al-Fayyum) in Verbindung gebracht werden. Der Ausdruck bei Strabon legt dies nicht fest. Darüber hinaus bespricht Strabon im 17. Buch die Region am oberen Nil und nicht das weiter nördlich gelegene Gebiet um Fayyum.

30 Ritter, Carl: Afrika, S. 707ff. Belzonis Reisebericht wurde lediglich zur Angabe von Entfernungen angeführt und kann daher hier zurückgestellt werden.

31 Champollion, Jean-François: l'Égypte sous les pharaons, Vol. 1, S. 167ff. (zu Kom Ombo).

32 Chabrol, Gaspard de/Jomard, Edmé François: Description d'Ombos (Description de l'Égypte, Ant. Descr., Vol. 1, 4, erste Auflage), S. 1–26.

französischsprachigen Quellen Ritters kann jedoch eindeutig festgestellt werden, dass beide offenen Punkte ihren Ursprung im Text von Chabrol und Jomard haben.[33] Sieht man einmal davon ab, dass das Auffinden und der Einsatz des Euseb-Textes nicht auf Ritter selbst zurückgeht, ist es gleichwohl nötig, die Art seiner Verwendung zu analysieren. Die Reliabilität, die ihm sowohl von französischer Seite als auch von Ritter zugemessen wurde, ist offensichtlich hoch. Andernfalls hätte der Einsatz beziehungsweise die Konfrontation mit konträren zeitgenössischen Forschungsmeinungen nicht erfolgen können. In diesem Vorgehen die kritische Arbeitsweise der modernen Geschichtswissenschaft erkennen zu wollen, ginge jedoch zu weit. Ritter wie die Franzosen haben ihre Quellenarbeit nicht diskutiert. Genauso wenig geben sie dem Leser eine Erklärung an die Hand, warum einer Schrift des vierten Jahrhunderts, die – verkürzt gesagt – dazu gedacht war, die Überlegenheit des Christentums gegenüber dem heidnischen Glauben herauszustellen, der Vorzug gegenüber anderen Autoren eingeräumt werden sollte. Stellt man dies in Rechnung, so bleibt eine schlichte Gegenüberstellung verschiedener Meinungen, bei der sich die Autoren lediglich auf eine davon festgelegt haben. Dass die Ägyptologie in den folgenden Jahrzehnten die Richtigkeit der Annahmen im Kern beweisen sollte, darf durchaus als Glücksfall bezeichnet werden.

Der Abschnitt über Edfu, den zweiten der oben genannten Orte, ist im bereits bekannten Stil der „Erdkunde" aufgebaut.[34] Zunächst erhält der Leser Informationen über die Bewohner – „Mohamedaner und christliche Kopten"[35], deren Geschäft es sei, Töpferwaren für ganz Ägypten zu produzieren. Erwähnenswert war für Ritter die Ähnlichkeit dieser Produkte zum Geschirr der Pharaonenzeit. Hier hatte sich für die Betrachter des 19. Jahrhunderts die alte Handwerkstradition erhalten. Belegt sahen die Zeitgenossen dies durch ähnliche Abbildungen auf Monumenten, etwa in Form von Hieroglyphen. Die Frage nach der Herkunft des Ortsnamens leitet einen längeren Abschnitt über die Geschichte und Bedeutung der Region für die Nachwelt ein:

Außer dem Namen der alten Stadt Atbô im Koptischen, woraus das Arabische Edfoû entstanden, sind nur noch Schutthügel mit wenig erkennbaren Ueberresten vorhanden. Strabo nennt sie zwar Ἀπόλλωνος πόλις, daher sie Apollinopolis magna bei den spätern Römern heißt, sagt aber gar nichts von ihr, und Herodot hat sie nicht einmal mit Namen genannt. Herodot hat ebenso wenig die Ortschaften Philä, Ombos, Tentyra und andere angeführt oder gekannt, die uns doch gegenwärtig so sehr wichtig geworden sind, vielleicht dass sie zu seiner Zeit schon in Vergessenheit ge-

33 Chabrol, Gaspard de/Jomard, Edmé François: Description d'Ombos (Description de l'Égypte, Ant. Descr., Vol. 1, 4, erste Auflage), S. 8f.
34 Ritter, Carl: Afrika, S. 712–718.
35 Ritter, Carl: Afrika, S. 712. Wie schon für Assuan wird auch am Beispiel von Edfu deutlich, dass sich die „Erdkunde" lediglich recht oberflächlich dem „aktuellen" Zustand der Plätze und Siedlungen widmet. In der Regel beschränkt sich Ritter auf einige wenige Feststellungen. Diese betreffen Gewerbe und Handel sowie ethnische und religiöse Zugehörigkeiten.

rathen waren, weil sie durch der Perser Joch und Wuth schon in Schutt und Trümmer lagen. Er kam selbst bis Elephantine, und doch erwähnt er von der ganzen Thebais nur der Hauptstadt Theben. […] Wie Weniges enthalten also die zwei ersten Bücher seines Meisterwerkes von dem, was damals in Aegypten doch vorhanden war und wovon er vielleicht auch darum weniger sprechen wollte, weil vor ihm schon durch Hekatäus von Milet die Geschichte der Thebais bekannter geworden seyn mochte. Auch Diodor nennt Edfu nicht; wie spät also wurde doch eigentlich erst Aegypten dem Auslande bekannt, und wie vieles seiner ältern Geschichte ward gar nicht in die Tafeln der Weltgeschichte eingetragen, daher die Producte jener Zeit uns als Wunderwerke entgegentreten.[36]

Die Passage fordert zunächst die Klärung einiger Punkte. Die allgemeine Behauptung, dass die geschichtsträchtigen Orte bereits zu der Zeit, als die antiken Texte verfasst wurden, in Vergessenheit geraten waren, ist freilich spekulativ und mitunter vorschnell. Dass sie sehr wohl Informationen zu den angeführten Orten bieten, wurde gezeigt. Es kann nur verwundern, wenn Ritter behauptet, Herodot erwähne „Philä" nicht. Gerade dies wurde ja von ihm selbst besprochen.[37] Hier scheint Ritter nicht sorgfältig gearbeitet zu haben oder einer missverstandenen Bemerkung bei Champollion über die begrenzten Aussagen bei Herodot und Strabon erlegen zu sein.[38] Wie auch immer, die ältere Forschung hat die Bauwerke sowohl in Edfu als auch in Ombos zeitlich deutlich zu früh verortet. Sie entstanden erst nach Herodots Tod, womit das Fehlen der Berichte in seinem Werk leicht zu erklären ist. Die Gründung beziehungsweise der Ausbau der Heiligtümer ist dann im Umkehrschluss wohl auch der Grund, warum Strabon alle genannten Stätten erwähnt.[39] Natürlich darf Ritter und den Zeitgenossen hier kein Mangel an Sorgfalt in Recherche und Forschung zur Last gelegt werden. Eine exakte Datierung der Bauwerke, etwa durch die Archäologie, war zu dieser Zeit noch nicht erfolgt; die Anlagen waren noch nicht einmal ergraben. Was sich aber an dieser Stelle deutlich abzeichnet, ist der Versuch, Erklärungen zu finden, die faktisch nicht zu lösende Fragen beantworten sollen. Dass diese Fälle – hier das Schweigen der Quellen – historischer Natur sind, verbietet längst nicht den Vergleich mit den Lösungsversuchen vorangegangener Kapitel. Ritter sieht sich offensichtlich – genau wie bei Fragen der Ethnogenese oder im Falle von geographischen Informationslücken – in der Pflicht, mögliche Ansätze zu liefern und den Zeitgenossen beschreibbare Wege aufzuzeigen. Und so ist es genau genommen die logische Konsequenz, die persische Eroberung als Zeit des politischen Umsturzes und der Veränderung als Erklärung anzuführen. Dass

---

36 Ritter, Carl: Afrika, S. 713.
37 Diodor erwähnt Edfu tatsächlich nicht, Strabon und Herodot kennen den Ort beziehungsweise die Insel sehr wohl (u. a. Hdt. 4, 178; Strab. 17, 1, 49f.).
38 Champollion, Jean-François: l'Égypte sous les pharaons, Vol. 1, S. 176ff.
39 Strab. 17, 1.

gerade im Ende der oben zitierten Zeilen gewissermaßen ein Appell an die Forschung gesehen werden darf, kommt verstärkend hinzu.

Das moderne Edfu unterhalb der Katarakte von Assuan nennt Ritter den ersten Ort von größerer Bedeutung. Neben dem Handwerk sei dort auch ein florierender Markt zu erkennen. Im archäologischen Sinne geht Ritter sogar noch weiter, indem er über die Einzigartigkeit des Ortes spricht. Dieser enthalte „doch eins der ersten Wunderwerke unter den Architecturen der Erde".[40] Gemeint ist der berühmte und heute nach der Stadt benannte Tempel. Champollion und Jomard folgend, wird dieser in allen Einzelheiten auch von Ritter beschrieben.[41] Der Bericht ist bei der Darstellung der Ausschmückungen ausgesprochen lebendig und noch facettenreicher, als dies für die bereits besprochenen altägyptischen Anlagen der Fall war. Besonders hervorzuheben sind dabei die Beschreibungen von „Phönixbildnissen", im Inneren wie am Tempeläußeren. Wiederum der Meinung der französischen Kollegen folgend, deutet die „Erdkunde" diese Darstellungen allegorisch. So sei der Phönix das Symbol einer neuen Zeit, einer Epoche der „Erneuerung". Dies erlaubte Spekulationen über den Anlass zum Bau, welchen man somit im Einläuten einer neuen, religiös definierten Ära finden konnte. Zugeschrieben wurde der Haupttempel[42] dem Osiris, wenngleich hierfür kein eindeutiger Grund geliefert wurde.

Bis heute hat die Forschung auch im Fall dieses Tempels einer anderen Interpretation den Vorzug gegeben. Die Errichtung des Bauwerkes ist relativ spät anzusetzen. Genauer gesagt fällt sie in die Regierungszeit Ptolemaios' III. Euergetes (reg. 246–222 v. Chr.). Er ist somit nicht der „klassisch" ägyptische Bau, als den man ihn im 19. Jahrhundert angesehen hat. Auch die Deutung der Tier-Abbildungen als „Feuervogel" wurde, ebenso wie die Zuschreibung zu Osiris, mit dem Fortgang der Forschung verworfen. Mit der Ausgrabung durch Auguste Mariette (1821–1881) in den Jahren nach 1860 konnte nachgewiesen werden, dass hier die falkenköpfige Horus-Gottheit verehrt wurde.[43] Die Zuweisung an diese Königsgottheit, die mitunter mit dem regierenden Pharao mythologisch gleichzusetzen ist, bedeutet einerseits eine Klärung der Reliefs. Andererseits schlägt sie außerdem eine Brücke zur Frage nach dem Bauanlass. Tatsächlich ist die prächtige Anlage Teil der ptolemaiischen Herrschaftsinszenierung und Herrschaftslegitimation im ägyptischen Kontext.[44]

---

40 Ritter, Carl: Afrika, S. 712.

41 Champollion, Jean-François: l'Égypte sous les pharaons, Vol. 1, S. 174ff. sowie Jomard, Edmé François: Description des antiquités d'Edfu (Description de l'Égypte, Ant. Descr., Vol. 1, 5, erste Auflage), S. 12–38, insbesondere 29ff.

42 Ein kleinerer Nebenbau, von den französischen Forschern Typhon (dem Sohn der Gaia) zugeschrieben, wird heute der Hathor zugewiesen. Zum Aufbau siehe: Wilkinson, Richard: Die Welt der Tempel im alten Ägypten, S. 205ff.; Helck, Wolfgang u. a. (Hrsgg.): Lexikon der Ägyptologie, s. v. „Typhon" sowie folgende Anmerkung.

43 Bard, Kathryn (Hrsg.): Encyclopedia of the Archaeology of Ancient Egypt, s. v. „Edfu"; Helck, Wolfgang u. a. (Hrsgg.): Lexikon der Ägyptologie, s. v. „Tell Edfu".

44 Zur Fortführung ägyptischer Bauprojekte sowie zu Neubauten der Ptolemaier im Allgemeinen siehe Pfeiffer, Stefan: Herrscher- und Dynastienkulte, S. 9ff. sowie zu konkreten Kultausprägungen und Unterschieden zwischen „griechischen" und „ägyptischen" Pharaonen: S. 96–109.

Theben – Archäologie der alten Königsstadt

Auf der Höhe [...] gewinnt das Auge des erstaunten Beobachters einen beherrschenden außerordentlichen Ueberblick, über die ganze Trümmerwelt der einstigen hundertthorigen Tebä, über das Centrum urältester und höchster Civilisation des Alterthums, über die Stadt von Palästen und Tempeln, voll Schätze über und unter der Erde, von einem zahlreichen Volke, von dem tüchtigsten Priestergeschlechte, und von mächtigen Herrschern erbaut, erworben durch unendlichen Fleiß, theils aus dem Schooße der Erde, gewonnen theils durch einen blühenden Handel und Verkehr vom innersten Lande der Neger und Aethiopen über Arabia und den Erythräischen Ocean bis zum Indus und Ganges [...].[45]
Die genauere astronomische Bestimmung der geographischen Lage [der] Monumente verdanken wir erst den Französischen Gelehrten. Nach Rouet liegt

Karnak,	unter	30° 19' 34" O. L. u.	25° 42' 57" N. Br.	
Luxor,	unter	30° 19' 38" – –	25° 41' 57" –	
Osymandyas Grab,		30° 18' 6" – –	25° 43' 27" –	
Medynat Abou, unt.		30° 17' 32" – –	25° 42' 58"	

Das alte Theben lag also nach den Französischen Messungen mit Herodots Angaben übereinstimmend 18000 mèt. (1800 Stadien) entfernt von Elephantine [...] [und hat] einen Umfang von 14 bis 15000 mètres und nach den Priesterangaben bei Diodor Sic. 140 Stadien, was wiederum sehr gut übereinstimmte [...].[46]

Auch die Beschreibung Thebens entspricht ganz dem Stil der bisher besprochenen Passagen. Die Art und Weise, wie Ritter das zur Verfügung stehende Material verwendet hat, lässt beinahe vergessen, dass er selbst nicht vor Ort gewesen ist. Daran sei nochmals ausdrücklich erinnert. Weit stärker als zuvor lobt die „Erdkunde" die Errungenschaften und die Kultur des Alten Ägypten. Wie zu sehen ist, werden dem bewährten Schema folgend die Größe sowie die geographische Lage der Stadt bestimmt, wobei nun wieder vermehrt antike Quellen herangezogen werden.[47] Dies gilt auch für die Etymologie des Namens der Stadt. „Θῆβαι" bei Strabon entspreche „Θήβη" bei Stephanos von Byzanz.[48] Die Beschreibung der alten Königsstadt ist das umfangreichste zusammenhängende Kapitel der „Zweiten Abtheilung". Zunächst wird die Landschaft, wie sie sich zu Beginn

---

45 Ritter, Carl: Afrika, S. 753.
46 Ritter, Carl: Afrika, S. 755. Zur Archäologie Thebens siehe Bard, Kathryn (Hrsg.): Encyclopedia of the Archaeology of Ancient Egypt, s. v. „Thebes" (allgemein).
47 Die „Erdkunde" weist keine exakten Quellenstellen aus. Gemeint sind: Hdt. 2, 9 sowie Diod. 1, 45. Der Vollständigkeit halber sei bereits an dieser Stelle ebenfalls auf Strabon (17, 46) und auf Ptolemaios (4, 5, 73) verwiesen, auch wenn Ritter Letzteren nicht erwähnt.
48 Steph. Byz. s. v. „Θήβη".

des 19. Jahrhunderts dargestellt hat, beschrieben. Die Talebene, die Thebais im engeren Sinne, sei – so Ritter – von Bergketten umgeben, die für den charakteristischen Nillauf ausschlaggebend seien. Der Fluss erreiche hier eine „majestätische Breite" und trete als entscheidender Faktor für die Landwirtschaft der Region auf. In diesem Becken voller „antiker Herrlichkeiten" hatte die Besiedelung ganz offensichtlich abgenommen, sodass die französischen Forschungsreisenden vor Ort lediglich das Vorhandensein einiger Ortschaften feststellen konnten. Auf dem Gebiet des alten Theben werden neun kleinere Dörfer lokalisiert, welche alle voneinander getrennt kartiert werden.[49] Als einziges von Bedeutung wird Luxor genannt, welches 2.000–3.000 Einwohner gezählt und darüber hinaus über ein wenig Gewerbe verfügt habe.[50] Jedoch zeigt sich wiederum nach diesen Feststellungen, dass das Augenmerk der „Erdkunde" nicht auf den zeitgenössischen Zustand der Landschaft gerichtet ist – sondern, wie für ganz Ägypten üblich – auf dessen Geschichte ruht. Ritters „Erzählung" vereint im Folgenden Elemente aus den Berichten Belzonis[51] mit verschiedenen bekannten Episoden aus den antiken Quellen. Mehrheitlich gehen diese direkt auf Strabons Aufenthalt in Ägypten zurück. Im Falle von Hekataios, ein griechischer Autor des sechsten beziehungsweise fünften Jahrhunderts v. Chr., war Herodot der Übermittler.[52] Und so fährt Ritter fort:

> Das alte Tebä reichte vom Nilufer, zu beiden Seiten, durch die ganze Breite des Thals bis zu den Bergketten; die ganze Lybische Felswand an dieser Nordwestseite ist voll Hypogäen oder Höhlen, vielleicht die Behausung der ältesten Troglodyten, wie der jüngsten Bewohner der Thebais. Hier stand Homers Hekatompylos, die Hundert-thorige, hier die Statue des Osymandyas, des größten Kolosses, den Aegypten je sahe

---

49 „El Aqalteh", „Naga Abou-Hamoud", „Koum el Bayrât", „Medynet Abou", „Cournah", „Luxor", „Kafr", „Karnak" sowie „Med-a-moud"; einige der Ortsbezeichnungen haben sich bis heute in Ortsteilen der Stadt Luxor erhalten. Vgl. Description de l'Égypte, Planches, Ant. Vol. 2, Pl. 1, erste Auflage (Karte des alten Thebens, Kupferstich). Eine frappierende Nähe zur französischen Karte zeigt Ritters „Plan der Gegend von Theben" aus seinem Atlas von Afrika (Nr. 9). Zur Stadtgeschichte siehe auch: Dumper, Michael/Stanley, Bruce (Hrsgg.): Cities of the Middle East and North Africa, s. v. „Luxor".
50 Ritter, Carl: Afrika, S. 732f.
51 Die „Erdkunde" greift hier konkret und im ganzen Abschnitt zu Theben auf die bereits mehrfach angesprochene und genannte zeitgenössische Forschung zurück. Sie wird im Folgenden daher nur dann explizit genannt werden, insofern sie besonderer Erwähnung bedarf. Es ist jedoch darauf hinzuweisen, dass zu den Autoren der „Description de l'Égypte" die nun häufiger gebrauchten Reiseberichte Belzonis hinzukommen. Die von Ritter als „Belzoni Voy. I und II" zitierten Stellen verweisen auf die Gesamtausgabe seiner Darstellungen („Narrative of the Operations and Recent Discoveries within the Pyramids, Temples, Tombs, and Excavations, in Egypt and Nubia; and of a Journey to the Coast of the Red Sea, in Search of the Ancient Berenice; and Another to the Oasis of Jupiter Ammon", 2 Vol., London 1821 und 1822). Seine Texte werden hauptsächlich für die Beschreibung des Zustandes sowohl von Landschaft als auch von Monumenten verwendet. Da Belzoni selbst keine historische Arbeit im wissenschaftlichen Sinne betrieben hat, kann seine Schrift – was die Analyse in diesem Kapitel anlangt – in den Hintergrund treten.
52 Hdt. 2, 134

nach Hecatäus; hier war der große astronomische Kreis von Gold, eine Elle hoch und 365 Ellen in Umfang, daran der Auf- und Untergang der Tag- und Nacht-Gestirne zu sehen war. Hier lag Ro Ammon der Hebräer, die Diospolis der Griechen, die Stadt voll gewaltiger Tempel, voll Prachtpaläste der weisen, ägyptischen Könige; hier stand die Statue des Memnon, die, mit dem Aufsteigen der Aurora, so viele Männer des Alterthums, z. B. Strabo mit Aelius Gallus hatten tönen hören. Aber das Volk, das für die Ewigkeit baute, ist verschwunden [....].[53]

Ritters Arbeit wurde an diesem Punkt ganz erheblich durch die Recherchen der Franzosen Jollois und Devillier erleichtert.[54] Es war hauptsächlich die Leistung der beiden Wissenschaftler, auf rund 450 Seiten eine zusammenhängende und umfassende Darstellung des Ortes zu liefern. Gegliedert ist ihr beeindruckendes Werk in elf Sektionen, die im Wesentlichen nach den wichtigsten Monumenten eingeteilt sind. Es beschreibt zunächst die als Tempel und Paläste bezeichneten Bauten von Medinet Habu. Die als Totentempel bekannten Anlagen von Hatschepsut, Thutmosis IV., Ramses III., Merenptha und anderer Pharaonen sind heute weltberühmt.[55] Die Memnonkolosse, das Grabmal des Osymandyas (nach einem der Thronnamen Ramses' II.), die Tempelanlage von Karnak sowie Luxor selbst und auch das Tal der Könige – um lediglich die prominentesten Beispiele zu nennen – haben eigene größere Abschnitte erhalten. Hervorzuheben ist, dass die Autoren der „Description de l'Égypte" hier besonders akribisch gearbeitet haben. Sofern vorgefunden, wurden sämtliche Inschriften – lateinischer wie griechischer Sprache – dem Text hinzugefügt. Darüber hinaus bieten die Kapitel derjenigen Denkmäler, von denen die antiken Autoren berichten, die relevanten Textstellen. Sie wurden ins Französische übertragen und mitunter kommentiert.[56] Carl Ritters „Erdkunde" folgt nun ganz klar der Gliederung seiner Kollegen. Noch eindeutiger, und ohne die von ihnen vorgegebene Struktur zu durchbrechen, beschreibt er ebenfalls die wichtigsten Monumente. Einige davon, insofern sie für die Frage nach den antiken Autoren relevant sind, sollen auch hier nicht unerwähnt bleiben.

Ein Akazienhain finde sich dort, wo sich einst die Mauern des sogenannten „Memnoniums" erhoben hatten.[57] Diese Bezeichnung für einen heute besonders stark verfallenen ägyptischen Bau geht mindestens bis auf Strabon zurück, dessen Text von Ritter mehrfach angeführt wurde.[58] Bei einer Wanderung durch dieses Wäld-

---

53 Ritter, Carl: Afrika, S. 733.

54 Jollois, Jean-Baptiste/Devilliers, Édouard: Description générale de Thèbes (Description de l'Égypte, Ant. Descr., Vol. 1, 9, erste Auflage).

55 Helck, Wolfgang u. a. (Hrsgg.): Lexikon der Ägyptologie, s. v. „Medinet Habu".

56 Wie am Beispiel der Memnonkolosse zu sehen, wurden neben den dort befindlichen Inschriften auch Stellen von Strabon, Diodor und anderen angefügt. Jollois, Jean-Baptiste/Devilliers, Édouard: Description générale de Thèbes (Description de l'Égypte, Ant. Descr., Vol. 1, 9, erste Auflage), S. 106–120.

57 Ritter, Carl: Afrika, S. 736f.

58 Strab. 17, 1, 47.

chen finde der Besucher eine ganze Fülle an Trümmern, die sich als Bruchstücke von kunstvoll gearbeiteten Statuen zu erkennen geben. Lediglich zwei dieser riesigen Skulpturen, die sogenannten „Memnonkolosse", befinden sich noch immer am Ort ihrer Errichtung. Es ist sicher nicht untertrieben, beiden Monumenten den Charakter von *landmarks* zuzusprechen, dominieren sie doch bis auf den heutigen Tag das ganze Areal im westlichen Luxor. Die Zuweisung der beiden Kolosse an den sagenhaften äthiopischen König Memnon hat bis heute kein Stück ihrer Popularität eingebüßt, obgleich archäologische Untersuchungen eindeutig nachweisen konnten, dass diese unter der Herrschaft und zu Ehren von Amenophis III. errichtet wurden. Das „Memnonium", mit dem sie eine bauliche Einheit bildeten, wurde wohl in den Jahren nach 1385 v. Chr. vom Vater des sogenannten „Ketzerkönigs" Echnaton errichtet.[59] Ritter kommt erneut auf die bei Strabon überlieferte Geschichte vom akustischen Signal zu sprechen. Dieses wurde entweder vom darüber streichenden Wind bewirkt oder ging auf ein thermisches Phänomen zurück. In zahlreichen antiken Schriften hat der „Klagelaut" des Memnon Erwähnung gefunden. So haben beispielsweise Lukian, Pausanias, Plinius und auch Tacitus davon berichtet, bevor eine Restaurierung in severischer Zeit die Kolosse verstummen ließ.[60]

Diodor wird im folgenden Abschnitt über das Grab des Osymandyas als Gewährsmann herangezogen.[61] Die große Tempelanlage, das Ramsesseum, ist freilich kein Mausoleum des Pharaos,[62] sondern steht ganz in der Tradition der Könige des Neuen Reiches. Sie ist eine prachtvolle Stätte zur Ausübung des Totenkultes zu Ehren ihres Erbauers. Der Bericht Ritters über „ganze Deckenbilder mit Sternen", Wandbilder mit „Kriegscenen, Schlachten, Stromübergänge[n]"[63] und über den Zustand der Bausubstanz erinnert inhaltlich stark an die Schrift Diodors. Eine Inschrift, die den Pharao direkt erwähnt, wird im Wortlaut übernommen. Allerdings lässt die „Erdkunde" auch eine ganze Reihe von Details aus – entgegen der bisherigen Natur des Werkes. Ob dies lediglich durch den Versuch, sich kürzer zu fassen, erklärt werden kann, ist fraglich.

Auffällig ist, dass Ritter sowohl den Abschnitten, die das alte Luxor[64] betreffen, als auch dem Text zu den Ruinen von Karnak keine Verweise auf nicht-zeitgenössische Quellen angefügt hat. Sie beruhen ausnahmslos auf den Erkenntnissen der oben genannten Reisenden, sodass als letztes der überirdischen Bauwerke ein Komplex nahe

---

59 Zur modernen Interpretation des Areals siehe: Bard, Kathryn (Hrsg.): Encyclopedia of the Archaeology of Ancient Egypt, s. v. „Medinet Habu" sowie Helck, Wolfgang u. a. (Hrsgg.): Lexikon der Ägyptologie, s. v. „Amenophis III."/„Medinet Habu".

60 Lukian. Philops. 33; Paus. 1, 42; Plin. nat. 36, 7; Tac. Ann. 2, 61.

61 Diod. 1, 47; Ritter, Carl: Afrika, S. 737.

62 Ramses' II. (d. Gr.) Grab befindet sich erwiesenermaßen im Tal der Könige, KV 7. Vgl. Helck, Wolfgang u. a. (Hrsgg.): Lexikon der Ägyptologie, s. v. „Ramses II.".

63 Ritter, Carl: Afrika, S. 737.

64 Gemeint ist das alte Theben als Stadt.

dem Ort Medinet Habu anzusprechen ist.[65] Nach dem Vorbild Jollois'[66] werden hier erneut sehr ausführlich Wandreliefs, die verschiedene Szenen aus Feldzügen zeigen, beschrieben und interpretiert.

> Im Süden des Peristyles sieht man im Grunde der Säulenwand auf dem dortigen Bilde in der Siegespompa von Aegyptischen Kriegern 4 Reihen verschiedenartiger gefesselter Gefangenen geführt, davon 2 mit langen Bärten, 3 gleich den vorigen, aber mit langen, gestickten Mänteln, und noch 3 andre; daneben viele den Erschlagenen abgehauene Hände, die von andern gezählt und auf eine Papyrusrolle verzeichnet werden. [...] Der Heros zieht auf einen Streitwagen von getriebenem Metall vorüber.[67]

In dieser Manier fährt die „Erdkunde" fort und erwähnt neben der Abbildung einer Seeschlacht Opferszenen und anderes mehr.[68] Diese werden abschließend in einen konkreten historischen Kontext gesetzt. Sowohl Herodot als auch Diodor sprechen von einem Pharao Sesostris und seinen Feldzügen, die als ruhmreiche und vorbildhafte Unternehmen dargestellt werden.[69] Die Beschreibungen feiern den König als Kriegsherrn, der die ganze bekannte Welt erobert haben soll. So sollen „Ethiopia" und „Skythia" von seinen Armeen bezwungen worden sein. Schon diese beiden vermeintlich lokalen Angaben haben in der Forschung weitreichende Skepsis über die Verlässlichkeit der Quellen hervorgebracht. Sicher ist, dass die Informationen beider Autoren auf keinen der bekannten Pharaonen namens Sesostris passen. Jedoch bieten ihre Ausführungen einen historischen Hintergrund, in den sich die beschriebenen Reliefs sehr gut einfügen lassen, sodass die Forschung des 19. Jahrhunderts diese Zuschreibung gerne angenommen hat. Erstaunliche Parallelen zwischen Text und Wandschmuck begünstigen dies. So wurde beispielsweise der abgebildete Moment einer Löwenjagd des jungen sagenhaften Königs mit Diodor verbunden.[70] Wie weit die Rekonstruktion der historischen Ereignisse führt, lässt sich zusammenfassend an einem angenommenen Indienfeldzug des Sesostris, der auf Diodor zurückgeht, zeigen:

> In derselben Ordnung in welcher dieser Autor [Diodor] die Thaten des Sesostris erzählt hat, finden sie sich hier an den Wänden des Palastes wieder und enden mit der siegreichen Rückkehr in sein Reich und zu den Göttern seines Landes, denen er

65 Ritter, Carl: Afrika, S. 742ff.

66 Jollois, Jean-Baptiste/Devilliers, Édouard: Description générale de Thèbes (Description de l'Égypte, Ant. Descr., Vol. 1, 9, erste Auflage), S. 59–64.

67 Ritter, Carl: Afrika, S. 742.

68 Es ist anzumerken, dass vor allem diese sehr ausführliche Beschreibung der Abbildungen direkt Bezug auf die der „Description de l'Égypte" beigegebenen Abbildungsbände nimmt. Ritter zitiert diese mehrfach. Hier: Ant. Plates, Vol. 2, erste Auflage, s. v. „Medynet-Abou".

69 Diod. 1, 53–59 sowie Hdt. 2, 102–111.

70 Diod. 1, 53.

den Tribut seiner Eroberungen darbringt. Was Herodot und Diodorus nach Hekatäus und den Priesterberichten von Sesostris erzählen, scheint demnach durch diese
Sculpturen bestätigt zu seyn, und die bisher für Fabel gehaltnen Eroberungszüge
Aegyptischer Heroen, sind demnach in den einheimischen Annalen der Sculptur
die keine Phantasien seyn können, bestätigt, als historische Facta, denen auch Strabo
nicht widerspricht, obgleich er nur Herkules, Bachus und Alexander als die Eroberer
von Indien gelten lassen will.[71]

Es bedarf abschließend auch an dieser Stelle einer Klarstellung zum beschriebenen
Bauwerk. Wie schon erwähnt, ist die Zuweisung des Tempels an einen der Sesostriden
nicht haltbar. Die frühen Herrscher haben im westlichen Theben nicht gebaut. Auch
ein späterer Herrscher dieses Namens, Sesostris IV., kann noch nicht der Blütezeit,
in der die Nekropole ausgebaut wurde, zugerechnet werden. Mit der Entzifferung der
Hieroglyphen ist klar geworden, dass die behandelte Anlage eindeutig unter Ramses
III. errichtet worden ist. Da dieser Pharao im naheliegenden Tal der Könige sein Grab
errichten ließ, ist auch sein Prachtbau in die lange Reihe von Totentempeln einzuordnen. Die abgebildeten Kriegszüge auf den Pylonen und im Inneren beziehen sich nach
Meinung der modernen Forschung auf die Kämpfe gegen die sogenannten Seevölker
sowie gegen die Libyer.[72] Abgesehen davon ist die historiographische Ausarbeitung
allemal bemerkenswert. Ritter hat hier im modernen Sinn, wie an so manch anderer
Stelle, interdisziplinär gearbeitet. Andererseits ist sein Vorgehen durchaus zeittypisch.
Dabei wurden nicht nur die neu entdeckten Monumente mit Hilfe der Historiographie
zugeordnet und interpretiert. Vice versa wurden die antiken Autoren auch durch die
archäologischen Befunde bestätigt.

Unterägypten, Alexandria und die historische Topographie des Nils

Obschon deutlich kürzer und weniger detailreich, setzt die „Erdkunde" ihren Weg
nach Norden auf die dargestellte Art und Weise fort. Der Text konzentriert sich dabei
vornehmlich auf die größeren Stätten Oberägyptens. Koptos, Tentyra beziehungsweise
Dandara und die berühmte Priesterstadt Abydos werden nacheinander besprochen.[73]
Soweit überprüfbar, wird lediglich Strabon für diese Orte genannt, jedoch bleiben diese
Ausführungen an der Oberfläche und erreichen nicht den zuvor gezeigten Tiefgang.
Wirkliche Quellenrecherche dürfte Ritter hier nicht betrieben haben, obwohl Diodor,
Herodot und Ptolemaios durchaus Anknüpfungspunkte geboten hätten. Die Abschnitte

---

71 Ritter, Carl: Afrika, S. 743f.
72 Helck, Wolfgang u. a. (Hrsgg.): Lexikon der Ägyptologie, s. v. „Ramses III."
73 Ritter, Carl: Afrika, S. 757–763 (Koptos), S. 763ff. (Tentyra) sowie 766ff. (Abydos).

entziehen sich somit einer Analyse. In gleichem Maße gilt dies für den unteren Nillauf bis zur Mündung im Nildelta. Exemplarisch sei auf die sogenannte „Heptanomis" mit ihren Verwaltungseinheiten verwiesen.[74] Ritters Ausführungen basieren ausschließlich auf der französischsprachigen Literatur. Und auch wenn an einzelnen Stellen der Text Strabons angeführt wird, so dienen diese Bezüge eher als optionales Schmuckwerk. Informationen über Land und Leute sowie über deren Geschichte hat die „Erdkunde" daraus nicht entnommen.

Bevor jedoch vom Nildelta als Raum mit eigenen Charakteristika zu sprechen sein wird, verdient das Fayyum-Becken (Moeris) besondere Aufmerksamkeit – und dies in mehrerlei Hinsicht.[75] Die Geschichte der „Oase" geht bis in die prädynastische Zeit Ägyptens zurück. Nachweislich erfolgte eine kulturelle und bauliche Blüte während des Mittleren Reiches, genauer gesagt unter den Pharaonen der 12. Dynastie. Herodot, Strabon sowie Plinius berichten davon. Die wirtschaftliche und strategische Bedeutung des Ortes wird nicht zuletzt dadurch erkennbar, dass Ptolemaios II. dort später, um den Beginn des dritten Jahrhunderts v. Chr., Veteranen ansiedelte.[76] Die „Erdkunde" beschreibt eingangs die vorzüglichen naturräumlichen Bedingungen, die diese Entscheidung durchaus motiviert haben mögen. Vor allem die Bodenverhältnisse erlauben sowohl ertragreichen als auch vielfältigen Ackerbau. Von besonderer Relevanz ist die Geschichte zweier Pyramiden. Die erste wird nach Jomard am Eingang des Dorfes al-Lahun, nahe dem modernen Hawara, verortet.[77] Diese Pyramide, ein Lehmziegelbau, wird mittels einer Stelle bei Herodot näher bestimmt.[78] Der Geograph gibt die Inschrift des Bauwerkes wie folgt wieder: „Denke nicht, dass ich geringer sei als die steinernen Pyramiden! Wie Zeus über den Göttern, stehe ich über ihnen. Eine Stange ward in den See getaucht, und aus dem Schlamm, der an ihr haften blieb, wurden Ziegel geformt. So hat man mich gebaut."[79] Weder Jomard noch Ritter geben einen überzeugenden Grund für die Verbindung der Überlieferung bei Herodot mit dem Bauwerk an. Ganz im Gegenteil, die „Description de l'Égypte" geht sogar so weit zu behaupten, dass der wahrscheinlich mythische König, von dem Herodot spricht, hier die erste Lehmziegelpyramide erbaut habe.[80]

---

74 Memphites, Heracleopolites, Crocodilopolites, Aphroditopolites, Oxyrhynchites, Cynopolites sowie Hermopolites. Ritter, Carl: Afrika, S. 787–793.
75 Vgl. Tietze, Wolf (Hrsg.): Westermann Lexikon der Geographie, s. v. „El Faijum".
76 Siehe u. a. Helck, Wolfgang u. a. (Hrsgg.): Lexikon der Ägyptologie, s. v. „Birket Qarun"/„Lahun" und „Gurob". Zur Region allgemein sowie zur Ansiedelung: Ebenda, s. v. „Fajjum".
77 Ritter, Carl: Afrika, S. 796f.
78 Hdt. 2, 136 (von Ritter nicht im Anmerkungsapparat angegeben; Übersetzung nach: Horneffer, Stuttgart 1971).
79 Die Inschrift wird im Text der „Erdkunde" nur stark verkürzt erwähnt (Ritter, Carl: Afrika, S. 797).
80 Jomard, Edmé François: Description des ruines situées près de la pyramide d'Haouârah, considérées comme les restes du labyrinthe, et comparaison de ces ruines avec les récits des anciens (Description de l'Égypte, Ant. Descr., Vol. 2, 17, 3, erste Auflage) S. 41f. Asychis wurde von Herodot fälschlicherweise als Bauherr genannt. Die stark verfallene Pyramide geht auf Sesostris II. zurück.

Die zweite Pyramide ist das Grabmal von Amenemhet III. Ritter behandelt sie – genauer gesagt ein zu ihr gehörendes Trümmerfeld – genau wie die Franzosen mit der Bezeichnung der antiken Autoren. Strabon, Herodot, Diodor und andere nach ihnen haben diesen Ort als „Labyrinth" bezeichnet.[81] Herodot spricht von 3.000 Kammern, aus denen das Bauwerk bestanden haben soll. Strabon beschreibt die verschlungenen, für Unkundige unpassierbaren Gänge. Ob die antiken Autoren nun von der Pyramide oder dem Nebengebäude, also den Überresten des Totentempels sprechen, bleibt teilweise im Dunkeln. Die Trennung ist unscharf, sodass sich auch Ritter dazu nur sehr unklar äußert. Die antiken Texte sind hier eindeutig der dominierende Teil von Ritters Quellen. Vermutlich verbot schon alleine ihre vergleichsweise große Anzahl den Forschern des frühen 19. Jahrhunderts den Gedanken zu fassen, den Bau anders als ein Labyrinth zu interpretieren.

Der dritte anzusprechende Punkt zum Fayyum-Becken ist der Moeris-See (Qarun-See) selbst. Die Fläche des abflusslosen Sees schrumpft seit seiner Entstehung stetig durch den hohen Grad an Verdunstung. Das seit der Errichtung des Assuan-Dammes ausbleibende Hochwasser verstärkt dies noch weiter. Ritter lag mit seiner Vermutung richtig, dass der Ort Fayyum, welcher schon damals keinen direkten Zugang mehr zu dem Gewässer hatte, in seiner Nähe nunmehr trockenen Seeboden aufweise.[82] Er bestätigt damit die Angaben Herodots über die Größe des Sees.[83] Zur Klärung der Frage nach seiner Entstehung geht die „Erdkunde" ins Detail:

> Herodots Angabe, daß der Mörissee durch Menschenhand ausgegraben sey, gilt dann nur noch von dessen östlichen Communication mit dem Nilwasser, […] bei welchem der erste Blick die Wahrheit dieser Angabe des alten Griechen bestätigt. Dagegen würde es immer unglaublich gewesen seyn, wenn man diese Ausgrabung des Sees, wie früherhin, auf das ganze Bassin des Mörissees hätte beziehen wollen. Denn wo hätten dann die 320 Milliarden cubische Mètres Schutt hingebracht werden sollen, die dessen Ausgrabung etwa gegeben haben würden.
>
> Nach dieser Berichtigung älterer Vorstellungen, wie sie genauere Messungen, geologische und physikalische Beobachtungen darbieten, und nach dieser Rechtfertigung des Herodotus, dessen Angaben nur von dem rechten Standpunkte aus aufgefasst seyn wollen, um sich sehr oft als wahrhaft zu bewähren, [fahren wir fort].[84]

Nachdem wiederum zwei archäologische Stätten abgehandelt wurden, verwendet Ritter einmal mehr antikes Quellenmaterial, um einen Naturraum und seine Topographie zu beschreiben. Obgleich die Informationen begrenzt sind, zeigt sich hier erneut, welchen

---

81 Strab. 17, 1, 37; Hdt. 2, 148; Diod. 1, 61 und 66 sowie Plin. nat. 36, 19.
82 Ritter, Carl: Afrika, S. 799f.
83 Hdt. 2, 149.
84 Ritter, Carl: Afrika, S. 800.

Wert die Quellen haben – zumal der Text diesen für Herodot explizit feststellt. Dass die griechisch-römischen Geographen in manchen Punkten der Korrektur bedürfen, gereicht ihnen nicht zum Nachteil. Vielmehr wird ausdrücklich klargestellt, dass es lediglich der richtigen Interpretation bedürfe. Mit „dem rechten Standpunkte" ist natürlich die zutreffende Verortung, besser gesagt Zuordnung, also der richtige Kontext gemeint. Erneut muss auf die für die Fähigkeit zur Interpretation wichtige höhere Warte der modernen Wissenschaft verwiesen werden. Von diesem Aspekt wird zum Ende des Kapitels noch zu sprechen sein.

Als letzte geschichtsträchtige Stätte von größerer Bedeutung für das Land am Nil geht Ritter auf Alexandria ein.[85] Der Text vermischt dabei Informationen über die Geschichte mit solchen über den Zustand der Stadt im 19. Jahrhundert. Ritter ist hier nicht – wie in manchen der vorangegangenen Kapitel – chronologisch vorgegangen. Die Punkte sind thematisch arrangiert und werden von einer Behandlung der Topographie eingeleitet. Der sogenannte „Kanal von Alexandria" ist an dieser Stelle besonders erwähnenswert. Das Wasserbauwerk sei zuletzt durch Muhammad Ali[86] (gest. 1849), Pascha von Ägypten, erweitert worden und verbinde den Rosetta-Arm des Nildeltas mit Alexandria, wo er letztlich auch ins Meer einmündet. Die Rolle der Süßwasserversorgung über diesen Kanal sei, so Ritter weiter, damals wie heute für das Überleben der Stadt entscheidend. Illustriert wird dies durch den Feldzug Diokletians (gest. 312), der im Jahre 298 dazu führte, dass der Krieg gegen das neupersische Sassanidenreich unterbrochen werden musste. Ägypten hatte sich unter Lucius Domitius Domitianus gegen den Kaiser erhoben. Um die Kapitulation der Metropole zu erreichen, ließ Diokletian die Wasserversorgung kappen.[87] Die französischen Zeitgenossen waren sich darin einig, dass der Kanal, den sie untersucht hatten, streckenweise noch immer antike Bausubstanz enthielt. Diese uneinheitliche Konstruktion erkläre auch seine „vielen Krümmungen". Es wird weiterhin angenommen, dass die ersten Kanäle in Richtung des Mareotischen Sees mit der Gründung der Stadt durch Alexander selbst angelegt wurden.[88] Seitdem sei das ganze Areal für die landwirtschaftliche Nutzung überaus geeignet. Das bereits erwähnte Werk des mittelalterlichen Geographen Abu l-Fida, welches auch die „Description de

---

85 Ritter, Carl: Afrika, S. 864–871. Zwar ist die Behandlung Alexandrias an dieser Stelle ein Vorgriff bezüglich des weiteren Vorgehens der „Erdkunde", jedoch ist dieser aus Gründen der Übersichtlichkeit zu rechtfertigen. Zur Stadtgeschichte: Bosworth, Edmund (Hrsg.): Historic Cities of the Islamic World, s. v. „Alexandria" sowie Dumper, Michael/Stanley, Bruce (Hrsgg.): Cities of the Middle East and North Africa, s. v. „Alexandria" und McEvedy, Colin: Cities of the Classical World, s. v. „Alexandria".

86 Ágoston, Gábor/Masters, Bruce (Hrsgg.): Encyclopedia of the Ottoman Empire, s. v. „Mehmed Ali".

87 Quellenverweise für diese Illustration gibt Ritter nicht an. Auch die „Description de l'Égypte" scheint hierzu keine Angaben zu machen. Chabrol, Gaspard de und Michel Ange Lancret: Mémoire sur le canal d'Alexandrie (Description de l'Égypte, État Mod., Vol. 2, erste Auflage), S. 185–194. Dazu Kuhoff, Wolfgang: Diokletian und die Epoche der Tetrarchie, S. 143 und S. 185–197.

88 Wiederum wird keine konkrete Quelle genannt. Vielleicht liegt ein vager Bezug zu Strab. 17, 1, 4 vor.

l'Égypte" direkt zitiert, wird dabei angegeben.[89] Der arabische Autor spricht über die wirtschaftliche und verkehrsmäßige Bedeutung der Landschaft um Alexandria. Solange die als „Königskanal" bezeichnete Verbindung des Nils mit dem Roten Meer existierte, war mit dem „Kanal von Alexandria" eine bis ins Mittelmeer reichende Wasserstraße geschaffen. Ihre Rolle für den Handel mit dem Orient, insbesondere mit Indien, wurde von Ritter sicherlich überschätzt. Die Bewertung steht deutlich unter dem Eindruck der eigenen Zeit. Über Kanalbauprojekte war seit dem Beginn der Neuzeit immer wieder nachgedacht worden, wobei diese Überlegungen – hauptsächlich von französischer und britischer Seite – zu Beginn des 19. Jahrhunderts enorm forciert wurden.[90]

Was den Verkehr anlangt, gibt die „Erdkunde" weitere Details über die Vor- beziehungsweise Nachteile der geographischen Lage Alexandrias. Einer Insel in der Wüste gleich sei diese nicht nur vom Wasser, sondern mit ihrem Wohlstand auch vom Handel abhängig. Die inzwischen heruntergekommenen Hafenanlagen seien schwer schiffbar, obwohl der Westwind die Schiffe regelrecht in die Stadt trage[91] – ein Vorteil, der von alters her die Versorgung ihrer Bewohner sicherstelle. Ritter verweist auf den Bericht von Flavius Josephus, ein römisch-jüdischer Geschichtsschreiber des ersten Jahrhunderts n. Chr., der die Schwierigkeiten bereits für die Zeit des ersten Vierkaiserjahres (69 n. Chr.) beschreibt.[92] Überhaupt berge die ganze Küstenregion vielerlei Unannehmlichkeiten für Seefahrer. Vor allem auf die Orientierung und damit auf die Navigation wirke sich das Fehlen von „Landmarken" nachteilig aus. Lediglich der „Araberthurm", eine „Gruppe von Dattelpalmen" und die „Pompejussäule" sollen nach Westen hin Orientierungsmöglichkeiten geboten haben. Ritter hat nur wenig über diese drei markanten Punkte anzuführen.[93] Während der Text über das Wäldchen keine weiteren Worte verliert, wird die Pompeiussäule als der Leserschaft bekannt vorausgesetzt. Die Ehrensäule, die heute noch zu sehen ist, wurde allerdings nicht für Gnaeus Pompeius Magnus (106–48 v. Chr.) errichtet. Ihrer später aufgefundenen Inschrift zufolge gehört sie in den Kontext des Aufstandes gegen Diokletian und war diesem Kaiser zugedacht.[94] Des Weiteren wird der sogenannte „Araberthurm" kurz besprochen. Weiter westlich, an der Grenze zu Libyen, liegt Abusir (Taposiris Magna), das mit hoher Gewissheit dieser dritten „Landmarke" zugeordnet werden kann. Auch

---

89 Ritter, Carl: Afrika, S. 865f. Abu l-Fidas Bericht wurde aus dem Text von Chabrol und Lancret übernommen.

90 Harding, Leonhard: Geschichte Afrikas im 19. und 20. Jahrhundert, S. 28f.; Reinhard, Wolfgang: Geschichte der europäischen Expansion, Vol. 4, S. 20ff.; Ágoston, Gábor/Masters, Bruce (Hrsgg.): Encyclopedia of the Ottoman Empire, s. v. „Suez Canal".

91 Ritter, Carl: Afrika, S. 869.

92 Ios. Bel. Iud. 4, 10, 5.

93 Ritter, Carl: Afrika, S. 872ff.

94 Thiel, Wolfgang: Die Pompeius-Säule in Alexandria und die Vier-Säulen-Monumente Ägyptens, S. 255f. (zur Zuweisung), S. 318f. (zur Interpretation) sowie S. 251–256 (zur Beschreibung).

wenn die von Ritter angeführten antiken Autoren – Diodor, Strabon[95] und Ptolemaios – nicht eindeutig nachvollziehbar sind, passen die Beschreibung der archäologischen Stätten sowie die Lage der Stadt an der westlichen Grenze des Delta-Gebietes. Die „Erdkunde" kennt neben dem antiken „Wallfahrtsort" einen Leuchtturm, der ganz nach dem berühmten Vorbild von Alexandria seinen Dienst geleistet habe. Informationen über seine Geschichte oder Entstehungszeit werden nicht angeführt. Natürlich versucht der Text auch, die Lage der alten Stadt Alexanders einzugrenzen, und verortet diese im Umkreis der beiden in vorchristlicher Zeit angelegten Häfen. Es ist frappierend, dass Ritter – abgesehen von ihrer Größe – nichts über ihre weitere Geschichte berichtet. Berühmte Bauten, wie etwa die große Bibliothek, werden ausgespart. Der Name Pharos wird lediglich genannt.

Die Betrachtung des Landes der Pharaonen kann nun mit dem nördlichsten Ende zum Abschluss geführt werden. Dieser eigentümliche Naturraum wird bei Ritter auf zweierlei Weise besprochen. Die eine, die „topographische Betrachtung der Nilmündung", unterscheidet sich von der anderen, „Entstehung der Nilflut und ihr Einfluss auf die Bildungsgeschichte des Flussdeltas", vor allem im Hinblick auf die Quellenbasis.[96] Die Topographie kann relativ knapp dargelegt werden. Die „Erdkunde" strukturiert auch in diesem Fall ihr Vorgehen anhand des Flusslaufes, genauer gesagt ist der Text durch die Mündungsarme eingeteilt. Auf der Makroebene geschieht dies durch die beiden Hauptlinien von Rosetta und Damietta. Diese schneiden den Oberlauf des Stromes in drei Teile. Ritters Beschreibung, die dann wiederum mittels kleinerer Gewässer unterteilt wird, wirkt auf den Leser wie eine Liste von Orten und Namen, die nur in sehr geringem Umfang und mit wenigen Details besprochen werden.[97]

Antikes Textmaterial wird nur selten herangezogen, es lassen sich lediglich vier Gelegenheiten mit Bestimmtheit feststellen. Atarbechis (auf der Insel Prosopitis) wird nur bezüglich des Namens mit Stephanos von Byzanz und Herodot in Verbindung gebracht.[98] Ähnliches gilt für Athribis („Ἄθριβις").[99] Die bereits in altägyptischer Zeit prominenten Städte Buto und Heliopolis werden äußerst knapp erwähnt. Über Buto werden dem Leser mythologische Informationen mitgeteilt, für Heliopolis berichtet Ritter mit Verweis auf Strabon, dass Eudoxos von Knidos und Platon im fünften beziehungsweise vierten Jahrhundert v. Chr. dort studiert hätten.[100] Aspekte über die Baulichkeiten folgen über wenige Zeilen. Zwar enthalten zusätzlich einige Stellen Details historischer Art, so etwa zur Schiffbarkeit des Flussarmes bei Pelusium zur Zeit Alexanders des

---

95 Eine Nähe zu Strab. 17, 1, 14 und Diod. 1, 88 wird angenommen.
96 Ritter, Carl: Afrika, S. 814–858. Die Überschriften sind hier selbst gewählt. Sie stammen nicht von Ritter. Die „Erdkunde" gliedert die beiden Themen in mehrere Abschnitte. Diese sind allerdings zum Zweck der Analyse und zum besseren Verständnis zusammengefasst.
97 Ritter, Carl: Afrika, S. 816–835.
98 Hdt. 2, 41 und Steph. Byz. s. v. „Ἀτάρβιχις". Siehe Ritter, Carl: Afrika, S. 819.
99 Hdt. 2, 166. Siehe Ritter, Carl: Afrika, S. 828.
100 Hdt. 2, 151 und 155 sowie Strab. 17, 1, 29. Siehe Ritter, Carl: Afrika, S. 822f.

Großen,[101] jedoch sind diese stets pauschal und eher bloße Feststellungen ohne erkennbare Verweise. Von einer Quellenarbeit, die auch auf Vollständigkeit angelegt ist, kann hier nicht die Rede sein. Der Abschnitt zur Topographie basiert vollkommen auf den Schriften der französischen Forscher. Die „Description de l'Égypte" wurde von Ritter ganz ausführlich zitiert, die verschiedenen Teile (Antiquités Descriptions, Antiquités Memoires und État Moderne) bestimmen den Anmerkungsapparat der „Erdkunde". Dem großen Werk folgend, hat Ritter auch seinem Kapitel die entsprechende Struktur gegeben. So kann an dieser Stelle zusammenfassend festgehalten werden, dass antike Texte für die Beschreibung der Nilmündungen kaum herangezogen werden. Anders stellt sich die Lage für den zweiten Bereich, „Entstehung der Nilflut und ihr Einfluss auf die Bildungsgeschichte des Flussdeltas", dar.

> Die Ueberschwemmung entsteht, wie Herodot schon wußte, durch die tropischen Regen, die in den Habessinischen Alpengebirgen und dem uns unbekannten Aethiopischen Binnenlande fallen. [...] Dann verschwanden alle bösen Einflüsse der Jahreszeit aus Aegypten, das Land verjüngte sich, ward geschwängert, von neuem befruchtet, geseegnet. Daher erwachte Osiris mit dem Anfang der Nilschwelle aus seinem Grabe und die Feier ging durch das ganze Land, der Nil stieg nun regelmäßig, daher hatte der Strom den Namen Νεῖλος.[102]

Nachdem der Ausgangspunkt und die Ursache des Nilhochwassers auf diese Weise festgestellt wurden, nutzt die „Erdkunde" die Gelegenheit, um über die „Panägyrischen Feste oder Strohmwallfahrten"[103] zu sprechen. Ritter exzerpierte hierfür die Berichte bei Herodot, um sowohl über mythologische Details als auch über das Brauchtum der Alten Ägypter zu informieren. Auch zur Qualität, also zur Höhe der Nilüberschwemmung und zur davon abhängigen Ernte entlang des Flusses wird mehrfach auf den griechischen Autor verwiesen.[104] Und so wird noch einmal, wie zuvor im Zusammenhang mit der Insel Elephantine, auf die Art und Weise eingegangen, wie die Herrscher am Nil das Maß der Abgaben mit Hilfe von „Nilometern" festgelegt haben sollen. In diesem Kontext referiert Ritter gleichfalls den Verlauf des zunehmenden und abnehmenden Stromes. Auf der Höhe von Kairo beginne der Pegel in den ersten Julitagen zu steigen, zwischen dem 20. und dem 30. September erreiche er sein Maximum und sinke dann im Oktober zunehmend ab. Ritter zitiert hier den französischen Vermessungstechniker Girard, wobei dieser die Angaben bei Herodot, der von einer 100 Tage dauernden Nilschwemme spricht, bestätigt.[105]

---

101 Ritter, Carl: Afrika, S. 826.
102 Ritter, Carl: Afrika, S. 835f.; nach Hdt. 2, 24–25 sowie 2, 5ff.
103 Ritter, Carl: Afrika, S. 836.
104 Hdt. 2, 13–14 sowie 2, 19 (Verlauf der Überschwemmung).
105 Girard, Pierre-Simon: Observations sur la vallée D'Égypte, S. 293f. (Description de l'Égypte, Hist. Nat., Vol. 1, 11, erste Auflage), S. 407–462.

Das Geschenk des Flusses („δῶρον τοῦ ποταμοῦ"), des „werktätigen Stromes" („ποταμός ἐργατικός"),[106] sei laut Ritter auch für die Ausprägung des gesamten Delta-Gebietes verantwortlich. Dass einstmals eine einzige breite Flussmündung existiert habe, wird nicht eindeutig ausgeschlossen. Jedoch gibt die „Erdkunde" einem anderen Erklärungsmodell den Vorzug. Es habe – diese Meinung wurde auch von Girard vertreten – in Unterägypten ursprünglich ein Golf, ein Meerbusen, existiert. Über „die Zeiten[,] die weit über alle Geschichte hinausreichen"[107], habe der Fluss mit dem mitgeführten Material diesen Golf durch Sedimente aufgefüllt, sodass sich allmählich Sandbänke gebildet hätten. So seien die beiden äußeren Hauptarme entstanden, die jedoch nicht mit den beiden bereits genannten, Rosetta und Damietta, identisch seien. Herodot und Plinius folgend, spricht die „Erdkunde" von den Mündungen bei Kanobos und Pelusium.[108] Dass diese verlandet sind, führt Ritter auf den Einfluss des Menschen zurück. In dem Maße, wie Transversalkanäle ausgebaut wurden und der Fluss des Wassers verändert wurde, sei nach und nach der Strom zu Gunsten der zentraler liegenden Arme verstärkt worden. Konsequent bezieht sich Ritter zum Ende dieses Abschnittes nochmals auf eine zuvor präsentierte Aussage Herodots, wonach der Fluss fünf natürliche und zwei gegrabene Mündungen habe. Erneut wird die Erwartung, dass die „Erdkunde" mit dieser Behauptung konkret Stellung beziehen würde, nicht erfüllt. Ritter stimmt ihr weder zu, noch lehnt er sie ab. Allerdings zeigt sich schon durch den Umstand, dass der Einfluss des Menschen erheblich herausgestellt wird, der Versuch, die verfügbaren Informationen in Einklang zu bringen. Herodot vom „rechten Standpunkte" aus zu verstehen und die Verbindung zur Historiographie aufrechtzuerhalten, kommt mit den letzten Zeilen des Abschnittes zur Vollendung.

Nach Herodot war das Delta in älterer Zeit lange hindurch [...] ein großer Sumpf, aus welchem unterhalb des Mörissees kein Land hervorragte. Dieser verwandelte sich in Marschland, Menschenhände zogen Bewässerungskanäle, erhöhten die Dämme und es begann die Kulturgeschichte des Delta's mit Sesostris Zeiten, wo man bald anfing, hier die Landstrecken [...] auszumessen. Die Fruchtbarkeit des Delta's machte das Land zur Kornkammer, erst der Nachbarn und späterhin der Weltstädte Rom und Byzanz; oft ward es dadurch ein entscheidendes Gewicht in der Geschichte der Weltmonarchien.[109]

---

106 Ritter, Afrika, S. 852 beziehungsweise Hdt. 2, 5 und 2, 11.
107 Ritter, Afrika, S. 852.
108 Hdt. 2, 17. Für Plinius wird keine direkte Stelle ausgewiesen, wahrscheinlich handelt es sich um Plin. nat. 5, 48.
109 Ritter, Carl: Afrika, S. 857.

Zusammenschau

Die Betrachtung Ägyptens, die hier an ihrem Ende angekommen ist, erlaubt ein erstes Fazit für die Frage nach dem Stellenwert und nach dem Gebrauch antiken Quellenmaterials. Die Analyse des Nil-Kapitels ergibt zunächst, dass Ritter in ganz erheblichem Ausmaß zeitgenössische Autoren herangezogen hat. Dies hatte sich bereits in den Abschnitten zum oberen Flusslauf abgezeichnet. Für den mittleren und unteren Teil des Stromes wurde allen voran die „Description de l'Égypte" regelrecht zum „Schrittmacher" der „Erdkunde". Es ist klar geworden, dass von dem in der Forschung angenommenen Mangel an zuverlässiger zeitgenössischer Literatur nicht länger die Rede sein kann – sieht man einmal vom sudanesisch-äthiopischen Teil ab. Bevor jedoch auf die Rolle der antiken Autoren einzugehen sein wird, gilt es vorab einige allgemeine Beobachtungen festzuhalten.

Generell lag für das Land am Nil Ritters Hauptaugenmerk deutlich auf den Stätten des Altertums. Gezielt hat er diese den modernen Zentren vorgezogen. Das neue Assuan wurde genau wie die Ansiedlungen der Thebais von Ritter angesprochen, aber hinsichtlich der Details zu Gunsten der archäologischen Stätten vernachlässigt. Alexandria wurde mit der alten Stadt regelrecht über einen Kamm geschoren, Kairo lediglich knapp erwähnt. Soweit der Befund – eine Interpretation muss jedoch zunächst aufgeschoben werden. Gerade weil zeitgenössische Informationen vorgelegen haben, scheint es so, dass der Verfasser der „Erdkunde" vielmehr an der Geschichte der Kultur als an deren kontemporärem Zustand interessiert war. Was hierzu jedoch im Widerspruch steht, ist das Fehlen einiger der prominentesten Monumente des Alten Ägypten. Die berühmten Pyramiden von Gizeh begegnen dem Leser lediglich als nördliche Fortsetzung der Libyschen Gebirgskette, das Tal der Könige wird als „Katakomben" abgehandelt, der Leuchtturm von Pharos wird nur erwähnt, von der großen Bibliothek findet sich keine Spur. Dies ist umso verwunderlicher, als gerade das so oft angeführte französische Werk diese Bauwerke durchaus kennt.[110]

Ritter hat aber trotz dieser Fülle von rezenten Informationen auch auf seinem Weg von Assuan bis Alexandria römische wie griechische Autoren verwendet und diese bei nicht wenigen Gelegenheiten auch wörtlich zitiert. Dies erfordert nunmehr eine grundsätzliche Erklärung über deren Verwendung. Ritter hat sowohl bei topographischen Themen als auch für Fragen der Ethnogenese auf die Texte zurückgegriffen. Der Versuch, die Nil-Quellen zu verorten, sowie die Geschichte der Berber sind sicherlich die eindrucksvollsten Beispiele hierfür.

Was die Topographie der Nilregion – genauer gesagt auch die Geomorphologie und Geologie Ägyptens – anlangt, kann festgestellt werden, dass Ritter seine bishe-

---

110 Nur eine äußerst knappe Aufzählung der Pyramiden Ägyptens hat Ritter in seinen Band integriert. Ritter, Carl: Afrika, S. 770f. Auch die erste Auflage des ersten Bandes der „Erdkunde" bietet kaum weitere Informationen, siehe unter anderem S. 278.

rige Arbeitsweise fortsetzt. Der besprochene Abschnitt zur Entstehungsgeschichte Fayyums steht genau wie die beiden Versionen zur Entstehung des Nildeltas völlig im Einklang mit den zuvor untersuchten Passagen. Die „Erdkunde" stützt sich hierbei erneut, neben zeitgenössischer Literatur, auf die antiken Geographen. Nochmals hervorzuheben ist, dass Ritter dies auch bei der Lokalisierung von Orten entlang des Flusslaufes und im Deltagebiet tat, obgleich die französischen Ingenieure solche Informationen ebenfalls bereitgestellt hatten. Dass die Koordinaten in der Regel mit den antiken Angaben – etwa bei Ptolemaios – übereinstimmen, macht gerade diesen Umstand umso bemerkenswerter. Es darf angenommen werden, dass dessen Darstellungen hier bewusst gewählt und ihnen ein gewisser Vorzug eingeräumt wurde. Klar ist, dass diese Entscheidung nicht der größeren Genauigkeit und Präzision des Ptolemaios geschuldet sein kann. Vielmehr kann eine Erklärung nur in der Annahme gefunden werden, dass Ritter die Rolle, die antikes Quellenmaterial für sein Werk spielt, und dessen Verlässlichkeit dadurch hervorheben wollte. Dieser Befund zum Bereich der Topographie am Abschluss des Kapitels deckt sich mit dem oben bereits angedeuteten: Hinsichtlich der Beschreibung räumlicher Strukturen und deren Hintergründe – etwa Entstehung und Zustand – waren antike Texte für Ritter durchaus glaubwürdige Zeugnisse und somit nahezu uneingeschränkt für die Abfassung des Afrika-Bandes zu verwenden. Gerade was die historische Dimension, also die besprochene Entstehungsgeschichte von naturräumlichen Phänomenen anlangt, sind es vor allem die Schriften von Strabon und Herodot, die die Basis der „Erdkunde" ausmachen. Dem Charakter angenommener Persistenz topographischer Makrostrukturen nach zu urteilen, wurde den Quellen hier quasi zeitlose Gültigkeit zugesprochen. Sie konnten demnach nicht nur als Informationsquellen für Vergangenes dienen, sondern auch als Beschreibungen von Landschaften für die eigene Zeit herangezogen werden.

Ethnologie ist als eigener Komplex freilich auch der historischen Dimension des Werkes zuzurechnen. Wie gezeigt wurde, hat Ritter bei verschiedenen Gelegenheiten die Formierung wie Transformation von „Bevölkerungsgruppen" in den Blick genommen. Weil Abschnitte zu diesem Thema aber für Ägypten naturgemäß selten ausfallen – Ritter hat die Bewohner des Landes als eine Ethnie begriffen – können hier lediglich bereits für Sudan und Äthiopien identifizierte Punkte angeführt werden. Im Fall der Berber sowie der Blemmyer ist deutlich geworden, dass zur Konstruktion von ethnogenetischen Entwicklungen antikes und mitunter auch mittelalterliches Textmaterial sehr frei und unkritisch interpretiert wurde. Der modernen Forschung fragwürdig erscheinende etymologische Beziehungen sowie angenommene historisch-geographische Nähe zweier oder mehrerer Ethnien sollten durch Quellenarbeit untermauert werden. Hier bleibt die Bezugszeit der Texte unangetastet. Sie werden als Zeugnis ihrer Abfassungszeit, als ethnographische Momentaufnahme gebraucht. Die freie Interpretation der Schriften lässt Ritters Arbeit auf den ersten Blick durchaus so erscheinen, als ob hier mit einer relativen Geringschätzung hinsichtlich ihrer Verlässlichkeit vorgegangen worden ist. Dieser Befund stünde aber in erheblichem

Widerspruch zu dem im Bereich Topographie sowie zu den noch nachfolgenden Punkten. Es gilt jedoch an dieser Stelle auf die wissenschaftliche Praxis der relativ jungen Ethnologie hinzuweisen. Die Nähe zur Indogermanistik wurde angesprochen. Sogenannte wissenschaftliche Standards waren auch in diesem Bereich keinesfalls ausgemacht. Erst in den letzten beiden Jahrzehnten des 19. Jahrhunderts erreichte die Anthropogeographie mit Friedrich Ratzel[111] einen ersten Höhepunkt. Der Fokus darf also hier weniger auf der Kritik an der Methodik Ritters liegen. Vielmehr ist nach den Adressaten der „Erdkunde" zu fragen. Das Werk war, wie gesagt, einem engeren Rezipientenkreis von Gelehrten und mit dem Fach Erdkunde Vertrauten zugedacht. Es muss angenommen werden, dass Ritters Vorgehen auch im Bereich der ethnographischen Abschnitte diesen Leserkreis überzeugt hat, nicht zuletzt weil es aber gleichwohl dem *state of the art* entsprochen hat. Statt im Umgang mit den Quellen Geringschätzung feststellen zu wollen, sollte vielmehr der Ausgangspunkt einer solchen Bewertung verändert werden. Der Umstand, dass diese Abschnitte des Afrika-Bandes mit recht dürftigem Material und einem stark interpretativen Umgang dennoch Anklang fanden, darf durchaus dahingehend gedeutet werden, dass ihre Überzeugungskraft auf die Zeitgenossen in erster Linie durch die bloße Autorität der antiken Beschreibungen gespeist wurde.

Der Bereich der Historiographie in der „Erdkunde" wurde ebenfalls angesprochen. Ritter hat bei einer Vielzahl von Gelegenheiten Exkurse in die Geschichte einzelner Orte, Landschaften, mitunter Personen oder auch die Schilderungen von Ereignissen in seinem Werk eingeflochten. Der Auffassung des eigenen Faches Rechnung tragend, ist dies wenig verwunderlich und bedarf auch keiner ausgreifenden Erläuterung. Dass hierfür lateinische sowie griechische Texte angeführt wurden, ist selbstverständlich. Der zeitliche Bezug der Quellen ist analog zu dem zuvor Besprochenen zu betrachten. Wie erwähnt, handelt es sich hierbei um darstellende Abschnitte, für die antike Autoren als Informationsquellen über die von ihnen überlieferten Phasen der Geschichte herangezogen werden.

Jenseits von Ägypten, also am oberen Lauf des Nils, sind archäologische Stätten bisher weniger stark in Erscheinung getreten. Dies änderte sich grundlegend auf dem Weg von Assuan in Richtung Norden. Es erscheint sinnvoll, diesen thematischen Bereich zwar in Anlehnung an die historiographischen Elemente, jedoch mit einer gewissen Eigenständigkeit zu betrachten. Ritter beschreibt nicht nur archäologische Stätten, sondern gibt auch stets Befunde und Forschungsberichte der Zeitgenossen wieder, sofern ihm diese zugänglich waren. Exemplarisch sei hierfür an die Thebais, Ombos oder Edfu erinnert. Der Geograph Ritter betreibt genau genommen archäologische Arbeit im weiteren Sinne. Ruinen von Tempeln werden genau wie Statuen und andere Monumente in einen historischen Kontext gestellt, ihre Bedeutung und

---

111 Professor in Leipzig (1886–1904); vor allem seine Werke „Anthropogeographie" (Stuttgart 1882–1891) und „Völkerkunde" (Leipzig 1885–1888) kennzeichnen den Beginn der neuen Teildisziplin und definierten Standards für die folgenden Generationen.

Funktion wird zu erschließen versucht. Hier soll der Punkt der Mythologie, über den die „Erdkunde" an verschiedenen Stellen zu berichten weiß, hervorgehoben werden. Dieser nimmt nicht selten eine Nahtstelle zwischen archäologischen Aspekten und historiographischen Abschnitten ein, insofern sich Letztere mit der Kultur beziehungsweise mit der Religion des Landes befassen.

Zusammenfassend lassen sich also vier größere Verwendungsformen für nicht-zeitgenössische Quellen festlegen:

1. Topographische Angaben werden mit Hilfe dieser Texte vervollständigt oder hypothetisch ergänzt.
2. Ethnogenetische Aspekte werden konsequent, jedoch mittels relativ freier Interpretation auf diese Quellen zurückgeführt.
3. Historiographische Elemente der „Erdkunde" greifen erwartungsgemäß ebenso auf solche Quellen zurück, der Bezug kann unter Umständen auf die eigene Zeit ausgedehnt werden.
4. Archäologische Beschreibungen geschichtsträchtiger Stätten werden in einen historischen Kontext gestellt. Sofern möglich, erfolgt eine Interpretation anhand des sichtbaren Befundes und unter Zuhilfenahme antiker Texte.

Alexander Burnes: Central Asia. Comprising Bokhara, Cabool, Persia, the River Indus, & Countries Eastward of it, London 1834

Die Überleitung zu Westasien

Historischer Hintergrund

1784 wurde die britische Ostindien-Kompanie faktisch unter die Kontrolle von Parlament und Krone gestellt. William Pitt der Jüngere (Premierminister 1783–1801 und 1804–1806) reagierte damit auf die stetig ansteigenden Schwierigkeiten der Gesellschaft, ihren finanziellen Verbindlichkeiten nachzukommen.[1] Darüber hinaus hatte sich gezeigt, dass es Korruption und Misswirtschaft ebenso wie die machtpolitischen Ambitionen ihrer Sekretäre und Gouverneure zu überwachen galt. Auch das Ziel einer besseren Koordinierung des weiteren expansiven Vorgehens dürfte eine Rolle gespielt haben. Allerdings übernahm das *Empire* damit bekanntermaßen keine einfache Handelsgesellschaft. Seit der Mitte des 18. Jahrhunderts hatte die Kompanie unter der Leitung von Robert Clive (1725–1774) ihren Einfluss auf dem indischen Subkontinent konsequent und mit erheblichem Druck ausgedehnt.[2] Auf Kosten der schwachen Mogulkaiser[3] und begünstigt durch die innere Zerrissenheit Indiens konnte man in London mit Hilfe wechselnder Allianzen immer mehr von der indirekten Beherrschung des Landes – etwa durch Übernahme des Steuerprivilegs – abweichen. Ab 1803 befand sich Delhi unter der direkten Kontrolle der Briten. Damit war der Grundstein für die Errichtung der Kronkolonie gelegt, auch wenn dies erst in den Jahren nach 1858 realisiert werden sollte.[4]

Die Ausdehnung der britischen Herrschaft in Indien war in Europa nicht unbeachtet geblieben. Französische Besitzungen waren im Zuge der Karnataka-Kriege von der Ostindien-Gesellschaft übernommen worden, der portugiesische Einfluss blieb auf die kleine Verwaltungseinheit Goa beschränkt.[5] Vor allem der weltpolitische Gegensatz zu Frankreich und Russland, genauer gesagt der „Wettlauf" um Mittelasien, war die direkte Folge. Da Frankreich aber nach den Napoleonischen Kriegen die Hände gebunden waren, schied die Nation – zeitweise Republik, zeitweise Monarchie – aus der Konstellation aus. Die rasche Expansion der verbliebenen beiden Anrainermächte ist der Forschung heute als *The Great Game*[6] geläufig. Vor allem das Zarenreich, dessen

---

1 Keay, John: The Honourable Company, S. 392–398. Zur Organisation und Geschichte der englischen Ostindiengesellschaft siehe Reinhard, Wolfgang: Die Unterwerfung der Welt, S. 205–222.

2 Stern, Philip: The Company State, S. 185–206.

3 Das Mogulreich, gegründet und beherrscht von einer aus Zentralasien stammenden Dynastie, den Timuriden, umfasste im Laufe des 17. Jahrhunderts und auf dem Höhepunkt seiner Macht nahezu den gesamten indischen Subkontinent. Eine knappe Einführung bietet Köseoglu, Caner: Das Mogulreich, S. 18–35 sowie Kulke, Hermann: Indische Geschichte, S. 76–96.

4 Keay, John: The Honourable Company, S. 392–420 sowie Reinhard, Wolfgang: Geschichte der europäischen Expansion, Vol. 3, S. 9–20.

5 Keay, John: The Honourable Company, S. 122–131.

6 Als *The Great Game* bezeichnet die Forschung heute die Zeitspanne, in der europäische Kolonialmächte ihre Besitzungen in Mittel- und Zentralasien auszudehnen versuchten. Weiter gefasst lässt sich diese

Expansionsbestrebungen schon unter Nikolaus I. (1796–1855) Afghanistan einschlossen, war an seinen Südgrenzen vom Kaukasus im Westen bis zum Gebiet des heutigen Kasachstan im Osten aktiv geworden.[7] Die Intensivierung der diplomatischen Beziehungen zur Herrschaft von Kabul rief prompt die Gegenseite auf den Plan. Mit der Festigung der Macht in Indien überschritten die britischen Ambitionen die Grenzen des einstigen Kaiserreiches der Moguln. In Richtung Westen und Nordwesten,[8] jenseits des Indus, stieß man jedoch auf persische beziehungsweise afghanische Interessensphären. Zwar konnte die Provinz Belutschistan[9] noch der Kronkolonie zugeschlagen werden, jedoch musste man in London nach mehreren militärischen Desastern einsehen, dass eine effektive Kontrolle Afghanistans nicht möglich war. Dabei erschien die innere Situation geradezu einladend für Interventionen fremder Mächte.[10]

In der ersten Hälfte des 18. Jahrhunderts war die afghanische Geschichte von wechselhaften und oft nur kurz andauernden Herrschaften fremder Potentaten bestimmt.[11] Vor allem der persische Einfluss führte zu mehreren Erhebungen, die hauptsächlich vom Verband der in Kandahar heimischen Paschtunen getragen wurden. Um 1747 gelang es diesen schließlich, auf dem Gebiet des heutigen Staates ein Königreich zu etablieren.[12] Allerdings führten Thron- und Nachfolgestreitigkeiten in den 1820er-Jahren dazu, dass mit Dost Mohammed[13] (1793–1863) eine neue Dynastie zur Macht gelangte, die aber lediglich den zentralen Landesteil beherrschen konnte. Die östliche Region, Peschawar, war auch durch den britischen Einfluss an den Punjab verloren gegangen – durchaus ein erheblicher Ballast für das anglo-afghanische Verhältnis. So war eine Annäherung an Sankt Petersburg die logische Konsequenz für den Khan beziehungsweise Emir von Kabul. Ritter hat den Wettlauf der europäischen Mächte wie folgt kommentiert:

von 1813 bis 1917 definieren. Der Name wurde in erster Linie durch Rudyard Kiplings Roman „Kim" verbreitet und populär. Vgl. Kipling, Rudyard: Kim, S. 319ff. sowie S. 352–359 (Auswahl).

7   Osterhammel, Jürgen: Die Verwandlung der Welt, S. 513–531; Steward, Jules: On Afghanistan's Plains, S. XVII–XXI.

8   Gemeint ist das Gebiet des heutigen Pakistan (von den Zeitgenossen unter Missachtung der kulturellen und vor allem religiösen Differenzen als Vorderindien bezeichnet).

9   Die britische Provinz Belutschistan bildete die westlichste der britisch-indischen Verwaltungseinheit. Es ist bemerkenswert, dass auch dieser unscharf definierte Name einer Region zeitweise für das gesamte Küstengebiet bis zum heutigen Iran gebraucht wurde. Somit umfasste das britische Belutschistan nur einen kleinen Teil der heute gleichnamigen Region in Pakistan. Yarshater, Ehsan (Hrsg.): Encyclopaedia Iranica, s. v. „Baluchistan".

10 Reinhard, Wolfgang: Die Unterwerfung der Welt, S. 779ff.

11 Vgl. Schetter, Conrad: Die Anfänge Afghanistans, in: Bernhard Chiari (Hrsg.), Wegweiser zur Geschichte. Afghanistan, S. 19–26; Elphinstone, Mountstuart: The Kingdom of Caubul, S. 158–178.

12 Golzio, Karl-Heinz: Geschichte Afghanistans, S. 122–133.

13 Yarshater, Ehsan (Hrsg.): Encyclopaedia Iranica, s. v. „Dost Mohammad Khan"; Steward, Jules: On Afghanistan's Plains, S. 17–21.

Die Aufmerksamkeit der Briten in Indien, der Russen in Europa, der Perser und Türken in der Levante, wie die aller umgebenden Herrscherstaaten, in Bokhara, Tübet, China, Afghanistan und Sind, ist auf die fernere Entwicklung dieses glänzenden Meteors am historisch-politischen Horizont im Pendschab, auf der Grenze von Ost- und West-Asien, im Centrum des Erdtheiles gerichtet, weil dessen Gedeihen, wie seine Zertrümmerung nicht ohne großen Einfluß auf das ganze Asiatische Staatensystem bleiben dürfte.[14]

Vor allem waren es Reisende, die nicht selten in diplomatischer Mission Zentralasien kennenlernten: Der polnisch-stämmige Offizier und Orientalist Jan Prosper Witkowitsch[15] (auch Witkiewicz oder Vitkevich; 1808–1839) gelangte in diesem Zusammenhang ab 1835/36 nach Buchara.[16] Zwei Treffen mit afghanischen Gesandten beziehungsweise mit Dost Mohammed selbst dürften maßgeblich zum Einschwenken des bedrängten Herrschers auf die russische Linie beigetragen haben. Hier lernte der Hauptmann im Dienste des Zaren Sir Alexander Burnes[17] (1805–1841), den berühmten britischen Entdecker und Diplomaten, kennen. *Bokhara Burnes*, der für die Briten Verbindungen nach Kabul knüpfte, hatte jedoch das Nachsehen. Vor allem weil man im zuständigen Generalgouvernement von Indien innerafghanische Konkurrenten Dost Mohammeds unterstützen wollte, wurde Burnes 1841 in Kabul von einem aufgebrachten Mob gelyncht. Ab 1839 sollte das „Tauziehen" um Afghanistan für das Britische *Empire* in drei erfolglosen Kriegen gipfeln.[18]

Mit der zunehmenden Involvierung der europäischen Großmächte gingen auch vermehrte Aktivitäten von Reisenden einher. Im selben Maße stieg die Zahl der publizierten Berichte von Forschern und Soldaten über Zentralasien an. Vor allem die Taten- und Reiseberichte der britischen Offiziere aus den Jahren der Feldzüge fanden in Europa erhebliche Verbreitung und erreichten ein relativ großes Publikum. Auch Carl Ritter hat solche in großer Anzahl seinen „Erdkunde"-Bänden zu Grunde gelegt. Bevor jedoch hierauf explizit eingegangen werden kann und die wichtigsten Berichte sowie ihre Verfasser besprochen werden, ist es nötig, die Gliederung des großen Werkes für diesen Teil Asiens zu besprechen.

Es wurde eingangs klargestellt, dass sich eine Betrachtung des asiatischen Kontinents für das aktuelle Thema und die zugrunde liegenden Fragestellungen mit dem östlichen Teil dessen, was die Forschung gemeinhin als „antike Welt" bezeichnet, befassen muss. Vor

---

14 Ritter, Carl: Uebergang, S. 8. Der siebte Teil der „Erdkunde", „Der Uebergang von Ost- nach West-Asien" (Berlin 1837), wird im Folgenden kurz als „Uebergang" zitiert.

15 Vgl. Stewards, Jules: On Afghanistan's Plains, S. 21–23.

16 Buchara oder Buxoro ist heute eine der zentralen Provinzen Usbekistans. Von Witkowitsch und seinen Zeitgenossen wurde die gesamte Gegend als „Bukarien" beziehungsweise „Großbukarien" bezeichnet. Yarshater, Ehsan (Hrsg.): Encyclopaedia Iranica, s. v. „Bukhara".

17 Vgl. Henze, Dietmar: Enzyklopädie der Entdecker und Erforscher der Erde, s. v. „Burnes, Sir Alexander".

18 Vgl. Baberowski, Jörg: Afghanistan als Objekt britischer und russischer Fremdherrschaft im 19. Jahrhundert, in: Bernhard Chiari (Hrsg.), Wegweiser zur Geschichte. Afghanistan, S. 27–36.

dem Hintergrund der Gesamtgliederung von Ritters „Erdkunde" bedeutet dies, dass die Analyse der Quellenarbeit mit dem Bereich „West-Asien" einzusetzen hat. Ost-Asien, das nach Ritters Einteilung vom Pazifischen Ozean über den indischen Subkontinent reicht und auch das Himalaya-Gebirge mehrheitlich umfasst, scheidet wie gesagt aus. Es ist darauf hinzuweisen, dass die Bände, welche beispielsweise den chinesischen Landesteilen gewidmet sind, durchaus an der ein oder anderen Stelle Verweise auf die Zeugnisse antiker wie nicht-zeitgenössischer Autoren beinhalten. Jedoch sind solche einerseits überaus dünn gesät, andererseits betreffen sie in der Regel lediglich einzelne Nachrichten, mit denen Ritter den Kontakt nach Europa exemplifizieren wollte. So wurde beispielsweise das Werk des Venezianers Marco Polo (um 1254–1324) neben modernerer Literatur in diesem Kontext häufig zitiert.[19] Eine kritische Analyse der Quellenarbeit mit vornehmlich antiken Texten kann somit erst mit dem siebten Teil, dem ersten Band des zweiten Buches der „Erdkunde", einsetzen.

Der „Uebergang von Ost- nach West-Asien" erscheint dem Leser als provisorisches Konstrukt hinsichtlich seines geographischen Zuschnitts. Der von Ritter bisher eingeschlagene Weg führte, wie dargestellt, kohärent und relativ stringent nach Westen.[20] Zwar wurde dieses Konzept auch hier nicht aufgegeben, jedoch wirkt die Gliederung des Bandes auf den ersten Blick anorganisch. Zunächst wird erwartungsgemäß der Indus-Strom mit seinen Quellen vom Oberlauf bis hinab zum Delta besprochen (erstes Kapitel). Beginnend mit Kabul und der die Stadt umgebenden Hochterrasse ist Ritter in die angrenzenden Landschaften ausgeschert. Mit dem Punjab, Kafiristan, Kaschgar und einigen kleineren Ortsbezeichnungen wird der Raum behandelt, der heute das Grenzgebiet zwischen der Volksrepublik China, Pakistan, Afghanistan, Tadschikistan und Kirgisistan ist (zweites und drittes Kapitel). In der Terminologie des 19. Jahrhunderts wurde die Region pauschalisierend als „Ost-Turkestan"[21] bezeichnet. Ein Blick auf die Karte bestätigt, dass Ritter die Indus-Landschaft als eine naturräumliche Größe von Bedeutung begriffen hat,[22] da das Gewässer – genau wie der

19 Schon der erste Asien-Band verweist an zahlreichen Stellen auf Marco Polo. Ritter hat zur Beschreibung von Städten, Residenzen und bei vielen anderen Gelegenheiten auf den Reisenden verwiesen. Vgl. Ritter, Carl: Norden und Nord-Osten von Hoch-Asien, S. 140f., S. 207, S. 214, S. 218, S. 224ff. (Auswahl). Zur Reise des Marco Polo und seiner Zeitgenossen siehe: Sarnowsky, Jürgen: Die Erkundung der Welt, S. 26–37 (insbesondere S. 28f.).

20 Zum Vorgehen Ritters und den fortschreitenden Betrachtungen seines Textes vom Pazifischen Ozean und China ausgehend bis inklusive Indien siehe Ritter, Carl: Norden und Nord-Osten von Hoch-Asien, Blattweiser sowie S. 1–5 und S. 20–84 (insbesondere zur Gliederung des asiatischen Kontinents von Osten in Richtung Westen).

21 Zum Umgang mit und zur räumlichen Definition der Begrifflichkeiten des zentralasiatischen Raumes siehe: Ritter, Carl: Uebergang, S. 320ff.

22 Die Übersichts-Karte von Iran (Berlin 1852) sowie die verschiedenen Blätter des Atlas von Asien zeigen den Induslauf nicht als ganzen. Seinem Einzugsgebiet wurde keine eigene Karte, wohl aber später sechs Einzelblätter gewidmet. Dies jedoch zum Nachteil der Bedeutung des Flusses interpretieren zu wollen, wäre falsch. Vielmehr zeigt sich die Rolle des Flusses als Trennlinie zwischen Ost- und Westasien. Siehe

Nil – seine Umwelt definiere.[23] Was den Nordosten, also den Punjab mit seinen Flüssen anlangt, ist die Behandlung im Kontext des Induslaufes sinnvoll. Der Vorstoß in den Nordwesten verwundert indes. Ritter hat einen ganz erheblichen Teil des modernen Afghanistans sowie einen Teil der genannten Grenzregion als „Uebergangsbereiche" verstanden und damit eine Trennung zu den Gebieten vollzogen, die uns heute als nationale Einheiten geläufig sind.

Moderne Karten und Atlanten suggerieren heute Zustände politischer Art, die mitunter seit ihrer Konstruktion in den 1940er-Jahren obsolet geworden sind oder niemals der Realität entsprochen haben. Auch für den vorliegenden Band zeigt sich, dass sich Ritter in seiner „Erdkunde" nicht in erster Linie an Staats- oder Herrschaftsgrenzen orientiert hat. Obwohl diese Vorgehensweise bereits des Öfteren herausgestellt worden ist, soll sie für die folgenden Betrachtungen noch einmal betont werden. Als anorganisch können der Zuschnitt und die Gliederung des siebten Teils also allenfalls insofern gelten, als mit dem Ende dieses Teils die Betrachtung des Nordens weiter fortgeschritten ist als die des südlichen Raumes. In anderen Worten: Es entsteht durch das Ausscheren gewissermaßen ein „Bauch", der in Richtung Nordwesten übersteht. Das vierte Kapitel über den Einfluss der chinesischen Kultur auf Land und Leute darf als Auftakt für die folgenden angesehen werden, welche sich exklusiv ethnographischen Fragen widmen. Ritter hat hier Verhältnisse und Entwicklungen von vorchristlicher Zeit bis in die eigene Zeit besprochen (vor allem Kapitel fünf und sechs). Diese Abschnitte sind für eine Quellenanalyse im Sinne der bereits festgestellten Punkte besonders interessant.

Zeitgenössische Forschungen und Reiseliteratur

Bei seiner Darstellung des von Gebirgen und Wüsteneien geprägten Raumes hat sich Ritter, wie gesagt, ebenfalls auf nicht wenige zeitgenössische Darstellungen gestützt. Die wichtigsten Verfasser und ihre Werke gilt es im Folgenden anzusprechen. Obgleich die „Erdkunde" den ostasiatischen Raum abgeschlossen hat, finden sich weiterhin in zahlreichen Textstellen die Spuren von Sinologen und Werken zur chinesischen Kultur. Vor allem drei namhafte Forscher, die von Ritter bereits in den vorangegangenen Bänden herangezogen wurden, verdienen Beachtung. Heinrich Julius Klaproth[24] (1783–1835), der für die Akademie der Wissenschaften in Sankt Petersburg die Völker Asiens er-

---

Ritter, Carl/O'Etzel, Franz August (Hrsgg.): Atlas von Asien, dritte Lieferung, „Übersichts-Karte von Iran oder West-Hochasien" (siehe auch S. 172 sowie Nr. 20 online); Ritter, Carl/O'Etzel, Franz August (Hrsgg.): Atlas von Vorder-Asien, sechstes Heft, „Das Stromgebiet des Indus".

23 Ritter, Carl: Uebergang, S. 5–12.

24 Vgl. Henze, Dietmar: Enzyklopädie der Entdecker und Erforscher der Erde, s. v. „Klaproth, Heinrich Julius" sowie Walravens, Hartmut: Zur Geschichte der Ostasienwissenschaften in Europa, S. 153ff.

forscht und in Paris eine Professur für asiatische Sprachen erhalten hatte, erregte durch verschiedene Publikationen internationale Aufmerksamkeit. Seine „Tableaux historiques de l'Asie" sowie die „Memoires relatifs à l'Asie" hat Ritter mehrfach angeführt. Vor allem für die ethnographischen Abschnitte spielen sie eine erhebliche Rolle.[25] Obgleich Klaproths Arbeiten sowohl von Alexander von Humboldt als auch von Carl Ritter herangezogen und gelobt wurden, galten diese bereits zum Ende des 19. Jahrhunderts als überholt. Die Leistung der Pariser Jahre liegt vor allem in der Erschließung asiatischer Quellen, die so der europäischen Forschergemeinde zugänglich gemacht wurden. Die von Klaproth überarbeitete „Carte de l'Asie Centrale" darf als wesentlicher Fortschritt in der damaligen Zeit betrachtet werden.[26]

Was die ethnographische und vor allem philologische Quellenarbeit betrifft, ist auf die Arbeiten von Jean-Pierre Abel-Rémusat[27] (1788–1832) hinzuweisen. Der Professor des *Collège de France* war Mitbegründer der *Société Asiatique* und bekleidete mehrere Ämter an der französischen Nationalbibliothek. Vor allem die sprachwissenschaftlichen Arbeiten zum Chinesischen sowie die Publikation des überaus populären Romans „Iu-kiao-li, ou les deux cousines" verhalfen dem studierten Mediziner zu seiner wissenschaftlichen Karriere. Für Ritter waren allerdings weniger die von Abel-Rémusat verfassten „Éléments de la grammaire chinoise" von Bedeutung, sondern vielmehr die Beschreibung der Zustände Zentralasiens.[28] Darüber hinaus ist es bemerkenswert, dass sich Abel-Rémusat genau wie sein Kollege Klaproth damit befasst hat, Quellenmaterial bereitzustellen. Hier sind die Texte Matouanlins, eines chinesischen Enzyklopädisten des 13. Jahrhunderts, zu nennen. Diese wurden von Abel-Rémusat in den genannten Schriften zumindest in Teilen übersetzt.

Mit Karl Friedrich Neumann[29] (1793–1870) ist den beiden genannten Sinologen ein Dritter hinzuzuzählen. Auch seine „Asiatischen Studien", die 1837 in Leipzig erschienen waren, hat Ritter für die Ausarbeitung der „Erdkunde" herangezogen. Neumanns Verdienst besteht für die zeitgenössische Forschung in erster Linie darin, dass er 1830

---

25 Zu den beiden genannten Publikationen Klaproths („Tableaux historiques de l'Asie", 4 Vol., Paris 1823 sowie seine „Mémoires relatifs à l'Asie", 2 Vol., Paris 1824 und 1826) ist die „Beleuchtung und Widerlegung der Forschungen über die Geschichte der mittelasiatischen Völker des Herrn J. J. Schmidt in Sankt Petersburg" hinzuzufügen.

26 Vgl. Klaproth, Julius: Carte de l'Asie Centrale, Paris 1828 sowie die vorangegangene Veröffentlichung: Klaproth, Julius: Observations sur la carte de l'Asie, Paris 1822.

27 Walravens, Hartmut: Zur Geschichte der Ostasienwissenschaften in Europa, S. 13–17.

28 Aus der Feder Abel-Rémusats hat Ritter vor allem die „Mélanges asiatiques, ou choix de morceaux de critique, et de mémoires relatifs aux religions, aux sciences, à l'histoire, et à la géographie des nations orientales" (2 Vol., Paris 1825 und 1826) sowie die „Nouveaux mélanges asiatiques, ou recueil de morceaux critiques et de mémoires relatifs aux religions, aux sciences, aux coutumes, à l'histoire et à la géographie des nations orientales" (2 Vol., Paris 1829) neben einer Abhandlung, die 1827 unter dem Titel „Mémoire sur l'extension de l'empire chinois du côté de l'occident" (Histoires et mémoires de l'Institut Royal de France, Académie des inscriptions et belles-lettres, Vol. 8, S. 60–130) erschienen ist, herangezogen.

29 Walravens, Hartmut: Zur Geschichte der Ostasienwissenschaften in Europa, S. 173–183.

nach Macau aufbrach. Es gelang ihm, über 6.000 Titel einheimischer Literatur aus dem wirtschaftlich und politisch noch abgeschlossenen China auszuführen. Den Hauptteil sollten der preußische sowie der bayerische Staat erwerben. Darüber hinaus brachten diese Geschäfte Neumann eine Professur an der Universität München ein. Wie bereits erwähnt, sind es vor allem die Beschreibungen der ethnologischen Zustände – in diesem Fall des großen asiatischen Kaiserreichs und dessen Einflusses auf Zentralasien –, die für Ritter von besonderem Interesse waren.[30] Was den siebten Teil anlangt, sind freilich die Verhältnisse und Auswirkungen auf die mehr oder weniger pauschal als „Turk-Völker" bezeichneten Einwohner des oben besprochenen Gebiets von Bedeutung.[31]

Karl Freiherr von Hügel[32] (1796–1870), Diplomat der Habsburgermonarchie, Forschungsreisender und Naturkundler, nimmt in gewisser Weise eine Art Zwischenstellung zu den genannten Wissenschaftlern und den prominenten britischen Offizieren ein. Während einer sechsjährigen Reise (1830–1836) lernte der ehemalige Major, der finanziell nicht länger auf den Militärdienst angewiesen war, das Himalaya-Gebirge sowie Südostasien kennen. Zwar ist sein Name der Nachwelt in erster Linie wegen des ansehnlichen Anwesens, der Villa Hügel in Wien, geläufig. Jedoch ist es darüber hinaus bemerkenswert, dass von Hügel als Politiker dem österreichischen Minister von Metternich freundschaftlich verbunden war. Seine Stellung in der Donaumonarchie lässt sich durch die Ernennung zum Gesandten für das Herzogtum Toskana sowie durch die Wahl zum Mitglied der Leopoldina illustrieren, obwohl von Hügel im Zuge der Revolution von 1848 dem Fürsten von Metternich ins englische Exil gefolgt war. Von großem wissenschaftlichen Wert ist bis heute eine von ihm begonnene Sammlung botanischer und zoologischer Objekte, die ebenfalls Ethnographica enthält.[33] Die Mehrzahl der Veröffentlichungen des gebildeten Adeligen erschien freilich in den Jahren nach 1840 und stand damit für die „Erdkunde" nicht zur Verfügung. Allerdings hat Ritter einige frühe Aufsätze herangezogen.[34]

Mit zahlenmäßig deutlichem Abstand sind es allerdings die Memoiren der Militärs, die sowohl das Bild als auch das Wissen von Zentralasien im 19. Jahrhundert im Wesentlichen bestimmen. Dass es sich dabei nicht nur um die erwähnten „Tatenberichte" handelte, ist in Anbetracht der einflussreichen Positionen und politischen Aufgaben

---

30 Ritter hat in den siebten Teil ein eigenes Kapitel, das sich ausführlich mit dem chinesischen Einfluss auf die Bewohner Zentralasiens, genauer gesagt „Turkestans" beschäftigt, eingefügt. Siehe Ritter, Carl: Uebergang, S. 531–583.

31 Ritter differenziert zwar in seinem „Ethnographie-Kapitel", von dem noch zu sprechen sein wird, jedoch deutet der anfangs recht pauschale Gebrauch der Bezeichnung darauf hin, dass hier nicht nur das Konzept der Sprachverwandtschaft, wie es heute maßgeblich für die Definition ist, gebraucht wurde. Vielmehr lässt sich feststellen, dass die geographische Komponente, also der gemeinsame Siedlungsraum, durchaus als Kriterium für die Anwendung des Namensbegriffes hinreichend war.

32 Vgl. Henze, Dietmar: Enzyklopädie der Entdecker und Erforscher der Erde, s. v. „Hügel, Karl Freiherr von".

33 Von Hügels Sammlung ist heute Teil der Bestände des Weltmuseums in Wien.

34 Hügel hatte 1836 im „Journal of the Royal Geographical Society of London" kleinere Schriften veröffentlicht (u. a. Vol. 6, 2; S. 344–349). Bei Ritter: Uebergang, S. 70f. sowie S. 81ff.

ihrer Verfasser selbstverständlich. Die Dokumente sind vielmehr Zeugnisse über Staatsgeschäfte und Diplomatie mit zuweilen ausgedehnten landeskundlichen Bestandteilen. Damit waren diese Texte für Ritter Quellen allererster Güte. Für eine Geographie im Sinne der „Erdkunde", die die „Rolle des Menschen" im Raum darstellt, sind sie nahezu ideales Material. Einige dieser Titel fanden sogar europaweit Verbreitung und wurden in mehrere Sprachen übersetzt. Die bedeutendsten sind hier vorzustellen, gerade weil ihnen auch für die folgenden Bände und für das Gebiet bis zum Vorderen Orient eine gewichtige Rolle als zeitgenössische Basisliteratur zukommt.

Zwei dieser Orientoffiziere, Captain Sir Alexander Burnes und Jan Prosper Witkowitsch, wurden bereits genannt. Burnes' Berichte „Travels into Bokhara" und „Cabool" sind in Ritters siebten „Erdkunde"-Teil am häufigsten herangezogen und zitiert worden.[35] Es ist erwähnenswert, dass beide Titel unter anderem ins Deutsche übersetzt und noch nach seinem Tod weiter verlegt wurden. Mountstuart Elphinstone[36] (1779–1859) ist an dieser Stelle als erster und wohl prominentester Zeitgenosse Ritters zu nennen. Der bis heute als Staatsmann und Historiker gefeierte Brite trat als junger Mann in die Dienste der *East India Company* ein. Neben mehreren diplomatischen Missionen – etwa am Hof von Kabul – und nach militärischen Erfolgen wurde Elphinstone 1819 zum Gouverneur von Mumbai ernannt. In diesem Kontext ist auf seine Verbindung zu Sir Arthur Wellesley, dem späteren Duke of Wellington, hinzuweisen, die seinen Aufstieg sicherlich begünstigt hat. Die Erfahrungen seiner Zeit in Afghanistan veröffentlichte er in seinem Erstlingswerk „An Account of the Kingdom of Caubul", das bis heute als bewährter Titel für eine Beschäftigung mit den politischen und ethnologischen Verhältnissen in diesem Teil Asiens empfohlen wird; es erschien bereits 1815.[37] Das größere Werk, „The History of India", welches in mehreren Auflagen auch nach seinem Tod weitergeführt wurde, erschien erst ab 1841 und stand somit für die „Erdkunde" nicht zur Verfügung.

Sir John Malcolm[38] (1769–1833) wird in der Forschungsliteratur zu Recht in einer Reihe mit Elphinstone genannt. Die Karrieren der beiden Männer sind einander ganz ähnlich; Malcolm hatte ebenfalls den Weg über die Armee eingeschlagen. Auch er fiel

---

35 Burnes, Alexander: Travels into Bokhara. Being the Account of a Journey from India to Cabool, Tartary and Persia. Also, Narrative of a Voyage on the Indus from the Sea to Lahore, 3 Vol., London 1834–1839 sowie Cabool. Being a Personal Narrative of a Journey to, and Residence in that City in the Years 1836, 7, and 8, London 1842. Ritters Bibliothek beinhaltete zwar diese Bände, jedoch ist klar, dass aufgrund der Entstehungszeit des aktuellen Bandes der „Erdkunde" nicht alle Teile dafür herangezogen werden konnten.

36 Vgl. Henze, Dietmar: Enzyklopädie der Entdecker und Erforscher der Erde, s. v. „Elphinstone, Mountstuart".

37 Elphinstone, Mountstuart: An Account of the Kingdom of Caubul, and its Dependencies in Persia, Tartary and India; Comprising a View of the Afghaun Nation, and a History of the Dooraunee Monarchy, London 1815. Das fast 700 Seiten umfassende Werk, das auch einen grundlegenden Wortschatz der Paschtunen-Sprache enthält, wird beispielsweise vom Militärgeschichtlichen Forschungsamt Potsdam seit dem Jahr 2001 als Lektüre für den Einsatz empfohlen.

38 Vgl. Henze, Dietmar: Enzyklopädie der Entdecker und Erforscher der Erde, s. v. „Malcolm, Sir John" (sehr knapp).

seinen Vorgesetzten bei mehreren Gelegenheiten auf, und auch ihm stand der Herzog von Wellington freundschaftlich nahe. Mehr als einmal führten ihn diplomatische Missionen nach Persien, unter anderem nach Teheran, was dazu führte, dass sich Malcolms Schriften nicht nur mit Indien befassten. Ab 1815 veröffentlichte er, während eines längeren Aufenthaltes in seiner Heimat, seine „History of Persia".[39] Das zweibändige Werk zählt zwar zu den europaweit beachteten Schriften, dennoch ist der Name Malcolms eher mit der Indienforschung verbunden. Schon seit 1811 war er unter anderem mit Arbeiten zur politischen Geschichte und Gesellschaft Indiens der Öffentlichkeit bekannt geworden. 1827 folgte Malcolm seinem Landsmann Elphinstone auf dem prestigeträchtigen Gouverneursposten nach und kehrte so noch einmal nach Indien zurück. Beide Männer gelten in ihrer Heimat bis heute als Helden ihrer Zeit. Das Empire hat seinen Offizieren, die so ganz dem Idealbild des gebildeten und fleißigen Kolonialbeamten zu entsprechen scheinen, zahlreiche Ehrungen zuteilwerden lassen.[40]

Informationen über den südpersischen Raum hat Ritter hauptsächlich aus dem Reisebericht von Sir Henry Pottinger[41] (1789–1856) entnommen. Der Leutnant der *East India Company* verfasste diesen im Kontext einer Expedition von Nushki nach Isfahan. Ziel des Zuges war es, die unentdeckten Lande zwischen Westindien und Persien zu erkunden und zu kartieren. Vor allem der letzte Punkt ist hervorzuheben. Zwar enthielten Veröffentlichungen über fremde Erdteile üblicherweise Landesskizzen, jedoch übertrifft das Kartenmaterial Pottingers das seiner Zeitgenossen deutlich.[42] Sein Buch ist genau wie die bisher angesprochenen von persönlichen Wahrnehmungen und Erlebnissen geprägt, wahrscheinlich im Charakter noch stärker subjektiv gefärbt. Der tagebuchartige Stil macht dies recht schnell deutlich. So war für den Verfasser etwa die Tatsache, dass die Briten sich auf dieser Expedition meist nur unter falschem Namen und als muslimische Händler verkleidet frei bewegen konnten, ebenso wichtig wie die politischen Zustände vor Ort,[43] wobei in diesem Fall beides zusammenhängt und die Notwendigkeit einer Verkleidung die generelle Unsicherheit und die ablehnende Haltung der einheimischen Bevölkerung illustrieren sollte – Umstände, die sich auch in

39 Von Ritter wurde die neuere Edition herangezogen. Malcolm, John: The History of Persia, from the Most Early Period to the Present Time. Containing an Account of the Religion, Government, Usages and Character of the Inhabitants of that Kingdom, 2 Vol., London 1829.

40 Mehrere Gemeinden in Australien wurden nach Elphinstone benannt, in der St. Paul's Cathedral befindet sich seine Statue. Malcolm wurde auf ähnliche Art ausgezeichnet. In Westminster Abbey steht sein Denkmal. Er wurde außerdem in den bekannten *Order of the Bath* aufgenommen.

41 Vgl. Henze, Dietmar: Enzyklopädie der Entdecker und Erforscher der Erde, s. v. „Pottinger, Henry"; Pottinger, Henry: Travels in Beloochistan and Sinde. Accompanied by a Geographical and Historical Account of those Countries. With a Map, London 1816.

42 Vgl. Pottinger, Henry: A Map of Beloochistan & Sinde, Bloomsbury 1814 (siehe auch Nr. 13 online).

43 Pottinger hat den ersten Teil seines Reiseberichts mit dem Untertitel „partly performed in the disguise of a Moosulman pilgrim" versehen. Vgl. außerdem Pottinger, Henry: Travels in Beloochistan and Sinde, S. 1, S. 183 und S. 406.

Ritters Werk niedergeschlagen haben und von ihm klar herausgestellt wurden.[44] Die erfolgreiche Erkundung des Großraumes Belutschistan brachte Pottinger nicht nur eine Beförderung ein. Als Offizier machte auch er Karriere in der Verwaltung – zunächst in Indien, später als erster Gouverneur Hong Kongs, der Kapkolonie und von Madras.

Der letzte und jüngste, der in der Reihe der Militärs genannt werden soll, ist Leutnant Arthur Conolly[45] (1807–1842). Obwohl der von ihm eingeschlagene Weg im Vergleich mit den bisher angesprochenen Autoren anderes erwarten lässt, blieb ihm eine glanzvolle Karriere im Dienste der britischen Krone verwehrt. Zunächst ebenfalls als jugendlicher Soldat in Indien stationiert, bereiste er später Zentralasien von Norden nach Süden. Seine Reise von Moskau über den Kaukasus und Persien nach Indien veröffentlichte er 1834 und erntete hierfür durchaus Beachtung.[46] Wie den Bericht Pottingers hat Ritter auch diesen in die „Erdkunde" aufgenommen. Mit der Verschärfung der Spannungen im Zuge des *Great Game* verlagerte Conolly seine Tätigkeiten in Richtung Nordosten, um die verschiedenen lokalen Machthaber zur Einigkeit und zum Vorgehen gegen den wachsenden russischen Einfluss zu bewegen. Seine Versuche waren jedoch nicht nur nicht von Erfolg gekrönt, Conolly wurde 1842 vom Emir von Buchara als Spion hingerichtet.[47]

Mit Blick auf die dieser Arbeit zugrunde liegenden Interessensschwerpunkte ist nun noch von einem weiteren Autor zu sprechen, der für die folgenden Bände der „Erdkunde" von sinnstiftender Bedeutung war. Der Nürnberger Lehrer und Professor Konrad Mannert[48] (1756–1834) ist der althistorischen Forschung heute oft nur noch dem Namen nach bekannt. Sein *magnum opus*, die „Geographie der Griechen und Römer", das ab 1788 entstanden ist, zeichnet sich durch ein detailliertes Quellenstudium aus und war tatsächlich der erste groß und umfassend angelegte Versuch, die Kenntnisse antiker Geographen von der Welt zu erschließen und zu ordnen. Über fast 100 Jahre, bis Hugo Berger seine „Erdkunde der Griechen" veröffentlichte, hat Mannerts großes Werk diesen Bereich der Altertumsforschung beherrscht. Für Ritter waren vor allem die Bände ab dem vierten Teil von besonderer Relevanz, da diese sich mit dem Orient und Asien befassten.[49] Die Forschungen Mannerts besitzen sowohl systematisch als auch in ihrer Idee der Verbindung von Geographie und Historiographie eine große konzeptionelle Nähe zu Ritters Wissenschaftsauffassung. Dies wird im Folgenden an mehreren Stellen zu exemplifizieren sein.

---

44 Ritter, Carl: Iranische Welt, Vol. 1, S. 718f. und S. 733f.

45 Vgl. Henze, Dietmar: Enzyklopädie der Entdecker und Erforscher der Erde, s. v. „Conolly, Arthur".

46 Conolly, Arthur: Journey to the North of India, Overland from England, through Russia, Persia, and Affghaunistaun, 2 Vol., London 1834 (zweite Auflage 1838).

47 Hopkirk, Peter: The Great Game, S. 236 und S. 278.

48 Loschge, Fritz: Conrad Mannert, S. 522–540.

49 Mannerts vierter Teil seiner Geographie der Griechen und Römer ist dem „Norden der Erde" gewidmet. Er umfasst nicht nur Nordeuropa. Die Betrachtungen reichen im Osten bis weit nach Asien (beziehungsweise China) hinein. Dementsprechend wurde auch der hier zu analysierende Raum abgehandelt (Mannert, Konrad: Geographie der Griechen und Römer, Vol. 4., Nürnberg 1795). Zu Konrad Mannert siehe: Loschge, Fritz: Conrad Mannert, S. 52–57.

Natürlich weisen die zu besprechenden Bände der „Erdkunde" eine Reihe weiterer Autoren aus. Jedoch sind sie nicht von derselben Bedeutung für die Analyse des siebten Teils und können somit vorerst zurückgestellt beziehungsweise bei Bedarf besprochen werden.

Das Indus-System – ein Fluss definiert den Raum

Herodot, Strabon und Ptolemaios hatten bereits Kunde über das zentralasiatische Gebiet, eingerahmt von Indien, dem großen Gebirge im Osten und dem Kaspischen Meer.[50] Der Indus und seine Quellströme finden sich in den antiken Quellen ebenso wie zahlreiche Benennungen von Großräumen beziehungsweise Ethnien: „Βακτριανή", „Γεδρωσία" und „Σογδιανή", um nur die geläufigsten zu nennen. Sind die Informationen am Ende von Herodots erstem Buch zu den „Μασσαγέται" recht vage und geographisch eher unbestimmt, betreffen sie doch das Gebiet östlich des Kaspischen Meeres entlang der Flüsse Araxes und Oxus.[51] Natürlich hatte sich das Wissen bei Strabon und Ptolemaios über die Zeit bereits verdichtet, wobei dies vornehmlich im Laufe der zweiten Hälfte des vierten vorchristlichen Jahrhunderts geschehen war. Der Feldzug Alexanders des Großen hatte den Geographen eine Fülle neuen Wissens über den Osten der bekannten Welt beschert.[52] Und obgleich die Werke Aristobulos', Kallisthenes' oder Nearchos' uns heute nicht erhalten sind, ist es doch den Alexanderhistorikern zu verdanken, dass gerade diese Informationen überliefert wurden.[53] Hier ist natürlich Arrian mit seinem „Alexanderzug" zu nennen, der die angeführten Schriften zweifellos aufgegriffen und zitiert hat. Es versteht sich von selbst, dass die antiken Quellen kein flächendeckendes und geschlossenes Bild vom Hindukusch bis zur Indusmündung liefern. Allerdings bieten die Texte durchaus Informationen zu gewissen *landmarks* wie Gebirgen, Flüssen und Städten.

Damit sind die Voraussetzungen jedenfalls hinreichend erfüllt, um auch für den Inhalt des siebten Teils eine Quellenarbeit Ritters vermuten zu dürfen, wie sie für Ägypten besprochen und festgestellt wurde. Das große Textcorpus der „Erdkunde" ist allerdings für den Benutzer aufgrund seines Umfanges nur sehr schwierig handhabbar und bedarf bereits an dieser Stelle einer weiteren, spezielleren Eingrenzung, zumal schon eine erste Durchsicht ergibt, dass nicht-zeitgenössisches Quellenmaterial in jedem Kapitel eingeflochten wurde. So stellt sich der Befund – oberflächlich betrachtet – als verstreut und unübersichtlich dar. Für die Überprüfung der Quellenarbeit ist demnach eine Reduktion

---

50 Vgl. hierzu vor allem Strab. 15 und 16; Hdt. 3 und 4 sowie Ptol. 7.
51 Hdt. 1, 202–204.
52 Roller, Duane: Ancient Geography, S. 90–104.
53 Wiemer, Hans-Ulrich: Alexander der Große, S. 180f. sowie zum Quellenwert der einzelnen Alexanderhistoriker: Ebenda, S. 16–38.

der in Frage kommenden Textstellen nötig. Diese kann auf zweierlei Arten erfolgen. Zunächst können Kumulationen von Gebrauchsstellen ausfindig gemacht und besprochen werden. Darüber hinaus sollen mit Hilfe der bisher formulierten Ergebnisse gezielt Kapitel herausgegriffen werden, die thematisch den festgestellten Punkten zuzuordnen sind (vgl. S. 100f. sowie S. 126–129). Diese Abschnitte, die historisches Material erwarten lassen, können gewissermaßen als Probe in umgekehrter Form gelten. Als vorgegebene Schablone, die eine Auswahl bereits eingrenzt, kann in erster Linie der Zug Alexanders des Großen gelten. Seine Stationen, wie sie von Johann Gustav Droysens „Alexander" für die wissenschaftliche Gemeinschaft des 19. Jahrhunderts ausgemacht wurden, sollten erwartungsgemäß in den historischen Abschnitten des Bandes vertreten sein.[54] Hiervon ausgehend, wird nun die Darstellung des Indus-Laufes betrachtet werden.

Es wurde bereits erwähnt, dass das „Indus-System"[55] den ersten großen Teil des aktuellen Bandes der „Erdkunde" bestimmt. Auch das folgende Kapitel wird hiervon ausgehen und zunächst dem Verlauf folgen.

Von Augenzeugen, welche die Routen zwischen Kaschmir, Ladakh und Yarkend wiederholt zurückgelegt hatten, erfuhr A. Burnes, wie auch nicht anders zu erwarten war, und was schon sehr frühzeitig dem Pater Montserrat, der den Kaiser Akbar, im J. 1581, auf seinem Zuge nach Kabul begleitete, bekannt war, die Bestätigung, dass der Strom an dem die Capitale Leh gelegen, wirklich aus der Nähe des Manasaroware Sees entspringe, einen sehr langen Indusarm ausmache, der aber, ungeachtet er mehrere Flüsse aufnehme, doch nur ein kleines Wasser habe. Dagegen solle der von Norden herab kommende Shayuk-Strom ein sehr großes Wasser seyn, das aus vielen kleinen entstehe [...]. Die Landeseinwohner und auch andere Reisende, z. B. Ezernichef, und die Kaufleute sollen diesen Shayuk als den Hauptarm des großen Stromes, oder als den Indus selbst ansehen, dessen Quellen dann nicht am Fuße des Kailasa gegen S.O., sondern im N.O. von Ladakh auf dem Karakorum zu suchen wären [...].[56]

Der große Strom, San Pu, oder der Indus, bespült aber, im nördlicher gewendeten Bogen, nach Al. Burnes Erkundigung, in Baltistan die Südgrenze der Territorien Iskardo, Gilgit und Chitral. Dies hat man für ganz neue Daten gehalten; wir erinnern aber hier nur an das, was wir früherhin schon über die Lage von Eskerdu, oder Shekerdu nach Bernier und J. Rennells Erzählung von Zuffer Khans Feldzuge angegeben haben. Iskardo, offenbar identisch mit jenem Eskerdu, erfuhr Al.

---

54 Ritter selbst hat bei mehreren Gelegenheiten über die Strecke des Alexanderzuges gearbeitet. Davon wird später zu sprechen sein. An dieser Stelle sei nur auf Droysens Karte, die seiner Geschichte Alexanders des Großen beigefügt worden ist, verwiesen.

55 Tietze, Wolf (Hrsg.): Westermann Lexikon der Geographie, s. v. „Indus".

56 Ritter, Carl: Uebergang, S. 12f.

Burnes, liege am östlichsten von den dreien, Balti oder Klein Tübet zunächst; der Hauptort gleiches Namens sey eine große, irregulär am Ufer des Indus erbaute Feste, die nur 8 Tagereisen nordwärts entfernt liegt. Der Häuptling dieses independenten Gebietes sey aber nur Herr dieser einzigen Feste, von der er behauptet, sie sey durch Alexander M. erbaut.[57]

Die Passage zum Ursprung des Indus erinnert in ihrer Art zunächst an diejenigen zu den Nil-Quellen. Verschiedene Varianten beziehungsweise kleine Flüsse am Oberlauf werden einzeln und in ihrem Verhältnis zueinander besprochen. Wie gewohnt, geschieht dies unter Nennung der relevanten zeitgenössischen Literatur. Die angeführten Bezeichnungen und Namen sind dem heutigen Betrachter fremd geworden. Einige wie der „Manasaroware-See"[58] zwischen den Gebirgsketten Transhimalaya und Himalaya, auf dem Gebiet der chinesischen Verwaltungseinheit Tibet, sind genau wie die nordindische Stadt Leh unter diesem Namen bis heute geläufig. Zur besseren Orientierung sei dennoch auf Burnes' Landkarte „Central Asia" verwiesen.[59] Obgleich eine koordinatenbasierte Verortung des Quellgebietes des Indus später erfolgt, wägt Ritter genau wie für den Blauen und den Weißen Nil verschiedene Nachrichten zum Thema ab und ergänzt diese. Elphinstone, Klaproth und natürlich Burnes dienten hierbei als Gewährsmänner,[60] wobei sich ihre Nachrichten im Einklang befinden. Einen Versuch, verschiedene Meinungen und widersprüchliches Wissen als miteinander vereinbar darzustellen, hat dieser Abschnitt nicht nötig gemacht. Ritters Tätigkeit konnte hier eine ausschließlich deskriptive bleiben. Der Geograph und seine Zeitgenossen haben also zum einen den westlichsten Arm des großen Stromes korrekt als den Hauptlauf ausgemacht, zum anderen wurde auch dessen Quellgebiet richtig identifiziert.

Von Interesse für die Untersuchung des Textes der „Erdkunde" ist der Verweis auf Alexander den Großen im Zusammenhang mit den von Ritter angeführten Orten. Betrachtet man Burnes' Karte, stellt man fest, dass dort ein ganzer Gebirgsteil zwischen Pamir und Hindukusch bis hin zum westlichen Himalaya-Gebiet wie folgt überschrieben ist: „Inhabited by People Claiming Descent from Alexander the Great".[61] Die Idee des griechisch-makedonischen Einflusses findet sich auch bei anderen Autoren und

---

57 Ritter, Carl: Uebergang, S. 14.
58 Vgl. Tietze, Wolf (Hrsg.): Westermann Lexikon der Geographie, s. v. „Manasarowar-See" bzw. „Himalaya".
59 Burnes, Alexander: Central Asia. Comprising Bokhara, Cabool, Persia, the River Indus, & Countries Eastward of it, London 1834 (siehe auch S. 130 sowie Nr. 18 online).
60 In erster Linie wurden die beiden britischen Autoren von Ritter herangezogen; ferner Klaproth sowie der Reisebericht des Lieutenant Macartney, den Elphinstone als Appendix seinem Werk hinzugefügt hat. Dieser ist vor allem der Konstruktion der entsprechenden Landkarte gewidmet. Vgl. Elphinstone, Mountstuart: The Kingdom of Caubul, S. 631–665 sowie Klaproth, Julius: Mémoires relatifs à l'Asie, Vol. 2, S. 293ff.
61 Burnes, Alexander: Central Asia. Comprising Bokhara, Cabool, Persia, the River Indus, & Countries Eastward of it, unter 36° nördl. Br. und 74° östl. L.

ist sicherlich nicht Ritters eigene Erfindung. Weil die „Erdkunde" aber durchaus als repräsentatives Produkt der Forschung und des Kenntnisstandes ihrer Zeit angesehen werden darf, drängen sich nun mehrere Fragen geradezu auf. Es ist bekannt, dass die Armee Alexanders 327/326 v. Chr. die Landschaft um Kabul passiert hatte, den Hydaspes überquerte und später weiter den Indus hinunter bis an den Indischen Ozean zog. Die Forschung geht seit Droysen und bis heute davon aus, dass das große Heer auf diesem Weg nicht weiter nach Norden vorgestoßen ist.[62] In anderen Worten: Alexander hat seine Männer nicht auf das Dach der Welt geführt.[63] Somit darf gefragt werden, inwiefern die Behauptung Alexander Burnes', die einheimische Bevölkerung bezeichne sich selbst als Nachfahren der Hellenen, überhaupt eine Selbstbeschreibung ist. Eingedenk der europäischen Terminologisierungs- und Benennungspraxis fremder Orte ist es durchaus möglich, dass die Hypothese in diesem Kontext entstanden ist. Gerade Burnes, der diesen Teil Zentralasiens nicht selbst bereist hat, tendiert in seinem Reisebericht durchaus dazu, im Fremden Bekanntes erblicken zu wollen. Solche Rückschlüsse, wie sie historische Anknüpfungspunkte mit entsprechender Interpretation nun einmal bieten, lassen sich an mehreren Stellen finden.[64] Ritter folgte Burnes und hat bei anderen Gelegenheiten ausdrücklich angegeben, dass seine Quelle die einheimische Bevölkerung „selbst darüber sprechen hörte".[65] Allerdings ist dies nach den bereits ausgeführten Punkten – jedenfalls für den Oberlauf des Stromes – zu bezweifeln. Auch die erwähnte Festung, die mit den heute noch erhaltenen Ruinen in der Stadt Skardu identifiziert werden kann, ist mit Bestimmtheit kein Werk des großen Makedonen. Sie wurde um das Jahr 1600 erbaut und war bis ins 19. Jahrhundert funktionstüchtig.[66] Was als glaubwürdiger Einfluss des Alexanderzuges in der Region bleibt, ist bemerkenswerterweise der Ortsname. „Iskardo" oder „Eskerdu" erinnert phonetisch stark an die verschiedenen Variationen des Alexandernamens, wie er bis heute in den Sprachen Zentralasiens und in verwandten Sprachen vorkommt: Sikandar (Hindi), İskender (Kurdisch), Eskandar (Persisch), Iskender (Türkisch), Sikandar (Urdu) und Iskandar (Usbekisch), um nur einige Beispiele zu nennen.

Obwohl sich zum Beispiel die Stadt Iskardo mit Sicherheit einem modernen Ort zuordnen lässt, ist hier dennoch Skepsis angebracht. Alexander Burnes' Karte markiert sie mit einem Fragezeichen.[67] Hiermit wurde klargestellt, dass die europäischen Reisenden nicht vor Ort waren. Die Frage nach dem Ursprung der Behauptung, wonach

62 Droysen, Johann Gustav: Geschichte Alexanders des Großen, S. 375–398; Wiemer, Hans-Ulrich: Alexander der Große, S. 146ff. sowie Lane Fox, Robin: Alexander der Grosse, S. 436–461.
63 Die zuvor durchgeführte Unterwerfung Sogdiens (beziehungsweise des westlichen Pamir-Gebiets) ist hier außer Acht zu lassen. Obgleich es sich mit dem von Burnes markierten Raum teilweise deckt, darf es von den Indus-Quellen getrennt betrachtet werden.
64 Burnes, Alexander: Travels into Bokhara, Vol. 1, S. 52 sowie Vol. 2, S. 225 und zur Abstammung S. 209.
65 Ritter, Carl: Uebergang, S. 19.
66 Vgl. Hasan, Shaikh Khurshid: Historical Forts in Pakistan, S. 33 und S. 134f.; Bearman, Peri u. a. (Hrsgg.): Encyclopaedia of Islam, New Edition, s. v. „Baltistan" (zur Geschichte Skardus).
67 Bei Alexander Burnes Karte unter ca. 35° nördl. Br. und 75° 30′ östl. L.

die Einwohner europäische Vorfahren hätten, tritt hinter das Problem zurück, ob nicht die beiden Namensvarianten des 19. Jahrhunderts von Reisenden angegeben wurden, die sie lediglich vom Hörensagen kannten. Dafür würde die – wenn auch geringfügige – Veränderung des Namens zu Skardu und die Prokope des Vokals am Wortanfang sprechen. Es darf die Vermutung zur Gewissheit verdichtet werden, dass hier mit Hilfe einer etymologischen Ähnlichkeit verschiedener Namensbegriffe vertraute, historische Hintergründe in eine fremde Welt hinübergereicht worden sind. Ritter ist dieser Praxis vorbehaltlos gefolgt. Die Tatsache, dass die Rechnung gewissermaßen aufging und für die Zeitgenossen sicherlich kein Kuriosum darstellte, unterstreicht nur noch einmal die Rolle der Geschichtswissenschaft sowie die der entstehenden Indogermanistik für die geographische Forschung und deren Umgang mit neuen Informationen über unbekannte Erdteile. Genau genommen wäre es treffender zu sagen, dass durch eine Verbindung des Fremden mit dem Eigenen neues Wissen im wahrsten Sinne des Wortes verortet werden konnte. Ob nun dieses Ergebnis, also die Verbindung zu Alexander dem Großen, glaubwürdig oder überprüfbar war, sei dahingestellt.

Weit weniger detailreich als die Darstellung des Nillaufes nimmt sich bei Ritter die Beschreibung des Oberlaufes des Indus aus. Die „Erdkunde" überspringt den nach Westen und aus dem Hochgebirge führenden Teil förmlich. Lediglich grobe Entfernungen werden hier angegeben. Die hohe Geschwindigkeit der Strömung wird zusammen mit dem verengten Flussbett, welches durch Klippen begrenzt wird, betont. Mit dem Einschwenken in Richtung Süden, in der Gegend der pakistanischen Stadt und Verwaltungseinheit Attock, wird nicht nur der Geschichte des Ortes, sondern auch der Frage der Schiffbarkeit des Flusses nachgegangen.[68] Ritters Informationen fußen in erster Linie auf den Berichten Elphinstones und Burnes', denen genau dieser Abschnitt ebenfalls einige Ausführungen wert gewesen war.[69] So erwähnt die „Erdkunde" die Geschichte und den Einfluss der Herrschaft der Sikh, welche sich zu dieser Zeit über die gesamte Region erstreckte, zusammen mit dem damals noch amtierenden Reichsgründer, Maharadscha Ranjit Singh[70] (1780–1839). In Bezug auf den Fluss selbst berichtet Ritter aber von einem Detail, welches in mehrerlei Hinsicht aufschlussreich ist:

Der Maha Raja der Seikhs hält, seit dem er durch die Feste Attock Beherrscher des Stromüberganges geworden ist, und mehrere Streifzüge zur Unterwerfung des benachbarten Peschawer und anderer Provinzen Afghanistans versucht hat, hier eine Flotte von 37 Booten zur Errichtung einer Schiffbrücke, unmittelbar unterhalb der Feste, wo zu der Stromesbreite von 260 Schritt (Yard), 24 solcher Boote nothwendig

---

68 Ritter, Carl: Uebergang, S. 19–26. Zu Attock und dem genannten Fort siehe: Hasan, Shaikh Khurshid: Historical Forts in Pakistan, S. 37ff.
69 U. a. Elphinstone, Mountstuart: The Kingdom of Caubul, S. 25f. sowie 71f. und 108f.; Burnes, Alexander: Travels into Bokhara, Vol. 1, S. 81 sowie Vol. 3, S. 284f.
70 Lafont, Jean-Marie: Maharaja Ranjit Singh, S. 19–39.

sind. Doch kann diese Brücke nur vom November bis April übergeworfen werden, weil dann die Heftigkeit des Stromes hinreichend gemildert ist, um ein solches Joch zu tragen. Aber auch dann bleibt die Befestigung der Boote noch immer sehr schwierig. Holzrahmen mit Steinen gefüllt bis zu 250 Maunds (d. i. 25000 Pfund) schwere, mit Seilen umwunden, um sie zusammenzuhalten, werde von jedem der Boote zu 4 bis 6 Stück hinabgelassen in den Strom, der hier über 30 Faden (180 Fuß?) tief seyn soll. Von andern Vorrichtungen werden diese noch verstärkt, um jedem möglichen Unglücksfall bei Armeeübergängen über die Schiffbrücke, der jene Steinmassen als Anker dienen, zu begegnen. [...] Die Seikhs haben den Zerstörungen, die ihre Construction in frühern Zeiten veranlaßte, durch Anlegung von Magazinen für das dazu benöthigte Material vorgebeugt. Merkwürdig ist es allerdings, daß dieselbe Methode des Brückenbaues, wie sie oben nach Al. Burnes an Ort und Stelle eingezogenen Erkundigungen heut zu Tage Statt findet, im Wesentlichen noch ganz dieselbe ist, wie Arrian die Construction (Expedit. Alexandri Lib. V. c. 7.) römischer Schiffbrücken beim Uebergange Alexanders über den Indus beschreibt, obgleich dieser Geschichtschreiber es selbst bemerkt, daß ihm die Methode, welche damals die Macedonier befolgten, unbekannt blieb, da seine Vorgänger, weder Aristobulos noch Ptolemäos, deren Geschichtsbücher über Alexander er vorzüglich zu Rathe zog, nichts genaueres darüber mitgetheilt hatten. Alexanders Uebergang über den Indus musste aber in der Nähe des heutigen Attock, nahe am Kabulstrome, seyn.[71]

Die recht ausführliche Beschreibung der Konstruktion scheint Ritter durchaus am Herzen gelegen zu haben. Inhaltlich ist die hier zitierte Stelle eindeutig und bedarf keiner Interpretation, sodass nunmehr direkt ein Blick auf die zugrunde liegende Quellenarbeit geworfen werden kann. Ritter hat seine Quellen, Burnes und Arrian,[72] angegeben, sodass ihre Zusammenstellung leicht beurteilt werden kann.[73] Ganz wie es der Text selbst ausweist, stammen die Informationen zu dem Teil, der die „aktuellen" Zustände beschreibt, von Burnes, die Berichte über Alexander aus Arrian. So weit ist diese Passage nicht auffällig. Auch die Skizzierung der Schiffbrücke sowie deren Verbindung mit den militärischen Leistungen der vorchristlichen Zeit passen gut in das bisher gewonnene Bild der historischen Exkurse. Die Lokalisierung des Indusüberganges durch Alexander etwas nördlich von Attock war spätestens seit Mannerts Werk akzeptiert.[74] Ritter ist

---

71 Ritter, Carl: Uebergang, S. 23f.

72 Burnes, Alexander: Travels into Bokhara, Vol. 3, S. 284f. sowie Arr. an. 5, 7.

73 Erschwert wird die Überprüfung von Ritters Quellen hier nur durch die Tatsache, dass Burnes von ihm an dieser Stelle (zum wiederholten Mal) inkonsequent zitiert worden ist. Die Beschreibung des Indus befindet sich im ersten und nicht im dritten Band seines Reiseberichtes. Details zum Brückenbau, die auch einen Verweis auf Arrian beinhalten, sind auf den Seiten 267f. nachzulesen.

74 Zum „Vordringen Alexanders im Panschab" siehe Mannert, Konrad: Geographie der Griechen und Römer, Vol. 5, S. 29–38 sowie Lane Fox, Robin: Alexander der Grosse, S. 439.

diesem, ohne die Frage der Ortsbestimmung aufzugreifen, gefolgt.[75] Es verwundert nicht, dass erneut eine gewisse Wertung zum faktisch geringen Grad der technischen Entwicklung vor Ort anklingt. Auf den Punkt gebracht: Arrians Bericht wird ergänzend zu Burnes' angeführt, wobei dies offensichtlich nicht zusätzlicher Details wegen erfolgt. Die Erwähnung des antiken Autors dient Ritter also lediglich dazu, eine Kontinuität über die Jahrhunderte hinweg postulieren zu können. Die historische Komponente der „Erdkunde" erweist sich in diesem Falle als Methode, um die Persistenz von Zuständen anzuzeigen. Ob womöglich hier auch der europäische Einfluss – genauer gesagt der griechisch-makedonische – auf andere Kulturen angezeigt werden sollte, ist eine weiterführende Frage. Es erscheint durchaus lohnenswert, diese für die folgenden Kapitel zu berücksichtigen.

Die Darstellung der fünf Flüsse des Punjab[76] bestimmt die folgenden Seiten des siebten Teils. Ritter hat diese von Ost nach West besprochen, beginnend mit dem „Ssetledschlauf",[77] der auch als „Hesudrus" benannt wird.[78] Durchgehend behandelt die „Erdkunde" Landschaft und Bodenverhältnisse, um die Vegetation sowie den Naturraum ganz allgemein zu charakterisieren. Eher im Interesse Ritters standen jedoch die politisch-herrschaftlichen Verhältnisse vor Ort. Das Reich der Sikhs und Ranjit Singh wurden bei mehreren Gelegenheiten erwähnt, sein Einflussbereich ist mit topographischen Phänomenen – also auch mit den Flussläufen – abgesteckt worden. Der letzte in dieser Reihe, der Hydaspes,[79] ist vor allem der althistorischen Forschung wegen der berühmten Schlacht aus dem Jahre 326 v. Chr. bekannt. Alexander der Große hatte den Strom überschritten und besiegte nahe dem heutigen Malakwal den indischen König Poros in einem verlustreichen Gefecht.[80] Es ist frappierend, dass Ritter nicht über die Ereignisgeschichte des großen Zuges in diesem Gebiet berichtet hat. Der Vorstoß bis zum Hyphasis beziehungsweise Beas wird nicht erwähnt. Selbiges gilt für die darauffolgende Meuterei der Truppen und die anschließende Umkehr Alexanders.

Es darf angenommen werden, dass Mannerts Werk, welches diese Episoden freilich kennt und bespricht, für die Beschreibung des Punjab nicht mehr herangezogen worden ist.[81] Vielmehr stellt sich dieser große Abschnitt des „Erdkunde-Bandes" als ein Exzerpt der Bände Alexander Burnes' dar. Er wird als beinahe einziger Gewährsmann angeführt,

---

75 Ritter, Carl: Uebergang, S. 24f.

76 Vgl. Tietze, Wolf (Hrsg.): Westermann Lexikon der Geographie, s. v. „Punjab". Zur Geschichte des Punjab und der Sikhs seit dem 16. Jahrhundert siehe Grewal, Jagtar Singh: The Sikhs of the Punjab, S. 99–127 (zur Herrschaft der Sikhs nach 1799).

77 Heute ist der Fluss als Satluj oder auch Satlej bekannt.

78 Ritter, Carl: Uebergang, S. 31–82.

79 Heute trägt der Fluss den Namen Jhelam.

80 Droysen, Johann Gustav: Geschichte Alexanders des Großen, S. 403–412; Wiemer, Hans-Ulrich: Alexander der Große, S. 149f.

81 Mannert, Konrad: Geographie der Griechen und Römer, Vol. 5, Leipzig 1829², S. 29–38.

zumindest für die Landesteile östlich des Hydaspes.[82] Erst für diesen Strom selbst wurde die Quellenbasis durch Vergleiche ein wenig verbreitert, indem weitere Reiseberichte angeführt wurden. Den Bericht des Freiherrn von Hügel hat Ritter dabei sehr ausführlich zitiert.[83] Die Vollständigkeit verlangt, dass an dieser Stelle auf die geringe Anzahl nicht-zeitgenössischen Quellenmaterials für das Stromsystem hingewiesen wird. Neben dem bereits besprochenen Abschnitt weist die „Erdkunde" lediglich zwei weitere Stellen auf, die aber in Bedeutung und Inhalt fast zu vernachlässigen wären: Für den „Chenab", einen Zufluss des Hydaspes, wird Arrian folgend festgestellt, dass Alexander diesen befahren ließ.[84] Im weiteren Verlauf, der sich der Größe des Flusses und dem Anschwellen des Wasserpegels widmet, wird beiläufig erwähnt, dass schon die Makedonen ihr Lager verlegen mussten – wegen der Gefahr eines Hochwassers. Ein konkreter Quellenbeleg wird von Ritter nicht angegeben.[85]

Ritter hat seine Darstellung des Punjab mit sogenannten „Erläuterungen" beendet, die explizit der industriellen Produktion, der Verwaltung sowie der Geschichte des Sikh-Reiches gewidmet sind.[86] So wird davon berichtet, dass ausgedehnter Anbau von Obst und Gemüse neben dem Abbau von Mineralien die steuerlichen Wirtschaftsleistungen des Gebietes dominiere. Auch die Textilwirtschaft wird vor allen Dingen für die Region Kaschmir herausgestellt. Es bedarf keines ausführlichen Referats der Passagen zur Geschichte des Punjab. Ranjit Singh, seine Einigung der verschiedenen Landesteile sowie Angaben zur Administration stehen zusammen mit dem militärischen Potenzial im Zentrum von Ritters Text.[87] Quellenarbeit im engeren Sinne zeigt der Text der „Erdkunde" hier nicht. Fast schon erwartungsgemäß stützen sich die Angaben auf Alexander Burnes, dessen Name dem Leser wiederum auf beinahe jeder Seite begegnet. Für die Informationen über soziale und ökonomische Zustände hat Ritter zusätzlich eine Monographie von Henry Thoby Prinsep (1792–1878) herangezogen, welcher sich mit der Geschichte der Sikh-Herrschaft befasst.[88] Es ist klar, dass für diesen Teil antike Autoren komplett ausfallen, sodass nur der Verweis auf die historische und ethnologische Komponente des großen Werkes bleibt. Dieser sind Ritters Zusammenfassungen

---

82 Burnes, Alexander: Travels into Bokhara, Vol. 3, S. 193 und S. 199–332 (Memoir on the Indus and its Tributary Rivers in the Punjab).

83 Ritter, Carl: Uebergang, S. 81–93; Hügel, Karl: Notice of a Visit to the Himmáleh Mountains and the Valley of Kashmir in 1835, in: Journal of the Royal Geographical Society London, Vol. 6, 2 (1836), S. 344–349.

84 Ritter, Carl: Uebergang, S. 33; Arr. an. 6, 1–3 folgend.

85 Ritter, Carl: Uebergang, S. 61. Womöglich handelt es sich um eine freie Auslegung von Arr. an. 5, 29, 5 oder um eine fehlerhafte Verbindung zu Arr. an. 6, 25, 4ff.

86 Grewal, Jagtar Singh: The Sikhs of the Punjab, S. 84–98 (zur Reichsbildung) sowie S. 101–119 (zur Politik und Verwaltung durch Ranjit Singh); Stukenberg, Marla: Die Sikhs, S. 9–18 (einführend).

87 Ritter, Carl: Uebergang, S. 115–147.

88 Prinsep, Henry Thoby: Origin of the Sikh Power in the Punjab, and Political Life of Muha-Raja Runjeet Singh. With an Account of the Present Condition, Religion, Laws and Customs of the Sikhs, Calcutta 1834; Stukenberg, Marla: Die Sikhs, S. 24–41.

der beiden britischen Autoren zuzurechnen, auch wenn sie freilich ausschließlich die Zustände des 18. und 19. Jahrhunderts betreffen.

Nach der Betrachtung dieser vorderen Abschnitte zeichnet sich bereits ein vorläufiges Bild ab. Schon rein quantitativ ist antikes Quellenmaterial in einem vergleichsweise geringen Umfang verwendet worden. Qualitativ – beurteilt nach der Rolle für den Informationsgehalt der „Erdkunde" – fällt das Ergebnis nicht weniger negativ aus. Für den oberen Induslauf und für die Beschreibung seiner Zuflüsse hat Ritter keine Quellenarbeit betrieben – jedenfalls nicht in der für eine Analyse relevanten Art und Weise. Diese Bilanz verändert sich auch für das folgende Kapitel nicht. Mittels zeitgenössischer Literatur wurde der mittlere Teil des Stromes beschrieben. Ab dem heutigen Uch Sharif, bei dem sich die Punjab-Flüsse endgültig vereinigen, hat Ritter bis zur Beschreibung der Flussmündung auf antike Texte verzichtet. Gerade hierfür fällt eine Erklärung schwer. Just an diesem Punkt, ein wenig östlich und auf der Höhe der letzten Kilometer des Hesudrus, hatte ja Alexander die östlichste der nach ihm benannten Städte gegründet. Arrian und Diodor haben davon berichtet.[89] Nur ein einziger Verweis – jedoch wiederum die Schiffbarkeit betreffend – erwähnt Alexanders Feldzug in diesem Kontext.[90] Der Zug in Richtung Süden, den Indus entlang, wird mit keinem Wort angesprochen. Strabon, dessen 15. Buch eine Fülle von Informationen geboten hätte, wurde komplett übergangen.

Zugegebenermaßen fallen die Abschnitte, die sich dem weiteren Flusslauf gen Süden widmen, in ihrem Umfang eher knapp aus. Ritter behandelt lediglich wenige bedeutendere Städte wie das heutige Sukkur oder Sehwan.[91] Jedoch mindert dieser Umstand nicht die Verwunderung darüber, dass zentrale Informationen historiographischer Art ausgelassen wurden. Und so muss die Analyse der Quellenarbeit des Ritter'schen Textes konsequent zum Indus-Delta voranschreiten und feststellen, dass sich die bisherigen Ausführungen zum Lauf des großen Flusses als unergiebig erwiesen haben.

Das Kapitel zum unteren Induslauf, dem Indus-Delta, erscheint dem Leser als Analogie zum entsprechenden Kapitel des Nilstromes.[92] Zunächst hat Ritter versucht, die Frage nach der Anzahl der Indusarme beziehungsweise Mündungen zu klären. So spaltet sich seiner Meinung nach der Indus zunächst in zwei größere Gewässer, die sich im weiteren Verlauf in neun kleinere Mündungen teilen.[93] Ritter hat ausdrücklich

---

89 Arr. an. 6, 15, 2 sowie Diod. 17, 102. Es ist darauf hinzuweisen, dass Ritter die Geschichte des Alexanderzuges in Indien knapp und ausschließlich historiographisch im vorangegangenen Teil seiner „Erdkunde" (Indische Welt I., S. 444–479) behandelt hat. Dort findet der Leser zwar indirekt die Kenntnisse der antiken Autoren vom indischen Subkontinent referiert, allerdings werden keine Fragen zur Topographie und dergleichen behandelt. Insofern sind diese Abschnitte für eine Analyse von Ritters Quellenarbeit nachrangig.

90 Ritter, Carl: Uebergang, S. 149.

91 Zu Sehwan (oder „Sehwun" bei Ritter; S. 159f.) wird Burnes zitiert, dem zufolge Alexander der Große die antike Stadt geschleift haben soll. Burnes, Alexander: Cabool, Vol. 3, S. 53–60 sowie Travels into Bokhara, Vol. 3, S. 259–265.

92 Ritter, Carl: Uebergang, S. 165–189.

93 Ritter, Carl: Uebergang, S. 168.

hervorgehoben, dass Ptolemaios insgesamt sieben Mündungsarme angegeben habe.[94] Die sich widersprechenden Zahlen werden im Weiteren damit begründet, dass saisonal auftretende Trockenperioden, genau wie die Unwirtlichkeit des sumpfigen Tieflandes, Veränderungen verursachten oder eben begünstigten. Vor allem der westliche Mündungsbereich sei, so die „Erdkunde", noch relativ unerforscht. Als maßgebliche Leistung der Hydrogeographie wird kein anderes Werk als das von Alexander Burnes genannt. Diese Flussarme sollten anschließend benannt werden, wobei Ritter auch generell auf die verschiedenen Namen zu sprechen gekommen ist. Der Text nennt lokale Bezeichnungen wie „Zerstörer" und „Befruchter", die auf den Charakter des Gewässers zurückgehen, neben „Salzfluss" oder „Süßwasser-Meer". Letztere spielen auf die Konjunktion des Indus mit dem Indischen Ozean an. Allerdings bringe, so Ritter, eine Diskussion der Namen keine Ergebnisse zu Tage, denn „[d]urch den Mangel jeder gesunden Critik [habe] sich die oberflächliche Geographie der späteren Zeit nebst der Landkartenfabrik mit einer babylonischen Verwirrung von Namen umgeben".[95]

Das Klima im Deltagebiet wurde von Ritter als trocken beschrieben. Wasser gebe es nur während der Hochwassermonate im Überfluss. Die Vegetation sei primitiv und durch den geringen Niederschlag, von dem schon Strabon berichte, unterentwickelt, sodass eine Kultivierung des Landes nur mit dem Aufwand künstlicher Bewässerung möglich sei.[96] „[W]ie das Nildelta nach Herodot, so [sei] auch das Indus-Delta [entstehungsgeschichtlich] ein Geschenk des Stromes".[97] Die Einwohner des Mündungsgebietes sollen zu Beginn des 19. Jahrhunderts hauptsächlich vom Fischfang gelebt haben, als Hauptanbauprodukt wurde Reis angeführt.

> Traurig ist der Zustand der Bewohner des Indus-Deltas, wenn man dieses mit andern Niederungen der Mündungsländer vergleicht, die durch ihre höhere Cultur auch den edeleren Naturranlangen, mit denen sie ausgestattet wurden, entsprachen. Hier fehlen die Denkmale einer solchen bedeutendern historischen Entwicklung der Vergangenheit wie der Gegenwart; auch aus dem Zustande Pattala's, zu Alexander M. Zeit […] ist wenig auf seine einstige, höhere Civilisation zurückzuschließen, wenn auch nicht die ersten Anfänge dazu vermißt werden.[98]

Die Passage macht den Tenor deutlich, in dem die Geographen dieser Zeit sowohl den Entwicklungsstand als auch die Rolle der lokalen Kultur in der Geschichte bewertet und gemessen haben. Hervorzuheben ist, dass der Text ausdrücklich die „Naturanlagen" als

---

94 Ptol. 7, 1.
95 Ritter, Carl: Uebergang, S. 172; Burnes, Alexander: Travels into Bokhara, Vol. 3, S. 35f., S. 62 und S. 268 sowie Burnes, Alexander: Cabool, Vol. 3, S. 268.
96 Strab. 15, 1, 17.
97 Ritter, Carl: Uebergang, S. 173f.
98 Ritter, Carl: Uebergang, S. 178.

Faktoren, von denen der Entwicklungs- beziehungsweise Zivilisationsgrad der ansässigen Bevölkerung abhängig sei, anführt und diese anderen gegenüberstellt. Für den Vergleich mit der Zeit Alexanders zitiert die „Erdkunde" Ptolemaios.[99] Die seit alters anhaltende Stagnation der Entwicklung dient dem Text dann, wenn auch nicht als Grund, so doch wenigstens als Überleitung zur Herrschaft von Sindh.[100] Die Regenten, Emire, hatten ihren Einfluss von Hyderabad aus bis nach Süden und den Induslauf entlang ausgebreitet. Sie wurden von Ritter durchaus als potente militärische Anführer porträtiert. Die Geschichte des Reiches von Sindh – oder vielmehr des Gebietes – war nicht nur durch die Überlieferung, wonach Alexander dieses passierte, dem gebildeten Leserkreis bekannt. Auch der sogenannte „Periplus maris Erythraei"[101] berichtet von florierenden Handelskontakten. Indem Ritter – genau wie seine Zeitgenossen – diesen Text Arrian zugeschrieben hat, war hierfür eine namhafte Quelle gewonnen.[102]

Mit dem Kapitel zum unteren Flusslauf ist Ritter wieder zur Praxis des Quellengebrauchs, wie sie dem Leser über weite Abschnitte zu Ägypten begegnet ist, zurückgekehrt. Die Auseinandersetzung mit den antiken Texten hat sich erneut intensiviert und folgt dem bewährten Muster insofern, als diese im Sinne der Historiographie gebraucht werden. Der Abschnitt zum Delta ist – ungeachtet seiner Kürze – gerade wegen seiner Analogie zur Nilmündung ähnlich zu werten. Die Aussagen der antiken Autoren werden von Ritter als zeitlos gültige Fakten über Klima und topographische Ausprägungen integriert. Jedoch ist nicht zu leugnen, dass die Dichte der Verwendung von nicht-zeitgenössischem Quellenmaterial für den siebten Teil deutlich abgenommen hat. Die zuvor formulierte Vermutung, dass der Text der „Erdkunde" immer dann antike Autoren ausweist, wenn entsprechendes Terrain – im geographischen Sinne – betreten wird, ist nicht bestätigt worden. Überhaupt lässt sich eine Abnahme der Quellenarbeit im althistorischen Sinne auch für den gesamten weiteren Text des „Übergangs-Bandes" feststellen. Weil große Kapitel wie „Ägypten" nicht länger zu einem erheblichen Teil auf Herodot, Strabon oder Ptolemaios fußen, ist für die folgende Bearbeitung ein anderes Vorgehen nötig. Es gilt fortan, nicht mehr nach geographisch zusammenhängenden Einheiten zu fragen und diese zu bearbeiten. Vielmehr ist eine thematische Analyse der Textstellen, in denen antike Autoren angeführt werden, erforderlich.

99 Gemeint sein kann nur Ptol. 7, 1, 59 oder 8, 26, 10. Warum Ptolemaios hier von Ritter angeführt wurde, ist fraglich. Die Vermerke enthalten keine Informationen, die der Art entsprechen, wie sie der Text der „Erdkunde" erwarten lässt.

100 Tietze, Wolf (Hrsg.): Westermann Lexikon der Geographie, s. v. „Sind".

101 Der „Periplus maris Erythraei" wurde von einem griechisch-ägyptischen Autor verfasst. Es ist der Forschung nicht gelungen, seine Entstehungszeit genauer zu bestimmen. Gesichert scheint jedoch, dass es sich bei dem Text um eine Art Handbuch für Kaufleute handelt, die zwischen Ägypten, Arabien, Afrika und Indien Handel trieben. Vgl. Casson, Lionel: The Periplus maris Erythraei, S. 3–10.

102 Ritter, Carl: Uebergang, S. 183 und S. 187.

Der Hindukusch und „Kabulistan" – Geschichte wird verortet

Es wurde bereits gesagt, dass der Hindukusch[103] und „Ost-Turkestan" die beiden Landschaften sind, die Ritter neben dem Indus in diesem Band behandelt hat. Die prominente Gebirgsregion, die noch immer einen fast sagenumwobenen Ruf besitzt, liegt heute hauptsächlich auf dem Staatsgebiet des modernen Afghanistan. Die Landschaft, dominiert durch die Topographie von Hoch- und Mittelgebirgen, ist den Auswärtigen bis heute fremd geblieben. Daran haben auch die politischen Umstände sowie das verstärkte Interesse Europas und Nordamerikas in den letzten Jahrzehnten nur wenig geändert. Für die Geographen des frühen 19. Jahrhunderts gilt dies freilich in erhöhtem Maße. Es ist daher kaum überraschend, wenn für Ritter die Beschreibung des Hindukusch im Wesentlichen aus der „Hochterrasse von Kabul" und dem „Kabul-Fluss" bestanden hat.[104] Ansonsten sind die Kenntnisse punktuell und auf die Inhalte verschiedener Reiserouten, wie sie bereits erwähnt wurden, beschränkt. Nicht anders liegen die Dinge für „Turkestan". Schon die Benennung aus dem Persischen – „Land der Türken" – zeigt, wie dunkel auch dieser Teil Zentralasiens im 19. und sogar bis weit ins 20. Jahrhundert der westlichen Welt geblieben ist. So wurden die Länder zwischen dem Kaspischen Meer und der Wüste Gobi zusammengefasst. Die undifferenzierte und pauschalisierte Begriffswahl, die eine Vielzahl sehr verschiedener Ethnien bündelt, wird den Gegebenheiten vor Ort keinesfalls gerecht. Wie noch zu zeigen sein wird, hat dieser Umstand schon den Geographen Ritter zu einem ausführlichen ethnographischen Exkurs veranlasst.

> Hindu-Khu, d. h. im Persischen und dem Landesdialect Indisches-Hochgebirge, Indischer Kaukasus der Macedonier (Gravakasas im Sanskr., d. h. glänzendes Felsgebirge, daher Graucasus bei Plin. H. N. VI. 17 [...]), ist die westliche Fortsetzung des großen Himalayazuges auf dem rechten Indusufer [...]. Mehr als was oben von den zugehörigen Landschaften mitgetheilt ward, ist vom Innern dieses Hindu-Khu, so wenig wie von seinem Nordgehänge kaum bekannt, denn kein Beobachter ist bis jetzt in diese Terra incognita vorgedrungen.[105]

Die knappen verfügbaren Informationen zu den topographischen Makrostrukturen und zur Benennung von Gewässern und Gebirgszügen bietet die „Erdkunde" auf den einleitenden Seiten. Der Kabulstrom, von dem auch „Alexanders Siegeszug gegen die Bergvölker im Indischen Kaukasus seinen Anfang nimmt",[106] war für Ritter der Ansatzpunkt zur Betrachtung des Hindukusch. Die Gebirgslandschaft wurde von Westen in Richtung Osten behandelt, wo der Flusslauf schließlich die Chaiber-Berge durchbricht,

---

103 Tietze, Wolf (Hrsg.): Westermann Lexikon der Geographie, s. v. „Hindukusch".
104 Ritter, Carl: Uebergang, S. 219–244 (zur Hochterrasse).
105 Ritter, Carl: Uebergang, S. 196.
106 Ritter, Carl: Uebergang, S. 197; dazu Yarshater, Ehsan (Hrsg.): Encyclopaedia Iranica, s. v. „Kabul River".

um sich dann bei der Stadt Attock mit dem Indus zu vereinigen. Die Entdeckung dieser Gegend, die gemeinhin Mountstuart Elphinstone zugeschrieben wird, schlägt Ritter ausdrücklich „den Alten", genauer gesagt den Makedonen zu:

> [Die Entdeckung] ist eigentlich nur eine Wiederentdeckung der neuesten Zeit zu nennen, da schon Ptolemäus diese Gegend genauer kannte als man bisher vermuthete; denn eben hier ist das südlichste Vorgebirge seines Kaukasos im eigentlichen Sinne (ἰδίως), welches selbst die verunstaltete neunte Tafel zu seiner Asia sehr richtig [...] darstellt. [...] [Das Parveti-Gebirge] ist der eigentliche feste Punct, auf welchem die so oft besprochene Benennung dieses Kaukasus bei den Alten beruht, und es bleibt noch einer nähern Sprachforschung und Erkundigung bei dem, seit Alexanders Zeiten, bis heute, freigebliebenen, zahlreichen, merkwürdigen Alpenvolke dieser Gegend, den Siapusch (Siaput), [...] um zu bestimmen, ob jener Name, den damals die Makedonier dort in Gang brachten, nicht wirklich nach 2000 Jahren, noch heute eben so einheimisch ist, wie Himalaya (Jmaos), oder der früherhin gleich verrufene und längst durch die Mohammedaner Zeiten verdrängt gewesene Name des Oxus [...].[107]

Der Text fährt mit einigen Wiederholungen des Zitierten zur Namensgeschichte sowie mit Verweisen auf die Begrifflichkeiten bei Ptolemaios und Plinius fort.[108] Immer wieder wird auf Alexanders Feldzug und auf die Überschreitung von Gebirgskämmen in Richtung Osten verwiesen. Ohne konkrete Textstellen – etwa aus den Werken der Alexanderhistoriker – zu zitieren, geben pauschale Verweise der „Erdkunde" nunmehr einen pseudo-fundierten Charakter. Betrachtet man nämlich den Inhalt dieses und der folgenden Abschnitte, wird schnell klar, dass echte Informationen und Fakten überaus dünn gesät sind. Es handelt sich mehrheitlich um Aufzählungen von Benennungen, die dann verortet werden sollen. Verweise auf altgriechische oder lateinische Wortverwandtschaften sollten den vagen Kenntnisstand untermauern. Ein Vermerk zur noch zu leistenden Arbeit der indogermanistischen „Sprachforschung" tat diesem „selbstbewussten" Umgang mit den Quellen keinen Abbruch. Die Frage nach einer tatsächlichen Übereinstimmung des besprochenen Raumes mit den Etappen des Alexanderzuges wurde nicht gestellt. Sie wurde schlicht vorausgesetzt, sodass Eigennamen problemlos übernommen werden konnten. 1829 hatte Ritter im Rahmen einer Vorlesung an der Akademie der Wissenschaften zu Berlin über Details zum „Feldzug am Indischen Kaukasus" geforscht, sodass die „Erdkunde" nun lediglich auf diesen veröffentlichten Vortrag zu verweisen brauchte.[109]

---

107 Ritter, Carl: Uebergang, S. 198f.
108 Plin. nat. 6, 17 beziehungsweise 19 sowie Ptol. 9, 18 (von Ritter nicht explizit angegeben).
109 Ritter, Carl: Ueber Alexander des Großen Feldzug am Indischen Kaukasus, in: Philologische und historische Abhandlungen der Königlichen Akademie der Wissenschaften zu Berlin, Vol. 10, Berlin 1832, S. 137–174.

Diese Praxis des Einsatzes von griechisch-lateinischen Bezeichnungen, um grund-legende, allgemeine Informationen zur Länderbeschreibung festzustellen, setzt sich unverändert fort, was noch einmal an einem Abschnitt zu Kafiristan gezeigt sei. Die transkaukasische Landschaft hat vor allem durch Rudyard Kiplings Geschichte „The Man Who Would be King" die fragwürdige Berühmtheit eines unkultivierten und wil-den Niemandslandes erlangt.[110] Das moderne Chitral liegt im Zentrum des Gebietes, welches heute die afghanisch-pakistanische Grenzregion ausmacht:

> Zur Zeit der Mongolenherrschaft zerfiel dieses Gebiet in drei Districte; 1) in Pukheli (Πευκελιῶτις bei Arrian, Πευκολαῖτις bei Strabo, Ποκλαῖς bei Ptolem.); zunächst am Indus, 2) in Sewad (Sawati bei Sultan Baber), zu dessen Zeit es als Jagdrevier der Rhinoceroten berühmt war; Swaut bei Elphinstone, Suastene und Goryaea bei Arrian) und 3) Bijore (Bajour bei Sultan Baber, Banjour bei Elphinst., wo Arigaeum bei Arrian) am heutigen Punjcora, einem rechten Seitenflusse zum Lundye. Was sich auf diesem Boden in Beziehung auf Alexanders kühnen Feldzug gegen die dortigen Völker seiner Zeit, die Kafern, die als Aboriginer wohl bis heute ihre Alpensitze behauptet zu haben scheinen, etwa sagen ließ, ist in der genannten Abhandlung im besonderen nachzusehen.[111]

Es ist bezeichnend, dass die „Erdkunde" für die Einteilung des Gebietes nicht nur Varianten verschiedener Gewährsmänner aus völlig unterschiedlicher Zeit angibt. Es ist vielmehr ein deutliches Übergewicht zu Gunsten des historischen Kontextes festzustellen. Dabei hat Ritter mit den Verweisen auf Sultan „Baber" – gemeint ist Zahir ad-Din Muhammad Babur[112] (1483–1530) – einen weiteren Autor, dessen Werk mit erheblichem zeitlichen Abstand verfasst worden ist, in die „Erdkunde" integriert. Dessen Memoiren, die unter dem Titel „Die Erinnerungen des ersten Großmoguls von Indien" in Europa Verbreitung fanden, enthalten mehrere umfangreiche Kapitel, die die Geographie Hindustans zum Thema haben.[113] Nun ist es zugegebenermaßen schwierig, die Verbindung der von Ritter vereinten Namen, die schon Elphinstone und Burnes in ähnlicher Form gezogen haben, zu verifizieren oder zu falsifizieren. Für den Text Baburs liegt die Problematik schon in der Übersetzung begründet. Man geht aber wohl nicht zu weit mit der Behauptung, dass dem kritischen Betrachter heute gewisse

---

110 Kipling, Rudyard: The Man Who Would be King, in: Ders., The Phantom 'Rickshaw & other Eerie Tales, S. 66–104.

111 Ritter, Carl: Uebergang, S. 201. Zur Herleitung des Namens „Kaferistan (Land der Ungläubigen)" siehe: Ebenda S. 205f.

112 Köseoglu, Caner: Das Mogulreich, S. 23–35; Kulke, Hermann: Indische Geschichte, S. 77f.; Yarshater, Ehsan (Hrsg.): Encyclopaedia Iranica, s. v. „Babor, Zahir-Al-Din-Mohammad".

113 Mit „Hindustan" ist hier nicht nur der Nordwesten Indiens gemeint; die Beschreibungen umfassen das frühe Mogulreich und beinhalten somit auch Territorien, die über den Hindukusch hinausreichen. Vgl. Leyden, John/Erskine, William: Memoirs of Zehir-ed-Din Muhammed Baber, Emperor of Hindustan, London 1826.

Zweifel an der Kontinuität kommen müssen. Diese wird vom Text der „Erdkunde" von vorchristlichen Jahrhunderten bis auf die eigene Zeit suggeriert. Mit den Verweisen auf die Namensbezeichnungen bei Strabon, Arrian und Ptolemaios werden wiederum keine expliziten Charakteristika der Umwelt oder der Geschichte ihrer Einwohner geliefert. Was die *Graeca* allerdings leisten, ist erneut die Bereitstellung eines nach Ansicht der Zeitgenossen, tragfähigen Fundamentes. Dieses Schaffen einer Basis ist abermals ein deutliches Zeichen für die angenommene Glaubwürdigkeit sowie für den hohen Stellenwert antiker Autoren und der von diesen überlieferten Informationen. Es erscheint fast so, als ob das Belegen von Einzelheiten durch die griechisch-römischen Autoren mit einer nicht zu hinterfragenden, nicht anzuzweifelnden und keine weiteren Erläuterungen benötigenden *sacrosanctitas* für sich alleine stehen konnte. Umgekehrt bedauert Ritter den Ausfall des antiken Quellenmaterials für die Beschreibung und Verortung von Pässen beziehungsweise Gebirgsübergängen schmerzlich.[114]

Mit der Stadt Kabul und „Ost-Turkestan" verbleiben zwei weitere Untersuchungsgebiete, die für eine Analyse des Bandes von Wert sind. Für die Großstadt und ihr Umland „Kabulistan" hat Ritter in bewährter Manier den von Ptolemaios überlieferten Namen „Κάβουρα" angegeben.[115] Jedoch wurden die antiken Autoren hier eher als Stichwortgeber hinzugefügt. Die grundlegenden Gewährsmänner zu diesem Kapitel und zur gesamten Hochterrasse sind Elphinstone und Burnes gewesen.[116]

Tatsächlich spiegelt die Art, wie die antiken Texte gebraucht wurden, den Charakter des ptolemaischen Werkes wider, das in weiten Teilen nicht mehr als ein geordnetes Verzeichnis von Ortsnamen oder Landschaften darstellt. Etwas weiter führen nur die zitierten Worte Strabons, der Kabul als „Durchgangsort"[117] bezeichnet hat. Damit sind aber die expliziten und direkten Verweise auf die klassischen Autoren für Kabul selbst bereits erschöpft. Dies verwundert insofern nicht, als der Alexanderzug hier keine Station gemacht zu haben scheint. Die „Erdkunde" fährt fort, indem der Text das Leben und Treiben in der „imposanten" Stadt beschreibt. Die fruchtbaren Böden mit ihren Agrarerzeugnissen werden genau wie der florierende Handel und das angenehme Klima auf die gleiche Art beschrieben, wie es für manche der ägyptischen Städte gezeigt wurde. Die Geschichte der alten Stadt wird für das 10. Jahrhundert unter Verweis auf Ibn Hauqal[118], einen arabischen Geographen dieser Zeit, kurz angerissen und später mit-

---

114 Ritter, Carl: Uebergang, S. 251.

115 Ritter, Carl: Uebergang, S. 233 sowie 237; Ptol. 6, 18, 5. Siehe auch Tietze, Wolf (Hrsg.): Westermann Lexikon der Geographie, s. v. „Kabul" sowie Yarshater, Ehsan (Hrsg.): Encyclopaedia Iranica, s. v. „Kabul".

116 Burnes, Alexander: Travels into Bokhara, Vol. 1, S. 133–170 und Vol. 2, S. 147–15; Elphinstone, Mountstuart: The Kingdom of Caubul, S. 104–139.

117 Ritter, Carl: Uebergang, S. 235. Strab. 11, 8, 9 wurde von Ritter nicht explizit genannt. Diese Stelle kommt jedoch hierfür einzig in Frage.

118 Ouseley, William: The Oriental Geography of Ebn Haukal, S. 226; dazu Yarshater, Ehsan (Hrsg.): Encyclopaedia Iranica, s. v. „Ebn Hawqal" sowie Scott Meisami, Julie/Starkey, Paul (Hrsgg.): The Routledge Encyclopedia of Arabic Literature, s. v. „Ibn Hawqal" (Lebensdaten unklar).

tels der bereits erwähnten Schrift von Sultan Baber erweitert. Dieser hatte immerhin zeitweise von Kabul aus regiert. Die Angaben der Briten hatten es Ritter zwar möglich gemacht, die Stadt in ihrem „aktuellen" Zustand zu beschreiben. Jedoch zeigen die dem Kapitel nachgestellten „Anmerkungen" und „Erläuterungen", dass der Geschichte und der Vielzahl an Details wie Größe, Einwohnerzahl und einst existierende Monumente durchaus Bedeutung beigemessen wurde. Die Motivation dafür, dass die „Erdkunde" hier erneut zur historischen Enzyklopädie wird, gibt Ritter später selbst an. Zum einen verweist er auf das Grundverständnis seines Faches, das der Untertitel seines Werkes widerspiegelt. Zum anderen zeigt der folgende Abschnitt, wie teleologische Gesichtspunkte für Ritters geographische Forschung bedeutsam werden.

> Das verjüngte Interesse, welches das bis dahin scheinbar für die Welt- und Menschen-Geschichte brache gelegene Kabulistan, durch obige Denkmale und ihre Geschichte gewonnen hat, fordert auch die geographische Wissenschaft dazu auf, diesem Gebiete der Erdrinde für die Zukunft, weil es zur Grundlage und Folie einer ganz eigenthümlichen, keineswegs unwichtigen, religiösen Culturperiode gedient hat, mehr Aufmerksamkeit und Forschung zuzuwenden, als bisher geschehn war. Wir halten es desshalb auch für nothwendig, uns dessen frühere Zustände zu vergegenwärtigen, um die gegenwärtigen sowohl, als die noch früher vergangenen, daraus immer mehr in ihrem wahren Verhältniß zum Erdganzen begreifen zu lernen.[119]

Ein letzter großer Punkt, der bei der Betrachtung der Quellenarbeit zum Hindukusch nicht fehlen darf, ist schon von Strabon als „ἐπὶ τὴν ἐκ Βάκτρων τρίοδον"[120] bezeichnet worden. Ritter hat dies ausdrücklich hervorgehoben, um sowohl die historische Bedeutung als auch die geographisch günstige Lage zu bewerten. Diesem „Wendepunct der Sprachen, Culturen, Religionssysteme", der „Heerstraße der Eroberer und Colonisationen", wurde ganz besondere Aufmerksamkeit gewidmet.[121] Gemeint ist *Alexandria ad Caucasum*, das von den Makedonen 329 v. Chr. gegründet wurde.[122] Die Geschichte des Ortes, der im 19. Jahrhundert als „Bamiyan"[123] angesprochen wurde, hat Ritter in drei Phasen eingeteilt. Auf die griechisch-makedonische sei eine buddhistische Priesterherrschaft gefolgt, welche ihrerseits durch die Ausbreitung des „iranischen Islams" beendet worden sein soll. Während die beiden ersten Perioden als regelrechte Blütezeit dargestellt werden, ist die „Herrschaft des Koran" eindeutig als Niedergang interpretiert

---

119 Ritter, Carl: Uebergang, S. 303.
120 Strab. 15, 2, 8.
121 Ritter, Carl: Uebergang, S. 271.
122 Ritter, Carl: Uebergang, S. 271–286; Curt. 7, 2, 23 sowie Diod. 17, 83. Tatsächlich ist die Anzahl der von Alexander gegründeten und nach ihm selbst benannten Städte in der Forschung umstritten. Zu Alexandria im Kaukasus siehe Wiemer, Hans-Ulrich: Alexander der Große, S. 146; Tarn, William: The Greeks in Bactria & India, S. 49, S. 96f. sowie S. 420f.
123 Heute ist die Stadt als Bagram bekannt.

worden.[124] Dem Text ist diesbezüglich ein klares Bedauern zu entnehmen. Dies bezieht sich nicht auf eine Islamisierung im Allgemeinen, jedoch rechtfertigt Ritter seine kritische Haltung durch den Umstand, dass im Zuge der religiösen Veränderung nicht nur der Frieden, sondern auch kulturelle Errungenschaften verloren gegangen seien.[125] Für die Passagen zur Geschichte der Stadt werden verschiedenste Quellen verwendet und auch angeführt, sodass die „Erdkunde" hier aus der vollen Bandbreite zeitgenössischer und nicht-zeitgenössischer Schriften schöpft. Der Text enthält Verweise auf die bereits mehrfach angesprochenen persischen beziehungsweise arabischen Geographen des Mittelalters, die neben chinesischen Annalisten und mongolischen Historiographen meist unmittelbar zitiert werden.[126]

Ost-Turkestan – die „Alten" bringen Licht ins Dunkel

Die nordwestlichen Ausläufer des großen Hochgebirges hat Ritter unter dem Begriff „Ost-Turkestan" zusammengefasst. Für den gesamten Raum finden sich kaum Verweise auf antike Quellen. Auch hier überrascht dieser erste Befund nicht. Ritter hat nämlich die Etappen des Alexanderzuges, die etwa in das benachbarte Baktrien oder an den Oxus geführt haben, ebenfalls ausgespart. Sie werden im aktuellen Band nicht behandelt. Ausnahmen bilden wenige verstreute Verweise – etwa auf Kontakte der Römer zum chinesischen Kaiserhof unter „M. Antoninus", die auf ihrer Reise besagte Gebiete durchquert haben sollen.[127]

Eine Betrachtung zur Quellenarbeit in diesem Teil der „Erdkunde" könnte demnach vielleicht guten Gewissens die folgenden Abschnitte aussparen und sich dem nächsten Großkapitel widmen. Allerdings bietet sich hier die Gelegenheit, den Umgang mit anderen nicht-zeitgenössischen Quellen einmal genauer in das Blickfeld zu rücken. Dies kann exemplarisch am Text zu „Kaschghar" getan werden.[128] Wie gewohnt, geht der geographische Zuschnitt des Gebietes bei Ritter über die Grenzen des modernen Kaschgar hinaus.[129] Heute bezeichnet der Name eine Verwaltungseinheit im äußersten Westen der Volksrepublik China.

---

124 Ritter, Carl: Uebergang, S. 174ff.

125 Ritter, Carl: Uebergang, S. 272f.

126 Zu den erwähnten Historiographen sowie zur Namenstradition der Stadt: Ritter, Carl: Uebergang, S. 280.

127 Ritter, Carl: Uebergang, S. 556f. Vgl. in diesem Kontext auch die bei Ritter besprochenen asiatischen Quellen, die über geographische Benennungen nach den Texten Abel-Rémusats Auskunft geben, ebenda: S. 539ff.

128 Ritter, Carl: Uebergang, S. 409–445.

129 Yarshater, Ehsan (Hrsg.): Encyclopaedia Iranica, s. v. „Kashgar" sowie Bosworth, Edmund (Hrsg.): Historic Cities of the Islamic World, s. v. „Kashghar".

Obwohl auch schon Ptolemäus im II. Jahrhundert die Kasischen Berge und die Handelsstraßen über dieselben hinweg zu den Seren (Casii, Ptol. VI. c. 12–16, d. i. die Berge von Kaschghar) kennt, Ebn Haukal im X. Jahrhundert, das bedeutendste Land Chaje an den Grenzen von Turkestan mit 25 Städten und der Capitale (Chaje ist Kaschghar) beschreibt, und auch den Edrisi diese Gegenden keineswegs ganz unbekannt blieben, da sie eben an den Ostgrenzen der Ausbreitung des Koran, in jenen Zeiten des XII. Jahrhunderts, lagen, und die Missionen des Islam dahin zu den Turkstämmen des Ostens fortschritten, gleichzeitig wie zu den Negerstämmen am Nigerstrome, so bleiben doch jene Landschaften selbst noch in dunkeln Schleier verhüllt [...]. Erst durch M. Polo, der (gegen 1280 n. Chr. G.) von Badakhschan und Wakhan am Oxus und Bolor-Fluß, über die hohe Pamir-Ebene und den Belur heraufsteigt nach Kaschghar, erhalten wir den ersten, lehrreichen Bericht eines Augenzeugen, der zwar sehr kurz ist, aber doch hinreicht, uns eine Vorstellung von der Wichtigkeit des Ortes, selbst nach den Zerstörungen der Mongholen, seit Tschingiskhans Zeit, zu geben.[130]

Damit hat Ritter die Vielfalt der auf den folgenden Seiten detaillierter ausgeführten Quellen umrissen. Ein Blick auf die schon mehrfach angesprochene Landkarte Burnes' bestätigt, dass den Zeitgenossen kaum zuverlässige Einzelheiten zu Kaschgar bekannt waren. Ritter ist es für die Abfassung seines Textes nicht anders ergangen. Dies wird schon daran deutlich, dass die Angaben zur nördlichen Breite, mit der die Lage der gleichnamigen Stadt verortet werden soll, uneinheitlich sind. Ritter nennt Quellen, die von rund 44° bis rund 38° nördl. Br. sprechen. Erste vage Informationen hat Ritter nach eigener Auskunft den Reiseberichten Marco Polos entnommen.[131] Sie betreffen später die Einwohner und beschreiben ihr Tagwerk. Baumwollarbeiten, Manufakturen und unter anderem Obstpflanzungen, deren Produkte verhandelt würden, werden angesprochen. Jedoch war diese Quelle hiermit erschöpft, sodass Ritter prompt die Berichte arabischer Autoren nachgelegt hat. Abu l-Fida ist einer von diesen; sein Werk wurde für den Afrika-Band bereits angesprochen. Diese Gewährsmänner haben Kaschgar als blühende Metropole beschrieben. Allerdings muss Ritter auch hier feststellen, dass ihre Berichte eher dürftig ausfallen. Der Grund liege in der zeitweiligen Fremdherrschaft durch die Mongolen im 12. Jahrhundert, die zwar gleichzeitig die Expansion des Islam zurückgehalten habe, aber dennoch ein erheblicher Einschnitt für die überregionale Bedeutung der Stadt gewesen sei.[132] Mit

---

130 Ritter, Carl: Uebergang, S. 409.
131 Ritter, Carl: Uebergang, S. 409f.; Marsden, William: Travels of Marco Polo, S. 145–147.
132 Ritter, Carl: Uebergang, S. 410f.; Ouseley, William: The Oriental Geography of Ebn Haukal, S. 265; Sionita, Gabriel: Geographia Nubiensis, S. 138 (frühe Übersetzung von al-Idrisis Geographie); Ritter zitiert für Abu l-Fida Hudson, John: Geographiae veteris scriptores graeci minores. Accedunt geographica arabica &c., Vol. 3, S. 79 und S. 113.

Hadschi-Chalfa[133] (gest. 1658), einem türkischen Geographen und Historiographen des 17. Jahrhunderts, konnte Ritter die Grenzen eines zu dieser Zeit existierenden Königreiches von Kaschgar noch beschreiben. Tatsächlich auszumachen scheinen sie aber auch in anderen Quellen, die schon in das 19. Jahrhundert datieren, nicht gewesen zu sein. Die Berichte von „Mekkapilgern" aus dem Jahr 1835 haben dann schon etwas mehr Licht ins Dunkel gebracht. Ritter konnte aus ihnen die „aktuellen" politischen Zustände entnehmen und die Abhängigkeitsverhältnisse mehrerer Städte vor Ort beschreiben. Eine chinesische Garnison wurde neben wichtigen Handelsverbindungen nach Russland erwähnt. Die für die „Erdkunde" wichtigsten Fakten waren allerdings Entfernungen zu anderen Städten, die Ritter in „Tagesreisen" angegeben hat.[134]

Die hier paraphrasierten Seiten wirken bei Ritter wie ein Vergrößerungsglas, das die oben zitierte Passage verdeutlicht und den angerissenen Informationen weitere Details und Schärfe verleiht. Hinsichtlich der Arbeitsweise Ritters stellt sich auch dieses kurze Schlaglicht auf eine der Regionen „Ost-Turkestans" als in der gewohnten Weise dar. Die Art des Einsatzes nicht-zeitgenössischer Quellen darf mit ihrem Facettenreichtum, ebenso wie mit ihrer Collage, nahezu als Paradebeispiel für Ritters Arbeitsweise bezeichnet werden. Angefangen bei den antiken Autoren konstruiert die „Erdkunde" auch hier ein kontinuierlich entwickeltes Bild, das mit dem über die Jahrhunderte überlieferten Material ausgebaut wird. Freilich steht die historische Dimension, die Geschichte des Raumes und der Menschen, im Mittelpunkt. Dies liegt nicht zuletzt wiederum in der Natur der von Ritter herangezogenen Schriften, die ja allesamt von einem historiographischen Charakter geprägt sind. Auch Aussagen zur Anthropologie rekurrieren hierauf. Eine Interpretation, die sich auf diese Feststellungen beschränkt, würde jedoch dem zugrunde liegenden Prinzip der Arbeit nur oberflächlich gerecht. Wo immer möglich, hat Ritter auch an den ausgewählten Stellen geographische Informationen im naturwissenschaftlichen Sinne aus den Werken der „Alten" entnommen und diese integriert. Von der Verortung gewisser Städte oder landmarks reicht dies auch über die spezielle Beschaffenheit von naturräumlichen Phänomenen hinaus. Dass aber keinesfalls die Dichte, wie sie der Leser für Ägypten vorfindet, erreicht wurde, liegt zweifellos daran, dass dieser Teil der Erde noch immer vom „dunklen Schleier" umhüllte terra incognita war.[135] Etymologie und die Frage nach dem Herkommen einzelner Personenverbände spielten nach wie vor eine Rolle. Einmal abgesehen von den Details zu Kafiristan, hat dieser Band der „Erdkunde" diesbezüglich bisher vergleichsweise wenig Ansatzpunkte für eine Analyse geboten. Ritter hat die Ethnographie innerhalb der einzelnen geographisch

---

133 Hadschi-Chalfa ist heute ebenfalls unter dem Namen Katib Çelebi bekannt. Vgl. Kafadar, Cemal (Hrsg.): Historians of the Ottoman Empire, s. v. „Katib Çelebi". Seine Berichte hat Ritter nicht direkt konsultiert. Er hat stattdessen auf eine Schrift Klaproths zurückgegriffen. Vgl. Klaproth, Julius: Mémoires relatifs à l'Asie, Vol. 2, S. 285ff.

134 Ritter, Carl: Uebergang, S. 413ff.

135 Der Ausdruck terra incognita findet sich an mehreren Stellen und in verschiedenen Formen. Bereits die kurze Einleitung des Bandes spricht davon. Ritter, Carl: Uebergang, S. 3f.

strukturierten Kapitel stiefmütterlich behandelt. Um dies nachzuholen, widmete er der Thematik ein eigenes größeres Kapitel, welches nun analog zu den bisher vorgestellten völkerkundlichen Abschnitten zu betrachten ist.

Von der „Wurzel" bis zum „Zweiglein" – Carl Ritter als Ethnograph

Nachdem die „Erdkunde" die Beschreibung der Örtlichkeiten des östlichen Turkestans abgeschlossen hat, wird der Zweck der folgenden Kapitel von Ritter explizit neu formuliert und als Überblick über die „Hauptmomente der ethnographischen Verhältnisse" festgelegt.[136] Es ist vorab zu bemerken, dass die „Erdkunde" auch zu diesen Fragen bis heute von der Wissenschaftsgemeinde nicht rezipiert worden ist. Die Gründe hierfür dürften allerdings über die bereits für das Gesamtwerk besprochenen hinausgehen. Zum einen sind die Abschnitte wenig leserfreundlich strukturiert. Zudem scheint es an der einen oder anderen Stelle so, als sei Ritter selbst einer Verwechslung der Ethnonyme, die stets in verschiedenen Varianten angegeben wurden, erlegen. Darüber hinaus wirkt die ohnehin schon recht komplexe Ausdrucksweise des Textes in diesen Abschnitten geradezu verwirrend. Andererseits ist hervorzuheben, dass in der ersten Hälfte des 19. Jahrhunderts keinesfalls der Weg für eine anerkannte Anthropogeographie bereitet war. Dieser sollte erst von Friedrich Ratzel und seinen Nachfolgern beschritten werden.[137] Die Rolle Ritters als Vorläufer soll hierdurch jedoch nicht geschmälert werden. Die Analyse der folgenden Passagen wird im Interesse von Klarheit und Verständlichkeit hauptsächlich die zentralen Punkte herausgreifen und diese besprechen, wobei das Hauptaugenmerk des vorliegenden Abschnittes auf der klassischen Zeit liegen wird.

Gleich zu Beginn der Kapitel vier und fünf des Bandes wird eine ganze Reihe von „Völkern" genannt, wobei bei deren Einführung der historische Kontext, sprich die chronologische Reihenfolge ihrer „Ethnogenese" als Ordnungskriterium eine entscheidende Rolle gespielt hat.[138] Der Text geht zunächst auf die Verbreitung der „Hiongnu", „Xiongnu" oder auch „Hsiung-nu" ein. Dieses „Urvolk", auf das zahlreiche jüngere „Stämme" der Turkvölker zurückzuführen seien, war für Ritter der Gemeinsamkeiten stiftende Ausgangspunkt für weitere Betrachtungen.[139] Die moderne Forschung geht davon aus,

---

136 Ritter, Carl: Uebergang, S. 583f.
137 Buttmann, Günther: Friedrich Ratzel, S. 60–72; Beck, Hanno: Große Geographen, S. 174–178.
138 Nicht alle der von Ritter angeführten Ethnien können mit Bestimmtheit identifiziert werden. Dies ist lediglich für einige möglich, wie noch zu zeigen sein wird. Die folgenden Abschnitte, die sich mit der Ethnogenese und Migration befassen, sind aber durchweg chronologisch ausgerichtet. Geographische Muster zur Einteilung sollen jedoch nicht vergessen werden. Sie finden sich bei Ritter für die Makroebene wieder. So unterscheidet die „Erdkunde" beispielsweise Gruppen in „Ost-" und „West-Turkestan" (Ritter, Carl: Uebergang, S. 587 und 628).
139 Ritter, Carl: Uebergang, S. 585f.

dass die Xiongnu als Bund von Reiternomaden zwischen dem dritten Jahrhundert v. Chr. und dem vierten Jahrhundert n. Chr. ein Großreich errichtet hatten, welches die Äußere Mongolei umfasste, jedoch im Laufe der Zeit seine Grenzen vom Pazifik bis in den kasachischen Osten erweiterte.[140] Mitunter werden die Xiongnu heute auch mit den berühmten Hunnen gleichgesetzt. Schon die Forschung des 19. Jahrhunderts hat die Überzeugung geteilt, dass die Reichsgründung als Gegengewicht zum expansiven Ausgreifen der chinesischen Han-Kaiser zu interpretieren sei – obgleich das „Reich der Mitte" schließlich siegreich geblieben war.[141] Es ist bemerkenswert, dass die Große Mauer zum Schutz gegen Eindringlinge aus dem Norden, also auch wegen der Xiongnu, erbaut worden ist – ein Detail, das Ritter hier allerdings nicht genannt hat. Wichtiger für die Belange der „Erdkunde" waren gewisse Sprachverwandtschaften mit dem Chinesischen sowie religiöse Gemeinsamkeiten, die den Verbund als Bindeglied in Richtung Westen erscheinen lassen. Die „Ursprungsrolle" wurde vor allem durch die Anmerkung unterstrichen, dass bei den Turkvölkern des 19. Jahrhunderts keine der Volkssagen über die Zeit der Xiongnu hinausreiche.[142] Sie wurden somit als kulturelle „Stammväter" präsentiert. Ritter hat dazu hauptsächlich mit den Berichten von Abel-Rémusat und Klaproth gearbeitet, wobei schon Letzterer den Reiterverbund mit den in Europa deutlich bekannteren Hunnen gleichgesetzt hat.[143] Auch Ritter hat sich hierzu nur zurückhaltend geäußert. Die Bewohner an den Grenzen der zentralasiatischen Herrschaft hat Ritter wie folgt angegeben:

Gegen Ost saßen ihnen die Völker der Tunghu, d. h. östliche Barbaren, ein vager Ausdruck, der wahrscheinlich Völker Tungusischen und Mongolischen Schlages zusammenfaßt. In S.O. die Chinesen in Schensi und Schansi. In Süd, 200 Jahr vor Chr. G., die Yueichi, oder Yueti, die sie nach dem Westen verjagten. In S.W. die Sai (Sacae), die ursprünglich im Nord und Nordost des Caspischen Sees wohnten, aber durch die Yueti gegen Süd verdrängt wurden, also die Vorgänger der Geten.[144]

140 Ishjamats, N.: Nomads in Eastern Central Asia, in: János Harmatta (Hrsg.), History of Civilizations of Central Asia, Vol. 2, S. 148ff.; dazu ferner Parzinger, Hermann: Die frühen Völker Eurasiens, S. 752 sowie S. 765–769.

141 Ritter, Carl: Uebergang, S. 585f. sowie Klaproth, Julius: Asia Polyglotta, S. 210ff. und Abel-Rémusat, Jean-Pierre: Recherches sur les langues tartares, S. 324ff.

142 Ritter, Carl: Uebergang, S. 586.

143 Klaproth, Julius: Mémoire sur l'identité du Thou Khiu et des Hioungnou avec les Turks, in: Journal Asiatique, Vol. 7 (1825), S. 257–268; Klaproth, Julius: Sur l'origine des Huns, in: Ders., Mémoires relatifs à l'Asie. Contenant des recherches historiques, géographiques et philologiques sur les peuples de l'Orient, Vol. 2, Paris 1826, S. 372–378.; Abel-Rémusat, Jean-Pierre: Recherches sur les langues tartares, S. 324–329; Zadneprovskiy, Y. A.: The Nomads of Northern Central Asia after the Invasion of Alexander, in: János Harmatta (Hrsg.), History of Civilizations of Central Asia, Vol. 2, S. 459f.

144 Ritter, Carl: Uebergang, S. 587.

An dieser Stelle sind einige Bemerkungen zu den zitierten Ethnonymen nötig. Die „Yueti", die in vorchristlicher Zeit nach Westen ausweichen mussten, sind mit den Yuezhi zu identifizieren.[145] Die indoeuropäische Stammesgruppe durchlief auf diesem Weg und bis ins fünfte Jahrhundert n. Chr. verschiedene Transformationsprozesse. Die Forschung nimmt heute an, dass mehrere kriegerische Auseinandersetzungen mit den Parthern schließlich zur Errichtung des bekannteren Reiches von Kuschan führten.[146] Mitunter werden die „Yueti" als „skythisch" bezeichnet.[147] Dies erscheint sicherlich treffend, solange dieser Zuordnung eine weitgefasste Definition – etwa als europäisch-asiatische Reiternomaden im besten griechisch-römischen Sinne – zu Grunde liegt.[148] Es ist nicht Sinn und Zweck dieser Arbeit, die detailreich geführten Diskussionen um Ethnonyme wiederzugeben. Schon das Referat ihrer langen Tradition würde hier über das Ziel hinausführen. Allerdings macht allein der Verweis auf die Thematik klar, dass die Forschung bis heute zu keinem für alle Beteiligten zufrieden stellenden Konsens gelangt ist. Ritter und die beiden mehrfach genannten Sinologen taten sich da freilich leichter. Durch den bescheideneren Umfang an Informationen dürften sich die Dinge klarer dargestellt haben, als sie sich für die moderne Forschung erwiesen haben. Ähnliches lässt sich über die angesprochenen „Sai" sagen. Ritter hat sie mit den Geten verbunden. Während die Bezeichnung „Sacae" vom Altpersischen „Sakâ" abgeleitet ist, stammt „Sai" aus dem Chinesischen.[149] Beide sind sicherlich etymologisch miteinander verwandt. Fragt man hier nach der Geschichte der Bezeichnungen, führt dies erneut zur Diskussion um den Skythenbegriff, ausgehend von Herodots „Σκύθης". Dieser hat sicherlich auch Personenverbände in den besprochenen Regionen Zentralasiens umfasst. Beispiele hierfür wären die amyrgischen Skythen oder die „pausikoi".[150] Ob allerdings eine Brücke zu den Geten existiert, wie sie so selbstverständlich von Ritter und seinen Zeitgenossen geschlagen wurde, wird heute eher bezweifelt. Die „Geten", später die „Daker", werden eher als in Thrakien ansässig – also indigen – angesehen.[151]

145 Enoki, K./Koshelenko, G. A./Haidary, Z.: The Yüeh-Chih and their Migrations, in: János Harmatta (Hrsg.), History of Civilizations of Central Asia, Vol. 2, S. 165–183; Parzinger, Hermann: Die frühen Völker Eurasiens, S. 825f. und S. 787.

146 Yarshater, Ehsan (Hrsg.): Encyclopaedia Iranica, s. v. „Kushan Dynasty". Für weitere Informationen der hier genannten verschiedenen Ethnien siehe Harmatta, János (Hrsg.): History of Civilizations of Central Asia, Vol. 2, Kapitel 6–8; Parzinger, Hermann: Die frühen Völker Eurasiens, S. 787–826.

147 Jankuhn, Herbert (Hrsg.): Reallexikon der Germanischen Altertumskunde, s. v. „Skythen"; Enoki, K./Koshelenko, G. A./Haidary, Z.: The Yüeh-Chih and their Migrations, in: János Harmatta (Hrsg.), History of Civilizations of Central Asia, Vol. 2, S. 168.

148 Hdt. 4, 20; Eine gelungene und knappe Einführung zum historischen Hintergrund der Skythen bietet Parzinger, Hermann: Die Skythen, S. 25–29.

149 Die Aussage beziehungsweise die Verbindung geht auf Herodot zurück. Zur neueren Forschung: Puri, B. N.: The Sakas and Indo-Parthians, in: János Harmatta (Hrsg.), History of Civilizations of Central Asia, Vol. 2, S. 184–189.

150 Hdt. 7, 64 zu den amyrgischen Skythen.

151 Jankuhn, Herbert (Hrsg.): Reallexikon der Germanischen Altertumskunde, s. v. „Geten"; Parzinger, Hermann: Die frühen Völker Eurasiens, S. 541, S. 700, S. 825 und S. 841 (zu Skythen und Saken).

Im Anschluss an diese Vorfahren der „Turkvölker" hat Ritter einen ethnographischen Abriss über deren Nachfahren gemäß der Überlieferungssituation des 16. Jahrhunderts gegeben. Für die „Erdkunde" ist dies jedoch nur ein kurzer chronologischer Exkurs. Ritter ist für die Behandlung der „indo-germanischen Völkergruppe" sowie für die der „Ursassen" erneut zur vorchristlichen Zeit zurückgekehrt. Erstere, die auch als „Gruppe der blauäugigen Blonden" bezeichnet wurde, gliedere sich in sechs Gruppen: die „Usun", „die Choule, Schule, oder Sule", die „Houte, oder Khoute", die „Tingling", „die Hakas" und die „Yanthsaï".[152] Die „Erdkunde" enthält zu diesen Ethnien jeweils Informationen über die Geschichte und Lebensweise sowie zum Siedlungsgebiet, welches in der Regel eher vage angegeben wird. Diese wie auch die folgenden Details hat Ritter den Schriften der angesprochenen Sinologen entnommen. Als von besonderem Wert hat sich nochmals der von Abel-Rémusat bereitgestellte Text Matouanlins erwiesen. Für eine Analyse der Quellenarbeit eignen sich besonders zwei Darstellungen der genannten Personenverbände. Sie gilt es exemplarisch zu behandeln:

> Die Houte, oder Khoute. Schon Ab. Remusat hatte sie für ein Volk gothischen Stammes gehalten, und Klaproth sprach sich desgleichen für diese Hypothese aus, die freilich nur Wahrscheinlichkeit, keine Gewissheit geben kann. Dieses Land lag, nach den chinesischen Daten, in Nordost von Sogdiana, und in West des Gebirges Thsungling, wie des Landes Usun (also ganz in der Gegend des heutigen Taschkend […] wo Gothenstämme allerdings sitzen konnten, wenn sie später zum Nordufer des Caspischen Sees und zur Wolga vorrückten an deren Westufer die Völkerwanderung sie vorfindet). […]
>
> Im J. 177 vor Chr. Geb. drang der Statthalter der Hiongnu der Westseite, bis zu diesen Khoute vor, und unterjochte sie. In der ersten Hälfte des III. Jahrhunderts hatten die Chinesen einigen Verkehr mit diesen Khoute. Nähmen wir sie hier wirklich als eine Spur gothischen Schlages in Anspruch […], ist doch darum nicht gesagt, daß die europäischen Gothen, oder Germanen, von diesem Zweiglein herkommen müssen, weil es uns gänzlich unbekannt, daß sie die Wurzel des Ganzen sind.[153]

Die „Houte" oder „Khoute" sind der wissenschaftlichen Gemeinschaft bis heute fremd, ja sogar unbekannt geblieben. Zwar gibt es durchaus noch weitere Publikationen des 19. Jahrhunderts, die sie anführen, allerdings gehen die Informationen stets auf die schon von Ritter genannten Arbeiten von Abel-Rémusat und Klaproth zurück. So erwähnt sie beispielsweise Wilhelm von Humboldt unter dem Gesichtspunkt der Sprachverwandtschaft in einer Abhandlung „Über die Verschiedenheiten des menschlichen Sprachbaues"[154] ebenfalls, wobei er sie mit einer gewissen Skepsis in die Nähe der „Yueti" („Yucti")

---

152 Ritter, Carl: Uebergang, S. 611–628.

153 Ritter, Carl: Uebergang, S. 623.

154 Humboldt, Wilhelm von: Über die Verschiedenheit des menschlichen Sprachbaues, in: Albert Leitzmann (Hrsg.), Wilhelm von Humboldts gesammelte Schriften, Vol. 6, 1, S. 263.

setzt. Wie auch immer die Formations- oder Transformationsprozesse dieser Ethnie abzubilden sind, Ritter hat diese Frage explizit aufgegriffen und in die „Erdkunde" integriert. Die Möglichkeit, sie mit dem hier weitgefassten Begriff der „Gothenstämme" in Verbindung zu bringen und zu beschreiben, wurde herausgestellt – eventueller Kritik oder Zweifeln vorgebaut. Erneut wird auch eine räumliche Verortung vorgenommen sowie die Geschichte der Menschen für die Zeit der Antike angesprochen. Auch wenn sich hier bei Ritter keine explizit geartete Quellenarbeit nachweisen lässt, sondern einmal mehr davon ausgegangen werden muss, dass die Informationen aus der zeitgenössischen Literatur übernommen wurden, tragen die festgestellten Punkte doch zur Bestätigung des bisher gewonnenen Bildes zum Vorgehen der „Erdkunde" im Hinblick auf die ethnographische und historiographische Dimension bei.

Es scheint an dieser Stelle angebracht, einen kurzen Exkurs über den Weg, den die Wissenschaft in den folgenden Jahren und Jahrzehnten einschlagen sollte, einzuschieben. Die erwähnte „Völkerkunde" von Friedrich Ratzel hat diesen Zweig der Geographie geprägt. In seinem Werk wurde aber weniger facettenreich und *en détail* berichtet, als dies in der „Erdkunde" der Fall war. Die übergeordneten Bevölkerungsgruppen Zentralasiens wie etwa die „Turk-" oder „Mongolenvölker" wurden natürlich auch von Ratzel aufgegriffen und behandelt. Allerdings hat er weit weniger versucht, die Mikrostrukturen zu beleuchten. Lebensgewohnheiten, Physiognomie und kulturelle Traditionen stehen klar im Mittelpunkt. So subsumierte Ratzel beispielsweise mehrere, noch von seinen Vorgängern unterschiedene Ethnonyme unter dem Sammelbegriff der „Wandervölker Innerasiens".[155] Der Versuch, Vollständigkeit betreffend der Differenzierung von ethnischen Teilgliedern zu erreichen, war der „Völkerkunde" fremd. Dies mag freilich auch damit zusammenhängen, dass schon hier, zum Ende des 19. Jahrhunderts, die historische Dimension meistenteils aus dem Fokus der Geographie verschwunden war. So zeigt sich Ratzels Arbeit im Gegensatz zur Ritter'schen eher als eine Darstellung der kontemporären Verhältnisse.[156]

Die historische Dimension der Ethnogenese wurde für die „Yanthsaï" durch Ritter deutlich erweitert. Eine Verbindung mit größeren Personenverbänden, wie es die „Erdkunde" für die „Khoute" bereits angedeutet hat, stand hier im Mittelpunkt. Bevor jedoch eine Diskussion dazu erfolgen kann, ist es nötig, einen längeren Abschnitt zu paraphrasieren.

Laut Ritter seien die „Yanthsaï" beziehungsweise „AnThsai" oder „Alanna" ab dem Jahre 120 v. Chr. zwischen dem Aralsee und Sogdien ansässig gewesen – vielleicht sogar in der Gegend der unteren Wolga. Zunächst hätten sie dort unter der Herrschaft anderer, also gewissermaßen als Unfreie, gelebt. Erst im Laufe des dritten Jahrhunderts

---

155 Ratzel, Friedrich: Völkerkunde, Vol. 3, S. 330–380.

156 Freilich gehörte auch das Forschen über die Verbreitungsgeschichte der Menschen zu Ratzels Anliegen. Dennoch lag sein Hauptaugenmerk auf den „gegenwärtigen" Zuständen. Siehe dazu Ratzel, Friedrich: Völkerkunde, Vol. 3, S. 323–379 sowie Buttmann, Günther: Friedrich Ratzel, S. 62ff.

frei geworden, seien sie dann dem Römischen Reich als „Alanen" bekannt geworden. Nach einer kurzen Beschreibung ihrer Lebensgewohnheiten berichtet Ritters Text unter Bezugnahme auf Matouanlin, den chinesischen Enzyklopädisten, dass die „Yanthsaï" ihren Namen in „Alanna" geändert hätten; diese „Tribus" sei dann auch angeblich mit dem „Scythenstamme" der „Asii" (oder „Asioi") identisch.[157] An diesem Punkt hat sich Ritter die Meinung der Zeitgenossen zu eigen gemacht. Die „Erdkunde" spricht davon, dass diese „Alanen" darüber hinaus mit den „Massageten" kongruieren würden – eine Aussage, die schon von Klaproth getroffen wurde.[158] Durch diesen Konnex hat die Darstellung, was ihre Quellenbasis anlangt, wieder festeren Boden unter den Füßen. Die bisher zusammengefassten Informationen gehen lediglich auf eine Quelle, Matouanlin, zurück. Laut Ritter habe dieses Ethnonym späterhin sowohl die „Alanen" als auch Teile der angesprochenen „Yueti" in sich aufgenommen. Die „Massageten" waren den antiken Autoren wohl bekannt. Ihre geographische Verortung konnte nunmehr nach Ptolemaios südöstlich des Aralsees erfolgen.[159] Sie hätten es dort, als Alexander der Große nach Baktrien kam, zu einem gewissen Wohlstand gebracht.

Anschließend berichtet der Text von zwei Gruppen, von einem „Westzweig" und von einem „Ostzweig". Erstere, die „Daaï", hat Ritter nach Herodot („Δάοι") und Arrian („Δάαι") benannt.[160] Der „Ostzweig" wurde wiederum in Massageten und „Daken" geteilt.[161] Eine Erklärung, was nun genau mit dieser Unterscheidung, die gleichzeitig den Namen des Dachverbandes beinhaltet, bezweckt oder ausgesagt werden soll, ist Ritter schuldig geblieben. Womöglich wurde der Name im Kontext der antiken Autoren durchaus noch im 19. Jahrhundert rückblickend als Sammelbegriff gebraucht. Dagegen wäre die Aufspaltung dann Ausdruck der zeitgenössischen Forschung. Dies würde zumindest die auf den ersten Blick widersprüchliche Anwendung erklären. Die „Erdkunde" bleibt hier jedoch in ihrer Ausdrucksweise dunkel. Eine letzte Verbindung ist an dieser Stelle noch erwähnenswert: Die am Jaxartes[162] lokalisierten Massageten sind auch mit der bereits angesprochenen Wanderbewegung der „Yueti", nunmehr als Teil der Getae identifiziert, gleichgesetzt worden. Letztlich, so hat es die „Erdkunde" beinahe für sich selbst festgestellt, seien diese jedoch nicht einwandfrei von anderen Ethnien

---

157 Ritter, Carl: Uebergang, S. 625–628.

158 Ritter erwähnt den Sinologen lediglich namentlich; Ritter, Carl: Uebergang, S. 628. Klaproths kleine Schrift, „Mémoire dans lequel on prouve l'identité de l'Ossète", muss hier herangezogen worden sein. Zur Rolle der Massageten Abetekov, A./Yusupov, H.: Ancient Iranian Nomads in Western Central Asia, in: János Harmatta (Hrsg.), History of Civilizations of Central Asia, Vol. 2, S. 24–34; Zadneprovskiy, Y. A.: The Nomads of Northern Central Asia after the Invasion of Alexander, in: János Harmatta (Hrsg.), History of Civilizations of Central Asia, Vol. 2, S. 448–463.

159 Ptol. 6, 10 (bei Ritter 6, 13).

160 Hdt. 1, 125; Arr. an. 3, 11, 4 sowie 5, 12, 3.

161 Ritter, Carl: Uebergang, S. 627.

162 Gemeint ist der Syrdarja, der in Kirgisistan entspringt und gegen Westen das südliche Kasachstan durchquert.

zu unterscheiden, sondern seien „zu jener weit verbreiteten großen Völkermasse, der Skythischen, gehörig, die aus sehr vielen Völkerschaften bestehen mochte".[163]

Die zuvor zitierte „Babylonische Verwirrung" kommt dem Leser der „Erdkunde" beinahe zwangsläufig wieder ins Gedächtnis. Die Ethnographie Zentralasiens wirkt mit ihrem kaum zu überblickenden Facettenreichtum auf nicht Fachkundige ohnehin bis heute nur schwer zugänglich und nachvollziehbar. Die Beurteilung der Details oder Fragen nach fehlerhaften Annahmen der Ethnologen des 19. Jahrhunderts dürfen an dieser Stelle jedoch ausgespart werden, sie sind für die Fragestellung dieser Arbeit nicht von Bedeutung. Für die Thematik der Quellenarbeit sind die beiden dargestellten Passagen hingegen ideal.

Zunächst ist festzustellen, dass Ritter für beide Personenverbände, „Khoute" und „Yanthsaï", einen historischen Kontext geliefert hat. Neben dieser Einordnung wurden auch Lebensgewohnheiten – weniger die Physiognomie – beschrieben. So weit wäre der Idee, die Geschichte des Menschen im von ihm bevölkerten Raum zu beschreiben, zumindest ansatzweise Genüge getan. Zur Geschichte gehörte für Ritter aber auch das Aufzeigen und Erschließen von Verwandtschaftsverhältnissen, also die Abstammung der verschiedenen „Tribus". Hier war die Ethnographie des 19. Jahrhunderts natürlich auf die Texte der Antike beziehungsweise des Mittelalters angewiesen. Interessant ist, dass die „Erdkunde" zunächst mit den Annalen der Han-Kaiser einen asienzentrierten Ausgangspunkt gewählt hat. Sicherlich ist hier der Einfluss der so oft herangezogenen Sinologen zu spüren. Die Namensbezeichnungen, die nur einer kleinen Anzahl von europäischen Gelehrten bekannt gewesen sein dürften, wurden aber von Ritter und seinen Zeitgenossen durchweg mit „europäischen" Äquivalenten versehen. Dies betrifft auch einzelne Untergruppen oder Teile größerer Völkerschaften. Am ehesten zeigt sich dieses Vorgehen jedoch bei den zahlreichen Verweisen auf „Dachverbände". Auch wenn die „Erdkunde" bei der Zuweisung der „Khoute" zu den „Gothenstämmen" noch etwas vorsichtiger geblieben ist, bei der Einstufung der „Yanthsaï" als „Massageten" sind kaum Zweifel erkennbar.

Zu diesem Vorgehen sei noch einmal auf Ritters Metapher von „Wurzel" und „Zweiglein" hingewiesen. Auch wenn es zu weit ginge, darin eine bewusste Rechtfertigung für die Identifikation von asiatischen Ethnonymen mit europäischen zu sehen, weist die Botschaft doch in eben diese Richtung. Dieses Vorgehen ist dem Leser mit dem Berber-Exkurs und den Abschnitten zu den Blemmyern bereits begegnet. Hier, für Zentralasien, hat die „Erdkunde" nachgelegt – auch was die Hintergründe der Arbeitsweise angeht. Zunächst einmal ist festzustellen, dass Ritter fortwährend von Kontinuitäten ausgegangen ist. Sie betreffen in erster Linie die bloße Existenz von Ethnien über die Jahrhunderte und Jahrtausende hinweg. Diese Personenverbände verändern sich laut Ritter freilich in ihrer Zusammensetzung, können sich teilen oder mit anderen verbinden und sind natürlich auch verschiedenen Wanderbewegungen

---

163 Ritter, Carl: Uebergang, S. 627.

unterzogen. Das heißt, ihre Wohnsitze müssen jeweils und mehrfach neu bestimmt werden. So ist es klar, dass, wenn Ritter von den erwähnten „Dachverbänden" – also den ursprünglichen Wurzeln – spricht, zum einen stets vorzeitige Ethnien gemeint sind. Zum anderen liegt hierin eine wichtige Voraussetzung für das Grundverständnis, mit dem die ethnographischen Kapitel der „Erdkunde" verfasst worden sind. Indem die Namensbezeichnungen auf diese Art interpretiert worden sind, hat sich für die Forschung des 19. Jahrhunderts eine Fülle von Möglichkeiten, ein weiter Raum, eröffnet. Darin konnte neues Wissen recht komfortabel verortet und gegebenenfalls mit altem verbunden werden, ohne eine Kollision herbeizuführen. Nun sind die Informationen bei den antiken Autoren nicht gerade distinktiv oder von beschreibender Eindeutigkeit – von den lokalisierenden Angaben des Ptolemaios einmal abgesehen. Sie forderten auch hier eine Interpretation. Dass diese von Ritter und seinen Zeitgenossen in der oben beschriebenen Art durchgeführt wurde, hatte vor allem einen entscheidenden Nebeneffekt, der bereits an anderer Stelle sichtbar geworden ist: Durch die Annahme von letztlich nicht beweisbaren Kontinuitäten konnte die Quellenbasis hinsichtlich der antiken Autoren erneut erheblich verbreitert werden. Bleibt man nämlich auf der allgemeinen Ebene der Ethnonyme, findet sich von Herodot bis zu den spätantiken Autoren eine erhebliche Anzahl von geeigneten Stellen, die sowohl die Geschichte als auch die Lebensgewohnheiten der beschriebenen Personen wiedergeben. Gleichzeitig erhält die „Erdkunde" hierdurch den faktischen Charakter des Enzyklopädischen. Die enthaltenen Informationen wirken verlässlich und nachprüfbar.

Zusammenschau

Der siebte Teil der „Erdkunde", der gleichzeitig von Ritter als Einleitung zu „West-Asien" angelegt wurde, hat sich, wie eingangs bereits festgestellt, in verschiedener Hinsicht als eigentümlich erwiesen. Andererseits besitzt sein Inhalt durchaus auffällige Gemeinsamkeiten mit dem zuvor Besprochenen. Die bereits ausgemachten Punkte lassen sich auch hier wiederfinden (vgl. S. 126–129). Zunächst sei noch einmal darauf hingewiesen, dass auch für diesen Teil der Welt, Zentralasien, ausreichend zeitgenössische Literatur in der ersten Hälfte des 19. Jahrhunderts publiziert war. Gleichzeitig, und wie angekündigt, hat Ritter hier einen Raum behandelt, für den auch antike Quellen zur Verfügung gestanden haben. Die Frage nach ihrer Detailliertheit darf diesbezüglich einmal hintangestellt werden. Mittelalterliche Schriften, die zum Teil durch die Sinologie erschlossen worden waren, dürfen für die Frage nach der Quellenarbeit analog zu den antiken Autoren interpretiert werden.

Generell ist der Gebrauch von nicht-zeitgenössischem Quellenmaterial für diesen Band weit gestreut und erheblich weniger konzentriert als im Kapitel zum Land der Pharaonen. Dies haben beispielsweise die ausgewählten und besprochenen Stellen zum

Punjab gezeigt. Dass sich die Verweise auf Ptolemaios, Strabon und Herodot nicht immer in jenen Abschnitten finden lassen, in denen der Leser sie erwartet oder zu finden glaubt, erschwert die Skizze eines einheitlichen Bildes von der Arbeitsweise Ritters. Bewertet man aber die Stellen, zeichnen sich erneut grundlegende Befunde ab.

Bei der Darstellung des Induslaufes sind vor allem das Mündungsgebiet sowie der Raum seiner Quellströme für eine Analyse von Bedeutung. Die topographischen Beschreibungen gehen sowohl auf zeitgenössische als auch auf nicht-zeitgenössische Literatur zurück. Dies darf durchaus als Analogie zu den Abschnitten des oberen und unteren Nillaufes eingestuft werden. Die „Erdkunde" hat sich in beiden Fällen – auf unsicherem Terrain im eigentlichen Sinn des Wortes – des Quellenmaterials von erheblichem zeitlichen Abstand bedient; wenn auch nicht, um eine eindeutige Faktenlage zu schaffen und Gewissheit über die Beschaffenheit des Raumes zu erreichen. Vielmehr wurden auch hier erneut sämtliche verfügbaren Informationen gesammelt und wiedergegeben. Den antiken Autoren, wie etwa Ptolemaios zur Ermittlung der Anzahl der Mündungsarme des Indus, hat Ritter aufs Neue eine gewisse Verlässlichkeit hinsichtlich der topographischen Beschreibungen beigemessen. Allerdings verwundert es doch erheblich, dass gerade für den mittleren Flusslauf kaum über den Zug der Makedonen berichtet wurde. Ähnliches gilt für das „Fünfstromland". Verweise bietet die „Erdkunde" lediglich, um auf den kontemporären Zustand des Landes und die Kultur seiner Bewohner aufmerksam zu machen. Das haben die Passagen zur Stadt Attock gezeigt. Ritter hat hier jedoch nicht die Quellenbasis seines Werkes verkleinert, sondern stützte sich in seinen Ausführungen verstärkt auf die zeitgenössische Literatur und kollagierte vermehrt Reiseberichte. Die Absicht, unterschiedliche Informationsquellen zu vergleichen und aneinander anzufügen, begegnet dem Leser also auch weiter unvermindert. Antike Autoren im Text über den Indus konnten auch bei mehreren Gelegenheiten, die sich abermals der Historiographie zurechnen lassen, besprochen werden. Häufiger begegnen sie dem Leser allerdings für die Beschreibung des Hindukusch.

Die Gebirgslandschaft konnte von Ritter nur in Teilen dargestellt werden. Sie gehörte bis weit ins 19. Jahrhundert hinein zu den am wenigsten erforschten und am schwersten zugänglichen Gebieten der Erde. Die „Erdkunde" hat sich hauptsächlich auf „Kabulistan", die Hochebene und den zugehörigen Fluss, konzentriert. Hierfür standen mehrere zeitgenössische Quellen, die sich explizit der Stadt sowie der politischen Rolle ihrer Herrscher gewidmet hatten, zur Verfügung. Es ist daher kaum verwunderlich, dass die klassischen Autoren zunächst oberflächlich und als Stichwortgeber herangezogen wurden: Ritter hat sie zur Benennung von Landschaften – etwa für den „Indischen Kaukasus" – verwendet. Das Werk des Ptolemaios wurde hier sicherlich am intensivsten herangezogen. Allerdings wurde auch klargestellt, dass dieser Teil Zentralasiens den „Alten" bereits bekannt war und die Zeitgenossen keine Entdeckungsarbeit im eigentlichen Sinne geleistet haben.

Generell unterscheiden sich die Beschreibungen von Orten und bedeutenden Stätten in ihrer Art nur wenig von denen des Afrika-Bandes. Da es sich aber im siebten Teil um moderne Zustände und seltener um historiographische Berichterstattung handelt, müssen sich diese auch stärker auf entsprechendes Quellenmaterial stützen. Für Kabul oder Kaschgar konnte eben, wenn überhaupt, nur die Lage durch die Aussagen antiker Autoren angegeben werden. Für die Geschichte war es nötig, auf mittelalterliche Geographen auszuweichen – sofern dieser Bereich überhaupt abgedeckt werden konnte. Eine Ausnahme hiervon ist die Betrachtung „Bamyans". Dessen Geschichte hat Ritter mit *Alexandria ad Caucasum* verbunden. So hat sich hier die Gelegenheit ergeben, einmal mehr auszuholen und die Geschichte eines Ortes von vorchristlicher Zeit bis auf die eigene Zeit darzustellen. Damit wäre ein weiterer essenzieller Punkt, der sich bei der Analyse des siebten Teils ergeben hat, angesprochen.

Ritter hat an mehreren Stellen Kontinuitäten postuliert, wobei dies weniger explizit angesprochen als vielmehr stillschweigend angenommen wurde. Fragen nach der Verlässlichkeit solcher Annahmen hat sich die „Erdkunde" nicht gestellt – jedenfalls nicht, solange die Topographie, die naturwissenschaftliche Komponente des Faches, als Bindeglied zwischen der antiken und der zeitgenössischen Literatur gelten konnte. Mit anderen Worten: Wenn die Lokalisierung eines Ortes etwa von Ptolemaios mit der eines Zeitgenossen des 19. Jahrhunderts verknüpft werden konnte, war damit der Identifikationsarbeit Genüge getan. Erwartungsgemäß wurden auf diese Art die angesprochenen historiographischen Passagen entwickelt und ausgebaut. Die Verbreiterung der Quellenbasis in einzelnen Abschnitten war damit erreicht. Womöglich wurde das Untermauern von Inhalten, indem man sich auf die Verlässlichkeit der antiken Texte stützte, von Ritter und seinen Zeitgenossen gezielt eingesetzt. Die Behauptung darf jedenfalls insofern gelten, als diese Verlässlichkeit und die von den Autoren gebrauchten Eigennamen der wissenschaftlichen Gemeinschaft Europas vertraut gewesen sein dürften. Es ist also zumindest davon auszugehen, dass Ritter damit für seine Leserschaft Anknüpfungspunkte geschaffen hat, die ihr auch einen mehr oder weniger vertrauten Einstieg in die einzelnen Abschnitte ermöglichten. Dafür sprechen die Verweise auf die namensbegrifflichen Äquivalente.

Während die Beschreibung der Topographie Zentralasiens im Vergleich zum Ägypten-Band weniger auf antike Quellen zurückgegriffen hat, kommt das Ethnographie-Kapitel nicht ohne sie aus, zumal es ein deutliches Übergewicht zu Gunsten der Geschichte und der Transformation ethnischer Verbände besitzt. Wanderbewegungen wurden genau wie kulturelle Kontakte und deren Auswirkungen dargestellt. Dabei stützt sich der Text der „Erdkunde", wie gezeigt wurde, auf die Erkenntnisse der Sinologen, die mit ihren anthropologischen Studien bereits diesem Bereich der Forschung nachgegangen waren. Sie und damit Ritter, dessen Text ja hauptsächlich auf ihre Werke verweist, hatten im Sinne der Indogermanistik und nicht zuletzt mit der Frage nach etymologischen und onomastischen Verbindungen den Weg bereitet. Auch in diesem Kapitel wurden mit Hilfe von angenommenen Verwandtschaften verschiedener Ethnien Kontinuitäten erarbeitet. Dass die verschiedenen „Tribus" oder „Teil-Tribus" nicht eindeutig identifiziert, verbunden oder voneinander getrennt werden konnten, musste auch Ritter zugeben. Letztlich und genau genommen sind die distinktiven Aussagen, die etwa zu den „Yueti", den „Houte" oder den „Yanthsaï" getroffen werden konnten, überaus begrenzt. Die Ethnien oder besser gesagt die Ethnonyme werden im Nebel der Skythen betrachtet und sind tatsächlich nicht greifbar. Dessen ungeachtet hat Ritter die Geschichte der Alanen und anderer Stämme herangezogen, um Details über die Entwicklung der zentralasiatischen Ethnographie auszuführen. Auch dies erfolgte über die Gegenüberstellung und Verbindung von Namensbegriffen der antiken Literatur. Damit zeigt sich eindeutig der Versuch, die „Ursprünge des Menschen" und seiner Geschichte herauszuarbeiten. Ritters Text ist gewissermaßen von dem Ziel geprägt, an die Anfänge der anthropologischen Entwicklungen heranzureichen.

Der Aspekt der Verknüpfungen des Bekannten mit dem neu zu Erschließenden führt zur bereits angesprochenen Frage nach der Interpretation durch die Zeitgenossen. Die europäischen Reisenden wie Alexander Burnes haben im Fremden Bekanntes zu erkennen versucht. Die Annahme, dass dieser Umstand auch für die Buchgelehrten in Europa selbst gelten kann, liegt nahe. So wie Skardu von Ritter in den Kontext Alexanders des Großen gerückt worden ist, scheinen auch Klaproth und Abel-Rémusat in ihrem eigenen Forschungsgebiet Vertrautes gesucht zu haben. Das Ethnographie-Kapitel darf durchaus als Bestätigung hierfür angesehen werden.

Abschließend soll noch ein anderer Punkt angesprochen werden. Die Frage, ob Ritters Quellenarbeit tatsächlich seine eigene, von ihm selbst geleistete ist, hat sich ja bereits für mehrere Abschnitte zu Ägypten gestellt. Hier hat sich vor allem für den Gebrauch der „Description de l'Égypte" gezeigt, dass aus ihr ein erheblicher Anteil der Verweise auf antike Texte übernommen worden ist. Ein ähnlicher Befund hat sich für das Werk Champollions ergeben. Jedoch hat der Text zum Land am Nil auch bei mehr als nur einer Gelegenheit gezeigt, dass Ritter sicherlich direkt auf Strabon, Herodot und Ptolemaios sowie auf einige andere zurückgegriffen hat. Für den siebten Teil fällt die Bilanz ebenfalls uneinheitlich aus. Der Ursprung der Quellenarbeit ist für das Ethnographie-Kapitel in diesem Zusammenhang sicherlich am leichtesten zu klären. Ritters wissenschaftliches Arbeiten war freilich auch von seiner Ausbildung in den Fächern der klassischen Philologie beeinflusst. Sein Schaffen in die nähere Umgebung der Indogermanistik oder gar der Sinologie rücken zu wollen, wäre aber zu weit gegriffen. Dementsprechend ist es nicht verwunderlich, dass dieser Teil der „Erdkunde" auf zeitgenössischen Werken beruht. Klaproth und Abel-Rémusat sind von Ritter konsequent exzerpiert, die von ihnen angeführten Quellenverweise dementsprechend übernommen worden. Alexander Burnes' Werk lässt sich in gleicher Art für die Darstellung des Indus bewerten. Es ist offensichtlich, dass es für die Arbeitsweise Ritters genügte, ein oder zwei grundlegende und als zuverlässig erscheinende Werke heranzuziehen. Diese Basisliteratur konnte dann durchaus – etwa durch Aufsätze oder speziell ausgerichtete Veröffentlichungen – ergänzt werden. Sowohl die einen als auch die anderen Titel beinhalten in der Regel die Informationen der antiken Autoren. So kann einmal mehr festgestellt werden, dass deren Gebrauch für die Beschreibung „aktueller" Zustände keine genuin Ritter'sche Idee gewesen ist. Neben den immer wieder angesprochenen Wissenschaftlern haben auch die britischen Forschungsreisenden über eine klassische Schulbildung verfügt, die sich dementsprechend in ihren Abhandlungen niedergeschlagen hat. Der Text der „Erdkunde" zeigt hier erstaunlich viele Parallelstellen, die beweisen, wie nah Ritter an der verfügbaren zeitgenössischen Literatur gearbeitet und diese exzerpiert hat. Diesem Befund müssen die wörtlichen Zitate der griechischen und römischen Autoren entgegengesetzt werden. Zu diesem Zweck dürfte Ritter sicherlich den direkten Textzugang gewählt haben.

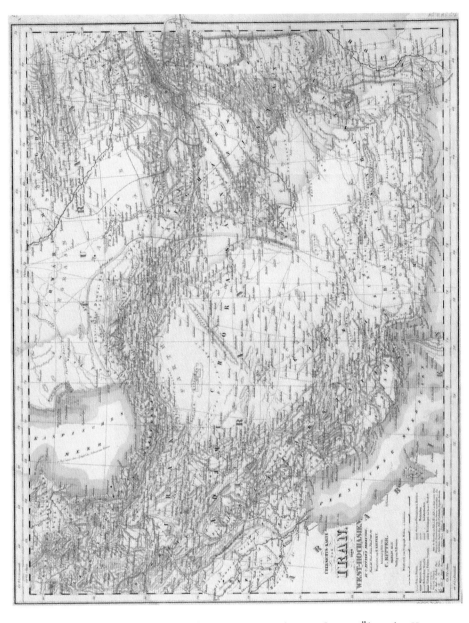

Carl Ritter/Franz August O'Etzel (Hrsgg.): Atlas von Asien, dritte Lieferung, „Übersichts-Karte von Iran oder West-Hochasien", Berlin 1852

172

Die „Iranische Welt"

Zeitgenössische Literatur und historischer Hintergrund

Der Übergang von Ost- nach Westasien war der Auftakt für die Beschäftigung mit dem Gebiet, welches von Ritter als „Iranische Welt" bezeichnet wurde. Entsprechend sind die folgenden beiden Bände der „Erdkunde" überschrieben. Diese „Iranische Welt" fasst einen Raum zusammen, der vom Hindukusch und Indus im Osten bis hin zum Euphrat und Tigris im Westen reicht.[1] Damit entspricht dieser zwar zum größten Teil dem Staatsgebiet der modernen Islamischen Republik Iran, ist aber schon auf den ersten Blick ein weiterer Beweis dafür, dass sich Ritter bei der Gliederung seines großen Werkes nicht an politischen Grenzen orientiert hat.[2] Teile der bereits angesprochenen Herrschaften im afghanischen Gebiet sowie regional begrenzte Machtzentren, die im westlichen Teil des heutigen Pakistan zu lokalisieren sind, wurden von Ritter nicht zur „Iranischen Welt" gerechnet.[3] Obwohl der moderne Staatsname ein Produkt des 20. Jahrhunderts ist, wäre es nicht richtig zu glauben, Ritter hätte die Grenzen des „Iran" nicht berücksichtigen können. Ihm waren, wie gesagt, verschiedene andere regionale Benennungen für den betreffenden Raum bekannt. Belutschistan oder Mekran[4] an der Küste des Arabischen Meeres seien hierfür beispielhaft angeführt. Nun hätten diese freilich von Ritter als Persien zusammengefasst werden können. Ihr Arrangement – jedenfalls soweit es den Zuschnitt der Bände betrifft – ist allerdings eindeutig nach historisch-kulturellen Gesichtspunkten sowie nach naturräumlichen Gegebenheiten erfolgt. Der Indus-Strom und die angrenzenden Mittel- und Hochgebirge sind hier die für die „Erdkunde" maßgeblichen topographischen Faktoren.

Ein Überblick über die zeitgenössische Literatur, die Ritter für die folgenden beiden Bände herangezogen hat, kann an dieser Stelle recht kurz ausfallen. Die Einführung der meisten Autoren ist bereits im vorangegangenen Kapitel erfolgt. So sind lediglich vier weitere zu besprechen. Mit den Werken von Sir Robert Ker Porter[5] (1777–1842) begegnet dem Leser bei Ritter wohl eine der schillerndsten Persönlichkeiten unter den britischen Forschungsreisenden. Aus einfachen Verhältnissen stammend, suchte Porter – ganz im Gegensatz zur Mehrheit seiner Zeitgenossen – nicht die militärische Karriere. Schon

---

1 „Iranische Welt", „Westliches Hochasien", „Hochland von Iran" und andere Benennungen werden von Ritter in seinen Ausführungen gebraucht. Das folgende Kapitel wird sich an diese halten und das Vokabular losgelöst von modernen politischen Implikationen gebrauchen.

2 Die Makrostruktur der beiden iranischen Bände spiegelt keine politischen Verhältnisse wider. Vgl. Blattweiser der Bände.

3 Siehe u. a. S. 152–157.

4 Yarshater, Ehsan (Hrsg.): Encyclopaedia Iranica, s. v. „Baluchistan" und „Makran"; Westermann Lexikon der Geographie, s. v. „Beludschistan" und „Makran".

5 Vgl. Henze, Dietmar: Enzyklopädie der Entdecker und Erforscher der Erde, s. v. „Porter, Sir Robert Ker".

als Kind erwies er sich als talentierter Maler. Für dieses Berufsziel erlangte er rasch die Förderung namhafter Vorbilder und Institutionen wie etwa der *Royal Academy*. Seine Panoramagemälde, die auch monumentale Schlachtszenen umfassen, waren 1804 Zar Alexander I. (1777–1825) von Russland aufgefallen, sodass ihn dieser an seinen Hof nach Sankt Petersburg holte. Seine Gemälde der folgenden Jahre sind heute im Gebäude der Admiralität zu sehen. Die Komplikationen, die eine morganatische Beziehung zu einer russischen Prinzessin mit sich brachte, waren dann der Grund, das Zarenreich zu verlassen.

Die folgenden Jahre führten Porter durch verschiedene europäische Länder, auch an der Seite von Militärs. Nach Aufenthalten in Skandinavien und Spanien kehrte er schließlich in die russische Hauptstadt zurück und heiratete 1811 die Prinzessin Maria Scherbatowa. In diese Zeit fallen seine ersten Publikationen, die im Kontext der Kriegskampagnen auf der Iberischen Halbinsel entstanden waren. Die russische Version des napoleonischen Feldzuges von 1812 und des Scheiterns der *Grande Armée* veröffentlichte Porter in englischer Sprache.[6] 1817 sollte ihn eine längere Reise über den Kaukasus nach Teheran und bis zu den Ruinen des alten Persepolis führen. In der persischen Hauptstadt gelang es ihm, engeren Kontakt zum Monarchen Fath Ali Schah[7] (1769–1834) herzustellen und diesen offiziell zu portraitieren. Auf dem Weg zurück über Ekbatana nach Bagdad fertigte Porter zahlreiche Zeichnungen von Monumenten und Landschaften an, die er seinen später veröffentlichten Reiseberichten teilweise beigefügt hat. Porter gilt als der erste Europäer, der das Grabmal von Kyros dem Großen in Pasargadae aufgefunden hat. Sein Werk „Travels in Georgia, Persia, Armenia, Ancient Babylonia"[8] ist einer der Titel, die für die „Erdkunde" grundlegend waren. Ritter hat mit dem Voranschreiten seiner Darstellung nach Westen verstärkt darauf zurückgegriffen.

Im Todesjahr seiner Frau, 1826, nahm Porter die Ernennung zum britischen Konsul für Venezuela an und bekleidete dieses Amt bis kurz vor seinem Tod. 1842 reiste Porter noch einmal nach Sankt Petersburg, wo er am 4. Mai verstarb. Die verschiedenen Stationen seines Lebens unterscheiden sich von denen der bisher dargestellten Offiziere nicht, insofern alle eine Karriere fern der Heimat gesucht und gefunden haben. Porter darf in dieser Hinsicht jedoch als sozialer Aufsteiger gelten, der seinen Erfolg – persönlich wie finanziell – Kontakten zur russischen Oberschicht, also zum Zarenhof, zu verdanken hatte. Sein künstlerisches Talent war hierfür der Schlüssel gewesen. Es sollte sich auch in den später entstandenen Publikationen niederschlagen, die sich sowohl sprachlich als auch in ihrem Inhalt von denen der Kolonialoffiziere unterscheiden. Die kunstvollen Abbildungen, mit denen etwa der genannte Reisebericht illustriert ist, lassen dies auf den ersten Blick erkennen.

---

6   Ker Porter, Robert: A Narrative of the Campaign in Russia during the Year 1812, London 1814.
7   Yarshater, Ehsan (Hrsg.): Encyclopaedia Iranica, s. v. „Fath-Ali Shah Qajar".
8   Ker Porter, Robert: Travels in Georgia, Persia, Armenia, Ancient Babylonia. During the Years 1817, 1818, 1819 and 1820, 2 Vol., London 1821 und 1822.

Mit James Justinian Morier[9] (1782–1849) hat Ritter die Literatur eines weiteren Briten in seine „Erdkunde" integriert, der seinen Landsleuten vor allem durch seine Arbeit jenseits des Militär- und Staatsdienstes in Erinnerung geblieben ist. Im Osmanischen Reich, genauer gesagt in Izmir, als Sohn eines Händlers geboren, scheint die Verbindung der Familie zum Orient bereits früh begünstigt worden zu sein. Tatsächlich gelangte er aber erst in den Jahren nach 1808 als Mitglied einer offiziellen britischen Gesandtschaft an den iranischen Hof. Im Stab des ersten Botschafters zu Teheran hatte Morier ausreichend Gelegenheit, Erfahrungen über die Kultur, Politik sowie über die Lebensgewohnheiten und den Alltag der „Perser" zu sammeln. Die Jahre bis 1816 waren von zwei längeren Aufenthalten geprägt. Morier veröffentlichte darüber zwei Reiseberichte, die in ganz Europa Verbreitung fanden. Der Posten eines Sondergesandten in Mexiko sollte von 1824 bis 1826 das letzte Amt im Dienste Großbritanniens sein. Das Ansehen und die Berühmtheit, die Morier bis heute in entsprechenden Kreisen zuteilwerden, erlangte er jedoch auf einem anderen Weg. Als scharfer und kritischer Beobachter seiner eigenen Zeit hat Morier mehrere satirische Schriften verfasst. „The Adventures of Hajji Baba of Ispahan",[10] die zur Weltliteratur zählen, präsentieren sich dem Leser als Karikatur der reisenden britischen Gelehrtengesellschaft des frühen 19. Jahrhunderts. Die Erlebnisse und Unternehmungen der Hauptperson, eines Barbiers, ähneln stark denen der europäischen Orientforscher. Genau wie diese mit ihren Tagebucheinträgen hat auch Hajji Baba die feste Absicht, seine Erfahrungen festzuhalten, um diese einem interessierten Publikum zugänglich zu machen. Dass sich hier der bekannte Lehrsatz *mimicry is never far from mockery*[11] bestätigen ließe, ist leicht zu erahnen – auch wenn in diesem Fall der Autor die eigene Gesellschaft aufs Korn nimmt. Morier ist es mit der Geschichte seiner Hauptperson, deren Berichte oftmals belanglose Alltagsgeschehnisse von banaler Natur sind, die jedoch mit akribischer Akkuratesse beschrieben werden, gelungen, eine unterhaltsame Parodie des eigenen Tagwerkes im Dienste seines Heimatlandes zu verfassen.

Neben Porter und Morier ist mit John Macdonald Kinneir[12] (1782–1830) ein dritter britischer Verfasser von Reiseberichten, die von Ritter häufiger herangezogen wurden, anzuführen. Im Gegensatz zu den ersten beiden gehört er aber in die Reihe jener Männer, die als Militärs ihren Aufstieg suchten und fanden. Auch der Lebenslauf Kinneirs folgte

---

9 Vgl. Henze, Dietmar: Enzyklopädie der Entdecker und Erforscher der Erde, s. v. „Morier, James". Ritter kannte folgende Reiseberichte: Morier, James: A Journey through Persia, Armenia, and Asia Minor to Constantinople. In the Years 1808, Boston 1806 sowie A Second Journey through Persia, Armenia, and Asia Minor to Constantinople. Between the Years 1810 and 1816, London 1818.

10 Morier, James: The Adventures of Hajji Baba of Ispahan, 3 Vol., London 1824; Yarshater, Ehsan (Hrsg.): Encyclopaedia Iranica, s. v. „Hajji Baba of Ispahan".

11 Bhabha, Homi: The Location of Culture, S. 121–131.

12 Macdonald, den Namen seiner Mutter, scheint er zeit seines Lebens geführt zu haben, jedenfalls sofern es die Dokumente seiner Militärlaufbahn wiedergeben. Allerdings wurden seine Publikationen unter dem Namen des Vaters, Kinneir, veröffentlicht. Vgl. Henze, Dietmar: Enzyklopädie der Entdecker und Erforscher der Erde, s. v. „Kinneir, John Macdonald".

dem mittlerweile bekannten Muster. Er diente als Offizier eines Infanterieregiments in Madras. In dieser Zeit dürfte der Kontakt zu dem schon mehrfach genannten John Malcolm entstanden sein. Jedenfalls begleitete Kinneir diesen in den Jahren 1808 und 1809 auf seiner Mission nach Persien. Die Rückreise nach Großbritannien bot ihm die Gelegenheit, via Konstantinopel sowohl die alten Städte Kleinasiens – etwa Smyrna (Izmir) – als auch die Stätten des Balkan zu besuchen. Seine Erfahrungen, die er auf dieser langen und ausgedehnten Reise von Indien aus quer durch den asiatischen Kontinent bis nach Europa sammeln konnte, veröffentlichte er in mehreren Reisetagebüchern inklusive Landkarten. Die Rückkehr zu seiner Einheit, die er 1813 antrat, führte ihn durch die polnische Landschaft und Südrussland wiederum nach Zentralasien. Auch diese hat Kinneir in einer Publikation verarbeitet.[13] Besonders erwähnenswert ist, dass auch ihm die Position des Sondergesandten am Hof von Fath Ali Schah zuteilwurde. Er bekleidete diese bis zu seinem Tod. Im Kontext des russisch-persischen Konflikts von 1826/27 wirkte er entscheidend als Vermittler bei den folgenden Friedensverhandlungen mit.[14]

Abschließend ist an dieser Stelle der deutsch-norwegische Indologe Christian Lassen[15] (1800–1876) zu nennen. Während des Studiums in Heidelberg und Bonn lernte er bei August Wilhelm von Schlegel (1767–1845) Sanskrit und begann bald Forschungen an indischen Handschriften in London und Paris. In diesen Jahren muss auch seine Freundschaft zu Abel-Rémusat entstanden sein. Nachdem er über die Geschichte und Geographie des Punjab promoviert worden war, folgte die Ernennung zum Professor in Bonn. Auch wenn sich Lassen hauptsächlich mit der Geschichte und Sprache Indiens beschäftigt hat, ist seine Rolle für die Iranistik von erheblicher Bedeutung. Die Entzifferung der Keilschrift sowie mehrere Arbeiten zum Altpersischen gehen unter anderem auf Lassen zurück. Vor allem eine Veröffentlichung zu den Inschriften von Persepolis – von der noch ausführlich zu sprechen sein wird – war für die „Erdkunde" von ganz erheblicher Bedeutung. Ritter war es durch diese Quelle möglich, nicht nur die Geographie des Perserreiches zu rekonstruieren, sondern diese auch mit den antiken Autoren zu vergleichen.[16]

---

13 Für Ritter von besonderer Bedeutung: Kinneir, John Macdonald: A Geographical Memoir of the Persian Empire, London 1813 sowie Journey through Asia Minor, Armenia and Koordistan, in the Years 1813 and 1814, with Remarks on the Marches of Alexander, and Retreat of the Ten Thousand, London 1818.
14 Zu Fath Ali Schah und zu den diplomatischen Unternehmungen der Zeit siehe Axworthy, Michael: Iran, S. 188–197.
15 Ernst Windisch: Geschichte der Sanskrit-Philologie, Vol. 1, S. 154–158.
16 Vgl. Anmerkung Nr. 33.

Der alte Iran – zwischen Zend-Texten und klassischen Autoren

„Arier" und „Aria" / „Iranier" und „Iran" – die Etymologie Irans

Ritter hat seiner Darstellung der „Iranischen Welt" mehrere sehr umfangreiche Abschnitte vorangestellt, in denen er sich explizit den historischen Verhältnissen widmet. Dementsprechend ist die Heranziehung antiken Quellenmaterials hier sehr intensiv, eine Auseinandersetzung mit diesen ersten rund 100 Seiten des Bandes besonders lohnenswert.[17] Im Ganzen trägt dieser größere Abschnitt den Charakter der historiographischen Teile der „Erdkunde", wie sie bereits vorgestellt wurden. Zunächst hat Ritter allerdings nach bewährter Manier die Topographie des zu behandelnden Großraumes umrissen. Als erstes erfolgte eine Abgrenzung des Hochlandes, indem die hypsometrischen Verhältnisse als Kriterium herangezogen wurden. Generell hat die „Erdkunde" das „Hochland von Iran" augenscheinlich als recht homogene Raumeinheit begriffen. Die tiefer gelegenen Ebenen beziehungsweise Küstenreliefs wurden genau wie die großen Becken, Lut und Kawir, vernachlässigt. Ritter hat sich hinsichtlich der Höhenlagen hauptsächlich auf die Messungen von James Baillie Fraser[18] (1783–1856) gestützt. Sieht man einmal von „Kabulistan" ab, kann der Indus, wie erwähnt, als Ostgrenze des zu besprechenden Raumes gelten. Die Frage nach den Äquivalenten im Süden, Westen und Norden mag sich für den Betrachter heute erübrigen. Der Persische Golf und der Indische Ozean erscheinen genauso selbstverständlich als Grenze wie Mesopotamien und das Kaspische Meer. Es ist allerdings hervorzuheben, dass gerade im Süden und Westen die aufgehenden Faltengebirge, Zagros und Kuhrud,[19] bereits den Geographen des 18. Jahrhunderts ein Begriff waren. Nicht die Küsten, sondern diese Erhebungen, die zu den weltgrößten ihrer Art gerechnet werden, sind für die Wissenschaft bis heute gewissermaßen der Aufstieg und die Grenzen des Hochlandes. Die Nordgrenze bildet nach moderner Ansicht ein Verband aus mehreren Gebirgsketten. Von diesen waren lediglich die westlichen bis zum Talysch-Gebirge durch Fraser punktuell vermessen worden.[20] Jedoch nimmt die „Erdkunde" richtig einen Ost-Westverlauf dieser

---

17 Ritter, Carl: Iranische Welt, Vol. 1, S. 27–128.

18 Vgl. Henze, Dietmar: Enzyklopädie der Entdecker und Erforscher der Erde, s. v. „Fraser, James Baillie". Fraser, der sich zunächst mit der Erforschung Westindiens sowie verschiedener Himalayaregionen einen Namen gemacht hatte, widmete sich ab den 1820er-Jahren der nahezu unbekannten Region im Osten Teherans. Ritter hat ihn für seine „scharfe, unbefangene Beobachtungsgabe" ausdrücklich gelobt. Unter anderem: Ritter, Carl: Iranische Welt, Vol. 2, S. 896.

19 Tietze, Wolf (Hrsg.): Westermann Lexikon der Geographie, s. v. „Zagros-Gebirge" (auch zum Kuhrud-Gebirge).

20 Ritter, Carl: Iranische Welt, Vol. 1, S. 11f. Die Informationen finden sich ursprünglich im Anhang bei: Fraser, James Baillie: Narrative of a Journey into Khorasan, in the Years 1821 and 1822. Including some Account of the Countries to the North-East of Persia, London 1825. Zum Talysch-Gebirge siehe: Tietze, Wolf (Hrsg.): Westermann Lexikon der Geographie, s. v. „Elburzgebirge".

Gebirgsbarrieren bis zur afghanischen Hochebene und damit eine Verbindung zu den Ausläufern des Hindukusch an.[21]

Nachdem Ritter die Topographie des Großraumes, dem sich die folgenden beiden Bände widmen, überblicksartig dargestellt hat, hat er auch hier den weiteren geographischen Informationen Kontext verliehen. Dass dieser für ihn nur mit der Geschichte des Menschen im selbigen Raum verbunden sein konnte, wurde bereits hinreichend erörtert. Es sei noch einmal darauf hingewiesen, dass die „Erdkunde" auf diese Weise sicherlich an einige beim intendierten Leserkreis allgemein bekannte Fakten anknüpfen konnte. Zwar war das Wissen um die „persische" Geschichte des Mittelalters und der Neuzeit kaum weiter verbreitet als heute, jedoch waren die Könige wie Kyros der Große oder Dareios der Große im Rahmen der griechischen Geschichte den humanistisch Gebildeten zweifellos ein Begriff.

Ritters Darstellungen zur Geschichte Irans beginnen mit einer Übersicht über die Toponyme des Gebietes.[22] Ritter hat sich der Frage nach der Herkunft und der Bedeutung der Begriffspaare „Arier" und „Aria" sowie „Iranier und Iran" gewidmet.[23] Dass sich die „östlichen Indier" ursprünglich als „Arier" bezeichnet haben sollen, schließt Ritter aus dem Gesetzbuch des Manu, einem indischen Text über Verhaltenslehre, dessen Entstehungszeit unklar ist.[24] Auch die Meder seien laut Herodot einst als „Ἄριοι" bezeichnet worden.[25] Ritter und seine Zeitgenossen sehen hier den Beweis beziehungsweise das Relikt der Migration ethnisch definierter Gruppen, die in unbestimmter Zeit auf dem indischen Subkontinent ihren Ursprung nahm und nach Westen führte. Die Bezeichnung „Aria" hat sich nach Ansicht der Forschung des 19. Jahrhunderts für weitere Teile des Irans insofern erhalten, als zwischen „arianischen" und „nicht-arianischen" Provinzen unterschieden wurde. Auf der Suche nach dem Land der eigentlichen „Arianen" oder „Iranier" – Ritter hat die Bezeichnungen fortan gleichgesetzt[26] – kommt die „Erdkunde" auf zwei weitere Gebiete Zentralasiens zu sprechen. Bei Stephanos von Byzanz ist dieser Name für ein Gebiet westlich des Kaspischen Meeres und südlich des Kaukasus-Gebirges überliefert.[27] Fast kommentarlos berichtet Ritter im Folgenden

---

21 Ritter, Carl: Iranische Welt, Vol. 1, S. 4ff.

22 Ritter, Carl: Iranische Welt, Vol. 1, S. 17–27.

23 Ritter, Carl: Iranische Welt, Vol. 1, S. 19ff.; Yarshater, Ehsan (Hrsg.): Encyclopaedia Iranica, s. v. „Aria" (zum Begriff).

24 Die Entstehungszeit wird zwischen 200 v. Chr. und 200 n. Chr. angesetzt. Es ist unklar, welche Textausgabe Ritter benutzt hat, jedoch stimmt die Zählung der Kapitel und Verse bei Ritter mit der Ausgabe von Georg Bühler aus dem Jahr 1886 überein. Vgl. Cod. Manu 2, 22 und 10, 45. Zu den Begriffspaaren siehe Sergent, Bernard: Les Indo-Européens, S. 130ff.

25 Ritter, Carl: Iranische Welt, Vol. 1, S. 18; Hdt. 7, 62.

26 Die „Erdkunde" verfährt tatsächlich zunächst uneinheitlich. Wie noch zu zeigen sein wird, kennt der Text durchaus Unterschiede zwischen den Begrifflichkeiten, insofern die Ethnographie des Raumes thematisiert wird. Mit fortschreitender Betrachtung werden sie jedoch synonym oder stets als Paar gebraucht.

27 Steph. Byz. s. v. „Ἀριανοί".

von einem dritten „Ariana", welches Strabon auf der Ostseite desselben Meeres an der Grenze zu Baktrien verortet haben wollte.[28]

Aus der Kriegszeit Alexanders tritt uns noch ein anderes, obwohl benachbartes Volk der Arier im Lande Aria entgegen, das der makedonische Sieger unmittelbar von Hyrkanien aus, gegen den Empörer Bessus ziehend, an dessen Ostgrenze betrit (ἐπὶ τὰ τῆς Ἀρείας ὅρια bei Arrian).[29] Er besiegt es und erobert dessen Hauptstadt (Ἀρτακόανα, offenbar das spätere Herat) [...].[30]

Für Ritter war allerdings nicht nur die geographische Lage dieses nun explizit auch für die Zeitgenossen identifizierten Gebietes von Belang. Er richtete darüber hinaus sein Augenmerk auf die Schreibweise des Namens, für die er bereits bei Herodot einen Beleg gefunden hatte.[31] Die Kontinuität der Benennungen beziehungsweise ihre enge Beziehung zueinander wurde dann auch bis auf die eigene Zeit ausgedehnt:

Mit dieser Schreibart stimmt aber, nach neuester Sprachforschung auf das genaueste die von Aryawa, Arayawa, Arayu im Zend mit dem modernisierten Herat oder Heri überein, da im altpersischen zu Anfang der Wörter das h weggeworfen werde, wie z. B. statt Hind, Indien, das o des Zend aber in a übergehe. Dagegen habe diese Benennung nicht den nahescheinenden Zusammenhang mit der Stammsylbe „ar" in dem Namen Aria [...] und sei wenigstens etymologisch zu unterscheiden von dem weitesten Ländergebiete Ariana, zwischen Indus, dem Meere, dem Paropamisus und dem persisch-medischen Grenzgebirge in Westen.[32]

Der Text der „Erdkunde" ist hier ausgesprochen dunkel und knapp. Tatsächlich ermöglicht er kein Verständnis der Zusammenhänge, sodass Ritters Postulat einer Kontinuität letztlich nicht nachvollziehbar ist. Folglich ist es an dieser Stelle nötig, nach dem Ursprung im Bereich der Sprachwissenschaft zu fragen. Der Indologe Christian Lassen wird als Gewährsmann für diese sprachhistorischen Entwicklungen und Wortverwandtschaften angegeben. Sein Werk „Die Altpersischen Keil-Inschriften von Persepolis"[33] war 1836 erschienen und ging damit der Abfassung der „Erdkunde-Bände" nur um wenige Jahre voraus. Lassens Forschungen sollten nicht nur nachfolgende Generationen von Wissen-

---

28 Strab. 11, 11, 5.
29 Arr. an. 3, 25, 3; fehlerhaft bei Ritter zitiert.
30 Ritter, Carl: Iranische Welt, Vol. 1, S. 19f.
31 Hdt. 3, 93 und 7, 65.
32 Ritter, Carl: Iranische Welt, Vol. 1, S. 20f.
33 Lassen, Christian: Die Altpersischen Keil-Inschriften von Persepolis. Entzifferung des Alphabets und Erklärung des Inhalts nebst geographischen Untersuchungen über die Lage der Herodoteischen Satrapien-Verzeichnisse und in einer Inschrift erwähnten Altpersischen Völker, Bonn 1836.

schaftlern enorm beeinflussen.[34] Auch die Zeitgenossen haben die Ergebnisse seiner Arbeit – nicht nur zum Sanskrit und zu Indien – gerne aufgenommen. So ist es kein Zufall, dass auch Ritters Arbeit zu Iran mehrere größere Abschnitte besitzt, die die Ergebnisse der Forschung zu den persischen Keilschrifttexten wiedergeben.

Lassens Werk befasst sich hauptsächlich mit epigraphischem Material, das bereits in den 1760er-Jahren aufgefunden worden war. Carsten Niebuhr[35] (1733–1815) hatte diese Inschriften kopiert und für die europäische Wissenschaft zugänglich gemacht. Wie Lassen hatte beispielsweise auch zuvor Georg Friedrich Grotefend[36] (1775–1853) als Pionier auf dem Gebiet der Entzifferung des Altpersischen die Texte aus dem Dareios-Palast genutzt. Lassen entschlüsselte nun die auf den Steinen genannten Satrapien des Großkönigs, indem er diese mit den Informationen aus Herodots drittem Buch und Strabons 16. Buch abglich. Durch dieses Vorgehen war es ihm nicht nur möglich, die Forschung seiner Vorgänger zu präzisieren, sondern auch im zweiten Teil seines Werkes Regeln zum phonetischen Inventar der Sprache und zu dessen Gebrauch zu formulieren. Für den vorliegenden Fall, „Aria", empfiehlt es sich schon wegen der beinahe exotischen Natur des Themas einen direkten Blick in die Arbeit Lassens zu werfen:

> Das nächste ist: ⟨⊏⟨ ⧻ ⩍ ⊣⧣ ⟍ Aria.
>
> Die Zendform ist harôyu [...]. Das h wird im Altp. im Anfange ausgelassen, so sogleich in Arachosia und India, wo das Zend beide Male h hat. Das ô kommt auf Rechnung des Zends, und es bleibt demnach harayu mit unserer Form zu vergleichen. Ich lese demnach ary^{a}w^a oder ar^{a}y^{a}w^a, ein Nom. Plur. [...], das Thema muss ar^{a}yu oder aryu seyn; das Zend leitet auf ar^{a}yu, doch kann dieser kurze Vocal im Altp. gefehlt haben. Herodot giebt Ἄρειοι III. 93. ohne Variante, so auch Arrian und für das Land Ἀρεία, wie der hier wohlbewanderte Isidor. Aeschylos auch Ἄρειοι. Sowohl arayu als aryu würden damit stimmen, am besten jedoch arayu.
>
> Dieses Aria, Herat, hat also keinen Zusammenhang mit der Stammsylbe âr in ârya, âirya, dem ältesten historischen Namen der Sanskritredenden und Iranischen Völker und ist auch etymologisch zu trennen von Ariana, dem Land zwischen dem Indus, dem Meere, dem Paropamisus und dem östlichen Gebirge der Persisch-Medischen Gränzen. Es ist ein Irrthum, den ich mit andern geteilt habe, und für dieses Volk ist immer Ἄρειοι, im Herodot zu schreiben, Ἄριοι für den ursprünglichen Namen der Meder.[37]

Zend ist eine der altiranischen Sprachen, die durch die Wissenschaft erschlossen werden konnten. Heute spricht die Forschung von Avestisch, was auf ihren Beleg

---

34 Windisch, Ernst: Geschichte der Sanskrit-Philologie, Vol. 1, S. 164–197.
35 Vgl. Henze, Dietmar: Enzyklopädie der Entdecker und Erforscher der Erde, s. v. „Niebuhr, Carsten".
36 Yarshater, Ehsan (Hrsg.): Encyclopaedia Iranica, s. v. „Grotefend, Georg Friedrich".
37 Lassen, Christian: Altpersische Keil-Inschriften, S. 105f.

im Avesta, dem heiligen Buch des Zoroastrismus, zurückzuführen ist.[38] Diese frühe Form des Iranischen diente der Indogermanistik als einer von mehreren gesicherten Ausgangspunkten zur Entschlüsselung des Altpersischen. Es erklärt das Vorgehen Lassens und seiner Kollegen. Auch ohne tiefere Kenntnisse über die Geschichte der iranischen Sprachfamilie sind die Zusammenhänge bei Lassen nachvollziehbar und klarer zugänglich. Vor allem die Lautverschiebung und die Frage nach der Silbe „ar" hat Ritter ins Unverständliche verkürzt.

Zunächst ist die große Nähe zwischen Ritters Text in der „Erdkunde" und der zu Grunde liegenden Quelle auf den ersten Blick erkennbar. Ritter hat getreu seinem Vorhaben, den Kenntnisstand seiner Zeit abzubilden, hier wiederum Informationen aus dem Bereich der historischen Sprachwissenschaft in sein Werk integriert. Reflexionen über das Altpersische sind für die Geographie im modernen Sinn zweifellos exotisch und selbst für die Historiographie fremder als archäologische Komponenten, die bisher in zahlreichen Fällen vorgestellt wurden. Dennoch bleibt festzuhalten, dass Ritter diese Quellen aus Persepolis anführt, um die „Geographie des Perserreiches"[39] darzustellen. Allein zu diesem Zweck unterscheidet er mehrere Gebiete des Namens „Aria". Die Wiedergabe der Keilinschriften bedeutet für Ritter keineswegs, l'art pour l'art zu betreiben. Sieht man einmal vom Ziel der umfassenden Kompilierung des Materials ab, muss sein Vorgehen auch an dieser Stelle im Sinne einer wissenschaftlichen Quellenarbeit interpretiert werden. Insofern gehören die epigraphischen Quellen der Achämeniden gleich wie die griechischen Geographen zu deren Basis. Im konkreten Fall wurden sie von Ritter sogar dafür gebraucht, um andere Angaben zu präzisieren und zu ergänzen – wie angesprochen, wurden ja mehrere Räume mit dem Namen „Aria" benannt.

Nicht allein dieser Abschnitt ist, wie gesagt, sehr eng an die zeitgenössische Forschungsliteratur angelehnt. Wie bereits im Falle der Darstellungen zu Ägypten und Teilen des Indus muss auch hier festgestellt werden, dass sowohl die Quellenarbeit als auch die aus ihr resultierenden Kenntnisse nicht Ritters Verdienst sind. Erneut fällt sogar auf, dass einige der von Lassen zum Thema genannten antiken Autoren nicht im Text der „Erdkunde" erwähnt werden. Vollständigkeit wurde hier also nicht erreicht und war wohl auch nicht angestrebt. Die Tatsache, dass die Passage dem Leser unabhängig von der komplizierten Ausdrucksweise derart unverständlich bleibt, führt unweigerlich zu der Frage, ob Ritter die von Lassen erarbeiteten Ergebnisse selbst im Detail verstanden hat und interpretieren konnte. Dies wird nicht endgültig zu klären sein, jedoch erscheint es fraglich – nicht zuletzt, weil keine Hinweise dafür vorliegen, dass Ritter Kenntnis über die

---

38 Als Zoroastrismus wird eine ursprünglich ostiranische beziehungsweise afghanische Religion aus dem zweiten vorchristlichen Jahrtausend bezeichnet. Die Gemeinschaft der Parsen gilt heute als Erbe der religiösen Lehre. Gheiby, Bijan: Zarathustras Feuer, S. 155ff. Dazu auch Yarshater, Ehsan (Hrsg.): Encyclopaedia Iranica, s. v. „Avesta". Zur Abgrenzung und zur sprachhistorischen Einordnung siehe Sergent, Bernard: Les Indo-Européens, S. 132f.
39 Ritter, Carl: Iranische Welt, Vol. 1, S. 111–122.

Keilschrift und deren Sprachsystem hatte.[40] Für eine Deutung von Lassens Ergebnissen im geographischen Sinne ist dies freilich nicht nötig gewesen. Eine sinnvolle Erklärung, warum der unzureichend zusammengefasste Exkurs zum Avestischen dennoch integriert worden ist, kann nur darin liegen, dass erneut Bausteine einer historischen Kontinuität bis auf die eigene Zeit aufgezeigt und belegt werden sollten. So konnte das antike Ethnonym „Aria" mit dem modernen Herat, das heute Hauptstadt der gleichnamigen westafghanischen Provinz ist, korrekt in Verbindung gebracht werden.

Damit ist die „Erdkunde" mit den Fragen zur Etymologie Irans aber noch nicht zum Ende gekommen. Ritter hat im Weiteren den Bogen zum Großraum geschlagen. „Ariane, Eeriene, das wahre Iran" wurde von Ritter ähnlich den zuvor besprochenen ethnisch definierten Regionen dargestellt.[41] Das Gebiet wurde von ihm zunächst mittels Auskünften bei Eratosthenes und Strabon bestimmt, wobei besonderes Augenmerk auf die Grenzen sowie auf die Form des Landes gelegt wurde.[42] Dieses wurde als Parallelogramm beschrieben, dessen schmale Seiten der Länge des Induslaufes entsprächen. Ritter lobte Eratosthenes ausdrücklich, genauer gesagt den „richtigen Blick des ehrwürdigen Choragen der Geographen des hohen Alterthums".[43] Somit umfasse der ursprüngliche Iran-Begriff die Regionen von „Afghanistan über Belludschistan bis Persien".[44] Dies würde allerdings im Westen nicht mit den eingangs vorgestellten Grenzen und dem Inhalt des zweiten Bandes zur „Iranischen Welt" konform gehen. Um das Areal bis zum Zweistromland ebenfalls unter diesem Namen behandeln zu können, musste die Definition erweitert werden. Für Ritter war es sicherlich ein ausgesprochener Glücksfall, dass ihn die antiken Autoren auch hier nicht im Stich ließen. Strabon selbst hat „Ariane" auch auf die Meder – für Ritter eindeutig der Westen Persiens – ausgedehnt. Daneben wurden auch „Baktrier" und „Sogdianen" mit eingeschlossen und zum „wahren Iran" gezählt.[45]

Ein weiteres Indiz für die Benennung dieses ausgedehnten Großraumes mit „Aria" ist die Titulatur seiner Regenten. Die beiden ersten Herrscher des Neupersischen Reiches der Sassaniden, Ardaschir I. (gest. um 242 n. Chr.) und Schapur I. (gest. um 270 n. Chr.), wurden hierfür von Ritter kurz angesprochen. Ihre Bezeichnung als „König der Könige der Arianen und Anarianen" in verschiedenen epigraphischen Zeugnissen, die wiederum aus Persepolis stammen, diente Ritter als Beweis für den das Reich umfassenden Namensgebrauch, welches seiner Meinung nach mit dem oben benannten Raum kongruent

---

40 Wie gezeigt, müssen angesichts Ritters Umgang mit seinem Gegenstand Zweifel aufkommen. Zudem gibt der Bestand der Bibliothek des Geographen keine näheren Hinweise darauf, dass eine weiterführende Auseinandersetzung mit der Keilschrift erfolgt wäre.

41 Ritter, Carl: Iranische Welt, Vol. 1, S. 21ff.

42 Strab. 2, 1 und 15, 2, 1.

43 Ritter, Carl: Iranische Welt, Vol. 1, S. 21. Zu Eratosthenes und den Ursprüngen der Geographie, insbesondere der mathematischen Geographie, siehe: Roller, Duane: Ancient Geography, S. 121–131.

44 Ritter, Carl: Iranische Welt, Vol. 1, S. 22.

45 Strab. 15, 2, 1.

gewesen sei. Ob nicht auch ein kleinerer Teil des Reiches, etwa ein Kerngebiet, gemeint sein konnte, wurde nicht problematisiert. Hier hat sich Ritter ganz auf die griechischen Geographen verlassen.[46]

Ein ausgesprochen umfangreicher Exkurs, welcher der „Ursage" Irans gewidmet ist, unterbricht den weiteren Text der „Erdkunde".[47] Darin werden dem Leser einige zentrale Punkte des Zoroastrismus präsentiert, indem längere Passagen des Avesta zitiert werden. Im Zentrum der Darstellung steht Ahura Mazda (auch Ohrmazd, bei Ritter „Ormuzd"), der Schöpfergott, der naturgemäß eng mit der Kultivierung und Zivilisierung von Land und Menschen in Verbindung steht. Sein Widersacher Angra Mainyu (bei Ritter „Ahriman"), ein Dämon, ist gemäß der Sage der Hauptgrund für existenzielle Nöte, aus denen Wanderbewegungen im Inneren Irans entstanden seien. Für Ritter gehört zwar die umfangreiche Wiedergabe zweifellos zu seiner kulturhistorischen Arbeit, geographisch ist diese Schöpfungsgeschichte allerdings nur insoweit erwähnenswert, als hier die bereits mehrfach angesprochene „Völkerwanderung" von Ost- nach Westzentralasien erneut belegt zu sein scheint.[48] Die Definition des Großraumes Iran hat Ritter also auf mannigfaltige Weise vollzogen. Wie gezeigt wurde, haben dafür nicht nur geographische beziehungsweise topographische Faktoren eine Rolle gespielt. Historische, kulturelle, ethnographische sowie sprachwissenschaftliche Perspektiven wurden dabei ebenfalls berücksichtigt.

Die alte Geographie Irans auf epigraphischer und literarischer Basis

Die historische Geographie der „Iranischen Welt" lag Ritter besonders am Herzen. Er hat sie in drei Abschnitte gegliedert, die auf den ersten Blick chronologisch eingeteilt sind. Betrachtet man den Inhalt, so fällt auf, dass dieser erste Befund zwar nicht falsch ist, jedoch war das entscheidende Kriterium für Ritter ein anderes: Es ist die Quellenlage, nach der Ritter diese Einheiten definiert hat. Erstens waren es abermals die Zend-Texte, die ihm über die iranischen Landschaften Auskunft gaben. Den zweiten Abschnitt bildeten für Ritter die ebenfalls angesprochenen Inschriften Persepolis', also

---

46 Ritter, Carl: Iranische Welt, Vol. 1, S. 23f. Ritter hat für die Titulatur verschiedene Inschriften aus Persepolis herangezogen, die Niebuhr entdeckt hatte. Ritters Angaben zur persischen Geschichte (Arsakiden und Sassaniden) basieren hauptsächlich auf Richter, Carl Friedrich: Historisch-kritischer Versuch über die Arsaciden- und Sassaniden-Dynastie, S. 156–165 (zu Ardaschir I.) sowie S. 165–170 (zu Schapur I.). Zu den beiden Herrschern siehe Yarshater, Ehsan (Hrsg.): Encyclopaedia Iranica, s. v. „Shapur I." sowie „Ardašir I."; zur Königstitulatur siehe Pourshariati, Parvaneh: Decline and Fall of the Sasanian Empire, S. 55f.

47 Ritter, Carl: Iranische Welt, Vol. 1, S. 27–42.

48 Ritter, Carl: Iranische Welt, Vol. 1, S. 39f. Zu den religiösen Verhältnissen siehe u. a. Wiesehöfer, Josef: Das antike Persien, S. 139–148; Gheiby, Bijan: Zarathustras Feuer, S. 27–30.

das sogenannte „Völkerverzeichnis".[49] Dies hat Ritter in extenso besprochen und dafür die Arbeit von Christian Lassen recht vollständig exzerpiert. Zuletzt waren es die klassischen Autoren, denen nun aber auch christliche beziehungsweise jüdische Texte wie etwa das Buch Daniel hinzugefügt wurden. Ihnen gleich hat Ritter anschließend auch die Einteilung des Raumes unter der islamischen Herrschaft bis auf das 18. Jahrhundert abgehandelt.

Eine allzu detaillierte Auseinandersetzung mit dem ersten der drei Abschnitte wäre für einige Teile des Inhalts redundant. Die Ursage zur Entstehung des Iran sowie die Zend-Texte wurden ja bereits analysiert. Ritters Text wiederholt hier zuvor getroffene Aussagen, um dann einzelne Areale Zentralasiens durchzusprechen. Er folgt bei der Beschreibung dem Muster, welches von der oben genannten Schöpfungssage vorgegeben wurde. Ahura Mazda gründete der Überlieferung nach mehrere „Länder", so etwa „Sogdiana".[50] Der Text der „Erdkunde" gibt verschiedene Varianten des Namens („Soghdo", „Al. Soghd") an, die jedoch nicht nur kommentarlos aufgenommen wurden. Dass „Sogdiana" das erste Land gewesen sein soll, in welchem das iranische Urvolk auf seiner Wanderung gen Westen gesiedelt habe, war für Ritter insofern interessant, als sich seine Bemühungen auch hier um die Lokalisierung drehten. Die Ortsnamen aus dem altiranischen Text wurden bei den antiken Autoren gesucht und gefunden. Ptolemaios, Arrian und anderen war Sogdien – jedenfalls dem Namen nach – bekannt.[51] Sie wurden von Ritter ebenso wie die arabischen Geographen Ibn Hauqal und Abu l-Fida herangezogen und mit den Informationen der Zend-Texte in Einklang gebracht. Allerdings mussten dabei keineswegs widersprüchliche Informationen miteinander abgeglichen werden.[52] Vielmehr handelt es sich bei Ritters Arbeitsweise in der „Erdkunde" um das Aufgreifen der Ortsbezeichnungen aus dem Altiranischen. Eine Verortung, die hier nicht erfolgt ist, wurde dann mittels der anderen Quellen vollzogen.[53] Ein identisches Vorgehen ist für die weiteren Länder festzustellen. „Marw", „Meru" oder „Merw", das zweite von Ahura Mazda erschaffene Land, wurde in Anlehnung an Strabon und Plinius als „Margiana" näher bestimmt.[54] Baktrien, Arachosien und zahlreiche weitere wären an dieser Stelle als prominente Beispiele anzuführen. Sie dürften den Zeitgenossen durchaus ein Begriff gewesen sein – nicht nur weil die genannten Landschaften als Etappen des Alexanderzuges bekannt waren. Wie bereits angesprochen wurde, sollte

---

49 Zu den Zend-Texten beziehungsweise zur epigraphischen Quellenlage zum alten Iran: Wiesehöfer, Josef: Das antike Persien, S. 25–45 sowie S. 163–178 und S. 205–214.

50 Ritter, Carl: Iranische Welt, Vol. 1, S. 51.

51 Arrian berichtet am Ende seines vierten Buches und an mehreren Stellen des fünften über Alexanders Unternehmungen in Sogdien. Ptolemaios geht ebenfalls bei mehreren Gelegenheiten auf die Landschaft ein (u. a. 6, 11 und 6, 12).

52 Ouseley, William: The Oriental Geography of Ebn Haukal, S. 215ff.; Ritter zitiert für Abu l-Fida Hudson, John: Geographiae veteris scriptores graeci minores. Accedunt geographica arabica &c., S. 30.

53 Ritter, Carl: Iranische Welt, Vol. 1, S. 51f.

54 Strab. 11, 10 und Plin. nat. 6, 18.

dieser Teil Zentralasiens aus politischen Gründen zur Mitte des 19. Jahrhunderts erneut Aufmerksamkeit erhalten. Unterhalb der Ebene der Landschaften lassen sich vor allem für die Stadt Nisaia (bei Ritter „Nisaea", „Nisapur" oder „Νίσαια")[55] Ritters Arbeitsweise und die seiner Zeitgenossen im Bereich zwischen Historiographie, Geographie und Sprachwissenschaft gut erkennen.

Hier haben wir das Nisaea oder Nisa der Alten, davon bei Macedoniern, Griechen, Römern und Indern so vielfach gefabelt ist; die berühmte Gegend, welche Hyrkanien[56] und Margiana begrenzt; noch heute gefeiert und kürzlich von Europäern besucht. Bei Strabo ist es Nesaia, bei Ptolem. liegt die Stadt Νίσαια in Margiana.[57] Der Zusatz im oben angeführten Fargard I. des Bendibad[58]: dieser Gegensort liege „zwischen Marw und Bakhdi" ist mit der wirklichen geographischen Situation durchaus nicht zu vereinen, wenn jenes Bakhdi wirklich identisch mit Bactria sein soll. E. Burnouf[59] schlägt deshalb, wie er selbst zugibt, eine gekünstelte, grammatische Erklärung dieser Zend-Stelle vor, durch welche der Sinn heraus käme „zwischen welchem und Bakhdi Marw liegt", was der geographischen Lage entsprechen würde, da Nisapur im Westen von Marw liegt.[60]

Es ist vorauszuschicken, dass Ritter bei dem Problem, die Stadt präzise zu verorten, keine eindeutige Position bezieht. Auch die antiken Quellen haben hier keine exakten Schlüsse zugelassen. Nun lässt sich an dieser Stelle aber Aufschluss über das wissenschaftliche Arbeiten der Indogermanisten bei der Rekonstruktion des Altiranischen gewinnen. Die geographische Lage der Stadt Nisaia war den Forschern bekannt; Schwierigkeiten bereitete der Zend-Text, der zunächst nicht mit den Fakten vereinbar schien. Allerdings wurde dann eine als „gekünstelt" bezeichnete Interpretation des Textes vorgeschlagen. Indem Burnouf geographische Informationen, die seine Arbeit am Originaltext erbracht hatten, verbog, missachtete er freilich zuvor erarbeitete Ergebnisse zur Funktionsweise der Zend-Texte, sprich des Altiranischen. Man könnte einerseits feststellen, dass hier dem Faktischen vor dem Hypothetischen der Vorrang gegeben wurde. Andererseits zeigt es die erheblichen Unsicherheiten, die bei der Entzifferung der Keilinschriften sowie bei

---

55 Von Schapur I. um die Mitte des dritten Jahrhunderts n. Chr. gegründet, ist die Stadt heute als Nishapur oder Neyschabur Hauptstadt des umgebenden Bezirks. Yarshater, Ehsan (Hrsg.): Encyclopaedia Iranica, s. v. „Nishapur".

56 Hyrkanien bezeichnete ein Gebiet im Süden und Südosten des Kaspischen Meeres, das heute in Turkmenistan und Iran liegt. Vgl. Strab. 11, 7; Arr. an. 3, 23; Ptol. 6, 9.

57 Die Landschaft Margiana befindet sich weiter östlich, im Grenzgebiet zwischen Turkmenistan und Afghanistan. Vgl. Strab. 11, 10; Ptol. 6, 10.

58 Name eines Buches der Zend-Avesta-Schrift.

59 Eugène Burnouf (1801–1852) war ein französischer Indologe. Er studierte unter anderem bei Abel-Rémusat und wurde später auf eine Professur des Sanskrits am *Collège de France* berufen. Vor allem durch seine Studien zum Buddhismus und zum Zend-Avesta beeinflusste er sein Fach nachhaltig. Vgl. Burnouf, Eugène: Commentaire sur le Yaçna. L'un des livres liturgiques des Parses, 2 Vol., Paris 1833.

60 Ritter, Carl: Iranische Welt, Vol. 1, S. 56f.

der Erschließung ihrer Grammatik bestanden haben. Ritter hat dies gemäß seiner Art, Strittiges strittig abzubilden, in die „Erdkunde" übernommen.

Speziell zu Nisaia bedarf es noch einiger Anmerkungen aus Sicht der modernen Forschung. Der Ort, das heutige Neyschabur, ist zweifelsfrei zu identifizieren. Die Stadt im Nordosten Irans, nahe der Grenze zu Turkmenistan, ist von den Archäologen eindeutig mit Schapur I. in Verbindung gebracht worden. Darauf deutet ja bereits der Name, der die Stadt als seine Gründung ausweist, hin. Diese Verbindung zum Haus der Sassaniden war im 19. Jahrhundert durchaus bekannt. Fraser und Kinneir hatten den Ort und seine Monumente besucht. Ritter hat beide Werke diesbezüglich konsultiert und auch zitiert.[61] Allerdings bleibt die Rolle Schapurs für die Stadt unerwähnt. Dieser Befund ist nur schwer zu erklären, gerade weil der Text der „Erdkunde" explizit die Reisen der Europäer anspricht. Zusammen mit einem weiteren, erheblich gewichtigeren Punkt darf Ritter hier Absicht bei der Auslassung der Fakten unterstellt werden. Das von Strabon und Ptolemaios besprochene Nisaia kann nicht mit der sassanidischen Gründung übereinstimmen.[62] Chronologisch ist dies schlichtweg unmöglich, denn die Werke der antiken Autoren datieren in das erste beziehungsweise zweite Jahrhundert n. Chr. – die Stadtgründung jedoch in das dritte Jahrhundert.[63] Wenn dieser Widerspruch der Forschung des 19. Jahrhunderts nicht bewusst gewesen sein sollte, wäre er doch zumindest leicht aufzudecken gewesen. Die ungefähren Lebensdaten der dabei entscheidenden Protagonisten waren jedenfalls hinreichend bekannt. Was sich auch hier zeigt, ist eine wissenschaftliche Praxis, die in ihrem Vorgehen an Hyperkorrektur erinnert. Die praktischen Versuche der Zuordnung von Landschaften und Orten über verschiedene Zeiträume hinweg, indem man Kontinuitäten mittels vermeintlich onomastischer Evidenz postulierte, haben zu manch kurioser Verbindung geführt. Im Falle von Nisaia war dies aufgrund der vagen Lagebeschreibung bei den antiken Autoren leicht möglich. Dass hierfür entscheidende Fakten weggelassen wurden, verstärkt den Eindruck, wonach die Feststellung solcher Kontinuitäten mitunter zum Primat in Ritters Forschung erhoben wurde.

Ein zweiter Schwerpunkt im Hinblick auf Ritters Interesse für die historische Geographie des Iran dokumentiert sich in der Darstellung der Keilinschriften von Persepolis.[64] Dieser Abschnitt wurde mit einer Vorrede über den bereits festgestellten Quellenwert eingeleitet, wobei die „Erdkunde" nochmals auf die Schwierigkeiten beim Umgang mit dem noch nicht vollständig und zuverlässig aufgelösten Inventar der Inschriften hinweist. Gleichzeitig wird

---

61 Ritter, Carl: Iranische Welt, Vol. 1, S. 56f.; Fraser, James Baillie: Journey into Khorasan, S. 392–406; Kinneir, John Macdonald: Geographical Memoir of the Persian Empire, S. 174.

62 Strab. 11, 7, 2f.; Ptol. 6, 10. Man könnte einwenden, dass bei der vagen Eingrenzbarkeit der Gebiete im Südosten und Osten des Kaspischen Meeres eine Lokalisierung der Stadt weiter östlich und im Gebiet der sassanidischen Gründung möglich wäre. Wie dem auch sei, aufgrund des Problems der Chronologie erübrigt sich diese Frage.

63 Yarshater, Ehsan (Hrsg.): Encyclopaedia Iranica, s. v. „Shapur I.".

64 Ritter, Carl: Iranische Welt, Vol. 1, S. 70–111.

hervorgehoben, dass die stetig steigende Anzahl der zur Verfügung stehenden epigraphischen Zeugnisse noch weitreichende neue Erkenntnisse erwarten lasse.[65]

Eine kurze Paraphrase des Inhalts darf für die Zwecke dieser Arbeit genügen. Ritter hat zunächst eine von Burnouf veröffentlichte Doppelinschrift, die bereits zur Titulatur der Großkönige angesprochen wurde, angeführt.[66] Diese diente zur Illustration des Zustandes „der jüngsten critischen Forschung über Zend-Grammatik und Keilschrift in Beziehung auf geographisches Studium".[67] Der Text berichtet noch einmal über die vorzeitliche Geschichte des Iran sowie über die Entzifferung der heiligen Bücher. Gesichtspunkte, die in Zusammenhang mit der Geographie zu bringen wären, lassen sich hier kaum ausmachen. Stattdessen wurde ein ganzer Abschnitt zum Verhältnis zwischen Zend und dem europäischen Sprachstamm – Franz Bopp folgend – eingefügt.[68] Dieser weitläufige Exkurs wird erst durch das „Völkerverzeichnis", das Ritter von Christian Lassen übernommen hat, beendet.[69] Ritter hat auf rund 20 Seiten dessen Veröffentlichung kompiliert. Dabei ist er konsequent nahe am Original geblieben. Die Einteilung der „Völker" beziehungsweise der Teile des Perserreiches wurde gemäß der Quelle übernommen und in zehn westliche, zwei mittlere und vierzehn östliche untergliedert. Wo immer möglich, verweist Ritter – akribisch dem Werk Lassens folgend[70] – auf Herodot, Strabon, Plinius und andere Autoren, um den insgesamt 26 Namen historischen Kontext zu verleihen. Dies sei in aller Kürze am Beispiel Mediens und Babylons aufgezeigt.

Einen ersten ethnographischen Verweis haben Lassen und Ritter im biblischen „Madai" aus dem Geschlecht des Jafet erkennen wollen.[71] Als Land der Persermonarchie, welches den zweiten Rang innegehabt habe, sei es nach Herodot zu einer Steuerleistung von 450 Talenten verpflichtet gewesen.[72] Das Land, das die Hauptstadt Ekbatana gleichermaßen umgibt, sei von verschiedenen Stämmen bevölkert gewesen, die aber nur teilweise zu den Medern gezählt werden könnten. Nicht aus ethnologischen, sondern aus administrativen Gründen seien diese auf der Steuerliste der Perser den Medern zugerechnet worden.[73] Babylon, die alte sagenumwobene Königsstadt, wurde gleichfalls auf das Alte Testament zurückgeführt. Zwar wurden auch die Informationen aus Herodots Werk genannt, jedoch standen diese nicht im Vordergrund. Fälschlicherweise wurde gemutmaßt, dass die Stadt „die Namen zweier Capitalen in dem einen vereint, nämlich ‚Babi śuś', wo dann

65 Ritter, Carl: Iranische Welt, Vol. 1, S. 70.
66 Vgl. Burnouf, Eugène: Mémoire sur deux inscriptions cunéiformes trouvées près d'Hamadan, S. 20–69 sowie Ritter, Carl: Iranische Welt, Vol. 1, S. 76ff.
67 Ritter, Carl: Iranische Welt, Vol. 1, S. 71ff.
68 Ritter, Carl: Iranische Welt, Vol. 1, S. 71–84; Bopp, Franz: Vergleichende Grammatik, S. I–XVIII.
69 Ritter, Carl: Iranische Welt, Vol. 1, S. 84–105; Wiesehöfer, Josef: Das antike Persien, S. 94–98.
70 Lassen, Christian: Altpersische Keil-Inschriften, S. 62–117.
71 Ritter, Carl: Iranische Welt, Vol. 1, S. 88f. beziehungsweise Gen. 10, 2.
72 Hdt. 3, 92.
73 Ritter, Carl: Iranische Welt, Vol. 1, S. 88.

Babel und Susa (śuś der Hebräer) zugleich vorkämen."[74] Ein Indiz hierfür wurde von der Forschung darin gesehen, dass in der mosaischen Völkertafel lediglich Susa aufgeführt wird.[75] Da aber nach Meinung der Zeitgenossen ein so wichtiger Teil des Perserreiches, den Babylon zweifellos ausgemacht hätte, sicherlich nicht übergangen worden wäre, lag die Erklärung nahe, beide Stätten zusammenzulegen.

In diesem Stil wurden die weiteren Teile des Großreiches abgehandelt. Auch hier kann, wie gezeigt wurde, von einer Lokalisierung der geschichtsträchtigen Räume nicht die Rede sein. Es wurden nur verschiedene historische Namensbezeichnungen zueinander in Beziehung gesetzt. Die bereits angesprochene Annahme, dass es Ritter in den besprochenen Abschnitten verstärkt darum ging, Kontinuitäten im Verlauf der Geschichte aufzuzeigen, bestätigt sich ebenfalls. Eine Ausdehnung auf die eigene Zeit konnte in den zuletzt genannten Fällen allerdings nur deswegen nicht erfolgen, weil die Stätten und Ethnonyme ihre Bedeutung für die Gegenwart nahezu völlig verloren hatten und hauptsächlich für die „Völkerkunde" beziehungsweise die historische Sprachwissenschaft von Interesse waren. Daher kamen sie für diese Art einer ausgedehnten Konstruktion nicht in Frage.

Die Darstellung der historischen Geographie Irans gemäß den „classischen Autoren" – „Herodot, Arrian, Plato, Daniel, dem Buch Ester, Strabo, Plinius, Ammianus Marcellinus, Isidoros Charax"[76] – war für Ritter die dritte Variante. Zum Sinn dieses Abschnittes, der einmal mehr von wiederholendem Charakter geprägt ist, hat Ritter selbst einige Worte vorangestellt:

> Durch die verschiedenen Perioden Persischer politischer Herrschaften und Dynastien, so wie durch die Ansichten ausländischer Berichterstatter, zumal der griechischen und anderer, aus verschiedenen Zeitperioden, sind sehr verschiedene Länder- und Völker-Abtheilungen, Aufzählungen und Uebersichten von Provinzen und Satrapien der Iranischen Gebiete, im weitern und engern Sinne, den Zeitgenossen und der Nachwelt überliefert worden, die dann immer das temporaire, geographische Fachwerk zur Einreihung der Merkwürdigkeiten und historischen Thatsachen werden mussten, so, daß wenigstens die Erinnerung an die wichtigsten Wechsel dieser Art nothwendig wird, um sich in den Localitäten, Zeiten und Namengebungen so mannichfaltiger Art orientiren zu können und nicht ganz zu verwirren.[77]

Noch einmal kommen der mehrfach erwähnte historische Überblick und der Wunsch nach Kontinuierung der Geschichte klar zur Geltung. Ausdrücklich hervorzuheben ist, dass Ritter auch hier von einem Gerüst spricht, welches schon im Methodikteil seines ersten

---

74 Ritter, Carl: Iranische Welt, Vol. 1, S. 89.
75 Hdt. 3, 91f. Ritter zitiert zudem Gen. 10, 22 und Jes. 22, 6. Zumindest im zweiten Fall ist dies ungenau, auch wenn der Kontext in seinem Sinn interpretiert werden kann.
76 Ritter, Carl: Iranische Welt, Vol. 1, S. 111.
77 Ritter, Carl: Iranische Welt, Vol. 1, S. 111.

Bandes formuliert wurde.[78] Die Geographie bilde also einen Rahmen zur Orientierung. Die Historiographie liefere dann die weiteren Fakten. Mit Letzterer kann dabei freilich nur die Geschichte wie auch die kulturelle Entwicklung der Menschheit im Zusammenhang mit dem individuell zu betrachtenden Raum gemeint sein.

Ritter hat zunächst die unterschiedlichen Angaben zur inneren Struktur des persischen Reiches thematisiert, indem er sich mit der Anzahl der Statthalterschaften befasst hat.[79] Herodot zählte 20 Verwaltungseinheiten und etwa 60 bis 70 „Völkerschaften".[80] Dagegen findet sich im Alten Testament die Angabe von 120 beziehungsweise 127 Satrapen unter König Dareios und Artaxerxes.[81] Eine Interpretation hat Ritter hierzu nicht gewagt, obgleich er zumindest die Bezeichnungen durch Flavius Josephus bestätigt gesehen hat.[82] Auch die „7 Abtheilungen von Darius Reiche",[83] die Platon angeführt hat, konnten nicht gedeutet werden. Nun bietet die „Erdkunde" im Folgenden knapp eine Verortung der antiken Autoren im historischen Kontext sowie eine Problematisierung des Verhältnisses zwischen „Parther-" und „Perserreich". Ritter war wohl bewusst, dass sowohl Plinius als auch Ammianus Marcellinus zwar Aussagen über denselben geographischen Raum getroffen haben, wohl aber aufgrund ihrer erheblichen zeitlichen Differenz unmöglich dieselben politischen Verhältnisse gemeint haben konnten.[84]

Um dann die verschiedenen Landschaften nach gehabtem Muster durchsprechen zu können, hat Ritter sich das Werk Isidoros' von Charax als Vorbild gewählt. Der Autor, über dessen Leben kaum mehr bekannt ist, als dass er um die Zeitenwende gewirkt haben muss, ist der Forschung durch das Itinerar einer Reiseroute von Antiochia nach Indien bekannt. Dieser Ausgangspunkt hatte in der Wissenschaft des 19. Jahrhunderts bereits eine gewisse Tradition. Joseph Freiherr von Hammer-Purgstall[85] (1774–1856), österreichischer Orientalist, und der schon mehrfach erwähnte Konrad Mannert waren ähnlich vorgegangen. Die Werke beider Autoren wurden von Ritter als grundlegend herangezogen.[86] So beginnt die Aufzählung zunächst im Bereich des Tigris-Gebietes mit „Apolloniatis", „Chalonitis" und wiederum „Media" im Westen und erreicht schließlich

---

78 Vgl. S. 78 und S. 81.
79 Ritter, Carl: Iranische Welt, Vol. 1, S. 111–122.
80 Hdt. 3, 89–95.
81 Dan. 6 sowie Est. 1.
82 Ios. ant. Iud. 11, 4, 4 und 11, 6, 1.
83 Plat. leg. 3, 695.
84 Plin. nat. 6, 29 sowie Amm. 23, 6, 14.
85 Baum, Wilhelm: Josef von Hammer-Purgstall, S. 224–239.
86 Ritter dürfte hier von Hammer-Purgstall und Mannert zusammengefasst haben. Die Informationen aus dem Werk Isidoros' sind mit Bestimmtheit aus den Schriften der beiden Autoren entnommen, zumal der Text erst relativ spät von Wilfred H. Schoff (Parthian Stations. By Isidore of Charax. An Account of the Overland Trade Route Between the Levant and India in the First Century B.C., London 1914) einem breiteren Teil der Wissenschaft zugänglich gemacht wurde. Vgl. Hammer-Purgstall, Joseph von: Ueber die Geographie Persiens, in: Wiener Jahrbücher der Literatur, Vol. 7 (1819), S. 210ff. beziehungsweise Mannert, Konrad: Geschichte der Griechen und Römer, Vol. 5, 2, S. 456ff. etc.

mit „Arachosia" den Osten des Reiches. Nach gewohntem Vorgehen bietet die „Erdkunde" die verschiedenen Varianten der Namen – zeitgenössische und altgriechische. Es werden wichtige Städte und gegebenenfalls Ereignisse erwähnt sowie mitunter der Stand der Erforschung durch die Reisenden der eigenen Zeit hinzugefügt. Für die anschließende Kurzübersicht der „Eintheilung Irans unter den Mohammedanischen Herrschern […] im XVIIten und XVIIIten Jahrhundert" ist Ritter analog vorgegangen.[87] Hier wurde allerdings explizit eine politische Gliederung geliefert.

Zusammenschau

Bisher hat sich Ritters Vorgehen bei der Abfassung des ersten Bandes zur „Iranischen Welt" analog zu den bereits betrachteten Abschnitten dargestellt. Gemäß dem bewährten Schema wurde zunächst eine Großlandschaft definiert. Dies erfolgte unabhängig von politischen Grenzen und Strukturen, wohl aber unter Zuhilfenahme antiker Autoren. Strabons beziehungsweise Eratosthenes' Parallelogramm dürfte dem Leser diesbezüglich in Erinnerung geblieben sein. Anschließend wurde über die topographischen Phänomene des iranischen Hochlandes berichtet. Insbesondere die jüngst von den Zeitgenossen festgestellten Höhenverhältnisse wurden dabei herausgestellt. Fehlende Informationen wie etwa zu den nördlichen Gebirgsformationen wurden mitunter hypothetisch ergänzt. Die Quellenarbeit im für dieses Projekt relevanten Sinne, beginnt dann mit der Frage nach der etymologischen Herkunft des Namens „Iran". Hier und im Weiteren hat Ritter ausführliche Studien zum Zend-Avesta, genauer gesagt zu verschiedenen Keilinschriften, integriert. Dies darf in zweierlei Hinsicht als besonderes *Novum* seiner Zeit bewertet werden. Einmal waren die epigraphischen Befunde erst kürzlich der europäischen Wissenschaftsgemeinde zugänglich gemacht worden; zum anderen steckte die Indogermanistik, also auch die Erforschung der iranischen Sprachfamilie und deren Vorfahren, noch in den Kinderschuhen. Indem Ritter insbesondere Christian Lassens Werk so ausführlich in seine „Erdkunde" aufgenommen hat, integrierte er neueste Ergebnisse der Wissenschaft. Die „Erdkunde" war hier – was den Forschungsstand der ersten Hälfte des 19. Jahrhunderts anlangt – hochaktuell.

Somit darf die Quellenbasis, auf die sich Ritter dabei gestützt hat, als überaus breit und interdisziplinär eingestuft werden. Auch die sogenannte alte Geographie des Iran stützt sich zusammengenommen auf literarische und epigraphische Quellen, die – jedenfalls in Teilen – durch die Beobachtungen der Zeitgenossen angereichert worden sind. Dabei werden vor allem die literarischen Werke der antiken Geographen und Historiographen in ihrer vollen Breite angeführt. Bisher hat die „Erdkunde" an keiner anderen Stelle eine solche Vielfalt aufgewiesen. Dass Ritter die administrative und ethnologische Gliederung Persiens mehrfach und mit einer deutlichen Redundanz

---

87 Ritter, Carl: Iranische Welt, Vol. 1, S. 122–128.

dargestellt hat, ermöglichte erst diese Variation. Der Text gewinnt hierdurch enzyklopädischen Charakter. Wie bereits angedeutet, ist dieser Teil von dem Versuch geprägt, Kontinuitäten aufzuzeigen, die gegebenenfalls bis auf die eigene Zeit konstruiert wurden. Etwaige fehlerhafte Schlüsse wie beispielsweise die Annahmen zu Neyschabur (Nisaia) sind diesem Ansatz geschuldet.

Im Ganzen ist dieser große Teil des Bandes kaum in eine der vorher bereits festgestellten Kategorien der „Erdkunde" einzuordnen. Es finden sich darin Elemente zur Archäologie, Ethnologie, freilich auch zur Historiographie und eben zur Geographie des Landes, wobei sicherlich keine dieser Bezeichnungen für sich genommen dem Werk gerecht werden kann. Es ist daher an dieser Stelle sinnvoller, von historischer Geographie und historischer Ethnologie zu sprechen – wie Ritter dies ja auch selbst zumindest indirekt tut.

Der erhebliche Quellenwert der antiken und nicht-zeitgenössischen Texte ist nicht zu bestreiten. Ihre Rolle wurde durch die zahlreichen Zitate illustriert. Sie ist durchaus vergleichbar mit jener, die diese Texte für die Geschichtswissenschaft immer gespielt haben. Ritter versuchte zweifellos, historische Zusammenhänge aus den Quellen zu rekonstruieren. Allerdings muss auch am Ende dieses Kapitels wiederum festgestellt werden, dass es sich mehrheitlich wohl kaum um eine Eigenleistung gehandelt hat. Antike Textzitate wurden von ihm zusammen mit anderen Informationen kompiliert und müssen für die Zwecke der Fragestellung heute mitunter am Original ausfindig gemacht werden.

Der jüngere Iran

Berginseln, Flusslandschaften und Sandwüsten – antike Geographen definieren den Raum im Osten

Die „Erdkunde" behandelt, worauf eingangs schon hingewiesen wurde, die iranische Großlandschaft von ihren Rändern ausgehend, von Osten her beginnend. Dementsprechend wird zunächst die Westseite des Indus beschrieben. Wie auch dem Betrachter einer modernen Weltkarte schnell auffällt, ist diese von enormen Gebirgen bestimmt. Auch wenn Ritters Landkarte zum Iran – verglichen mit aktuellen Abbildungen – ihren Verlauf nur teilweise korrekt abbildet, sind sie doch als Massiv klar erkennbar.[88] Die mehrfach angesprochenen „weißen Flecken" beziehungsweise das unerkundete Terrain trüben dieses Bild nicht. Heute liegt ihr nördlicher Teil auf afghanischem Staatsgebiet, ihr südlicher in Pakistan. Hinsichtlich der Benennungen stellen sich der modernen Geographie einige Hürden in den Weg. Eine Vielzahl von Teilabschnitten des Gebirges tragen unterschiedliche Namen und können nur schwer exakt voneinander abgegrenzt werden.

---

88 Ritter, Carl/O'Etzel, Franz August (Hrsgg.): Atlas von Asien, dritte Lieferung, „Übersichts-Karte von Iran oder West-Hochasien" (siehe auch S. 172 sowie Nr. 20 online).

Mitunter sprechen die Karten und Atlanten sogar von eigenständigen Gebirgen und gehen somit nur bedingt von einer topographischen Einheit aus. Selbiges gilt für die Karte zur „Erdkunde". Ritter hat sich genau hierüber eindeutig geäußert. Er vermerkt treffend:

> Auf dem Westufer des Indus zieht von N. nach S., im Parallelismus mit demselben, ein großes System von Gebirgsketten, von dem Vorsprunge des Hindu Khu südwärts bis zum Indo-persischen Küstenmeere, wo es am Cap Mowari oder Monze (fines Gedrosiae) in das Meer fällt. Wir werden es in seinem Zusammenhange das Indo-persische Grenzgebirge nennen, weil es bisher keinen gemeinsamen Namen führte, und hier zum ersten Male (denn auch Strabo weiß hier nichts, als des Eratosthenes Aussagen anzuführen [...]) in der Geographie in seinem wahren Zusammenhange bezeichnet werden kann. Im Norden lernte Elphinstone sein Streichen von N. nach S. (unter dem Meridian von Jelalabad, oder 70° O.L. v. Gr.) kennen, bis 29° N.Br., als die Soliman Gebirge. Von da an, südwärts, beobachtete es H. Pottinger als den Ostrand des Plateaus von Kelat gegen den Indus und nannte es nach seinen Bewohnern, die Gebirgskette der Brahooe, welche sich hier zu einer außerordentlichen Höhe erhebt, und die er südwärts bis zum Meere verfolgen konnte.[89]

Seine Zeitgenossen, die im Gegensatz zu dem Berliner Geographen die Länder einige Jahre zuvor bereist hatten, wurden von Ritter gleich zu Beginn dieses Kapitels zitiert. Namentlich erwähnt und für die Benennung der verschiedenen Landschaften herangezogen, sind es vor allem die Werke der britischen Offiziere, die die Materialbasis für die folgenden Abschnitte ausmachen.[90] Zur Frage der Namensbezeichnung fällt auf, dass diese im Falle der Brahooe-Berge auf die dort ansässige Bevölkerung zurückgeht. Die Brahooe (heute Barhui), eine Ethnie am Unterlauf des Indus, bewohnen das Gebiet um Kelat[91] offenbar seit über 1.000 Jahren. Die Forschung, insbesondere die Linguistik, geht davon aus, dass die Bevölkerung aus dem Südosten Indiens immigriert ist.[92] Diese Praxis der Namensgebung ließe sich an weiteren Beispielen exemplifizieren. Allerdings handelt es sich hierbei nur um kleinere Abschnitte oder um einzelne Gebirgsketten, bei denen sich Ethnika ausgewirkt haben. Anders liegen die Dinge für den zweiten Namensbegriff, das „Soliman Gebirge".[93]

---

89 Ritter, Carl: Iranische Welt, Vol. 1, S. 129.

90 Die Werke von Elphinstone und Rennell, jedoch vermehrt die Reisetagebücher von Pottinger und Conolly, wurden regelmäßig von Ritter herangezogen und zitiert. Wie noch zu zeigen sein wird, wurde vor allem die Reiseroute von Conolly in die „Erdkunde" übernommen.

91 Kelat, Qalat oder Kalat ist heute die Hauptstadt des gleichnamigen Distrikts im Westen Pakistans. Vgl. Tietze, Wolf (Hrsg.): Westermann Lexikon der Geographie, s. v. „Kalat".

92 Yarshater, Ehsan (Hrsg.): Encyclopaedia Iranica, s. v. „Brahui"; Elfenbein, Josef: A periplous of the 'Brahui problem', in: Studia Iranica, Vol. 16 (1987), S. 215–233.

93 Das heute als „Sulaiman-Gebirge" oder „Kuh-i Sulayman" bezeichnete Areal gliedert sich in zahlreiche Unterabschnitte, die ihrerseits verschiedene Namen tragen. Tietze, Wolf (Hrsg.): Westermann Lexikon der Geographie, s. v. „Sulaiman Range".

Entgegen spontaner Erwartungen war der biblische König Salomo für diesen großen Teil im Süden des Hindukusch namensgebend. Die alttestamentliche Figur soll den höchsten Berg, „Salomons Thron", erstiegen haben und, nachdem er das heiße Indien erblickt hatte, umgekehrt sein. Auch die „Erdkunde" kennt diese Geschichte und führt sie auf Ibn Battuta, einen muslimischen Forschungsreisenden des 14. Jahrhunderts, zurück.[94] Der Vollständigkeit halber ist darauf hinzuweisen, dass dieser „Geschichtenerzähler" jedoch wohl eher Salomon in seiner Rolle als Prophet des Islam und nicht den weisen jüdischen König gemeint haben dürfte.[95] Für Ritter war dieser Hintergrund freilich Nebensache und blieb unbeachtet. Allerdings hat er Ibn Battuta als Quelle integriert und als zuverlässig eingeschätzt. Eine einträgliche und vor allem angepasste Lösung der Benennung der großen Gebirgslandschaft westlich des Indus existiert in der zeitgenössischen Geographie bis heute nicht. Insofern wird im Folgenden die Bezeichnung „Indopersisches-Grenzgebirge", also der von Ritter gebrauchte Name, verwendet werden. Er wird dem topographischen Phänomen in seiner Gesamtheit am ehesten gerecht.

Darüber hinaus sind zwei weitere Aspekte der oben zitierten Passage bemerkenswert. Zum einen hat Ritter einmal mehr versucht, die Lage – hier die Nord-Süd-Ausdehnung des Gebirgsverlaufes – anzugeben, also ein topographisch definiertes Ganzes zu verorten. Dabei darf diese Definition als Einheit nicht unterschätzt werden. Getreu seinem Konzept vom Umgang mit geostrukturellen Einheiten hat Ritter die Höhenzüge gemeinsam behandelt und nicht als eigenständige Teile begriffen. Die „Erdkunde" verweist auf Strabon beziehungsweise Eratosthenes,[96] weil Ritter wie so oft zuvor die Frage nach der Benennung an die antiken Autoren stellt. Die Tatsache, dass die Texte keine befriedigende Auskunft bieten konnten, wurde aufgenommen, war sie doch – verglichen mit vorangegangenen Befunden – durchaus verblüffend.

Ritter hat im Folgenden für den Ostrand des Großraumes verschiedene kleinere Regionen wie etwa „die Berginsel der Hezareh"[97], „das Plateau von Kandahar und das Thal des Hindmend"[98] oder „die Sandwüste Sedschestan"[99] nacheinander besprochen. Bereits an diesen drei Beispielen fällt auf, dass die Abschnitte nach ganz unterschiedlichen Kriterien zugeschnitten erscheinen. Dass ethnologische, administrative sowie topographische Gesichtspunkte hierbei eine Rolle gespielt haben, kann schon durch die angeführten Titel

94 Ritter, Carl: Iranische Welt, Vol. 1, S. 130f.; Lee, Samuel: The Travels of ibn Batuta, S. 99; Scott Meisami, Julie/Starkey, Paul (Hrsgg.): The Routledge Encyclopedia of Arabic Literature, s. v. „Ibn Battuta" (1368/9–1377).

95 Der Koran bezeichnet „Sulaiman" als Prophet und erkennt ihn gleichfalls als göttlich eingesetzten Herrscher Israels an. Ihm werden weiterhin übernatürliche Fähigkeiten zugeschrieben wie beispielsweise das Sprechen mit Geistern und Tieren. Vgl. Koran, 30–34 sowie 27:15–19.

96 Strab. 15, 2, 8. Strabon verweist hier ausdrücklich auf Eratosthenes (Eratosth. 78), dessen Werk von ihm als Quelle herangezogen wurde.

97 Ritter, Carl: Iranische Welt, Vol. 1, S. 134–141.

98 Ritter, Carl: Iranische Welt, Vol. 1, S. 141–144 sowie S. 153.

99 Ritter, Carl: Iranische Welt, Vol. 1, S. 149f.

erahnt werden. Um dazu eine fundierte Aussage treffen zu können, ist ein genauerer Blick in den Inhalt der gewählten Kapitel nötig.

Die „Berginsel der Hezareh" lokalisiert Ritter im Westen des Hindukusch, also im westlichen Teil des heutigen Afghanistan, zwischen „62–68° O.L. v. Gr. und 33–36° N.Br".[100] Er gebraucht – wie seine Zeitgenossen auch – den Namen „Paropamisus" für diese Landschaft. „Παροπάμισος"[101] ist unter anderem bereits bei Strabon belegt und war vermutlich, auch wegen mangelnder Alternativen zu dieser Benennung, weiterhin unter diesem Namen geläufig. Das Gebiet wird in der „Erdkunde" jedenfalls als von mittlerer Höhe und schwer zugänglich beschrieben. Hier hat Ritter die Berichte über den Alexanderzug sowie die Reisen des Sultan Baber erwähnt, jedoch nicht weiter ausgeführt.[102] Die Ränder der „Berginsel" hat Ritter recht ausführlich in ihrem sanften Abfallen nach Norden, Westen und Süden beschrieben. Damit wurde dem Raum zumindest eine Art topographische Begrenzung gegeben, indem das Höhenniveau als Unterscheidungskriterium herangezogen wurde. Jedoch weist die „Erdkunde" an mehreren Stellen darauf hin, dass verschiedene tiefer gelegene und fruchtbarere Areale vorhanden sind und somit für eine gewisse Heterogenität der Oberfläche sorgen.[103]

Nach gewohntem Schema spricht der Text über die karge Vegetation und über die Bewohner des Landes. Bei dieser Gelegenheit hat Ritter auch darüber spekuliert, ob die „gegenwärtig" ansässigen Bewohner mit jenen aus den Tagen der „Alten" verwandt seien. Es wurden hierfür, genauer für den Beleg des Namens „Παροπαμισάδαι", Arrian und Herodot angeführt. Die Frage, ob es sich bei diesem Ethnonym um eine Selbst- oder Fremdbezeichnung der ansässigen Bevölkerung handelt, wurde nicht aufgeworfen.[104] Dabei wäre sie für eine Untersuchung der Verwandtschaft grundlegend gewesen und hätte zu einem eindeutig negativen Ergebnis führen müssen.[105] Der Versuch eines stringenten Nachweises einer Verwandtschaft, den eine ethnologische Untersuchung hätte erbringen sollen, wird ebenfalls nicht unternommen. Stattdessen hat sich Ritter mit den Informationen, die ihm Elphinstones Werk geboten hat, begnügt.[106] Dieser wollte die Hezareh generell als Abteilungen oder Vereinigungen von Kriegern identifiziert wissen.

---

100 Ritter, Carl: Iranische Welt, Vol. 1, S. 134. Yarshater, Ehsan (Hrsg.): Encyclopaedia Iranica, s. v. „Hazara".

101 Strab. 15, 1, 11 und 15, 2, 9. Vgl. hierzu den Gebrauch bei Elphinstone, Mountstuart: The Kingdom of Caubul, S. 97ff.

102 Ritter, Carl: Iranische Welt, Vol. 1, S. 134 und S. 137; Leyden, John/Erskine, William: Memoirs of Zehir-Ed-Din Muhammed Baber, S. 174f. und S. 207–212.

103 Ritter, Carl: Iranische Welt, Vol. 1, S. 141–144.

104 Arr. an. 4, 22; Hdt. 4, 44.

105 Freilich handelt es sich bei „Παροπαμισάδαι" um eine Fremdbezeichnung durch die Autoren der griechischen Quellen. Eine Diskussion der Frage der Verwandtschaft macht also nur oberflächlich aus der Perspektive des 19. Jahrhunderts Sinn. Dass die Zeitgenossen vor Ort die lokale Bevölkerung durchaus bei dem antiken Namen nennen, ist kaum ein tragfähiges Argument für eine historische Verwandtschaft.

106 Elphinstone, Mountstuart: The Kingdom of Caubul, S. 483–488.

Nach Ritters Meinung handelt es sich nun bei solchen Namen weniger um Ethnonyme als „nur um Apellative eines Menschenschlags mit mongolischer Gesichtsbildung oder vielleicht nur eines zusammengelaufenen Raubvolks, wie einst die Benennung der Kosack in Europa".[107] Mit den verschiedenen Ethnien in ihrer direkten und indirekten Nachbarschaft haben sie nach Meinung der Zeitgenossen kaum Gemeinsamkeiten.[108] Sprachliche Verwandtschaften seien nur bedingt vorhanden. Ritter hat dies genau wie die kulturellen Differenzen auf die Abgelegenheit des Paropamisus zurückgeführt. „Die Afghanen [zu Kabul] halten sie [die Hezareh] bald für Zauberer, die sie scheel ansehen können, oder für Einfältige, die sich alles aufbinden lassen".[109]

Das Plateau von Kandahar wurde weniger scharf eingegrenzt. Ritter hat nur die Nähe zum Fluss Helmand (Hindmend) erwähnt, der dem Hindukusch entspringt und südlich der Stadt in Richtung Westen fließt, um schließlich im Sistanbecken zu münden.[110] Hinsichtlich des Namens ist bemerkenswert, dass Ritter auch „Etymander" als Variante angibt. Diese antike Bezeichnung ist vielfach überliefert, unter anderem von Arrian, Plinius und Curtius Rufus.[111] Ritter hat seinen Verlauf und den seiner Quellen angegeben und knapp beschrieben. Jedoch ist ihm die Bedeutung des Gewässers vor allem für die Landwirtschaft als Kontrast zu der felsigen Wüstengegend wohl bewusst gewesen. Diese Informationen basieren auf zeitgenössischen Quellen.[112] Allerdings kommt die „Erdkunde" bei mehr als einer Gelegenheit darauf zu sprechen, dass Alexander seinen Feldherrn Krateros in diese Gegend entsandt hatte. So seien dann auch erste geographische Informationen gesammelt worden.[113] Herodots Werk macht Angaben, wonach in diesem Teil der bekannten Welt fünf Ströme – separiert durch Gebirgsteile – entspringen sollen. Ein großer Strom, Akes, soll dann durch eine Ebene gen Westen fließen und in einen See münden.[114] Ritter hat diese Idee – ganz ähnlich wie er es für die Frage nach dem Ursprung des Nils getan hat – aufgegriffen und die Vermutung geäußert, man könne den Akes mit dem Helmand in Verbindung bringen. Wenn nicht den Hauptstrom, so hätte Herodot vielleicht einen der Quellflüsse gemeint.[115] Man

107 Ritter, Carl: Iranische Welt, Vol. 1, S. 136.

108 Ritter, Carl: Iranische Welt, Vol. 1, S. 136f.

109 Ritter, Carl: Iranische Welt, Vol. 1, S. 140f.

110 Ritter, Carl: Iranische Welt, Vol. 1, S 147ff. sowie Conolly, Arthur: Journey to the North of India, Vol. 2, S. 55 (erste Auflage) sowie Vol. 2, S. 73ff. (zweite Auflage) und Elphinstone, Mountstuart: The Kingdom of Caubul, S. 115; Tietze, Wolf (Hrsg.): Westermann Lexikon der Geographie, s. v. „Helmand" und „Kandahar"; Yarshater, Ehsan (Hrsg.): Encyclopaedia Iranica, s. v. „Helmand River" und „Kandahar".

111 Arr. an. 4, 6, 6; Plin. nat. 6, 92. Curtius überliefert zwar den Namen, will den Fluss jedoch irrig in Indien verortet wissen. Curt. 8, 9, 10.

112 Den zuvor Genannten ist abermals Kinneir, der den Fluss „Heermund" nennt, hinzuzuzählen. Vgl. Kinneir, John Macdonald: Geographical Memoir of the Persian Empire, S. 189–193.

113 Ritter, Carl: Iranische Welt, Vol. 1, S. 151.

114 Hdt. 3, 117.

115 Ritter, Carl: Iranische Welt, Vol. 1, S. 150f.

würde nun damit rechnen, dass weitere Details über eben diese Zuflüsse ihren Platz in der „Erdkunde" gefunden haben. Dies ist nicht der Fall. Ritter hat auf deren Referat verzichtet. Ein Blick auf die „Übersichts-Karte zu Iran" gibt Aufschluss hierüber. Zwar finden sich dort nicht wenige Städte und weitere Details, allerdings fehlen auch oft Teile ganzer Flussläufe, andere wurden hypothetisch ergänzt.[116]

Über das Plateau als Ganzes wird, abgesehen vom angenehmen Klima und der enormen Fruchtbarkeit des Bodens, wenig berichtet. Wahrscheinlich ist dies darauf zurückzuführen, dass die britischen Zeitgenossen entweder lediglich Details über die Stadt selbst berichtet oder das umliegende Gebiet nur durchquert haben. Leutnant Conolly etwa ist auf seiner Reise durch Persien zwar an Kandahar vorbeigezogen, besondere Aufmerksamkeit hat er der Stadt und ihrem Umland aber nicht gewidmet.[117] Gemessen daran hat Ritter Kandahar recht ausführlich dargestellt; er hat Größe und Einwohnerzahlen angegeben. Der vorhandene, wohl florierende Markt wird im Kontext von überregionalen Handelsverbindungen, die in der Nähe verlaufen würden, erwähnt. Auch eine Zitadelle sowie weitere Befestigungsanlagen werden knapp beschrieben.[118] Topographisch vergleicht die „Erdkunde" – um weiterführende Aussagen zur Landschaft treffen zu können – die Strukturen mit bekannten europäischen Vorbildern. Das Jura in Deutschland, die slowenische Krain und der Apennin in Italien werden beispielsweise zu geologischen Vergleichszwecken herangezogen.[119] Im Westen werde das Land durch die große Sandwüste, von der als nächstes zu sprechen sein wird, begrenzt. Überhaupt sei es diese Wüste, die ganz Afghanistan von Persien scheide.

Die „Sandwüste Sedschestan" wurde nur kurz behandelt. Wie erwähnt, war dieses Gebiet für Ritter eine räumliche Grenze des Ostrandes gegen Westen. Diese unwirtliche Gegend wird als nahezu wasserlos und nur mit wenigen Oasen beschrieben. Flugsand oder eben karger Stein bestimme die Oberfläche.[120] Es sind hauptsächlich die schon mehrfach angeführten Berichte Arthur Conollys und vor allem die von ihm veröffentlichte Landkarte, auf die Ritter hauptsächlich verwiesen hat, um die Ausdehnung der großen Wüste zu veranschaulichen. Der Helmand-Fluss teile nun, nach Ritters Meinung, die große Wüste in einen nördlichen und einen südlichen Teil, in die Wüste von „Khorasan" und in die von „Belludschistan". Der westliche Teil – durch einen Gebirgszug vom Rest separiert – wurde als „Wüste von Kerman" eingeführt. Für diesen dritten Teil konnte auf Strabon als

116 Ritter, Carl/O'Etzel, Franz August (Hrsgg.): Atlas von Asien, dritte Lieferung, „Übersichts-Karte von Iran oder West-Hochasien" (siehe auch S. 172 sowie Nr. 20 online).

117 Die Kapitel drei und vier des zweiten Bandes von Conollys Reise bieten zwar Informationen zu Kandahar, allerdings sind diese knapp und beruhen teilweise auf dem Hörensagen. Er hat diese vor Ort eingeholt. Vermutlich war es Conolly wegen einer Fieberkrankheit nicht möglich, die Stadt selbst zu beurteilen.

118 Ritter, Carl: Iranische Welt, Vol. 1, S. 147ff.

119 Ritter, Carl: Iranische Welt, Vol. 1, S. 149.

120 Ritter, Carl: Iranische Welt, Vol. 1, S. 149f.

Referenz verwiesen werden, ohne dass dies jedoch weiter kommentiert wurde.[121] Weitere Details wie etwa zu den ortsansässigen Menschen bietet die „Erdkunde" nicht. Auch dieser Befund deckt sich mit dem lichter gewordenen Kartenabbild der großen Wüste.[122]

Die Beschreibung des Ostrandes von Iran schließen bei Ritter die Zusammenfassungen mehrerer Berichte von Reisen, die Pottinger und Conolly in dieser Gegend unternommen hatten, ab.[123] Diese Exzerpte folgen dem bekannten Schema der vorangegangenen Bände. Sie haben ihre tagebuchartige Form beibehalten und klären über die Erlebnisse und Eindrücke ihres Verfassers auf. Mit Recht dürfen sie nicht nur als informative Elemente bezeichnet werden. Vor allem ihr illustrativer Charakter ist diesbezüglich hervorzuheben.[124] Da diese Abschnitte jedoch für eine Quellenanalyse nachrangig sind, kann bereits an dieser Stelle eine Bewertung des bisher Besprochenen erfolgen.

Alle drei der beleuchteten Gebiete unterscheiden sich hinsichtlich ihrer naturräumlichen Beschaffenheit auf den ersten Blick ganz erheblich voneinander. Verkürzt und vereinfacht gesagt, hat es Ritters Leser hier mit einem Hochland, einer Flusslandschaft und einer Wüstenregion zu tun. Dass sich diese drei Landschaftstypen keinesfalls so eindeutig kategorisieren und voneinander trennen lassen, zeigen moderne Landkarten für die angeführten Beispiele. Schon die Reliefs der ersten beiden sind sich ähnlicher als im 19. Jahrhundert angenommen. Allerdings soll dies bei der Frage nach den von Ritter angelegten Kriterien zur Definition eines Raumes keine Rolle spielen. Der Wissensstand seiner Zeit und nicht der des 21. Jahrhunderts ist hierfür von Bedeutung. Ritter hat also tatsächlich drei Räume hinsichtlich ihres Charakters unterschieden, wobei diese Differenzen von ihm nicht erörtert wurden.

Für die „Berginsel der Hezareh" kann festgestellt werden, dass diese topographisch durch ihre Höhenlage zwar als Einheit angenommen werden kann, jedoch ist die Erhebung in der Umgebung des Hindukusch sicherlich kein Alleinstellungsmerkmal. Mit dem ethnologischen Kriterium käme der Versuch einer Abgrenzung auch nur wenig weiter. Wie gezeigt wurde, haben die Zeitgenossen unter den Einwohnern kein eigenes Ethnos, sondern eher einen losen Verbund verstanden. Die topographische Einheit des Plateaus von Kandahar – gerade im Zusammenhang mit dem Helmand – ist schlichtweg nicht vorhanden. Jedoch tritt hier abermals ein Strom als bestimmender Faktor auf, der verschiedenartige Landschaften sozusagen verbindet. Die „Sandwüste von Sedschestan"

---

121 Die „Erdkunde" gibt nur einen fehlerhaften Verweis auf Strabon an. Ritter hat sich hier wohl auf Strab. 15, 2, 11–14 bezogen. Dafür spricht auch eine vorherige Nennung von Nearchos, die Strabon hier ebenfalls anführt.

122 Ritter, Carl/O'Etzel, Franz August (Hrsgg.): Atlas von Asien, dritte Lieferung, „Übersichts-Karte von Iran oder West-Hochasien".

123 Conolly, Arthur: Journey to the North of India, Vol. 2, S. 57–104 sowie S. 114–187; Pottinger, Henry: Travels in Beloochistan and Sinde, S. 123 (Auswahl).

124 Ritter hat hier nicht nur Entfernungsangaben – unter anderem in Form von Tagesmärschen – von Ort zu Ort angegeben. Klimatische Verhältnisse waren für ihn genauso erwähnenswert wie der Zustand der Vegetation, politische Zugehörigkeiten oder bemerkenswerte Anekdoten des Verfassers. Vgl. Ritter, Carl: Iranische Welt, Vol. 1, S. 153–175.

oder vielmehr die Wüsten können an dieser Stelle kaum kommentiert werden, wie sie dies auch in der „Erdkunde" kaum wurden. Eine topographische Einheit könnte zwar – gleich einer wie auch immer gearteten klimatischen – angenommen werden. Allerdings würde diese lediglich den bekannten Stereotypen, mit denen eine solche Landschaft nun einmal besetzt ist, folgen. Auf die Frage, ob also nun ethnologische, topographische oder andere Gesichtspunkte als Kriterien für die Definition dieser Räume herangezogen wurden, kann somit keine befriedigende Antwort gegeben werden. In keinem Fall reichen die Kategorien aus. Stattdessen ist bei eingehender Betrachtung auffällig geworden, dass ein jedes der drei besprochenen Gebiete den antiken Quellen geläufig war. In anderen Worten: Die Landschaften beziehungsweise ihre Namen waren den antiken und nicht-zeitgenössischen Autoren bekannt. Somit waren es die griechisch-römischen Geographen, auf die eine Festlegung des jeweiligen Raumes zurückreicht. Ob und inwiefern deren Angaben unscharf waren, spielte diesbezüglich für Ritter und seine Zeitgenossen keine Rolle. Sie konkretisierten vielmehr die Angaben der „Alten". Für diese Auffassung sprechen auch die Äußerungen zur Benennung des „Indopersischen-Grenzgebirges".

Der Nordrand Irans – auf der Route von Merw nach Gorgan

Nachdem sich Ritter mit den historischen Verhältnissen und dem „aktuellen" Zustand der Bevölkerung im Osten Persiens befasst hat, folgt eine umfangreiche Betrachtung des Nordrandes, die den Hauptteil des Bandes ausmacht. Beginnend mit der historischen Landschaft Baktrien hat die „Erdkunde" den Weg in Richtung Westen gewählt. Abgesehen von kleineren Abweichungen und Exkursen waren es die angesprochenen Gebirge, an denen die Orientierung erfolgt ist. Schon hier ist vorauszuschicken, dass Ritter den „Kaspischen Elburs" beziehungsweise Aserbaidschan als Endpunkt gewählt hat. Somit hat er die Einheit der Topographie zweifellos berücksichtigt und respektiert. Die Länder südlich des Kaspischen Meeres mit den östlichen Ausläufern des Hindukusch in einer Linie zu betrachten, erscheint jedoch in mehrerlei Hinsicht zweifelhaft. Die Frage nach der Berechtigung und dem Verständnis, mit dem die „Erdkunde" auf diese Art vorgeht, ist für die folgende Untersuchung zu berücksichtigen.

Der Geographie des 19. Jahrhunderts war die Landschaft zwischen der Südostspitze des Kaspischen Meeres und den Ausläufern des Hindukusch als „Khorasan" oder „Chorasan" geläufig. Von seiner altpersischen Bedeutung als Land der aufgehenden Sonne hat sich später im Parthischen genau wie im Mittelpersischen das Wort für „Osten" abgeleitet.[125] Die Informationen über diesen Teil Zentralasiens waren ebenso dünn oder dicht wie für die bisher besprochenen Regionen, sodass Ritter auch hier kein geschlossenes Bild zeichnen konnte. „Balk, Merv, Herat, [...] Nisapur, Asterabad sind die lichteren Punkte

---

125 Yarshater, Ehsan (Hrsg.): Encyclopaedia Iranica, s. v. „Khorasan".

auf dieser Grenzscheide des alten Turan und Iran [...],"[126] auf die sich seine Darstellung maßgeblich konzentrieren konnte. Das jeweilige Umland dieser Städte sowie die Flüsse von überregionaler Bedeutung wurden zusammen mit ihnen besprochen. Eine Betrachtung des Nordrandes von Iran wird sich für den Großraum Chorasan sinnvollerweise ebenfalls an diese, durch die genannten Orte vorgegebene Gliederung halten. Eine Darstellung – etwa nach politischen Gesichtspunkten – verbietet sich schon im Ansatz. Ritter und seine Zeitgenossen haben dies bereits festgestellt, da das Gebiet zu keiner Zeit fest ausgemachte und dauernde Grenzen besessen hat.[127] Mit Ritters Worten könnte man feststellen, dass der Name Chorasan nicht viel mehr als ein allgemeines Appellativ für die gesamte Region war. Schon der Blick in die Einleitung zu dieser Landschaft lässt auch nur ein wesentliches Merkmal für die Zusammengehörigkeit der Einwohner erkennen, wobei dies eher paradox erscheint. Die Kriegsgeschichte habe das Gebiet bekannt gemacht, „oasengleiche Kulturstellen" begegnen dann erst in zweiter Reihe.[128] Ritter nannte Chorasan nach Strabon „Partherland, in alter und neuer Zeit, die Heimath gleichfurchtbarer Streiter".[129] Man wisse, „daß nur sie und Germanen die Wüstlinge in Rom beben machten".[130] Nadir Schah (1688–1747), Vater der Afschariden-Dynastie, hat es als „Schwert von Persien" bezeichnet.[131]

Mit Baktrien hat Ritter eine historische Landschaft an den Beginn seiner Betrachtungen gesetzt, die heute im Wesentlichen den nördlichen Teil Afghanistans ausmacht.[132] Kleinere Teile zählen zu Tadschikistan, Usbekistan und zu Turkmenistan. Die Geographie des 19. Jahrhunderts hat seine Lage nördlich der Hezareh-Berge beziehungsweise am Nordhang des Hindukusch beschrieben. Vom altgriechischen „Βάκτρα" leitet sich der heute gebräuchliche Name „Balch" ab. Dieser benennt gleichzeitig einen afghanischen Verwaltungsbezirk und eine größere Stadt. In diesem Gebiet befindet sich auch das mittlerweile geläufigere Masar-i Scharif, eine der größten Städte des modernen Afghanistan. Die verkehrsgünstige Lage der Region an der Kreuzung zweier Handelsstraßen, darunter die berühmte Seidenstraße, war sicherlich ein Faktor, der eine frühe kulturelle Blüte begünstigt hat. Balch,[133] Ritter nennt es „Balkh", gilt als Wiege der iranischen Kultur und wurde von der Forschung in eine Reihe mit den prominenten

---

126 Ritter, Carl: Iranische Welt, Vol. 1, S. 214. Von den genannten Städten wird später noch ausführlich zu sprechen sein. Als „Turan" wurden im Laufe der Zeit zentralasiatische Gebiete unterschiedlicher Lage und Ausdehnung bezeichnet. Ritter hat darunter die Region östlich des Kaspischen Meeres und nördlich des iranischen Plateaus verstanden.

127 Kinneir, John Macdonald: Geographical Memoir of the Persian Empire, S. 169 (auch zu den umliegenden Landschaften).

128 Ritter, Carl: Iranische Welt, Vol. 1, S. 216.

129 Die „Erdkunde" verweist auf Strab. 11, 2, 9–12.

130 Ritter, Carl: Iranische Welt, Vol. 1, S. 216.

131 Malcolm, John: History of Persia, Vol. 1, S. 216 (nach Ritter; eigentlich Vol. 2, S. 139); Yarshater, Ehsan (Hrsg.): Encyclopaedia Iranica, s. v. „Nāder Shah".

132 Yarshater, Ehsan (Hrsg.): Encyclopaedia Iranica, s. v. „Bactria".

133 Tietze, Wolf (Hrsg.): Westermann Lexikon der Geographie, s. v. „Balkh".

Königsstädten der Achämeniden und Sassaniden gestellt.[134] Für die eigene Zeit stellt die „Erdkunde" allerdings fest:

> Bactriens alter Glanz ist längst verschwunden, selbst des jüngern Balkh Herrlichkeit ging durch Dschingiskhans Zerstörung zu Grunde, die Ruinen der Stadt und ihrer Umgebungen gehören gegenwärtig nicht einmal mehr zum persischen Reiche […].[135] Die große unabsehbare Ebene, an deren Eingange Balkh an 1800, oder fast 2000 Fuß hoch über d.M. liegt, senkt sich von da nur wenig nordwärts zum Spiegel des Gihon; westwärts mehr, obwohl sehr allmählich, wie es der Lauf der Flüsse beweiset, zum Kaspischen Meer hin. Nur da, wo reichlichere und künstliche Bewässerung durch Menschenfleiß, trägt dieser sonst wüste Boden auch zahlreiche Wohnsitze.[136]
>
> Balkh […] hat den stolzen Titel „Amu al Bulad" die Mutter der Städte, aus früheren Zeiten behalten. […] Al. Burnes hielt sie insgesamt für nicht älter, als Mohammeds Zeit, wenn schon Kajomorts sie gegründet haben soll. Die Vermuthungen über das antike vormakedonische Baktra, das an die Stelle des heutigen Balkh versetzt wird, sind aus den Untersuchungen bei Heeren und anderen Historikern bekannt […]. Die Macedonier berichten von Bactria nichts, als daß Alexander mit seinen Begleitern da gewesen sei und einen großen Theil seines Heeres, 14,000 Mann, daselbst zurückgelassen habe. […] Was sich aus den folgenden Jahrhunderten der Verwirrungen in jenen Gegenden bis auf die Arabereinfälle erhalten hat, liegt ungemein im Dunkeln.[137] Niemand, bemerkt A. Burnes, habe diese Landschaft Bactrianas treffender geschildert als Q. Curtius, dessen Beschreibung auch heute noch vollkommen passe; selbst die aufgewehten Sandhügel, die mit der Wüste beginnen, sind von ihm nicht unbeachtet geblieben, auf denen der Reisende sich von Zeit zu Zeit in der unermesslichen Einöde orientieren muß.[138]

Der Abschnitt, den Ritter Baktrien und seiner Hauptstadt gewidmet hat, kann schon auf den ersten Blick als beinahe typisch für seine Arbeitsweise, wie sie sich bisher präsentiert hat, bezeichnet werden. Sämtliche Komponenten, die eine wissenschaftliche Erdkunde in Ritters Sinn ausmachen, finden sich hier wieder. Zur Beschreibung der Landschaft und des Klimas wurden Zeitgenossen genau wie antike Autoren bemüht.[139] Die geographischen Namen entspringen den unterschiedlichsten Epochen. So hat Ritter beispielsweise den

---

134 Tarn, William: The Greeks in Bactria & India, S. 44–48, S. 120–128 sowie S. 143.
135 Ritter, Carl: Iranische Welt, Vol. 1, S. 218.
136 Ritter, Carl: Iranische Welt, Vol. 1, S. 219.
137 Ritter, Carl: Iranische Welt, Vol. 1, S. 221f. Ritter zitiert hier Arr. an. 4, 22.
138 Ritter, Carl: Iranische Welt, Vol. 1, S. 226.
139 Weiterhin wurde von Ritter auch der Bericht Frasers angeführt. Fraser, James Baillie: Journey into Khorasan, S. 106.

Fluss Oxus an dieser Stelle „Gihon" genannt.[140] Diese Bezeichnung geht auf das erste Buch Mose zurück, wobei der Oxus nur eine interpretatorische Variante auf der Suche nach dem entsprechenden Strom ist.[141] Mit politischen Verhältnissen hat sich Ritter nicht allzu sehr aufgehalten, obgleich später im Text noch von der Tributpflicht gegenüber anderen Fürsten und dergleichen berichtet wird.[142] Über die Lebensweise beziehungsweise über die Kultivierung des Landes durch den Menschen hat Ritter dann einige Details integriert. Eine generelle Charakterisierung des Abschnittes muss feststellen, dass auch dieser wie zahlreiche andere rückwärtsgewandt ist. In anderen Worten: Auch hier wurde von der Geschichte – im Idealfall vom Zeitpunkt der Stadtgründung ausgehend – ein Bogen zur eigenen Zeit gespannt. Die Gründung durch Kajomorts, einen sagenhaften Urmenschen der persischen Mythologie, findet dementsprechend genau wie der Alexanderzug ihren festen Platz.[143] Allerdings hätte etwa mit dem Werk Strabons durchaus die Möglichkeit bestanden, die wenigen bei Arrian und Curtius überlieferten Informationen zu erweitern.[144] Stattdessen wurde diese Quelle tatsächlich nur namentlich genannt. Die historische Dimension hat Ritter dann auch mit den orientalischen Gewährsmännern – unter anderem Ibn Hauqal, al-Idrisi, Ibn Battuta und Sultan Baber – weiter verfolgt.[145] Tatsächlich findet diese ihren Endpunkt bei Alexander Burnes, der zuletzt über Balch geschrieben hatte.[146]

Zur Frage nach der Archäologie der Stadt weiß die „Erdkunde" ebenfalls manches zu sagen. So wurde auch von den Zeitgenossen über die Siedlungskontinuität der Stadt nachgedacht. An einer anderen Stelle hat Ritter Befunde über die Verbreitung und Interpretation eines baktrischen Münzschatzes, der angeblich aus den Ruinen der Hauptstadt stammte, referiert. Allerdings seien hier erst für die Zukunft Ergebnisse zu erwarten, sodass eine genaue Interpretation nicht erfolgen könne. Über den Wert der antiken Autoren oder genauer gesagt über deren Verlässlichkeit braucht es abschließend nicht allzu viele Worte. Ritter hat Curtius explizit gelobt und einen weiteren Alexanderhistoriker für die entsprechenden Ereignisse herangezogen, wobei es sicherlich nicht das Ziel war, Vollständigkeit zu erreichen.[147]

140 Der Oxus ist heute unter dem Namen Amudarja geläufig. Er bildet die Grenze zwischen Tadschikistan und Afghanistan. In den letzten Jahrzehnten hat sich sein Lauf aufgrund von Bewässerungsmaßnahmen erheblich verkürzt, sodass der Strom heute nicht mehr den Aralsee erreicht, den er einst gespeist hat. Yarshater, Ehsan (Hrsg.): Encyclopaedia Iranica, s. v. „Amu Darya".

141 Gen. 2, 11.

142 Vgl. unter anderem Ritter, Carl: Iranische Welt, Vol. 1, S. 224.

143 Zu Kajomorts (auch Gayomarth) siehe Gheiby, Bijan: Zarathustras Feuer, S. 93–95 und S. 100–102.

144 Curtius Rufus geht im siebten Buch seiner Geschichte Alexanders ausführlich auf Baktrien ein. Vgl. auch Strab. 11, 11.

145 Lee, Samuel: The Travels of ibn Batuta, S. 93; Ouseley, William: The Oriental Geography of Ebn Haukal, S. 121 sowie S. 213–223; Jaubert, Pierre: Géographie d'Édrisi, Vol. 1, S. 473–475; Leyden, John/Erskine, William: Memoirs of Zehir-Ed-Din Muhammed Baber, S. XXXf.

146 Burnes, Alexander: Travels into Bokhara, Vol. 1, S. 237–245.

147 Ritter, Carl: Iranische Welt, Vol. 1, S. 226f.

Ganz ähnlich wie das Kapitel zu Balch ist der Abschnitt zu Merw und dem Fluss Murgab gestaltet.[148] Beide führt Ritter auf antike Bezeichnungen bei Strabon zurück, der das Gebiet als „Margiana" kannte und ausführlich beschrieben hat.[149] Strabon hat diese Landschaft besonders wegen ihrer Kultivierung mittels Bewässerung in einer sonst rauen Umgebung besprochen. Hinsichtlich der Stadtgeschichte wird abermals der Alexanderzug, der hier Station machte, erwähnt. Später soll Antiochos Soter (324/3–261 v. Chr) die Stadt als *Antiocheia Margiana* erbaut beziehungsweise ausgebaut haben.[150] Damit wäre die Vorläufersiedlung identifiziert. Der Text enthält zahlreiche, ebenfalls auf Strabon zurückgehende Angaben zu landwirtschaftlichen Erzeugnissen, wobei Ritter diese für die Zeit des 19. Jahrhunderts übernommen hat. Erweitert werden die Informationen durch die Berichte Ibn Hauqals. Die reisenden Zeitgenossen Burnes und Fraser werden zwar ebenfalls zitiert, jedoch dürften die Informationen über Merw selbst einmal mehr auf Hörensagen beruhen. Ihre Route hat sie nicht in die Stadt geführt.[151] So weiß Ritter über das Leben in der Stadt nicht viel mehr zu sagen, als dass sie wenigstens über drei Moscheen und über mehrere Marktplätze verfüge.

Der Fluss, den Strabon „Μάργος" nennt, gehörte zu Beginn des 19. Jahrhunderts sicherlich zu den noch unbekannten Gewässern Zentralasiens.[152] Seinen Ursprung hat Ritter korrekt an die Nordseite des Paropamisus, in das Gebirge der Hezareh, gelegt. Hinsichtlich der Mündung waren sich die Zeitgenossen jedoch keineswegs einig. Ein Eintritt ins Kaspische Meer wurde genau wie eine Vereinigung mit dem Oxus diskutiert.[153] Alexander Burnes' Erkundigungen ergaben jedoch, dass der Murgab östlich von Merw einen See bildet und dann im Sand verschwindet – eine Meinung, die später auch Fraser teilen sollte. Tatsächlich verliert sich die Spur des Wassers in der Wüste Karakum.[154] Über seine Länge konnten keine Aussagen getroffen werden, jedoch hat Ritter die Annahme, dass der Murgab sozusagen verdunste, zum Anlass genommen, die Unwirtlichkeit der Wüste zu beschreiben. Dies ist hauptsächlich durch die Integration historischer Episo-

---

148 Ritter, Carl: Iranische Welt, Vol. 1, S. 227–237; Tietze, Wolf (Hrsg.): Westermann Lexikon der Geographie, s. v. „Murgab".

149 Strab. 11, 10.

150 Strab. 11, 10, 2; für weitere Details zum Alexanderzug wurde hier auch Arr. an. 3, 24, 3 zitiert.

151 Vgl. Ritter, Carl: Iranische Welt, Vol. 1, S. 233f. sowie Fraser, James Baillie: Journey into Khorasan, S. 55ff. (Appendix B).

152 Strab. 11, 10, 1. Ptolemaios (6, 10, 1) lässt den Fluss in den Oxus münden. Vgl. Ritter, Carl: Iranische Welt, Vol. 1, S. 228f.

153 Kinneirs Map of Persia lässt den Fluss ebenfalls in den Oxus (Gihon) einmünden. Dazu: Burnes, Alexander: Travels into Bokhara, Vol. 2, S. 35ff.

154 Womöglich hat sich der Flusslauf des Μάργος bis zum 19. Jahrhundert so weit verändert, dass seine Wasser schlichtweg den größeren Strom, in dem sie einst aufgingen, nicht mehr erreicht haben. Unterstützt wird diese Annahme insofern, als auch Ibn Hauqal noch die Verbindung der beiden Flüsse erwähnt (Ouseley, William: The Oriental Geography of Ebn Haukal, S. 220). Vgl. auch Tietze, Wolf (Hrsg.): Westermann Lexikon der Geographie, s. v. „Karakum".

den geschehen. So berichtet die „Erdkunde" beispielsweise von Nadir Schah,[155] der mit einem Heer das Gebiet durchzog und aufgrund der schlechten Versorgungslage einen erheblichen Teil seiner Truppen wegen Hitze und Durst verlor. In Anlehnung an Burnes stellt Ritter beinahe im Jargon militärischer Tradition fest:

> Die wenigen Brunnenstellen liegen hier starke Tagreisen weit auseinander, und ihre Wasser sind bitter, widerlich, und werden es in den Schläuchen noch mehr. Der Sandstaub und Sonnenbrand plagt selbst die Kameeltreiber, so sehr an jene Natur gewöhnt, mit bösen Augenentzündungen. Nur leichte Cavalerie in zerstreuten Schaaren und kleineren Abtheilungen kann glücklich durch diese Wüste gelangen, welche für schwere Artillerie undurchsetzbar zu sein scheint.[156]

Nach der Beschreibung von Balch und Merw fühlt sich der Betrachter unweigerlich an die bereits mehrfach angesprochene Annahme erinnert, wonach Ritter auf die antiken Quellen lediglich zurückgegriffen haben soll, um Informationslücken bei den Zeitgenossen zu kompensieren. In der Tat waren die Aussagen der Reisenden zu diesen beiden Orten recht dürftig. Jedoch kann der anschließende Abschnitt zu Herat als Gegenbeweis dienen.[157] Hier war die Berichterstattung ungleich besser. Conolly, Elphinstone, Kinneir, Fraser und andere haben über den zeitgenössischen Zustand der Stadt und über ihre Geschichte berichtet.[158] Ritter hat diese Informationen gerne aufgenommen, exzerpiert und miteinander verglichen. So wurde angegeben, dass die Stadt etwa 45.000 Einwohner habe und nicht wie bisher angenommen 100.000. Davon seien 1.000 Einwohner Hindus und 40 Familien jüdischen Glaubens. Von der Befestigung der Stadt, die mit einigen Toren ausgestattet war, berichtet die „Erdkunde" genau wie von mehreren großen Basaren im Inneren. „Man zählte 1.200 Kaufläden, 17 Karawanserais, 20 Bäder, viele öffentliche schöne Wasserbehälter, viele Moscheen."[159] In die Reihe dieser noch weitaus längeren Aufzählung gehören auch die Urteile und Wertungen der Zeitgenossen, die Ritter bisweilen übernommen hat. Sie sind gespickt mit Anekdoten und verleihen dem Text an mancher Stelle durchaus lebendigen Charakter.

> Herat [ist], gleich Kandahar, eine der schmutzigsten Städte der Welt, voll kleiner Gassen, die oft übergebaut nur dunkle Gänge bilden, voll Gestank und stehender Sümpfe, weil ihnen der Wasserablauf fehlt, verreckte Hunde und Katzen in Haufen darin, wie

---

155 Axworthy, Michael: Iran, S. 165–176.

156 Ritter, Carl: Iranische Welt, Vol. 1, S. 236.

157 Tietze, Wolf (Hrsg.): Westermann Lexikon der Geographie, s. v. „Herat".

158 Elphinstone, Mountstuart: The Kingdom of Caubul, S. 488–491; Kinneir, John Macdonald: Geographical Memoir of the Persian Empire, S. 169–186, insbesondere S. 181ff.; Conolly, Arthur: Journey to the North of India, Vol. 2, S. 1–5 (zweite Auflage); Fraser, James Baillie: Journey into Khorasan, S. 245ff. (nur indirekt beschrieben).

159 Ritter, Carl: Iranische Welt, Vol. 1, S. 250.

auf den Straßen so vieler orientalischer Städte liegen bleiben, selbst ein todtes Pferd traf Conolly darin an, von blutgierigen Hunden umringt. Die Einwohner haben auf die Vorwürfe des Fremdlings darüber nichts zu erwidern, […] und wenn er dennoch sich über die Heilsamkeit des Climas von Herat wundert, antwortet […] der ächte Herater: „Wenn Schmutz tödtete, wo sollte der Afghane sein?"[160]

Ritter hat Herat schon zu Beginn des Kapitels „Königsstadt" genannt. Wie zuvor war für ihn damit der Fokus ganz eindeutig auf die Geschichte gelegt. Zunächst bespricht die „Erdkunde" Namensvarianten, die „durch die Jahrtausende" vom „Zendalterthum" an überliefert sind.[161] Es wird festgestellt: „[A]uch aus der Makedonier-Zeit ist es kaum mehr als der Name dieser Königsstadt der Arier, Artakoana oder Artakana [nach Arrian und Strabon] […]. Neben ihr nennt Strabo unmittelbar ein Alexandria und Achaia […]. Sehr wahrscheinlich ward Alexandria [Plinius zufolge], wenn nicht auf, doch ganz nahe an der alten Königsstadt erbaut […]."[162] Der historischen Verankerung der Stadt wäre damit Genüge getan und die Erzählung der Stadtgeschichte begonnen. Eine Diskussion, ob und inwiefern sich die verschiedenen Komponenten einer wissenschaftlichen Geographie für die Darstellung der Stadt Herat bei Ritter finden lassen, muss an dieser Stelle nicht erfolgen. Was aber durchaus an diesem Abschnitt bemerkenswert ist, ist die Tatsache, dass Ritter Strabon, Plinius und Arrian für den Ursprung der Stadt zitiert. Dieser Befund bestätigt, dass die antiken Quellen für ihn in jedem Fall zum festen Repertoire einer umfassenden Darstellung gehören. Hier zeigt sich allerdings auf allerdeutlichste Art, dass der Geograph nach bester historiographischer Tradition gearbeitet hat. Die folgenden Abschnitte, die sich mit der Stadtgeschichte im Mittelalter befassen, unterstützen dies. Für diese wurden dann freilich die arabischen Quellen angeführt.

Nisapur, die Stadt, von der als Nisaia beziehungsweise Neyschabur bereits die Rede war, bildete für Ritter den Endpunkt seiner Betrachtung der Reihe von Städten, an denen sich der Text der „Erdkunde" entlanghangelt.[163] Asterabad – obgleich oben angeführt – wurde von ihm zurückgestellt. Die Beschreibung Nisapurs findet sich im Kontext von Informationen über mehrere Reiserouten, die sich hauptsächlich an die Berichte von Burnes, Conolly und Fraser halten.[164] Diese von Osten nach Westen verlaufenden Strecken können in Anbetracht der bisher gemachten Erfahrungen generell als Vorlage und Leitfaden für das gesamte Kapitel zum nördlichen Rand des iranischen Plateaus gelten. Über das Nisapur des 19. Jahrhunderts konnte Ritter einiges an Aussagen treffen.

160 Ritter, Carl: Iranische Welt, Vol. 1, S. 250f.
161 Ritter, Carl: Iranische Welt, Vol. 1, S. 239.
162 Ritter, Carl: Iranische Welt, Vol. 1, S. 239.
163 Ritter, Carl: Iranische Welt, Vol. 1, S. 315–325.
164 Fraser, James Baillie: Journey into Khorasan, S. 249 sowie S. 423–439; Conolly, Arthur: Journey to the North of India, Vol. 1, 253–258 (erste Auflage) sowie Vol. 1, S. 209ff. (zweite Auflage); Burnes, Alexander: Travels into Bokhara, Vol. 2, S. 89–93 (beschreibt das Umland).

Ganz im Stile eines Tagebuches, nach Tagesmärschen geordnet, wurde zunächst die Talebene, auf der sich die Stadt befindet, beschrieben. Das günstige Klima, fruchtbarer Boden und insgesamt ideale Bedingungen für die Landwirtschaft seien nach Meinung der Zeitgenossen die wesentlichen Gründe für eine enorme Bevölkerungsdichte und eine unglaublich hohe Zahl von Ortschaften in der gesamten Region. Insgesamt seien es nämlich 14.000 Siedlungen gewesen. Die schöne Landschaft wurde als beinahe einzigartig dargestellt. Widersprüchlich erscheint allerdings, dass auch diese Stadt im Niedergang begriffen sei. Ihr Zustand, so Ritter, stehe dem Glanz von einst in jeder Hinsicht nach.[165]

Natürlich beginnt die „Erdkunde" nach diesen einführenden Worten einmal mehr mit der Stadtgeschichte. Abermals konstatierte Ritter, dass Strabon und Plinius nichts Besonderes davon zu vermelden wussten, um sofort im Anschluss auf Ibn Hauqal und Abu l-Fida zu sprechen zu kommen.[166] Die Informationen, die aus dem Werk von Abu l-Fida entnommen wurden, verdienen Beachtung. Der muslimische Chronist nannte die Stadt „Nai Sapur, weil [...] Sapur (sapor, d. i. Schahpur) beim Anblick der Ebene, diese zur Erbauung einer Stadt geeignet gefunden [habe]".[167] Damit ist die Verbindung zum Neupersischen Reich, die zuvor noch anzumahnen war, offensichtlich. Ausdrücklich wird sie jedoch auch hier nicht von Ritter gezogen. Stattdessen wird die Problematik abweichender Lageangaben angesprochen. Die Koordinaten der Forschungsreisenden stimmten schlichtweg nicht mit denen der nicht-zeitgenössischen Literatur überein. Spätestens an dieser Stelle hätte der Umgang mit dem zur Verfügung stehenden Material stutzig machen müssen, allerdings ist dieser offensichtlich nicht kritisch genug gewesen. Es ist nicht nötig, erneut die zuvor getroffenen Aussagen zur Darstellung Nisapurs zu wiederholen. So sei lediglich nochmals festgestellt, dass die verschiedenen Quellen zur Stadt, die antiken einerseits und die modernen andererseits, nicht miteinander vereinbar waren. Der Vollständigkeit halber ist aber anzumerken, dass auch die zeitgenössischen Quellen einander widersprechen – zumindest was den Zustand beziehungsweise den Niedergang der Siedlung angeht. Fraser hat ein negatives Bild, Conolly das positive einer florierenden Stadt gezeichnet.[168] Die Neigung Ritters, verschiedene Varianten zu präsentieren, sich jedoch für keine als gültige zu entscheiden, hat sich bereits bei mehreren Gelegenheiten gezeigt. Während jedoch die verschiedenen Meinungen der Zeitgenossen

165 Ritter, Carl: Iranische Welt, Vol. 1, S. 322f.

166 Ritter, Carl: Iranische Welt, Vol. 1, S. 230; Ouseley, William: The Oriental Geography of Ebn Haukal, S. 213; Lee, Samuel: The Travels of ibn Batuta, S. 96. Für Abu l-Fida zitiert Ritter den Text von Johann Jakob Reiske („Abilfedae Tabvlarvm Geographicarvm"). Vgl. Büsching, Anton (Hrsg.): Magazin für die neue Historie und Geographie, Vol. 5, S. 341. Über Strabon und Plinius wurde bereits oben gesprochen.

167 Zit. nach: Ritter, Carl: Iranische Welt, Vol. 1, S. 320f.

168 Fraser, James Baillie: Journey into Khorasan, S. 387 sowie S. 392–406; dagegen: Conolly, Arthur: Journey to the North of India, Vol. 2, S. 1–56 (erste Auflage) sowie Vol. 1, S. 211ff. (zweite Auflage). (bei Ritter S. 245–253).

quasi nebeneinander stehen, wurde die fehlerhafte Vermengung mit den antiken Autoren nicht klargestellt. Und so fährt die „Erdkunde" im Stil eines Reisetagebuches in Richtung Westen fort.

Für diesen zweiten Teil der Beschreibungen des Nordrandes hat Ritter zahlreiche Routen der Zeitgenossen gemäß den von ihnen veröffentlichten Berichten in die „Erdkunde" übernommen.[169] Die erste, die vor allem auf Frasers Informationen beruht,[170] gilt es im Folgenden exemplarisch zu besprechen – nicht zuletzt, weil auch hier mehrfach auf antike Autoren verwiesen wurde. „Die Straße von Teheran über Semnan und Dameghan nach Schahrud, auf der Höhe des Tafellandes, längs dem Südfuße der Vorberge der Elburskette"[171] wurde in insgesamt elf Tagesmärschen geschildert. Dabei ist zunächst auffällig, dass dieser Reiseweg von Westen nach Osten verläuft, bis er bei dem modernen Ort Schahrud den Südosten des Kaspischen Meeres erreicht.[172] Damit wäre in etwa der Anschluss zum vorangegangenen Kapitel erreicht. Die Ortsbezeichnungen des 19. Jahrhunderts haben sich bis heute kaum verändert, sodass hier keine weiterführenden Erläuterungen nötig sind. Auch der Verlauf der Route – entgegen der Orientierung der „Erdkunde" – ist leicht durch Frasers Berichte zu erklären.

In einer kurzen Einleitung hat Ritter sofort auf die historische Bedeutung des Raumes für die Makedonen und den Alexanderzug verwiesen. Indem er festgestellt hat, dass der „Verfolgungsmarsch des gestürzten Persermonarchen Darius und seines treulosen Bessus"[173] in dieser Gegend zu verorten sei, wurden dem historisch gebildeten Leser erneut Anknüpfungspunkte zu den Ereignissen klassischer Zeit geboten. In diesem Zusammenhang werden auch die *Caspiae Pylae* bestimmt, jener Gebirgspass, über den das geschlagene persische Heer im Südosten des Kaspischen Meeres 331/330 v. Chr. verfolgt wurde. Frasers erster Tagesmarsch von Teheran ab hat ihn zur Rechten an den Ruinen von Rai (Rhagae) vorbeigeführt. Ein südlicher Ausläufer des Elburs-Gebirges war zu übersteigen, bevor dann in einer tiefer gelegenen Ebene Kebud erreicht wurde. Eine am Weg liegende „Höhe, von der man in der nördlichen Ferne die immense Schneekette über die Vorberge des Elburs emporragen sieht, scheint, nach der Sage, aus ältester Zeit ein Wachposten oder ein Ort der Heerschau für das antike Rhagae, vielleicht noch aus Darius Zeiten, gewesen zu sein".[174] Der Ort Kebud wurde als „gering" beschrieben. Er

---

169 Neben der ersten Route hat Ritter unter anderem die folgenden integriert: eine „Querpassage von Asterabad nach Schahrud" (nach Conolly), eine „Querpassage von Asterabad über Sawar bis Tscheschmey Ali" (nach Morier) und eine weitere Route innerhalb der „südlichen Vorthäler der Gebirgsketten, von Teheran über Demawend" bis Asterabad (ebenfalls nach Morier). Alles in allem hat Ritter auf diese Art ein Netz von Strecken und Punkten entstehen lassen, welche zusammengenommen ein möglichst dichtes Bild der betreffenden Landschaften zeichneten.

170 Fraser, James Baillie: Journey into Khorasan, S. 281–320.

171 Ritter, Carl: Iranische Welt, Vol. 1, S. 445.

172 Tietze, Wolf (Hrsg.): Westermann Lexikon der Geographie, s. v. „Sharud".

173 Ritter, Carl: Iranische Welt, Vol. 1, S. 445. Es wird zusätzlich dazu Arr. an. 3, 20 zitiert.

174 Ritter, Carl: Iranische Welt, Vol. 1, S. 446.

habe genau wie das Umland über nur wenige bemerkenswerte Bauten verfügt. Das Dorf selbst sei von einer Sekte, den „Ali Allahi", bewohnt worden, die ihren Anführer gottgleich verehrt hätten.

Die Abschnitte zum zweiten Tagesmarsch konzentrieren sich hauptsächlich auf die Beschreibungen mehrerer Gebirgsströme, die im Elburs entspringen und von den Reisenden überquert werden mussten. Diese Beschreibungen der durchschnittenen Topographie haben Ritter zu einem Vergleich mit der bayerischen Donauebene inspiriert, bevor sich die „Erdkunde" erneut über die Nutzbarkeit des Bodens äußert.[175] Klima und Feldfrüchte wurden dann zusammen mit einigen Informationen über die Einwohner verschiedener Orte aufgenommen. Immer wieder hat Ritter Landschaftsdarstellungen von Fraser übernommen. Aussichten von prominenten Punkten wie etwa von Berggipfeln illustrieren die ansonsten nüchtern präsentierten Fakten. Den dritten Tagesmarsch, der bis an den sogenannten „Sirdara-Paß" führte,[176] hat Ritter zum Anlass genommen, die Debatte der Zeitgenossen über die Lokalisierung der erwähnten Kaspischen Pforte aufzugreifen.

Dieser Sirdara-Paß ist nach [...] an Ort und Stelle geprüften Zeugnissen der Alten wol entschieden die Localität der berühmten Caspiae Pylae bei Arrian (Exped. Al. III. 20), hinter welche der Perser König Darius sich mit seinen Schätzen, seinem Gefolge und dem letzten Reste seines Heeres eiligst zurückzog, um in Khorasan noch einmal eine Schlacht gegen die Griechen zu wagen, woran er jedoch durch Verrath und Ermordung gehindert ward. Alexander, von Ekbatana aus, in 11 Tagemärschen bis Rhagae (Rai) vordringend, rastete in dieser Stadt 5 Tage zur Erholung seines Heeres, da er durch Eilmärsche den flüchtigen König noch einzuholen für jetzt wenigstens aufgab. Von Rhagae, sagt Arrian, rückte er dann mit seinen Truppen nach Parthyäa vor, und schlug sein Lager „nach dem ersten Tagmarsche an den kaspischen Pässen auf." Also etwa zu Aiwan i Keif, was, wie sich aus Obigem ergiebt auf fast ebenen Plateauwege, nach übereinstimmenden Distanzangaben, nur höchstens 10 Farsang fern von Rai liegt, also keineswegs zu fern, um in einem Tagmarsche von leichter Reiterei erreicht zu werden; wodurch ein Haupteinwurf [...] gegen die Identität des Khawar-Passes mit den Caspiae Pylae der Alten [...], erledigt erscheint. Den folgenden Tag aber durchzog Alexander diese Pässe und drang in bebautere Gegenden ein (nach Khawar). Da er hier nun Proviant zusammentreiben ließ, um das weiterhin unbebaute Land auf der großen parthischen Heerstraße zu durchziehen, ward ihm die Nachricht gebracht, daß der königliche Flüchtling, von Bessus, dem Satrapen Baktriens [...] in Gefangenschaft gehalten werde. Sogleich begann nun der macedonische Eroberer, mit Auswahl der leichtesten und tüchtigsten Reiterei, zur

175 Ritter, Carl: Iranische Welt, Vol. 1, S. 447f.
176 Der Sirdara-Paß war im Altertum ein befestigter Engpass in einem südlichen Ausläufer des Elburs, östlich des heutigen Teheran gelegen. Er verband Medien im Westen mit Hyrkanien und Parthien im Osten.

Einholung der Flüchtigen, schon mit der Nacht, die Eilmärsche, welche nun einige Tage und Nächte hindurch fortgesetzt wurden, bis Darius Leiche erreicht ward. Von da ab wandte sich Alexander, wie Arrian sagt, links, nach Hyrkanien zur Stadt Zadracarta (bei Arrian III. 23), oder nach Hekatompylon (Diodor XVII. 57), das, wie Polybius (X. 28) versichert, als die Capitale der Parther auf dem Kreuzwege vieler Straßen gelegen (daher die Hundertthorige) wol eben damals erst durch die Griechen seine Gründung oder vielmehr Verjüngung unter diesem Namen (Curtius VI. 2, 15) erhalten mochte. Aus dem ganzen Kriegsberichte geht wol bestimmt genug hervor, daß jenseits der Caspiae Pylae für den ununterbrochnen Eilmarsch keine Gebirgshemmung mehr eintrat, wie denn die große Khorasanstraße über Semnan, Dameghan, Schahrud, in deren Gegend Hekatompylon wol eher als anderswo zu suchen sein wird, und noch weiter hin, wirklich, auf der Plateauebene nur niedrige Anhöhen zu übersteigen hat. Ganz andre Schwierigkeiten würde jeder nordwärts führende Querpaß über das Hochgebirg statt dieses ostwärts führenden Längen-passes am Südsaume desselben dargeboten haben.[177]

Obgleich ausführlicher, hat Ritter nochmals die Geschichte vom Ende des Perserkönigs wiederholt. Die historische Darstellung setzt relativ früh ein. Ekbatana, in dessen Nähe die heutige Großstadt Hamadan liegt, wurde 330 v. Chr. durch Alexander erobert. Die Frage, wohin der Eilmarsch zur Verfolgung die Makedonen geführt hatte, gehört noch heute zu den Spezialthemen des Alexanderzuges.[178] Die Region östlich der alten Königsstadt Rai ist zwar bekannt und das Zielgebiet damit hinreichend eingegrenzt, jedoch bringt die exakte Identifikation des beschrittenen Gebirgspasses Schwierigkeiten mit sich. Für die Analyse von Ritters Arbeit ist es zweitrangig, ob nun der „Sirdara-Paß" oder der von „Khawar" als Kaspische Pforte anzusprechen ist. Relevant ist, wie beziehungsweise wieso sich die „Erdkunde" zu Gunsten des ersten entschieden hat. Ritter hat zu diesem strittigen Punkt mehrere Faktoren berücksichtigt. Zum einen hat er der literarischen Überlieferung entnommen, dass der Zug vor der Pforte gelagert hatte. Dies geschah in relativer Nähe, was unter anderem auf militärische Gesichts-punkte zurückgeführt wurde. Den Ort wollten Ritter und die Zeitgenossen sogar genau identifiziert wissen.[179]

Jedenfalls war es diese Entfernungsangabe, die die Forschung des 19. Jahrhunderts dazu brachte, den „Khawar-Paß" aufgrund seiner wohl zu großen Distanz zum Lager

---

177 Ritter, Carl: Iranische Welt, Vol. 1, S. 456f.

178 Zu den Ereignissen des Jahres 330 v. Chr. siehe Wiemer, Hans-Ulrich: Alexander der Große, S. 122–125 und Lane Fox, Robin: Alexander der Grosse, S. 345–348.

179 Die „Erdkunde" spricht von „Aiwan i Kaif". Vgl. Ritter, Carl: Iranische Welt, Vol. 1, S. 456. Fraser und Morier haben die Situation und die Landschaft vor Ort sowie die historische Rolle der Pforte sehr ausführlich beschrieben. Eine Zusammenstellung der antiken Autoren findet sich in ihren Werken ebenfalls. Vgl. Fraser, James Baillie: Journey into Khorasan, S. 291–295 sowie Morier, James: Journey through Persia, S. 365f.

Alexanders auszuschließen. Ganz ähnlich ist Ritter dann bei einer zweiten Frage, am Ende der zitierten Passage vorgegangen: derjenigen nach der Lokalisierung der Stadt Hekatompylos. Diese hunderttorige Königsstadt der parthischen Arsakidendynastie ist sicherlich die Vorgängersiedlung des modernen Schahr-i Qumis, welches jenseits der angesprochenen Pässe liegt. Zwar konnte Ritter die exakte Lage der Stadt nicht angeben, jedoch hat er das mögliche Areal eingegrenzt, indem er abermals die Berichte von Diodor, Polybios und anderen berücksichtigt hat. Konkret wurde das, was eben nicht berichtet wurde, in Rechnung gestellt. So finden sich in den Schriften – wie die „Erdkunde" selbst feststellt – keine Berichte über unwegsames Gelände und hinderliche Höhen. Ritter hat hieraus konsequent geschlossen, dass Hekatompylos auf der Plateauebene gen Osten, entlang einer Handelsstraße zu suchen sei. Er sollte, wie die moderne Forschung gezeigt hat, damit völlig richtig liegen.[180]

Den Etappen des Alexanderzuges konkretes Terrain zuzuweisen, war ein Bestreben der historischen Forschung des 19. Jahrhunderts. Johann Gustav Droysens „Alexander" darf auch in dieser Frage der Alexanderforschung als Meilenstein betrachtet werden. Zwar hat die „Erdkunde" schon zuvor an der einen oder anderen Stelle auf dieses Werk verwiesen, zur Route der Armee – etwa in Afghanistan – hat Ritter aber eher seinen eigenen bereits mehrfach zitierten Vortrag verwendet. Für die oben angeführte Passage war Droysen nun grundlegend und wurde dementsprechend verstärkt angeführt.[181] Ritters Arbeitsweise entspricht hier, was die Berichte über die historischen Ereignisse anlangt, ohne Frage der des Historikers. Die Auswertung der zur Verfügung stehenden antiken Autoren belegt dies. Gleichzeitig wurde der Versuch unternommen, Brücken zu schlagen – von den bekannten Lokalitäten der klassischen Zeit einerseits zu den geographischen Erkundigungen der jüngeren Zeit andererseits. In anderen Worten: Der Versuch Ritters, den historischen Stätten und Schauplätzen der antiken Welt einen Ort zuzuweisen, wird auch in diesem historiographischen Abschnitt deutlich. Da die Archäologie als Hilfswissenschaft für diese Etappe des Alexanderzuges ausfällt, erscheint Ritters Vorgehen nach dem angesprochenen Ausschlussverfahren regelrecht theoretisch zu sein. Klare Beweise jenseits der Textquellen konnten ja nicht angeführt werden. Somit spiegelt der Charakter dieses Unterkapitels sicherlich auch die Arbeitsweise des Geographen an seinem Schreibtisch zu Berlin wider.

Die Reisebeschreibungen Frasers gen Osten befassen sich hauptsächlich mit den Landschaften sowie mit Siedlungen, Natur und Klima, bis der „Neunte Tagmarsch"

---

180 Schahr-i Qumis liegt zwischen den modernen Ortschaften Semnan und Damghan. Zu Gunsten der Forschung der Zeitgenossen darf die kleine Ungenauigkeit der Lokalisierung Hekatompylos' vernachlässigt werden. Vgl. Bearman, Peri u. a. (Hrsgg.): Encyclopaedia of Islam, New Edition, s. v. „Kumis".

181 Für den hier besprochenen Teil des Alexanderzuges hauptsächlich Droysen, Johann Gustav: Geschichte Alexanders des Großen, S. 283ff. (bei Ritter: S. 257–260). Zum Verhältnis Johann Gustav Droysens zu Carl Ritter siehe Wiemer, Hans-Ulrich: Quellenkritik, historische Geographie und immanente Teleologie in Johann Gustav Droysens „Geschichte Alexanders des Großen", in: Stefan Rebenich/Hans-Ulrich Wiemer (Hrsgg.), Johann Gustav Droysen. Philosophie und Politik – Historie und Philologie, S. 105–113.

schließlich Damghan (oder Damaghan) erreicht. Damit gelangen auch die Ausführungen der „Erdkunde" an einen weiteren Punkt, der ganz ähnlich wie der vorherige zu einem ausgedehnten historiographischen Abschnitt führt. Rennell und andere hatten in der Nähe der Stadt die alte Hauptstadt Hekatompylos verortet und sich dabei auf Plinius, Diodor und andere berufen. Ritter ist ihnen gefolgt und hat neben der Einnahme durch Alexander den Großen auch die Blütezeit der Stadt unter Antiochos dem Großen (242–187 v. Chr.), einem Herrscher der Seleuciden, auf breiter Quellenbasis integriert.[182]

Wie bereits angesprochen, wurde anschließend die gesamte Hochkette des Elburs-Gebirges mittels der Itineraria verschiedener Zeitgenossen von Ritter abgehandelt.[183] Weil diese aber immer denselben Schemata folgen und bei nur wenigen Gelegenheiten Exkurse wie die beiden gezeigten beinhalten, darf die Analyse zum Nordrand des Iran mit nur einigen wenigen Beispielen mehr auskommen. So gilt es zunächst die zuvor angekündigte Beschreibung der Stadt Asterabad nachzuholen und damit dem Küstenstrich des Kaspischen Meeres zusammen mit dem zentralen Abschnitt des Elburs-Gebirges einiges an Aufmerksamkeit zukommen zu lassen, bevor abschließend Rai und Teheran selbst als alte beziehungsweise moderne Hauptstadt zu besprechen sind.

„Die Stadt [Asterabad, das moderne Gorgan] liegt in der sumpfigen Ebene am innersten südöstlichen Winkel des kaspischen Meeres".[184] Die Umgebung wurde als schwer schiffbar und nahezu unzugänglich beschrieben. Vollkommene Wildnis an den Ufern habe die Menschen und ihre Lagerplätze regelrecht versteckt. Ein Bericht über Piraten, die die ganze Gegend in Schrecken gehalten haben sollen, rundet das Bild der unwirtlichen und unkultivierten Region ab. Es finden sich hier abermals die bekannten Stereotypen, die schon an mehreren Stellen die Eindrücke der Zeitgenossen über diverse Regionen Zentralasiens geprägt haben. Dass diese Gebiete in der Regel den Berichtenden unbekannt geblieben waren, gilt es diesbezüglich noch einmal hervorzuheben. Die Einwohnerzahl der Stadt sei bis auf 4.000 Menschen herabgesunken, was auf einen Ausbruch der Pest zurückgeführt wurde. Dementsprechend habe der Verfall um sich gegriffen, was auch immense Auswirkungen auf den einst florierenden Handel gehabt habe. Bis Conolly, Burnes, Morier und auch wiederum Fraser direkt über Asterabad berichten konnten, waren Informationen lediglich vom Schiff aus oder durch kurze Landgänge in Küstennähe nach Europa gekommen.[185]

In diesem Kontext hat Ritter eine knappe und unscheinbar anmutende Passage über den Zustand der Küste des Kaspischen Meeres eingeführt. Sie wirft bestenfalls

---

182 Ritter, Carl: Iranische Welt, Vol. 1, S. 463–469; Fraser, James Baillie: Journey into Khorasan, S. 247ff. und S. 313; Rennell, James: The Geographical System of Herodotus, Vol. 1, S. 389.

183 Ritter, Carl: Iranische Welt, Vol. 1, S. 471–514.

184 Ritter, Carl: Iranische Welt, Vol. 1, S. 514; Tietze, Wolf (Hrsg.): Westermann Lexikon der Geographie, s. v. „Gorgan"; Yarshater, Ehsan (Hrsg.): Encyclopaedia Iranica, s. v. „Gorgan".

185 Conolly, Arthur: Journey to the North of India, Vol. 1, S. 163–181 (zweite Auflage); Burnes, Alexander: Travels into Bokhara, Vol. 2, S. 117–120; Fraser, James Baillie: Journey into Khorasan, S. 165–170 sowie S. 244–250; Morier, James: Second Journey through Persia, S. 375–377.

indirekt Licht auf Asterabad selbst, erhellt aber einmal mehr den Umgang mit den antiken Autoren:

> Im Rohricht [des Ufers] waren Frösche, Eidexen und Schlangen; Wasserschlangen sagt A. Burnes, nicht giftig, die aber in Menge, sich wie große Peitschen, im Wasser bewegten, was des Curtius Angabe bestätigt (VI. 4. 18: Mare Caspium dulcius caeteris ingentes magnitudinis serpentes alit), wenn auch von anderen diese Beobachtung noch nicht gemacht war, Polykleitos hatte nach Strabon (XI. 510) schon dasselbe gesagt.[186]

Gewiss täte man gut daran, dergleichen Details, wie sie die antiken Autoren nicht selten berichten, als Übertreibung zu bewerten und ihre Glaubwürdigkeit in Frage zu stellen. Wasserschlangen von enormer Größe, die ein Gewässer beherrschen, haben seit jeher die Vorstellungskraft der Menschen inspiriert. Ein ganzes Meer, angefüllt von gefährlichen Reptilien, ist dabei nur der Gipfel dieser Fantasie. Jedoch sollte man bei der Bewertung dieser kurzen Passage der „Erdkunde" sich nicht allzu sehr auf die Frage nach der allgemeinen Gültigkeit der Behauptung fokussieren. Fakt ist, dass sowohl zeitgenössische als auch antike Autoren das Vorhandensein der Tiere in dieser Region des Kaspischen Meeres bezeugen. Für Ritter, der in seinem Werk ja auch immer Flora und Fauna der jeweiligen Landesteile mitbesprochen hat, war dies Grund genug, die Informationen in seinen Text aufzunehmen. Die explizite Feststellung aber, wonach Burnes die antiken Autoren bestätigen würde, lässt mehrere Schlüsse zu. In diesem Fall waren es Curtius und Polykleitos beziehungsweise Strabon, die lange vor den Zeitgenossen bereits über die vermeintlich richtigen Zustände vor Ort berichtet hatten. Somit hat sich für Ritter einmal mehr die Verlässlichkeit der „Alten" erwiesen. Ihnen lässt der Geograph das Verdienst zukommen; schließlich haben die Erkundigungen der eigenen Zeit das Wissen lediglich bestätigt.

Die weiteren Darstellungen bis zum Ende im Westen sind bestimmt durch den Verlauf des Elburs-Gebirges. In der Mitte dieses Hochgebirges befindet sich die von Ritter sogenannte „Gebirgsgruppe des hohen Demawend",[187] der die Zeitgenossen besondere Aufmerksamkeit gewidmet haben. Namensgebend für diesen Höhenzug ist der Berg Demawend selbst. Mit über 5.600 Metern ist er heute der höchste Berg des Iran und der größte freistehende der ganzen Welt. Neben seiner eindrucksvollen Erhebung, die über das ganze Jahr nie völlig vom Schnee befreit wird, spielt der Umstand, dass es sich hier um einen potentiell aktiven Vulkan handelt, sicherlich eine wichtige Rolle für die Attraktion, die seit jeher vom Demawend ausgeht.[188] Der Vulkan, der sich etwa 70 Kilometer nordöst-

---

186 Ritter, Carl: Iranische Welt, Vol. 1, S. 517.
187 Ritter, Carl: Iranische Welt, Vol. 1, S. 550–595.
188 Yarshater, Ehsan (Hrsg.): Encyclopaedia Iranica, s. v. „Damavand"; Tietze, Wolf (Hrsg.): Westermann Lexikon der Geographie, s. v. „Elburzgebirge".

lich von Teheran erhebt, spielt auch für die zoroastrischen Texte eine besondere Rolle. Ein dreiköpfiger Drache, Azhi Dahaka, sei einst bis zum Ende der Welt an den Berg gebunden worden.[189] Ritters Darstellungen befinden sich also auf ältestem geschichtsträchtigem Boden, von dem die „Erdkunde" jedoch fast ausschließlich Details zu berichten weiß, die von den schon so oft angeführten Zeitgenossen erkundet worden sind.[190] Sie reichen von der Lage der umliegenden Siedlungen über die Schwierigkeiten bei der Besteigung bis hin zum Abbau von Schwefel am Hange des Vulkans. Ritter hat bereits zu Beginn des Kapitels darauf hingewiesen, dass konkrete Informationen erst relativ spät nach Europa gelangt seien. So hätten Herodot und seine Vorgänger keine genaueren Vorstellungen von der Gebirgsgruppe gehabt, die später von Strabon und Ammianus Marcellinus „Iasonium" genannt wurde.[191] Die „Erdkunde" erklärt den geringeren Informationsstand bei Herodot damit, dass eine genauere Erkundung der Region erst später durch Alexanders Kriegszug erfolgt sei – eine Behauptung, die sicherlich so übernommen werden darf. Dass aber Arrian, Strabon und Plinius später die Ausdehnung des Gebirges bis ins „obere Indien" verlängert haben und somit eine Verbindung mit dem Himalaya angenommen haben,[192] schreibt Ritter dem „fortspukenden Phantome des unmittelbaren Zusammenhangs aller Bergketten der Erde" zu.[193] Dieser expliziten Kritik, die an die antiken Geographen genau wie an die ihnen folgenden Zeitgenossen gerichtet ist, wurde prompt eine längere Stellungnahme angefügt:

Dennoch lag dieser Ansicht des Alterthums für Asien, die in Plinius Stelle[194] meisterhaft ausgesprochen ist, eine ganz richtige Anschauung zum Grunde, und wir verkennen das Großartige dieser universalhistorischen Ansicht, zu der sich zum ersten male zu erheben nicht ganz leicht war, keineswegs; wir pflichten ihr eben durch den bezeichnenden Ausdruck des Taurischen Gebirgssystemes dessen, wir uns mit größerer Bestimmtheit schon öfter bedient haben, auch vollkommen bei. Aber so wenig wir des Meister Dante Alighieri's geographisches Meisterstück, über die Wasserscheiden Italiens verkennen, und doch der Identität der Wasserscheiden als Bergzüge widersprechen mussten, eben so wenig können wir, mit den modernen Geographieschreibern, welche

189 Gheiby, Bijan: Zarathustras Feuer, S. 98f.
190 Vgl. Morier, James: Second Journey through Persia, ab S. 190 (inklusive der Beschreibungen Teherans und des Umlandes der Stadt); Ker Porter, Robert: Travels, Vol. 1, u. a. S. 304–335 (ebenfalls Beschreibungen der Hauptstadt und des Umlandes; zum verlängerten „Taurus" siehe S. 393); Fraser (Journey into Khorasan, S. 154) hat die Demawendgruppe ebenfalls kurz beschrieben.
191 Strab. 11, 13, 10; Amm. 23, 6, 28.
192 Ritter, Carl: Iranische Welt, Vol. 1, S. 550.
193 Ritter, Carl: Iranische Welt, Vol. 1, S. 551.
194 Gemeint ist hier: Plin. nat. 5, 27. „Der Berg Tauros, der von den Küsten im Osten kommt, begrenzt sie durch das Vorgebirge Chelidonion, selbst unermeßlich groß und Herr über unzählige Stämme; mit der rechten Flanke, wo er erstmals aus dem Indischen Meere aufsteigt, richtet er sich nach Norden, mit der linken strebt er nach Südwesten, und er würde Asien in der Mitte trennen, wenn nicht dem Überwältiger der Länder die Meere entgegenträten. Er springt also nach Norden zurück und legt in einem Bogen einen ungeheuren Weg zurück […]." (Übersetzung von Gerhard Winkler).

Plateaubildungen und Randgebirge derselben noch immer nicht von freistehenden Gebirgsketten zu unterscheiden pflegen, jenes Gebirgssystem des Strabo und Plinius, dessen Beschreibungsweise nun auch die orientalen Geographen […] nachahmten, darum als eine bloße, wenn auch schon immense Gebirgskette betrachten. Plinius merkwürdige Darstellung seines Taurus zeigt selbst schon die verwickelte Menge, der in der einen Beziehung zusammengefassten verschiedenartigen Erscheinungen.[195]

An dieser Stelle schließt sich ein Kreis, der auch gleichzeitig die Betrachtung der Topographie des Nordrandes von Iran beenden soll. Die „Erdkunde" ist noch einmal bei der Frage nach der Einheit des „Gebirgssystemes" auf die globale Perspektive zu sprechen gekommen. Die zuvor noch als „Phantom" bezeichnete Ansicht, wonach alle Bergketten zusammenhingen, ist erheblich abgeschwächt worden. Vielmehr hat Ritter hier eine Kompromisslösung gefunden. Auch wenn dies nicht direkt angesprochen wird, so unterscheidet er doch zwischen der Makrostruktur räumlich zusammenhängender Gebirgszüge einerseits und einzelnen Teilgliedern oder Gebirgsketten andererseits. Letztere wären also als Mesostruktur anzusprechen, wohingegen einzelne Erhebungen wie der Demawend selbst als Mikrostrukturen zu bezeichnen wären. Und genau diese Ausdifferenzierung erlaubte Ritter auch den entsprechenden Umgang mit den zur Verfügung stehenden Quellen. Von der Sage der zoroastrischen Mythologie einmal abgesehen, konnten für die Mikroebene die Berichte der Zeitgenossen, entsprechend detailliert und aktuell greifbar, zur Beschreibung der Zustände vor Ort angeführt werden.

Gemäß ihrer Zwischenstellung hat dann die Mesoebene eine Position inne, bei der sich das Material überschnitten hat. Benennungen für einzelne Landschaften oder deren Teile standen bei einigen der antiken Quellen zur Verfügung. Über das „Iasonium" als Teil des Elburs-Gebirges konnte Ritter ältere und neuere Literatur heranziehen. Zur Makroebene – sie sei an dieser Stelle weitestmöglich gefasst – hatten sich die antiken Geographen als erste Gedanken gemacht und ein zusammenhängendes Massiv von Kleinasien bis zum Indischen Ozean angenommen. Rein phänotypisch betrachtet, hatte Ritter nichts dagegen einzuwenden. Er lässt den Befund sozusagen als Beschreibung von zusammenhängenden Oberflächenformen, die hier konkret im Gegensatz zu Tiefländern stehen, gelten. Allerdings ist damit die Gültigkeit der Aussagen wie derjenigen von Plinius auch an ihre Grenze gekommen. So erlaubt die „Erdkunde" den antiken Geographen in dieser Hinsicht Recht zu behalten, stellt aber klar, dass für eine weiterführende Bearbeitung und zum Erkenntnisgewinn im Sinne der kritischen Forschung die Gebirgslandschaft kleinteiliger und unter ergiebigeren Gesichtspunkten betrachtet werden muss. Mit derselben Rechtfertigung und Differenzierung wird dann auch Italiens wohl berühmtester Dichter und bedeutendster Gelehrter kritisiert.[196]

---

195 Ritter, Carl: Iranische Welt, Vol. 1, S. 551f.
196 Ritter verweist auf Dante Alighieris Werk „Über die Beredsamkeit in der Volkssprache"/„De vulgari eloquentia" (Alighieri, Dante: Opere, Vol. 2, Venedig 1793, u. a. S. 24ff.).

Im selben Gebirgsmassiv, etwa 100 Kilometer weiter westlich von Teheran, liegt die Festung Alamut, die seit dem Mittelalter die Fantasie zahlreicher Reisender und Autoren gleichermaßen inspiriert hat.[197] Die sagenumwobene Gemeinschaft der Assassinen hatte im Jahre 1090 die als uneinnehmbar geltende Zitadelle übernommen und hielt diese über 150 Jahre lang – genug Zeit, einen mächtigen Orden zu etablieren und Alamut selbst zum Hauptsitz auszubauen.[198] Heute sind die Assassinen als Meuchelmörder und Attentäter bekannt, sie stehen für blinden Gehorsam gegenüber einem Anführer oder einer Idee. Dies hat sich auch im lexikalischen Inventar verschiedener Sprachen niedergeschlagen. Nicht zuletzt weil die modernen Medien – allen voran die Softwareindustrie – dieses ganz spezielle und nur allzu einseitige Bild der Gemeinschaft transportiert und weiter ausgebaut hat, sind die Wurzeln der Assassinen in den Hintergrund gerückt. Ursprünglich handelt es sich bei dem Orden um eine Abspaltung der Ismailiten, einer Untergruppe der schiitischen Auslegung des Islams. Dieser Geheimbund, dessen Mitglieder sich angeblich nur allzu gerne zu Märtyrern eines Gottesstaates auf Erden machen ließen, erlangte spätestens zur Zeit der Kreuzfahrerstaaten zweifelhafte Berühmtheit. Die Morde an dem Grafen von Tripolis sowie an Konrad von Montferrat (König von Jerusalem 1192) werden den Attentätern zugeschrieben. Hier, in Syrien und an der Levante, waren die Assassinen allerdings auch zu territorialen Herrschern aufgestiegen. Jenseits der Mauern von Alamut sollte daher weniger um einen Geheimbund spekuliert werden, sondern das Augenmerk vielmehr auf der spezifischen Ausprägung des Islam liegen. Diese war und ist bis heute für die Gruppe das einende Band geblieben.[199]

Auch Carl Ritter konnte sich den fantastischen Geschichten über das Leben der zurückgezogenen Assassinen auf der Festung Alamut nicht entziehen. Ausführlich und – wenn man nach dem Stil der rund 20 Seiten umfassenden Darstellung geht – sehr lebendig, fast voller Begeisterung, wurden die Geschichten des Alten vom Berg und seiner Nachfolger in die „Erdkunde" aufgenommen. Bestens unterrichtet und mit zahlreichen Geschichten ausgestattet, gewinnt Ritters Text durchaus den Charakter einer prosaischen Erzählung:

> Dieser [Hasan-i Sabbah] lebte auf einer Burg [Alamut] in einem schönen Thale, umgeben von Hochgebirgen, und in einem herrlichen Garten voll köstlicher Früchte und duftender Blüthen. Seine Paläste in verschiedenen Terrassen übereinander gebaut, von mancherlei Größen und Formen, seien mit Schildereien, Gold und seidenen Stoffen geschmückt; von verschiedenen Rinnen durchsetzt, in denen, außer dem köstlichen, frischen Wasser,

197 Yarshater, Ehsan (Hrsg.): Encyclopaedia Iranica, s. v. „Alamut".

198 Halm, Heinz: Kalifen und Assassinen, S. 65–76.

199 Schlicht, Alfred: Geschichte der arabischen Welt, S. 122–127 und S. 139; Bearman, Peri u. a. (Hrsgg.): Encyclopaedia of Islam, New Edition, s. v. „Alamut" (zur Dynastie); Campbell, Anthony: The Assassins of Alamut, S. 13–17. Eine ausführliche Darstellung zur Geschichte der Assassinen beziehungsweise Ismailiten im Iran und Syrien bietet Halm, Heinz: Kalifen und Assassinen, S. 114–131 sowie S. 203–208 (zu den Burgen) und S. 225ff. (zum Verhältnis zu den Kreuzfahrern).

auch Wein, Milch und Honig fließe. In seinen Schlössern wohnten schöne Mädchen, Sängerinnen, die auf allen Instrumenten spielten, Tänzerinnen, auf Liebestänze geübt, in reiche Zeuge gekleidet und geputzt, welche die Pavillons und die Gärten nur von Lust und Freude ertönen machten. Dieser Garten sollte ein Paradies für alle Genüsse sein, wie Mohammed der Prophet sie seinen getreuen Gläubigen verheißen. Aber der Alte vom Berge, ein Nebenbuhler von jenem, selbst für einen Propheten sich ausgebend, wollte auch seine Getreuen in ein Paradies einführen können; deshalb war eine feste Burg um den Garten gebaut, der geheime und enge Eingang ohne seinen Willen unmöglich. Seine gewaffnete Schaar von Jünglingen vom zwölften bis zum zwanzigsten Jahre hielt er an seinem Hofe in beständigen Kriegsübungen, und trug ihnen bei den Lehren von den paradiesischen Verheißungen Mohammeds vor, daß auch er ihnen, als seinen Getreuen, zu solchem Paradiese verhelfen könne. Deshalb ließ er von Zeit zu Zeit einem Dutzend dieser Jünglinge einen Schlaftrunk reichen, dann sie in der Betäubung in die Gemächer des Lustortes bringen, der sie beim Erwachen mit dem Wahn erfüllte, im Paradiese zu sein. Speise und Trank, Tänze und Liebkosungen machten den Wahn zur Wahrheit, aber nach einigen Tagen des Genusses führte sie ein gleicher Schlaftrunk wieder in das gewöhnliche Leben zurück. Dann zur feierlichen Audienz, in großer Versammlung, vor ihren Gebieter gebracht, und auf dessen Frage: „wo warst Du?" war stets die Antwort „im Paradies durch Deine Hoheit" […].[200]

Zahlreiche weitere und ähnlich lautende Geschichten finden sich in der „Erdkunde", um den Nimbus des Ordens zu illustrieren. Nun könnte man lange über Inhalt und Wahrheitsgehalt der Aussagen streiten und diese wahrscheinlich bis zum Letzten dekonstruieren. Am Ende bliebe sicherlich weniger als der Beweis für die ausgeprägte Fantasie sowie die Erkundung versteckter Sehnsüchte eines venezianischen Händlers. Dies ist allerdings nicht Sinn und Zweck dieser Betrachtung. Marco Polo, dessen Schrift für den einen oder anderen Abschnitt von Ritter bereits herangezogen wurde, ist für die Seiten über die Assassinen die maßgebliche Quelle. Er hat ab dem 20. Buch seiner Reisebeschreibung ausführlich und in schillernden Farben über das Leben auf Alamut und über den Alten vom Berg berichtet. Dass allerdings einige der Informationen in seinen Reiseberichten auf Hörensagen beruhen, gilt für die moderne Forschung heute als erwiesen.[201] Abgesehen von der Feststellung, dass die „Erdkunde" mit der oben zitierten Passage ganz nah an der Schrift des 13. beziehungsweise 14. Jahrhunderts geblieben ist, kann der Befund zur Quellenarbeit und zum Quellengebrauch Ritters nur unspektakulär ausfallen. Die Passage ist dem historiographischen Teil zuzurechnen.

---

200 Ritter, Carl: Iranische Welt, Vol. 1, S. 578 basierend auf Marsden, William: Travels of Marco Polo, S. 109–120. Zu Hasan-i Sabbah siehe Campbell, Anthony: The Assassins of Alamut, S. 50–59.

201 Eine Einführung zu Marco Polo und zur Geschichte seiner Berichte bietet Beck, Hanno: Große Reisende, S. 20–37. Zu den Assasinen und Marco Polo siehe Campbell, Anthony: The Assassins of Alamut, S. 2f. sowie S. 54f.

Allerdings verdient der Stil Ritters noch einmal Aufmerksamkeit. Die oben angeführten Zeilen als geschliffene Sprache von leichter Verständlichkeit zu bezeichnen, wäre zu weit gegriffen. Sie weisen nach wie vor Ritters typischen Satzbau auf. Allerdings bewirkt die Nähe zur Schrift Marco Polos, obgleich Ritter diese ausgeschmückt hat, einen deutlich höheren Textfluss. Dies kommt dem Leseverständnis zweifellos zugute. Er hat hier nicht versucht, verschiedene und möglichst viele Quellen – die ohnehin zu Alamut nicht vorhanden waren – zu integrieren. In diesem Fall wurde lediglich ein Text exzerpiert und in die „Erdkunde" übernommen. Zudem ist der Abschnitt nach Art eines nicht-kritischen Berichtes verfasst. Es handelt sich um kaum mehr als eine Erzählung – eine Erzählung Ritters nach Marco Polo. Somit liegt mit der Sage über das Leben der geheimnisvollen Assassinen einer der wenigen Abschnitte vor, bei dem die „Erdkunde" ihr sprachliches Gesicht dem Inhalt und seinen Quellen entsprechend verändert. Die allzu umständliche Ausdrucksweise tritt zurück, der Inhalt folgt stringent einer Linie mit klarem Anfang und Ziel.

Zur Geschichte zweier Königsstädte – Rai und Teheran

„Es bleiben [zum Abschluss des Nordrandes von Iran] einige Nachrichten von den beiden Residenzen, die am Südfuße der Demawendgruppe liegen, nachzutragen übrig, […] von Rai, der alten, und Teheran, der heutigen Königsstadt."[202] Rai, der heutige Industriestandort Sahr-i Ray, liegt nur wenige Kilometer südlich der iranischen Hauptstadt.[203] Beide bilden eine bauliche Einheit, sodass zu Recht eine siedlungsgeschichtliche Kontinuität der beiden Orte angenommen werden darf. Über die „antike Capitale" berichtet die „Erdkunde", dass sie einst die größte aller medischen Städte gewesen sein soll. Ihr hohes Alter wurde aus der iranischen Schöpfungssage belegt. Die Rolle der Stadt für Dareios' Flucht und als Aufenthaltsort Alexanders hat Ritter nochmals wiederholt.[204] Nach einer kurzen Zusammenfassung der Entdeckungsgeschichte der Stadt im 18. Jahrhundert holt der Text allerdings noch einmal aus und beginnt die Stadtgeschichte, für die die antiken Autoren zahlreiche Informationen bereithalten, darzustellen. So wird für die Zeit nach dem Tode Alexanders von der Rolle der Seleucidenherrscher berichtet, die Rai erneut aufgebaut und zwischenzeitlich in Europos umbenannt hatten.[205] Den Arsakiden, die ihrerseits der Stadt den Namen ihrer Dynastie aufdrückten, diente sie später genau wie den nachfolgenden Sassaniden als Sommerresidenz. Archäologische Befunde – wie etwa ein jüngst aufgefundenes Reiterstandbild, das Schapur I. zugeordnet wurde – hat Ritter in seine Berichte integriert.[206]

---

202 Ritter, Carl: Iranische Welt, Vol. 1, S. 595.
203 Yarshater, Ehsan (Hrsg.): Encyclopaedia Iranica, s. v. „Tehran"; Tietze, Wolf (Hrsg.): Westermann Lexikon der Geographie, s. v. „Teheran"; Bosworth, Edmund (Hrsg.): Historic Cities of the Islamic World, s. v. „Tehran" sowie „Ray".
204 Ritter, Carl: Iranische Welt, Vol. 1, S. 595f.
205 Ritter, Carl: Iranische Welt, Vol. 1, S. 596f.
206 Zur Fundgeschichte und zur Erforschung der Ruinenstadt hat Ritter die Berichte William Ouseleys

Wo diese Informationen nicht durch die zeitgenössische Literatur greifbar waren – hauptsächlich wurden Morier und Porter zitiert – hat Ritter aus der Vielzahl antiker Berichte schöpfen können. Arrian, Stephanos von Byzanz, Justinus und Athenaios wurden genau wie Strabon und Diodor für die Ausarbeitung des Kapitels herangezogen.[207] Vor allem Letztere werden hinsichtlich eines ersten Niedergangs der antiken Blüte berücksichtigt. Ritter interpretierte ihre Ausführungen so, dass ein oder mehrere Erdbeben für die Verwüstung der Stadt verantwortlich gewesen seien – ein Ereignis, das Rai anscheinend mehrfach heimgesucht haben muss. Jedenfalls berichten die arabischen Geographen, darunter Ibn Hauqal, davon. Die Abschnitte zur mittelalterlichen und frühneuzeitlichen Geschichte der Stadt stützen sich auf deren Werke.[208] Mehrfach soll Rai kulturelle wie wirtschaftliche Blüten erlebt haben. Die Zahlen zu den Einwohnern und Bauwerken, die eine lokale Quelle benannt hat, erschienen schon Ritter zu hoch gegriffen. Zwar hat er diese Angaben, wie etwa 46.400 Moscheen, 1.360 Bäder und eine Million Wohnhäuser, angeführt, jedoch auch als „unverschämte Übertreibungen eines eingebildeten Großstädters" abqualifiziert.[209] Allerdings lässt die „Erdkunde" am Ende des Kapitels wenigstens noch die große politische Rolle Rais zumindest für Persien gelten. Gelehrte Söhne der Stadt aus unterschiedlichsten Fachgebieten werden genannt. Den Neid, mit dem die Einwohner anderer Großstädte laut Ritter auf die „Residenzler" geblickt haben sollen, sah er durch eine überlieferte Satire auf Rai belegt.[210] Übrig sei von der bedeutenden Residenzstadt heute nur Staub; die Mongolen hatten sie 1221 auf ihrem dritten Zug gegen die Stadt endgültig ausgelöscht. Der Glanz von einst, so Ritter, ging auf das benachbarte Teheran über.[211]

(1767–1842) herangezogen. Der britische Orientalist hatte um 1810 seinen Bruder, der als Botschafter an den persischen Hof gesandt wurde, begleitet. Neben der Veröffentlichung seiner Erfahrungsberichte publizierte er auch mehrere Ausgaben von Burckhardts arabischen Reisen. Besonders hervorzuheben ist jedoch die Bearbeitung und Herausgeberschaft der Geographie des bereits so oft erwähnten Ibn Hauqal im Jahre 1800. Vgl. Henze, Dietmar: Enzyklopädie der Entdecker und Erforscher der Erde, s. v. „Ouseley, Sir William". Ritter hat vor allem den dritten und letzten Band seiner „Travels in various Countries in the East, More particularly Persia" (London 1823) herangezogen; siehe insbesondere dort S. 174–199.

207 Arr. an. 3, 20; Iust. 41, 1; Athen. 12, 8; Strab. 11, 13; Steph. Byz. s. v. „Ῥάγα"; Diod. 19, 47 sowie Ptol. 6, 3 wurden von Ritter angeführt (Iranische Welt, Vol. 1, S. 67 bzw. S. 597ff.). Dazu: Morier, James: Second Journey through Persia, S. 190–232 (fragwürdig); Ker Porter, Robert: Travels, Vol. 1, S. 357–364.

208 Ritter, Carl: Iranische Welt, Vol. 1, u. a. S. 600ff.; Ritter zitiert Uylenbroek, Peter: Dissertatio de Ibn Haukalo Geographo et Iracae Persicae Descriptio, S. 9.

209 Ritter, Carl: Iranische Welt, Vol. 1, S. 603.

210 „Dieser Ruhm [von Rai] hindert nicht, daß die Bewohner zugleich häufig Gegenstand der persischen Satyriker gewesen; der Divan des Khakani im 12ten Jahrh. geschrieben, spielt sehr oft auf jene Residenzler an, und ein ganzes Gedicht satyrischen Inhaltes endet die Reihe seiner zwanzig Gesänge jedesmal mit dem Namen von Rai." (Ritter, Carl: Iranische Welt, Vol. 1, S. 604). Dazu Ouseley, William: Travels, Vol. 3, S. 193ff.

211 Ritter, Carl: Iranische Welt, Vol. 1, S. 603f.; Bosworth, Edmund (Hrsg.): Historic Cities of the Islamic World, s. v. „Ray".

Teheran war bis zum Ende des 18. Jahrhunderts bestenfalls eine kleinere Stadt. Dies sollte sich erst mit der neu gewonnenen politischen Rolle unter der Kadscharen-Dynastie ändern. Nadir Schah, Aga Muhammad Khan (1742–1797) und vor allem dessen Nachfolger Fath Ali Schah sollten sie zur ihrer saisonal bezogenen Residenzstadt ausbauen.[212] Diese Ereignisse gehören in die Zeit, die Ritter selbst erlebt hat und zu der Persien längst – wie die zahlreichen Reiseberichte und Gesandtschaften zeigen – in das politische Interesse Europas gerückt war. So standen für die „Erdkunde" mehrere zeitgenössische und aktuelle Quellen zur Verfügung. Kinneir, Morier, Ker Porter, Fraser und andere mehr waren vor Ort gewesen. Ritter konnte das Aufblühen der Stadt mit Zahlen, die das Bevölkerungswachstum innerhalb weniger Jahre belegen, eindrücklich aufzeigen.[213] Von 1797 an und innerhalb von rund 20 Jahren habe sich die Bevölkerung von ursprünglich etwa 10.000 Menschen versiebenfacht. Dies sei, so Ritter, aber nur für die Winter- und Frühlingsmonate gültig. Ganz wie in Rai sei das Klima auch in der neuen Stadt während des Sommers nahezu unerträglich. Die ansonsten schöne und fruchtbare grüne Lage der Stadt verwandle sich mit zunehmender Sonneneinstrahlung regelrecht in einen Glutofen. Die Umgebung am nördlichen Ende des iranischen Plateaus beziehungsweise an den Ausläufern der angrenzenden Salzwüste soll dann auch für schädliche Ausdünstungen des Bodens verantwortlich sein. Alles in allem – so stellt die „Erdkunde" weiter fest – bestünde die einzige Möglichkeit, diesem feindlichen Klima zu entkommen, darin, sich auf die umliegenden, höher gelegenen Bergregionen zurückzuziehen. Das Leben in der Stadt hat Ritter aber dann doch als recht angenehm und kultiviert beschrieben, auch wenn er ausdrücklich klargestellt hat, dass die Stadt weit vom Glanz der einstigen herrschaftlichen Residenzen entfernt sei.[214]

Der kurze Abschnitt zu Teheran folgt weitgehend dem bekannten Schema. Die Lage der Stadt wurde von Ritter durch geographische Angaben festgelegt, ihr Name, „die Reine", in seiner etymologischen Bedeutung erklärt. Nicht-zeitgenössische Quellen sind für den Abschnitt allerdings dünn gesät. Aufgrund der jungen Stadtgeschichte wäre ein anders lautender Befund auch kaum zu erwarten gewesen. Ganz ohne diese ist die „Erdkunde" aber dann doch nicht ausgekommen. Das Militär des Schahs, genauer gesagt die gefürchtete Kavallerie der Perser, wurde ganz im Stile der prominenten orientalischen Vorbilder beschrieben. Indem hierfür auf Xenophons „Anabasis" und Vergils „Georgica" verwiesen wurde, scheinen die parthische Reiterei und ihre Kampfweise mit Pfeil und Bogen für die Darstellung der iranischen Truppen Pate gestanden zu haben.[215] Zu beiden Zeiten sollen

212 Vgl. Bosworth, Edmund (Hrsg.): Historic Cities of the Islamic World, s. v. „Tehran" sowie Dumper, Michael/Stanley, Bruce (Hrsgg.): Cities of the Middle East and North Africa, s. v. „Tehran".

213 Ritter, Carl: Iranische Welt, Vol. 1, S. 603–607.

214 Ritter, Carl: Iranische Welt, Vol. 1, S. 607ff. Seine Ausführungen beruhen hauptsächlich auf folgenden Berichten der Zeitgenossen: Morier, James: Second Journey through Persia, S. 224–230; Ker Porter, Robert: Travels, Vol. 1, S. 306–312 sowie Hammer-Purgstall, Joseph von: Ueber die Geographie Persiens, S. 279 und Fraser, James Baillie: Journey into Khorasan, S. 145–150.

215 Es wurden diesbezüglich folgende Stellen angeführt: Xen. An. 3, 3 sowie Verg. georg. 3 (bei Ritter: v. 31). Dezidiert militärhistorische Quellen weist die „Erdkunde" nicht aus.

die Truppen in vollem Galopp das Rückwärtsschießen beherrscht haben, wobei eben Letztere nun mit Pulverwaffen kämpften. Die Beschreibung der Hofhaltung beziehungsweise des Hofzeremoniells ist analog zur Beschreibung der Reiter gestaltet und ähnlich bemerkenswert, sie wurde von Ritter mit alttestamentlichen Quellen veranschaulicht:

Die Audienzen fingen stets wie in China mit Streitigkeiten und Concessionen über die Etikette des Empfanges, über die Art der Verneigungen (die mit denen der altpatriarchalischen Zeit, wie David vor Saul, 1 Samuel. 24, 9 und Josua V, 14 noch völlig gleichartig sind) an, da der Schahin Schah, d. i. König der Könige als „Zil Allah" (Schatten des Allmächtigen) tituliert, eine Art göttlicher Verehrung genießt, die ihm der Europäer nicht zollen kann, wenn er schon in seiner Nähe die Sitte des „Ziared" (das Ausziehen der Fußbekleidung, wie der Pantoffeln in der Moschee, als auf heiligen Boden tretend, wie Josua V, 15 „und der Fürst über das Heer des Herrn sprach zu Josua: Zeuch deine Schuhe aus von deinen Füßen, denn die Stätte darauf du stehest ist heilig") mitmacht.[216]

Wie immer wieder gezeigt werden konnte, hat Ritter auch mit stetigem Voranschreiten gen Westen – vom Hindukusch bis an die Küste des Kaspischen Meeres – nicht weniger auf nicht-zeitgenössisches Material zurückgegriffen. Die antiken und mittelalterlichen Autoren haben ihre Bedeutung als Quellen für die „Erdkunde" ungebrochen bewahrt. Und obwohl die Literatur der mehrheitlich britischen Forscher nun umfangreicher als für die zuvor besprochenen Landschaften zur Verfügung stand, werden die griechischen und römischen Autoren zusammen mit anderen, die mit einem ähnlich großen zeitlichen Abstand verfasst wurden, sehr häufig zitiert. Ein zwischenzeitliches Fazit zur Quellenarbeit Ritters zum Nordrand trägt an dieser Stelle eher den Charakter eines Resümees. Eine umfassende kritische Beurteilung wird erst am Ende des Kapitels zur Großlandschaft Iran erfolgen.

Wie schon für Baktrien zu Beginn dieses größeren Abschnittes sind die Beschreibungen der darauf folgenden Städte gen Westen immer ähnlichen Schemata gefolgt. Am auffälligsten ist hierbei der Aspekt der Stadtgeschichte, der neben der geographischen Verortung fester Bestandteil von Ritters Vorgehen ist. Weitestmöglich zurückreichend wurde dann die Geschichte des Ortes bis auf die eigene Zeit erzählt. In der Regel waren diese Ursprünge für Ritter entweder in der iranischen Schöpfungsgeschichte oder eben bei den klassischen Autoren zu suchen. Nicht selten dienten, wie gezeigt wurde, onomastische beziehungsweise etymologische Aspekte hierfür als Ausgangspunkt. Was beispielsweise die Stadt Merw und ihre Umgebung anlangt, wurden antike Texte auch zur Beschreibung des Umlandes oder der Agrarproduktion herangezogen. Ähnlich liegen die Dinge – aller Verwirrung zum Trotz – auch für das Kapitel zu Nisapur. So weit kann die Arbeit Ritters als eine historische Geographie im besten Sinne bezeichnet werden. Von den Zeitgenossen bereiste Orte wurden von ihm in historische

---

216 Ritter, Carl: Iranische Welt, Vol. 1, S. 608f.

Kontexte eingebettet, wodurch einerseits der Geschichte des Altertums ein konkreter Raum zugewiesen wurde. Andererseits gewannen aber auch die iranischen Städte des 19. Jahrhunderts, die in den Augen der Europäer ihre große Zeit längst hinter sich gelassen hatten, an Bedeutung. Indem ihre Beschreibung mit historischem Material angereichert wurde, ist es Ritter gelungen, den scheinbar geschichtslos gewordenen Orten, die nur allzu oft tiefgreifende Veränderungen erfahren hatten, aus seiner Sicht eine Vergangenheit zu geben.

Ein echtes Forschungsbemühen Ritters, das ihn mit Johann Gustav Droysen und anderen Historikern verbindet, war der Versuch, die Etappen des Alexanderzuges zu verorten. Dies hat sich ganz besonders bei der Besprechung der Abschnitte zur Kaspischen Pforte gezeigt. Mittels moderner Erkenntnisse zur Topographie versuchte Ritter, strittige Fragen zu klären, indem er die Berichte unter anderem von Arrian mit denen der Zeitgenossen verglich. Bei der Beschreibung der Küstenregion des Kaspischen Meeres ist Ritter sogar so weit gegangen, fragwürdige Aussagen nicht-zeitgenössischer Texte durch die modernen bestätigen zu wollen. Während es dabei das Ziel war, die entsprechenden Abschnitte der antiken Autoren besser zu verstehen und ihren Aussagen Eindeutigkeit zu verleihen, erscheint beispielsweise der Umgang mit Plinius' Äußerung über die Seeschlangen ganz anderer Natur zu sein. Hier hat sich Ritter regelrecht um die Ehrenrettung bemüht. Die Unterscheidung verschiedener Betrachtungsebenen von größeren Oberflächenstrukturen, die durchaus einleuchtend vorgenommen wurde, hat ihm dies ermöglicht.

Lässt man die Beschreibung der iranischen Hauptstadt Teheran einmal außen vor, wirken die einzelnen Darstellungen der Orte allesamt rückwärtsgewandt. Die Beschreibung des „aktuellen" Zustandes hat in aller Regel nie eine dominierende Rolle gespielt. Davon auszunehmen sind freilich jene Informationen, die als zeitlos gültig eingestuft werden müssen. Klima, Vegetation und Topographie wie der Verlauf von Flüssen und Gebirgen wären diesen zuzurechnen. Die starke Ausrichtung auf die Geschichte der Stätten macht die lokale Mythologie, vor allem aber den Alexanderzug, durch den die ältesten Nachrichten über die Region nach Europa gekommen sind, zum einenden Band. Und auch wenn durch das Vorgehen der „Erdkunde" die Reiserouten des 19. Jahrhunderts gewissermaßen abgearbeitet wurden, verbindet den Norden Irans vielmehr seine Geschichte, die in Teilen selbst die zusammenhängenden topographischen Strukturen verdrängt hat.

Ethnographie und Historiographie – die Armenier

Im iranischen Nordwesten, im Gebiet des Urmia-Sees und bis über die Van-See-Region hinaus, verortet Ritter die Armenier.[217] Sie zählen, gemessen an der Zeit ihres Übertritts,

217 Ritter bespricht die Kultur und Geschichte der Armenier im ersten der beiden „Erdkunde"-Bände, die dem „Stufenland des Euphrat- und Tigrissystem" (Mesopotamien) gewidmet sind. Sie werden im Fol-

sicherlich zu den ältesten christlichen Glaubensgemeinschaften der Welt – ein Befund, der sich auch in der „Erdkunde" besonders niedergeschlagen hat. Über die frühe Geschichte ist sich die Ethnographie bis heute uneins.[218] Ob die Armenier entweder als indigene Bevölkerung der Region angesehen oder als Teil einer Migrationsbewegung indoeuropäischer Art betrachtet werden, ist nicht letztgültig geklärt. Sicher ist allerdings, dass die armenische Sprache zur Familie der indoeuropäischen gezählt wird.[219] Erste handfeste Belege literarischer beziehungsweise ethnographischer Art sind für das Ende des sechsten Jahrhunderts vorhanden. Hekataios von Milet kannte die Armenier, genau wie eine der Bisutun-Inschriften der Achämeniden, die um 520 v. Chr. datiert. Da auch Herodot, Xenophon und Stephanos von Byzanz Aussagen zu der Region liefern, die sich ebenfalls auf die armenische Landschaft oder auf das Ethnonym beziehen lassen, bot sich Ritters Methodik ein ausreichend fundierter Ansatzpunkt, um von der Geschichte der Menschen zu berichten.[220]

> Den historischen Mittelpunct des bisher betrachteten Landes Ararat, das durch ein altes, schon 200 Jahre v. Chr. Geb. durch Valarsaces, den Gründer der Arsaciden-Dynastie, gegebenes Gesetz ausschließlich für den Sitz der Könige und der Erbprinzen Armeniens bestimmt, allen andern Prinzen des königlichen Hauses aber als Wohnsitz versagt war, nimmt der bis heute durch alle Wechsel erhaltene Patriarchensitz der Armenier ein, der unter dem Namen Etshmiadzin allgemein bekannt, doch nur eine Ruine der frühern glänzenden Periode geblieben ist.[221]

Die historische Darstellung dreht sich, wie Ritter selbst angibt, in erster Linie um die Stadt Etshmiadzin. Diese lag in der Nähe von Eriwan und darf in ihrer Bedeutung als Zentrum der frühen armenischen Kirche sicherlich nicht unterschätzt werden. Von ihr als dauerhafte Hauptstadt auszugehen ist jedoch falsch. Je nach Konstellation zwischen den Großmächten in Ost und West und abhängig von lokal herrschenden Dynastien bildeten andere Städte politische Zentren.[222] Ritter gibt einen Überblick über verschiedene, in den Quellen vorhandene Namensvarianten der Stadt, beginnend um das Jahr 600 v.

---

genden als „Stufenland" (1843 und 1844) zitiert. Obwohl die Betrachtung von Ritters Ausführungen zu den Armeniern an dieser Stelle einen Vorgriff bedeutet, erscheint dies sinnvoll, um insbesondere die ethnographische Dimension der „Erdkunde" verstärkt in den Blick zu nehmen.

218 Ágoston, Gábor/Masters, Bruce (Hrsgg.): Encyclopedia of the Ottoman Empire, s. v. „Armenia", „Armenian Apostolic Church"; Eid, Volker: Im Land des Ararat, S. 48ff.

219 Yarshater, Ehsan (Hrsg.): Encyclopaedia Iranica, s. v. „Armenia and Iran"; Hofmann, Tessa: Annäherung an Armenien, S. 209–216 sowie S. 217ff.; Sergent, Bernard: Les Indo-Européens, S. 127–130.

220 Insgesamt hat Ritter über 100 Seiten (Stufenland, Vol. 1, S. 514–645) über die Geschichte der Armenier und ihre Kultur verfasst.

221 Ritter, Carl: Stufenland, Vol. 1, S. 514.

222 Neben Etshmiadzin kam zu verschiedenen Zeiten Jerwandaschat und später Artaxata die Rolle der Hauptstadt zu. Heute ist Eriwan (Jerewan) die Kapitale der Republik Armenien.

Chr. Die „Erdkunde" verweist neben den oben genannten Autoren auch auf Ptolemaios'
„Καταρζηνή".[223] Cassius Dios 61. Buch wird neben der armenischen Geschichte des
Moses von Choren angegeben.[224] Letzterer darf allerdings – verglichen mit den anderen
Texten – als wichtigste Quelle bezeichnet werden, was freilich am thematischen Zuschnitt
der verschiedenen Werke liegt.

Für die Zeit ab dem 4. Jahrhundert n. Chr. ist Ritter verstärkt auf die Missionierung
beziehungsweise auf die Einrichtung des Patriarchats zu sprechen gekommen. Gregorius
Illuminator (um 240 – um 331), das erste Oberhaupt der Armenisch-Apostolischen
Kirche, habe hier die sogenannte „Mutter der Kirchen" erbaut.[225] Ritter hat diese – basierend auf den Berichten von Parrot,[226] Morier und Ker Porter – zusammen mit ihren
Nebengebäuden und den Klöstern der Stadt ausführlich beschrieben.[227] Ein möglichst
dichtes Aufzeigen historischer Kontinuitäten ist nicht erfolgt. Stattdessen finden sich
in der „Erdkunde" Berichte über den Besuch der Zeitgenossen bei den Patriarchen und
über die Umgebung sowie das Leben vor Ort. Der Oberhirte, der Katholikos, wird als
Mann von Frömmigkeit und Bildung gewürdigt, Ritter konnte einige dieser Männer mit
Namen nennen, ohne jedoch etwa die Geschichte des Amtes erfüllend zu bearbeiten. Das
Hin- und Herwechseln zwischen Bauten vor Ort, den landwirtschaftlichen Produktionen
der Mönche sowie den historischen Ereignissen verhindert jedenfalls im ersten Teil des
großen Kapitels, dass sich ein roter Faden ausbilden kann.

Die Beschäftigung mit dem Apostel der Armenier und den christlichen Bauwerken
der Stadt hat Ritter veranlasst, einige Bemerkungen über die frühe Geschichte der
armenischen Kirche anzuschließen. Diese basieren hauptsächlich auf einem Werk von
Antoine-Jean Saint-Martin (1791–1832), der bis heute als Begründer der sogenannten
„Armenischen Studien" bekannt ist. In seinem zweibändigen Werk „Mémoires historiques
et géographiques sur l'Arménie"[228] beschreibt Saint-Martin nicht nur die Landschaft und

223 Ptol. 5, 13, 9.
224 Ritter, Carl: Stufenland, Vol. 1, S. 515. Er zitiert Mos. Chor. hist. Arm. 2, 15 und 62.
225 Ritter, Carl: Stufenland, Vol. 1, S. 516. Dazu auch Eid, Volker: Im Land des Ararat, S. 104ff.
226 Der baltendeutsche, aus Livland stammende Akademiker Johann Jakob Friedrich Wilhelm Parrot
    (1791–1841) studierte zunächst Medizin in Tartu. Als Untertan des russischen Zaren wurde Parrot
    1816 Mitglied der Petersburger Akademie der Wissenschaften. Zuvor hatte er sowohl die Krim als
    auch den Kaukasus bereist, wo er sich besonders wegen der Durchführung zahlreicher Höhenmes-
    sungen mittels Barometer einen Namen gemacht hatte. Mit dem Ziel, solche und ähnliche Erkundi-
    gungen einzuholen, erstieg er nicht nur die europäischen Hochgebirge, sondern bereiste auch den in
    Ritters „Erdkunde" bearbeiteten Raum. 1829 erreichte Parrot den Berg Ararat, als dessen Erstbestei-
    ger er gilt. Den Bericht über diese Unternehmung hat Ritter mehrfach herangezogen. (Vgl. Parrot,
    Friedrich: Reise zum Ararat, 2 Vol., Berlin 1834. Das Werk wurde 1846 in englischer Sprache veröf-
    fentlicht.) Von 1830 bis 1834 wirkte Parrot als Rektor der Universität Tartu. Vgl. Henze, Dietmar:
    Enzyklopädie der Entdecker und Erforscher der Erde, s. v. „Parrot, Friedrich Wilhelm".
227 Parrot, Friedrich: Reise zum Ararat, Vol. 1, S. 78–82; Ker Porter, Robert: Travels, Vol. 1, S. 184–190
    sowie Vol. 2, S. 631–636; Morier, James: Second Journey through Persia, S. 323f.
228 Saint-Martin, Antoine-Jean: Mémoires historiques et géographiques sur l'Arménie, 2 Vol., Paris 1818

die Topographie von „Groß-" und „Klein-Armenien".[229] Auch die Geschichte – etwa der Herrscherdynastien des Landes – ist genau wie die Beschreibung der wichtigsten Provinzen Thema seines Werkes.

Neben Auskünften über verschiedene Figuren der ersten nachchristlichen Jahrhunderte fällt auf, dass die „Erdkunde" der Frage nach dem Beginn der Missionierung nachgegangen ist. Die Verdrängung der „Zoroasterlehre", die hier mit der Verehrung des Ahura Mazda, des Mithras und der sogenannten „Anahid"[230] seltsam vermengt genannt wird, habe dazu geführt, dass die einstmalige Residenz der Könige in der Stadt durch den Patriarchen Gregor und seine Nachfolger baulich – im christlichen Sinne – verändert wurde. Explizit wird angeführt, dass der vormalige Haupttempel als Teil des Palastes in eine Kirche umgewandelt wurde.[231] Zweifel an der wichtigen Rolle des Apostels der Armenier ließen allerdings epigraphische Befunde der Zeitgenossen aufkommen:

> Unter den vielen Inschriften, mit denen einige Gräber der Patriarchen und die meisten Wände bedeckt sind, sollen sich jedoch keine antiken vorfinden, wegen der häufigen Zerstörungen und Umbauten; doch bemerkte Dubois an der äußeren Nordseite der Kirchenmauer eine griechische, Gebete enthaltend, mit der Unterschrift Daniel Tirer Garikinis, aus der sich diesem Namen nach, der Garin, das alte Arzerum, bezeichnet, auf ein sehr hohes Alter zurückschließen ließ. Von der Außenseite des Chors, sagt E. Boré, habe er 2 griechische Inschriften copirt, deren Schreibart auf die ersten Jahrhunderte der christlichen Zeitrechnung zurückweise, auf Fragmenten von Grabsteinen, die man aus einer frühern Periode vorgefunden hat, und nach Art der Armenier als Mauersteine mit in die Kirchenwand einmauerte. Da sie christliche Gebete mit den Namen Paulus und Thecla enthalten, so schließt er daraus, daß sie älter als Gregorius Illuminator seien, daß also vor diesem schon das Kreuz in Armenien gepredigt wurde, daß er nur die dortige Bekehrung vollendete [...].[232]

---

und 1819; hier insbesondere: Vol. 1, S. 115f. sowie S. 303ff. und Vol. 2, S. 15f. sowie S. 393–397 (Auswahl).

229 Unter „Groß-Armenien" verstanden die Zeitgenossen den östlichen Teil der Landschaft. Der Obere Euphrat darf als ungefähre Grenze angesehen werden. „Klein-Armenien" bezieht sich dementsprechend auf den westlichen Teil, der zu Anatolien gerechnet werden kann.

230 Nach Ritter auch Anaitis, Artemis oder Venus; vgl. Ritter, Carl: Stufenland, Vol. 1, S. 528.

231 Ritter, Carl: Stufenland, Vol. 1, S. 528.

232 Ritter, Carl: Stufenland, Vol. 1, S. 530f. Frédéric Dubois de Montpéreux (1798–1850) bereiste mit einem besonderen Blick für archäologische Zeugnisse von 1832 bis 1834 die Region. Eugène Boré (1809–1878), zunächst Lehrer am *Collège de France*, widmete später seine Arbeit der Mission vor Ort. Vgl. Henze, Dietmar: Enzyklopädie der Entdecker und Erforscher der Erde, s. v. „Dubois de Montpéreux, Frédéric" sowie Dubois de Montpéreux, Frédéric: Voyage autour de Caucas, chez Tcherkesses et les Abkhases, en Colchide, en Géorgie, en Arménie et en Crimée, 6 Vol., Paris 1839–1843 (hier Vol. 3, S. 376–379); Boré, Eugène: Correspondance et mémoires d'un voyageur en Orient, 2 Vol., Paris 1840 (hier Vol. 2, S. 40f.).

Ein genauer Zeitpunkt für die Mission beziehungsweise für die Gründung der armenischen Kirche konnte zwar nicht in Erfahrung gebracht werden; die Feststellung, dass dieser früher anzusetzen sei, als gemeinhin angenommen wurde, darf jedoch durchaus als wissenschaftliche Leistung der historischen Forschung gewertet werden. Ritter hat hier, nicht ohne wiederum auf Moses von Choren zu verweisen, diesen korrigiert und weit ab vom Versuch, Geographie zu betreiben, die Geschichte der Landesbevölkerung und ihrer Religion erforscht. Diese Ergebnisse des 19. Jahrhunderts dürfen aus Sicht der heutigen Forschung insofern als richtig beurteilt werden, als Judas Thaddäus, der in seiner Historizität zwar umstritten ist, und der Apostel Bartholomäus im ersten Jahrhundert n. Chr. in Armenien gepredigt haben.[233] Es ist anzumerken, dass die „Erdkunde" nicht den Versuch unternimmt, die Geschichte der armenischen Kirche, ähnlich dem, was oben für Etshmiadzin festgestellt wurde, durchgängig zu berichten oder zu konstruieren. Von den frühen Anfängen ist Ritter schnell auf den Zustand der eigenen Zeit zu sprechen gekommen. Hier wird dann über Gläubige, die noch mit der römisch-katholischen Kirche uniert waren, beziehungsweise über „Schismatiker" berichtet und Details über deren Lebensweise wiedergegeben.[234]

Ein Überblick über die armenische Literatur rundet diesen Abschnitt ab. Ritter nennt den großen Bibliotheksschatz, zu dem die Zeitgenossen in jüngster Vergangenheit erstmals Zugang erhalten hatten, ohne diesen freilich ergiebig erschließen zu können.[235] Die „Erdkunde" folgt auch hier wieder keinem geraden Weg. Unterbrechungen und Hinweise auf die ständig wechselnden politischen Zustände sollen die zerstörerischen Auswirkungen auf den Bestand an Literatur zeigen. Angeführte Bücherverbrennungen in sassanidischer Zeit und muslimische Plünderungen hätten die einst vielleicht 30.000 Manuskripte auf die beklagenswert kleine Zahl von 5.000 bis 6.000 verringert. Einige der armenischen Autoren, denen die „Erdkunde" höchstes Lob – etwa als „Vermittler" verschiedener Schriften, die sie über die Zeiten bewahrt haben – zukommen lässt, hat Ritter selbst vorgestellt. Die „Erdkunde" bietet kurz gesagt eine Art Literaturbericht. Die „großen Classiker" wurden namentlich mit ihren Werken und den intertextuellen Zusammenhängen aufgeführt. Über diesen schwebt gewissermaßen der mehrfach zitierte Moses von Choren mit seiner Geschichte Armeniens, die beinahe wie ein Fixpunkt wirkt. Zu ihr wurden andere Schriften positioniert und in Beziehung gesetzt.[236] Ein Anliegen Ritters tritt dabei ganz deutlich hervor: Die wichtige Rolle der armenischen Literatur und des erhaltenen Bibliotheksschatzes sollte aufgezeigt werden.

---

233 Ritter, Carl: Stufenland, Vol. 1, S. 530f.; Mos. Chor. hist. Arm. 3, 47 wird angeführt. Zu den Ursprüngen der christlichen Kirche in Armenien siehe Hofmann, Tessa: Annäherung an Armenien, S. 210f.

234 Ritter, Carl: Stufenland, Vol. 1, S. 533–538.

235 Ritter, Carl: Stufenland, Vol. 1, S. 538–577; besonders S. 560–577. Zur armenischen Literatur und ihrer Geschichte siehe: Hofmann, Tessa: Annäherung an Armenien, S. 219–228; Eid, Volker: Im Land des Ararat, S. 116–123.

236 Ritter, Carl: Stufenland, Vol. 2, S. 546–552 sowie S. 561–568.

Schon aus dem Genannten ergibt sich, daß die armenische Literatur keineswegs, wie man früher dafür hielt, sich blos mit Uebersetzung theologischer Werke, zumal der alten Kirchenväter, beschäftigt habe, von denen allerdings wol wenige unübersetzt blieben [...]. Auch die Dichter, die Philosophen, wie die Historiker und Philologen, wurden in das Armenische übersetzt; man kann annehmen, daß ein Drittheil der griechischen Literatur, und darunter viele später verloren gegangene Werke im Armenischen aufbewahrt wurden.

Nach vorhandenen Spuren hofft man, und nicht ohne Wahrscheinlichkeit, den ganzen Diodor von Sicilien, den ganzen Polyb, und Quint. Curtius, die Chroniken des Syncellus, des Julius Africanus, unter den armenischen Manuscripten wieder aufzufinden, wie man die Chronik des Eusebius, die Grammatik des Dionysius Thrax, Werke des Plato und Aristoteles in Davids Bearbeitungen wiedergefunden hat, und Stellen von vielen andern Historikern. Die sonst verlornen historischen Werke des Chaldäers Berosus, die medicinischen Schriften von Hippokrates, von Galenus, die Gedichte von Homer, werden häufig wie im Armenischen existirend von Moses und andern citirt [...].[237]

Die armenische Sprache charakterisiert die „Erdkunde" als Teil der „indo-germanischen und insbesondere der westlichen Sanskrit-Familie Asiens, der arischen nach Lassen's Ausdruck",[238] obwohl, so Ritter weiter, einige der Sprachwissenschaftler noch immer Bedenken im Hinblick auf diese Zuordnung hätten. Das Armenische unterscheide sich in seinem „Totaleindruck" zu sehr von der übrigen Familie. Ein Überblick über die Meinungen verschiedener Philologen des 19. Jahrhunderts erbrachte keine Klarheit, sodass Ritter nochmals zu den Quellen des Altertums, Stephanus von Byzanz und Strabon, zurückgekehrt ist.[239] Ersterer hatte eine Nähe zwischen Armeniern und Phrygiern in Kleinasien hergestellt, Strabon suchte ethnische Verwandte dagegen im Osten. Er wollte Gemeinsamkeiten in Physiognomie, Sprache und Erscheinungsbild bei den „Arabern oder Aramäern und Syrern" festgestellt wissen. Dies wurde jedoch von Ritter als völlig irrig abgelehnt, da schon die von Strabon angeführten keine gemeinsame Gruppe bilden würden.[240]

Weil die Arbeit mit den beiden antiken Autoren offenkundig nicht weiterführte und die zeitgenössische linguistische Forschung einen anderen Weg gegangen war, hat auch Ritter diese nicht weiter verfolgt. Er hat stattdessen Informationen über das Lautsystem des Armenischen, phonetische Kombinationen sowie das Alphabet in Beziehung zu diesen untersucht. Neben der Feststellung von Veränderungen, die die Entwicklung vom Alt-Armenischen bis zur Gegenwart hervorgebracht hatte, konnten auch einzelne

---

237 Ritter, Carl: Stufenland, Vol. 1, S. 568.
238 Lassen, Christian: Die Altpersischen Keil-Inschriften, S. 12ff. und S. 105f. (Auswahl); Ritter, Carl: Stufenland, Vol. 1, S. 577.
239 Ritter, Carl: Stufenland, Vol. 1, S. 577–584; Strab. 16, 4, 27; Steph. Byz. s. v. „Ἀρμενία". Moses von Choren wird für die Zeit nach der „Babylonischen Sprachverwirrung" – also für die Mythische Zeit, wie Ritter sagt – zitiert. Mos. Chor. hist. Arm. 1, 10.
240 Ritter, Carl: Stufenland, Vol. 1, S. 578f.

Vokabeln in Beziehung zu anderen Sprachen gesetzt werden – darunter auch altdeutsche Rechtsbegriffe.[241] Ritter konnte lediglich mit der Feststellung schließen, dass sich nicht zuletzt wegen der bedeutsamen Migrationsbewegungen mehrere armenische Dialekte entfaltet hätten.[242] „Schon die vielen einwandernden Colonien seit ältester Zeit in die armenischen Landschaften mußten frühzeitig Einfluß auf deren Sprache und Bevölkerung ausüben […].“[243] Der sich gegen Osten ausbreitende, der alten Sprache vermeintlich am nächsten stehende Dialekt sei unbedingt von dem im Norden des Araxes zu unterscheiden. Dieser sei, so Ritter, „[der] verderbteste, ein wahres Kauderwelsch, das völlig unverständlich geworden [ist].“[244]

Die Ethnographie der Armenier, die die „Erdkunde" quantitativ ausführlich aufgenommen hat, unterscheidet sich in einer Hinsicht von den bisher kennengelernten Kapiteln zu den Berbern, Blemmyern oder den zentralasiatischen Ethnien. Zunächst einmal fällt auf, dass es sich um einen Personenverband handelt, dessen Geschichte definitiv die Gegenwart des 19. Jahrhunderts umfasste und nicht wie in anderen Fällen diese nur bedingt tangierte. Dies erklärt den vermehrten Bezug zu den Befunden der Zeitgenossen und die zahlreichen Verweise und Unterbrechungen der mehrfach begonnenen Geschichte der Armenier. Im Sinne einer kontinuierlichen Darstellung wurde diese ja bestenfalls oberflächlich von Ritter geschlossen zu Ende geführt. Es scheint beinahe so, als ob Ritter in jedem einzelnen Punkt seines Textes, also in der Missionierung beziehungsweise der armenischen Kirche, in der Rolle der Literatur, in seiner Beschreibung der armenischen Sprache und ihres Zustandes sowie in der Darstellung der Städte, bemüht war, die Befunde der eigenen Zeit nicht aus den Augen zu verlieren. Dass dies das Verfolgen des berühmten roten Fadens, den man in diesem Teil der „Erdkunde" einmal mehr vergeblich sucht, verhindert hat, wurde bereits festgestellt.

Es sind jedoch mehrere Gemeinsamkeiten festzustellen, die mit den bisher erarbeiteten Ergebnissen übereinstimmen. Der Gesamteindruck des Kapitels zu den Armeniern darf mit Blick auf das Vorgehen trotz aller Schwierigkeiten als historiographisch bezeichnet werden. Hierfür spricht schon die mehrfache Rückkehr zum Altertum als Ausgangspunkt der verschiedenen behandelten Themen. Ethnographie und Historiographie der „Erdkunde" sind auch hier von den ältesten Quellen ausgegangen. Für die Seiten über

241 Ritter, Carl: Stufenland, Vol. 1, S. 581f. Einige der Inhalte bei Ritter gehen auf das Werk von Klaproth (Asia polyglotta, S. 97–107) zurück.

242 Ritter zählt im Folgenden zahlreiche dieser Migrationsbewegungen in chronologischer Reihenfolge auf. Beginnend bei den „Abkömmlingen Haiks", dem Urvater der Armenier, über Einwanderer aus Kanaan und Assyrien umfasst diese Liste auch Meder und schließlich Alanen, bevor endlich von der Zerstreuung der Armenier berichtet wird. Dass die „Erdkunde" in diesen Kapiteln auch auf antike Texte zu sprechen kommt, liegt auf der Hand und darf analog zu den bisher mehrfach besprochenen Darstellungen zu den innerasiatischen Wanderbewegungen bewertet werden. Vgl. Ritter, Carl: Stufenland, Vol. 1, S. 585–611. Zur frühen Geschichte Armeniens siehe: Hofmann, Tessa: Annäherung an Armenien, S. 14–26.

243 Ritter, Carl: Stufenland, Vol. 1, S. 583.

244 Ritter, Carl: Stufenland, Vol. 1, S. 583.

die Entwicklung der Sprache gilt dies nicht minder. Was die Beschreibung der Bauten von Etshmiadzin anlangt, gewinnt der Text wieder den Charakter eines archäologischen Führers. An verschiedenen Stellen hat Ritter Quellenarbeit im engeren Sinne geleistet und einzelne Facetten der armenischen Kirchengeschichte berücksichtigt. Insofern tritt der Verfasser der „Erdkunde" auch in diesem großen Kapitel eher als Historiker und Ethnograph auf. Vor allem der Überblick über die literarische Tradition spricht entschieden hierfür. Als Geograph hat er sich eher in den vorangegangenen Kapiteln betätigt. Dass die betrachteten Themen, die ganze Unterkapitel ausmachen, für die zuvor behandelten Ethnien nicht besprochen werden konnten, sollte nicht weiter irritierend wirken und auch keine unnötigen Hürden für die Vergleichbarkeit darstellen. Es ist schlichtweg der Eigenart des behandelten Sujets geschuldet. Für die Abschnitte über historisch gewordene Ethnien, die teilweise nur schwer greifbar waren und bis heute sind, war ein anderer Zuschnitt nötig. Dieser konnte nicht gleich dem Text zu den Armeniern gestaltet werden, auch wenn einige der Grundfragestellungen ähnlich sind.

Der Süden Irans – vom „dreifachen Naturtypus" und den Felsreliefs von Bischapur

Beinahe eigentümlich erscheint Ritters räumliche Auffassung vom südlichen Rand des Iran. Der östliche Anschluss an den Indus beziehungsweise an die Brahooe-Berge erklärt sich von selbst. Der Weg in Richtung Westen hat die „Erdkunde" jedoch nicht nur durch die Landschaften Mekran und Beludschistan geführt. Die räumlich angedeutete Teilung der südasiatischen Landmasse durch die arabische Halbinsel Musandam an der Straße von Hormus, die dem Betrachter von Landkarten ganz natürlich erscheint, hat Ritter vollständig ignoriert. Dementsprechend wurden die Landschaften Fars und Kerman ebenso zum Südrand gezählt. Heute sind beide Gebiete Provinzen der Islamischen Republik Iran. Die scharfen Grenzen der modernen Verwaltungseinheiten greifen freilich nicht für die Ausdehnung der historischen Landschaften. Sie können jedoch als Orientierungspunkte mitsamt ihren Großstädten Schiras und Kerman dienen.[245]

Eine einheitliche oder einende Topographie besitzt der südliche Iran nicht. Zwar können Mekran und Beludschistan als Teil des gesamten Plateaus bezeichnet werden, jedoch sind diese Regionen weit weniger als die beiden westlichen von Gebirgsreliefs geprägt. Dort beginnen nämlich die ersten Ausläufer des Zagros-Gebirges. Das größte Gebirgsmassiv des Iran zieht sich entlang des persischen Meerbusens, vorbei am Zweistromland bis hin zu den Ländern westlich des Kaspischen Meeres. Wie noch zu zeigen sein wird, haben diese Erhebungen auch die Darstellungen des iranischen Westens im folgenden Band der „Erdkunde" bestimmt. Dem Südrand hat Ritter jedenfalls eine Grenze in der Nähe der Stadt Schiras gegeben. Damit wird die Frage nach topographischen Kriterien für eine

---

245 Bosworth, Edmund (Hrsg.): Historic Cities of the Islamic World, s. v. „Shiraz"; Yarshater, Ehsan (Hrsg.): Encyclopaedia Iranica, s. v. „Shiraz" sowie s. v. „Kerman".

räumliche Gliederung kaum zu beantworten sein. Einzig der Hinweis, dass fortan alle zu betrachtenden Landesteile im Norden von Schiras absolut nach Westen ausgerichtet sind und somit faktisch nicht mehr zum Süden oder Südosten des Landes gezählt werden können, kann hier als ausschlaggebend angeführt werden.

Ritter hat seine Darstellung mit dem Plateau von Kelat[246] begonnen. Gewohnheitsmäßig bespricht die „Erdkunde" die üblichen Informationen über Land und Leute, bevor anschließend das heiße Klima als Ansatzpunkt herangezogen wird, um das sich nach Westen anschließende Beludschistan in einigen wenigen Sätzen zu beschreiben und abzuhandeln. „Belludschistan […] [breitet sich] nach W. in immer wärmer werdenden Landschaften und mit einer Menge von Bergzügen von untergeordneter Höhe aus, die in der ganzen Länge von Ost nach West ziehen".[247] Ein kurzer Verweis, dass ihre „Special-Beschreibung" bei Pottinger nachzulesen sei, beendet dann schon den knappen Bericht über das weitreichende Hinterland.[248] Ein Blick auf den betreffenden Kartenausschnitt der schon mehrfach angesprochenen „Übersichtskarte von Iran" bestätigt die Vermutung, die dieser kurze Text nahelegt. Einmal abgesehen von Pottingers Reiseroute, die hier verzeichnet ist, bestimmen die weißen Flecken das Erscheinungsbild. Tatsächlich wurde der Raum zwischen Afghanistan und dem Helmand im Norden und der erweiterten Küstenregion, also Mekran, im Süden kaum mit nennenswerten Informationen angefüllt. Diese standen schlicht und einfach nicht zur Verfügung. Aus naheliegenden Gründen wird sich die Untersuchung von Ritters Quellenarbeit also zunächst auf die Küste des Arabischen Meeres konzentrieren und abschließend auf die geschichtsträchtigen Landschaften Fars und Kerman zu sprechen kommen.

Der flachsandige Küstenstrich, ganz dem Thema arabischer Küsten analog, reicht nur selten über zwei bis drei geogr. Meilen landeinwärts, bevor er zu Felsklippen aufsteigt […]. [Man] zählte zwar 11 Küstenflüsse, die aber nur zur Regenzeit aufschwellen, reißend und gefährlich werden, wie schon Alexanders Heer und Pottinger erfuhren; die übrige Jahreszeit aber trocken liegen, wie die meisten Ströme Süd-Afrikas und Arabiens, deren Natur bis Gedrosien reicht, bis zum Lande der herodotischen Aethiopen.[249]

Diese Küste bis Arabien gegenüber beschiffte Nearch; seit dem war sie fast ganz unbekannt geblieben; selbst der Kaliph Omar ließ, als sein Feldherr Abdallah ihm (677) den Bericht ihrer Einöde (Baumlos, sagt Strabo, Palmen ausgenommen) abstattete, das zur Eroberung gesandte Heer den Zug gegen Mekran am Küstenwege aufgeben, und kein späterer Eroberer führte jenes Project aus. Nur Alexander war

---

246 Kelat oder Kalat liegt heute im westlichen Teil Zentralpakistans. Vgl. Westermann Lexikon der Geographie, s. v. „Kalat".

247 Ritter, Carl: Iranische Welt, Vol. 1, S. 715f.

248 Zwar ist ein eineinhalbseitiger Exkurs später noch einmal der Sandwüste Beludschistans gewidmet, dort werden aber lediglich klimatische Verhältnisse und einige Eindrücke Pottingers zusammengefasst. Vgl. Ritter, Carl: Iranische Welt, Vol. 1, S. 721f.

249 Ritter, Carl: Iranische Welt, Vol. 1, S. 716.

glücklich von Indien her hindurch gezogen. [...] Eine der gefahrvollsten Unternehmungen war Alexanders Landzug, den er zur Unterstützung der Flotte hier durchsetzte, und während dem 60 Nächte dauernden Marsche (zwischen Indien und Pura [Pura Regia Gedrosiae bei Arrian Expl. Al. VI. 24. 1, wol das heutige Puhra bei Bunpur, bei Grant und Pottinger] es gibt heute viele Puras in Mekran), nie sich weiter als einige Tagereisen von der Küste entfernte. [...] Die Noth des Landeheeres schildert Strabo. Die Arabiten am Arabius (jetzt Puralli) sind die Urbu am Cap Urbu, 15 Seemeilen im W. des Hafens Sommeani, die Oriten, die Hor oder Haur der Neuern. In ihren Bergen litten die Macedonier Hunger und Durst, und viele kamen um. Die Erläuterung dieses Zuges hat neuerlich Droysen gegeben, worauf wir hier verweisen können.[250]

Die zusammengesetzten Passagen geben einen Einblick in den Informationsstand Ritters. Tatsächlich konnten einige Aussagen zu Mekran getroffen werden, jedoch sind sowohl ihre Dichte als auch die Aktualität nicht mit denen bereits besprochener Regionen vergleichbar. Sie vereinen jedoch noch einmal sämtliche Facetten von Ritters Auffassung des eigenen Faches und zeigen außerdem vielfältige Formen der Quellenarbeit, die daraus resultierten. Es fällt sofort auf, dass zeitgenössische und nicht-zeitgenössische Autoren herangezogen wurden. Diese stehen, was ihre Reliabilität anlangt, uneingeschränkt nebeneinander. So hat Ritter schon zu Beginn des Abschnittes Berichte über den Alexanderzug mit der Reise Pottingers auf eine Ebene gestellt. Nur so konnte seiner Meinung nach die Natur von topographischen Erscheinungsformen wie etwa Flüssen angemessen beschrieben werden.

Der Fokus des Textes liegt freilich eindeutig auf dem lebensfeindlichen Klima. Zur Illustration haben der „Erdkunde" die beiden zitierten historischen Episoden um den Kalifen Omar[251] und die Makedonen gedient. Nicht nur die Topographie, sondern auch die Geographie im eigentlichen Sinne spielt in diesem Abschnitt bei der Beschreibung von Entfernungen eine gewisse Rolle und präsentiert sich genau wie ethnologische und historiographische Aspekte als Komponente der wissenschaftlichen Erdkunde im Sinne Ritters. Tatsächlich sind diese hier nicht mehr voneinander zu trennen. Ob nun die Episoden der Alexanderhistoriker als Ansatzpunkt gedient haben, um lokale Ethnien zu benennen und einen historischen Bogen zu spannen, lässt sich nicht mit Bestimmtheit feststellen. Sicher ist jedoch, dass Ritter der Geschichte der Menschen abermals erhebliche Bedeutung in seiner Darstellung eingeräumt hat. Auch in einer Region der Erde, von

---

250 Ritter, Carl: Iranische Welt, Vol. 1, S. 716f.

251 Kalif Omar, heute bekannt als Umar ibn al-Chattab, war der zweite Kalif des Islam (634–644). Unter seiner Herrschaft wurde die Expansion des Islam erheblich vorangetrieben. Vor allem in der östlichen Mittelmeerregion konnten bedeutende Erfolge verzeichnet werden. Seine Rechtmäßigkeit als rechtgeleiteter Kalif wird jedoch nicht durch alle Glaubensrichtungen des Islam akzeptiert. Vgl. Bearman, Peri u. a. (Hrsgg.): Encyclopaedia of Islam, New Edition, s. v. „Umar (I) b. al-Khattab" sowie Madelung, Wilfred: The Succession to Muhammad, S. 57–77.

der tatsächlich sehr wenig zu berichten war, kann darum erneut der Versuch ausgemacht werden, Kontinuitäten aufzuzeigen und dem Leser die Verbindung zwischen bekanntem Altertum und weitgehend unbekannter Gegenwart zu verdeutlichen.

Dass manche dieser Informationen zeitlosen Charakters sind, hat sich ebenfalls erneut für die Südküste Irans gezeigt. Und auch für die klimatischen Beschreibungen zu Kerman, über das Ritter kaum mehr zu berichten wusste, zeigt sich die wichtige Rolle der antiken Texte für die verallgemeinernden Kapitel der „Erdkunde" sehr anschaulich. Ritter hat die Einteilung der Naturräume durch die nicht-zeitgenössischen Autoren gelten lassen und regelrecht übernommen:

> Ebn Haukal, der Araber, wie Strabo und Nearch, dem er zu folgen scheint, gründen ihre ganze Haupteintheilung mit Recht auf diesen Naturtypus, der ganz dem des dreifachen Libyens bei Herodot (s. erstes Buch §. 28) analog, aber hier minder berücksichtigt worden ist. Dreifach, sagt Strabo, ist Persiens Natur; dieser Küstenstrich hat Gluthitze, ist sandig und arm an Früchten, Datteln ausgenommen. Die zweite Region über dieser, der Gebirgsparallel, hat klare Flüsse, Wasser, Viehreichthum und trägt alle Früchte; da liegen die Paradiese, sagt Nearch; die dritte ist die kalte, hochgelegene gegen Norden, das Hochland, das weit hinausreicht, das Sirhud.[252]

Die weitere Fortsetzung nach Westen, und damit der Hauptteil von Kerman und Fars, wurde von Ritter durch die Zusammenstellung von Reiseberichten dargestellt, wie es schon für den westlichen Teil des Nordrandes geschehen war. Diese Exzerpte, die vor allem auf Pottingers Werk beruhen,[253] fußen daneben auf Darstellungen verschiedener französischer Quellen.[254] Da das Gebiet bis Bandar Abbas, im Süden am Persischen Golf, und bis um Schiras keine besondere Relevanz für die Untersuchung der Arbeitsweise Ritters besitzt, darf an dieser Stelle ohne Weiteres zur Beschreibung der persischen Königsstädte, die sich in dieser Region befinden, übergegangen werden. Schiras selbst widmet sich die „Erdkunde" lediglich auf rund zehn Seiten.[255] Der letzte große, eindeutig historiographisch geprägte Abschnitt fungiert als Abschluss dieses Bandes der „Erdkunde" und bildet dementsprechend auch hier das Ende der Untersuchungen zum ersten Teil der Iranischen Welt.

Zunächst war es die alte Stadt Schapurs, Bischapur, in der Nähe des modernen Kazerun, die Ritter mit ihren Felssculpturen und Ruinen sehr kundig und detailreich beschrieben hat.[256] Die Siedlung, so weiß die Forschung heute, existierte wohl bereits in früher parthischer Zeit und wurde unter Schapur I. im Jahre 266 n. Chr. neu gegründet.

252 Ritter, Carl: Iranische Welt, Vol. 1, S. 723. Die zitierte Stelle bei Herodot ist bei Ritter fehlerhaft. Libyen wurde von Herodot erst im vierten Buch genauer beschrieben. Zur Gliederung vgl. insbesondere Hdt. 4, 168–199. Die Aussagen zu Strabon und Nearch stützen sich auf Strab. 15, 2, 14.

253 Pottinger, Henry: Travels in Beloochistan and Sinde, ab S. 220. Pottinger hatte den Südwesten Persiens über Kerman, vorbei an Persepolis, in Richtung Isfahan bereist.

254 Vgl. unter anderem Dupré, Adrien: Voyage en Perse, Vol. 2, S. 341–391.

255 Ritter, Carl: Iranische Welt, Vol. 1, S. 847–858.

256 Yarshater, Ehsan (Hrsg.): Encyclopaedia Iranica, s. v. „Kazerun" sowie „Bišapur".

Triumphrelief Schapurs bei Bischapur (Kazerun)

Der Ort ist nach wie vor nur zu einem kleinen Teil erforscht, die Befunde gehen kaum über die Informationen des 19. Jahrhunderts hinaus. So findet sich bereits in der „Erdkunde" die heute noch vertretene Meinung, dass ein griechisch-römischer Einfluss auf die zahlreichen aufgefundenen Kunstwerke vor Ort nicht zu leugnen sei. Diese Informationen wurden ausgewiesenermaßen aus James Moriers Bericht über seine zweite Reise übernommen. Dort findet sich auch eine Abbildung der sechs bis heute berühmten steinernen Reliefs, die unter anderem den Sassanidenkönig bei seinem Triumph über die Römische Armee zeigen.[257] Ritter hat diese Reliefs ausführlich beschrieben, wobei hier das wichtigste und bekannteste Bild exemplarisch vorgestellt werden soll.

Zu sehen ist dort ein Reiter mit königlichem Schmuck und Krone, „mit herabwallenden, gekräuselten Haar zur Schulter, mit Schnurbart, in faltigen Gewande; der Köcher zur Seite, der Diener hinter ihm stehend."[258] Ein Diener an der Seite des Königs führt das Pferd. Unter den Hufen des Tieres, niedergestreckt und vor dem Reiter kniend, befinden

257 Ritter, Carl: Iranische Welt, Vol. 1, S. 827–842; Morier, James: Second Journey through Persia, S. 50ff.; zur jüngeren Forschungsgeschichte: Wiesehöfer, Josef: Das antike Persien, S. 208–220.
258 Ritter, Carl: Iranische Welt, Vol. 1, S. 830f.

sich zwei besiegte Römer, die anhand ihrer Tracht identifiziert werden konnten. Zwei weitere Bittende befinden sich im Hintergrund, über der Szenerie schwebt ein „geflügelter Genius", welcher der Sieghaftigkeit, also der Victoria, zugeordnet wird. Es folgt die Interpretation des Beschriebenen:

> So weit die bisher bekanntgewordnen Reliefs der Sculpturfelsen von Schahpur, bei denen wol kein Zweifel mehr obwaltet, daß sie insgesammt den Triumph Sapors I. über Kaiser Valerianus (reg. seit 235 n. Chr. G. mit Galienus, wird durch Verrath seines Feldherrn Macrianus bei Edessa von den Sassaniden besiegt und lebendig gefangen; im J. 260, schon 70 Jahre alt) verewigen sollten. Der schon siebzigjährige Greis ward von dem stolzen und übermüthigen Sieger (Sapor superbo et elato animo, bei Trebell. Pollio [...]), [...] auf das schimpflichste behandelt, und mußte dem Tyrannen, so lange der Greis noch lebte, beim Aufsteigen zu Pferd mit seinem Rücken als Fußschemel dienen (Sext. Aurel Victoris Epitome XXXII) [...]. Ist die unter dem Fußtritt des Pferdes liegende Figur diejenige des unglücklichen Valerianus, so bezeichnet [der Reiter] daher zugleich entschieden Sapor I.[259]

Der Text der „Erdkunde" konzentriert sich hier zunächst auf die Archäologie des antiken Ortes. Ritter hat die relativ jungen Forschungsergebnisse, die vor Ort erzielt wurden, aufgegriffen und damit seinem Werk den Charakter eines archäologischen Führers gegeben – ganz so, wie es auch für die einzelnen Stätten Ägyptens geschehen ist. Und in demselben Stil wurde dieser Befund in historischen Kontext gekleidet. Ritter hat sich allerdings nicht damit begnügt, lediglich die Protagonisten der Ereignisse zu benennen. Neben Sextus Aurelius Victor und der Historia Augusta – beides Texte der zweiten Hälfte des vierten Jahrhunderts[260] – wurden Paulus Orosius und Sextus Rufus Festus zitiert.[261] Da die Ereignisse basierend auf den Quellen nacherzählt wurden, darf bereits dieser Abschnitt der Historiographie zugeschlagen werden. Für das weit umfangreichere Kapitel zu Persepolis gilt dies, wie zu zeigen sein wird, in erhöhtem Maße.

Der Vollständigkeit halber sind zum Sieg Schapurs und seiner Visualisierung auf dem Relief einige kleinere Korrekturen anzuführen. Ausgangspunkt ist die ungewisse Interpretation der Figur des vermeintlichen Dieners an der Seite Schapurs. Die aktuelle Forschung will hierin den besiegten und gefangen genommenen Valerian (gest. nach 260 n. Chr.) erkennen. Die Figur soll an ihren Händen gepackt abgeführt werden und nicht den König begleiten. Dementsprechend wäre der niedergerittene Römer mit Kaiser Gordian III. (225–244 n. Chr.), einem weiteren prominenten Vertreter der sogenannten

---

259 Ritter, Carl: Iranische Welt, Vol. 1, S. 834f.

260 Die Schwierigkeiten bezüglich der Datierung der Historia Augusta können an dieser Stelle genau wie die umstrittene Verfasserfrage nicht in extenso ausgeführt werden. Siehe zur Diskussion beispielhaft Thomson, Mark: Studies in the Historia Augusta, S. 36 und S. 53. Ritter stand dem Text recht kritiklos gegenüber und gebrauchte ihn ganz nach Art der anderen antiken Autoren.

261 Die Werke beider Historiker dürften ebenfalls im späten vierten Jahrhundert entstanden sein. Ritter zitiert: Oros. 7, 22 und Sextus Rufus Festus, Brev. 23.

Soldatenkaiser, zu identifizieren. Dieser war bereits im Jahre 244 n. Chr. von Schapur besiegt worden. Der kniende Bittsteller wäre dementsprechend Gordians Nachfolger Philippus Arabs (um 204–249 n. Chr.), der seine Herrschaft sozusagen dem siegreichen Feind zu verdanken hatte und um Frieden flehen musste.[262]

Persepolis – Archäologie und Lokalisierung der alten Metropole

„Das alte Persis mit der Persepolis"[263] hat Ritter, wie gesagt, an das Ende des Bandes gestellt. Dass die „Erdkunde" mit dieser Region nun erneut historisch bedeutsamsten Boden beschritten hat, ist kein Zufall. Abgesehen von den zusammengefassten Reiserouten hat sich Ritter, wie gezeigt wurde, immer mehr an eben diesen Stätten für seine Darstellung orientiert. Dementsprechend finden sich in dem Gebiet, das heute im Wesentlichen die iranische Provinz Fars ausmacht, zwei der bedeutendsten Königsstädte der Achämeniden-Herrscher. Pasargadae, rund 130 Kilometer nordöstlich von Schiras, wurde wohl bereits um die Mitte des sechsten Jahrhunderts ausgebaut, während Persepolis um 520 v. Chr. von Dareios I. als Residenz gewählt wurde. Die „Erdkunde" spricht zunächst über das Umland der Städte, also über die Region. Dieser Abschnitt wird im Folgenden zusammen mit dem Bericht über Pasargadae und Persepolis aufgrund ihrer Prominenz und Ritters historisch-archäologischen Vorgehens besprochen.[264]

Zur Beschreibung der Landschaft und der Natur hat Ritter die Berichte der Zeitgenossen herangezogen. Es handelt sich dabei um die bekannten Schriften von James Morier und Robert Ker Porter. Beide hatten erst wenige Jahre zuvor die gewaltigen Ruinenstädte besucht. Zusätzlich ist diesen Schriften der Reisebericht von Carsten Niebuhr, von dem hier bereits im Zusammenhang mit den Fragen nach der Keilschriftentzifferung die Rede war, hinzugefügt worden. Dessen Berichte über die historischen Stätten waren für Ritter wohl die umfangreichsten.[265] Lokale Namen oder zeitgenössische Benennungen von Ortschaften tauchen für die Beschreibung der Persis in der „Erdkunde" lediglich dann auf, wenn prominente Stätten des Altertums lokalisiert werden sollen. Dies gilt zum Beispiel auch für Teile der persischen Palastruinen, von denen später noch zu sprechen sein wird. Vorab ist jedoch anzumerken, dass die Darstellung der Landschaft, wie sie sich den Betrachtern des 19. Jahrhunderts präsentiert hat, von Ritter immer im Kontext der archäologischen Erkundung vor Ort eingebettet wurde. Der naturräumliche Zustand, wie

---

262 Für eine ausführliche Besprechung der sassanidischen Reliefs: Herrmann, Georgina: The Sasanian Rock Reliefs at Bishapur, 3 Vol., Berlin 1980 und 1983. Zu Valerians Feldzug im Osten und seiner Niederlage siehe: Millar, Fergus: The Roman Near East, S. 163–166 sowie Glas, Toni: Valerian, S. 181–186 und Eich, Armin: Die Römische Kaiserzeit, S. 256–263.

263 Ritter, Carl: Iranische Welt, Vol. 1, S. 858.

264 Wiesehöfer, Josef: Das antike Persien, S. 42–49.

265 Vgl. Niebuhr, Carsten: Reisebeschreibung nach Arabien und andern umliegenden Ländern, 2 Vol., Kopenhagen 1774 und 1778.

er im Sinne der Geographie zu begreifen wäre, lässt sich in den folgenden Textabschnitten tatsächlich nicht von der historisch-archäologischen Forschungsgeschichte abtrennen. Der Text ist derart stark auf die Geschichte des Ortes ausgerichtet, dass sämtliche geographische Gesichtspunkte unter diesem Aspekt abgehandelt werden. Dies sei durch vier Beispiele kurz veranschaulicht:

> Viele Thalschluchten und Felswinkel mit Grüften und andern Monumenten bleiben noch zu erforschen übrig. Die Engpässe, durch welche Alexander M mit seinem Heere in das Thal eindrang, sind noch unbesucht geblieben.[266]

> Die astronomische Lage dieses ältesten von Alexander zerstörten Denkmals von Iran bestimmte Niebuhr annähernder Weise, auf fast 30° N.Br. in gleichem Parallel mit Memphis der ältesten Capitale Aegyptens.[267]

> Die anliegende größte Ebene des ältesten Persis, hat vielleicht einst nur im engsten, später erst erweiterten Sinne den Namen Persis geführt. Wenigstens läßt Xenophon den Kyros aus seiner Wohnung, von seinem Vater Kambyses, unter belehrenden Gesprächen als er nach Medien ausziehen soll, begleiten, bis an die Grenze von Persis, was noch nicht sehr weit sein konnte, wo beide nach gegenseitigen Umarmungen, voneinander scheiden, und dieser zurück zu seinen Persern geht, und jener zu den Medern fortschreitet. [...] In ihrer heutigen Ausdehnung trägt diese Ebene von Norden nach Süden, die dreierlei Namen Istakhr, Merdascht und Kurwal [...].[268]

> Nachdem Alexander M. von Babylon über Susa durch die susischen Felsen [Diod. 17, 68; Curt. 5, 3, 17] d. i. durch die Engpässe der räuberischen Uxier mit Gewalt gedrungen war, mußte er gegen Persepolis die persischen Engpässe [Strab. 15, 3] durchsetzen, um zum Kyros-Flusse zu gelangen, der wie Strabo sagt, durch das hohle Persien um Pasargadä fließt [...]. Bei Persepolis selbst überschritt Alexander M., fährt Strabo fort, den Araxes, der von den Paraitaken, herabströme. Mit ihm vereine sich, fährt Strabo fort, der aus Media ausgehende Medus-Fluß. Beide durchziehen das fruchtbare Tiefthal, das, wie Persepolis selbst, gegen Osten von Karamania begränzt werde. – Hiermit stimmt Q. Curtius genau überein, und von ihm erfahren wir [Curt. 5, 93 / 5, 4, 9][269], sogar noch genauer, dass nach Besiegung des Vortrabes der Perser unter Ariobarzanes, der an den Engpässen des Araxes die Eingänge zur Ebene der Residenz zu vertheidigen hatte, dieser bei seiner Flucht gegen dieselbe vom nachsetzenden Heer des Krateros erschlagen ward. Alexander M. selbst aber brauchte mit seiner raschen Reiterei von jener Schlacht an den Engpässen nur einen Tagmarsch um die Ebene an den Araxes vor Persepolis zu gelangen. Der Araxes ist also offenbar,

---

266 Ritter, Carl: Iranische Welt, Vol. 1, S. 861.
267 Ritter, Carl: Iranische Welt, Vol. 1, S. 862.
268 Ritter, Carl: Iranische Welt, Vol. 1, S. 865.
269 Ritter gibt „Q. Curtius Histor. L. V. c. 53" als Quelle an. Dies scheint jedoch fehlerhaft zu sein.

der heutige Bendemir, dicht vor der Säulenterrasse von Persepolis, er ist offenbar aber auch kein anderer, als derselbe Kyros, der nur in einem anderen Thale seinen Namen wechselt, wie dies mit fast allen persischen Strömen der Fall ist.[270]

Wie leicht zu erkennen ist, dominieren die historiographischen Inhalte die geographischen vollkommen. Während dies für die Namensgeschichte sicherlich zu erwarten war, ist der Umstand sowohl für die Beschreibung der Topographie als auch für die wissenschaftliche Lokalisierung der Stadt bemerkenswert. Vor allem der letzte der zitierten Abschnitte zeigt, wie Ritter systematisch die Geschichte von der Einnahme Persepolis' erzählt – gestützt auf die antiken Autoren.[271] Angaben zu Bergen oder Flüssen wie zum „Bendemir"[272] sind dann lediglich eingestreut worden. Einen expliziten Überblick über die Beschaffenheit des Raumes hat Ritter für diesen südwestlichen Teil des Iran nicht formuliert.

Bevor Ritter zu Persepolis selbst kommt, berichtet er erst einmal über die bereits genannte, ältere Residenz Pasargadae.[273] Allerdings war die Stadt zu Beginn des 19. Jahrhunderts noch nicht zweifelsfrei identifiziert. Ritter hat mehrere Varianten angeführt, wobei er sich nach kritischer Prüfung und durch Abgleichen mit den antiken Berichten über den Alexanderzug für eine im Westen nahe Persepolis gelegene Alternative ausspricht.[274] Zwar sprächen laut Ritter die Informationen, die über den Rückweg Alexanders von Indien aus in den Westen vorliegen, für eine Lokalisierung bei Darabgerd,[275] allerdings fehlen hier die nötigen archäologischen Ergebnisse. Denkmale, die sich dem berühmten Stadtgründer Kyros zuweisen ließen, gebe es dagegen im westlichen Murghab-Tal ausreichend. Und auch weil sich die Existenz dieses Murghab-Flusses mit den Angaben zu Pasargadae bei Strabon deckt, entschied sich Ritter dafür, die Königsstadt hier zu lokalisieren. Seine Meinung geht konform mit der namhafter Zeitgenossen wie Morier, Ker Porter, Heeren oder Grotefend.[276] Und auch die moderne Forschung sollte ihre Annahme bestätigen. Ritter hat den Abschnitt zu Pasargadae erheblich ausgeweitet,

270 Ritter, Carl: Iranische Welt, Vol. 1, S. 865f.

271 Neben den im Zitat erwähnten Autoren wurden von Ritter hier zusätzlich Herodot (1, 126) und erneut Xenophon (Kyr. 2, 1) herangezogen.

272 Nach Diod. 17, 69 und Curt. 5, 4, 9 befindet sich der Fluss in der Persis und mündet in den jetzigen See von Niriz.

273 Wiesehöfer, Josef: Das antike Persien, S. 49f.

274 Ritter, Carl: Iranische Welt, Vol. 1, S. 876. Zitiert werden hier: Strab. 15, 6–8; Arr. an. 3, 17–19 sowie 6, 29. Die zuvor zitierten Berichte von Curtius Rufus wurden nach wie vor berücksichtigt.

275 Darabgerd, heute Darab, liegt im Südosten der iranischen Provinz Fars. Die Stadt, deren wohl sagenhafte Gründung ebenfalls Dareios I. zugeschrieben wird, zählt ebenso zu den ältesten Persiens. Yarshater, Ehsan (Hrsg.): Encyclopaedia Iranica, s. v. „Darab".

276 Morier, James: Second Journey through Persia, insb. S. 68 sowie S. 74–89; Ker Porter, Robert: Travels, Vol. 1, S. 484–488. Ritter hat keine genaueren Angaben zur Literatur von Heeren und Grotefend gemacht. Gemeint war hier wahrscheinlich: Grotefend, Georg Friedrich: Ueber Pasargadä und Kyros' Grabmal, in: Arnold Heeren, Ideen über die Politik, den Verkehr und den Handel der vornehmsten Völker der alten Welt, Vol. 1, 2, Göttingen 1824⁴, S. 371–383.

indem er – wie es scheint – sämtliche Episoden des Alexanderzuges im Umfeld der Stadt berichtet hat. So ist in der „Erdkunde" von dem Marsch gegen die Stadt genau wie vom Besuch Alexanders am Grab des Kyros die Rede. Im Weiteren hat Ritter eine Vielzahl der in der Umgebung aufgefundenen Monumente aufgezählt und mehr oder weniger ausführlich beschrieben.

Beinahe nahtlos an dieses monumentale Ruinenfeld hat Ritter die Abschnitte zu Persepolis angeschlossen.[277] Auch zu dieser Stadt konnten aus dem Material der Zeitgenossen nur die Befunde der oben genannten Reisenden angeführt und zusammengestellt werden. Eine systematische und vor allem ergiebige Untersuchung zu dieser Residenz wurde erst in den Jahren nach 1932 durch Ernst Herzfeld (1897–1948) und seine Mitarbeiter geleistet. Es macht an dieser Stelle keinen Sinn, Ritters Text zu allen Abteilungen der Paläste, zu sämtlichen vermerkten Grabstätten der Umgebung oder zu den umliegenden Ortschaften, die ebenfalls Ruinen bergen, *en détail* zusammenzufassen oder zu besprechen. Dass die „Erdkunde" mitunter zum archäologischen Führer für gewisse Monumente wird, wurde bereits an mehreren Stellen hinreichend gezeigt. So werden im Folgenden lediglich Ritters Ausführungen zum baulichen Zentrum der großen Palastanlage besprochen.

Der von Ritter sogenannte Palast des Dareios sei früher auch „Tausend Säulen" genannt worden.[278] Dies allein verdeutlicht schon die enorme Bedeutung sowie die glanzvolle Pracht der Stadt. Eine Bemerkung bei Diodor, wonach Persepolis „die reichste Stadt unter der Sonne [...], deren Privatgebäude mit allen Gütern der Glückseligkeit erfüllt waren",[279] gewesen sei, unterstreiche dies in ganz besonders eindrücklicher Form. Weitere Bemerkungen, die auf Strabon zurückgehen, wirken auf dieselbe Weise illustrierend. Übernommen hat die „Erdkunde" diese Einschätzung von Niebuhr, der zugleich den Versuch unternommen hatte, den Verfall der Ruinen der unteren Stadt zu erklären. Ganz wie in Ägypten sei das Baumaterial auch hier neueren Siedlungen zum Opfer gefallen. Immerhin sei die fruchtbare Ebene ja genau wie das Niltal dauerhaft besiedelt gewesen. Die höher gelegene Säulenterrasse sei nur wegen ihrer Lage davon verschont geblieben – eine Ansicht, die sich Ritter zu eigen gemacht hat. Die zeitgenössische Forschung wusste nicht definitiv zu entscheiden, ob die Ruinen, die Portikus und Säulenhallen letzten Endes Tempel oder Paläste waren. Auch war es noch nicht möglich, die verschiedenen baulichen Teile, die von den Königen des Perserreiches nach und nach hinzugefügt wurden, voneinander zu unterscheiden. Zuverlässige Aussagen im Sinne der älteren Forschung konnten nur auf allgemeinerer Ebene gemacht werden. So wurde beispielsweise Diodor von Ritter noch einmal herangezogen, um Aussagen über die Existenz der „dreifachen ungeheuern Mauerverschanzungen"[280] zu machen.

---

277 Yarshater, Ehsan (Hrsg.): Encyclopaedia Iranica, s. v. „Persepolis" sowie Wiesehöfer, Josef: Das antike Persien, S. 42–49.
278 Ritter, Carl: Iranische Welt, Vol. 1, S. 889.
279 Ritter, Carl: Iranische Welt, Vol. 1, S. 889; Diod. 17, 70.
280 Ritter, Carl: Iranische Welt, Vol. 1, S. 889f.; Diod. 17, 70–72.

Die Säulenterrasse hat Ritter aber dann doch als den Palastkomplex interpretiert. Jedenfalls diente ihm deren Beschreibung als Ansatzpunkt, um erneut auf Alexander und die Eroberung der Stadt einzugehen. Der fantastische Reichtum, der den Makedonen hier in die Hände gefallen sein soll, wurde mit den Worten Plutarchs beschrieben. 10.000 Maultiergespanne und 5.000 Kamele sollen für den Abtransport notwendig gewesen sein. Und überhaupt hätten sich die Soldaten Alexanders bei der Plünderung der Stadt allesamt bereichern können.[281] Der Text der „Erdkunde" bewegt sich hier äußerst nahe an den Werken der antiken Autoren. Von kritischer Distanz ist kaum etwas zu merken. Dies gilt genauso für die Beschreibung des Palastinneren. Für dieses erwähnt die „Erdkunde" imposante Tore und Mauern, Katakomben, prachtvolle Herbergen für Gäste sowie Stallungen, ohne diese jedoch konkret zu archäologischen Befunden in Beziehung zu setzen. Stattdessen hat Ritter festgestellt: „Diese Nachricht Diodors von Persepolis (wie auch Plutarchs Bericht), enthält durchaus nichts, was nicht mit den Ueberresten der Gegenwart sehr wol in Uebereinstimmung gebracht werden, und selbst dadurch erläutert werden könnte."[282] Einzig das Fehlen der großen Statue des Xerxes im Königspalast, von der Plutarch so ausführlich berichtet hat, wurde von Ritter zwar bemängelt, jedoch nicht weiter kommentiert.[283]

Morier und nun vor allem Ker Porter folgend, hat Ritter auf den letzten Seiten des Kapitels weitere Details zum Erhaltungsstand der Monumente wiedergegeben und diese nach dem beschriebenen Muster – soweit möglich – mit den schriftlichen Quellen verglichen.[284] Es ist erneut auffällig, dass die angeführten Stellen abermals aus den Werken der Zeitgenossen stammen, die ihrerseits offenbar über eine ausgesprochen breite Kenntnis der Alexanderhistoriker beziehungsweise seiner Biographien verfügten. Somit ist auch dieses Kapitel nachweisbar jenen hinzuzuzählen, bei denen Ritter lediglich kompilierend und exzerpierend tätig war. Nichtsdestotrotz kann bei aller Knappheit der hier zusammengefassten Informationen festgestellt werden, dass ganz wie zu Pasargadae und anderen historischen Stätten die Historiographie das entscheidende Moment ist. Auf diesen Seiten wurde der Geograph ganz eindeutig zum Historiker, der abermals die Absicht verfolgte, die Geschichte der konkreten Orte zu erzählen.

281 Plut. Alex. 37.
282 Ritter, Carl: Iranische Welt, Vol. 1, S. 891.
283 Plut. Alex. 37.
284 In einer Art Anhang beziehungsweise in Form von Anmerkungen hat Ritter auf den letzten Seiten seines Bandes weitere Details zu aufgefundenen Skulpturen oder ganzen Ruinengruppen angefügt. Hier wurden unter anderem Inschriften und dazugehörige Reliefs besprochen und mit verschiedenen persischen Herrschern in Verbindung gebracht. Vgl. Ritter, Carl: Iranische Welt, Vol. 1, S. 904–952. Hauptsächlich werden die Berichte zu Moriers erster Reise und Ker Porters erster Band zitiert. Besonders bemerkenswert sind auch die Abbildungen in dessen Werk.

Der Westen des iranischen Hochplateaus

Isfahan und Hamadan – Geschichte und Archäologie antiker Städte

Inhaltlich vollkommen nahtlos knüpft der zweite Band zur „Iranischen Welt" an die bisher besprochenen Darstellungen an. Dem eingeschlagenen Weg des Zagros-Gebirges gen Norden folgend, behandelt Ritter nun den westlichen Rand der Hochterrasse. Insgesamt reicht der Band bis zum Gebiet des heutigen Aserbaidschan, wobei der Tigris – also ein Teil des modernen Irak – im Westen als Scheide gewählt wird. Betrachtet man diese Fortsetzung der Darstellung zur „Iranischen Welt" für sich, lassen sich nur bedingt naturräumliche Faktoren finden, die als definierende Einteilungskriterien angesehen werden können. Nicht zuletzt weil aber für die geographische Abgrenzung der beiden iranischen Bände zueinander keine überzeugenden Argumente gefunden werden konnten, muss an dieser Stelle ebenfalls mit Blick auf den nun zu untersuchenden Band darauf verzichtet werden. Vielmehr erscheint es sinnvoll, beide Teile der „Erdkunde" als Einheit zu betrachten. Hierfür spricht auch der fließende Übergang. Dies wird auch der Hochterrasse als ganze naturräumliche und vornehmlich geographische Einheit gerecht, die im Sinne Ritters durch ihre angesprochenen Ränder festgelegt war.

Gleich den schon analysierten Bänden der „Erdkunde" bietet auch dieser Teil zunächst einen allgemein gehaltenen Abschnitt zur Orientierung. Ritter hat den Westen Irans, der hauptsächlich durch das Zagros-Gebirge bestimmt wird, nur bedingt zum Plateau gezählt. Vielmehr habe der Betrachter es hier mit einer „Alpengebirgsbildung" zu tun. Diese werde zwar wechselhaft von „Riesengipfeln" und „Alpenseen" erfüllt, allerdings sei dieses Gebirgsmassiv eher als Randregion, gewissermaßen als Grenzgebiet des Plateaus anzusehen.[285] Zahlreiche geschichtsträchtige Orte, so Ritter, seien auch hier zu finden. Isfahan und Hamadan sind unter diesen sicherlich als prominenteste anzuführen. Zwar waren diese Metropolen, die auch als antike „Capitale" bezeichnet werden,[286] den Geographen hinreichend bekannt, jedoch hat Ritter schon in dieser allgemeinen Einleitung darauf hingewiesen, dass auch der Westen Irans längst nicht ausreichend erforscht sei.[287] Hinsichtlich der Quellendichte bietet sich dem Leser der „Erdkunde" ein den bisherigen Abschnitten vollkommen ähnliches Bild. Abgesehen von einigen wenigen zusätzlichen Reiseberichten, deren Existenz auf diesen ersten Seiten erwähnt wird, waren es abermals die bereits vorgestellten Autoren wie Pottinger, Fraser oder Kinneir, deren Werke Einblicke in die bereisten Routen vermitteln konnten.[288] Eine flächendeckende Beschreibung des Areals konnte also

---

285 Ritter, Carl: Iranische Welt, Vol. 2, S. 4f.
286 Ritter, Carl: Iranische Welt, Vol. 2, S. 13, S. 40 und S. 74.
287 Ritter, Carl: Iranische Welt, Vol. 2, S. 9f.
288 Zu den bereits bekannten Werken, die Ritter des Öfteren herangezogen hat, sind die folgenden hinzuzuzählen: Buckingham, James Silk: Travels in Assyria, Media, and Persia, including a Journey from Bagdad by Mount Zagros, to Hamadan, the Ancient Ecbatana, Researches in Isphahan and the Ruins of Persepolis; etc., London 1829; Dupré, Adrien: Voyage en Perse, fait dans les années 1807, 1808 et 1809, en traversant la Natolie et la Mésopotamie, depuis Constantinople jusqu'à l'extrémité du Golfe

gleich den bisher betrachteten Landesteilen nicht erfolgen. Auch hier musste Ritters Arbeit inselartig bleiben. Konsequent wird sich die Analyse des Textes zur Frage nach den antiken Quellen der „Erdkunde" ebenfalls an dieses Vorgehen halten, wobei nur die bedeutendsten und aussagekräftigsten Abschnitte herangezogen werden.

Zwei dieser Abschnitte wurden bereits genannt. Es sind die Städte Isfahan und Hamadan, deren Darstellungen es im Folgenden zu besprechen gilt. Ganz nach dem mittlerweile wohlbekannten Muster hat Ritter zunächst das fernere Umland einer Betrachtung unterzogen. Dabei ist seine Vorgehensweise dem Leser nach den vorangegangenen Kapiteln durchaus vertraut. Wiederum sind es Reiseberichte und Reiserouten, an die sich der Text der „Erdkunde" hält. So wird zunächst über den südlichen Weg von Schiras, den östlichen Weg von Yazd und auch über einen nördlichen Weg von Teheran aus nach Isfahan berichtet.[289] Diese Wiedergabe der verschiedenen Itineraria verweist naturgemäß ausschließlich auf die Zeitgenossen Ritters, also auf ihre Verfasser. Dementsprechend kann an dieser Stelle direkt auf die Abschnitte der beiden Metropolen eingegangen werden.

Kinneir folgend hat Ritter Isfahan unter 32° 25′ nördlicher Breite und 51° 50′ östlicher Länge verortet.[290] Ein Vergleich mit der Lagebestimmung des Ortes „Aspadana", welcher in Ptolemaios' Werk aufgeführt ist, ergab, dass dieser die antike Vorgängersiedlung der modernen Stadt sein könnte.[291] Hierfür, so gibt es die „Erdkunde" an, würde nicht nur die phonetische Verwandtschaft der beiden Namen sprechen. Verschiedene andere Varianten wie „Sepahan" oder „Spahan" wurden dann von Ritter auf die arabischen Autoren des Mittelalters zurückgeführt.[292] Da bei den klassischen Autoren des Altertums keine Informationen über die Stadt zu finden waren, konnte die Darstellung der Geschichte des Ortes erst mit dem siebten Jahrhundert einsetzen. Ibn Hauqals Schrift darf als grundlegende Quelle angenommen werden. Ihm folgend

Persique, et de la à Irèwand; etc., 2 Vol., Paris 1819; Rich, Claudius James: Narrative of a Residence in Koordistan, and on the Site of Ancient Nineveh; with Journal of a Voyage Down the Tigris to Bagdad and an Account of a Visit to Shirauz and Persepolis, 2 Vol., London 1836. Da die aufgezählten Werke aber für die Bände der „Erdkunde", die sich dem Zweistromland widmen, von erheblich höherer Bedeutung sind, wird an entsprechender Stelle näher darauf einzugehen sein. Neben diesen hat Ritter auch verstärkt auf die bereits zitierten Schriften Ouseleys zurückgegriffen. Für die genannten Autoren siehe Henze, Dietmar: Enzyklopädie der Entdecker und Erforscher der Erde, s. v. „Buckingham, James Silk", „Dupré, Adrien" sowie „Rich, Claudius James".

289 Yazd oder auch Yezd ist eine der ältesten Städte Irans. Sie liegt etwa 250 Kilometer östlich von Isfahan und ist die Hauptstadt der gleichnamigen Provinz. Vgl. Ritter, Carl: Iranische Welt, Vol. 2, S. 14–40; Bosworth, Edmund (Hrsg.): Historic Cities of the Islamic World, s. v. „Yazd". Die „Erdkunde" bespricht Yazd genau wie die zentrale Wüstenregion Irans kaum und beinahe versteckt in einer Anmerkung. Vgl. Ritter, Carl: Iranische Welt, Vol. 1, S. 270–275.

290 Kinneir, John Macdonald: Geographical Memoir of the Persian Empire, S. 174; Ritter, Carl: Iranische Welt, Vol. 2, S. 40f. Bosworth, Edmund (Hrsg.): Historic Cities of the Islamic World, s. v. „Isfahan" sowie Yarshater, Ehsan (Hrsg.): Encyclopaedia Iranica, s. v. „Isfahan".

291 Ptol. 4, 4.

292 Ritter, Carl: Iranische Welt, Vol. 2, S. 41.

beschrieb Ritter die wichtige politische Rolle Isfahans als „Haupt" des Perserreiches sowie eine kulturelle wie wirtschaftliche Blüte.[293] Es ist allerdings hier noch einmal daran zu erinnern, dass gerade diese Quellen nicht allesamt von Ritter direkt benutzt worden sind. Auf den folgenden Seiten seines Werkes werden die Texte nicht konsequent in den Fußnoten ausgewiesen. Ihren Inhalt hat Ritter besonders mit Hilfe der zeitgenössischen Werke rezipiert.[294]

Isfahan und seine Bedeutung wird in der „Erdkunde" in einer Linie mit den bereits besprochenen Königsstädten genannt. Gute, erfrischende Luft sowie für den Ackerbau besonders geeigneter Boden sollen den Wohlstand begünstigt haben. Auch die Bildung und die Tugendhaftigkeit der Bewohner werden ausdrücklich hervorgehoben. Man könnte diese Reihe an positiven Attributen noch um einige mehr erweitern. Entscheidend ist jedoch, dass diese auf einen persischen Gewährsmann des 13. Jahrhunderts zurückgehen. „Zacarya Kazwini", eigentlich Abu Yahya Zakariya ibn Muhammad al-Qazwini (gest. 1283), wurde von Ritter als „Lobredner Isfahans" bezeichnet.[295] Die Schrift des gelehrten Arztes und Geographen gibt zusätzlich zu den genannten Namen der Stadt auch „Nehudia" als Variante an. Ritter hat dies als „Stadt der Juden" übersetzt.[296] Diese Bezeichnung gehe auf ihre Einwohner zurück, die einst Nebukadnezar dort angesiedelt haben soll. Dass Ritter, genau wie seine Quellen, hier das sogenannte Babylonische Exil vor Augen hatte, liegt auf der Hand.[297] Es kann also festgehalten werden, dass die „Erdkunde" auch in diesem Fall versucht hat, die antiken Wurzeln des Ortes zu erschließen, obgleich für diese keine direkten Informationen bei den antiken Autoren zur Verfügung standen. In anderen Worten: Al-Qazwinis Aussagen über die angebliche Gründung der Stadt konnten von Ritter übernommen und diese Informationslücke dementsprechend rückwirkend geschlossen werden.

Ritters Geschichte der Stadt wird mit dem 15. und 16. Jahrhundert erheblich dichter. Berichte über den weiteren Ausbau unter den wechselnden Herrschern wurden aus den Werken von Malcolm, Ker Porter oder Morier bis auf die Gegenwart zusammengefasst.[298]

---

293 Ouseley, William: The Oriental Geography of Ebn Haukal, S. 169. Außerdem zitiert Ritter einen weiteren Text: Vgl. Uylenbroek, Peter: Dissertatio de Ibn Haukalo Geographo et Iracae Persicae Descriptio, S. 6 sowie S. 28–32 (siehe Anmerkungen dort).

294 Neben anderen zeitgenössischen Autoren wurde hier abermals der dritte Band von Ouseleys Werk zitiert. Dieser darf als Ritters Hauptquelle angesehen werden.

295 Ritter, Carl: Iranische Welt, Vol. 2, S. 41ff.; vgl. Yarshater, Ehsan (Hrsg.): Encyclopaedia Iranica, s. v. „Qazvini, Mohammad"; Scott Meisami, Julie/Starkey, Paul (Hrsgg.): The Routledge Encyclopedia of Arabic Literature, s. v. „al-Qazwini, Zakariyya ibn Muhammad". Ritter hat al-Qazwinis sogenannte „Kosmographie" mit Hilfe der Schriften von Ouseley rezipiert. Für die maßgebliche Ausgabe des Originaltextes siehe: Wüstenfeld, Ferdinand: Zakarija Ben Muhammed Ben Mahmud el-Cazwini's Kosmographie, 2 Vol., Göttingen 1848.

296 Ritter, Carl: Iranische Welt, Vol. 2, S. 42.

297 Vgl. Ouseley, William: Travels, Vol. 3, S. 6 sowie Rennell, James: The Geographical System of Herodotus, Vol. 1, S. 534f.

298 Vgl. unter anderem Dupré, Adrien: Voyage en Perse, Vol. 2, S. 120–165; Malcolm, John: History of Persia, Vol. 1, S. 366 und Vol. 2, S. 436 (nach Ritter); Ouseley, William: Travels, Vol. 3, S. 20–71

Die Rolle als Handelsstadt wollte Ritter noch in seiner Zeit festgestellt haben, auch wenn Isfahan seine politische Rolle längst eingebüßt hatte. Karawanenstraßen, die von der Levante bis nach Indien reichten, und weitere Verbindungen bis nach Europa erwähnt die „Erdkunde". Darüber hinaus scheint die Stadt Heimat einiger nicht unbedeutender Industriezweige gewesen zu sein. Allen voran wäre unter ihnen die Baumwollverarbeitung zu nennen.[299]

Auch für Hamadan hat Ritter zunächst das Umland mittels Reiserouten beschrieben, jedoch konnte er diesmal die antiken Autoren Arrian und Polybios zu Wort kommen lassen. Es ist abermals die Episode von Dareios' Verfolgung in Richtung Nordosten, die für diese gebirgige Gegend angeführt wurde. Polybios' Text bietet allerdings noch weitere Informationen: Hamadan scheint ein wichtiger Stützpunkt im Konflikt zwischen Antiochos dem Großen und dem Partherkönig Arsakes II. (reg. um 211–185 v. Chr.) gewesen zu sein.[300] Damit hat Ritter den historischen Kontext eröffnet, noch bevor er auf die Stadt selbst eingegangen ist. Topographische Informationen werden beinahe zur Nebensache. Zwar wird durchaus über bedeutende Phänomene wie den Alvand, ein prominentes Vorgebirge des Zagros südlich von Hamadan, berichtet,[301] dennoch zeigen auch diese Abschnitte historiographischen Charakter. Für den Alvand zitiert die „Erdkunde" Polybios, Ptolemaios und Diodor, wobei die Höhe des Hauptgipfels mit einem Aufstieg von 25 Stadien angegeben wird.[302] Die griechische Bezeichnung „Orontes", welche vielfach überliefert ist, wurde als antiker Name des Gebirges angesehen.

Alle drei griechischen Autoren wurden herangezogen, um zunächst die Bekanntheit dieser Erhebungen zu illustrieren und um zu zeigen, dass sich die Darstellung eben auch hier auf geschichtsträchtigem Boden bewegt. Verschiedene Anekdoten über die Erkundung des Gebietes durch die Zeitgenossen, die vor allem von den Strapazen und den Witterungsbedingungen berichten, lassen Ritters Darstellungen regelrecht abschweifen.[303] Erwähnenswert ist in diesem Zusammenhang lediglich, dass die „Erdkunde" von verschiedenen Stätten von historischer Bedeutung spricht, ohne jedoch genauer auf diese einzugehen. Die Zeitgenossen hatten wohl erst wenige Jahre zuvor verschiedene epigraphische Zeugnisse in der Gegend entdeckt. Aufgrund des Fundkontextes wurde von ihnen eine Kultstätte des Ahura Mazda angenommen. Ritter ist hier Malcolm, Kinneir und Ker Porter gefolgt.[304]

sowie Ker Porter, Robert: Travels, Vol. 1, S. 405–409; Morier, James: Second Journey through Persia, S. 129–145; Ritter, Carl: Iranische Welt, Vol. 2, S. 45–56.

299 Ritter, Carl: Iranische Welt, Vol. 2, S. 55f.

300 Ritter, Carl: Iranische Welt, Vol. 2, S. 75f. Die genannten antiken Autoren werden mehrfach zitiert. Unter anderem: Arr. an. 3, 20; Pol. 10, 28.

301 Ritter, Carl: Iranische Welt, Vol. 2, S. 82–93.

302 Pol. 10, 27f. sowie Ptol. 6, 2 und Diod. 2, 13.

303 Ritter, Carl: Iranische Welt, Vol. 2, S. 83f.

304 Vgl. Kinneir, John Macdonald: Geographical Memoir of the Persian Empire, S. 126; Ker Porter, Robert: Travels, Vol. 2, S. 116ff.; Malcolm, John: History of Persia, Vol. 2, S. 381.

Die Stadt Hamadan selbst wurde von Kinneir drei Meilen entfernt vom Alvand lokalisiert.[305] Dies entspreche, so Ritter, in etwa den zwölf Stadien, die Diodor für die Entfernung des alten Ekbatana zum Gebirge angegeben hat.[306] Die bedeutende Stadt der Antike wurde in der „Erdkunde" bereits zuvor mit der modernen verbunden. Ritter hat dies im Folgenden jedoch ausführlich diskutiert und einen Überblick über den Gang der Forschung in seinen Text aufgenommen. Er weist darauf hin, dass Althistoriker bis hin zu Edward Gibbon und William Jones angenommen hätten, Ekbatana befinde sich weiter nördlich. Eine Lokalisierung in der Umgebung des heutigen Täbris wurde diskutiert. Guillaume de Sainte-Croix und nach ihm James Rennell, der sich ausführlich mit der Geographie Herodots beschäftigt hat, konnten allerdings eindeutig nachweisen, dass dies den verfügbaren Informationen zur antiken Stadt widerspricht. Heute wird Hamadan als die Nachfolgesiedlung Ekbatanas von der Forschung gemeinhin akzeptiert.[307]

Nun hätte sich Ritter mit dieser Feststellung und einem Verweis auf die zeitgenössische Literatur begnügen können. Er hat dies jedoch nicht getan. Stattdessen holt der Text der „Erdkunde" weit aus und bietet eine umfassende Darstellung der Stadtgeschichte von der Gründung bis auf die eigene Zeit. Die Wiedergabe verschiedener Quellen, die der Lokalisierung der alten Stadt dienlich sind, steht dabei am Anfang des Kapitels. Im Zuge dessen hat Ritter nicht nur auf literarische Quellen verwiesen, sondern diese auch mit archäologischen Befunden der jüngeren Zeit verglichen. Letztere konnten dem Werk Moriers entnommen werden.[308] Wie so oft in der Archäologie waren die sichtbaren Stadtmauern beziehungsweise Befestigungsanlagen ein erster Ansatzpunkt. Sie wurden später mit einer „Inneren Feste" beziehungsweise einer Zitadelle gleichgesetzt, die auch literarisch bezeugt ist.

J. Morier, der während seines zweiwöchentlichen Aufenthaltes von der Identität Ekbatanas und Hamadans sich überzeugte, findet einen Hauptgrund dafür in ihrer eigenthümlichen, von allen andern neuern Perserstädten [...] gänzlich verschiedenen, antiken Anlage, indem sie, sagt er, wie Rom oder Constantinopel auf mehrern Hügeln erbaut sei (wie Polybius: Exc. X. 27. [...]). Nämlich an den Abhängen des Orontes, weshalb auch, wie Polybius bemerkte, „der Königspallast unter den Schutz der Burg" zu liegen kommen konnte [...]. Das ergibt sich auch aus Herodots bekannter Beschreibung (I. 98) von der Erbauung des Ortes durch Dejokes, der die Meder, welche bis dahin nur in Gesetzlosigkeit ein Räuberleben in einzelnen Dörfern führten, dazu

305 Bosworth, Edmund (Hrsg.): Historic Cities of the Islamic World, s. v. „Hamadan"; Yarshater, Ehsan (Hrsg.): Encyclopaedia Iranica, s. v. „Hamdan".

306 Kinneir, John Macdonald: Geographical Memoir of the Persian Empire, S. 127; Diod. 10, 72; Ritter, Carl: Iranische Welt, Vol. 2, S. 98f.

307 Stellvertretend sei hier auf die Zusammenfassungen bei Ritter (Iranische Welt, Vol. 2, S. 99) und Rennell (Geographical System of Herodotus, Vol. 1, S. 360) hingewiesen. Ritter hat die Wiedergabe der Forschungsdiskussion mit Bestimmtheit aus Rennells Anmerkungsapparat übernommen.

308 Morier, James: Second Journey through Persia, S. 264–271.

brachte, zuerst an der von ihm bezeichneten Stelle den Pallast zu bauen, wie er sich für einen König geziemte, und durch eine Schutzwache von Lanzenträgern seine Residenz zu sichern.[309]

Diese Beschreibung der Befestigungsanlage bietet noch sehr viel mehr Details, indem Herodots Darstellung recht vollständig exzerpiert wurde. So ist beispielsweise von sieben verschiedenfarbigen Mauerringen die Rede.[310] Ob nun eine oberflächliche Beobachtung zur Anlage einer Stadt ein überzeugendes Argument zu Gunsten einer sicheren Identifikation darstellt, darf einmal außen vor gelassen werden. Jedoch war es die innerste Befestigung oder – in anderen Worten – die hier genannte Burg, welche die Zeitgenossen archäologisch am Hang der Alvand-Ausläufer nachgewiesen wissen wollten. Dasselbe Vorgehen, die Verbindung von Archäologie und historiographischer Überlieferung, hat sich bereits bei mehreren Gelegenheiten im Text der „Erdkunde" gezeigt. Für Ekbatana lässt sich dies vermehrt feststellen. Auf einer vor Ort ausgemachten Freifläche, die als künstlich angelegt und planiert bezeichnet wurde, soll sich einstmals der oben genannte Königspalast befunden haben. Eine Deutung, die von Ritter und den Zeitgenossen gern angenommen wurde – stand doch dieses freie Areal unterhalb der besagten Burg, also in Einklang mit den Quellen.[311]

Hamadans beziehungsweise Ekbatanas Bedeutung für die antike Welt schenkte Ritter besondere Aufmerksamkeit. Hauptsächlich wurde diese durch einen Bericht über die Ereignisse im Kontext des Alexanderzuges illustriert. Nach Dareios' Flucht wurden hier „alle Gelder aus dem besiegten Persien […] [vom Eroberer zusammengehäuft], zu dessen Hut er den Harpalos mit einer Besatzung von 6000 Macedonischen Truppen [zurückließ]."[312] An diesen Bericht Arrians hat Ritter prompt einen weiteren, aus dem Werk des Polybios stammenden angeschlossen. Dieser soll nämlich den ausschlaggebenden Grund liefern, wieso Alexander gerade Ekbatana als Lagerstätte für die anzusammelnden Edelmetalle ausgewählt hat. Polybios' Text spricht davon, dass einzig diese Stadt stark genug befestigt gewesen sei und somit keine andere für die wichtige Aufgabe in Frage kommen konnte.[313] Münzen, die Alexanders Konterfei zieren, soll noch Ker Porter vor Ort aufgefunden haben. Dass die einst so mächtige Befestigungsanlage im frühen 19. Jahrhundert kaum mehr erhalten war, erklärt die „Erdkunde" zum einen mit dem Niedergang der Stadt, hauptsächlich aber damit, dass der bereits mehrfach genannte Aga Muhammad Khan diese niederreißen ließ.[314]

Es ist deutlich geworden, dass Ritters Vorgehen bei dieser hier nur in Ausschnitten zusammengefassten Darstellung der frühen Stadtgeschichte für den Leser durchaus

309 Ritter, Carl: Iranische Welt, Vol. 2, S. 100.
310 Für Herodots Beschreibung siehe Hdt. 1, 96–100; Ritter, Carl: Iranische Welt, Vol. 2, S. 100f.
311 Ritter, Carl: Iranische Welt, Vol. 2, S. 103f.
312 Ritter, Carl: Iranische Welt, Vol. 2, S. 103; Arr. an. 3, 19.
313 Pol. 10, 27; ferner Strab. 15, 3, 19 sowie Plut. Alex. 37f.
314 Ritter, Carl: Iranische Welt, Vol. 2, S. 103 sowie Ker Porter, Robert: Travels, Vol. 2, S. 97–105.

Überzeugungskraft besitzt. Nach bester wissenschaftlicher Arbeitsweise wurden zunächst die verschiedenen zur Verfügung stehenden Quellen dargestellt und übereinstimmend verglichen. Weil sich durch die wiederholte Betrachtung mehrerer zentraler Punkte unter verschiedenen Aspekten – gemeint sind für den konkreten Fall die Burg und der sogenannte Königspalast – ein scheinbar gesichertes Bild von der antiken Stadt ergibt, gewinnt Ritters Text an Anschaulichkeit und die Argumentation an Gewicht. Schließlich scheinen ja auch die Befunde seiner Zeit gut zu den Berichten der antiken Autoren zu passen.

Aus Sicht der modernen Forschung muss erwähnt werden, dass Herodots Darstellung von Ekbatana und auch die Rolle, die er der Stadt bei der Gründung des Mederreiches zuschreibt, als unzuverlässig einzustufen sind. Seine Darstellung der Stadt ist kaum mit den Befunden, wie sie bis heute aufgenommen werden konnten, vereinbar. Vielmehr wird angenommen, dass Herodots Beschreibung etwa vom Athen seiner Zeit beeinflusst wurde – jedenfalls was die Größe der Anlagen betrifft.[315] Dennoch wurde die antike Stadt korrekt lokalisiert. Befunde, die aus anderen Quellen geschöpft werden konnten, lassen die Kritik an der Verwendung des herodoteischen Textes in diesem Fall in den Hintergrund treten. Der Vollständigkeit halber sei jedoch kurz angemerkt, dass gerade für die Gründungszeit der Stadt eine weitere prominente Quelle herangezogen wurde. Die „Erdkunde" verweist für die Geschichte Mediens auf das Alte Testament, genauer gesagt auf die Bücher Judith und Esra, die beide von den Baulichkeiten der Stadt berichten.[316] Insgesamt konnten Ritter und seine Zeitgenossen also von einem durch die literarischen Quellen recht gut abgedeckten Ort berichten. Dass die Informationen, welche die genannten Texte enthalten, auch relativ gut miteinander in Einklang stehen und nicht wie in anderen Fällen Widersprüche zu klären waren, ist in diesem Fall zu betonen.

Die antike Stadtgeschichte, die ihrem Umfang nach hier einmal mehr das Hauptanliegen Ritters gewesen ist, wurde von ihm folgendermaßen abgeschlossen:

> Nach den Zeiten Alexanders und dem Sturze des großen Perserreiches, in welchem diese Medische Capitale noch immer als die ältere Residenz des großen Weltreiches einen sehr großen Ruhm und Glanz genoß, mußte dieser schon mehr durch die erlittenen Plünderungen schwinden und dadurch, daß sie nur mehr und mehr zu einer bloßen Provinzialstadt herabsank. Zwar blieb die Lage, wie Polybius meistentheils von Medien sagt (Lib. V. 44,45), immer dieselbe beherrschende, in der Mitte von Vorder-Asien und so recht zur Feststellung einer Weltherrschaft geeignet; aber nach Alexanders Tode ward die westliche Hälfte von Medien von der östlichen durch Atropates abgerissen (Strabo XI. 523); es entstand erst die früher unbekannte Trennung in ein nordwestliches und südöstliches (occidentalis und

---

315 Yarshater, Ehsan (Hrsg.): Encyclopaedia Iranica, s. v. „Hamadan (Monuments)".
316 Ritter, Carl: Iranische Welt, Vol. 2, S. 104f.; Esra. 6, 2 sowie Tob. 3, 7f. und Jdt. 1–15 (nach Ritter).

orientalis) Medien, das auch Media parva und Media magna genannt ward, und bei den Geographen und Historikern (Polybius, Arrian, Strabo) allerdings nach dem Satrapen den Namen Atropatene erhielt [...].[317]

Wie bei den meisten anderen Städten ist auch dieser Abschnitt davon gekennzeichnet, dass sich die einst bedeutende Metropole im Niedergang befunden haben soll. Genau wie für die zahlreichen anderen Königsstädte waren sich Ritters Zeitgenossen einig, dass Hamadan zu Beginn des 19. Jahrhunderts bestenfalls nur noch ein Schatten Ekbatanas gewesen ist. Der zitierte Abschnitt ist jedoch noch unter weiteren Gesichtspunkten von Interesse. Zum einen wurde von Ritter die vorteilhafte geographische Lage ganz allgemein angesprochen. Ihre Bedeutung in der Mitte Vorderasiens war bereits zuvor mit Blick auf das die Region durchziehende Netz von Handelsstraßen hervorgehoben worden – Verbindungen, die sich für Hamadan genau wie für Isfahan über die Zeiten erhalten hatten. Darüber hinaus gibt der Text einmal mehr Auskunft über Benennungen. Hier wurde zwar nicht onomastisch über den Namen der Stadt berichtet. Allerdings darf stattdessen der Name Atropatene als Beispiel für diesen Forschungs- und Arbeitsbereich der „Erdkunde" herangezogen werden. Beides, der Vermerk der günstigen Lage der Stadt sowie die Informationen zum Namen der Region, geht auf antike Quellen zurück.

Über die Stadtgeschichte bietet die „Erdkunde" freilich weitere Informationen, bis hin zum „gegenwärtigen" Zustand. Das neuere Hamadan – die Eroberung der Stadt im Jahre 641 durch die Araber galt als Zäsur[318] – wurde von Ritter anschließend unter Verwendung der zeitgenössischen Literatur dargestellt.[319] Kinneir berichtete, dass die Stadt etwa 10.000 Häuser umfasste, in denen rund 40.000 Menschen lebten. Als Hauptindustrie galt den Europäern das Lederhandwerk, dessen Produkte überregional gehandelt wurden.[320] In der Nähe einer bedeutenden Moschee – Morier hat diese als Hauptgebäude der Stadt beschrieben – wurde und wird bis heute das vermeintliche Grab der Ester und des Mordechai verehrt.[321] Das Bauwerk soll für die beiden alttestamentlichen Figuren als Mausoleum errichtet worden sein. Allerdings konnten Ritter und seine Zeitgenossen – einmal abgesehen von hebräischen Schriftzeichen – keine überzeugenden Beweise für diese Zuweisung des Gebäudes finden, obgleich hier ausführlich mit den Schriften des Alten Testaments gearbeitet wurde. Die Existenz beider Gestalten jüdischen Glaubens

---

317 Ritter, Carl: Iranische Welt, Vol. 2, S. 112.

318 Die Schlacht von Nahavand, in deren Folge Hamadan in die Hand der Araber fiel, gilt als endgültige Niederlage des Sassanidenreiches. Heute wird allerdings das Jahr 642 angenommen. Vgl. Schlicht, Alfred: Geschichte der arabischen Welt, S. 49 sowie Pourshariati, Parvaneh: Decline and Fall of the Sasanian Empire, S. 240–243.

319 Ritter, Carl: Iranische Welt, Vol. 2, S. 116–128. Seine Darstellung fußt vor allen Dingen auf den bekannten Werken von Malcolm, Dupré, Kinneir, Morier und Ker Porter.

320 Kinneir, John Macdonald: Geographical Memoir of the Persian Empire, S. 127.

321 Morier, James: Second Journey through Persia, S. 265.

und insbesondere die der Königin und Ehefrau Xerxes' I. (um 519–465 v. Chr.) wird von der Forschung heute eher in Abrede gestellt.[322]

Arabische beziehungsweise mittelalterliche und frühneuzeitliche Quellen haben im Weiteren ebenfalls Eingang in den Text gefunden. So war es möglich, nicht nur über die Auswirkungen der Bedrohung durch Tamerlans (1336–1405) zentralasiatische Reiter zu schreiben,[323] sondern beispielsweise auch über das Leben in der Stadt des 14. Jahrhunderts zu berichten. Der Text kommt hier nicht ohne die üblichen Anekdoten oder Kuriositäten aus:

> Abulfeda wiederholt nur, was andere Geographen von derselben Stadt Lobenswerthes gesagt, fügt aber die giftigen Worte eines dort einheimischen, berühmten Dichters hinzu, denen man wol die beleidigte Eitelkeit ansieht, weil dem Propheten in seinem Vaterlande wahrscheinlich wenig Ehre angethan worden. Er sagt: Hamadan ist mein Geburtsort, das einzige weshalb ich sie lobe; die häßlichste der Städte ihrer Art; Ihre Jugend ist verderbt wie das Alter, die Männer sind so thöricht wie die Knaben.[324]

Mit diesen gewissermaßen als Schlussworte anzusehenden Zeilen hat Ritter das Kapitel zur Landschaft Medien abgeschlossen. Hiermit wurde der Kreis zum Elburs-Gebirge und Teheran im Norden geschlossen. Allerdings ist Ritters Betrachtung des iranischen Hochplateaus damit noch nicht zum Ende gekommen. Gegen Westen und Norden hat die „Erdkunde" weitere Räume besprochen, die meistenteils auch heute zum Staatsgebiet der Islamischen Republik Iran gehören. Dass Teile der folgenden Grenzgebiete auch zum modernen Irak, der Türkei oder den Kaukasusstaaten gezählt werden, wird im Folgenden nicht in jedem Fall explizit besprochen. Es sei stattdessen auf die Ausdehnung der jeweiligen historischen Landschaften und auf Ritters Übersichtskarte von Iran oder West-Hochasien verwiesen.[325]

Chusistan und Loristan – Topographie, Hydrogeographie, Archäologie und Historiographie

Chusistan beziehungsweise Chuzestan ist zusammen mit Loristan oder Lorestan die erste Großlandschaft, die Ritter in Angrenzung an das südlicher gelegene Fars bespricht. Die „Erdkunde" geht also in der Darstellung dieser westlichen Landesteile noch einmal weiter in Richtung Süden zurück, um dann an Isfahan und Hamadan vorbei in Richtung

---

322 Bosworth, Edmund (Hrsg.): Historic Cities of the Islamic World, s. v. „Hamadan"; Yarshater, Ehsan (Hrsg.): Encyclopaedia Iranica, s. v. „Hamdan" (auch zum modernen Hamadan) sowie „Esther and Mordechai".
323 Ritter, Carl: Iranische Welt, Vol. 2, S. 122.
324 Ritter, Carl: Iranische Welt, Vol. 2, S. 121.
325 Ritter, Carl/O'Etzel, Franz August (Hrsgg.): Atlas von Asien, dritte Lieferung, „Übersichts-Karte von Iran oder West-Hochasien" (siehe auch S. 172 sowie Nr. 20 online).

Norden fortzuschreiten. Auf Loristan folgen im weiteren Verlauf des Textes Kurdistan und abschließend Aserbaidschan. Aus heutiger Sicht ist besonders die Auffassung von der Ausdehnung Kurdistans bemerkenswert. Es ist klar, dass alle genannten Landschaften keine politischen Gebilde im engeren Sinne waren. Heute stimmt die geographische Verortung, wie sie die Forschung und Karten des 19. Jahrhunderts vorgenommen haben, bestenfalls noch mit Provinzen oder Verwaltungseinheiten der verschiedenen Länder überein. Gilt selbst dies für das iranische Loristan nur bedingt, so fällt für Kurdistan auf, dass Ritter und seine Zeitgenossen eine ganz enorme Fläche unter dem Namen zusammengefasst haben. Diese reichte im Grunde vom Südwesten des Urmia-Sees hinunter bis westlich von Hamadan. Zusätzlich wurde der Tigris-Lauf als Grenze angesehen. Genau genommen existiert ein anerkannter kurdischer Staat bis heute nicht. Allerdings hat es auch in den letzten Jahren nicht an Versuchen gemangelt, einen solchen zu gründen. Nun bleibt die Auffassung Ritters und seiner Kollegen von der Ausdehnung Kurdistans weit hinter den Maximalansprüchen kurdischer Nationalisten zurück. Allerdings deckt sie sich mit den immer wieder festgestellten Siedlungsgebieten kurdischer Bevölkerungsteile. Dass dieses ethnisch definierte Gebiet einem Faktor gerecht wird, der nicht nur in dieser Region den existierenden Grenzen der Staaten völlig zuwiderläuft, kann bei näherer Betrachtung und Blick auf die oftmals dunkel und unverständlich anmutenden Konflikte der letzten Jahrzehnte erhellend wirken.[326]

Die „Erdkunde" präsentiert die oben genannten Landschaften ihrem methodischen Vorgehen nach analog zueinander. Die Art und Weise ist dem Leser schon einmal begegnet. Genau wie für den Ostrand Irans hat Ritter auch für den westlichen Teil die Flüsse als strukturierende Naturphänomene betrachtet und sie seinem Text zugrunde gelegt. In dieses Netz von größeren und kleineren Gewässern, über das die Zeitgenossen im Ganzen gut informiert gewesen sind, hat Ritter dann Kapitel zu den bedeutenden Orten und Stätten eingeflochten. Eine umfassende Wiedergabe der Hydrographie erscheint für die Frage nach Ritters Quellen ebenso unzweckmäßig wie ein lückenloses Referat sämtlicher Stätten. Stattdessen werden diese in groben Zügen besprochen und zusammengefasst, lediglich begründete Einzelfälle sollen im Folgenden ausführlich besprochen werden.

Der erste bedeutende Flusslauf ist der Karun, der das Kapitel zum südlichen Loristan bestimmt.[327] Sein Quellgebiet konnte mit neun Stunden oder 22 Meilen südwestlich von Isfahan angegeben werden.[328] Aus dem Bericht Kinneirs konnte Ritter erfahren, dass der Strom, der zu den größten Irans zählt, bei seinem Weg aus dem Zagros-Gebirge gen Westen zahlreiche Zuflüsse in sich aufnimmt.[329] Die wichtigsten, wie der von Norden kommende Dez, den Ritter nach der dort liegenden Stadt Dezful nannte, konnten

326 Vgl. Strohmeier, Martin/Yalçın-Heckmann, Lale: Die Kurden, S. 20ff.
327 Tietze, Wolf (Hrsg.): Westermann Lexikon der Geographie, s. v. „Karun"; Yarshater, Ehsan (Hrsg.): Encyclopaedia Iranica, s. v. „Karun River".
328 Ritter, Carl: Iranische Welt, Vol. 2, S. 162f.
329 Kinneir, John Macdonald: Geographical Memoir of the Persian Empire, S. 87–88.

identifiziert werden.[330] Auch von hydrographisch unbedeutenden Gewässern wie dem sogenannten „Shapur-Fluss", der dem Schaur entsprechen dürfte, war es möglich zu berichten. Dies dürfte allerdings nur deswegen der Fall gewesen sein, weil sich an dessen Ufer die Ruinen der antiken Königsstadt Susa befinden. Anders liegen die Dinge jenseits dieser Fixpunkte. Die Vermessung des Landes war hier weniger fortgeschritten, sodass exakte Angaben nicht gemacht werden konnten. Bekannt war kaum mehr, als dass der Karun Schuschtar am Rande des Zagros-Gebirges passiert, bevor sein Lauf die moderne Millionenstadt Ahvaz erreicht, um sich schließlich bei Chorramschahr mit den Wassern von Euphrat und Tigris zu vereinigen.[331]

Vor allem die Schiffbarkeit des teilweise über 300 Schritt breiten Stromes scheint Ritter genau wie seiner Quelle imponiert zu haben. So erwähnt die „Erdkunde" zahlreiche Kanäle, die in der Gegend seines Oberlaufes von alters her angelegt wurden, aber nur noch teilweise funktionstüchtig waren.[332] Jedoch wird der Text erst mit dem Ausgang des Flusses aus dem Gebirge dichter und detaillierter. Für dieses Gebiet, das Ritter nach der alten Stadt Susiana nannte, konnten dann Informationen zum Klima geboten werden, das nach Strabon als vorteilhaft beschrieben wurde. Damals wie auch in nachfolgender Zeit soll die Gegend ausgesprochen fruchtbar und vor allem reich an Getreide gewesen sein.[333] Hierfür weist die „Erdkunde" auch weitere Quellen aus.

Ritter hat Schuschtar als erste Stadt von Bedeutung ausführlicher betrachtet.[334] Nach Angaben zu ihrer Lage finden sich einige Auskünfte zu ihrer Größe und erwartungsgemäß Aussagen über die Einwohner. In der Hauptstadt der Region sollen nach Kinneir rund 15.000 Menschen gelebt haben und vor allem die Baumwollverarbeitung von entscheidender Bedeutung gewesen.[335] Über den Ursprung der Stadt konnte Ritter ebenfalls manches aus dem Werk des Engländers übernehmen. Entgegen einigen Zeitgenossen war dieser nicht der Meinung, dass man Schuschtar, dessen Kurzform mit Sus wiedergegeben wurde, ohne Weiteres mit der angesprochenen Königsstadt Susa gleichsetzen konnte. Stattdessen handele es sich hier um eine weitere Gründung Schapurs I. Außerdem sei auch diese Stadt zur Reihe jener hinzuzufügen, deren Ursprung im Kontext der Niederlage des Valerian zu suchen sei.[336] Auch Schuschtar, so Kinneir weiter, sei von gefangen genommenen römischen Baumeistern erbaut worden. Allerdings – und dies habe diese Stadt den anderen voraus – sei hier das Haus, in dem der verschleppte Kaiser gewohnt habe, zumindest teilweise noch zu sehen. Darüber hinaus sollen sich dort ein

330 Yarshater, Ehsan (Hrsg.): Encyclopaedia Iranica, s. v. „Dezful" sowie „Ab-e Dez" (Fluss).

331 Ritter, Carl: Iranische Welt, Vol. 2, S. 162–167 und S. 177–193.

332 Ritter, Carl: Iranische Welt, Vol. 2, S. 163f.; Kinneir, John Macdonald: Geographical Memoir of the Persian Empire, S. 87–88.

333 Strab. 15, 3, 4–8.

334 Bearman, Peri u. a. (Hrsgg.): Encyclopaedia of Islam, New Edition, s. v. „Shushtar".

335 Kinneir, John Macdonald: Geographical Memoir of the Persian Empire, S. 92–97.

336 Zur Gefangennahme Valerians sowie zur Aktivität römischer Baumeister im Perserreich siehe Glas, Toni: Valerian, S. 181–186 sowie Eich, Armin: Die Römische Kaiserzeit, S. 260f.

Kastell sowie eine Brücke nach römischer Bauart befunden haben. Tatsächlich wurde letztere zweifelsfrei bis heute identifiziert und scheint durchaus in diesen historischen Kontext zu gehören. Für den Aufenthalt des Kaisers bleiben allerdings schon Ritter und Kinneir Beweise schuldig. Neben verschiedenen Wasserbauten, über deren Ursprünge in vermutlich sassanidischer Zeit nur dürftige Überlegungen angestellt werden konnten, ist die weitere Darstellung der Stadt überhaupt relativ stark von Spekulationen geprägt. Obwohl die arabischen Schriften, auf die Ritter des Weiteren verwiesen hat, die Stadt in verschiedenen Kontexten erwähnen – beispielsweise sollen sich dort einst die Gebeine des Propheten Daniel befunden haben –, konnten keine handfesten Aussagen getroffen werden. Auch Überlegungen, ob der ansonsten unbekannte Ort Sele oder Sela, den sowohl Ptolemaios als auch Ammianus Marcellinus kennen, mit Schuschtar gleichzusetzen sei, konnten von Ritter nicht mit Bestimmtheit zum Ende gebracht werden.[337]

Nicht anders lagen die Dinge für eine Darstellung der Stadt Dezful.[338] Auch sie, so erwähnt Ritter, soll nach Meinung ihrer Besucher zu den ältesten der Region gehören, also wenigstens in die sassanidische Zeit zurückgehen. Überzeugende Nachweise konnten jedoch auch hier nicht gefunden werden. Römische Bauwerke, wie etwa mehrere Brücken, die heute noch eine Besonderheit des Ortes sind, werden in der „Erdkunde" nicht erwähnt. Allerdings wurde versucht, auf die Etymologie des Namens „Diz", der soviel wie Brücke, Fort oder Felswand bedeuten könnte, einzugehen. Ritter war jedoch der Meinung, dass es sich dabei um eine moderne Namensgebung handelte. Gegenüber Rekonstruktionsversuchen der antiken oder mittelalterlichen Benennung ist Ritter bemerkenswerterweise auf Distanz geblieben. Weil sich für die anderen Orte am oberen und mittleren Flusslauf des Karun eine ähnliche Zurückhaltung feststellen lässt, ist hierfür eine Erklärung nötig. Diese Beobachtung steht ja im Gegensatz zum bisher gewonnenen Bild, wonach die „Erdkunde" gerade dieser spezifischen historischen Komponente einen so großen Stellenwert innerhalb der Kapitel zu Städten beigemessen hat. Es wäre jedoch zu voreilig, Ritter nun ein anderes Vorgehen unterstellen zu wollen oder davon auszugehen, dass die Historiographie jetzt und im Weiteren eine weniger wichtige Rolle gespielt habe. Für den Moment kann der Befund lediglich dahingehend interpretiert werden, dass die von den Zeitgenossen angestellten Spekulationen eben nur dies und nichts weiter waren. Ritter muss sich dessen wohl bewusst gewesen sein.

Auch die moderne Großstadt Ahvaz wird neben kleineren Orten von der „Erdkunde" mit fortschreitender Beschreibung des Karun besprochen. Nach ihrer geographischen Verortung hat Ritter die Stadt folgendermaßen charakterisiert: „Die moderne Stadt Ahwaz nimmt nur einen kleinen Raum der alten Stadt ein, am Ostufer des [Karun], einsam gelegen, elend gegen die immense Ruinenmasse, die sich hinter ihr wild erhebt."[339] Einzig die Moschee sei ein ansehnliches Gebäude an diesem Ort, der nur einige hundert,

---

337 Ritter, Carl: Iranische Welt, Vol. 2, S. 191; Ptol. 6, 3; Amm. 23, 6, 26.
338 Ritter, Carl: Iranische Welt, Vol. 2, S. 193–196.
339 Ritter, Carl: Iranische Welt, Vol. 2, S. 221. Ritter nennt den Fluss mitunter „Kuran".

maximal bis zu 1.600 Einwohner umfasse. Und auch wenn die Gebäude in Steinbau-weise errichtet seien, so seien diese doch nur aus den Ruinen gebrochen worden. Ritters Darstellung konnte hier auf die Berichte zweier Zeitgenossen zurückgreifen. Zum einen war es der schon vielfach zitierte Kinneir, der die Stadt besucht hatte.[340] Zum anderen hatte Leutnant Robert Mignan (gest. 1852), ein britischer Offizier, Ahvaz erst 1826 besucht und einen sehr detaillierten Bericht veröffentlicht.[341] Diesen hat Ritter demjenigen Kinneirs vorgezogen. Dass die Stadt für Ritter und die beiden Briten nicht viel mehr als nur ein weiteres Beispiel für die schier endlos anmutende Reihe iranischer Städte war, die dem Glanz ihrer Vergangenheit gegenüber verblasst waren, zeigt sich auch hier auf den ersten Blick. Eine frühere Blüte der Stadt wurde von Ritter zeitlich erst einmal nicht genauer bestimmt. Stattdessen bietet der Text der „Erdkunde" einen Überblick über das Umland sowie über einige bemerkenswerte Ruinen an und auf den angrenzenden Hügeln.[342]

Die Geschichte der Stadt erzählt Ritter nun eigentümlicherweise rückwärts gerich-tet. An die Befunde der eigenen Zeit wurden die Berichte der Autoren des Mittelalters gereiht. Sowohl Ibn Hauqal als auch Abu l-Fida haben über den Ort berichtet. Mit Hilfe der Schrift eines weiteren muslimischen Gelehrten, Muhammad al-Idrisi, konnte dann auch die zuvor genannte Blütezeit der Stadt bestimmt werden. Al-Idrisi hat Ah-vaz als „Capitale von Chusistan", volksreich, in schönster Umgebung vieler abhängiger Ortschaften und voll großer aneinanderhängender Gebäude beschrieben.[343] Der Ruhm vergangener Zeiten, den die Stadt in den arabischen Quellen offensichtlich genießt, gründe sich jedoch nicht nur auf dort abgewickelten Handel und die Verarbeitung von Zuckerrohr, von dem in anderem Zusammenhang noch ausgiebig zu berichten sein wird. Nicht wenige Gelehrte der Literaturgeschichte, die sich durch den Beinamen „Ahvazi" auszeichneten, seien zusammen mit Theologen und Philosophen berühmte Söhne der Stadt gewesen.[344]

Der modernen Forschung sind für Ahvaz verschiedene Namen aus unterschiedlichen Zeiten bekannt.[345] Ritter hat diese untersucht und versucht den jeweiligen historischen Kontext zu beleuchten. So meine beispielsweise die Bezeichnung „Suk al Ahwaz" Abu l-Fida zufolge einen neueren Marktort. Ibn Hauqal hat dagegen angegeben, dass der Name einst „Hormuz Shehr" gewesen sei.[346] Ritter interpretiert diesen als persisch, was dann auf

340 Kinneir, John Macdonald: Geographical Memoir of the Persian Empire, S. 89f.

341 Mignan, Robert: Some Account of the Ruins of Ahwuz, with Notes by Captain Robert Taylor, Re-sident at Bussorah, in: Transactions of the Royal Asiatic Society of Great Britain and Ireland, Vol. 2 (1830), S. 203–212.

342 Ritter, Carl: Iranische Welt, Vol. 2, S. 223f.

343 Ritter, Carl: Iranische Welt, Vol. 2, S. 226f.; Jaubert, Pierre: Géographie d'Édrisi, Vol. 1, S. 378–385.

344 Ritter, Carl: Iranische Welt, Vol. 2, S. 229.

345 Yarshater, Ehsan (Hrsg.): Encyclopaedia Iranica, s. v. „Ahvaz"; Tietze, Wolf (Hrsg.): Westermann Le-xikon der Geographie, s. v. „Ahvaz".

346 Ouseley, William: The Oriental Geography of Ebn Haukal, S. 72 und S. 80. Für Abu l-Fida zitiert Rit-

eine sassanidische Geschichte in vorislamischer Zeit hindeute.[347] Demnach wäre von einer Stadt an der persischen Königsstraße zwischen Susa und Persepolis auszugehen. Diese Annahme konnte Ritter zwar nicht durch handfeste Quellenbelege stützen. Allerdings wurde sie durch nachfolgende Forschungsarbeiten bestätigt.

Damit befindet sich die Historiographie der Stadt noch nicht an ihrem Ende – oder besser gesagt an ihrem Anfang. Den Karun bezeichnet die „Erdkunde" als Pasitigris – zumindest für den unteren Lauf des Flusses.[348] Diese gemeinhin akzeptierte Identifikation des vielfach überlieferten Flussnamens hat Ritter noch einmal auf die Geschichte des Alexanderzuges, wie sie Arrian überliefert hat, blicken lassen. Damit hat die „Erdkunde" im wahrsten Sinne des Wortes die „Alte Geschichte" der Stadt erreicht und der Historiographie Genüge getan. Konsequent findet sich dieser Verweis auch am Ende des Abschnittes zu Ahvaz:

> Es ist wahrscheinlich, daß in der Gegend von Ahwaz einst der Gau Aginis lag (500 Stadien fern von Susa), wo Nearches Flotte bei der Rückkehr vom Indus halt machte, als sie aus der Limne, oder dem See, der an der Mündung des Tigris lag, in den Pasitigris einschiffen wollte (Arriani Hist. Indic. c. 42). Dieser Pasitigris war hier also der untere [Karun], den die Flotte aufwärts schiffen mußte, um Alexander auf seinem Marsche mit dem Landheere von Persepolis nach Susa zu treffen, was also […] bei Shuster auf der großen, auch noch heute begangenen Hauptquerstraße von Ost nach West statt gefunden haben wird. Dies würde das älteste Vorkommen der Erwähnung dieses merkwürdigen Ortes sein.[349]

Über den unteren Lauf des Karun konnte Ritter nur sehr wenige Aussagen treffen. Zuverlässige und ausführliche Berichte haben ihm hierfür nicht zur Verfügung gestanden. Daher gibt der Text der „Erdkunde" auch nur einige Stationen an, die vom Fluss passiert werden. Schließlich wurde jedoch die Einmündung in den Schatt al-Arab beziehungsweise Arvandrud, also in jenen Strom, der die vereinigten Wasser von Euphrat und Tigris zum Persischen Golf überleitet, erwähnt. Bemerkenswert ist jedoch, dass Ritter noch einmal ein Stück Richtung flussaufwärts zurückgekehrt ist. Der bereits erwähnte „Shapur-Fluss" wurde noch einmal einer genaueren Betrachtung unterzogen. Allerdings konnte diese auch nur unbefriedigend ausfallen. Weder die Quelle noch die Mündung des kleineren, hinsichtlich der Hydrographie der Region eher unbedeutenden Flusses waren den Zeitgenossen bekannt. Verschiedene Varianten sind daher von Ritter

ter den Text von Johann Jakob Reiske („Abilfedae Tabvlarvm Geographicarvm"). Vgl. Büsching, Anton (Hrsg.): Magazin für die neue Historie und Geographie, Vol. 4, S. 171 sowie S. 247–251.

347 Ritter, Carl: Iranische Welt, Vol. 2, S. 226.

348 Siehe später bei Ritter, Carl: Iranische Welt, Vol. 2, S. 291–294.

349 Ritter, Carl: Iranische Welt, Vol. 2, S. 229.

verzeichnet worden.[350] Die Quelle konnte in der Nähe des Dez-Ursprungs treffend vermutet werden. Ob nun jedoch der „Shapur-Fluss" in eines der größeren Gewässer in seiner Umgebung mündet oder schlichtweg in einem Sumpf vergeht, konnte Ritter nicht entscheiden.

Die „Erdkunde" berichtet über dieses relativ unbekannte Gewässer aus einem ganz besonderen Grund. Hier, im Gebiet zwischen den Flüssen Dez und Karche, haben die Zeitgenossen das berühmte und sagenumwobene Susa verortet.[351] Die alte persische Stadt bestand zu Beginn des 18. Jahrhunderts aus einem unübersehbaren Ruinenfeld, das kaum erschlossen war.[352] Über die genaue Lokalisierung und Identifizierung der Stadt waren sich Ritters Quellen – darunter nun nicht länger nur die britischen Orientreisenden, sondern auch Historiker wie Konrad Mannert – keinesfalls einig. Noch immer wurde die Meinung vertreten, dass Schuschtar die Nachfolgerin der antiken Königsresidenz sei.[353] Unter den Gelehrten herrschte jedoch zumindest der Konsens, dass sich das alte Susa in dieser Region befunden haben muss. Ritters Text beschreibt das Areal als von Schutthügeln übersät und nennt zahlreiche Tumuli, die immer weiter aus den eigentlichen Ruinen herausragten. Letztere wurden als stark verwittert beschrieben, was letztlich darauf zurückgeführt wurde, dass es sich hierbei hauptsächlich um Lehmziegel und tönerne Bruchstücke handelte. Die „Erdkunde" berichtet weiter, dass es sich gemäß der Erfahrungen, welche die Reisenden vor Ort gemacht hatten, bei diesem Teil Susianas um eine der unwirtlichsten Gegenden Vorderasiens handle. Dies liege, so Ritter, allerdings nicht an den naturräumlichen Faktoren. Die Ebene, in der sich das Ruinenfeld und sein Umland befindet, sei hauptsächlich fruchtbares Schwemmland und für den landwirtschaftlichen Betrieb besonders gut geeignet. Eine Erforschung des Areals sei aber wegen der ständigen und lebensgefährlichen Bedrohung durch umherstreifende Banditen unmöglich.[354]

Einige der prominenteren Ruinen konnte Ritter explizit beschreiben oder zumindest erwähnen. Die „Burg von Sus", nach Ritter auf dem Plateau einer steilen Erhebung gelegen, wurde vorsichtig als Königspalast interpretiert.[355] Andere Stätten wurden lediglich beschrieben und dabei vermerkt, dass sich zahlreiche Spolien mit Keilinschriften an verschiedenen Stellen finden ließen. Exakte und vor allem belastbare Befunde konnten nicht gestellt werden. Konsequent ist Ritter relativ schnell zur Beschreibung eines anderen Platzes übergegangen. Das Grab des Propheten Daniel wurde wohl spätestens seit dem frühen Mittelalter an diesem Ort verehrt, wobei weitere Städte einen solchen Anspruch

350 Ritter, Carl: Iranische Welt, Vol. 2, S. 291ff.

351 Yarshater, Ehsan (Hrsg.): Encyclopaedia Iranica, s. v. „Ab-e Dez" sowie „Karkeh River".

352 Wiesehöfer, Josef: Das antike Persien, S. 49–53; Yarshater, Ehsan (Hrsg.): Encyclopaedia Iranica, s. v. „Susa".

353 Ritter, Carl: Iranische Welt, Vol. 2, S. 303f. Die Diskussion um die Zuordnung der Stadt hat George Long für die Zeitgenossen zusammengefasst. Long, George: On the Site of Susa, in: The Journal of the Royal Geographical Society of London, Vol. 3 (1833), S. 257–267.

354 Ritter, Carl: Iranische Welt, Vol. 2, S. 297 sowie S. 302.

355 Kinneir, John Macdonald: Geographical Memoir of the Persian Empire, S. 457–459; Ker Porter, Robert: Travels, Vol. 2, S. 411–421; Ritter, Carl: Iranische Welt, Vol. 2, S. 296f.

erhoben. Das heute noch sichtbare, und teilweise von Ritter beschriebene prachtvolle Bauwerk ist freilich erst später entstanden.[356]

Vor allem die zuvor erwähnte Bausubstanz war für Ritter bereits ein erster Anlass gewesen, die Stadtgeschichte nach ihrer Überlieferung durch die literarischen Quellen einer Betrachtung zu unterziehen. Den Auftakt bildete für ihn der Text Strabons, der unter anderem Informationen über die gebrannten Ziegel liefert, aus denen die Stadt mehrheitlich bestanden haben soll.[357] Allerdings hat Ritter auch auf den mangelhaften Kenntnisstand der antiken Autoren zu Susa hingewiesen. Genau wie Herodot haben weder Diodor noch Strabon oder Arrian selbst Susa betreten. Auch sie konnten für ihre Schriften nur aus anderen schöpfen.[358] Diese ungünstige Situation, die ein gezieltes Besprechen einzelner Elemente der Stadt ungleich erschwerte, war dann wohl auch der Grund, warum die „Erdkunde" im Folgenden wiederum eher um die Stadtgeschichte bemüht war. Für sie hat Ritter die Quellen dann in ihrer ganzen zur Verfügung stehenden Breite herangezogen. Sein Text weist neben den oben genannten Autoren auch Plinius, Flavius Josephus, verschiedene Bücher des Alten Testaments sowie Ptolemaios und Polybios als Gewährsmänner aus.[359] Auch wenn das Vorgehen hier unsystematisch erscheint, lässt sich feststellen, dass Ritter dem mittlerweile vertrauten Muster gefolgt ist. So war es dennoch sein Bestreben, die Stadtgeschichte von ihren Ursprüngen über den vermeintlichen Aufenthalt Daniels bis zu ihrer Rolle unter den persischen Königen darzustellen. Natürlich wurden auch Informationen zur Eroberung durch Alexander angegeben.[360] Die einzelnen Episoden können an dieser Stelle, schon ihrem Umfang nach, nicht ausführlich wiedergegeben werden – nicht zuletzt weil Ritters Darstellung letztlich einer völlig anderen Frage, nämlich der Schiffbarkeit der örtlichen Gewässer und einer Zusammenfassung der topographischen Beschaffenheit des Umlandes, nachgeht. Für die Untersuchung von Ritters Quellenarbeit ist eine solche freilich unerheblich, da Ritters Vorgehen und der Gebrauch seiner Quellen in jeder Hinsicht mit den bereits gestellten Befunden zu Persepolis oder Ekbatana übereinstimmen.

Den Weg der „Erdkunde" in Richtung Nordwesten hat Ritter mit der Beschreibung des bereits erwähnten Karche fortgesetzt. Das Stufenland, das der Fluss durchschneidet, darf ebenfalls Loristan zugerechnet werden und ist sicherlich nicht weniger geschichtsträchtig als die zuvor besprochene Susiana. Der Strom war bereits den antiken Autoren bekannt und laut Ritter unter dem Namen Choaspes geläufig.[361] Umso bemerkenswerter ist es, dass man zu Beginn des 19. Jahrhunderts kaum über das Einzugsgebiet des Karche

---

356 Ritter, Carl: Iranische Welt, Vol. 2, S. 303ff.

357 Strab. 15, 3, 2.

358 Ritter, Carl: Iranische Welt, Vol. 2, S. 304; Arr. an. 3, 16; Hdt. 4, 87 und 5, 49–54.

359 U. a. Plin. nat. 6, 31; Ios. ant. Iud. 12, 9; Ptol. 8, 21, 5; Ritters Verweis auf Polybios' 31. Buch erscheint fragwürdig. Zur Auskunft über ein lokales Heiligtum wird 2. Makk. 1, 13–16 zitiert. Vgl. Ritter, Carl: Iranische Welt, Vol. 2, S. 312ff.

360 Ritter, Carl: Iranische Welt, Vol. 2, S. 308–320.

361 Yarshater, Ehsan (Hrsg.): Encyclopaedia Iranica, s. v. „Choaspes"; Ritter, Carl: Iranische Welt, Vol. 2, S. 323–329.

unterrichtet war. Die „Erdkunde" selbst spricht von „ganz falschen hydrographische[n] Beschreibung[en]"[362], die auch zu hypothetischen Ergänzungen auf verschiedenen Landkarten geführt hätten. Erst Alexander Burnes' Berichte und seine Landkarte von Zentralasien habe diese berichtigen können.[363]

Den Verlauf des Stromes beschreibt die „Erdkunde" nach der mittlerweile vertraut gewordenen Gliederung, aufgeteilt in Ober-, Mittel- und Unterlauf. Die wechselhafte Fließrichtung in den Schluchten des Zagros-Gebirges wurde dabei ebenso wie die wichtigsten Städte erwähnt, wobei genauere geographische Lagebestimmungen nicht ausgemacht werden konnten. Der Verwirrung, die die Nähe zum Fluss Dez vielfach unter den Zeitgenossen bewirkt hat, ist Ritter nicht erlegen. Allerdings konnte auch er über die vermeintliche Mündung des Wassers in den Tigris – oder in den Schatt al-Arab – nur wenig Überprüfbares feststellen.[364] Zwar sind die Aussagen Ritters für sich genommen eindeutig, dennoch kaum zu verifizieren. Hauptsächlich ist dies den topographischen Veränderungen vor Ort sowie zahlreichen Brüchen in der Namenstradition geschuldet. Klar ist, dass die Einmündung des Karche wohl höchstens in Form eines angelegten Kanals bestanden haben dürfte. Die Wasser verlieren sich heute in den ausgedehnten Sümpfen der Region und erreichen selten den Tigris.

Weniger als die zuvor noch angemahnte zuverlässige und spezielle Beschreibung des Flusslaufes lag Ritters Augenmerk in bewährter Manier auf der gesamten Flussregion, genauer gesagt auf dem Umland, den Städten und Passagen, die das gebirgige Land durchziehen. Dass seine Darstellung auch hier neben den zeitgenössischen Quellen einmal mehr nicht ohne die Episoden griechisch-römischer Geschichte auskommt, sei an einigen Beispielen illustriert.

Der Zug Alexanders nach Ekbatana durch das Zagros-Gebirge lieferte den Gelehrten des 19. Jahrhunderts auch für diesen Teil Vorderasiens wiederum wertvolle Informationen. Das makedonisch-griechische Heer war 330 v. Chr. durch diese Landschaft gezogen. Der Bericht Diodors weist mehrere Heerstraßen aus, die von den britischen Forschern vor Ort offenbar identifiziert werden konnten.[365] Für Ritter war dies der ideale Zustand, um mit Hilfe beider Quellen Aussagen über die Zustände vor Ort treffen zu können.[366] Der Umstand, dass auch Strabons Geographie von mehreren Hauptstraßen berichtet hat, ist

---

362 Ritter, Carl: Iranische Welt, Vol. 2, S. 323.

363 Burnes, Alexander: Central Asia. Comprising Bokhara, Cabool, Persia, the River Indus, & Countries Eastward of it (siehe auch S. 130 sowie Nr. 18 online).

364 Ritter, Carl: Iranische Welt, Vol. 2, S. 327f.

365 Die „Erdkunde" verweist auf Diodor (2, 13; 17, 64; 17, 80) und auch auf Strabon (15, 3, 9; 15, 3, 23); vgl. Ritter, Carl: Iranische Welt, Vol. 2, S. 329–338. Er zitiert wie schon zuvor, jedoch hier exklusiv, einen Bericht von Sir Henry Creswicke Rawlinson (1810–1895). Dieser wurde 1839 im Journal der Royal Geographical Society (Vol. 9) unter dem Titel „Notes on a March from Zoháb. At the Foot of Zagros, along the Mountains to Khuzistan (Susiana), and from thence through the Province of Luristan to Kirmanshah, in the Year 1836" veröffentlicht.

366 Ritter, Carl: Iranische Welt, Vol. 2, S. 329.

sicherlich der Grund für das starke Übergewicht der antiken Quellen. Tatsächlich wird die Darstellung des gesamten Areals unter dem Gesichtspunkt der Verbindungen maßgeblich durch diese Texte bestimmt. Dabei geht die „Erdkunde" mitunter sehr speziell vor. Von allgemein bekannten Anknüpfungspunkten kann hier kaum mehr die Rede sein:

> Die andere Route, durch das Land der Kossäer, […] war es, welche nach Diodor's Berichte von Antigonus, trotz ihrer großen Schwierigkeit, die diesem Feldherrn nicht so ganz bekannt gewesen zu sein scheint, gewählt ward. Antigonus wollte sie von Badaka ausgehend erzwingen, und ließ deshalb durch einen Vortrab unter Nearchs Commando die Pässe besetzen, indeß er selbst mit dem großen Heere nachrückte. Aber bei den wichtigsten Pässen gewannen die Kossäer die Vorhand, so dass die Truppen durch diese Barbaren die größten Verluste erlitten. […][367]
>
> Badakas Lage giebt Diodor zwar am Euläus an, da aber Eumenes von Osten, aus Susiana, kommend, des Antigonus Truppen über den Pasitigris, also auf dessen Westufer, hinüber jagte, so muß unter diesem Namen wirklich der Choaspes (nämlich der Kerkha, den Diodor in Alexanders Marschberichte schon einmal irrig Tigris genannt hatte), oder doch einer seiner Nachbarströme oder Zuflüsse zu verstehen sein, an welchem der Ort Badaka ein Asyl und Sammelplatz für das geschlagne Heer gegen den damaligen Sieger in Susiana am Pasitigris abgeben konnte. Dessen Lage ist sonst nicht bekannt […].[368]

Die Marschroute der antiken Gestalten wurde von Ritter, genau wie von den Zeitgenossen, getreu dem bekannten Muster aufgegriffen und verortet. Es bedarf an dieser Stelle keiner ausführlichen Interpretation der Passage als ganzer oder ihrer Details. Festzuhalten gilt es lediglich, dass die „Erdkunde" neben den sicherlich dominierenden Quellen zum Alexanderzug bei Bedarf auch auf andere prominente historische Figuren zurückgegriffen hat – selbst wenn diese Ereignisse dem Leserkreis sicherlich weniger geläufig gewesen sein dürften. Der hier angeführte Abschnitt zu Antigonos I. (um 382–301 v. Chr.), einem der wichtigsten Diadochen nach Alexanders Tod, belegt dies. Indem die erwähnten Gebirgsstraßen auf diese Art beschrieben und illustriert werden, entsteht zwar in gewisser Weise eine Art Itinerar der Region, jedoch wird dieses ausnahmslos für eine Darstellung der Geschichte des Zagros-Gebirges genutzt.[369] Die Beschreibung der Landschaft ist dabei eher in den Hintergrund gerückt und reicht über wenige allgemeine Informationen nicht hinaus.

---

367 Ritter, Carl: Iranische Welt, Vol. 2, S. 333.

368 Ritter, Carl: Iranische Welt, Vol. 2, S. 334.

369 Zwar finden sich in den weiteren Kapiteln verschiedene Zusammenstellungen zeitgenössischer Reiserouten, die mit den bisher angeführten vergleichbar sind, jedoch steht dies dem oben gestellten Befund nicht entgegen. Die enthaltenen Beschreibungen der Landschaft und Topographie sind freilich umfangreicher.

Mit dem Lauf des Karche hat Ritter ein weiteres Stück des iranischen Westens behandelt. Die weiteren Etappen auf seinem Weg in Richtung Norden wurden nicht anders als die bisher betrachteten durch Gewässer, in der Regel Flusssysteme, bestimmt. So diente Ritter der Diyala (bzw. Sirvan) neben den beiden Zab-Flüssen als Element zur Strukturentwicklung seiner Zusammenstellungen bis hin zum Quellgebiet des Tigris.[370] Diesen Weg durch die historische Landschaft Kurdistan hat Ritter letztendlich bis ins moderne Aserbaidschan weitergeführt und dort auch beendet. Die letzten Ausläufer des iranischen Plateaus, genauer gesagt seiner westlichen Gebirgskette, wurden von Ritter ganz ihrer Topographie gemäß vom großen Kaukasus abgetrennt.[371]

Man könnte nun den Weg Ritters *en détail* weiter verfolgen, insbesondere in großer Ausführlichkeit seine Quellenarbeit dokumentieren. Nicht zuletzt weil sich inzwischen ein doch recht fundiertes Bild von Ritters Umgang mit den Quellen ergeben hat, erscheint es im Folgenden sinnvoll, nurmehr einige Orte, Stätten oder bestimmte Themenbereiche, denen sich die „Erdkunde" im Besonderen widmet, herauszugreifen und diese näher zu beleuchten. Exemplarisch wären dementsprechend die berühmten Skulpturfelsen von Bisutun, die Stadt Kermanschah sowie das Schlachtfeld von Gaugamela in den Blick zu nehmen. Darüber hinaus bieten sich mehrere Exkurse, die über die historische Dimension von Ritters Arbeit Aufschluss geben, für ein genaueres Studium an. Besonders zwei dieser Exkurse erscheinen hierfür geeignet, zumal diese einen bisher noch wenig beleuchteten Aspekt von Ritters Werk betreffen. Ritter ist an mehreren Stellen auf die Botanik als Teil einer wissenschaftlichen Erdkunde eingegangen. So beschäftigte er sich beispielsweise mit der Kultivierung des Zuckerrohrs und des Olivenbaumes vom Altertum bis auf die eigene Zeit.[372]

Bisutun, das Relief Dareios' I. und der Nordwesten Irans

Das Dorf Bisutun, das bis heute diesen Namen trägt, liegt nur etwa rund 100 Kilometer südwestlich von Hamadan, dem alten Ekbatana.[373] Die kleine Siedlung befindet sich damit auf der Strecke des Weges nach Kermanschah und wäre somit noch zum Einzugsgebiet des Karche zu zählen. Ritter, der zur Beschreibung dieser Region wiederum hauptsächlich auf die Berichte von Ker Porter, Kinneir und Dupré zurückgegriffen hat, schien die Ansiedlung unwichtig zu sein.[374] Tatsächlich spricht Ritter lediglich die Fruchtbarkeit des Bodens an, um jedoch sofort festzustellen, dass die Region aufgrund

---

370 Tietze, Wolf (Hrsg.): Westermann Lexikon der Geographie, s. v. „Zab" sowie „Diyala"; Yarshater, Ehsan (Hrsg.): Encyclopaedia Iranica, s. v. „Arvand-Rud".

371 Ritter, Carl: Iranische Welt, Vol. 2, S. 338–343 und später, S. 397–411.

372 Der Exkurs zur Kultur und zur Geschichte des Olivenbaumes findet sich im zweiten Teil von Ritters Ausführungen zum Euphrat- und Tigrissystem.

373 Wiesehöfer, Josef: Das antike Persien, S. 33–43; Yarshater, Ehsan (Hrsg.): Encyclopaedia Iranica, s. v. „Bisutun".

374 Kinneir, John Macdonald: Geographical Memoir of the Persian Empire, S. 131; Ker Porter, Robert: Travels, Vol. 2, S. 140–144; Dupré, Adrien: Voyage en Perse, Vol. 2, S. 250ff.

der Unsicherheit für Leib und Leben regelrecht unwirtlich sei.[375] Umgeben von mehreren Steilwänden und Felsvorsprüngen beherbergt dieser Ort, wie gesagt, einige bis heute sichtbare Reliefs von ganz besonderer Bedeutung. Vor allem die zugehörigen Inschriften haben den Monumenten im Südwesten des Dorfes den Rang eines Weltkulturerbes eingebracht.[376] Die „Erdkunde" beschreibt zunächst die Abmessungen, den Berichten Ker Porters folgend. Dieser hatte seinem Werk auch eine Abbildung hinzugefügt, von der die „Erdkunde" profitieren konnte.[377] Ritter hat zunächst ein Relief besprochen. Dieses zeigt nach Informationen der Zeitgenossen mehrere Skulpturen, die jedoch aus verschiedenen Zeiten stammen sollen. Ältere Elemente scheinen durch jüngere ersetzt worden zu sein. Ähnlich wurde der Zustand einer Inschrift interpretiert, die durch eine Nachfolgerin in griechischer Sprache ausgetauscht worden sein soll. Ker Porter entdeckte in der Nähe dieses ersten Monuments einen weiteren Skulpturfels, der von ihm ebenfalls ausführlich beschrieben wurde. Ritter hat auch diese Informationen übernommen:

> Es sind darauf 12 stehende und gehende Männerfiguren abgebildet, eine liegende und eine, die über jenen in der Mitte in der Luft schwebt, ein Ferver;[378] letzterer ganz denselben Gestalten auf den Sculptur-Façaden der Königsgräber zu Persepolis […] gleich.[379]

> Drei große Figuren, links stehend im Medergewand, der hintere mit Speer, der mittlere mit Bogen und Köcher, der vordere mit dem Bogen in der linken Hand und aufgehobner, nach vorn ausgestreckter rechten Hand mit zwei vorgehaltenen Fingern, wie zum schwören bereit, sind ganz im edeln, würdigen Styl der Sculptur der 7 Ehrengarden des Königs zu Persepolis ausgearbeitet. Ihre dem königlichen Gewande fast gleiche Tracht macht es wahrscheinlich, daß die vorderste dieser drei Figuren mit einfachem Diadembande und dem Bogen, welche an Größe alle andern überragt, den König der Perser selbst vorstellt. Sein linker Fuß tritt auf einen Flehenden, der vor ihm auf dem Boden ausgestreckt liegt. Vor ihm steht eine Reihe von 9 Gefangenen, mit auf den Rücken gebundenen Händen und einem Strick um den Hals, aneinander gereihet.[380]

> Ker Porter[381] sah in diesen Figuren Darstellungen aus der Geschichte der babylonischen Gefangenschaft der Juden vor dem Perserkönige; und G. Keppel[382] meint darin

---

375 Ritter, Carl: Iranische Welt, Vol. 2, S. 345f.

376 Cameron, George: The Monuments of King Darius at Bisitun, in: Archaeology, Vol. 13 (1960), S. 162–171.

377 Ker Porter, Robert: Travels, Vol. 2, Tab. 59; Ritter, Carl: Iranische Welt, Vol. 2, S. 350–363.

378 Gemeint ist hier die Darstellung der geflügelten Sonnenscheibe des Gottes Ahura Mazda, die die Szene krönt.

379 Ritter, Carl: Iranische Welt, Vol. 2, S. 353.

380 Ritter, Carl: Iranische Welt, Vol. 2, S. 353.

381 Vgl. Ker Porter, Robert: Travels, Vol. 2, u. a. S. 162f.

382 Vgl. Keppel, George: Personal Narrative of a Journey from India to England, by Bussorah, Bagdad, the Ruins of Babylon, Curdistan, the Court of Persia, the Western Shore of the Caspian Sea, Astrakhan, Nishney Novogorod, Moscow, and St. Petersburgh, in the Year 1824, Vol. 2, London 1827², S. 71–80.

etwa die Fürbitte der Esther vor Ahasverus[383] für ihre jüdischen Brüder dargestellt zu sehen. Auf jeden Fall gehören wol diese beiden Sculpturwerke, obwol so nahe beisammen, doch verschiedenen Zeiten der Entstehung an; da sie aber offenbar nur sehr zerstörte Bruchstücke früherer, vollständigerer Denkmale enthalten, so wird ihre Erklärung wol immer sehr schwierig bleiben, es sei denn, daß die vielen noch unbesuchten Felsschluchten und übrigen Wände des Bisutun oder der Umgebungen wie sehr wahrscheinlich, noch manches andere Denkmal in sich verschließen, dessen Auffindung einen Schlüssel zum Verständniß der schon bekannt gewordenen darbieten werde, oder daß durch die Copie und die Entzifferung jener Keilinschriften uns ein neues historisches Licht auf Iran falle.[384]

Ritter ist an dieser Stelle ganz ähnlich seiner Besprechung des „Schapur-Reliefs" vorgegangen. So findet der Leser zunächst eine ausführliche Beschreibung sowie Versuche einer historischen Einordnung des Abgebildeten. In diesem Sinne wurde hier, wie auch an manch anderer Stelle, auf Figuren des Alten Testaments verwiesen, gleichzeitig aber betont, dass eine sichere Interpretation in absehbarer Zeit kaum zu erwarten sei. Mit gewohnter Distanz sind von Ritter die Interpretationsversuche der Zeitgenossen angeführt worden, wie so oft bleibt seine eigene Position zum Gegenstand verborgen.

Der umfangreiche, zum Relief gehörende Text stand weder Ritter noch den Zeitgenossen zur Verfügung. Aber genau diese Zeilen, die unter anderem im Altpersischen und Neubabylonischen abgefasst sind, haben späteren Generationen von Wissenschaftlern nicht nur eine sichere Interpretation der Abbildung ermöglicht. Aufgrund der Mehrsprachigkeit hat dieser Text erheblich zur Entzifferung der Keilschriften beigetragen. Jedenfalls gilt heute eine Zuweisung dieses Reliefs von Bisutun an Dareios I. als sicher. Der persische König, der dort seinen Sieg über verschiedene Gegner und seinen wichtigsten Kontrahenten Gaumata visualisieren und verewigen ließ, dürfte das Bildprogramm vor allem zur Untermauerung seines Herrschaftsanspruchs gestaltet haben.[385]

Was hier nicht zu leisten war, nämlich die Rekonstruktion des historischen Kontextes, konnte für die zuvor angesprochene, erste Plastik mit ihren großen Skulpturen erreicht werden. Ausschlaggebend dafür war die erwähnte griechische Inschrift. Sie spricht von einem Herrscher, der als „Gotarses Geopothros" angegeben wurde.[386] Darüber hinaus wurde dieser in dem nur fragmentarisch erhaltenen Text als „Satrap der Satrapen" bezeichnet. Mit diesen Angaben konnten die Zeitgenossen Ritters durchaus einiges anfangen. So wurden mehrere Versuche unternommen, diese Person zu identifizieren. Zum einen wurde

---

383 Die alttestamentliche Bezeichnung „Ahasverus"/„Ahasveros" wird meist mit dem Perserkönig Xerxes I. gleichgesetzt. Eine Identifikation mit Artaxerxes I. ist jedoch nicht ausgeschlossen.
384 Ritter, Carl: Iranische Welt, Vol. 2, S. 354f.
385 Wiesehöfer, Joseph: Das antike Persien, S. 40f.
386 Ritter, Carl: Iranische Welt, Vol. 2, S. 355; dazu Yarshater, Ehsan (Hrsg.): Encyclopaedia Iranica, s. v. „Bisutun (Archeology)".

diskutiert, ob der Name auf eine mythische Gestalt der frühesten persischen Geschichte zurückgeführt werden könne.[387] Allerdings wurde diese Möglichkeit aus verschiedenen Gründen und wohl nicht zuletzt wegen der Fabelhaftigkeit der Gestalt verworfen. Auch die Abfassung der Inschrift mit griechischen Lettern hat in Ritters Augen hierzu beigetragen. Eine andere Möglichkeit der Zuweisung bot der Arsakide Gotarzes II. (reg. um 40–51 n. Chr.). Dieser König war den klassischen Autoren, darunter Tacitus und Flavius Josephus, bekannt und damit als reale Person für die Forschung greifbar.[388] Das Bildprogramm des Reliefs zeigt den Sieg des Königs über einen Gegenkönig, der von der Forschung heute als Meherdates angenommen wird – eine eigentlich schlüssige Interpretation, die zudem durch die Nennung des Usurpators in der Inschrift bestätigt wird. Allerdings gäbe dann die Selbstbezeichnung des Siegers als „Satrap der Satrapen" Rätsel auf. Die übliche Titulatur der Herrscher als „König der Könige" lässt sich schließlich damit kaum vereinbaren. Für Ritter war dieses Dilemma jedenfalls Grund genug, auch diese Interpretation abzulehnen und stattdessen einige Überlegungen anzufügen, ob es Anknüpfungspunkte in der Zeit Alexanders gebe.[389] Die moderne Forschung favorisiert jedoch bei aller Unsicherheit die Variante, die Gotarzes als zentrale Gestalt der abgebildeten Szene annimmt.[390]

Kermanschah, die Metropole im Westen von Bisutun, bot Ritter die Gelegenheit, erneut eine ausführlichere Beschreibung der „gegenwärtigen" Zustände einer orientalischen Stadt aufzunehmen.[391] Material stand ihm reichlich zur Verfügung. Die meisten der bisher schon mehrfach angeführten Zeitgenossen hatten hier Station gemacht. Nicht nur weil die Stadt auf eine lange und vor allem überregional bedeutende Geschichte zurückblicken konnte, hat sich ihr Bild in den Quellen der „Erdkunde" dementsprechend verfestigt. Vergleicht man die Darstellung von Kermanschah mit mancher bisher angesprochenen Stadt, fällt sie auch bei Ritter verblüffend positiv aus – ein weiteres Indiz, wie stark die Abhängigkeit der „Erdkunde" von Ker Porters, Kinneirs und den zahlreichen anderen Berichten ist.[392]

Zunächst versuchte Ritter die Lage der Stadt anzugeben, wobei dies wegen der sich widersprechenden Angaben tatsächlich nicht möglich war.[393] Es konnte lediglich angemahnt werden, diese Ungewissheit zukünftig aufzuklären. Über Stadt und Umland konnte genau wie über das Klima dann aber ausführlicher berichtet werden. Übereinstimmend zeichneten die Autoren aller Zeiten das Bild einer fruchtbaren, grünen Oase, die sich

387 Ritter, Carl: Iranische Welt, Vol. 2, S. 355f. (Ritter nennt die Gestalt „Gudarz").

388 Tac. ann. 12, 13; Ios. ant. Iud. 20, 2.

389 Ritter, Carl: Iranische Welt, Vol. 2, S. 356f.

390 Yarshater, Ehsan (Hrsg.): Encyclopaedia Iranica, s. v. „Bisotun (Archeology)".

391 Tietze, Wolf (Hrsg.): Westermann Lexikon der Geographie, s. v. „Kermanshah"; Yarshater, Ehsan (Hrsg.): Encyclopaedia Iranica, s. v. „Kermanschah".

392 Kinneir, John Macdonald: Geographical Memoir of the Persian Empire, S. 13; Rawlinson, Henry: Notes on a March from Zohâb, S. 116; Ker Porter, Robert: Travels, Vol. 2, S. 163–204; Ritter, Carl: Iranische Welt, Vol. 2, S. 367–383.

393 Ritter, Carl: Iranische Welt, Vol. 2, S. 368.

über das Tal der Stadt erstrecke, umgeben von den kargen Gipfeln des Zagros-Gebirges. Die Landwirtschaft wurde als ausgesprochen profitabel beschrieben. Ihre Erzeugnisse, darunter Baumwolle und auch Wein, sollen hauptsächlich dafür verantwortlich gewesen sein, dass die Provinz seit jeher die einträglichste Persiens war und bis ins 19. Jahrhundert geblieben ist. Neben dem zuträglichen Klima sei auch der Qarasu (Ghare-Soo),[394] der die Stadt von Nordwesten in Richtung Südosten durchströmt, für den nötigen Reichtum an Wasser verantwortlich. Die Stadt selbst hat Ritter – nach Ker Porter und anderen mehr – wie gesagt relativ ausführlich beschrieben. Neben einer intakten Stadtbefestigung verfügte der Ort über mehrere Moscheen, deren Anzahl von Ritter wohl als Indikator für die Größe und den Wohlstand angesehen wurde. Neben einer mittlerweile für die Beschreibung von Städten zur Gewohnheit gewordenen Auflistung weiterer Bauwerke wird die Anzahl von rund 15.000 Familien angegeben. Diese seien zu einem Großteil Immigranten aus den verschiedenen benachbarten Regionen. Der großen Gruppe der kurdischen Einwohner maß Ritter nicht zuletzt für den ökonomischen Wohlstand der Stadt besondere Bedeutung zu. Kermanschah habe nämlich als „Schlüssel zwischen Hamadan und Bagdad, oder Iran und den Euphratländern"[395] vor allem dieser verkehrsgünstigen Lage seinen Reichtum zu verdanken. Auch die politische Rolle, die die einflussreichen Fürsten der Stadt bis in die Zeit Ritters gespielt haben, dürfte sich hierauf gegründet haben. Die „Erdkunde" illustriert die wichtige Rolle der Stadt, vor allem in Verbindung mit der Kadscharen-Dynastie.[396] Auch dieser Aspekt zur Stadtgeschichte ist damit klar auf die eigene Zeit ausgerichtet.

Ritter verpasst es jedoch auch im Anschluss nicht, nach den historischen Ursprüngen von Kermanschah zu fragen.[397] Der Versuch, bei den antiken Autoren nach der Gründung der Stadt zu forschen, war zwar nicht erfolglos, jedoch konnte ein eindeutiges Ergebnis nicht erreicht werden. Bei Isidoros Charax[398] konnte lediglich eine namenlose Station auf der Route nach Bisutun festgestellt werden. In Tacitus' Bericht über die Region, obgleich auch dieser nicht den Namen der Stadt enthält, konnten ein wenig mehr Informationen gefunden werden, die immerhin den Ansatz einer Zuweisung ermöglicht haben.[399] Der römische Autor berichtet vom oben genannten persischen König Gotarzes und von seinem Sieg über den Usurpator. Vor der Entscheidungsschlacht habe sich Gotarzes in der Region am Fluss „Corma", den Ritter mit dem Qarasu gleichsetzte, mit seinem Heer verschanzt. Es sei anzunehmen, so Ritter weiter, dass in diesem Kontext eine erste Siedlung, wahrscheinlich mit dem Namen des Flusses, angelegt wurde.[400] Jedenfalls konnte so von den Zeitgenossen wieder einmal der Kreis mit Hilfe einer Deutung des sprachlichen Befundes

---

394 Bei Ritter wird der Fluss „Karasu" genannt.
395 Ritter, Carl: Iranische Welt, Vol. 2, S. 373.
396 Ritter, Carl: Iranische Welt, Vol. 2, S. 370ff.
397 Ritter, Carl: Iranische Welt, Vol. 2, S. 370ff.
398 Isidor, 4f.
399 Tac. ann. 12, 13f.
400 Ritter, Carl: Iranische Welt, Vol. 2, S. 374f.

geschlossen werden. Al-Idrisi, der mittelalterliche Geograph, überlieferte nämlich den Namen der Stadt als „Carmasin". Ibn Hauqal nennt sie „Kirman Schahan".[401] Dass diese Varianten nur Etappen einer etymologischen Entwicklung von „Corma" zu Kermanschah waren, lag nicht nur für Carl Ritter auf der Hand. Die „Erdkunde" leitet abschließend, nachdem die Ursprünge der Stadt in sassanidischer Zeit verankert worden sind, zu den sogenannten Felsenhallen von Taq-i Bostan über.[402] Sie beinhalten Reliefs, die Krönungszeremonien persischer Herrscher darstellen. Vor allem dem kleineren, zweiten Relief hat Ritter einiges an Beachtung geschenkt. Ganz ähnlich der im Vorangegangenen ausführlich besprochenen Szenen ist auch zu diesen gearbeitet worden. Neben einer Beschreibung bespricht der Text der „Erdkunde" Inschriften und auch die abgebildeten Personen, darunter Schapur II. (309–379), Ardaschir II. (gest. 383)[403] und deren Nachfolger. Ritter ist dabei seiner Gewohnheit, archäologische Stätten in sein Werk zu integrieren, treu geblieben. Weil aber dies auch für Taq-i Bostan stets nach der mittlerweile vertrauten Art geschieht, darf an dieser Stelle zur Betrachtung des Schlachtfeldes von Gaugamela übergegangen werden.

Gaugamela und der Zug der 10.000 – Ritter als Historiker

Verglichen mit den bisher betrachteten historischen Stätten, deren Beschreibungen stets zu einem guten Teil von den archäologischen Befunden geprägt waren, stützt sich Ritters Darstellung der wohl bedeutendsten Schlacht des Alexanderzuges fast ausnahmslos auf antike Textquellen.[404] Hauptsächlich sind dies die Alexanderhistoriker Arrian und Curtius Rufus. Die „Erdkunde" nimmt allerdings auch mehrfach Bezug auf Strabons Geographie, beispielsweise um der Frage nach der Lokalisierung nachzugehen. Gaugamela ist über die Zeit mehrfach mit Arbela, der modernen kurdischen Stadt Erbil,[405] gleichgesetzt worden – ein Fehlschluss, den bereits Strabon moniert hatte und nur damit zu erklären wusste, dass den Erben Alexanders diese größere Stadt als eine würdigere Kulisse der Schlacht erschien. Verglichen mit Arbela, so Strabon weiter, sei Gaugamela lediglich ein kleines unbedeutendes Dorf gewesen.[406] Die moderne Forschung hat sich dieser Ansicht mehrheitlich angeschlossen, und so wurde vielmehr versucht, Mossul als mögliche Nach-

---

401 Ouseley, William: The Oriental Geography of Ebn Haukal, S. 166; Sionita, Gabriel: Geographia Nubiensis, S. 205. Für Abu l-Fida zitiert Ritter den Text nach Uylenbroek, Peter: Dissertatio de Ibn Haukalo Geographo et Iracae Persicae Descriptio, S. 72 (siehe Anmerkungen dort).

402 Ritter, Carl: Iranische Welt, Vol. 2, S. 377–387; dazu Wiesehöfer, Josef: Das antike Persien, S. 214ff.

403 Yarshater, Ehsan (Hrsg.): Encyclopaedia Iranica, s. v. „Shapur II." sowie „Ardašir II."; Richter, Carl Friedrich: Historisch-kritischer Versuch über die Arsaciden- und Sassaniden-Dynastie, S. 184–194.

404 Ritter, Carl: Iranische Welt, Vol. 2, S. 699–702.

405 Tietze, Wolf (Hrsg.): Westermann Lexikon der Geographie, s. v. „Arbil"; Yarshater, Ehsan (Hrsg.): Encyclopaedia Iranica, s. v. „Erbel".

406 Strab. 16, 1, 3.

folgesiedlung nachzuweisen.[407] Gesichert erschien die Lage des Schlachtfeldes jedenfalls für Ritter durch die Angaben der Alexanderhistoriker in der Landschaft Assyrien, genauer gesagt zwischen Tigris und dem Großen Zab-Fluss.

> Curtius stimmt mit Arrian keineswegs hinsichtlich des Schlachtberichtes in allen Theilen überein, deshalb der jüngste Geschichtschreiber Alexanders auch bei seiner gedrängten Schilderung der Schlacht vorzugsweise und gewiß mit Recht dem Arrian gefolgt ist, auf die wir hier wegen der Begebenheit selbst zurückweisen dürfen. Aber auch dieser letztere Autor, der des Ptolemäus und Aristobulos, der Mitkämpfer, Berichte vor Augen hatte, ist wenigstens in den Distanzangaben auch nicht ganz fehlerfrei, wo er sagt, daß das Schlachtfeld bei Gaugamela am Bumadus[408] gewesen sei nach Ptolemäus und Aristobulos Zeugnisse, und doch eben diesen Kampfplatz nach dem einen 500, nach dem andern 600 Stadien (d. i. 25 oder 30 Stunden) fern von Arbela setzt, wodurch derselbe viel weiter noch gegen Westen als Mossul zurückgeschoben werden würde, das nach obigen drei Tagemärschen doch nur 16 Stunden von Arbela entfernt liegt. Dieser Irthum bringt jedoch glücklicher Weise dem Inhalt der Schilderung keinen besondern Nachtheil [...].[409]

Ritter hat hier also noch bevor er Verlauf und Ausgang der Schlacht, die den persischen König Dareios III. in der Folge die Herrschaft kosten sollte, referiert, direkt über die antiken Autoren informiert. Sein Text berichtet nicht nur über die Textverwandtschaften der verschiedenen griechisch-römischen Historiker, auch die Ungenauigkeiten beziehungsweise Differenzen in den verschiedenen Schilderungen der Ereignisse vom 1. Oktober 331 v. Chr. werden angesprochen. Mit diesem eingeschlagenen Weg bewegt sich die „Erdkunde" auf den folgenden Seiten mitten im Feld der Geschichtswissenschaft. Tatsächlich wurde Droysens „Alexander" von Ritter für die zitierte Quellenkritik in den Fußnoten angegeben. Es ist also das Werk des Althistorikers, auf das dieser Abschnitt zurückgeht.[410] Diese Feststellung ist freilich wenig verwunderlich, war Ritters Gegenstand nun eher ein Schauplatz und weniger ein konkreter Ort im Sinne einer Anlage, eines Bauwerks oder einer Stadt. Selbst der topographische Aspekt, etwa zur Definition von Räumen, Landschaften oder Regionen, spielte im Folgenden eine untergeordnete Rolle. Dieser tritt lediglich dann hervor, wenn einzelne Etappen wie etwa zum Aufmarsch der Heere angesprochen werden. Informationen für seine Zusammenfassung von Alexanders Sieg und Dareios' Flucht hat Ritter ausschließlich Arrian und Curtius Rufus entnommen;

---

407 Wiemer, Hans-Ulrich: Alexander der Große, S. 115f. sowie ferner Lane Fox, Robin: Alexander der Grosse, S. 290.

408 Nach Überschreitung des Tigris soll Alexander sein Lager am Bumadus (oder Bumelus) aufgeschlagen haben. Gemeint ist hier der Große Zab.

409 Ritter, Carl: Iranische Welt, Vol. 2, S. 700ff.

410 Droysen, Johann Gustav: Geschichte Alexanders des Großen, S. 283ff. (bei Ritter: S. 222–230).

zeitgenössische Literatur, die sich die Schlacht selbst zum Thema gemacht hatte, zog er nicht mehr heran.[411]

Zusammen mit der Schlacht von Gaugamela informiert die „Erdkunde" über ein weiteres prominentes Ereignis. Der sogenannte Zug beziehungsweise Anabasis der 10.000 führte ein griechisches Söldneraufgebot rund 70 Jahre vor der Schlacht bei Gaugamela am Ufer des Tigris entlang.[412] Ein innerpersischer Konflikt um den Thron hatte die Männer bis kurz vor Babylon geführt, wo sie allerdings im Kampf unterlagen. Der notgedrungene Rückzug in Richtung Norden, bis schließlich bei Trapezus das Schwarze Meer erreicht werden konnte, wurde und wird von der althistorischen Forschung stets als besondere Leistung angesehen. Nicht nur Militärhistoriker des 19. Jahrhunderts rühmten die soldatische Disziplin. Auch Ritter hat vor allem die „militairische Tugend"[413] besonders hervorgehoben. Dieses Bild der überlegenen griechischen Helden liegt sicherlich zu einem erheblichen Teil in der besonderen Überlieferungssituation begründet. Xenophons „Anabasis" schildert den Text aus der persönlichen Sicht des Autors, der als einer der Anführer der Söldner das Kommando übernahm, nachdem ihre persische Partei zuvor die endgültige Niederlage erlitten hatte.

Die Darstellung des Zuges der 10.000 ist bei Ritter, was seinen Ablauf angeht, um einiges ausführlicher als die Schlacht von Gaugamela ausgeführt. Vor allem der Versuch, verschiedene Etappen geographisch zu verorten, dürfte hierfür verantwortlich sein. So gab Ritter das Unternehmen gegliedert nach Tagesmärschen knapp wieder und versuchte, die jeweiligen von Xenophon überlieferten, topographischen Gegebenheiten wiederzufinden.[414] Das Erreichen des Tigris oder die Überquerung des Großen Zab-Flusses seien diesbezüglich beispielhaft erwähnt. James Rennell hatte dazu bereits Überlegungen angestellt und publiziert, sodass Ritter auf diese zurückgreifen konnte.[415] Seine Werke wurden von ihm umfangreich herangezogen. Für die Ereignisgeschichte selbst, die natürlich von Ritter nicht ausgelassen werden konnte, wurde allerdings Xenophons Schrift direkt benutzt. Zahlreiche Details des Zuges wie militärische und körperliche Strapazen oder Einzelheiten über Marschformationen und auch die ständige Bedrohung durch die feindliche persische Partei gehen auf den antiken Text zurück.[416]

Beide Abschnitte der „Erdkunde" sind, wie bereits erwähnt, der historiographischen Komponente der Arbeit Ritters zuzuordnen. Für die Darstellung der Schlacht von Gaugamela steht diese sicherlich noch weiter im Vordergrund als für den Zug der 10.000. Hier fallen die verschiedenen Versuche, die Abschnitte zu lokalisieren, naturgemäß ein wenig mehr auf. Hauptanliegen waren sie jedoch in beiden Fällen nicht. Ritter hat

---

411 Arr. an. 3, 7–10; Curt. 4, 9, 9.
412 Vgl. Lane Fox, Robin: Introduction, in: Ders., The Long March, S. 1–46 (vor allem zur Verortung der Route des Zuges sowie zum Text Xenophons).
413 Ritter, Carl: Iranische Welt, Vol. 2, S. 703.
414 Ritter, Carl: Iranische Welt, Vol. 2, S. 702–706.
415 Rennell, James: Illustrations of the History of the Expedition of Cyrus, S. 140–160.
416 Xen. an. 3, 4, 18–40.

ganz im Sinne einer darstellenden, weniger einer kritischen Geschichtsschreibung über die beiden Ereignisse berichtet. Sein Vorgehen unterscheidet sich allerdings in einem zentralen Punkt. Obwohl zu Alexanders Schlacht sicherlich einiges an zeitgenössischer Literatur zur Verfügung gestanden hätte, wurde diese kaum verwendet. Die entsprechenden zeitgenössischen Arbeiten zum Zug der 10.000 waren weniger umfangreich und weniger verbreitet. Dennoch wurden diese stärker herangezogen. Dafür kann es nur eine Erklärung geben: Verantwortlich war diejenige Literatur, die für Ritter ganz allgemein die Grundlage für den zweiten Band der „Iranischen Welt" gebildet hat. Ritter hat für den Zug der 10.000 keinesfalls spezielle Literatur verwendet, Rennell und Kinneir gehörten ohnehin zu seinem festen Repertoire. Insofern Ritter besonders mit Droysens „Alexander" vertraut war, ist der Hinweis auf dieses Werk für Gaugamela tatsächlich die Ausnahme, welche die Regel bestätigt.[417] Dementsprechend sind Hinweise auf weiterführende Literatur nicht zu erwarten. Der Gebrauch der antiken Texte für die Darstellung der betreffenden Ereignisse und Hintergründe ist freilich wenig auffällig oder kurios. Die „Erdkunde" folgt hier dem bekannten Muster. Sieht man von dem kritischen Abschnitt zu Curtius Rufus einmal ab, besitzen die Schilderungen für Ritter abermals besondere Glaubwürdigkeit. Der Inhalt ihrer Aussagen wird faktisch nicht bezweifelt oder gar in Frage gestellt.

Es ließen sich nun, wie gesagt, nicht wenige weitere Beispiele anführen, an denen ebenfalls Ritters Umgang mit den antiken und nicht-zeitgenössischen Quellen für den Westen Irans gezeigt werden könnte. So beinhalten beispielsweise schon die ersten Seiten des Großkapitels zu Aserbaidschan, das den Abschluss des Bandes bildet, mehrere Verweise auf Strabon oder Plinius.[418] Wie für andere Regionen wurde auch hier zunächst die Herkunft des Namens vom antiken Atropatene angeführt, dann der historische wie „gegenwärtige" Raum definiert.[419] Einem topographischen Überblick folgt dann die Beschreibung der wichtigsten Städte, darunter Täbris, deren Geschichte ebenfalls einiges an Aufmerksamkeit geschenkt wird. Ritters Darstellung von Aserbaidschan orientiert sich nach bekanntem Vorbild an Wassersystemen. Für dieses Gebiet, das heute unter anderem auch das moderne Armenien umfasst, ist dem Sewan-See die Rolle eines Orientierungspunktes zugekommen. Schon bei oberflächlicher Betrachtung des Kapitels wird schnell klar, dass dieses absolut analog zu den bisher beleuchteten verfasst wurde. Und wenngleich sich die Betrachtung mehrerer Teilabschnitte anbietet, so würden diese – auch im Detail – keine neuen Erkenntnisse im Sinne einer Betrachtung von Ritters Umgang mit den Quellen liefern. Weil diese Einblicke allenfalls

417 Droysen, Johann Gustav: Geschichte Alexanders des Großen, S. 283ff. sowie Wiemer, Hans-Ulrich: Quellenkritik, historische Geographie und immanente Teleologie in Johann Gustav Droysens „Geschichte Alexanders des Großen", in: Stefan Rebenich/Hans-Ulrich Wiemer (Hrsgg.), Johann Gustav Droysen. Philosophie und Politik – Historie und Philologie, S. 105ff. und S. 134f.

418 Ritter, Carl: Iranische Welt, Vol. 2, S. 763ff. Zitiert werden u. a. Strab. 11, 12 sowie Plin. nat. 6, 15.

419 Ritter, Carl: Iranische Welt, Vol. 2, S. 768ff. Zur Herkunft des Namens führt die „Erdkunde" Ptol. 6, 2, 5 und Amm. 23, 6 an.

bestätigenden Charakters wären, darf im Folgenden die Arbeit am zweiten Band der „Iranischen Welt" mit der Analyse der Abschnitte zur Verarbeitung des Zuckerrohrs zum Ende kommen.

„Die Cultur des Zuckerrohrs"

Die „Cultur des Zuckerrohrs"[420] hat Ritter in einem sehr umfangreichen Exkurs in seine „Erdkunde" integriert. Damit wurde ein Thema bearbeitet, das die Mehrheit der Zeitgenossen und deren Nachfolger wohl kaum als Gegenstand der Geographie im engeren Sinne verstanden haben dürften. Das Vorkommen und die Verbreitung von Pflanzen wird heute gemeinhin unter dem Begriff „Geobotanik" zusammengefasst und zählt damit zur sogenannten Biogeographie. Für Ritter war sie selbstverständlich Teil der wissenschaftlichen Erdkunde. Andere ähnliche Exkurse in verschiedenen Bänden seines Werkes wie etwa zum Maulbeerbaum[421] dürfen hierfür als Beleg angesehen werden. Schon wegen dieser offenen Definition seines Faches würde das Kapitel zum Zuckerrohr Aufmerksamkeit verdienen. Weil der Ausgangspunkt für Ritter aber auch hier das Altertum war, erscheint dies doppelt gerechtfertigt.

Vorauszuschicken ist, dass sich die Literatur, die für die Ausarbeitung der rund 60 Seiten herangezogen wurde, ganz erheblich von der im Rest des Bandes unterscheidet. Die mittlerweile vertrauten Autoren wurden von Ritter hier nicht oder nur spärlich verwendet. Die Reiseberichte der Zeitgenossen lieferten keine brauchbaren Erkenntnisse. Die Literaturverweise lassen stattdessen erkennen, dass dezidiert fachbezogene Literatur gesichtet wurde. Kurt Sprengels „Geschichte der Botanik", Franz Meyens „Grundriss der Pflanzengeographie" und vor allem die bereits erwähnte Schrift Alexander von Humboldts über die Verbreitung der Pflanzen seien exemplarisch aus der langen Literaturliste genannt.[422]

Generell, so Ritter, besitze die Kenntnis vom Zuckerrohr und über dessen Raffinierung aus globaler Perspektive keinen einheitlichen Ursprung. Es müsse differenziert werden, etwa zwischen China einerseits und dem Orient andererseits. Zusätzlich, so die „Erdkunde" weiter, gelte es auf die „gleichartige Benennung verschiedener Gewächse und Substanzen"[423] aufmerksam zu machen. Indem Ritter die lateinische Bezeichnung „saccharum" beziehungsweise das altgriechische „σάκχαρον" als Ausgangspunkt wählte, konnte er verschiedene andere „Aromen" wie Honigtau oder Bienenhonig ebenfalls be-

---

420 Ritter, Carl: Iranische Welt, Vol. 2, S. 230–291. Es ist erwähnenswert, dass Ritters Ausführungen über hundert Jahre später an kurioser Stelle bemerkt und aufgegriffen wurden. Vgl. Sölken, Heinz: Über die Herkunft des Wortes „Zucker", in: Zeitschrift für die Zuckerindustrie, Vol. 9 (1959), S. 462–465.

421 Ritter, Carl: Iranische Welt, Vol. 1, S. 679–710.

422 Sprengel, Kurt: Geschichte der Botanik. Neu bearbeitet, 2 Vol., Altenburg und Leipzig 1817 und 1818; Meyen, Fanz Julius Ferdinand: Grundriss der Pflanzengeographie mit ausführlichen Untersuchungen über das Vaterland, den Anbau und den Nutzen der vorzüglichsten Culturpflanzen, welche den Wohlstand der Völker begründen, Berlin 1836.

423 Ritter, Carl: Iranische Welt, Vol. 2, S. 232.

trachten. Dass sich damit die Quellenbasis für die ursprüngliche Herstellung von Zucker im weitesten Sinne stark verbreitete, liegt auf der Hand.

Wie zu erwarten war, geht der Text der „Erdkunde" auch zu diesem Thema gewissermaßen chronologisch vor, indem zunächst auf die Geschichte zucker- und süßstoffartiger Substanzen und deren Gebrauch eingegangen wird:

> Wie auf den meisten Anfängen der Dinge liegt auch ein Dunkel auf dem primitiven Herkommen dieses Aroma's. Aus eigener Zeit, in welcher bei Griechen und Römern der Westwelt die vorherrschende Ansicht allgemein war, daß die Süßigkeit überhaupt nur aus den Lüften auf die Pflanzen, wie ein Honigthau, oder Manna […] vom Himmel herabfalle, und der Honig, wie selbst ein Aristoteles (Hist. Anim. V. 22) sich ausdrückte, nicht von den Bienen gemacht, sondern nur zusammengetragen werde, lässt sich bei noch sehr geringer Einsicht in die Physiologie des Gewächsreiches wenig gründliches bei den classischen Autoren über die Natur eines Gewächses erwarten, das nicht einmal im Bereiche ihrer Erfahrung, in Vorderasien, vorhanden war, und, wie es scheint, gleich so Vielem, erst durch Alexanders Zug in Indien, jenseits des Indus, entdeckt werden mußte. Das völlige Stillschweigen der älteren Griechen und Römer über das Zuckerrohr, die Verwirrungen in ihren bloßen Andeutungen, […] scheinen uns an sich schon entscheidende Thatsachen, anzunehmen, dass die Heimat des Zuckerrohrs nicht in Vorderasien zu suchen, sondern erst in spätern Zeiten aus Ost-Asien nach West-Asien übertragen sei.[424]

> Einige besondre Schwierigkeiten, die sich aus der theilweisen dunkeln Kunde vom wirklichen Zuckerrohrsafte, in oder außer Verbindung und Verwechslung mit jenem Namen oder andern Umständen, bei den Alten ergeben, wie z. B. bei Seneca (Epist. 84 und 85), bei Galenus (Libr. VII de simpl. medic.), bei dem Arzt Archigenes, dem Zeitgenossen Juvenals (Paul. Aegineta de linguae asperit. II. 53), bei P. Terrentius Varro, der von dem süßen Safte, welcher den Wurzeln des Rohrs ausgepresst werde (d. i. den untern, knotiggebognen Schaftstücken, Fragm. bei Isid. Hisp. Orig. XVII. 7) […].[425]

Erwartungsgemäß hat Ritter auch hier den Einstieg mittels der antiken Autoren gewählt. Neben dieser umfangreichen Liste an antiken Schriften wurde von ihm auch Theophrasts „Naturgeschichte der Gewächse" herangezogen.[426] Vor allem für die Herkunft des „Himmelstaus" konnte auf Strabon und Vergil verwiesen werden. So präsentiert die „Erdkunde" gewissermaßen einen Überblick über den Kenntnisstand der „Alten". Dieser geht aber durchaus über die bloße Aufzählung von Autoren hinaus. Beispielsweise wurde auch die Rolle etwa von Honig in der Medizin der Griechen und Römer angesprochen. Vor allem das zwölfte Buch von Plinius' „Naturalis historia" wurde von Ritter diesbezüglich

---

424 Ritter, Carl: Iranische Welt, Vol. 2, S. 232.
425 Ritter, Carl: Iranische Welt, Vol. 2, S. 234.
426 Theophr. hist. plant. 4, 11–12 (zu Gräsern).

zitiert.[427] Die Zusammenfassung des antiken Kenntnisstandes dient jedoch bei genauerer Betrachtung lediglich als Einleitung des weiterführenden Exkurses: die tatsächliche Verbreitung des „wahren" Zuckerrohrs. Die Bedeutung der hier zitierten Abschnitte als bloße Illustration abzutun, würde ihnen allerdings nicht gerecht werden. Ritter hat darin ja keine der sonst nicht selten angeführten Anekdoten aufgenommen. Eine sinnvolle Erklärung für die Wahl dieses Ausgangspunktes muss diesen Unterschied – etwa zu den einzelnen Stadtgeschichten Irans – im Blick behalten. *De facto* berichtet die „Erdkunde" auch an dieser Stelle von der Geschichte eines Objektes. Dass dieses nun eine Pflanze beziehungsweise ein spezielles Erzeugnis und nicht ein konkreter Ort oder ein Ereignis von historischer Bedeutung war, spielte für Ritters Vorgehensweise keine Rolle. Ganz nach der Quellenlage wurde auch hier ein frühestmöglicher Ansatzpunkt gewählt und ausgehend von diesem die weitere Darstellung aufgebaut.

Bei aller Bedeutung von Geschichte und Herkommen der Süßgräser soll an dieser Stelle jedoch nicht der Eindruck erweckt werden, dass sich der Exkurs der „Erdkunde" hauptsächlich dieser Frage widmet. Tatsächlich hat sich Ritter in erster Linie mit der Unterscheidung verschiedener Arten beschäftigt und deren Verbreitung erörtert. Verständlicherweise basieren diese folgenden Abschnitte auf der zeitgenössischen Literatur. Eine Aufnahme des Zustandes war ja für die erste Hälfte des 19. Jahrhunderts beabsichtigt und wohl auch nur für diese Zeit sinnvoll zu leisten. Weil diese Details für das Studium von Ritters Quellenarbeit kaum Relevanz besitzen, erscheint es ausreichend, lediglich den Befund wiederzugeben, wonach das „echte" Zuckerrohr in einem Gebiet zwischen Indien, China und Ozeanien verortet wurde. Damit zählte es – oder besser gesagt das veredelte Endprodukt – zu den typischen Kolonialwaren, deren Rolle so bedeutend für die folgenden Jahrzehnte werden sollte.[428]

In einem ganz ähnlichen Kontext, aber mit deutlicher Ausrichtung auf die vorchristliche Zeit, hat Ritter die Rolle der Pferde für die Landschaft Medien herausgestellt. Diese Tiere, deren Bedeutung für ganz Persien von der „Erdkunde" betont wird, wurden in ihrer Abstammung auf die sogenannten „nisäischen Pferde" zurückgeführt. Schon Herodot hatte von diesen berichtet, andere antike Texte rühmen ebenfalls zumindest die Rossweiden.[429] Nicht zuletzt soll es Alexander gewesen sein, der vom bemerkenswerten Weideland profitiert habe. Dort, so Ritters Text weiter, soll sich seine Kavallerie noch einmal erholt haben, bevor der Zug nach Ekbatana angetreten wurde.

Beide Kapitel zeigen selbst bei aller gebotenen Kürze ihrer Betrachtung eines ganz deutlich: das starke Verlangen des Geographen Ritter, nach der Wurzel des von ihm betrachteten Gegenstandes zu forschen. Dass diese für ihn stets in der Geschichte zu suchen war, ist offensichtlich geworden. Bei Kapiteln, die weniger botanische, topographi-

---

427 Plin. nat. 12, 18; Strab. 11, 7, 2 und Verg. georg. 4, 1.
428 Ritter, Carl: Iranische Welt, Vol. 2, S. 243–275.
429 Hdt. 7, 40. Auch Strabon, Herodian und Diodor wurden von Ritter zitiert. Vgl. Ritter, Carl: Iranische Welt, Vol. 2, S. 363–367.

sche oder geozoologische Einzelaspekte zum Thema haben, mag man vielleicht darüber kaum verwundert sein. Allerdings lassen sich durchaus mehrere eben solcher Abschnitte identifizieren, die genau dieselbe Herangehensweise und Struktur erkennen lassen, wie sie zuvor schon mehrfach für die typisch historiographischen Abschnitte festgestellt worden sind. Die Betrachtung des Zuckerrohrs sowie die der medischen Pferdeweiden mögen hierfür exemplarisch stehen.

Exkurs – *olea europaea* – Ritter als Botaniker?

> Nachdem wir alle topographischen und hydrographischen Verhältnisse der nördlichen Mesopotamischen Landschaft, so wie ihre menschlichen Bewohner kennengelernt, beschließen wir diesen durch seine Weltstellung zwischen Orient und Occident für West-Asiens Menschen- und Völkergeschichten so höchst merkwürdigen Abschnitt des Erdraums mit dem Ueberblick seiner allgemeinen physicalischen Raum-Verhältnisse und Naturproductionen, deren Verbreitungsweise aus diesen letzten unmittelbar hervorgeht.[430]

Mit diesen Worten leitet die „Erdkunde" einen ausgedehnten Teil des zweiten Bandes zum Euphrat- und Tigris-System ein. Ein umfangreiches Kapitel, das sich zunächst den „physicalischen und climatischen" Verhältnissen widmet und dann auch auf die Pflanzen- und Tierwelt eingeht, bestimmt die Mitte des Bandes. Ritter hat hier im weitesten Sinne geobotanische und geozoologische Informationen geliefert und diesbezüglich das gesamte Zweistromland in den Blick genommen.

Nach den Berichten des französischen Naturforschers Olivier hat Ritter Mesopotamien zunächst in vier Zonen, von den Quellen der Flüsse im Norden bis zum Deltagebiet im Süden, eingeteilt.[431] Besonders die mittleren beiden, vom Ausgang der Zwillingsströme aus dem Gebirge bis zur Höhe der antiken Stadt Hatra und von Hatra bis Bagdad, standen für Ritter nun im Zentrum. Sowohl die obere als auch die untere dieser beiden Zonen, der Großteil Mesopotamiens also, wurden als flach und einer großen Ebene gleich beschrieben. Dies bestätigten auch die im Anschluss aufgeführten Messungen, soweit sie für einzelne Punkte vorhanden waren. Der wichtigste Unterschied der beiden mittleren Zonen besteht dagegen, wie allgemein bekannt, in den klimatischen Verhältnissen. Das nördliche Mesopotamien, das nicht umsonst heute als Teil des sogenannten fruchtbaren Halbmondes bezeichnet wird, eignet sich für Ackerbau und als Weideland. Ritter hat

---

430 Ritter, Carl: Stufenland, Vol. 2, S. 493.

431 Aus Oliviers Schrift, „Voyage dans l'Empire Othoman, l'Égypte et la Perse", zitiert Ritter „I. c. II. Chapt. XIV. p. 416–430". Dies entspricht den Seiten 680–702 im zweiten Band der deutschen Ausgabe des Werks. Vgl. Olivier, Guillaume-Antoine: Reise durch das Türkische Reich, Vol. 2. Dazu Ritter, Carl: Stufenland, Vol. 2, S. 493ff.

neben Korn, Gemüse, Reis, Wein, Oliven und Zitrusfrüchten auch Mandeln, Feigen und anderes mehr an Feldfrüchten aufgezählt. Die südlichere, dritte Zone wurde indes als das genaue Gegenteil beschrieben. Unwirtliche Temperaturen bei Tage wie bei Nacht werden als ein Faktor dafür angeführt, dass eine Kultivierung des Landes nahezu unmöglich sei. Die unfruchtbare Wüste, bestimmt durch Salz, Selenit und Gips, prägt hier das Erscheinungsbild – die unmittelbaren Flusslande freilich ausgenommen.[432]

Sukzessive nähert sich die „Erdkunde" in diesen Abschnitten immer mehr den Berichten eines nun in diesem Exkurs stets präsenten Reisenden an: William Francis Ainsworth[433] (1807–1896). Für die folgenden Angaben zur Tier- und Pflanzenwelt waren seine „Researches in Assyria, Babylonia and Chaldaea" die einzige Referenz. Ritter hat die Ergebnisse des Engländers an einigen Stellen sogar wörtlich übersetzt.[434] Insofern zeigt sich erneut die Nähe der „Erdkunde" zu ihrer Quelle. Genau wie diese nennt Ritters Text eine ganze Fülle von Gewächsen, Säugetieren, Vögeln, Fischen und Insekten, deren Bestände vor Ort festgestellt wurden. Nun könnte man diese Abschnitte auf den ersten Blick analog zu den bereits kennengelernten Stellen mit ähnlichen Themen betrachten. Allerdings handelt es sich beim Kapitel zur Flora und Fauna des Zweistromlandes genau genommen nur um eine Bestandsaufnahme, die vor allem hinsichtlich der Quellenarbeit, wie schon angedeutet, unspektakulär ist. Ritters Erwähnung eines „Aleppo-Aals", diverser Schildkrötenarten, verschiedener Zugvögel, die dort Station machten, oder eine Bemerkung zu „60 Species der Rüsselkäfer" sind ohne Zweifel speziell und im enzyklopädischen

432 Ritter, Carl: Stufenland, Vol. 2, S. 493–499.

433 Ainsworth, ein schottisch-englischer Arzt, hat sich vor allem mit seiner Arbeit zur Erforschung und Bekämpfung der Cholera Verdienste erworben. Er unternahm in den späten 1820er Jahren einige Forschungsreisen, um unter anderem die geologischen Eigenschaften der Pyrenäen zu untersuchen. 1835–1837 war er begleitender Arzt einer Euphrat-Expedition, die von der *Royal Geographical Society* ausgeschickt worden war. Eine weitere sollte ihn zu den nestorianischen Christen Armeniens führen. Den Raum von dieser nördlichen Landschaft bis zum Karun-Fluss kartierte Ainsworth zuverlässig. Es gelang ihm, die Lage verschiedener antiker Orte zu bestimmen und ebenso, seiner Aufgabe als Geologe entsprechend, die Bodenverhältnisse zu bestimmen. Späte Veröffentlichungen konnte Ritter für seine „Erdkunde" freilich nicht heranziehen. Die Berichte über die angesprochenen Reisen standen glücklicherweise bereits zur Verfügung. Mit Blick auf die Verdienste des studierten Mediziners für die Entdeckung und Erforschung des Nahen und Mittleren Ostens ist es bemerkenswert, dass Ainsworth seit ihrer Gründung 1830 Mitglied der *Royal Geographical Society* war. Vgl. Henze, Dietmar: Enzyklopädie der Entdecker und Erforscher der Erde, s. v. „Ainsworth, William Francis". Für die Schriften des Reisenden siehe: Ainsworth, William Francis: Researches in Assyria, Babylonia, and Chaldaea; Forming Part of the Labours of the Euphrates Expedition, London 1838. Ainsworth, William Francis: Travels and Researches in Asia Minor, Mesopotamia, Chaldea, and Armenia, 2 Vol., London 1842. Sein wohl meistbeachtetes Werk, „Travels in the Track of the Ten Thousand Greeks; Being a Geographical and Descriptive Account of the Expedition of Cyrus and of the Retreat of the Ten Thousand Greeks, as related by Xenophon" (London 1844), stand für Ritters „Erdkunde" noch nicht zur Verfügung.

434 Ainsworth, William Francis: Researches in Assyria, Babylonia und Chaldaea, S. 32–46; Ritter, Carl: Stufenland, Vol. 2, S. 499–510.

Sinn fester Bestandteil der „Erdkunde".[435] Es spricht hier aber tatsächlich Ainsworth und nicht Ritter.

Um einiges ergiebiger und für die Frage nach Ritters Quellenarbeit interessanter ist die folgende „Anmerkung", die nun tatsächlich mit bereits bekannten Themen wie der Geschichte des Zuckerrohrs oder den medischen Pferdeweiden verglichen werden kann. Mit einem Exkurs „Ueber die asiatische Heimat und die asiatische Verbreitungssphäre der Platane, des Olivenbaums, des Feigenbaums, der Granate, der Pistacie und Cypresse"[436] begibt sich die „Erdkunde" ganz auf das Feld der Geobotanik.[437] Es hätte nicht der Arbeitsweise und dem Ziel Ritters entsprochen, hier nur eine Bestandsaufnahme dieser bekannten und alten Hölzer, wie es zuvor geschehen ist, zu bieten. Dies war eher ein Nebeneffekt des eigentlichen Anliegens. Die zentralen Fragen waren nun die nach dem Herkommen und nach der Geschichte der Pflanzen, wie die Ausführungen zum Ölbaum exemplarisch zeigen:

Die „Erdkunde" gibt zunächst, einem botanischen Fachbuch gleich, die verschiedenen Namen der Olive an. Die heute wohl am meisten geläufige *olea europaea* wird dabei ihrer unkultivierten Verwandten, *olea sylvestris*, gegenübergestellt. Die frühesten Berichte für den Ölbaum im Mittelmeerraum hat Ritter im Alten Testament gefunden. Dort – beispielsweise in den Büchern Moses – wird der Baum häufig erwähnt. Gesetze der Israeliten zur Ernte des begehrten Öls zitiert Ritter genau wie Hinweise zum Gebrauch als Salböl. Weil das „auserwählte Volk" keine Olivenhaine habe anpflanzen müssen, ging Ritter davon aus, dass solche bereits in Palästina vorhanden waren und ihre Kultivierung somit um einiges älter war.[438]

Es gibt sicherlich nur wenige Pflanzen, denen bis heute so viel an Symbolik zugeschrieben wird wie der Olive oder ihrem Zweig. Der immergrüne Baum verkörpert seit jeher Attribute wie Friede, Wohlstand und Hoffnung, mitunter auch Weisheit, Reichtum sowie Überfluss. Ritter hat auf diese positive Besetzung nicht nur in Bezug auf die christlichen Traditionen verwiesen. Auch die mit Olivenzweigen gekrönten Sieger antiker Feste werden für das alte Griechenland und Rom erwähnt. Damit war die Geschichte des Ölbaumes im Mittelmeerraum begonnen, jedoch auch zugleich wieder beendet.[439] Der historische Kontext war für Ritter hier nicht viel mehr als ein kurzes Schlaglicht. Stattdessen begnügt sich sein Text zunächst einmal mit der Feststellung, dass die drei südlichen europäischen Halbinseln bis auf die „Gegenwart" hauptsächlich die Heimat des Baumes seien. Dort fänden sich nun die beiden Vertreter der Pflanze: der wilde, klein- und spitzblättrige

---

435 Ritter, Carl: Stufenland, Vol. 2, S. 509f.

436 Ritter, Carl: Stufenland, Vol. 2, S. 511.

437 Siehe hierzu auch Ritter, Carl: Über die geographische Verbreitung der Baumwolle und ihr Verhältniss zur Industrie der Völker alter und neuer Zeit, Berlin 1852.

438 Ex. 27, 20 sowie 30, 23; Dtn. 24, 20; Hi. 29, 6; Psalm 52, 10 (Auswahl). Ritter, Carl: Stufenland, Vol. 2, S. 516ff.

439 Die „Erdkunde" gibt Plin. nat. 15, 5 an.

Ölbaum sowie dessen kultivierter Verwandter.[440] Weil Ritter und seine Zeitgenossen davon ausgingen, dass zwar beide denselben Ahnen haben könnten, die „zahme" Olive jedoch nicht von der „wilden" abstamme, lag der Schluss nahe, den Ursprung nicht in Europa suchen zu müssen.

Diese negative Bestimmung führt uns schon mit ziemlicher Sicherheit auf die beiden Nachbarerdtheile zurück, auf Afrika und Asien, in denen beiden an den Küstenländern des mittelländischen Meeres jener edle Oelbaum in seiner ganzen Fülle erscheint. Aber von dem afrikanischen Küstenstriche fehlt uns jede specielle antike Nachricht seiner dort etwa schon frühzeitig heimischen Existenz, die, wie wir oben sahen, dagegen in ein so hohes Alter der asiatischen Heimat auf Palästinas Boden zurückgeht. Selbst von dem zunächst an Asien grenzenden Aegyptenlande ist es unwahrscheinlich, daß es den Oelbaum als einheimisches Gewächs besessen. In den Monumenten der alten Aegypter ist uns darüber keine Spur bekannt; Strabo, der selbst Aegypten bereiset hatte, sagt ausdrücklich, daß nur in der kleinen Landschaft auf der Westseite des Nils nahe am Moeris-See […], und nur allein in dieser der große schöne Oelbaum wachse (Strab. XVII. 809).[441]

Ritter hat auf der Suche nach der Herkunft des Olivenbaumes also historiographisch gearbeitet, sodass dies im Folgenden eine kurze Ausführung verdient. Indem hier zunächst Strabon angeführt und dessen Glaubwürdigkeit als Augenzeuge hervorgehoben wurde, konnte das Land am Nil mehrheitlich ausgeschlossen werden. Ähnliches ist Ritter für das restliche Nordafrika gelungen. Mit Hilfe einer Stelle aus Plinius' „Naturalis historia" konnte festgestellt werden, dass die Olive angeblich „noch zu Tarquinius Priscus Zeit"[442] dort, übrigens genau wie in Spanien und Italien, unbekannt gewesen sei. Jenseits dieses Ausschlussverfahrens berichtet die „Erdkunde" zwar immer wieder von der „gegenwärtigen" Verbreitung des Baumes, jedoch treten diese Verweise zunächst eher in den Hintergrund. Auch für Arabien, das Zweistromland und dann zügiger für Indien sowie für das iranische Kerman konnte das Vorkommen des Baumes im Altertum ausgeschlossen werden. Herodot, Arrian und Strabon berichten dies ausdrücklich. Erst für die neuere Zeit fänden sich dann durch Mountstuart Elphinstone bezeugte Olivenhaine in Afghanistan oder nordwestlich des Indus.[443]

---

440 Die „Erdkunde" zitiert hier und im Folgenden eine umfangreiche Liste an Spezialliteratur, die nicht im vollen Umfang aufzuführen ist. Es handelt sich hauptsächlich um die Berichte der Zeitgenossen, die mit den für die verschiedenen asiatischen Landschaften bereits genannten identisch sind. Von der botanischen/zoologischen Fachliteratur sei folgendes Werk genannt: Link, Heinrich Friedrich: Die Urwelt und das Alterthum. Erläutert durch die Naturkunde, 2 Vol., Berlin 1821 und 1822.
441 Ritter, Carl: Stufenland, Vol. 2, S. 519.
442 Plin. nat. 15, 1 sowie Ritter, Carl: Stufenland, Vol. 2, S. 519f. Tarquinius Priscus ist der sagenhafte fünfte römische König. Er soll die Stadt am Tiber von 616 bis 578 v. Chr. regiert haben.
443 Hdt. 1, 193; Arr. an. 32, 5; Strab. 15, 2, 14; Elphinstone, Mountstuart: The Kingdom of Caubul, S. 38.

Auf diese Weise hat Ritter weitere Landschaften als ursprüngliche Heimat des Baumes ausgeschlossen, wobei ihm die Berichte der Alexanderhistoriker für Zentralasien sowie die von Plinius und Strabon für den Vorderen Orient gute Dienste geleistet haben. Explizit wird später im Text die zeitgenössische Ansicht diskutiert, wonach der „Takht Soliman", also jener große Berg im heute afghanisch-pakistanischen Grenzgebiet, der Herkunftsort sein soll. Daher, so die Zeitgenossen weiter, habe auch „Buddha, oder vielmehr Gantama" den Ölzweig als Friedenssymbol getragen.[444] Ritter hat diesen Ansatz eher abgelehnt, berichtet doch Strabon, dass der Ölbaum die Gebirgsketten nach Norden und Westen in alter Zeit nicht übersteigt. Eine Alternative konnte er jedoch nicht anbieten. So konzentriert sich die „Erdkunde" im Folgenden beinahe ganz auf die Feststellung der „aktuellen" Verbreitung der Olive von Zentralasien bis zum Mittelmeer und schließt zusammenfassend mit einer Tendenz:

> Wenn nun nach diesen Ergebnissen, die wir hier vergleichend für Vorder-Asien zusammengestellt, der Botaniker den Vordersatz im allgemeinen so ausspricht, daß der wilde Oelbaum […], zumal in den kaukasischen und angrenzenden Ländern immer häufiger werde, was darauf führen soll, daß diese Gegenden das Land waren, woraus nicht allein künstlich die Cultur, sondern auch natürlich diese Bäume sich verbreiteten […], so können wir jene östliche Zunahme nach dem kaukasischen Norden hinauf, für die Gegenwart wenigstens, wie sich aus obigem ergiebt, keineswegs zugeben, da schon im pontisch-taurischen und kaukasischen Gebiet und landeinwärts selbst der wilde und noch viel weniger der cultivirte Oelbaum keineswegs vorherrschend genannt werden kann. Dagegen können wir obigem Ausspruch, in Beziehung auf die mehr südlich iranischen und mesopotamisch-syrischen Breiten der Erde, aus oben angeführten Thatsachen schon eher beistimmen, wenn schon heutzutage, in der Gegenwart, jene Landschaften, nur gewisse sporadisch begünstigte Localitäten ausgenommen, ebenfalls kärglich damit ausgestattet erscheinen.[445]

Genau wie die Botaniker seiner Zeit hat Ritter mit der Suche nach dem Ursprung des Olivenbaumes in gewisser Weise ein Gespenst gejagt. Bereits ab dem sechsten Jahrtausend v. Chr. wurde Olivenöl im östlichen Mittelmeer produziert und damit gehandelt. Vermutlich reichen die Spuren sogar noch erheblich weiter zurück. Domesticiert wurde der Baum wahrscheinlich an der Levante, sodass die – mit den Worten der „Erdkunde" – „zahme" Pflanze von dort aus verbreitet wurde, auch in all jene Regionen des Mittelmeeres, in denen ihre „wilde" Schwester bereits beheimatet war. Dies haben moderne Untersuchungen gezeigt.[446] Hebräer, aber vor allem Phönizier und die frühen Griechen dürften diesbezüglich eine wichtige Rolle gespielt haben. Erste Olivenhaine, also der kultivierte

444 Ritter, Carl: Stufenland, Vol. 2, S. 523.
445 Ritter, Carl: Stufenland, Vol. 2, S. 537.
446 Zohary, Daniel: Domestication of Plants in the Old World, S. 116–121.

Anbau, werden heute auf Kreta oder Zypern vermutet. Ritter und seine Zeitgenossen hatten insofern Recht, als sie eine Verbreitung des Ölbaumes von Osten her vermuteten. Allerdings spielten ihnen hier die antiken Autoren, die für das Ausschlussprinzip grundlegend waren, mehr als nur einen Streich. Wenn Strabon und Plinius für den Mittelmeerraum festgestellt haben, dass etwa in Ägypten, Nordafrika und auf den südlichen europäischen Halbinseln der Baum erst relativ spät oder gar nicht eingeführt worden sei, ist dies falsch. Bereits im zweiten Jahrtausend, unter den Ramsesiden, wurde Olivenöl im Land der Pharaonen produziert und nicht nur für kultische Handlungen verwendet. Gleichzeitig dürfte der gezielte Anbau auch Süditalien und Sizilien erreicht haben. Bis zur sagenhaften Stadtgründung Roms und der sogenannten Königszeit hatten griechische Kolonisten den Anbau von Oliven auch über Italien hinaus verbreitet.[447]

Es ist an dieser Stelle bemerkenswert, wie weit Ritters Autorität beziehungsweise sein Forschungseifer nachwirkten. Noch der deutsch-baltische Kulturhistoriker Victor Hehn (1813–1890) verfolgte in seinem Werk „Kulturpflanzen und Hausthiere" ein ganz ähnliches Vorgehen zur Darstellung der Geschichte und der Verbreitung des „Oelbaumes".[448] Die vielfach nachgedruckte und in zahlreichen Auflagen erschienene Schrift erfreut sich bis heute einiger Beliebtheit. Der Text der „Erdkunde" war Hehn gut bekannt und so ist es keineswegs Zufall, dass sein Kapitel zum Olivenbaum gleichfalls mit den Schriften derjenigen antiken Autoren auskommt, die schon von Ritter angeführt wurden. Darüber hinaus hat sich Hehn – nicht nur was die Arbeitsweise anlangt – eng an der „Erdkunde" orientiert. Auch er führt die oben genannten Ergebnisse über die Verbreitung an.

Ritter und sein Nachfolger scheinen den antiken Autoren hinsichtlich der Verbreitung offensichtlich zu stark vertraut zu haben – sicherlich auch, weil kritische Stimmen nicht nur fehlten, sondern auch wegen mangelnder Anhaltspunkte gar nicht aufkommen konnten. Was Ritters Tendenz, die ursprüngliche Heimat im Osten zu suchen, anlangt, so bleibt anzumerken, dass die antiken Hochkulturen des Zweistromlandes eher Sesamöl und andere Sorten gegenüber dem Olivenöl bevorzugten.[449] Die Verbreitung der Kulturpflanze gelangte dadurch im Vergleich zu ihrer Erfolgsgeschichte im Mittelmeerraum nur schwerlich von der Levante aus nach Osten.

447 Zohary, Daniel: Domestication of Plants in the Old World, S. 120f.

448 Hehn, Victor: Kulturpflanzen und Hausthiere in ihrem Übergang aus Asien nach Griechenland und Italien sowie in das übrige Europa, Berlin 1902⁷, S. 102–120.

449 Ritter ist auf die Rolle verschiedener Öle bei den Kulturen des Vorderen Orient zu sprechen gekommen, hat dies jedoch im Zusammenhang weniger berücksichtigt. Vgl. Ritter, Carl: Stufenland, Vol. 2, S. 522.

Zusammenschau

Der achte und neunte Band von Ritters großem Werk, also die Darstellung der „Iranischen Welt", bestätigt in vielerlei Hinsicht die zuvor gewonnenen Ergebnisse. Facetten, die im Übergangsband zu West-Asien neu oder stärker als zuvor erschienen, sind zu festen Bestandteilen der „Erdkunde" geworden. Dazu wäre beispielsweise die historische Ethnographie beziehungsweise die Frage nach der Geschichte der altiranischen „Tribus" zu zählen. Diese wichtige Komponente sollte Ritters weitere Arbeit immer beibehalten. Die ethnologische und administrative Gliederung des alten Persiens war nicht mehr nur ein Exkurs, wie er früher für die Berber oder Blemmyer eingelegt wurde; Ritter hat sie genau wie zuvor die zentralasiatischen Wanderbewegungen zum Thema erster Ordnung gemacht. Dass hier die Indogermanistik mit Christian Lassen und anderen Linguisten eine gewichtige Rolle gespielt hat, sei noch einmal betont, auch wenn Ritter selbst kein Fachmann für diesen Teil der Wissenschaft gewesen ist. Die Sprachwissenschaft hat nicht nur die antiken Autoren, die freilich stets als Gewährsmänner präsent waren, ergänzt, sie hat vielmehr grundlegendes Quellenmaterial epigraphischer Art ganz neu erschlossen.

So ist es auch kein Zufall, dass Ritter die Bände erst einmal mit der Frage nach der Etymologie des Namens „Iran" eingeleitet und dessen Entwicklung weitestmöglich verfolgt hat. Die enorm weit gefasste Zeitspanne, die gewählt wurde, ist zusammen mit dem Ansatz, ähnliche Themen mehrfach aus verschiedenen Blickwinkeln zu betrachten, dafür verantwortlich, dass die „Erdkunde" in diesen Abschnitten eine enorme Quellenvielfalt auszeichnet. Die Redundanz einmal außer Acht gelassen, gewinnt Ritters Werk hier den Charakter einer Enzyklopädie der ethnologischen Verhältnisse des alten Iran beziehungsweise Persiens. Genau wie für den Namen des Landes ist Ritters Arbeit zur Geschichte des Menschen von einem zentralen Motiv geleitet. Das Aufzeigen von Kontinuitäten – und wenn man so will, Verwandtschaften – hat sich an mehr als einer Stelle klar gezeigt. Es handelt sich, kurz gesagt, um die Praxis, Ergebnisse der jüngsten Zeit, die aus dem Fach der Indogermanistik stammten, mit Ethnika, die bei Strabon, Herodot oder auch im Alten Testament überliefert wurden, zu verbinden. Dies erinnert in gewisser Weise an die eben genannten antiken Vorbilder, die in ihren Werken ebenfalls ethnologische Transformationsprozesse aufgezeigt und konnektiv nachverfolgt hatten. Die zentrale Rolle, die diesen Autoren bei Ritter zukommt, erklärt sich durch ihre Bedeutung als Bindeglied von selbst. Sie spielten für den Ethnographen keine geringere Rolle als für den Historiker, ungeachtet des Befundes, dass Ritter einige der antiken Textverweise von seinen zeitgenössischen Quellen übernommen hat.

Ethnographie beziehungsweise Ethnologie sollte für Ritter auch weiterhin und die eigene Zeit betreffend eine wichtige Rolle als feste Komponente seiner Arbeit spielen. Für die Beschreibung von Städten und deren Einwohnern wurden gen Westen soweit möglich die Bevölkerungsanteile der verschiedenen Ethnien angegeben. Der wohl wichtigste und zugleich prominenteste Abschnitt zu diesem Thema ist der zu den Armeniern. Dass zur Geschichte, zur Lebensweise und zur Tradition sowie zu zahlreichen weiteren

Facetten stets zeitgenössische und ältere Quellen herangezogen wurden, konnte diesbezüglich eindeutig festgestellt werden – ganz wie es sich zuvor schon abgezeichnet hatte. Ritter hat seine Darstellung historiographisch eröffnet und vor allem zum Herkommen der armenischen Kirche gearbeitet. Hier hat er sich als Historiker auch speziellen Einzelfragen gewidmet, so etwa der nach dem Beginn der Missionierung. Eng mit der Geschichte sind archäologische Befunde zu Stätten verbunden, die Ritter mit Hilfe der Zeitgenossen aufgenommen hat. Zur armenischen Sprache und deren linguistischen Verwandtschaften verweist die „Erdkunde" auf die bekannten antiken Quellen genau wie auf die ältere armenische Literatur, die sozusagen ein Selbstzeugnis darstellt. Ihre besondere „Vermittlerrolle" wurde ausführlich diskutiert. Die armenische Geschichte ist bis auf die eigene Zeit des 19. Jahrhunderts nur bedingt ausgedehnt worden. Insofern jedoch Ritters Berichte vom Land und den Menschen in der betrachteten Region als Fortführung der Historiographie in Bezug auf die Gegenwart gelten dürfen, ist er auch diesem vertrauten Forschungsprinzip gerecht geworden.

Hinsichtlich der Topographie Irans lässt sich feststellen, dass hier ebenfalls antike und nicht-zeitgenössische Texte ihren festen Platz im Quellenrepertoire eingenommen haben. Dies gilt sogar in zweierlei Hinsicht: Einerseits finden sich schon auf den ersten, einleitenden Seiten Verweise auf Strabon beziehungsweise auf Eratosthenes, um Allgemeines zur Form und Lage des iranischen Hochplateaus und somit auch zu dessen Bekanntheit im Altertum auszusagen. Das Parallelogramm, mit dem der Raum zwischen Indus und Zweistromland, zwischen Kaspischem Meer und Indischem Ozean veranschaulicht wird, sei diesbezüglich exemplarisch genannt. Andererseits haben die antiken Texte jedoch ihre Spuren nicht nur in der Beschreibung des Hochlandes als Makrostruktur hinterlassen. Auch für die Gliederung der einzelnen Landschaften konnten griechisch-römische Autoren als Verantwortliche ausgemacht werden. Die „Berginsel der Hezareh", das „Plateau von Kandahar" und die „Sandwüste Sedschestan" sind keine Landschaften, die im Kontrast zu ihrer unmittelbaren Umgebung als eigenständige topographische Einheiten festgelegt werden können und konnten. Deren Unterscheidung beziehungsweise Definition geht bestenfalls nur bedingt auf die klimatischen, ethnologischen und topographischen Eigenheiten zurück. Vielmehr hatten die antiken Autoren, denen auch dieser Teil Zentralasiens bekannt war, hier verschiedene räumliche Einteilungen vorgenommen. Diese waren für Ritter, der sie freilich konkretisiert hat, Vorbild und wirkten teilweise sogar strukturierend.

Mit dem weiteren Voranschreiten in Richtung Westen hat sich gezeigt, dass die „Erdkunde" den Raum zunehmend mit Hilfe von Flussläufen und mitunter auch Gebirgszügen geordnet und dargestellt hat. Was die Gewässer anlangt, so handelt es sich vor allem im Westen des Hochplateaus um die dort entspringenden Ströme, die schließlich im Tigris oder im Schatt al-Arab münden – so etwa der Karun oder der Diyala. Dass nicht immer deren Größe ausschlaggebend war, zeigen Ritters Ausführungen zum Dez oder zu Dezful genau wie der Text zum Schaur. Diese Flüsse waren im wahrsten Sinne des Wortes Überleiter zu verschiedenen geschichtsträchtigen Orten ihres Umlandes. Allgemein hat sich gezeigt, dass die Abschnitte zu Städten oder wichtigen historischen Stätten stets in die Beschreibungen der Flussläufe eingebettet sind, wobei für den Norden Irans eher die Reiserouten des 19. Jahrhunderts die entscheidenden Strukturelemente der „Erdkunde" waren. Nicht-zeitgenössische Quellen wurden hier nicht zur Einteilung des Raumes herangezogen.

Historiographisch hat Ritter ganz ausgedehnt und gegen Westen zunehmend für jede Stadt gearbeitet. Für die persischen Königsresidenzen wie Persepolis oder Pasargadae hat sich dies leicht feststellen lassen. Vor allem Alexanders Aufenthalt und die antiken Berichte davon wurden umfangreich zitiert und mit den Auskünften der eigenen Zeit in Verbindung gebracht. Auf die Behandlung von Ekbatana beziehungsweise Hamadan darf diesbezüglich noch einmal hingewiesen werden. Neben der Verortung mit Hilfe zeitgenössischer und alter Angaben hat Ritter versucht, die Beschreibung der antiken Stadt durch Herodot mit Moriers Erkundigungen abzugleichen. Weil die Forschung des 19. Jahrhunderts mit dem Bericht des griechischen Autors noch wenig kritisch umgegangen ist, war die „Erdkunde" in dieser Hinsicht recht erfolgreich. Es konnte daher ausführlicher als für manche der zuvor genannten Orte berichtet werden. Diese Verbindung von jüngsten und ältesten Befunden deutet übrigens abermals auf das Bestreben hin, Kontinuitäten zu konstruieren und, wie schon mehrfach gesagt, Siedlungsgeschichten von ihrem Beginn an bis auf die eigene Zeit zu dokumentieren. So ist es zu erklären, dass Ritter beinahe zu einer jeden Stadt eine Vorläuferin gesucht und vorgegeben hat, diese meistens in arsakidischer oder spätestens sassanidischer Zeit auch gefunden zu haben. Dass so nicht nur zu den berühmten und geschichtsträchtigen Zentren des iranischen Hochplateaus gearbeitet wurde, hat unter anderem die Analyse des Abschnittes zur Stadt Schuschtar gezeigt. Auch der römische Einfluss, etwa auf die Gründung oder auf die Anlage, ist bei verschiedenen Orten zur Sprache gekommen, wobei die „Erdkunde" kaum ohne die üblichen Geschichten auskommt. Nicht nur bei den Verweisen auf das Schicksal des römischen Kaisers Valerian hat Ritter mit den antiken Texten historiographisch gearbeitet, auch für die Abschnitte der einzelnen Städte und für deren Umland wurde dies deutlich.

Die archäologische Komponente der „Erdkunde" hat sich besonders für den Westen Irans, allen voran mit den Reliefs von Bischapur, in geradezu bemerkenswerter Weise gezeigt. Dank der Berichte der Zeitgenossen und der verschiedenen Abbildungen in deren Werken konnte das Relief des persischen Großkönigs beschrieben und mit Hilfe der bekannten Ikonographie interpretiert werden. Dass man darin weitgehend erfolgreich war, wurde bereits gesagt. Ritter ist auch hier nicht ohne verschiedene Verweise auf die antiken Texte von Aurelius Victor, Paulus Orosius und Sextus Rufus Festus ausgekommen. Auch die Historia Augusta wurde von ihm zu den Ereignissen des dritten Jahrhunderts und zum Krieg gegen die Sassaniden zitiert. Die Behandlung dieses Reliefs, die exemplarisch für die anderen kennengelernten archäologischen Stätten Irans an dieser Stelle noch einmal erwähnt wird, ist mit ihrem Detailreichtum und auch mit der Art, wie die „Erdkunde" zu dessen Beschreibung vorgeht, absolut vergleichbar mit Ritters Darstellung der herausragenden Stätten Ägyptens.

Darüber hinaus scheint es geboten, einen weiteren Punkt anzusprechen. Es wurde darauf hingewiesen, dass die Entzifferung der Keilschrift in der ersten Hälfte des 19. Jahrhunderts noch in den Kinderschuhen steckte. Dementsprechend waren nur wenige der bekannten Texte zuverlässig übersetzt. Die persischen Reliefs konnten also durch epigraphische Befunde, wie sie dazu auch andernorts gemacht wurden, noch nicht gedeutet werden. Die Forscher konnten sich lediglich auf den Sichtbefund zur abgebildeten Szene und auf das Wissen von der bekannten Ikonographie stützen. Der ereignisgeschichtliche Rahmen wurde ausschließlich von den griechisch-römischen Quellen bereitgestellt. So sind Ritters Ausführungen zu den monumentalen Abbildungen von Bisutun und Bischapur exzellente Beispiele dafür, wie weit die archäologisch-historische Forschung seiner Zeit gelangen konnte, insofern sie in ihrem Quellenmaterial auf lateinische und griechische Texte festgelegt war und nur bedingt auf die Aussagen der Gegenseite zugreifen konnte. Dieser Aspekt wird zum Ende der Arbeit noch einmal aufgegriffen werden, sodass für den Moment lediglich dieser knappe Verweis genügen mag.

Die beiden prominenten Ereignisse, die Ritter im iranischen Westen, genauer gesagt im Vorland des Hochplateaus verortet und beschrieben hat, müssen nicht nochmals ausführlich hinsichtlich der Quellenarbeit kommentiert werden. Von der Schlacht bei Gaugamela und dem Zug der 10.000 wurde mittels der antiken Autoren zumindest in Teilen berichtet. Ritter ist hier ganz als Historiker seiner Zeit tätig gewesen, auch wenn die Lokalisierung des Schlachtfeldes oder gewisser Etappen von Xenophons „Anabasis" immer angesprochen wurden. Die „Erdkunde" hat sich ausgehend von den antiken Berichten auf die Suche gemacht, jene Stätten aufzufinden. Im Gegensatz zu den zahlreichen Stadtgeschichten, die sich kontinuierlich präsentieren, war Ritters Absicht hier jedoch eine andere: Der Geschichte sollte ein Ort gegeben werden und nicht dem Ort eine Geschichte. Diese Praxis sollte er auch bei der Arbeit an den nachfolgenden Bänden beibehalten.

Um an dieser Stelle einen Zusammenhang mit den am Ende der Betrachtung Ägyptens formulierten Ergebnissen herzustellen, sei noch einmal auf diese hingewiesen. Vergleicht man die vier Punkte zu Ritters Umgang mit dem nicht-zeitgenössischen Quellenmaterial, so ist festzustellen, dass die „Erdkunde" diesem Muster weiter gefolgt ist. Topographische Angaben wurden nun vielleicht weniger hypothetisch und vorschlagsartig ergänzt, allerdings haben antike Autoren auch im achten und neunten Band immer noch ihren festen Platz bei der Beschreibung von Landschaften und deren Einteilung sowie bei der Frage nach der Lage von geschichtsträchtigen Stätten. Dass die Darstellung von Flussläufen, wie zuvor die des oberen Nils, nun nicht mehr auf diese Quellen ausweichen musste, lag sicherlich auch daran, dass man im 19. Jahrhundert über die Hydrogeographie – vor allem im Westen Irans – besser unterrichtet war. Hier tappte man weit weniger im Dunkeln, sodass es keine ausgedehnten Hypothesen brauchte, wie es für das Innere Afrikas der Fall war. Ethnogenetische Aspekte wurden von Ritter, wie gezeigt, ausnahmslos auf nicht-zeitgenössisches Quellenmaterial zurückgeführt. Ethnika wurden dabei – mal mehr, mal weniger frei – durch Unterstützung der Sprachwissenschaft verbunden und interpretiert. Historiographische Elemente waren fast überall in den Ausführungen zur „Iranischen

Welt" anzutreffen. Von der Historie des gesamten Raumes bis zu der einzelner Stätten hat Ritter über die Geschichte der Menschen umfangreich berichtet, sodass auch dieser Punkt zum Quellengebrauch bestätigt worden ist. Selbiges gilt für die archäologischen Beschreibungen geschichtsträchtiger Stätten. Diese wurden weiterhin konsequent nach antiken und immer mehr auch nach zeitgenössischen Berichten beschrieben, um dann in jedem Fall unter Verweis auf die griechisch-römischen Autoren in einen historischen Kontext gestellt beziehungsweise interpretiert zu werden.

Bemerkenswert ist abschließend, dass mit dem Exkurs zur Herkunft und Verbreitung des Zuckerrohrs eine neue Dimension des Quellengebrauchs hinzukommt, die sich in keine der bisher ausgemachten so recht einfügen lässt. Da Ritter in seinem Text zu den Süßgräsern und weiter gefasst zur Geschichte zuckerähnlicher Substanzen auch antike Autoren wie Plinius herangezogen hat, erfordert dies einen gesonderten Kommentar. Nun könnte man einwenden, dass hier abermals der Historiker am Werk war. Ganz falsch läge man darin sicherlich nicht. Jedoch würde dabei die geobotanische Perspektive der „Erdkunde" nicht ausreichend berücksichtigt werden. Der Gebrauch antiker Texte über die Verbreitung von Kulturpflanzen klingt in diesem Abschnitt an.

Flora und Fauna haben, wie gezeigt wurde, stets eine gewisse Rolle im Text der „Erdkunde" gespielt. Sie wurden bei mehreren Gelegenheiten mitbehandelt. Was für das iranische Hochland schon in untergeordneter Relevanz angeklungen ist, wurde später mit weitaus mehr Energie verfolgt. Gemeint ist der groß angelegte Exkurs über die Tier- und Pflanzenwelt, der sich auch der Geschichte der Gewächse sowie deren Verbreitung widmet. Exemplarisch wurde dies für die *olea europaea* aufgezeigt. Nachdem Ritter den Zeitgenossen folgend die Landschaft in klimatische Zonen unterteilt und diese kurz charakterisiert hatte, galt sein Interesse vor allem der Suche nach dem Ursprung des Olivenbaumes. Mit Hilfe der schriftlichen Quellen, dem Alten Testament, den Alexanderhistorikern oder auch mit Plinius' Naturforschung wurde versucht, die Geschichte seiner Verbreitung zu rekonstruieren. Auch die ausgedehnte Heimat der Pflanze, die sich von der iberischen Halbinsel bis nach Zentralasien erstreckt, hat Ritter nach den jüngeren Gewährsmännern festgestellt. So wurde Elphinstones Bericht zu Afghanistan zusammen mit den Schriften der „Alten" als verlässliche Aussagen von Augenzeugen verwertet – lediglich mit dem Unterschied der zeitlichen Distanz. In der Art ihres Gebrauchs oder genauer gesagt hinsichtlich des Quellenumgangs hat Ritter keinen Unterschied gemacht. Das Ziel, auf diese Art eine Ursprungsregion auszumachen, konnte so zwar erreicht werden. Jedoch hat die Forschung des 19. Jahrhunderts aus heutiger Sicht den Stimmen der antiken Autoren zu stark vertraut, wobei sie gleichzeitig noch nicht in der Lage war, diesen begründete Zweifel entgegenzuhalten.

V ANTIKE UND MITTELALTERLICHE SPUREN IN DEN KARTEN ZUR „ERDKUNDE VON ASIEN"

An mehreren Stellen dieser Arbeit war bereits von Ritters kartographischen Leistungen und von denen seiner Zeitgenossen die Rede. Wie eingangs erwähnt, folgte den Bänden zu „Europa" und später der „Erdkunde von Asien" zusammengenommen umfangreiches Kartenmaterial. Es waren nicht zuletzt die „Sechs Karten von Europa", die den Namen ihres Herausgebers über die Maßen bekannt machten und seinem Ruf nach Berlin zuträglich waren. Bis auf einige wenige, aber sehr wohl verdienstvolle und gelungene Versuche hat es die Forschung bisher versäumt, das Kartenmaterial genauer in Augenschein zu nehmen.[1] Wo dies geschehen ist, wurde versucht, Ritters Einfluss auf die Kartographie der folgenden Generation des 19. Jahrhunderts nachzuweisen. Diesem gilt es im Folgenden zusammen mit der Frage, inwiefern sich die Ritter'sche Auffassung von Geographie und die damit verbundene Definition von Räumen auch in den Karten zu seinem großen Werk niedergeschlagen haben, nachzugehen.

Im Zentrum der Betrachtung soll aber eine andere Frage stehen. Entgegen der bisher von der Forschung eingenommenen Blickrichtung wird zu klären sein, ob Ritter bei der Darstellung der Topographie auf bereits verfügbares Material zurückgreifen konnte. In anderen Worten: Inwiefern stehen seine Karten in einer feststellbaren Tradition, inwiefern waren sie ein *Novum*? Dies wird als Ausgangspunkt dienen, um die für diese Arbeit wichtige Frage zu klären, ob sich die Spuren antiker beziehungsweise mittelalterlicher Autoren auch in den Atlanten zur „Erdkunde" wiederfinden.

Vorab ist jedoch ein anderer Punkt von Bedeutung. Sowohl der Atlas von Afrika als auch der von Asien geben Carl Ritter als Herausgeber an. Bearbeitet oder erstellt wurden die Karten jedoch zunächst von Heinrich Mahlmann und Johann Ludwig Grimm, später von Heinrich Kiepert.[2] Insofern muss gefragt werden, inwieweit es sich bei den einzelnen „Lieferungen" der Karten tatsächlich um Ritters Produkte handelt oder ob diese vielmehr als Dreingaben anderer zur „Erdkunde von Asien" zu betrachten sind. Zweifellos bestand im Europa des ausgehenden 18. und frühen 19. Jahrhunderts ein wachsendes Bedürfnis nach visuellen Darstellungen des Raumes in Form von Landkarten. Erfindungen wie

---

1   Kretschmer, Ingrid: Der Einfluß Carl Ritters auf die Atlaskartographie des 19. Jahrhunderts, in: Karl Lenz (Hrsg.), Carl Ritter – Geltung und Deutung, S. 165–189 bietet eine übersichtliche Zusammenfassung der direkten Beiträge Ritters zur Kartographie, die vor allem durch deren vollständige Zusammenstellung sowie durch zahlreiche Abbildungen glänzt.
2   Für Details zur Herausgeberschaft und zum Erscheinen der Atlanten siehe S. 67f.

die des Barometers als Höhenmesser und der Lithographie begünstigten die qualitative Entwicklung der Produktion. Während ältere Karten kaum viel mehr als die Projektion von Text in Bild waren, entstand eine neue Generation von kartographischen Höchstleistungen.[3] Sie sind mit den bereits genannten Namen verbunden, wobei Heinrich Berghaus sowie Emil von Sydow (1812–1873) nicht unerwähnt bleiben sollen. Dennoch sollte es noch eine ganze Weile dauern, ehe die Landkartenproduktion zur schriftlichen Länderkunde qualitativ aufschließen konnte. Einen Vorsprung hat Letztere wohl bis auf den heutigen Tag mehr oder weniger behalten.[4]

Um Ritters kartographische Leistung zu würdigen, muss zunächst von seinen eigenen, selbst angefertigten Skizzen und Landkarten ausgegangen werden. Zwar wird gemeinhin der von Heinrich Berghaus nach 1838 herausgegebene „Physikalische Atlas" als erste große und zusammenhängende Sammlung von physischen Karten bezeichnet. Allerdings gingen ihm Ritters „Sechs Karten von Europa" um mehr als 30 Jahre voraus. Schon Oscar Peschel nannte auch dieses Kartenwerk einen „physicalischen Atlas".[5] Heinrich Schmitthenner stellte treffend fest, dass der Begriff „Physische Karte" für eine Darstellung, die hauptsächlich Topographie und Hydrographie zum Gegenstand hat, auf Carl Ritter zurückgeht.[6] Die wohl am meisten beachtete der sechs Karten ist die „Oberfläche von Europa – als ein Bas-Relief dargestellt", stellt man die „Tafel der Gebirgshöhen" einmal hintan.[7] Dieses „Gemälde" ist in mehrerlei Hinsicht bemerkenswert. Zum einen ist es der Versuch, die Höhenverhältnisse des Kontinents farblich zum Ausdruck zu bringen. Damit verbunden zeigt es die Gliederung der Großräume sowie deren Ausdehnung. Zum anderen wird sichtbar, wie die Strukturen – am prominentesten die Gebirge – zusammenhängen. Es ist bemerkenswert, dass Ritter diese durchaus als zusammenhängendes Ganzes begriffen hat – ein Ganzes, das sich über Europa hinaus erstreckt.

Weiterhin sind vor allem jene Karten besonders beachtenswert, die nicht primär der Topographie gewidmet sind. Unter den Titeln „Verbreitung der Kulturgewächse in Europa", „Verbreitung der wildwachsenden Bäume und Sträucher in Europa", „Verbreitung der wilden und zahmen Säugethiere in Europa" oder „Areal-Größe, Volksmenge, Bevölkerung und Verbreitung der Volksstämme in Europa" wurde hier erstmals umfassend versucht, neue Aspekte zu visualisieren.[8] Solche thematischen Karten sind uns heute durchaus

---

3   Lehmann, Edgar: Carl Ritters kartographische Leistung, in: Die Erde, Vol. 90, 2 (1959), S. 185ff. sowie Harley, John/Woodward, David (Hrsgg.): The History of Cartography, Vol. 1, S. 14–23.

4   Kupčík, Ivan: Alte Landkarten, S. 76ff. und S. 115–119; Schneider, Ute: Die Macht der Karten, S. 36–49; Lehmann, Edgar: Carl Ritters kartographische Leistung, in: Die Erde, Vol. 90, 2 (1959), S. 185f.

5   Peschel, Oscar: Geschichte der Erdkunde bis auf A. v. Humboldt und Carl Ritter, S. 690.

6   Schmitthenner, Heinrich: Zum Problem der Allgemeinen Geographie und der Länderkunde, S. 31 sowie Engelmann, Gerhard: Carl Ritters „Sechs Karten von Europa", in: Erdkunde, Vol. 20 (1966), S. 104.

7   Ritter, Carl: Sechs Karten von Europa, „Oberfläche von Europa – als ein Bas-Relief dargestellt" (siehe auch S. 282 sowie Nr. 7 online).

8   Die hier angegebenen Titel richten sich nach dem Inhaltverzeichnis der „Sechs Karten von Europa". Die Überschriften der einzelnen Tafeln weichen leicht davon ab (siehe Nr. 7–11 online). Zur frühen

vertraut, sie gehören zum festen Repertoire der Kartographie. Im frühen 19. Jahrhundert waren sie allerdings ein bahnbrechendes *Novum*, das genau jene länderkundlichen Komponenten abbildete, die laut Ritter als feste Bestandteile einer wissenschaftlichen Erdkunde anzusehen waren. Es ist bedauerlich, dass solche Versuche für den Atlas von Asien nicht weitergeführt wurden. Allerdings wurden sie auch nicht völlig aufgegeben. So hat Jakob Melchior Ziegler (1801–1883) später beispielsweise nach einer Handzeichnung Ritters eigens eine „Karte über die geographische Verbreitung des Kameels" zusammen mit der Verbreitung der Dattelpalme erstellt.[9]

Die Karten zu seinen Europa-Bänden hat Ritter selbst entworfen, umgesetzt wurden sie von Karl Ausfeld.[10] Somit steht der direkte Einfluss des Geographen außer Frage. Selbstkritisch hat er dazu bemerkt: „Ich biete dem Publicum meine geringe Arbeit an, weil ich [...] kein anderes Werk kenne, in welchem dieselben Gegenstände ähnlich behandelt wären. Aber ich gestehe zugleich meine innigste Überzeugung, daß ich sie nur für einen schwachen Versuch auf einem so weiten Felde ansehe und daß der Umfang dieses Gegenstandes bei weitem meine Kräfte übersteigt".[11] Tatsächlich ist Ritters Einfluss auf die später erschienenen Karten zu seiner „Erdkunde" nicht ganz so direkt feststellbar. Wir besitzen heute nur wenige verstreute Hinweise darauf, inwiefern er selbst an den Details und der Ausarbeitung der Landkarten beteiligt war.

Sicher ist, dass Ritter die Kartographie und ihre prominenten Vertreter ganz maßgeblich inspiriert hat. Wilhelm Perthes und Adolf Stieler geben im Vorwort zu ihrem Handatlas aus dem Jahre 1834 an, dass der erste Teil der „Erdkunde" genau wie Ritters Vorträge sie inspiriert hätten. Sie seien der Ausgangspunkt für ein „würdiges, gediegenes, lebendiges, echt wissenschaftliches Auffassen und Verarbeiten des geographischen Stoffes" gewesen.[12] Für Heinrich Berghaus lässt sich Ähnliches nachweisen, indem seine Karte Afrikas durch das wiederholte Lesen der Ritter'schen Erdkunde entstanden ist.[13] Auch für Helmuth von Moltke, Emil von Sydow und besonders für den Schweizer Kartographen Jakob Melchior Ziegler konnte Ritters Einfluss von Edgar Lehmann zweifelsfrei festgestellt werden.[14] So darf Zieglers viel beachteter „Geographischer Atlas über alle

Geschichte der thematischen Karten siehe: Kupčík, Ivan: Alte Landkarten, 134–137; Robinson, Arthur: Early Thematic Mapping, S. 44ff. und S. 64ff.

9   Ziegler, Jakob Melchior: Karte über die geographische Verbreitung des Kameels [...], Berlin 1847.

10 Engelmann, Gerhard: Carl Ritters „Sechs Karten von Europa", in: Erdkunde, Vol. 20 (1966), S. 104.

11 Ritter, Carl: Sechs Karten von Europa, Vorrede.

12 Perthes, Justus (Hrsg.): Bericht zu Stieler's Hand-Atlas, S. IV.

13 Berghaus, Heinrich: Kritische Bemerkungen über die von Berghaus bearbeitete Karte von Afrika, in: Hertha, Vol. 5 (1825), S. 6.

14 Lehmann, Edgar: Carl Ritters kartographische Leistung, in: Die Erde, Vol. 90, 2 (1959), S. 187 und S. 195f. Es ist bedauerlich, dass Ritters Einfluss auf die Kartographie gerade auch von den neueren Überblickswerken kaum mehr festgestellt wird. Vgl. Harley, John/Woodward, David (Hrsgg.): The History of Cartography, Vol. 1, S. 16 (Ritter wird bestenfalls indirekt erwähnt). Arthur Robinson (Early Thematic Mapping, u. a. S. 61–64, S. 101ff., S. 111 und S. 137) würdigt Ritter dagegen angemessen und ausführlich.

Carl Ritter: Sechs Karten von Europa, „Oberfläche von Europa als ein Bas-Relief dargestellt", Schnepfenthal 1806

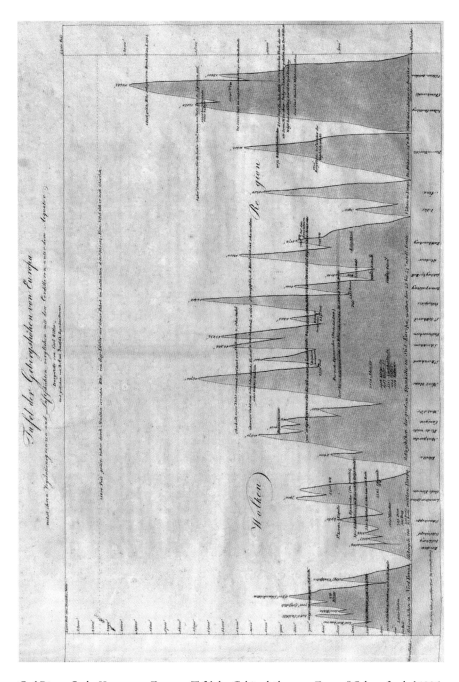

Carl Ritter: Sechs Karten von Europa, „Tafel der Gebirgshöhen von Europa", Schnepfenthal 1806

283

Theile der Erde, bearbeitet nach der Ritter'schen Lehre und dem Andenken Dr. Carl Ritter's gewidmet" als eindeutiges Bekenntnis – auch der nachfolgenden Generation – zur Leistung des Gründervaters der Geographie angesehen werden.[15]

Mit Ritters Lehre dürften hier vor allem zweierlei Aspekte angesprochen sein. Zum einen – darüber hat sich Ritter selbst in anderem Zusammenhang geäußert – war es ganz in seinem Sinn, „durch die Zweckmäßigkeit ihrer ganzen Anordnung, durch die einfache großartige Haltung [der] Hauptteile [...] gleich beim ersten Anblick einen Eindruck mehr von einem wirklichen Naturbilde als von einer kleinen Papierfläche" zu erwecken.[16] Einerseits ist in diesen Worten sicherlich noch einmal die Kritik an der älteren Kartographie zu erkennen. Ritter hat sich mehrfach über die „tote Landkartenansicht" beklagt.[17] Andererseits klingt hier die spezielle Rolle an, die sogenannte „Erdindividuen" in Ritters Geographieverständnis auszeichnet. Das Ziel, einzelne Glieder zu einem Ganzen zusammenzusetzen, zu vergleichen und eine ganzheitliche Betrachtung vorzunehmen, wurde bereits erörtert. Im übertragenen Sinn hat Friedrich Marthe für die Kartographie treffend bemerkt:

> Die Fähigkeit Ritters, sich über den Stoff zu erheben, ihn von hohem Standort in großer Betrachtung zu gliedern und in eine generalisierte Schau zu stellen, ist verwandt mit der Forderung an den Kartographen, die Einzelformen mit stetem Bezug auf das Gesamtbild eines Gebietes darzustellen, so daß der Betrachter mit einem Blick Wesentliches vom Unwesentlichen, d. h. die gesamte Oberflächenbeschaffenheit, zu umfassen vermag.[18]

Dieser konsequent umgesetzten und für die Struktur der „Erdkunde"-Bände mehrfach festgestellten Auffassung entsprechend, sollten Zusammenhänge geschlossen und Großräume oder Landschaften eben auch als solche abgebildet werden. Besonders anschaulich stellt dies die Übersichtskarte zum afrikanischen Kontinent dar.[19] Auf das große nördliche Tiefland, das die „Libysche Wüste" zusammen mit der Sahara und der „Wüste Sahel" umfasst, folgt ein zentrales Hochland, das seinerseits im Süden wieder

15 Ziegler, Jakob Melchior: Geographischer Atlas über alle Theile der Erde, Winterthur 1862–1854². Dazu auch Kretschmer, Ingrid: Der Einfluß Carl Ritters auf die Atlaskartographie des 19. Jahrhunderts, in: Karl Lenz (Hrsg.), Carl Ritter – Geltung und Deutung, S. 184ff. sowie Imhof, Eduard: Ein Besuch Carl Ritters bei Jakob Melchior Ziegler in Winterthur, in: Geographica Helvetica, Vol. 19, 3 (1964), S. 186–192.

16 Zit. nach Perthes, Bernhard: Justus Perthes in Gotha, S. 50.

17 Vgl. Wisotzki, Emil: Zeitströmungen in der Geographie, S. 378 und S. 460.

18 Marthe, Friedrich: Was bedeutet Carl Ritter für die Geographie?, in: Zeitschrift der Gesellschaft für Erdkunde zu Berlin, Vol. 14 (1879), S. 386; vgl. Lehmann, Edgar: Carl Ritters kartographische Leistung, in: Die Erde, Vol. 90, 2 (1959), S. 196.

19 Ritter, Carl/O'Etzel, Franz August (Hrsgg.): Hand-Atlas von Afrika, „Karte von Afrika" (siehe auch S. 72 sowie Nr. 16 online).

in tiefer gelegene Länder übergeht. Dieses Hochland, das Ritter mehr oder weniger hypothetisch bei 8–9° nördl. Br. aufsteigen lässt, läuft gegen 25° südl. Br. aus. Das Land am Nil sowie das Atlas-Gebirge und das „Hochland Sudan" wären als weitere „Erdindividuen" hinzuzuzählen. Der Vollständigkeit halber ist zu bemerken, dass die Karte dem „Hochland Sudan", das in etwa der Oberguineaschwelle entspricht, ein entsprechendes „Tiefland Sudan" gegenüberstellt. Diese den Tschad-See umgebende Landschaft geht dann im großen nördlichen Tiefland auf. So zeigt sich schon auf dieser Übersichtskarte das Ineinandergreifen der Großräume deutlich. Die Organisation der Makrostrukturen wurde hier entsprechend Ritters Plädoyer umgesetzt, wobei das Höhenniveau als bestimmender Faktor herangezogen wurde. Politische Grenzen, die ja ohnehin in der Zeit territorialer Umwälzungen nicht konsequent und aktuell kartiert werden konnten, waren diesbezüglich zu vernachlässigen. Ein analoger Zuschnitt lässt sich übrigens auch für die Karte zu den beiden Iran-Bänden feststellen.[20]

Die Karte von Afrika wurde also durch den Wechsel von Hoch- und Tiefländern strukturiert. Flussläufe, die so häufig im Text der „Erdkunde" als bestimmende Faktoren festgestellt werden konnten, sind mit Ausnahme des Nils von untergeordneter Bedeutung. Der Grund dafür ist in der Entdeckungsgeschichte des Kontinents zu suchen. Wie oben bereits besprochen, waren die großen Ströme Zentralafrikas den Zeitgenossen, wenn überhaupt, nur wenig bekannt. Demgemäß sind die „Specialblätter" des Atlas von Afrika entsprechend den benannten Großlandschaften eingeteilt.[21] Dem Nil kommt dabei genau wie im ersten Band der „Erdkunde" eine besondere Rolle zu. Seinem Lauf sind (mit Theben und Alexandria) insgesamt neun der 14 Karten gewidmet.

Ein zweiter Punkt ist hinsichtlich Ritters „Lehre" und seiner Wirkung auf die Kartographie bemerkenswert: Seine Auffassung vom Menschen in der Welt sowie die teleologische Komponente in seinem Verständnis vom Fach, die von nachfolgenden Wissenschaftlern als Hemmschuh wahrgenommen und kritisiert wurden, haben der Wirkung Ritters keinen Abbruch getan. Edgar Lehmann hat dazu ganz richtig festgestellt: „Wenn Ritter den Boden der Tatsachen verlassen hätte", wäre ihm wohl kaum der öffentliche und allgemeine „Dank der Kartenbearbeiter und Kartenherausgeber" zuteilgeworden.[22] So darf zweifellos davon ausgegangen werden, dass die Länderbeschreibungen der „Erdkunde", wie sie im Hauptteil dieser Arbeit breit analysiert wurden, durchaus von großem Wert und erheblicher Wirkung für die Kartographie der Zeit waren.

Für den Atlas von Afrika ist Ritters direkter Einfluss auf die Erstellung der Karten feststellbar. Für diese Annahme sprechen neben der bereits angeführten Aussage Ritters

---

20 Ritter, Carl/O'Etzel, Franz August (Hrsgg.): Atlas von Asien, dritte Lieferung, „Übersichts-Karte von Iran oder West-Hochasien" (siehe auch S. 172 sowie Nr. 20 online).

21 Ritter, Carl/O'Etzel, Franz August (Hrsgg.): Hand-Atlas von Afrika, „Karte vom Südende Afrikas", „Aethiopisches Hochland" (siehe auch S. 301 sowie Nr. 17 online), „Karte von Hochsudan", „Karte der Nordküste Afrikas" sowie mehrere Karten zum Lauf des Nils.

22 Lehmann, Edgar: Carl Ritters kartographische Leistung, in: Die Erde, Vol. 90, 2 (1959), S. 204.

einige weitere Indizien. Zunächst ist eine Passage aus der Kramer'schen Biographie anzuführen, die sich der Entstehung der Landkarten widmet. Sie fasst noch einmal Ritters Anliegen, die Kartographie unter anderem qualitativ voranzubringen, zusammen. Der Text gibt aber gleichfalls über seine Beteiligung an den Entwürfen Auskunft:

[Es war] also überwiegend geistige, lebendige Construction, durch welche Ritter die unendliche Mannichfaltigkeit der quellenmäßigen Notizen zusammenfaßte und in ein anschauliches Bild, so weit es möglich war, vereinigte. Natürlich war es aber sein Wunsch, das von ihm so nach den besten Quellen gewonnene Bild auch in kartographischer Darstellung zur Anschauung zu bringen. Hieraus giengen die von ihm zuerst in Gemeinschaft mit dem damaligen Major, spätern General von Etzel, dann von ihm allein herausgegebenen fünf Kartenhefte zu der Erdkunde hervor, von denen das erste sich auf Africa, die vier folgenden auf Asien beziehen, und unter seiner speciellen Mitwirkung von den ausgezeichneten Kartographen J. L. Grimm, der leider zu früh starb, H. Mahlmann, C. Zimmermann und H. Kiepert bearbeitet sind. Von den beiden letztgenannten wurden außerdem eine große Zahl ausgezeichneter kartographischer Arbeiten in nächster Beziehung zu Ritters Werk, und unter der lebhaftesten Theilnahme von seiner Seite herausgegeben. Es ist interessant, sein Urtheil über die Bedeutung dieser Arbeiten, auf die er außerordentlichen Werth legte, zu vernehmen. In der Vorrede zum 9ten, 1840 erschienenen Theile der Erdkunde S. VI sagt er bei Erwähnung derselben: „Es war keine gewöhnliche Aufgabe, von so wenig bearbeiteten Ländertheilen Asiens neue Specialkarten zu liefern, die den Ansprüchen des gegenwärtigen Fortschrittes der Wissenschaft genügen und wirklich zum Studium der vergleichenden Erdkunde förderlich sein konnten. Die Vorarbeit war auch hierzu nicht gering, und schwerlich wird es Jemand den einfachen Blättern ansehen, welche Nachtwachen sie gekostet haben. Ohne dazu ausgebildete Erkenntniß, Kraft und Begeisterung, durch das labyrinthisch verwirrte Chaos glücklich hindurchzudringen, um auf gewissenhafte Weise auch Andern wiederum der beste Führer zu werden, sind dergleichen Originalarbeiten unausführbar, wie das Heer gewöhnlicher Karten, die immer wieder Copien von Copien sind, in denen die Verwirrung sich von Jahrzehend zu Jahrzehend, und selbst von Jahrhundert zu Jahrhundert fortschleppt, dies hinreichend darthut." Vielfach war die Construction solcher neuen Karten auf Grund des mannichfaltigen von den verschiedensten Seiten zusammengebrachten Stoffs nöthig, um zur völligen Einsicht der richtigen Raumverhältnisse zu gelangen, die der weitern Bearbeitung zu Grunde gelegt werden konnte. Dabei war Ritter, selbst ein geschickter Kartenzeichner, natürlich besonders betheiligt.[23]

Kramer, der Ritter in diesen Zeilen selbst sprechen lässt, vermerkt also seine direkte und vor allem praktische Beteiligung bei der Erstellung der Landkarten ausdrücklich. Was hier klar für die frühen Blätter der Atlanten ausgesprochen wurde, konnte die Forschung

---

23 Kramer, Gustav: Carl Ritter, Vol. 1, S. 399f. (zweite Auflage).

auch für die letzten beiden Lieferungen, die durch Heinrich Kiepert später verwirklicht wurden, feststellen. Beide, der Geograph und sein Kartograph, haben in Berlin gemeinsam an den Blättern gearbeitet.

Was die Karten von Afrika anlangt, so lassen sich noch einige weitere Punkte anführen, die Ritters Teilhabe untermauern. Zunächst fällt auf, dass der Titel „Hand-Atlas von Afrika […] zur Allgemeinen Erdkunde" bereits die Nähe zur „Erdkunde" andeutet. Sein Vorwort stellt die besondere Beziehung dann direkt her. Zusätzlich fällt auf, dass eine jede der 14 Karten explizit einem Abschnitt des ersten Bandes der „Erdkunde" zugeordnet ist. So bezieht sich etwa die Darstellung Unterägyptens auf die Seiten, die mit „Der untere Nillauf in Unterägypten, das Nildelta" überschrieben sind. Eine Abbildung des Querschnitts vom Niltal verweist auf den Abschnitt „Quersection des Nilthals" im Text. Selbst die große Übersichtskarte von Afrika bezieht sich auf die einleitenden Bemerkungen des Bandes, die auch in dieser Arbeit eigens vorgestellt wurden. Es ist daher nicht zu bezweifeln, dass sich der Atlas von Afrika ganz nahe an Ritters Werk bewegt. Damit sind alle Voraussetzungen erfüllt, um der Frage nachzugehen, welchen Einfluss nicht-zeitgenössische Autoren auf das Kartenmaterial zur „Erdkunde" hatten.

Es bedarf zunächst einer Auswahl geeigneter Karten beziehungsweise Kartensegmente, an denen die Probe aufs Exempel durchgeführt werden kann. Für den Atlas von Afrika entfallen naturgemäß diejenigen Pläne, die sich den Ländern widmen, die von den so oft zitierten antiken und mittelalterlichen Autoren nicht oder nur kaum erfasst wurden. Dementsprechend muss sich der Fokus auf den Norden Afrikas richten. Während sich im Nordosten aus denselben Gründen, die schon bei der Auswahl der Nil-Länder für die Textanalyse entscheidend waren, einige aussichtsreiche Ansatzpunkte bieten, ist der Westen problematisch. Hier, entlang der Küste des Mittelmeeres, bieten sich keine „weißen Flecken", also keine Ungenauigkeiten und keine Hypothesen, die auf älteres Material zurückgehen können. Nordafrika war den Zeitgenossen schlichtweg zu gut bekannt. Dass sich im Atlas von Afrika sehr wohl Blätter finden, die unter anderem historischen Themen wie etwa dem punischen Karthago, Alexandria oder dem Umland von Theben gewidmet sind, hat auf die Auswahl der zu analysierenden Karten keinen Einfluss. Diese haben eine spezielle, historische Bewandtnis oder sind archäologischen Beobachtungen gewidmet und bilden also keine Aussagen zur „aktuellen" Topographie von Landschaften ab. Die Untersuchung der Kartentradition und der herangezogenen Quellen zur Visualisierung der Topographie ist unter Berücksichtigung der angesprochenen Punkte besonders auf ein Areal festgelegt: Es ist jener Teil im Herzen Afrikas, der von Ritter entsprechend vage im Zusammenhang mit dem Weißen Nil und den Ländern nordwestlich von diesem besprochen wurde. Dieses Segment der Übersichtskarte von Afrika soll zusammen mit dem nicht weniger relevanten Blatt vom „Aetiopischen Hochland", das ebenfalls die „Vorstufe von Darfur und Sennaar" abbildet, die Ausgangsbasis sein.[24]

---

24 Ritter, Carl/O'Etzel, Franz August (Hrsgg.): Hand-Atlas von Afrika, „Karte von Afrika" und „Aethiopisches Hochland" (siehe auch S. 72, S. 301 sowie Nr. 16 und 17 online).

Vor der Untersuchung der Ritter'schen Landkarte ist es nötig festzustellen, inwiefern neueres beziehungsweise zeitgenössisches Material zu ihrer Erstellung verfügbar war und herangezogen wurde. In anderen Worten, es muss die Frage nach der Kartentradition gestellt werden. Diese wurde von Ritter ja bereits selbst angesprochen. Für gewöhnlich ist ein derartiges Vorhaben mit schier unüberwindlichen Hürden verbunden, die in dem nur schwer überschaubaren kartographischen Bestand begründet liegen. Allerdings hat der Herausgeber des Atlas von Afrika seinen Betrachtern einen großen Dienst erwiesen. Entgegen den Konventionen der Zeit wurden die „Quellen und benutzten Materialien" auf den Karten verzeichnet.[25] Es ist ein ausgesprochener Glücksfall, dass sich so, zusammen mit dem Verzeichnis der Ritter-Bibliothek und dem Text der „Erdkunde", das verwendete zeitgenössische Material feststellen lässt.[26] Für das Kartensegment vom äthiopischen Hochland und der Landschaft westlich davon sind dies die Werke von Hiob Ludolf (1624–1704), der heute als Begründer der Äthiopistik gilt.[27] Zusammen mit Jean-Baptiste Bourguignon d'Anville, der die bereits genannte große Karte „Afrique" geschaffen hat, darf er vor den jüngeren Kartographen genannt werden. Zu diesen zählen zunächst die bereits vielfach erwähnten James Bruce, James Rennell, William Browne sowie Henry Salt (1780–1827), aus dessen „Map of Abyssinia" wertvolle Details entnommen werden konnten.[28] Des Weiteren sind vier Kartographen beziehungsweise Reisende zu nennen, die im Text der „Erdkunde" eine untergeordnete Rolle spielen, aber auf der Ritter'schen Karte namentlich aufgeführt werden. Aaron Arrowsmith (1750–1823), der berühmte britische Kartograph und Graveur, steht dort neben Frédéric Cailliaud (1787–1869), dem französischen Meroë-Forscher. Mit Eduard Rüppell (1794–1884) und Johann Christoph Reinecke (1768–1818) sind abschließend zwei deutsche Gelehrte anzuführen.[29] Während Rüppell zur Reihe der Forschungsreisenden zu zählen ist, hat Reinecke durch seine Arbeit am Geographischen Institut in Weimar für die Kartographie des östlichen Zentralafrika wertvolle Beiträge geleistet.

Für die Erstellung der Landkarte zur Region des oberen westlichen Nillandes sowie von Darfur und Sennaar konnte man also durchaus auf umfangreiches jüngeres Material zurückgreifen. Ritters Arbeit steht damit in einer bereits vorhandenen Tradition. In dieser stellen die beiden erstgenannten Arbeiten von Ludolf und d'Anville eine Besonderheit dar, sie unterscheiden sich von ihren Nachfolgern im Hinblick auf den zeitlichen Abstand und den Kenntnisstand. Die ältere von beiden, Ludolfs Karte von „Habessinia seu Abassia"

25 Ritter, Carl/O'Etzel, Franz August (Hrsgg.): Hand-Atlas von Afrika, siehe Vorwort sowie die jeweiligen Blätter; dazu auch Kretschmer, Ingrid: Der Einfluß Carl Ritters auf die Atlaskartographie des 19. Jahrhunderts, in: Karl Lenz (Hrsg.), Carl Ritter – Geltung und Deutung, S. 177–180.

26 Vgl. Ritters Verzeichnis der Bibliothek und Kartensammlung, S. 7–11 (Werke über Kartographie); Ritter, Carl: Afrika, S. 516–526 (maßgeblich).

27 Bauer, Konrad: Hiob Ludolf, S. 5–10.

28 Vgl. Henze, Dietmar: Enzyklopädie der Entdecker und Erforscher der Erde, s. v. „Salt, Henry".

29 Vgl. Henze, Dietmar: Enzyklopädie der Entdecker und Erforscher der Erde, s. v. „Rüppell, Eduard" und s. v. „Cailliaud, Frédéric"; Black, Jeremy: Maps and History, S. 28f.

aus dem Jahre 1683, gehört noch einer anderen Generation der Kartographie an.[30] Für sie gilt die oben getroffene Aussage über die Projektion von Text in die zweidimensionale Bildebene. Sie wurde wohl nahezu ohne die Zuhilfenahme von naturwissenschaftlichen beziehungsweise mathematischen Informationen erstellt, dementsprechend kennt die Karte auch keinen Maßstab und dergleichen. Die verzeichneten Gebirge drücken nicht mehr aus als deren bloße Existenz. Einen Anspruch auf eine korrekte Darstellung von Gebirgsverläufen, Höhenkämmen oder Tälern kann die Karte nicht erheben. Besondere Zusatzinformationen über politische Verhältnisse, Bodenschätze oder ortsansässige Bewohner verzeichnet sie mit teilweise ausführlichen Textanmerkungen. Darüber hinaus fallen die zahlreichen Illustrationen auf, mit denen Ludolf seine Karte im Stil der Zeit ausgeschmückt hat. Neben exotischen Tieren wie Elefanten und Straußen bemerkt der Betrachter auch Fabelwesen und Ungeheuer. Nichtsdestotrotz ist die Karte hinsichtlich der Flussläufe bemerkenswert. Auch wenn diese keinesfalls auf Basis einer modernen Landvermessung abgebildet wurden, stimmen sie in ihren groben Wendungen und Richtungen mit den heute bekannten Gewässern überein und können so, obgleich ihnen Ludolf mitunter andere Namen gegeben hat, identifiziert werden. So kann der Blaue Nil, der bereits auf dieser Karte ganz richtig mit dem Tzana-See in Verbindung steht, dem Bahr al-Azrak zugeordnet werden. Den weißen Strom kannte Ludolf noch nicht, jedenfalls nicht den Bahr al-Abiad. Jedoch war ihm dessen östlicher Zufluss, der sich näher am Hochland von Abessinien befindet, ein Begriff. Er nannte den Fluss, der heute Sobat heißt, Maleg und hat diesem korrekt zwei Quellarme gegeben. Sein Name findet sich noch in Ritters Karte mit Verweis auf Ludolf wieder.[31]

D'Anvilles Karte, die rund 75 Jahre später entstanden ist, stellt einen gewaltigen Fortschritt dar. Zunächst fällt der Versuch auf, ihr einen Maßstab zu geben.[32] Der Kontinent wurde zudem ausgehend vom Ferro-Meridian vor dem Gradnetz der Erde dargestellt. Auf die illustrativen Elemente wurde inzwischen weitestgehend verzichtet. Die Arbeit des Franzosen zeigt für das äthiopische Hochland eine weit weniger verwirrende Bergwelt, es wurde erstmals das Streichen der zusammenhängenden Ketten abgebildet. Hinsichtlich der Hydrogeographie ist interessant, dass die Darstellung des Blauen Nils mit der von Ludolf im Grunde genommen übereinstimmt. Auch die Namen haben sich so weit erhalten. Besonders auffällig ist die Erweiterung, die die Karte gegen Westen erfährt. Dort findet sich nun der Bahr al-Abiad prominent verzeichnet. Seine weitgehend fantasievolle Abbildung geht auf prominente, im Laufe dieser Arbeit bekannt gewordene Gewährsmänner zurück:

---

30 Ludolf, Hiob: Historia Aethiopica, Frankfurt am Main 1681 sowie Ludolf, Hiob: Habessinia seu Abassia, Amsterdam 1683 (siehe auch Nr. 1 online).

31 Mit „richtiger" oder „korrekter" Darstellung ist in diesem Abschnitt nicht die exakte Darstellung nach dem heutigen Informationsstand gemeint. Es geht hier vielmehr um die Frage nach dem groben Verlauf der topographischen Strukturen und um deren Existenz. So darf beispielsweise nochmals daran erinnert werden, dass die Verbindung des Weißen Nils zum Victoriasee Ritter und seinen Zeitgenossen unbekannt war.

32 D'Anville, Jean-Baptiste: Afrique, Paris 1749 (siehe auch S. 82 sowie Nr. 2 online).

Es sind Ptolemaios, al-Idrisi und Abu l-Fida. Sie hat d'Anville namentlich zusammen mit ihren Auskünften zu den Flussläufen auf seiner Karte vermerkt.[33]

Besondere Aufmerksamkeit verdienen zunächst die Quellen des Abiad beziehungsweise des Weißen Nils. D'Anville stellt ausdrücklich klar, solange diese nicht eindeutig durch die Reisenden ausfindig gemacht würden, sei es nicht statthaft, die Auskünfte der antiken und mittelalterlichen Geographen zu verwerfen. Dementsprechend kennt seine Karte das Mondgebirge, von dem bereits die Rede war, zusammen mit zwei großen Seen als die wichtigsten Quellen. Diese vereinigen sich zum Nil, der dann nach den Auskünften der orientalischen Autoren gen Norden zum Bahr al-Abiad wird. Unsicher hat der Kartograph über diesen vermerkt: „que l'on dit être un plus gros Flewe que celui qui vient de l'Abessinie". Die Abbildung des „Verbindungsstücks" zwischen dem Weißen und dem Blauen Nil (Bahr al-Abiad und Bahr al-Azrak) bereitete um die Mitte des 18. Jahrhunderts immer noch erhebliche Schwierigkeiten, zumal auch die „Alten" hierzu kaum Auskünfte geben. Nur so lässt sich die ab diesem Punkt kuriose Hydrogeographie der Karte erklären: Den Blauen Nil als östlichen Quellfluss kennt sie nicht namentlich. Stattdessen mündet der „Maleg" in ein als „Abawi" bezeichnetes Gewässer, das in seinem Verlauf dem Blauen Nil entspricht. Ersatzweise wurde ein Gewässer, das mit fortschreitender Kartenentwicklung getilgt wurde, westlich des Abiad als „Bahr-el Azrac ou R[re] Bleue" bezeichnet und zusammen mit einem „Nil des Negres" nach al-Idrisi verortet.[34] Dieser Fluss, der dem „Gir" des Ptolemaios entsprechen soll, wurde zusammen mit dem sogenannten garamantischen Tal im Westen beziehungsweise Süden verzeichnet. Es ließen sich zahlreiche weitere Strukturen in Richtung Nordwesten nennen, die nach den Auskünften dieser beiden Geographen abgebildet wurden. Sie reichen von Königsstädten über namenlose Flussläufe bis hin zu Sumpflandschaften.

Die Betrachtung der beiden Karten zeigt zunächst, mit wie wenigen zuverlässigen Angaben jüngeren Datums man bis um die Mitte des 18. Jahrhunderts auskommen musste, um diesen Teil Afrikas abzubilden. In diesem Punkt sollten die nächsten Jahrzehnte, wie zu zeigen sein wird, so manchen Fortschritt mit sich bringen. Der wohl wichtigste Aspekt ist allerdings, dass das Hinzuziehen antiker und mittelalterlicher Autoren durchaus üblich war. Obgleich sich d'Anvilles Karte bereits durch mehrere neuere Elemente einer

---

33 Für die folgenden Ausführungen zu den Nil-Quellen und der Landschaft westlich des Weißen Nils ist auf folgende Stellen bei den drei genannten Autoren zu verweisen: Ptol. 4, 7 und 4, 8; Hartmann, Johann: Edrisii Africa, insbesondere S. 11ff., S. 70–76 sowie S. 81–95 und S. 327 (generell ist die komplette „sectio I." der „Africae descriptio" in der Hartmann'schen Ausgabe von Bedeutung); Eichhorn, Johann Gottfried: Abvlfedae Africa, S. 1–36 (Ritter hat, wie zuvor gezeigt wurde, Abu l-Fida mit Hilfe eines zeitgenössischen Werkes aufgenommen. Vgl. Rennell, James: The Geographical System of Herodotus, S. 408–448; siehe auch Vol. 2 der zweiten Auflage, S. 48f.). Zur Tradition, antikes Wissen zur Erstellung von Karten heranzuziehen, siehe: Black, Jeremy: Maps and History, S. 4ff. und S. 63.

34 Mit etwas Fantasie könnte man hinter der falschen Benennung d'Anvilles den heute sogenannten Bahr al-Arab beziehungsweise den Bahr al-Ghazal vermuten, die als westliche Nebenflüsse des Weißen Nils nahe der südsudanesischen Stadt Bentiu in diesen münden.

wissenschaftlichen Kartographie auszeichnet, schließt sie historisch gewordenes Material nicht aus. Zudem stand dieses auch hier in seiner Glaubwürdigkeit nicht hinter dem jüngeren zurück – jedenfalls so lange nicht, bis die Aussagen widerlegt oder korrigiert werden konnten.

Das Material der anderen oben benannten Kartographen oder Reisenden kann in zwei Gruppen geteilt werden: Einerseits handelt es sich um die Karten, die den einzelnen Reiseberichten beigegeben wurden (Bruce, Browne, Cailliaud und Rüppell); andererseits sind es die großen, bekannten Übersichtskarten des gesamten afrikanischen Kontinents (Rennell, Arrowsmith und Reinecke). Die zweifellos wertvollen Auskünfte von Henry Salt für das abessinische Hochland können bereits vorab für die hier relevanten Fragen ausgeschlossen werden. Salt hat diesen Teil Afrikas zusammen mit den portugiesischen Besitzungen an der Ostküste zweimal besucht, allerdings ist er nicht in das Land jenseits des Blauen Nils vorgedrungen, sodass seine Karte kaum weiter als bis zum Tzana-See reicht.[35]

James Bruce bereiste, wie schon erwähnt, das westliche Äthiopien, das die Quellen des Blauen Nils umgibt. Seine Karte (1790) greift jedoch erheblich weiter nach Westen aus und bietet auch einige weitere Stationen entlang des Flusses.[36] Der Weiße Strom, den auch er als „Bahar el-Abiad" kennt, ist ebenfalls bei ihm verzeichnet; Bruce hat ihm zwei Quellflüsse gegeben, die er wohl selbst vor Ort identifiziert hat. Allerdings verläuft dieses Gewässer nahezu vollkommen parallel zum Blauen Nil. Mithin ist klar, dass damit nicht der weiße Fluss kartographiert wurde; es muss sich vielmehr um den Maleg handeln, den Bruce' Karte bemerkenswerterweise nicht kennt. Diese älteste der ausgewählten Reisekarten steht auch in anderer Hinsicht qualitativ hinter den jüngeren zurück. Die Gebirgsverläufe sind weitgehend fiktiv abgebildet worden und richten sich meist nach den Flussläufen, die sie gleichzeitig einfassen. Ein von Osten nach Westen verlaufendes Massiv soll vermutlich den Übergang zum zentralafrikanischen Hochland andeuten. Die Länder im Westen des vermeintlichen Weißen Nils waren für Bruce weitestgehend unbekannt, somit entziehen sie sich einem Vergleich. Was jedoch insgesamt auffällt, ist, dass Bruce keine zusätzlichen Quellen verzeichnet und konsequent auch nicht auf ältere Gewährsmänner verweist.

Ähnliches ist für die Karte von William Browne aus dem Jahre 1799 zu beobachten.[37] Ihr Schwerpunkt liegt gemäß seiner Reisetätigkeit auf der Region Darfur und dem Bereich westlich davon. Sie zeigt den Verlauf einiger Gebirgskämme, die Browne überquert hat, und verzeichnet zahlreiche Stationen der Reise, die den Entdecker bis nach Süden zu

35 Salt, Henry: A Voyage to Abyssinia, and Travels to the Interior of that Country [...], London 1814; Salt, Henry: Map of Abyssinia and the Adjacent Districts, London 1814.

36 Bruce, James: Chart of the Arabian Gulf. With its Egyptian, Ethiopian and Arabian Coasts [...], London 1790 (siehe auch S. 292 sowie Nr. 3 online).

37 Browne, William: Map of the Route of the Soudan Caravan. From Assiut to Darfur, London 1799 (siehe auch S. 293 sowie Nr. 5 online).

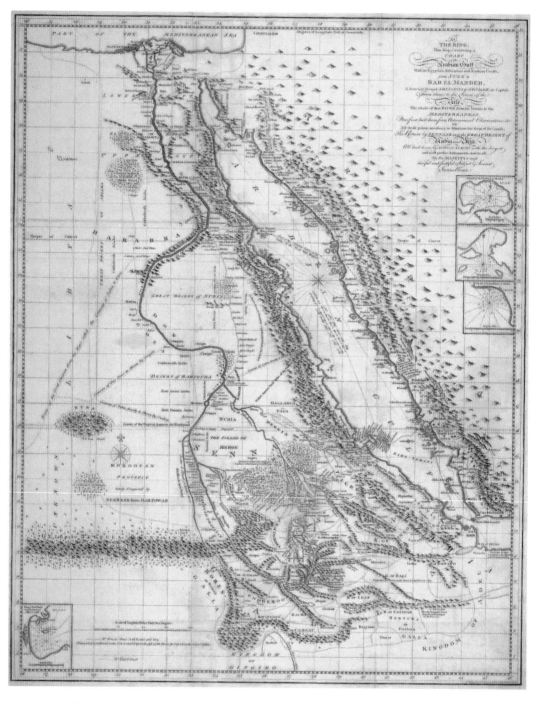

James Bruce: Chart of the Arabian Gulf. With its Egyptian, Ethiopian and Arabian Coasts, London 1790

292

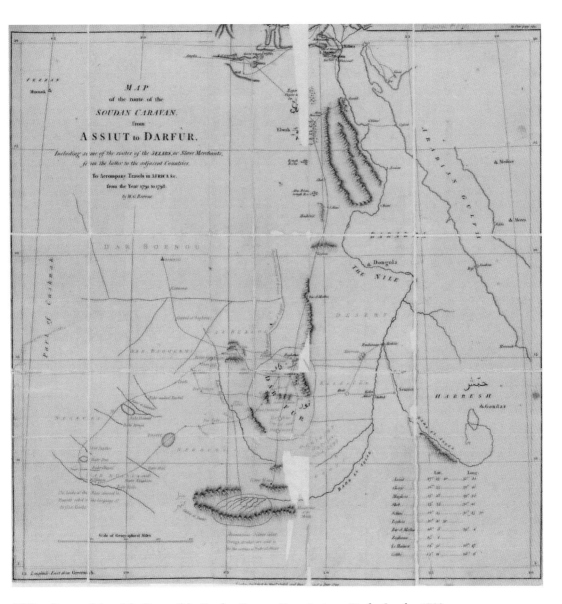

William Browne: Map of the Route of the Soudan Caravan. From Assiut to Darfur, London 1799

den Quellen des Bahr al-Abiad geführt haben soll. Hier ist die Karte allerdings vage und nennt das nicht sehr detailreich dargestellte Areal nach den antiken Autoren „Mountains of the Moon". Die hydrographischen Elemente des Drucks sind allerdings bemerkenswert: Browne kannte bereits Teile des Bahr Misselad im Westen Darfurs.[38] Den Weißen Nil lässt die Karte richtig nach Nordosten verlaufen, wo er sich später mit dem Blauen vereinigt. Beide hat Browne im Lande Sennaar besucht. Allerdings konnte auch er das Dilemma beziehungsweise die Verwirrung der drei Ströme, wenn man den Maleg hinzuzählt, nicht lösen. Seine Karte kennt lediglich die beiden prominenten Nil-Ströme, vermutlich weil er diese nördlich der Maleg-Mündung passiert hat.

An dieser Stelle muss aufgrund der zeitlichen Entwicklung auf die angesprochenen Übersichtsdarstellungen eingegangen werden. Sie sind vor den kleineren Karten von Cailliaud und Rüppell entstanden. Die älteste der drei ist diejenige von Major Rennell aus dem Jahre 1798.[39] Sie ist Nordafrika gewidmet und kennt den inzwischen üblich gewordenen wissenschaftlichen Apparat sowie das Gradnetz. Der Engländer hat den Nullmeridian freilich durch Greenwich verlaufen lassen. Das Nil-Problem konnte Rennell korrekt lösen: Er hat Blauen und Weißen Nil richtig unterschieden und auch dem Maleg seinen Platz gegeben. Vorsichtig scheint man an den Orten ihrer Konjunktion gewesen zu sein, hier sind die Flussläufe nur angedeutet. Die Quellen des Weißen Nils wurden nach Ptolemaios und unter Verweis auf die arabischen Geographen im Mondgebirge verortet, wobei einige weitere Höhenzüge im Westen dieselben Anmerkungen enthalten. Die Darstellung von Darfur, das bei Rennell noch als östlicher Sudan angegeben wurde, geht in wenigen Teilen auf die Erkenntnisse von Bruce zurück; hauptsächlich hat Ptolemaios dafür Pate gestanden. Gemäß seiner Geographie wurden von Rennell sogenannte „Ethiopic Mountains" als lange, von Norden nach Süden verlaufende Kette verzeichnet. Ein Fluss, der frappierend an den Bahr Misselad erinnert, geht zusammen mit mehreren Seen und den zuvor bei d'Anville angeführten Sümpfen ebenfalls auf den antiken Autor zurück. Zusammengenommen wurde der Bereich zwischen 25° und 5° nördl. Br. sowie zwischen 15° und 27° östl. L. maßgeblich von Ptolemaios beeinflusst. Das Mondgebirge mit den entfernten Quellen des Weißen Nils findet sich auch auf Rennells Karte. Bemerkenswert ist, dass er dieses im Westen verlängert hat. Dieser Teil wurde unter Verweis auf Abu l-Fida mit dem Namen „Mounts of Komri" versehen.

Die zweite große Karte von Afrika, auf die an dieser Stelle einzugehen ist, wurde 1802 der *British Association for Discovering the Interior Parts of Africa* von Aaron Arrowsmith

---

38 Sofern der Bahr Misselad tatsächlich, wie zuvor erwähnt, als Zufluss des Fitri-Sees gelten darf, ist er mit dem Batha-Fluss zu identifizieren. Die Unsicherheit der Entdecker und Kartographen, die die Frage nach seiner Existenz nicht eindeutig beantwortbar machte, ist darauf zurückzuführen, dass die Reisenden es hier mit einem bis heute ephemeren Gewässer zu tun hatten. Je nach Jahreszeit und Niederschlagsmenge führt der Fluss Hochwasser oder versiegt.

39 Rennell, James: A Map Shewing the Progress of Discovery & Improvement in the Geography of North Africa, London 1798 (siehe auch S. 296 sowie Nr. 4 online).

gewidmet.[40] Sie konnte dank der zwischenzeitlich durch Browne eingeholten Informationen wesentlich für die Region erweitert werden. Sie verzeichnet den Fitri-See, den Rennell noch Ptolemaios folgend kartiert hatte, zusammen mit seinen Zuflüssen gemäß den neueren Informationen. Den Bahr Misselad kennt sie unter diesem Namen. Das Problem der Nil-Vereinigung konnte gelöst werden; Weißer und Blauer Nil schließen korrekt den Maleg ein, seine Mündung im westlichen der beiden Arme wurde richtig, wenn auch unsicher, angedeutet. Arrowsmith hat versucht, ausschließlich auf jüngere Auskünfte zu verweisen. So hat er Brownes Route recht vollständig in seine Karte übernommen. Elemente, die auf die antiken und arabischen Geographen zurückgingen und bei Rennell noch zahlreich zu finden waren, scheinen bei Arrowsmith zu fehlen. In einigen Fällen lässt sich allerdings erkennen, dass diese topographischen Strukturen lediglich nicht mehr ihrem Ursprung nach gekennzeichnet wurden. Im Norden gilt dies für den nach Ptolemaios als „Chelonides" bezeichneten See, der auch bei d'Anville als Sumpf vermerkt war (etwa 23° nördl. Br. und 23° östl. L.). Arrwosmith kannte diesen nun als „Salt Lake of Domboo". Östlich des Fitri-Sees finden sich auf der neueren Karte zwei Bergketten, von denen die größere an einigen Stellen von Browne erkundet werden konnte. Dies trifft allerdings lediglich auf den nordwestlichen Teil zu. Ihre weitere Ausdehnung in Richtung Süden erinnert tatsächlich an die „Ethiopic Mountains", die sein Landsmann ja Ptolemaios folgend verzeichnet hatte. Darüber hinaus hat Arrowsmith die Quellen des Weißen Nils in das südliche Gebirge, das auch hier mit dem inzwischen üblich gewordenen Namen „Mountains of the Moon" beziehungsweise „Mounts al Komri" überschrieben wurde, gelegt. Brownes Reiseroute hat er übrigens nicht verzeichnet – ein Hinweis auf die immer noch herrschende Unsicherheit über die Topographie in dieser Region.

Man sollte meinen, dass im Sinne der voranschreitenden Entwicklung bei stetig neu hinzukommenden Kenntnissen die „Alten" nach Arrowsmith keine Rolle mehr für die Kartierung der Region spielen sollten. Das Gegenteil ist jedoch der Fall. Reineckes „Charte von Africa", die zehn Jahre später in mehrfach überarbeiteter Form erschienen ist, kennt die neueren hydrologischen Erkenntnisse sämtlich. Sie wurde „nach den neuesten astronomischen Beobachtungen und Reisen berichtigt und gezeichnet".[41] Die Nil-Ströme sind genau wie die Umgebung des Fitri-Sees korrekt verzeichnet, wobei die Abbildung der Bergketten zu wünschen übrig lässt. Sorgfältig und in großer Zahl vermerkt wurden von Reinecke Informationen, die auf die antiken und die arabischen Autoren zurückgehen. Die inzwischen mehrfach nach Ptolemaios abgebildeten Elemente, die Mondberge und die in Nord-Süd-Richtung verlaufende Gebirgskette, kennt Reineckes Karte ebenfalls. Auch der bereits angesprochene See mit der umliegenden Sumpflandschaft wurde verzeichnet. Allerdings wurde dieser nun nicht mehr mit dem Salzsee von „Dombu" identifiziert. Reinecke hat ihn eigens unter 45° östl. L. und ca. 23° 30′ nördl. Br. verortet. In der etwas nördlich davon gelegenen „Libyschen Wüste" finden sich einige weitere Orte

40 Arrowsmith, Aaron: Africa, London 1802 (siehe auch S. 297 sowie Nr. 6 online).
41 Reinecke, Johann Christoph: Charte von Africa, Weimar 1812³ (siehe auch S. 83 sowie Nr. 12 online).

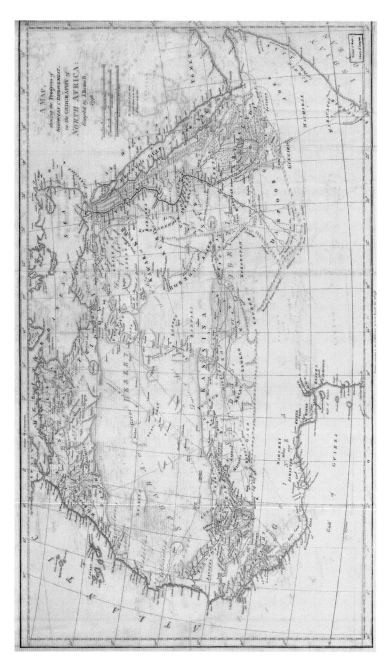

James Rennell: A Map Shewing the Progress of Discovery & Improvement in the
Geography of North Africa, London 1798

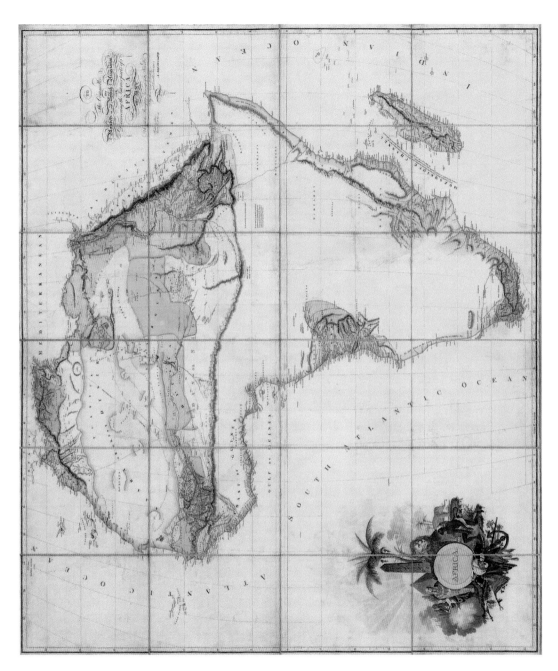

Aaron Arrowsmith: Africa, London 1802

wie die Stadt „Billa", die dort mit Verweis auf Ptolemaios platziert wurde. Für Darfur und die angrenzenden Gebiete hat Reinecke al-Idrisi mehrfach angegeben – nicht nur für die Benennung von Landschaften wie „Tagua" oder „Kuku" im Norden, sondern auch für die noch unsicheren Flussläufe westlich des Fitri-Sees.

Reineckes Arbeit macht eines besonders klar: Die Auseinandersetzung mit den antiken und den arabischen Geographen des Mittelalters war auch nach der Wende zum 19. Jahrhundert in der Kartographie aktiv geblieben. Trotz neuerer verfügbarer Informationen war man nicht bereit, völlig auf die älteren Auskünfte zu verzichten. Dass die Auseinandersetzung mit diesen durchaus kritisch erfolgte, wird deutlich, wenn man in Rechnung stellt, dass auch topographische Strukturen wie der auf Ptolemaios zurückgehende See, die durchaus mit den zeitgenössischen Auskünften in Einklang gebracht werden konnten, doch wieder von diesen gelöst und eigens abgebildet wurden. Die immer noch herrschende Unsicherheit bei der Abbildung des Raumes, die hier unterstellt werden muss, zeigt zweierlei deutlich. Zum einen wurden die „Alten" hinsichtlich ihrer Aussagen zu topographischen Fragen als gültige Quellen angesehen, zum anderen erschienen sie den Forschern durchaus als vertrauenswürdig. Sie standen den Zeitgenossen wie Bruce oder Browne diesbezüglich in nichts nach. Gewisse andere Elemente, an die noch einmal erinnert werden soll, hatten ihren Ursprung bei den antiken Autoren und waren inzwischen zu festen Bestandteilen der topographischen Karten geworden. Einmal mehr, einmal weniger stark wurden sie, wie etwa die genannten Gebirge, den jeweiligen Bedürfnissen der Kartographen angepasst. Im Kern gehen sie jedoch auf altes Wissen zurück.

Bevor die gewonnenen Erkenntnisse auf Ritters Karten angewandt werden können, ist es nötig, noch auf die Arbeiten von Cailliaud und Rüppell aus den 1820er-Jahren zu sprechen zu kommen.[42] Der Fokus des Franzosen lag ganz ähnlich wie bei Salt zuvor eher östlich, sodass seine Karte ebenfalls wenige Informationen für den zu betrachtenden Raum enthält. Abgesehen davon stellt diese jenseits der Route entlang des Blauen Nils einen qualitativen Rückschritt dar, obgleich man hier versucht hat, den inzwischen zum Standard gewordenen wissenschaftlichen Apparat aufzunehmen. Cailliaud beziehungsweise der ihm zuarbeitende königliche Geograph Picquet kannte den Maleg nicht. Bemerkenswerterweise war ihnen der jüngere Name Sobat als „Sobah" geläufig. Sie haben diesen jedoch auf den Überleiter vom Blauen in den Weißen Nil bezogen. Was Darfur und den Westen anlangt, zeichnet sich die Karte durch die sprichwörtlich gewordenen weißen Flecken aus. Sie kennt zwar den Bahr Misselad, jedoch findet der Betrachter seinen Lauf völlig dekontextualisiert und ohne Zusammenhang zu den Gewässern des Fitri-Sees. Diesen sucht man auf der vergleichsweise jungen Karte vergeblich. Einige verzeichnete Gebirgskämme, die meistens mit abgebildeten Routen in Verbindung stehen, beweisen, dass Cailliaud die Berichte Brownes bekannt gewesen sein müssen, zumal

---

42 Cailliaud, Frédéric: Voyage à Méroé et au Fleuve Blanc, 4 Vol., Paris 1823–1827; Cailliaud, Frédéric: Carte générale de l'Égypte et de la Nubie, Paris 1827 (siehe auch Nr. 14 online).

die südlichsten Punkte wie etwa die „Mines de Cuivre", die unter 24° östl. L. und 8° 30′ nördl. Br. vermerkt sind, übereinstimmen. Will man die Arbeit Cailliauds optimistisch als Material für Ritters Arbeit zur Region bewerten und ihr keine mangelhafte Umsetzung der bereits über ein Jahrzehnt zuvor gewonnenen Erkenntnisse zu Darfur unterstellen, so kann man lediglich festhalten, dass auch sie die Unsicherheit der Kartographen bei dieser Landschaft unterstreicht.[43]

Rüppells „Karte von Kordufan und Nubien" zu den Reisen des bedeutenden Naturforschers in der Region ist ähnlich wie die Cailliauds analog zu einem Itinerar erstellt worden,[44] allerdings ist sie wesentlich kleineren Zuschnittes. Sie umfasst den Nillauf zwischen 10° und 25° nördl. Br., im Westen reicht sie bis 24° östl. L. Damit schließt sie also die Landschaft Darfur, die Rüppell selbst besucht hat, zumindest teilweise ein. Weißer und Blauer Nil wurden sicherlich richtig verzeichnet, wobei keine Aussagen über den Maleg und seine Mündung getroffen werden können – der Kartenausschnitt reicht nicht weit genug nach Süden. Zusätzlich ist die Aussagekraft gerade für die aktuelle Fragestellung besonders durch zwei Aspekte eingeschränkt: Zum einen wurde auf die Darstellung von Gebirgen vollständig verzichtet, zum anderen kennt sie keine Gewässer jenseits des Weißen Nils. Der Betrachter hat es bei Rüppells Skizze der Landschaft also eher mit einer Abbildung zur Orientierung bei der Lektüre seines Reiseberichtes zu tun. Als Quelle für Ritters Darstellung des westlichen Darfurs war sie kaum geeignet.

Nachdem das für die Erstellung von Ritters Karten zur Verfügung stehende Material zusammengestellt und analysiert wurde, können schließlich die Karten aus dem Hand-Atlas von Afrika besprochen werden.[45] Betrachtet man zunächst die große Übersichtskarte des schwarzen Kontinents aus dem Jahre 1822, so fällt auf, dass das betreffende Kartensegment zwischen Libyscher Wüste und dem Bahr al-Abiad vergleichsweise wenige topographische Strukturen und Orte kennt. Das mag zum einen daran liegen, dass die Berichte von Cailliaud und Rüppell aufgrund ihrer Entstehungszeit zur Gestaltung dieser Karte nicht zur Verfügung standen. Allerdings hätten diese ohnehin eher über das östlichere äthiopische Hochland Informationen bereitgestellt. Ein näherer Blick auf Ritters Karte zeigt, dass sich vor allem Spuren von Browne und einige Etappen aus dessen Route finden lassen. Bruce' ohnehin nur eingeschränkt brauchbare Darstellung der Landschaft scheint keine Spuren hinterlassen zu haben.

43 Quellen, also älteres oder jüngeres Material, weist Cailliauds Karte ganz im Stil der Reisekarten nicht aus. Ein Bezug zu den antiken Autoren liegt lediglich mit den „M.ts de la Lune" vor – als allgemein gewordener Name des Gebirges, aus dem der Weiße Nil entspringt.

44 Rüppell, Eduard: Reise in Nubien, Kordofan und dem peträischen Arabien, Frankfurt am Main 1829; Rüppell, Eduard: Karte von Kordufan und Nubien. Nach eigenen astronomischen Beobachtungen entworfen, Frankfurt am Main 1825/1829 (siehe auch Nr. 15 online).

45 Ritter, Carl/O'Etzel, Franz August (Hrsgg.): Hand-Atlas von Afrika, „Karte von Afrika" und „Aethiopisches Hochland" (siehe auch S. 72, S. 301 sowie Nr. 16 und 17 online).

Jedenfalls bildet die „Karte von Afrika" die Nil-Ströme vollständig ab. Dazu gehört auch der Maleg, der hier allerdings Toumat heißt.[46] Den Weißen Nil lässt Ritter auf seiner Karte ebenfalls im Mondgebirge (auch „Gebel el Komri") entspringen und steht nicht nur damit ganz in der besprochenen Tradition. Dessen Namensgebung zeigt wohl wie kein anderes Element auf der Karte den Einfluss der antiken beziehungsweise der mittelalterlichen Geographen. Auch die Kette der äthiopischen Berge, die in ihrem Ursprung bei Rennell und Arrowsmith auf die Aussagen des Ptolemaios zurückgeführt werden konnten, ist sozusagen als nördlicher Rest auf der Ritter'schen Karte wiederzufinden. Die Darstellung von Gebirgen ist generell bemerkenswert. Was die älteren hier angeführten Karten noch nicht leisten konnten, ist die Abbildung eines graduellen Höhenunterschiedes. Ritters Übersichtskarte hat dies versucht. Die Gebirgsketten umrahmen nicht mehr nur die Gewässer, zusätzlich werden durch eine unterschiedlich gestaltete Schraffur ansatzweise Höhenunterschiede ausgedrückt. Man ist hier offensichtlich einem von Johann Georg Lehmann (1765–1811) erstmals herausgegebenen Handbuch zum Kartenzeichnen gefolgt.[47] Insofern übertrifft diese jüngste der hier zu betrachtenden Übersichtskarten ihre Vorläufer zunächst sowohl was die Vollständigkeit als auch was die Qualität der Kartierung des südlichen Kartensegments anlangt.

Ein wenig anders liegen die Dinge für die Gewässer im Westen in der Umgebung des Fitri-Sees. Diesen zeigt Ritters Karte zwar, sie deutet aber die umliegenden Gewässer nur an. Der Bahr Misselad wird nicht bis zu dem See verlängert, sein Lauf verliert sich in Richtung Nordwesten. Man war bei der Ausarbeitung dieses Abschnittes also vorsichtig, obgleich namhafte Kartographen der Zeit eindeutige Vorlagen geliefert hatten. Hier wollte man sich wohl bewusst nicht in deren Tradition stellen. Einzig der Bahr al-Ghazal als vermeintlicher Überleiter zwischen Fitri- und Tschad-See wurde von Ritter präziser vermerkt. Er war auf Rennells Karte und vor allem später noch einmal ganz deutlich bei Reinecke auf die Aussagen von Ptolemaios und al-Idrisi zurückgeführt worden. Bedauerlich ist, dass Ritters Karte keine Details für die Libysche Wüste westlich des Nils zwischen 30° und 20° nördl. Br. bietet. Für diesen Bereich, wo sowohl die „Alten" als auch die Zeitgenossen durchaus einiges zu berichten wussten, entzieht sich Ritters Arbeit einer weiteren Analyse.

Ritters später entstandenes Blatt zum äthiopischen Hochland zusammen mit Darfur und Sennaar darf, was die topographischen Strukturen und deren vollständige Darstellung betrifft, analog zur Übersichtskarte ebenfalls als Fortschritt bewertet werden.[48] Es unterscheidet sich von ihr aber in einem besonderen Punkt: Studiert man das Blatt genauer, fällt auf, dass es eher zu der Gruppe der Reisekarten zu zählen ist; darauf wurden näm-

---

46 Ritter hat den Maleg neuren Berichten folgend als „Toumat" bezeichnet, obgleich auch dies nicht unumstritten war. Von Cailliaud wurde der Toumat später als Zufluss des Blauen Nils kartiert.

47 Lehmann, Johann Georg: Darstellung einer neuen Theorie der Bezeichnung der schiefen Flächen im Grundriß oder der Situationszeichnung der Berge, S. 173–176 (Tafeln).

48 Ritter, Carl/O'Etzel, Franz August (Hrsgg.): Hand-Atlas von Afrika, „Aethiopisches Hochland".

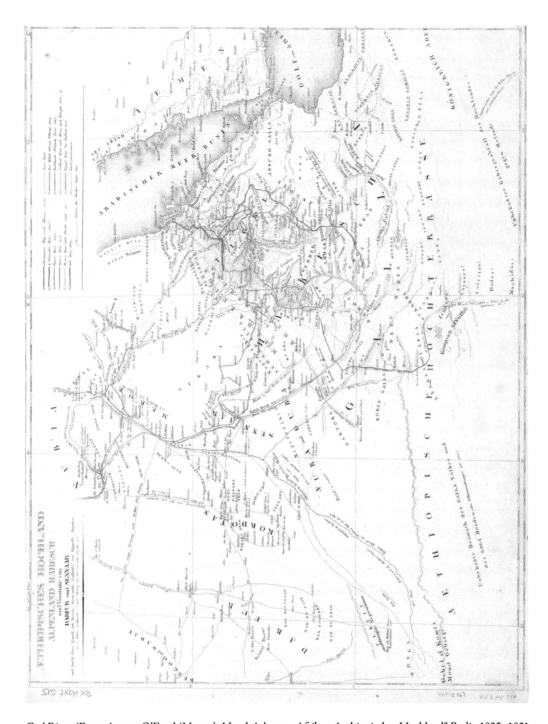

Carl Ritter/Franz August O'Etzel (Hrsgg.): Hand-Atlas von Afrika, „Aethiopisches Hochland", Berlin 1825–1831

lich gleich mehrere der oben angesprochenen Itinerarien der Zeitgenossen eingetragen. Vielfach wurden verzeichnete Orte mit dem Namen des jeweiligen Reisenden versehen. So bemerkt der Betrachter Brownes Route im Westen durch Darfur und Cailliauds Weg im Osten entlang des Blauen Nils, Rüppells Spuren finden sich unter anderem zwischen diesen eingeschlossen. Auch Bruce' und Salts Stationen wurden gewissenhaft aufgenommen. Sogar Poncets und Burkhardts Auskünfte, die nicht als Quellen anzugeben waren, aber aus dem Text der „Erdkunde" wohl bekannt waren, hat Ritter nicht vergessen. Das zeitgenössische Material zur Erstellung dieser Karte kann also vollständig nachvollzogen werden. Ältere Auskünfte wurden hingegen vom Kartographen nicht angegeben. Dies liegt zum einen in der genannten Nähe zu den Reisekarten begründet. Zum anderen ist es frappierend, dass Ritters „Specialblatt" der Region genau wie die Karte von Rüppell die Gebirge nordwestlich des Weißen Nils nicht graphisch darstellt. Damit bietet es bedauerlicherweise keine Ansatzpunkte, die mit den gewonnenen Erkenntnissen der älteren Karten abgeglichen werden können. Konsequent bleibt einzig auf das stets präsente Mondgebirge als immer noch sagenhaften Ort der Quellen des Weißen Nils am südöstlichen Kartenrand zu verweisen.

Die Analyse der Ritter'schen Karten zeigt zweierlei: Zunächst konnte festgestellt werden, dass die Übersichtskarte vom afrikanischen Kontinent durchaus in der Tradition der vorangegangenen Werke von Rennell, Arrowsmith und Reinecke steht. D'Anvilles „Afrique", eine wahre Fundgrube für antike und orientalische Gewährsmänner, war von diesen in vielerlei Hinsicht überholt worden. Allerdings sind bei all diesen Karten gerade Ptolemaios' und al-Idrisis Informationen – seltener oder zahlreicher, mit indirekten oder direkten Verweisen – erhalten geblieben. Ritters große Karte ist diesbezüglich keine Ausnahme, auch wenn die Darstellung an manchen Punkten vorsichtiger geblieben ist. Mehrere topographische Phänomene stehen auch hier in der lange zurückverfolgbaren Tradition. So haben sich Namensbezeichnungen, Gewässer und in Teilen auch Gebirge, die ursprünglich auf die Auskünfte der „Alten" zurückgehen, auch im Hand-Atlas von Afrika niedergeschlagen – wiewohl Letztere den Bedürfnissen der Kartographen mitunter recht flexibel angepasst wurden. Dass die Karte der Reisen zum äthiopischen Hochland, zu Darfur und Sennaar verglichen damit kaum Ansatzpunkte zur Unterstützung dieser Befunde bietet, liegt in ihrer Natur beziehungsweise in der Absicht ihrer Ausarbeitung begründet. Die Gestaltung des westlichen Teils hat sich als unzureichend erwiesen.

Der hohe Stellenwert, den die antiken und orientalischen Geographen in den Augen Ritters und so mancher seiner Zeitgenossen zweifellos besaßen, wird noch an anderer Stelle deutlich. Wie bereits erwähnt, erschien ab 1841 der sogenannte „Atlas von Vorder-Asien", der von Carl Zimmermann erstellt wurde. Auch wenn dieser nicht zum zentralen Atlas der „Erdkunde von Asien" gezählt werden kann, begleitete er doch das große Werk und steht ganz in dessen Nähe. Die Landkarten, die der Lieutenant konzipiert hat, sind vor allem für den zentralasiatischen Erdteil interessant.[49] Allerdings hat er, wie er selbst

---

49 Ritter, Carl/O'Etzel, Franz August (Hrsgg.): Atlas von Vorder-Asien, „erstes Heft".

in seiner geographischen „Analyse der Karte von Inner-Asien" angibt, die allgemeinen astronomischen Beobachtungen des Ptolemaios explizit ausgeschlossen.[50] Gleichwohl hat er auf die „Alten" als verlässliche Gewährsmänner keinesfalls gänzlich verzichtet. Zimmermann ist hier inkonsequent verfahren. Seine „Analyse" geht – sozusagen als Kommentar zu den Landkarten des ersten Teils seines Atlas – an überaus zahlreichen Stellen auf die antiken und orientalischen Autoren ein. Am auffälligsten ist dies für die „Tabelle der Ortsbestimmungen Inner-Asiens".[51] Darin finden sich einige Orte, zu deren geographischer Lagebestimmung Ptolemaios als Autorität angegeben wurde. Nur in der Tabelle wird insgesamt 15 Mal auf den griechischen Geographen verwiesen. Die Orientalen findet der Betrachter bei mehr als 25 Gelegenheiten, wobei Abu l-Fida am prominentesten erscheint. Sie stehen dort in einer Reihe mit den bekannten Namen der Forschungsreisenden wie Fraser, Burnes, von Hügel, Elphinstone und anderer. Jenseits von Orts- und Lagebestimmungen sind die nicht-zeitgenössischen Quellen gleichfalls präsent. Neben den genannten trifft dies besonders für al-Idrisi und ibn Hauqal zu. Sie wurden ganz im Stile Ritters zur Beschreibung von Landschaften und dergleichen herangezogen.[52] Leider kann dieser bemerkenswerte Befund nicht ohne weiteres auf die kartographische Arbeit Zimmermanns übertragen werden. Zum einen enthalten seine Karten zum innerasiatischen Raum keine direkten Verweise auf Quellen. Zum anderen sind die Angaben, die in der „Analyse der Karte von Inner-Asien" zur Grundlage der Kartographie beziehungsweise zur Kartentradition gemacht werden, nicht im Einzelnen nachvollziehbar.[53] Insgesamt kursieren dort über 25 Namen von Entdeckern, Offizieren, Forschern oder auch Reisenden des Jesuitenordens. Detaillierte Zuweisungen für einzelne Landschaften mit besonderem Bezug zur konkreten visuellen Umsetzung bietet Zimmermanns Text jedoch nicht.[54]

Es ist für die Forschung überaus bedauerlich, dass den Exempla zur Kartentradition und zum Stellenwert der nicht-zeitgenössischen Quellen, der ja durchaus greifbar ist,

50 Zimmermann, Carl: Geographische Analyse der Karte von Inner-Asien, S. 5f.

51 Zimmermann, Carl: Geographische Analyse der Karte von Inner-Asien, S. 22–35.

52 Zimmermann, Carl: Geographische Analyse der Karte von Inner-Asien, S. 45, S. 50, S. 106–111 sowie S. 133, S. 155 und S. 165 (Auswahl).

53 Die Karten, die den „Uebergang zu Westasien", also den Raum zwischen Indien und Iran, zum Gegenstand haben, geben anders als Ritters Hand-Atlas von Afrika keine Quellen an. Eine eingehende Untersuchung der Karten „Das Stromgebiet des Indus", „Versuch einer Darstellung von Süd Iran", „Versuch einer Darstellung von Farsistan" und „Versuch einer Darstellung von Khorassan" sowie der „Uebersichtsblätter" der einzelnen Hefte führt zu dem Ergebnis, dass Carl Zimmermann weder für einzelne topographische Strukturen noch für die Lage von Städten Anmerkungen zur Herkunft der Informationen gemacht hat. Zwar kennen seine Landkarten vereinzelt historische Orte, jedoch beziehen sich diese auf die jüngste Geschichte der Region. Erwähnenswert ist jedoch, dass Zimmermann in seinem Atlas von Vorder-Asien Angaben geologischer Art integriert hat.

54 Zimmermann, Carl: Geographische Analyse der Karte von Inner-Asien, S. 4f. Darüber hinaus lässt sich die Frage, ob Ritter selbst direkten Einfluss auf die Arbeit Zimmermanns ausgeübt hat, nicht sicher beantworten. Das oben angeführte Zitat aus der Kramer'schen Biographie deutet dies nur knapp an.

keine weiteren folgen können. Dies liegt im weiteren Fortgang von Ritters Atlas von Asien begründet. Bis 1840 war die zweite Lieferung, bearbeitet von Grimm und Mahlmann, erschienen. Allerdings reicht diese nicht über das vordere Indien hinaus. Der in dieser Arbeit untersuchte Großraum Iran hat – genau wie Mesopotamien – seine kartographische Umsetzung erst später durch Heinrich Kiepert erfahren. Zwölf Jahre war der Atlas zur „Erdkunde" nicht fortgeführt worden. Wenn man von Ritters „Überleitung zu Westasien" ausgeht, die sich unter anderem dem Induslauf und den Ländern im Nordwesten jenseits des Himalaya widmet, dann liegen 15 Jahre zwischen der Veröffentlichung des Textes der „Erdkunde" und dem Erscheinen der zugehörigen Karten. Dass dies gewisse Probleme mit sich bringt, hat Heinrich Kiepert in den Erläuterungen zu den Karten selbst festgestellt:

> Was die vorliegenden Blätter betrifft, so erscheint eine Angabe des darin verarbeiteten kartographischen und itinerarischen Materials um so nothwendiger, als dasselbe zum großsen Theile ganz neuen Publikationen, theilweise selbst zuvorkommend mitgetheilten Ineditis entnommen ist, worüber eine Belehrung in den betreffenden Bänden der Ritter'schen Erdkunde […] vergeblich gesucht werden würde.[55]

Allein aufgrund dieses Umstandes lassen sich – anders als für die Karte zu Afrika und für den Ausschnitt zum Westen des oberen Nil – die Quellen, die nun von Kiepert für die Umsetzung der Landkarten herangezogen wurden, nicht vollständig feststellen. Die mitunter fehlende Nähe der topographischen Mikrostrukturen und vor allem deren detailreiche Erweiterung durch Informationen jüngeren Datums würde eine Untersuchung im Stile der vorangegangenen zusätzlich fragwürdig erscheinen lassen.

Der Fortschritt, den die Kartographie in diesen eineinhalb Jahrzehnten erfahren hat, zeigt sich nirgends deutlicher als auf dem „Turan oder Türkistan" gewidmeten Blatt.[56] Ritter ist in seinem „Übergang"-Band, wie gezeigt wurde, durchaus bis nach Kaschgar und darüber hinaus vorgedrungen, allerdings waren diese Informationen eher spärlich. Sehr viel breiter hat er über die Region unter ethnographischen Vorzeichen gearbeitet. Auch die Informationen zum östlichen Nordrand Irans, die in der „Erdkunde" im Vergleich zu anderen Ländern eher knapp ausgefallen waren, haben mit Blick auf die Karte von Turan eine erhebliche Erweiterung erfahren. Dies wird nicht zuletzt im Vergleich mit Alexander Burnes' und Henry Pottingers Karten deutlich.[57] Die neue Karte zur „Erdkunde" bildet insgesamt die Länder zwischen westlichem Himalaya und Kaspischem Meer ab. Sie umfasst die modernen Staaten Kasachstan, Usbekistan, Turkmenistan und freilich

---

55 Ritter, Carl/O'Etzel, Franz August (Hrsgg.): Atlas von Asien, dritte Lieferung, „Erläuterungen zum III. Heft des Atlas von Asien".

56 Ritter, Carl/O'Etzel, Franz August (Hrsgg.): Atlas von Asien, dritte Lieferung, „Turan oder Türkistan" (siehe auch S. 306 sowie Nr. 19 online).

57 Burnes, Alexander: Central Asia. Comprising Bokhara, Cabool, Persia, the River Indus, & Countries Eastward of it (zum Großraum siehe auch S. 130 sowie Nr. 18 online); Pottinger, Henry: A Map of Beloochistan & Sinde (zum Süden Irans siehe Nr. 13 online).

Teile von Afghanistan sowie Iran. Die Karte ist darüber hinaus – auch was die größeren Strukturen im Landesinneren anlangt – bemerkenswert genau. So wurde beispielsweise das nördliche Ufer des Aralsees in etwa mit der Ural-Mündung des Kaspischen Meeres auf ca. 47° nördl. Br. festgelegt. Ströme, die zuvor noch in der „Erdkunde" als unklare Flussläufe bezeichnet werden mussten, konnten nun korrekt abgebildet werden. Eine Fülle an Gewässern sowie zahlreiche Orte finden sich auf Kieperts Karte zusammen mit den jüngsten Reiserouten. Allerdings darf der sprunghafte Anstieg der Kenntnisse nicht nur auf die Reisenden jener Zeit zurückgeführt werden. Die fortschreitende Expansion des Zarenreiches sollte sich diesbezüglich enorm bemerkbar machen. So ist die Kiepert'sche Arbeit als Atlas zur „Erdkunde von Asien" sicherlich ein verdienstvolles Werk zur Orientierung bei der Lektüre von Ritters Text und ein hervorragendes Beispiel zur Illustration eines rasant anwachsenden Kenntnisstandes vom Wissen über die Welt. Einer Analyse, die Ritters Arbeitsweise beziehungsweise die seines Kartographen mit Blick auf die Rolle des älteren Materials zum Gegenstand hat, entzieht sie sich jedoch.

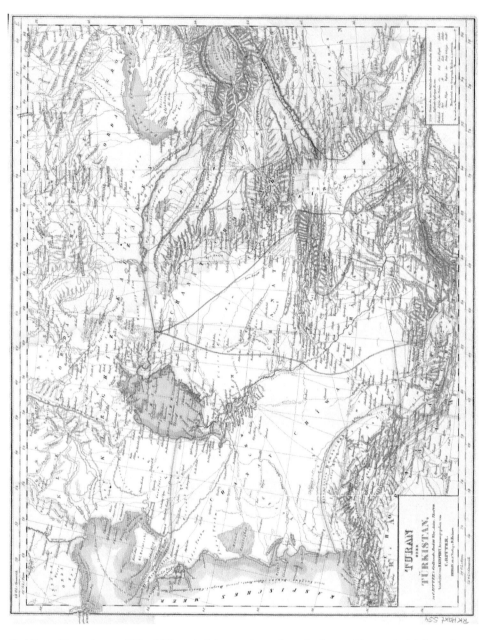

Carl Ritter/Franz August O'Etzel (Hrsgg.): Atlas von Asien, dritte Lieferung, „Turan oder Türkistan",
Berlin 1852

VI SCHLUSSBETRACHTUNG

Carl Ritter und seine Berufung nach Berlin stehen am Anfang einer Entwicklung, die gemeinhin als die Institutionalisierung der Geographie bezeichnet wird. Zwar bedienten schon einige Vorgänger dieses Wissensgebiet an deutschen Hochschulen mehr oder weniger exklusiv. Eine akademische Tradition, aus der die naturwissenschaftliche Geographie als moderne und eigenständige Disziplin hervorgehen sollte, begründete jedoch erst Ritter. Dass er ein anderes, vor allem aber erheblich breiteres Verständnis von seinem Fach hatte als einige seiner Zeitgenossen und seine Nachfolger, zeitigte schon sehr bald nach seinem Tod negative Folgen. Sein Werk geriet schnell in Vergessenheit. Auf die Kritik folgte die Historisierung; Carl Ritter wurde zum Buchgelehrten vergangener Tage. Und doch gilt Ritter heute in der modernen Geographie zusammen mit Alexander von Humboldt als Begründer des Faches. Die Rolle, die Ritter heute in „seiner" Wissenschaft einnimmt, erinnert an die eines Archegeten.

Die „Erdkunde von Asien" darf als ein einzigartiges Werk von monumentalem Zuschnitt bezeichnet werden. Es führt Themen und Wissensgebiete zusammen, die schon wenige Jahrzehnte nach seinem Erscheinen als inkompatibel galten. Wohl auch deswegen hat die Forschung das große Werk als überholtes Relikt einer anderen Zeit betrachtet und seiner systematischen Erschließung nur wenig Aufmerksamkeit geschenkt. Jedoch wurden mehrfach Versuche unternommen, Ritters Verständnis vom eigenen Fach zu ermitteln. Dabei waren hohe Hürden zu überwinden, zumal Ritter selbst keine exakte Definition hinterlassen hatte. Er hat sein Werk selbst der physischen Geographie zugerechnet – ein Befund, der in der Rückschau sicherlich insofern verwundert, als das große Werk ja Komponenten umfasst, die jenseits des heutigen naturwissenschaftlichen Ansatzes der Geographie liegen. Ritter war sich dessen durchaus bewusst. Er plädierte für ein breiteres und offeneres Verständnis, das den Menschen und dessen Wirken nicht ausschloss. Den Schlüssel zu Ritters Konzeption bietet nach wie vor der Untertitel der „Erdkunde": „Allgemeine vergleichende Geographie". „Allgemein" wurde die Erdbeschreibung deswegen genannt, weil es Ritter darum ging, die von ihm in den Blick genommenen Räume „ganzheitlich" zu erfassen, das heißt in ihrer topographischen Dimension genauso wie im Hinblick auf die klimatischen und ethnischen Verhältnisse, die Welt der Tiere und Pflanzen, nicht zuletzt und ganz besonders aber im Kontext historischer Entwicklungen. Dabei sollte den verschiedenen „Gliedern des Planeten" – ungeachtet ihrer topographischen, historischen oder kulturellen Bedeutung – das jeweils gleiche Maß an Aufmerksamkeit zukommen. „Vergleichend" nannte Ritter seine „Erdkunde", weil es sein Ziel war, die Erde als einen sinnvoll arrangierten „Gesamtorganismus" zu erfassen. So sollten unter anderem topographische Strukturen oder klimatologische Fragen miteinander verglichen werden. Aus solchen analogen Betrachtungen waren dann Gesetzmäßigkeiten beziehungsweise Zusammenhänge abzuleiten.

Diesem Ansatz liegt eine deutliche Abgrenzung zur älteren Kompendiengeographie zugrunde. Ritter wollte keineswegs unterschiedliche Phänomene in seinem Werk unverbunden nebeneinanderstellen. Er wollte den Stoff in neuer Weise ordnen. Anders als in seiner Beschreibung Europas spielten für die „Erdkunde" politische Grenzen aus verschiedenen Gründen, vor allem aber weil diese nur selten den individuellen Naturräumen entsprachen, keine Rolle für die Strukturierung des Gesamtwerkes. Schon für die Gestaltung des Afrika-Bandes konnte gezeigt werden, dass für Ritters Forderung nach der Identifikation von „Erdindividuen" nur naturräumliche Kriterien in Frage kamen. Dieser innovative Ansatz konnte sich zunächst am Wechsel von Hoch- und Tiefländern orientieren. So folgen die Einteilung des afrikanischen Kontinents und damit auch die Struktur des ersten Bandes der „Erdkunde" dieser Prämisse. Die Übersichtskarte, die dem Hand-Atlas von Afrika beigegeben wurde, visualisiert die räumliche Einteilung. Auch die Bände zur „Iranischen Welt" tragen in ihrem Zuschnitt der Wahrnehmung dieses Erdteils als zusammenhängendes Hochplateau Rechnung.

Der Band zum Übergang nach West-Asien besitzt diesbezüglich, soweit er das heutige Indien, Pakistan, Afghanistan und das Gebiet nordöstlich davon behandelt, insofern eine eigentümliche Stellung, als mit der Beschreibung des Indus-Laufes beziehungsweise des Punjab ein neuer naturräumlicher Faktor zur Strukturierung des Raumes hervortritt: Hydrogeographische Phänomene, und nicht länger Höhenverhältnisse, dienten Ritter nun dazu, seine Ausführungen zu ordnen. Oft orientierte sich Ritter dabei an Flussläufen, um die Kenntnisse der Umgebung in eine sinnvolle Ordnung zu bringen. Dies konnte wie im Falle des Indus, und noch sehr viel prominenter und ausführlicher für den Nil, durchaus ganze Großräume betreffen. Diese beiden Ströme sind, obgleich die Ausführungen zu den sie umgebenden Landschaften erheblich umfangreicher sind, von ähnlicher Bedeutung wie die Flüsse Diyala, Karun und die anderen im iranischen Westen. Noch deutlicher sollte Ritter später Euphrat und Tigris als naturräumliche Größen herausstellen. Die Zwillingsströme definieren in der „Erdkunde" eine eigene Landschaft oder ein „Erdindividuum", das auf derselben Bedeutungsebene wie das iranische Hochplateau anzusetzen ist.

Verfolgt man die Mikrostruktur von Ritters Werk weiter, jenseits des unübersichtlichen formalen Aufbaus, so spielen neben den topographischen Kriterien kulturgeographische oder historische Aspekte zur Einteilung von Gebieten eine wesentliche Rolle. Das Umland der wichtigeren Städte erlaubte Ritter ein feingliedrigeres Vorgehen. Dies wurde etwa für das ägyptische Theben oder Alexandria, Kabul im Osten, Teheran und die zahlreichen Städte im Westen Irans ebenso wie für Bagdad gezeigt. Dass hier nicht immer die aktuellsten Zustände beziehungsweise die Auffassungen der Zeitgenossen entscheidend waren, konnte vor allem für die Abschnitte der „Erdkunde", die sich mit dem Land westlich des Indus befassen, nachgewiesen werden. Ethnographische Besonderheiten sowie bereits etablierte historische Benennungen, die nicht selten von den antiken Autoren überliefert wurden, hat Ritter gerne aufgenommen – insbesondere dann, wenn sich deren Auskünfte wie im Falle der Einheit Irans mit den topographischen Befunden deckten. Wo dergleichen Strukturelemente nicht gefunden werden konnten und mehr oder weniger weitläufige Räume in den Blick zu nehmen waren, wusste sich Ritter anderweitig zu helfen. So dienten ihm Verkehrswege und Reiserouten beziehungsweise Itinerarien der Zeitgenossen etwa dazu, den nördlichen Teil Irans von Merw bis ans Kaspische Meer zu erschließen.

Die Forschung hat in der unvollendeten „Erdkunde" im doppelten Sinne ein Fragment gesehen. Man unterstellte Ritter, bei der Ausarbeitung seines Werkes zwar ein dreistufiges Modell entworfen zu haben, aber nur den ersten Schritt, der sich mit den festen Formen der Erde beziehungsweise den Erdteilen befasst habe, tatsächlich in Angriff genommen zu haben. Die Schritte zwei und drei, also die Behandlung der flüssigen Formen und die der drei Naturreiche, sei Ritter nicht mehr gegangen. Diese These lässt sich nach der ausführlichen Analyse mehrerer zentraler Bände der „Erdkunde" nicht mehr aufrechterhalten. Zum einen konnte gezeigt werden, dass das Stufenmodell durchaus keine Erfindung Ritters zur hermeneutischen Durchdringung des Werkes gewesen ist. Es geht unter anderem auf die Kramer'sche Biographie zurück und wurde erst später auf das große Werk bezogen. Auf der anderen Seite sollte deutlich geworden sein, dass Ritter immer wieder und sehr ausführlich Aspekte bespricht, die nachweislich den Stufen zwei und drei zuzuordnen sind.

Die Annahme, Ritter habe botanische und zoologische Phänomene, obwohl zweifellos zu den drei Naturreichen zählend, nicht mehr behandelt, ist falsch. Sie passt auch nicht zur unterstellten Gliederung des Werkes in drei Teile und ebenso wenig zur These vom doppelt fragmentarischen Charakter der „Erdkunde". Vor dem Hintergrund der Tatsache, dass der Mensch und dessen irdisches Wirken von Ritter nicht separat betrachtet werden, sondern tatsächlich im Zentrum seiner Erdbeschreibung stehen, plädiert die vorliegende Untersuchung dafür, die Vorstellung von einem dreistufigen Modell zu revidieren. Damit entfällt auch die argumentative Grundlage für den Vorwurf, Ritter habe sein Versprechen nicht eingelöst. Wie sonst lassen sich die ausgedehnten Abschnitte zur Ethnogenese und den historischen Wanderbewegungen interpretieren? Auch die Rolle, die klimatische Einflüsse tatsächlich im Werk Ritters spielen, spricht gegen die Auffassung, wonach er seinem eigenen Postulat nicht gerecht geworden sei.

Alle drei angesprochenen Teilaspekte sind freilich wichtige Komponenten der Geographie Ritters. Sie stehen aber keinesfalls isoliert nebeneinander, wie dies von der Forschung angenommen wurde. Vielmehr finden sie sich in den untersuchten Bänden vernetzt und in vielfältiger Kontextualisierung wieder. Er ging etwa die Frage nach der Verbreitung des Olivenbaumes ähnlich den Ausführungen zu Herkommen und Bedeutung des Zuckerrohrs historiographisch an und wählte eine globale Perspektive. Auf die Verbreitung verschiedener Tierarten verwies Ritter nicht selten im regionalen Kontext. Tatsächlich vereint wohl jeder Band der „Erdkunde" Aspekte, die in der Gesamtschau die Grenzen des Stufenmodells regelmäßig überschreiten. Insofern bezieht diese Arbeit dezidiert gegen die Abwertung der „Erdkunde" als Fragment im doppelten Sinne Stellung.

Ein besonderes Augenmerk der Untersuchung lag auf den Quellen, die Ritter für die Abfassung seines monumentalen Werkes herangezogen hat. Die Auswertung der zentralen Textbände hat zunächst gezeigt, dass Ritter auf eine große Fülle zeitgenössischen Materials zurückgegriffen hat. Reiseberichte, Landkarten und auch historiographische sowie archäologische Literatur standen für sämtliche der behandelten Regionen in großer Zahl zur Verfügung. Die starke Abhängigkeit des Ritter'schen Textes von der zeitgenössischen Literatur ist von jeher aufgefallen. Einige dieser Werke fungierten für verschiedene Abschnitte der „Erdkunde" regelrecht als Schrittmacher oder Wegweiser, indem sie etwa die entscheidenden Stätten, an denen sich Ritter dann orientiert hat, bereits bestimmt und beschrieben hatten. So finden sich bei Ritter Zusammenstellungen der bekannten Auskünfte beziehungsweise der Quellen zu speziellen Fragen, die nicht selten gleichermaßen in den Vorlagen der „Erdkunde" ausfindig gemacht werden. Allen voran ist auf die „Description de l'Égypte" für das Land am Nil zu verweisen. Mit einigen Abstrichen können die Berichte der heute kaum mehr beachteten Forschungsreisenden wie Alexander Burnes, William Ainsworth, John Macdonald Kinneir, Henry Pottinger, Arthur Conolly und anderer für Asien hinzugezählt werden. Ihre Schriften spiegeln den zeitgenössischen Forschungsstand wider oder trugen maßgeblich zu diesem bei. Ähnliches gilt für die Themen jenseits der länderkundlichen Beschreibungen. Für sprachhistorische, onomastische sowie ethnogenetische Ausführungen standen die Schriften aus dem Bereich der Sprachwissenschaften zur Verfügung. Die Ergebnisse von Jean-Pierre Abel-Rémusat, Heinrich Julius Klaproth und Christian Lassen konnten von Ritter nutzbar gemacht und ihre Zusammenfassungen des Quellenmaterials integriert werden.

Auch wenn sich an verschiedenen Stellen gezeigt hat, dass die „Erdkunde" antike und mittelalterliche Quellen in Teilen indirekt und mit Hilfe der zeitgenössischen Literatur rezipiert, wäre es durchaus verfehlt, Ritters eigene Forschungsleistung zu unterschätzen. In den meisten Fällen hat Ritter selbst Quellenstudium betrieben oder auch die jüngeren Schriften ergänzt. Dies gilt insbesondere für die in großer Zahl herangezogenen Texte der griechischen und römischen Autoren, die neben den Werken von Herodot, Strabon oder Ptolemaios auch weit weniger bekannte Titel umfasst. Was die Berichte der orientalischen Geographen und Gelehrten wie Abu l-Fida, Ibn Hauqal oder al-Idrisi betrifft, liegen die Dinge ein wenig anders. Sofern diese Schriften nicht übersetzt und publiziert vorlagen, konnten sie zunächst nur über die Werke der Zeitgenossen aufgenommen werden. In bemerkenswerter Art und Weise hat Ritter in beiden Fällen nicht nur Schriften, die seinem gebildeten Leserkreis bekannt waren, in seine „Erdkunde" aufgenommen. Er ist weit über dessen Horizont hinausgegangen.

Ritter präsentiert sich mit seinem *magnum opus* als Universalgelehrter, der in der Lage und willens war, weit über die Grenzen seines eigentlichen Fachgebietes hinaus erfolgreich zu arbeiten. Und selbst der Umstand, dass die „Erdkunde" sich an einigen wenigen Stellen – etwa zur Geschichte Nishapurs oder im Umgang mit Lassens Auskünften zur Entzifferung der Keilschrift – „übernommen" hat, tut dem Gesamteindruck von den umfassenden Kenntnissen und Fähigkeiten Ritters keinen Abbruch. Sein Werk integriert ganz verschiedene Wissensgebiete, die neben Geographie und Historiographie, Ethnographie und Archäologie auch die historische Sprachwissenschaft umfassen. Ihre Zusammenführung ist nach Ritter nie mehr wieder in einer solchen Dimension versucht worden. Sein Unternehmen, die Geschichte des Menschen derart facettenreich und ganzheitlich zu erfassen und darzustellen, bleibt einzigartig. Die Gründe hierfür sind zweifellos in Ritters Scheitern zu finden. Es ist ihm, wie gezeigt wurde, zum einen nicht gelungen, eine eigene Schule zu gründen, zum anderen konnte er das große Werk trotz seines bemerkenswerten Arbeitseifers nicht fertigstellen. Sein Ziel, das gesamte Wissen über die Welt zu erfassen, war in der Zeit des europäischen Ausgreifens in Afrika und Asien zum Scheitern verurteilt. Ritter, seinen Nachfolgern und nicht zuletzt seinen Schülern war wohl bewusst, dass bei dem rasanten Anstieg des geographischen Wissens die älteren „Erdkunde"-Bände schon zu seinen eigenen Lebzeiten als veraltet gelten mussten. Insofern wurde Ritters Arbeit tatsächlich ein Opfer des Fortschritts. Als Universalgelehrter passten er und die wissenschaftlichen Ziele, die er der Geographie geben wollte, schließlich nicht zur fortschreitenden Spezialisierung der Wissenschaften. Hierin liegt insbesondere der Grund für die Einzigartigkeit von Ritters Werk und für seine Unwiederholbarkeit.

Die 21 Bände der „Erdkunde" sind das umfangreichste geographische Werk, das je von einem einzelnen Autor verfasst worden ist. Stellt man die Makrostruktur des gesamten Opus in Rechnung, so wird deutlich, dass es sich dabei um mehr als einen lediglich quantifizierenden Befund handelt. Ritter nutzte sein geographisches Wissen – die Topographie, die Verortung von Städten und anderen markanten Punkten im Raum oder die Zuweisung von Ländern und Landesteilen an unterschiedliche Klimazonen –, um gewissermaßen ein Gerüst zu erschaffen, in welches weitere Aspekte aus anderen Bereichen eingefügt werden konnten. Dass solche Angaben nicht selten den Schriften antiker Autoren entnommen wurden, konnte fast durchgehend nachgewiesen werden. Ritter ist damit dem von ihm selbst in der Einführung formulierten Anspruch vollauf gerecht geworden. Dementsprechend bietet die „Erdkunde" regelmäßig Abschnitte, die überblicksartig über die Topographie von Großräumen informieren, bevor dann tatsächlich der „irdisch erfüllte Raum" – und das heißt hier konkret die Rolle und Geschichte des Menschen sowie zoologische und auch botanische Aspekte darin – behandelt wird. Besonders bemerkenswert für die Geographie Ritters im engeren Sinne sind auch seine Ausführungen zur historischen Topographie. Er war etwa im Hinblick auf die Entstehungsgeschichte des Moeris-Sees oder des Nildeltas stets an den Veränderungen der Oberflächenformen interessiert.

Kaum zu trennen von den geographischen Teilen der „Erdkunde" sind die ausführlichen Passagen, die im weitesten Sinne historische Themen behandeln – nicht zuletzt weil diese oft in überlappender Weise erdkundliches Wissen beinhalten. Dies gilt zunächst für die ausdrücklich mit „historischer Überblick" oder „alte Geographie" überschriebenen Abschnitte des Werkes. In diesen hat Ritter nicht nur genuin Ereignisgeschichtliches zusammengefasst, sondern vielmehr ein Kompendium der historischen Kenntnisse von den jeweiligen Räumen geboten. Konsequent findet sich in Ritters „Erdkunde" kaum ein Thema, das nicht unter historischem Vorzeichen bearbeitet worden wäre. Die Idee von der zeitlich gestaffelten Länderkunde kann nicht nur auf die Veränderungen in der Topographie angewendet werden. Sie betrifft vor allem die Geschichte des Menschen im Raum. Kapitel, die – wie etwa im Falle der Berber, der Bevölkerung Irans oder der Armenier – der Beschreibung und der Geschichte verschiedener Ethnien gewidmet sind, können ebenfalls dieser historischen Sichtweise zugeordnet werden. Gleiches gilt für die „Tribus" vergangener Zeiten. Dies konnte beispielsweise für die sogenannten Blemmyer am Nil wie für die zahlreichen Ethnien festgestellt werden, die Ritter und seine Zeitgenossen mit einem sehr nebulösen Sammelbegriff als Skythen, seiner antiken Bedeutung folgend, ansprachen.

Historiographie ist in Ritters Werk jenseits des topographischen Gerüsts tatsächlich die Klammer, welche die genannten, aus heutiger Sicht schwer miteinander zu vereinbarenden Komponenten seiner „Erdkunde" verbindet. Dies gilt auch für diejenigen Teilaspekte, die wie etwa die Archäologie naturgemäß näher an der Historiographie anzusiedeln sind, als es für die Biologie der Fall ist. Dementsprechend verwundert es rückblickend kaum, dass Ritter die Geschichtsschreibung so eng in Verbindung zur Erdbeschreibung gesetzt hat. Gerade weil der Geograph solche Wissensgebiete in sein Werk integrieren wollte, war es zum einen nötig, das Fach entsprechend umfassend und vor allem offen zu definieren. Zum anderen erschien die Historiographie aufgrund der meist untrennbaren Zusammenhänge zwangsläufig regelrecht als Schwester der Geographie. Man sollte daher – und dies ist eine wesentliche Erkenntnis der vorliegenden Untersuchung – in Ritters Arbeit nicht nur das große geographische Werk sehen, als das es zweifelsohne zu Recht gewürdigt worden ist. Die hybride „Erdkunde" ist tatsächlich nicht weniger eine geschichtswissenschaftliche Darstellung und in einigen Teilen auch ein bemerkenswerter Beitrag zur althistorischen und mediävistischen Forschung.

Vor diesem Hintergrund kann Carl Ritters Arbeitsweise über weite Strecken mit der des Historikers verglichen werden. Es sei noch einmal darauf hingewiesen, dass seine Ausführungen in den untersuchten Bänden ausnahmslos auf Buchwissen und nicht auf eigener Anschauung beruhen. Ritter hat keine Daten erhoben, sondern mit vorhandenen Daten gearbeitet. Umso bemerkenswerter erscheint die Fähigkeit des Berliner Professors, sich im Raum zu orientieren und meistens ein recht geschlossenes Bild der verschiedenen Regionen zu vermitteln. Dies gilt vor allen Dingen für das Ineinandergreifen der einzelnen topographisch angeordneten Abschnitte entlang ihrer natürlichen Grenzen. Noch heute scheint es genau wie im 19. Jahrhundert ratsam, die Lektüre der „Erdkunde" mit dem Studium der zugehörigen Karten zu begleiten, um die Ausführungen des Textes nachvollziehen und verorten zu können. Ritters Kenntnisse von den verschiedenen Ländern und seine Vorstellungskraft von der Topographie können wir heute lediglich erahnen, jedoch kaum überschätzen.

Die intensive Textanalyse hat die Nähe zur Arbeitsweise des Historikers zweifelsfrei bestätigt. Die schier unüberschaubare Fülle an Materialien, die zur Abfassung der verschiedenen Bände herangezogen und im Anmerkungsapparat ausgewiesen wurde, spiegelt weite Teile der Ritter-Bibliothek wider. Zeitgenössische Schriften standen für nahezu alle behandelten Regionen und Themen zur Verfügung. Die Annahme, wonach ältere Literatur als „Lückenfüller" aufgeboten wurde, um das Schweigen der jüngeren Berichte zu kompensieren, ist nachdrücklich zu verwerfen. Dies beweisen schon die verschiedenen Fälle, in denen Ritter aus ganz unterschiedlichen Anlässen auf die „Alten" zurückgegriffen hat.

Bereits nach der Analyse des ersten Bandes der „Erdkunde" ließen sich mehrere zentrale Merkmale beziehungsweise Formen der Verwendung nicht-zeitgenössischer Texte identifizieren. Topographische Angaben jüngerer Autoren konnte Ritter durch antike und mittelalterliche Berichte vervollständigen oder vorschlagsartig ergänzen – genau wie es für den historischen Wandel von Strukturen bereits festgestellt wurde. Dies ist ganz eindeutig für die Frage nach den Nil-Quellen und im weiteren Sinne auch für den Oberlauf des Nils der Fall. Hier hat Ritter den antiken Autoren, unter anderem Herodot und Ptolemaios, ein besonderes Maß an Vertrauen entgegengebracht. Sie waren für ihn Gewährsmänner, die den Zeitgenossen in nichts nachstanden. Die von ihnen überlieferten Informationen sah er als zeitlos gültige Fakten an. Ähnlich liegen die Dinge bei den Ausführungen zu Fayyum und dem Nildelta sowie bei der Darstellung von Teilen des Indus-Laufes und von dessen Mündungsgebiet. Auch mehrere Gebirgspassagen im iranischen Westen, die mit Hilfe der historischen Episoden im Bereich der Zagros-Ausläufer als zerklüftet und unwegsam beschrieben wurden, sind in diesem Kontext zu nennen. Zwar stehen diese Ausführungen explizit unter dem Vorzeichen der historischen Länderkunde, jedoch tragen auch sie – insofern Ritter mehrfach die Richtigkeit der Angaben der griechisch-römischen Autoren betont – dazu bei, ein vollständiges Bild von der Topographie zu vermitteln. Wie weit die Autorität der älteren Geographen um die Mitte des 19. Jahrhunderts reichte, konnte auch für die Kartographie und deren Tradition gezeigt werden. Obgleich die Auswertung der Ritter'schen Karten auf den Hand-Atlas von Afrika, genauer gesagt auf die südliche Nilregion beschränkt bleiben musste, war es möglich nachzuvollziehen, inwieweit die Auskünfte von Ptolemaios, Abu l-Fida und al-Idrisi auf die Visualisierung der Topographie Einfluss hatten.

Anders ist Ritter bei der Behandlung ethnogenetischer Aspekte verfahren, wobei auch hier durchweg älteres Quellenmaterial herangezogen wurde. Die Geschichte historisch gewordener „Stämme" wurde stets auf literarischen Zeugnissen basierend oder – wie im Falle mehrerer zentralasiatischer Ethnien – nach epigraphischen Befunden dargestellt. Nicht selten standen dafür auch mythologische Berichte wie die altiranische oder die hinduistische Schöpfungssage Pate. Die Befunde der jungen Sprachwissenschaft, speziell der Indogermanistik, hatten diese bereits hinreichend erschlossen, sodass nicht zuletzt onomastisch beziehungsweise etymologisch gearbeitet werden konnte. Oftmals ist es Ritter und seinen Zeitgenossen durch die sehr großzügige Gleichsetzung verschiedener Namen oder Namensvarianten gelungen, ihre Quellenbasis zu verbreitern. So konnten etwa im Fall der „Massageten" oder der „Alanna" Verbindungen zu den Schriften von Herodot, Ptolemaios und anderen gezogen werden. Ritter pflegte also einen ganz anderen Umgang mit nicht-zeitgenössischen Quellen, wenn es um Fragen der historischen Ethnographie ging. Mittels relativ freier Interpretation wurden entsprechende Berichte nutzbar gemacht, wobei Ritter für diese Vorgehensweise selbst eine Erklärung oder eine Rechtfertigung geliefert hat: Die Aussagen der „Alten", die er nur selten als reine Unwahrheiten verstanden wissen wollte, müssten mitunter nur vom rechten Standpunkt aus begriffen werden. Insofern sich der Forscher des 19. Jahrhunderts hier freilich auf der höheren Warte angenommen hat, eröffnete sich für entsprechende Interpretationen nicht nur ein Fenster, sondern vielmehr ein Tor. Das Ziel war jedoch nicht einfach eine Verbreiterung der Quellenbasis. Ritter wollte mit Hilfe von Material, das er den antiken Autoren entnahm, Zustände und Entwicklungen erschließen, die diesen Autoren gar nicht bewusst waren oder von ihnen missverstanden worden waren. Ritters Vorgehen stellt keinesfalls einen Sonderfall auf dem Gebiet der Ethnographie seiner Zeit dar. Auch die Zeitgenossen begriffen „Völker" als feste Größen, die gewissermaßen über Jahrtausende hinweg bestanden. Da zwar die Namen dieser Ethnien als veränderlich angenommen wurden, der Personenverband aber als stabil angesehen wurde, setzten Ritter und seine Zeitgenossen große Hoffnungen in die Sprachwissenschaften. Diese sollten dabei helfen, die angesprochenen ethnischen Kontinuitäten onomastisch zu erforschen.

Was die Darstellung von Ethnien anlangt, die zwar auf eine traditionsreiche Geschichte zurückblicken konnten, aber ihrerseits noch nicht wie die genannten historisch geworden waren, darf auf Ritters Darstellung der Armenier als prominentestes Beispiel verwiesen werden. Tatsächlich konnte dieser Abschnitt zu einem großen Teil der historiographischen Komponente der „Erdkunde" zugeordnet werden, insofern hier die Geschichte eines Personenverbandes zusammen mit diversen Aspekten seiner spezifischen kulturellen Eigenheiten wie Religion, Sprache, Literatur und deren Herkommen ausgeführt wurde. Ganz der Arbeit des Historikers entsprechend, weist der Text verschiedene antike Gewährsmänner und insbesondere die Geschichte des Moses von Choren als seine Quellen aus. Neuere Informationen stammen von den reisenden Zeitgenossen. Dabei wurden auch immer Befunde zu den dazugehörigen geschichtsträchtigen Stätten, etwa in diesem Fall zu Etshmiadzin, aufgenommen.

Auch archäologische Aspekte, für die nicht-zeitgenössische Auskünfte von zentraler Bedeutung waren, präsentieren sich als bedeutsame Komponente in Ritters Werk. Neben der „alten Geographie" Irans, die den herangezogenen Quellen nach zu urteilen ebenfalls dieser Facette der „Erdkunde" zuzurechnen wäre, spielten Monumente zunächst im Falle Ägyptens für die Interpretation von Bauwerken eine besondere Rolle. Von der Insel Philä über die Thebais gen Norden bis nach Alexandria hat Ritter immer wieder historische Stätten besprochen, eindrücklich beschrieben und diese seinen französischen Quellen folgend interpretiert. So glaubte man, obgleich das Rätsel der Hieroglyphen noch nicht entschlüsselt worden war, die Geschichte von Tempeln sowie deren Zuweisung an bestimmte Gottheiten, wie dies für Ombos oder Edfu gezeigt wurde, klären zu können. Die entscheidenden Informationen lieferten auch hier die antiken, mitunter die spätantiken christlichen Autoren. Auch wenn sich an mancher Stelle kuriose Fehlinterpretationen nachweisen lassen, so bewährten sich die Forscher des 18. und 19. Jahrhunderts doch als aufmerksame Leser und kritische Kenner der klassischen Schriften. Die Ergebnisse, die die „Erdkunde" so zielsicher wiedergibt, sollten ungeachtet gewisser Defizite nicht als Ausweise des Scheiterns interpretiert werden. Sie zeigen vielmehr eindrücklich, wie weit man in der Erforschung von Kultstätten gelangen konnte, selbst wenn lediglich die Schriften der „Alten" zur Verfügung standen. Umgekehrt waren die archäologischen Befunde nicht selten geeignet, die Zuverlässigkeit der Texte etwa von Herodot oder Strabon zu erweisen. So dokumentierten zum Beispiel die Wandreliefs von Theben in Ritters Augen die Korrektheit der antiken Autoren.

Von Balkh im Osten bis in den iranischen Westen und darüber hinaus hat Ritter archäologische Befunde, sofern solche verfügbar waren, in seinem Werk berücksichtigt. Diese Exkurse sollten auch immer wieder die kulturelle Bedeutung dieser Orte und Räume verdeutlichen. Es finden sich nur wenige Darstellungen von Stätten und Landschaften, die ohne Bemerkungen über ihre Anlagen, aufgefundene Ruinen oder ganz allgemein bedeutende historische Bauten auskommen. Ähnlich wie die Bauwerke des Alten Ägypten hat Ritter die berühmten persischen Felsreliefs von Dareios I. und Schapur I. besprochen. Die Monumente von Bisutun und Bischapur konnten recht kompetent mit Hilfe der bekannten Berichte antiker Autoren (in diesem Falle Tacitus und Flavius Josephus beziehungsweise die Historia Augusta) historisch eingeordnet und interpretiert werden. Den Kontext ihrer Entstehung hat Ritter unter anderem im Konflikt zwischen Rom und den Sassaniden sicher und richtig erfasst.

Dass die „Erdkunde" für verschiedene Lokalitäten des iranischen Hochplateaus wie schon zuvor für das Land am Nil zunehmend den Charakter eines archäologischen Führers annimmt, zeigt auch die Appendix zu Bagdad beziehungsweise Babylon. Ritter hat die antiken Anlagen stets extensiv besprochen. Auskünfte über die Bausubstanz der verschiedenen Monumente finden sich in diesem Rahmen neben lebendigen Beschreibungen und mehr oder weniger exakten Angaben zu den Dimensionen der Ruinen. Auch hier hat Ritter versucht, die Denkmäler historisch einzuordnen. Die Darstellung der Ruinen zwischen Euphrat und Tigris in der Nähe von Bagdad gehört genau wie die Ausführungen zu Persepolis zweifellos zu den Höhepunkten der archäologischen Exkurse in Ritters Arbeit. Wie in kaum einem anderen Abschnitt der „Erdkunde" hat Ritter hier ausführlich die jüngsten Entdeckungen von Claudius James Rich und anderen Zeitgenossen mit den Schriften der „Alten" in Verbindung gebracht. Vor allem die Auskünfte, die Arrian im Kontext des Alexanderzuges über Größe und Monumente des alten Babylon überliefert, wurden dafür herangezogen. So konnten etwa verschiedene Palastanlagen oder die sagenumwobenen Hängenden Gärten lokalisiert werden. Ritter hat mit Fortschreiten gen Westen in zunehmendem Maße auch auf das Alte Testament als Quelle zugegriffen. Neben den Ausführungen zum alten „Babel" stützen sich beispielsweise die Aussagen zum umstrittenen Susa oder die Beschreibung der Satrapien des Perserreiches auf verschiedene Bücher des Alten Testaments.

Die verschiedenen Facetten der „Erdkunde", die von Ritter nicht getrennt, sondern miteinander vernetzt ausgeführt wurden, sind durch die Art ihrer Ausarbeitung mit Hilfe von zeitgenössischem und nicht-zeitgenössischem Material vergleichbar. Jenseits des von der Geographie bereitgestellten Gerüstes war es für Ritter eben die Historiographie, die sozusagen die Klammer zur Verbindung der verschiedenen Komponenten seiner Arbeit lieferte. Es konnte gezeigt werden, dass er neben den Abschnitten, die die Geschichte eines weiter gefassten Raumes oder einer Großlandschaft zum Thema haben, auch in den enger zugeschnittenen Kapiteln zu einzelnen Städten nicht umhinkommt, deren Entwicklung aufzugreifen. Beim Versuch, für die Städte zwischen Indus und Euphrat Vorgängersiedlungen ausfindig zu machen, hat Ritter nicht nur auf die archäologischen Ergebnisse, sondern auch auf die der onomastischen Forschung zurückgegriffen. So konnte die Geschichte bekannter Zentren wie Ahvaz, Hamadan, Kermanschah, Teheran beziehungsweise Rai und später auch Bagdad von ihrem Anfang bis auf die eigene Zeit in den Blick genommen werden. Da Ritter in vielen der besprochenen Städte gerne sassanidische Gründungen erkennen wollte, wurden nicht selten durch Rückgriff auf antike und orientalische Autoren Verbindungen zwischen der jüngsten Vergangenheit, dem Mittelalter beziehungsweise der Zeit des Kalifats und der Antike nachgewiesen, konstruiert oder mitunter eben nur postuliert. Weil es Ritter regelmäßig um die Kontinuierung der Geschichte der jeweiligen Orte ging, sind solche Ausflüge in die Historie – jedenfalls für Ägypten, Zentralasien und Iran – weit umfangreicher geraten als die Bemerkungen zur aktuellen Situation vor Ort. Für Bagdad konzentriert sich Ritters Text indes relativ stark auf die jüngste Vergangenheit und, wie so oft, auf den vermeintlichen Niedergang der Stadt.

Allerdings hat sich die „Erdkunde" nicht nur im Rahmen von Stadtgeschichten als ein Werk mit starkem historiographischem Einschlag zu erkennen gegeben. Die Darstellung des Punjab bis hin zum Vorderen Orient enthält mehrere bekannte Episoden aus Antike und Mittelalter. Der Umstand, dass hier so manche Frage offengeblieben ist, ändert nichts an diesem Befund. Vor allem der Zug Alexanders des Großen, der ja die geographischen Kenntnisse vom Orient massiv erweitert hatte, begegnet dem Leser regelmäßig. Sofern dieser in den bereits genannten Zentren Halt gemacht hatte, könnte man Ritters Ausführungen – etwa für Babylon, Hamadan oder für die Gründung Alexandrias am Kaukasus – analog zu dem bisher Zusammengefassten bewerten. Weil Ritter aber einigen Stationen des großen Zuges, wie etwa dem Schlachtfeld von Gaugamela oder Alexanders Lager bei den *Caspiae Pylae*, eine eigenständige Behandlung gewidmet hat, sei noch einmal auf einen besonderen Punkt hingewiesen. Ritter hat mehrfach den Versuch unternommen, berühmte antike Episoden zu verorten.

Abschnitte zu zoologischen Themen wie etwa diejenigen zu den medischen Pferdeweiden gehen genau wie Ausführungen zur Botanik teilweise ebenfalls auf älteres Quellenmaterial zurück. Dies konnte besonders für die Passagen zur Geschichte des Zuckers sowie zur Kultivierung des Olivenbaumes gezeigt werden. Es ist aus moderner Sicht erstaunlich, dass Ritter auch hier neben aktueller Fachliteratur und den Reiseberichten der Zeitgenossen die Schriften der antiken Autoren konsultiert hat. So konnte nicht nur ein umfassendes Bild zur Verbreitung und zum Bestand verschiedener Pflanzen präsentiert, sondern auch die Geschichte beziehungsweise die traditionelle Nutzung durch den Menschen thematisiert werden. Insofern zeigen auch diese Abschnitte eine deutliche Nähe zur Kulturgeschichte sowie zur Kulturgeographie.

Der Exkurs zur *olea europaea* dokumentiert einen Umgang mit den Quellen, wie er sich so bei Ritter ansonsten nur für den Oberlauf des Nil, die Landesnatur des südlichen Iran und mit erheblichen Einschränkungen für die Ausläufer des westlichen Himalaya gezeigt hatte. Für die Region zwischen Blauem und Weißem Nil, das heißt für die Herrschaft von Aloa, wurden ältere Quellen herangezogen, um über die Zustände der eigenen Zeit zu informieren. Dieser fragwürdige Einsatz antiker beziehungsweise mittelalterlicher Texte ist in Ritters Werk allerdings die Ausnahme geblieben.

Die „Erdkunde" ist, so dunkel die Ausdrucksweise mitunter auch sein mag, von ihrem Autor regelmäßig mit Anekdoten oder kurzen Geschichten ausgeschmückt worden. Zusätzlich zu den historischen Episoden hat Ritter auch die Erfahrungen der Reisenden vor Ort teilweise tagebuchartig wiedergegeben. Unter ihnen sticht Marco Polos Bericht über die Assassinen auf der Burg Alamut sicher als fantastischer Höhepunkt heraus. In der Beschreibung der Umstände, mit denen die reisenden Zeitgenossen vor Ort zu kämpfen hatten, hat sich gezeigt, dass Ritters Bild von den orientalischen Städten ganz allgemein ein düsteres ist. Die „Erdkunde" spiegelt wohl in den meisten Fällen die Ereignisse der letzten Jahrzehnte um die Wende vom 18. zum 19. Jahrhundert, genauer den katastrophalen Ausbruch der Pest, wider. Auch auf die zerstörerische Wirkung der beständigen Kriege im Vorderen Orient, die sich durch Ritters Darstellung wie ein roter Faden zieht, ist hier nochmals zu verweisen. Zugespitzt lässt sich festhalten, dass Ritter beinahe für jede orientalische Stadt einen Rückfall weit hinter den Glanz ihrer historischen Vorgänger diagnostizierte. Auch mit dieser Sichtweise ist Ritter keine Ausnahmeerscheinung gewesen. Seine Einschätzung des Orients ist typisch für seine Zeit. Die Kultur mochte zwar im Sinne Hegels im Osten entstanden sein, war aber voranschreitend nach Westen gelangt und hatte dort einen relativen Höchststand erreicht. Hier wird die Teleologie deutlich, von der Ritter ausgeht und zu deren Verständnis die „Erdkunde" beitragen soll.

Die Ausführungen zu den Städten Persiens und später diejenigen zu Bagdad zeigen Ritter als Islamkritiker. Er hat die jüngste der Buchreligionen, der er schon für den Iran mitunter einen recht negativen Einfluss auf die Geschichte verschiedener Orte zugeschrieben hat, explizit eine „Irrlehre" genannt und die verheerenden Auswirkungen der Naturkatastrophen damit in Verbindung gesetzt. Hier klingt an, was eingangs als „religiöse Überhöhung" des Inhalts der „Erdkunde"-Bände zu Syrien und der Levante bezeichnet worden ist.

Carl Ritters „Erdkunde" oder, anders gesagt, seine Länderkunde weist ihn nicht nur als den Universalgelehrten aus, als der er des Öfteren von der Forschung anerkennend gewürdigt worden ist. Die profunde Kenntnis weiter Teile des Planeten, wie sie sich in seinem monumentalen Lebenswerk niederschlagen, sucht sicherlich ihresgleichen. Nach Ausweis der in dieser Arbeit erschlossenen Bände darf Ritter auch bezüglich seines

Wissenstandes als gut informierter Kenner des von ihm behandelten Stoffes gelten. Seine Leistungen auf dem Gebiet der Lokal-, mit Einschränkungen auch der Globalgeschichte rücken ihn in die Nähe der Historiker des frühen 19. Jahrhunderts. Mit seiner wissenschaftlichen Arbeit würde er heutzutage nicht nur zu den Verfechtern interdisziplinären oder transdisziplinären Arbeitens gerechnet werden. Ritter hat Globalgeschichte nicht nur gefordert, sondern tatsächlich praktiziert.

Dies ist im Hinblick auf das zeitgenössische Bildungsideal, wie es vor allem durch Wilhelm von Humboldt vertreten und in Form des humanistischen Gymnasiums auf das preußische Bildungswesen übertragen wurde, besonders bemerkenswert. Die Vertreter des sogenannten Neuhumanismus gingen unter anderem davon aus, dass allen voran das Studium der griechischen Sprache und Kultur der Weg des Menschen zu sich selbst und Schlüssel zur Bildung sei. Daher sollte dem Studium der Klassischen Philologie eine zentrale Bedeutung zukommen. Carl Ritters „Erdkunde" fordert, insofern die Auswahl des Quellenmaterials und der Umgang mit diesem jenseits griechisch-lateinischen Kanons liegen, in mehrerlei Hinsicht einen Kommentar heraus. Indem Ritter beispielsweise die orientalischen mittelalterlichen Autoren integrierte, wurde bereits hier der historische Horizont über Griechen und Römer hinaus erweitert. Selbiges gilt für das Heranziehen der Befunde aus dem Bereich der Sprachwissenschaften, also für etymologische Befunde. Die Nutzung der Erkenntnisse, welche die Entzifferung der Keilschrift erbracht hatte, deutet in dieselbe Richtung. Allerdings ist nicht nur Ritters Materialauswahl an dieser Stelle nochmals erwähnenswert. Auch die Art und Weise, in der schließlich die Texte der antiken griechischen und lateinischen Autoren für die „Erdkunde" herangezogen wurden, ist bezeichnend. Ritter interessierten die Angaben antiker Autoren nur insofern, als sie ihm das notwendige Wissen für den Inhalt seiner Darstellung zur Verfügung stellten. Im Sinne des Humboldt'schen Bildungsideals waren sie für ihn weit weniger relevant – wobei es sicher zu weit gegriffen wäre, in der „Erdkunde" ein Werk mit anti-klassizistischer oder anti-neuhumanistischer Stoßrichtung erkennen zu wollen.

Auch darüber hinaus bietet die „Erdkunde" eben nicht nur als geographisches Werk zahlreiche Ansatzpunkte für weiterführende Forschungen. Aktuelle Aufgaben- und Forschungsfelder, etwa zum Verhältnis von politischen zu geographischen Räumen oder zur Überschneidung von Natur- und Kulturräumen, sind bereits von Ritter angelegt worden. Auch auf die moderne Geoökologie kann an dieser Stelle verwiesen werden, insofern diese Teildisziplin insbesondere den Einfluss des Menschen auf seine Umwelt, also das Verhältnis von Mensch und Natur, zum Gegenstand hat. Dass diese Anknüpfungspunkte im Sinne der Wissenschaftsgeschichte auch für die historische Forschung von Bedeutung sein können, darf als Chance für einen disziplinenübergreifenden Austausch zwischen Geographie und Geschichtswissenschaft begriffen werden, obgleich sich beide Fächer heute kaum mehr ihrer Nähe im Sinne Carl Ritters bewusst sind.

VII APPENDIX

Bagdad – Geschichte und „gegenwärtiger" Zustand

Dem ersten Band zum Stufenland des Euphrat- und Tigrissystems hat Ritter nach einer kurzen allgemeinen Einführung einen historischen Überblick vorangestellt.[1] Diese in mehrere Abschnitte gegliederte Zusammenfassung beginnt bei Herodot, Xenophon und Alexander, umfasst die „Zeit des Kalifats" und reicht mit einer Betrachtung der Schriften Marco Polos hinüber bis in die Frühe Neuzeit.[2] Mit diesem ausgedehnten, beinahe 300 Seiten umfassenden Überblick liefert Ritter auf den ersten Blick die Geschichte des Menschen in dem genannten Raum. Seinem Ziel, Kontinuitäten von ihren Ursprüngen an aufzuzeigen, wird er dabei durchaus gerecht. Es ist jedoch anzumerken, dass die „Erdkunde" in diesem ersten Teil den gesamten Raum – also die Makroebene – im Blick hat. Einzelne Städte wie Bagdad oder Basra werden hier zwar bereits angeführt und mitbesprochen, allerdings ersetzen diese Ausführungen zur Geschichte eine spätere, ausführliche Darstellung nicht. Ritter ist zu ihnen an anderer Stelle zurückgekehrt. Wie bereits erwähnt, wurde für die vorliegende Studie mehrheitlich darauf verzichtet, die in der Dissertation durchgeführte Analyse der Mesopotamien-Bände aufzunehmen. Ritters Arbeitsweise, sein Umgang mit den zur Verfügung stehenden Quellen und sein Verständnis vom Inhalt einer wissenschaftlichen Erdkunde seien in diesem Appendix noch einmal aufgezeigt. Ritters Ausführungen zu Bagdad, dem der große Geograph welthistorische Bedeutung zugeschrieben hat, vereinen sämtliche der zuvor angesprochenen Facetten seiner Arbeit.

Den bereits angesprochenen historischen Überblick beendet eine Zusammenfassung der „Zeit des Khalifats". Hier verweist Ritter erstmals umfangreich auf die Metropole am Tigris. Die Ausführungen zu Bagdad sind ihrem Umfang nach die längsten des Abschnittes.[3] Allerdings bieten sie nicht nur Informationen zur Großstadt selbst, sondern

---

1   Der zehnte und elfte Teil der „Erdkunde von Asien" sind 1843 und 1844 erschienen. Wenn auch nicht zusammen publiziert, sind die beiden Bände dennoch als eine Einheit zum Land zwischen den beiden Strömen angelegt. Im Folgenden werden beide mit dem Kurztitel „Stufenland" zitiert.

2   Ritter, Carl: Stufenland, Vol. 1, S. 6–66, S. 175–239 und S. 269–277.

3   Ritter, Carl: Stufenland, Vol. 1, S. 195–239. Zur Geschichte der Stadt: Dumper, Michael/Stanley, Bruce (Hrsgg.): Cities of the Middle East and North Africa, s. v. „Baghdad"; Ágoston, Gábor/Masters, Bruce (Hrsgg.): Encyclopedia of the Ottoman Empire, s. v. „Baghdad"; Tietze, Wolf (Hrsg.): Westermann Lexikon der Geographie, s. v. „Baghdad" und Bosworth, Edmund (Hrsg.): Historic Cities of the Islamic World, s. v. „Baghdad".

enthalten auch eine Vielzahl von verschiedenen Punkten und Exkursen zum Umland sowie vereinzelt zum Flusslauf des Tigris. Im Wesentlichen hat Ritter, wie auch schon zuvor für Basra, die arabischen Autoren Ibn Hauqal, al-Idrisi und Abu l-Fida zu Rate gezogen und besprochen.[4] Die zeitgenössische Literatur findet sich nur spärlich. Kinneir oder etwa von Hammer-Purgstall werden neben anderen durchaus gelegentlich im Anmerkungsapparat der „Erdkunde" angegeben, jedoch kann hier nicht von einer grundlegenden Verwendung ihrer Titel die Rede sein.[5] Es sind wiederum die Bezüge zur Gegenwart, die an der einen oder anderen Stelle von Ritter hergestellt wurden. Schon die Einleitung des Abschnittes zur Hauptstadt des modernen Irak gibt den Tenor des gesamten Kapitels an:

> Bagdad wird für das Mittelalter im Stufenlande des Euphrat- und Tigrissystems der große Centralpunct, der alles, was früher Ninive und Babylon, Seleucia, Ctesiphon, Madain und Kufa zerstreut besaßen, in seiner Mitte vereinte, und über ein halbes Jahrtausend hindurch der Sitz des Khalifen, die Hauptstadt des mohamedanischen Weltreiches, der Mittelpunct des Handels, der neu aufblühenden Künste, der Gelehrsamkeit, der Wissenschaften wurde, bis sie mit dem Sturze des Khalifates durch die Mongolen unter Hulagu Khan im Jahre 1258 nach Chr. Geb. (656 d. Heg.) selbst ihren alten Glanz wie fast alle ihre Bewohner verlor und in einen Aschenhaufen verwandelt wurde, so daß die später wieder hervortretende türkische Bagdad an der Ostseite des Tigris nur ein schwacher Wiederschein dessen sein konnte, was früher unter dem Namen dieser Khalifenstadt in weiter Ausdehnung zu beiden Uferseiten des Tigrisstromes sich unter ganz andern welthistorischen Verhältnissen zu einer der ersten Weltcapitalen ausgebildet hatte, die schon ein Ebn Haukul nur mit der Constantinopolis in Europa [...] zu vergleichen wusste.[6]

Beginnend mit der Gründung Bagdads als Hauptstadt durch Abu Dscha'far al-Mansur[7] (714–775), den zweiten Kalifen der sogenannten Abbasiden-Herrscher, bespricht die „Erdkunde" die Geschichte der Stadt bis in die Frühe Neuzeit hinein. Ausdrücklich vermerkt wird, dass die „gegenwärtigen" Zustände an anderer, späterer Stelle besprochen werden sollen.[8] Somit liegt auch hier ein Kapitel vor, welches sich ausgewiesenermaßen

---

4   Ouseley, William: The Oriental Geography of Ebn Haukal, S. 9, S. 66 sowie S. 69f.; Wüstenfeld, Ferdinand: Abulfedae Tabulae quaedam Geographicae, S. 6 und S. 14; Jaubert, Pierre: Géographie d'Édrisi, Vol. 1, S. 162 sowie Vol. 2, S. 156.

5   Schon für Basra hat die „Erdkunde" auf einige zeitgenössische Titel verwiesen: Hammer-Purgstall, Joseph von: Länderverwaltung, S. 35 und Kinneir, John Macdonald: Geographical Memoir of the Persian Empire, S. 288–291. Für den Abschnitt zu Bagdad finden sich diese Werke wieder, verstärkt unter anderem durch die beiden Bände von James Claudius Rich (Narrative of a Residence in Koordistan). Auf die genannten Schriften wird im Folgenden ausführlich verwiesen.

6   Ritter, Carl: Stufenland, Vol. 1, S. 195.

7   Haarmann, Ulrich/Halm, Heinz (Hrsgg.): Geschichte der arabischen Welt, S. 109–117.

8   Ritter, Carl: Stufenland, Vol. 1, S. 195.

zur Historiographie Ritters zählen lässt. Zunächst hat Ritter die alte „Capitale" verortet, indem er die Entfernungen zu anderen Städten mit Hilfe der Daten, die aus von Hammer-Purgstalls Schrift über die Verwaltung des Kalifats entnommen werden konnten, angegeben hat.[9] Das entscheidende Motiv für die Gründung der Stadt sieht Ritter in deren zentraler Lage. Dazu kommen Handels- und Verkehrsverbindungen sowie die geschützte Lage zwischen Euphrat und Tigris. Nun konnte al-Mansur für seine neue Hauptstadt durchaus bereits vorhandene Dörfer und Gemeinden der Region integrieren beziehungsweise zusammenlegen. Eines davon, ein Marktort, der von Abu l-Fida benannt wurde, war „Suk et Thalatha".[10] Ihn hat Ritter mit „Θαλάθα" bei Ptolemaios in Verbindung gebracht und so den Bogen zurück in zuvor besprochene Zeiten geschlagen.[11] Eine Lagebestimmung durch Koordinaten erfolgte in der „Erdkunde" erst später und für einzelne Stadtteile beziehungsweise für bestimmte Plätze.[12]

Der Kalif al-Mansur soll die Stadt den arabischen Quellen zufolge im Jahre 762 gegründet haben.[13] Berichte, wonach dafür Monumente anderer Städte der Umgebung abgebrochen und niedergelegt worden sein sollen, hat Ritter mit seinem Sinn für den Niedergang zivilisatorischer Leistungen gerne aufgenommen. Jedenfalls soll die Stadt nach nur einigen Jahren baulich so weit fortgeschritten gewesen sein, dass fortan dort und in der Nähe die Truppen des Kalifats untergebracht werden konnten. Es seien diese Jahre gewesen, so Ritter, in denen „so selten wie im römischen Reiche, an allen Enden des Khalifates Friede im Reiche herrschte", dass die Stadt den Ehrennamen „Dar el Salam" (Sitz des Friedens) erhalten haben soll.[14] Es finden sich nur wenige Verweise darauf, dass die Stadt unter den Nachfolgern des Gründers weiter ausgebaut worden ist. Explizit werden kaum einzelne Etappen genannt, sondern eher allgemeine Linien angedeutet. Jedoch berichtet die „Erdkunde" wie üblich von den wichtigsten Bauwerken der Stadt. Eine Beschreibung der Besonderheiten der Stadtmauern, deren Tore einander nicht direkt, sondern diagonal gegenüber angelegt waren, war Ritter genauso wichtig wie der Verweis darauf, dass der „Khalifenpallas" mit der wichtigsten Moschee in der Mitte Bagdads erbaut wurde.[15] Mehrere Erweiterungen der Residenz konnte Ritter basierend auf mittelalterlichen Autoren erwähnen. Besonders die zunehmende Abschottung der Herrscher des Orients hat er dabei herausgestellt. Sein Text skizziert das Bild einer wahren Palastherrschaft, das durch mehrere Anekdoten illustriert wird. So berichtet er beispielsweise davon, dass ein Gesandter des Kaisers von Konstantinopel gegenüber

---

9 Hammer-Purgstall, Joseph von: Länderverwaltung, S. 17f. sowie S. 77.

10 Wüstenfeld, Ferdinand: Abulfedae Tabulae quaedam Geographicae, S. 9 und S. 24 („Suc et-Thalatha").

11 Ptol. 5, 20, 4.

12 Ritter, Carl: Stufenland, Vol. 1, S. 198.

13 Haarmann, Ulrich/Halm, Heinz (Hrsgg.): Geschichte der arabischen Welt, S. 112f. (hier ist vom Jahr 760 die Rede); Rührdanz, Karin: Das alte Bagdad, S. 25–34 (bestätigt Ritter mit dem Jahr 762); Ritter, Carl: Stufenland, Vol. 1, S. 197.

14 Ritter, Carl: Stufenland, Vol. 1, S. 199; Rührdanz, Karin: Das alte Bagdad, S. 29f.

15 Ritter, Carl: Stufenland, Vol. 1, S. 200; Rührdanz, Karin: Das alte Bagdad, S. 25f. und 30f.

al-Mansur sein Verwundern darüber geäußert haben soll, dass die Feinde des Kalifen so nah mit ihm zusammenwohnten. Der Gesandte soll mit seinen Worten die Händler, die damals noch in der Stadt ihren Geschäften nachgingen, und das aufrührerische Volk der Basare gemeint haben. Jedenfalls soll auf diesen Hinweis prompt der Befehl ergangen sein, dass die Märkte bis auf wenige Ausnahmen sowie der „Pöbel" aus der Stadt zu entfernen seien. Den Hinweis auf die hier beginnende Entfremdung zwischen dem Kalifen und seinem Volk beendet Ritter mit einigen Anmerkungen zu den letzten der Abbasiden. Nicht genug, dass diese nunmehr zu Palast-Potentaten und „Spielbällen" ihrer Wesire abgestiegenen Herrscher faktisch nicht mehr selbst regierten; Ritter erwähnt, dass sich der letzte der Kalifen so sehr hinter seine Palastmauern zurückgezogen hatte, dass er erst, nachdem die Belagerung durch die Mongolen bereits zwei Monate andauerte, überhaupt davon erfahren haben soll.[16]

Die Zerstörung Bagdads durch die Feinde aus dem Osten war für Ritter am Ende des Kapitels Anlass, noch einmal ausführlich auf die kulturelle Blüte der Stadt einzugehen. Die Zeilen lesen sich beinahe wie ein Katalog des Verlorengegangenen. So habe die Metropole einst über eine Bibliothek mit mehr als 100.000 Bänden verfügt. Die Einwohnerzahl könne nicht geschätzt werden, allerdings dürfte Bagdad zu den größten Städten der Welt gezählt haben. „Die Einkünfte des ganzen Khalifenreiches, die in Bagdad zusammenflossen, vom Indus bis zum Atlas und vom Tajo bis zum Nilstrom, häuften unermessliche Schätze auf; Harun al-Raschids[17] Einkünfte wurden jährlich auf 7500 Centner Goldes angegeben".[18] Die Beschreibung einer der letzten „Prachtaudienzen", die Ritter dem Geschichtswerk eines Zeitgenossen entnehmen konnte, treibt das Bild vom sagenhaften Reichtum auf die Spitze. 700 Kämmerer in prächtigen Gewändern, „4000 weiße und 3000 schwarze Eunuchen, ein Heer von 16,000 Mann war in Parade aufgestellt." Tücher, teils mit Gold verziert, und Tapeten sollen die Wände und sogar den Boden des Palastes geschmückt haben. Und selbst die Tore des Palastes sollen von 100 Löwen und ihren Wächtern gesichert worden sein. Den Thron selbst soll ein Baum mit goldenen und silbernen Ästen beschattet oder vielmehr geziert haben. In ihm hat Ritter eine Nachbildung der Platane des Perserkönigs Xerxes erkannt. Herodots Werk berichtet davon.[19] Es ist dieser Reichtum, der den Leser wohl eher an die Geschichten aus Tausend und einer Nacht erinnert und weniger dazu veranlasst, in diesen Beschreibungen den Beweis für ausgedehnte Handelsverbindungen erkennen zu wollen. Doch genau so hat die „Erdkunde" die paraphrasierten Stellen interpretiert.

---

16 Zur Eroberung siehe Haarmann, Ulrich/Halm, Heinz (Hrsgg.): Geschichte der arabischen Welt, S. 64f.; Ritter, Carl: Stufenland, Vol. 1, S. 234f.

17 Harun al-Raschid, Abbasidenkalif (786–809); vgl. Clot, André: Harun al-Raschid, S. 211–254.

18 Ritter, Carl: Stufenland, Vol. 1, S. 235.

19 Herodot berichtet allerdings von einer Platane, die der Perserkönig ihrer Schönheit wegen mit Edelmetall geschmückt haben soll (Hdt. 7, 31).

Nachdem Ritter das alte Bagdad der Khalifen in seinem historischen Überblick neben Städten wie Mossul, Raqqa oder Basra behandelt und damit die Geschichte der Großlandschaft jedenfalls für den Moment abgeschlossen hat, ist er für die Beschreibung der „gegenwärtigen" Zustände im zweiten Mesopotamien-Band nochmals an den Mittellauf der Zwillingsströme zurückgekehrt. Die „Erdkunde" bespricht das neuere Bagdad zusammen mit den umliegenden Landschaft zwischen Euphrat und Tigris. Allerdings liegt der Fokus zunächst ganz klar auf der Stadt selbst und auf ihrer jüngeren Vergangenheit.[20] Ritter stellt wiederholend am Anfang des Kapitels klar, dass über die einstige Residenz der Kalifen bereits berichtet wurde, spricht aber anschließend erneut über das Schicksal Bagdads im Zusammenhang mit den verschiedenen Belagerungen durch die Mongolen, Perser und Osmanen. Ab 1638 sollte die Metropole, nachdem sie 1534 schon einmal erobert worden war, endgültig unter der Herrschaft der Hohen Pforte bleiben.[21] Diese wechselhafte Geschichte hat Ritter beinahe ausschließlich mit Hilfe von Joseph von Hammer-Purgstalls[22] „Geschichte des Osmanischen Reiches" dargestellt und diesem folgend auch das Verhältnis der „Türken" zu ihren Nachbarn in den Blick genommen.[23]

Perser im Osten und Europäer im Westen seien beide gleichermaßen die Feinde der Herrscher am Bosporus. Es wurde unterstellt, dass es nach eigener Auffassung die Pflicht der „rechtgläubigen" Sultane sei, die einen als „Ketzer" und die anderen als „Ungläubige" zu bekämpfen.[24] Diesbezüglich ist die Wortwahl des frühen 19. Jahrhunderts interessant. Seit dem Jahre 1533 beginne „eine dauernde Abwechslung des deutschen und persischen Krieges und Friedens, so daß immer dieser jenen hervorrief oder verkürzte."[25] Nicht nur die Auffassung von „deutschen Völkern", deren Siedlungsgebiet offensichtlich bis in den Raum der unteren Donau gedacht ist, ist bemerkenswert. Auch der Gebrauch der Bezeichnung „Deutschland" für diesen Raum scheint heute zunächst zu verwundern, ist aber für die Zeit des 18. und 19. Jahrhunderts nicht untypisch. Vergleicht man die Landesbezeichnungen mit den bereits kennengelernten, die sich konsequent nach den vor Ort angetroffenen Ethnien gerichtet haben, wirft der Gebrauch des Landesnamens weniger Fragen auf. Hier tritt wahrscheinlich die weitgefasste Definition des Deutsch-Österreichers von Hammer-Purgstall überdeutlich hervor. Sicher ist, dass der Name „Deutschland", auch wenn er

---

20 Zur Geschichte und Entwicklung der Stadt vgl.: Ágoston, Gábor/Masters, Bruce (Hrsgg.): Encyclopedia of the Ottoman Empire, s. v. „Baghdad"; Bosworth, Edmund (Hrsg.): Historic Cities of the Islamic World, s. v. „Baghdad"; Tietze, Wolf (Hrsg.): Westermann Lexikon der Geographie, s. v. „Baghdad".

21 Matuz, Josef: Das Osmanische Reich, S. 65f., S. 82f. und S. 122f.

22 Hammer-Purgstall, Joseph von: Des Osmanischen Reichs Staatsverfassung und Staatsverwaltung. Dargestellt aus den Quellen seiner Grundgesetze, 2 Vol., Wien 1815. Für die Zeit der Kalifen war die Schrift „Über die Länderverwaltung unter dem Chalifate" (Berlin 1835) von besonderem Wert. Maßgeblich war für Ritter jedoch von Hammer-Purgstalls „Geschichte des Osmanischen Reiches. Grossentheils aus bisher unbenützten Handschriften und Archiven" (Vol. 1–10, Pest 1827–1833).

23 Hammer-Purgstall, Joseph von: Geschichte des Osmanischen Reiches, Vol. 3, S. 141f.

24 Hammer-Purgstall, Joseph von: Geschichte des Osmanischen Reiches, Vol. 3, S. 141 sowie S. 150–155; Ritter, Carl: Stufenland, Vol. 2, S. 791f.

25 Ritter, Carl: Stufenland, Vol. 2, S. 791.

im Kontext der Geschichte des Heiligen Römischen Reiches deutscher Nation gebraucht wird, nicht in seiner politischen Bedeutung angewendet wurde. Eindrücklicher ist darüber hinaus ein weiterer Punkt, den Ritter ebenfalls aus von Hammer-Purgstalls Werk übernommen hat: „Deutsche (germano-indisch Redende) und Perser sind stamm- und sprachverwandte Völker, […] deren Altvordern, die Einwohner von Iran, in beständigem Kriege lagen mit den Völkern von Turan, d. i. den Altvordern der Turk."[26] Es muss betont werden, dass solche oder ähnliche Äußerungen bei Ritter nur sehr wenig mit Rassismus zu tun haben. Stattdessen zeigt sich erneut die Bedeutung der sprachwissenschaftlichen und der ethnologischen Forschung des frühen 19. Jahrhunderts.

Die Stadt Bagdad hat Ritter genau genommen mehrfach besprochen. Dem üblichen Schema entsprechend ist der Text nach verschiedenen Zeiten beziehungsweise Gewährsmännern und deren Schriften gegliedert. So stehen für Bagdad die älteren Berichte des deutschen Mediziners und Naturforschers Leonhart Rauwolff[27] (1535–1596) neben den bereits erwähnten Carsten Niebuhrs[28] (1733–1815) am Anfang einer ganzen Reihe, die ihr Ende mit den letzten Besuchern des frühen 19. Jahrhunderts findet.[29] Durch dieses Vorgehen wird zweierlei erreicht. Einerseits konnten durch die verschiedenen, zeitlich auseinander liegenden Augenzeugenberichte Entwicklungen aufgezeigt werden, beispielsweise zur Einwohnerzahl, zum Gewerbe und Handel sowie zur politischen Situation. Auch die klimatischen Bedingungen sollten nicht unerwähnt bleiben. Andererseits ergibt sich insbesondere für die jüngeren Jahrzehnte ein detailliertes Bild. Gerade weil sich die Zeitgenossen in mancherlei Punkten widersprechen oder andere Einschätzungen bieten, ergänzen sich ihre Berichte. Das Bild, das Ritter von Bagdad insgesamt zeichnen konnte, ist entsprechend größer und facettenreicher als das aller anderen, bisher kennengelernten Städte.

Damit ist das Wichtigste zur Quellenarbeit Ritters festgestellt. Indem die ältere Stadtgeschichte ja zuvor besprochen wurde, finden sich zur neueren Vergangenheit eben auch ausschließlich Verweise auf die zeitgenössische Literatur. Ritters Anmerkungsapparat liest sich geradezu wie das *who is who* der britischen und französischen Orientforscher jener Zeit. Neben den bereits genannten Autoren zitiert die „Erdkunde" Guillaume-Antoine Olivier, Adrien Dupré, Robert Ker Porter, Horatio Southgate, John Macdonald Kinneir,

---

26 Ritter, Carl: Stufenland, Vol. 2, S. 791.

27 Vgl. Henze, Dietmar: Enzyklopädie der Entdecker und Erforscher der Erde, s. v. „Rauwolff, Leonhart"; Rauwolff, Leonhart: Aigentliche beschreibung der Raiß. So er vor diser zeit gegen Auffgang inn die Morgenländer. Fürnemlich Syriam, Iudaeam, Arabiam, Mesopotamiam, Babyloniam, Assyriam, Armeniam […], 2 Vol., Laugingen 1582 und 1583.

28 Die Reiseberichte des in dänischen Diensten stehenden Carsten Niebuhr erwähnt die „Erdkunde" bezüglich der Topographie und der Benennungen von vor Ort aufgefundenen Kanälen regelmäßig. Vgl. Niebuhr, Carsten: Reisebeschreibungen nach Arabien und andern umliegenden Ländern, 2 Vol., Kopenhagen 1774 und 1778, hier Vol. 2, S. 223 und 261. Zu Niebuhr siehe Henze, Dietmar: Enzyklopädie der Entdecker und Erforscher der Erde, s. v. „Niebuhr, Carsten".

29 Ritter, Carl: Stufenland, Vol. 2, S. 798–845.

James Silk Buckingham, James Baillie Fraser und andere mehr.[30] Es läge nun wenig Zielführendes darin, nach allen Berichten und für die verschiedene Jahrzehnte Details für die Stadt am Tigris zusammenzufassen. Jedoch soll auch nicht völlig darauf verzichtet werden, und so darf zumindest Ritters Bild von Bagdad nach den „neuesten" Quellen kurz nachgezeichnet werden.[31]

Es ist der britische Einfluss auf das Paschalik von Bagdad, dem Ritter eine erhebliche Bedeutung für die vormalig jüngste Blüte der Stadt zugeschrieben hat. Dieser hatte, wie er feststellt, nach dem Sturz der französischen Kaiserherrschaft eindeutig zugenommen. Vor allem die Europäer, die die osmanische Provinz im Zweistromland zu einer gewissen eigenständigen Rolle jenseits von Konstantinopel zu führen versucht hatten, erwähnt die „Erdkunde" positiv und vergleicht diesen Vorgang mit der Entwicklung Ägyptens unter Muhammad Ali Pascha, von der schon die Rede war. Besonders das Konsulat unter James Claudius Rich[32] (1787–1821) wurde genau wie der Forschungsdrang des Vertreters des

---

30 Die Mehrheit der genannten Reisenden und Autoren hat Ritter bereits für seine Darstellung Irans regelmäßig herangezogen. Auf das Werk von Guillaume-Antoine Olivier (1756–1814), französischer Arzt und Zoologe (Reise durch das Türkische Reich, Egypten und Persien. Während der ersten sechs Jahre der französischen Republik oder von 1792–1798, 3 Vol., Weimar 1802–1808), sei hier nochmals verwiesen. Selbiges gilt für die Schrift des Missionsbischofs Horatio Southgate (1812–1894): Narrative of a Tour through Armenia, Kurdistan, Persia and Mesopotamia. With Observations on the Condition of Mohammedanism and Christianity in those Countries, 2 Vol., London 1840. Vgl. Henze, Dietmar: Enzyklopädie der Entdecker und Erforscher der Erde, s. v. „Olivier, Guillaume-Antoine" sowie „Southgate, Horatio".

31 Kinneir, John Macdonald: Geographical Memoir of the Persian Empire, S. 236–312; Buckingham, James Silk: Travels in Mesopotamia, S. 371–552; Fraser, James Baillie: Travels in Koordistan, Mesopotamia, &c., Vol. 1, S. 210–254; Ker Porter, Robert: Travels, Vol. 2, S. 243–281 (Auswahl).

32 Mit Claudius James Rich (1787–1821) hat Ritter einen weiteren Autor für sein Werk herangezogen, der seine Karriere zunächst dem Militär verdankte. Der oft als polyglott beschriebene junge Mann lernte früh, wahrscheinlich in Eigeninitiative, Arabisch und einige weitere Sprachen des Vorderen Orients, darunter auch Türkisch. Wie so mancher seiner Zeitgenossen hegte auch Rich den Wunsch, nach Indien zu reisen. Dies war wohl ausschlaggebend für seine Entscheidung, sich als Kadett bei der *East India Company* zu verpflichten. Während seiner Ausbildungszeit in London kam er in Kontakt mit verschiedenen Sanskrit-Philologen, sodass seine sprachliche Begabung wohl der Grund war, seine militärischen Schulungen in eine zivile Laufbahn einzubringen. Nach mehreren Umwegen, bedingt durch die Kriegshandlungen gegen Napoleon I., wurde er Assistent des britischen Generalkonsuls in Kairo. 1806 erhielt er schließlich Anweisung, sich in Bombay einzufinden. Über Damaskus, Mossul und Bagdad gelangte er schließlich nach Basra, um von dort aus mit dem Schiff weiterzureisen. Schon 1808 wurde Rich zum *Resident* der *Company* in Bagdad ernannt. Die Zeit, in der er dieses Amt bekleidete, nutzte Rich, um zahlreiche Reisen in und um Mesopotamien zu unternehmen. Er besuchte die historischen Stätten wie Babylon oder Ninive sowie einige der größeren Städte der Region. Diesen Reisen folgten für die Zeitgenossen wichtige Veröffentlichungen, von denen gerade die archäologischen Begehungen der historisch bedeutsamen Orte hervorzuheben sind. Rich führte etwa in Babylon Vermessungen durch und versuchte sich an der Skizze von Plänen zu den Ruinen. Als *Resident* in Bagdad gehörte es nicht nur zu seinen Aufgaben, die Interessen der *Company* zu vertreten, sondern auch, durchreisende Landsleute zu unterstützen. So empfing er beispielsweise Robert Ker Porter und auch James Silk Buckingham. Beide berichten in ihren Werken von ihrer Zeit im Hause

Empire beinahe überschwänglich gelobt. Bevor er zur eigentlichen Beschreibung Bagdads gekommen ist, hat Ritter einige Informationen zur Person Daud Paschas (1797–1851) zusammengefasst.[33] Der letzte der Mamelukenherrscher war georgischer Abstammung – Ritter sagt „einst Christ und Sclave"[34] – jedoch rasch an die Spitze des Paschaliks gelangt, wo er vor allem die Verwaltung modernisierte. Sein Versuch, Separationsbestrebungen in einem Aufstand zu verwirklichen, wurde allerdings 1831 durch den benachbarten Gouverneur von Aleppo unterdrückt.[35] Dabei war die Gelegenheit nach der Niederlage des Sultans im Russisch-Türkischen Krieg von 1828/29 alles andere als ungünstig. Jedoch sollen Revolten innerhalb Bagdads sowie ein gravierender Pestausbruch verheerende Auswirkungen gehabt haben:

> Erst durch J. Baillie Fraser, der uns aus frühern Zeiten in Persien als trefflicher im Orient ganz einheimisch gewordener Beobachter längst bekannt ist, und unmittelbar nach der Pest und Dauds Sturze zur Zeit seine Nachfolgers Ali Pascha grausamen Commandos dort zu Bagdad sich aufhielt, lernen wir den gräulichen Verfall in der ganzen schauderhaften orientalischen Größe kennen, der über diesen Ort gekommen war. Es gehört zur Charakteristik des Orients und seiner noch in der Irre wandernden Bewohner, nicht blos seine glänzenden Seiten der Naturbegabung, nach denen der Europäer Streben gerichtet ist, sondern auch seine tiefe innere Verderbniß in seinen Irrlehren, Institutionen und Gebräuchen ins Auge zu fassen, die doppelt gräßlich hervortreten, wenn Schicksale die Völker treffen, die nur durch sittliche Kraft und einen festen christlichen Glauben zu besiegen sind.[36]

Rich. Eine persönliche Freundschaft verband den begeisterten Archäologen und Sammler mit Joseph von Hammer-Purgstall, eine wissenschaftliche Meinungsverschiedenheit um die Lokalisierung Babylons brachte ihn mit James Rennell zusammen. Richs immer wieder schwächelnde Gesundheit war mehrfach Anlass gewesen, Bagdad zu verlassen, wobei spätestens seit 1821 ein ausgebrochener Konflikt mit dem osmanischen Gouverneur der Provinz hinzukam. Eine Beförderung in das Umfeld von Mountstuart Elphinstone nach Bombay kam da gerade recht, sodass er noch im selben Jahr abreiste. Während seine Frau die Reise mit dem Schiff unternahm, wählte Rich den Landweg über Schiras, da Persepolis und Pasargadae als feste Ziele besucht werden sollten. Indien erreichte Rich allerdings nicht. Er erkrankte wohl an der Cholera, die in Schiras ausgebrochen war. Vgl. Rich, Claudius James: Memoir on the Ruins of Babylon, London 1818 (mehrere Auflagen, auch andere Titel seit 1816); Rich, Claudius James: Second Memoir on Babylon [...]. Suggested by the „Remarks" of Major Rennel [sic] published in the Archaeologia, London 1818. Andere Werke wurden posthum publiziert: u. a. „Narrative of a Residence in Koordistan, and on the Site of Ancient Nineveh; with Journal of a Voyage down the Tigris to Bagdad and an Account of a visit to Shirauz and Persepolis" (2 Vol., London 1836). Vgl. Henze, Dietmar: Enzyklopädie der Entdecker und Erforscher der Erde, s. v. „Rich, Claudius James".

33 Herzog, Christoph: Osmanische Herrschaft und Modernisierung im Irak, S. 61–73; Ritter, Carl: Stufenland, Vol. 2, S. 828f.

34 Ritter, Carl: Stufenland, Vol. 2, S. 828.

35 Zu Ali Riza Pascha, dem Gegner und Nachfolger Daud Paschas, siehe Herzog, Christoph: Osmanische Herrschaft und Modernisierung im Irak, S. 73ff.; Kreiser, Klaus: Der Osmanische Staat, S. 41.

36 Ritter, Carl: Stufenland, Vol. 2, S. 829f.

Islamkritik und religiöse Implikationen einmal hintangestellt, hat Ritter auf die Auswirkungen der Pest hingewiesen und damit zum „gegenwärtigen" Zustand Bagdads übergeleitet. Zwar sei die eindrucksvolle Schiffsbrücke genau wie die Wehranlagen der Stadt immer noch in gutem Zustand, das Grün der Gärten frisch und die Bauwerke mannigfaltig, die Bevölkerung habe sich dagegen in etwa halbiert. Fraser schätzte, dass von 150.000 Menschen keine 80.000 die Seuche überlebt hätten.[37] Den Ausbruch und den Verlauf der Krankheit schildert die „Erdkunde" unter Verweis auf die Schrift eines Zeitgenossen, James Raymond Wellsted[38] (1805–1842), der die unmittelbaren Auswirkungen vor Ort miterlebt hatte.[39] Ritters Text gewinnt hier wieder einmal den Charakter einer Erzählung und vermag den Leser regelrecht zu fesseln, wozu auch die schrecklichen Details einer Überschwemmung, die ebenfalls in das Jahr 1831 fällt, beitragen:

> Täglich starben von nun an über 1000 bis 1800 Menschen; vom 16. bis 21. April täglich 2000; die Straßen waren schon ausgestorben. Am 21sten drang das Tigriswasser auch in die Keller der Residentschaft ein. Viele Kinder verloren ihre Eltern, man sah sie auf den Straßen umherirren; hunderte von Säuglingen lagen verlassen auf den Straßen; […] sie brachten den Peststoff mit in die Arme mitleidger Frauen, die sie aufnahmen. Am 24sten zählte man 30,000 Todte, die innerhalb der Stadt gefallen waren; von 20 Kranken konnte nicht einer genesen […]. Am 27sten stand die ganze untere Stadt unter Wasser, 7000 Häuser waren eingestürzt, viele Menschen begraben, und 15,000, Gesunde wie viele Pestkranke, sollen dabei ihren Tod in den Fluthen gefunden haben; aber gegen die fürchterlichste Pestplage schien dies nur ein geringes Uebel zu sein, obwohl sich aus den stehenden Versumpfungen neue Uebel erzeugten.[40]

Die Katastrophe bestimmt zusammen mit ihren Folgen die komplette Darstellung der neuen Stadt. Daud Paschas Amtsnachfolger wird dabei äußerst negativ beurteilt. Dieser soll gewissermaßen die Erholung und den Wiederaufbau aufgehalten haben, indem er hohe Strafzölle und weitere Maßnahmen gegen die vormals aufständische Stadt verhängt habe.[41] Doch nicht nur innere Schwierigkeiten sorgten dafür, dass Bagdad in den folgenden Jahren kaum genesen konnte. Arabische „Tribus" aus dem Umland nutzten die Schwäche der lokalen Zentralgewalt und zogen marodierend bis in die Stadt selbst hinein.[42] Zu

---

37 Fraser, James Baillie: Travels in Koordistan, Mesopotamia, &c., Vol. 1, S. 210–254, besonders S. 224f.

38 Vgl. Henze, Dietmar: Enzyklopädie der Entdecker und Erforscher der Erde, s. v. „Wellsted, James Raymond".

39 Wellsted, James Raymond: Travels to the City of the Caliphs, along the Shores of the Persian Gulf and the Mediterranean, 2 Vol., London 1840, hier Vol. 1, S. 282–302.

40 Ritter, Carl: Stufenland, Vol. 2, S. 833f. Nicht nur zu Wellsteds Schrift lässt sich eine erhebliche Nähe feststellen. Ritter hat offensichtlich auch die Berichte Frasers ganz aufmerksam gelesen. Vgl. Fraser, James Baillie: Travels in Koordistan, Mesopotamia, &c., Vol. 1, S. 238–250.

41 Ritter, Carl: Stufenland, Vol. 2, S. 836f.

42 Ágoston, Gábor/Masters, Bruce (Hrsgg.): Encyclopedia of the Ottoman Empire, s. v. „Baghdad"; Bearman, Peri u. a. (Hrsgg.): Encyclopaedia of Islam, New Edition, s. v. „Baghdad".

Bauwerken wie Moscheen oder Palästen, die sonst ja zu den festen Bestandteilen einer Stadtbeschreibung der „Erdkunde" gehören, finden sich keine Passagen. Zum Ende des Kapitels hat Ritter nur noch einmal eine Einschätzung zur Verteilung der verschiedenen Religionen unter den Stadtbewohnern gegeben.[43] Eine fragwürdige Einschätzung zum Leben und Treiben in der Stadt findet sich bestenfalls zuvor, als Ritter feststellt:

> Die Bazare, so sehr verfallen, ärmlich angelegt, schlecht besetzt und unterhalten, seien doch immer noch munter genug durch ihre Costüme gegen die persischen, und selbst die öffentlichen Plätze, an denen die vielen Kaffees voll Rauchender, Trinkender, Spielender, wo gewaltig geschachert, und mitunter von Bouffons das Volk amüsirt und beschwatzt wird, schienen dieser Stadt mehr Leben zu geben, wenn schon kein beneidenswerthes, wo auf denselben Plätzen der Erholung zugleich das Schauspiel der öffentlichen Executionen, der Pferdemarkt und anderes mit dem öffentlichen Leben zusammenfällt.[44]

Die großen Ruinen um Bagdad

Wie Mosul, so hat auch Bagdad in seiner nächsten Umgebung sehr großartige Ruinen ältester verschwundner Culturperioden aufzuweisen, in dem Aker Kuf in West, dem „Tak i Kesra" oder des Khosru Palastes, wie der Ruinen Seleucias und Madains in S.O., vor allem aber in denen der etwas entfernteren alten Babylon im Süden. […] Bezüglich jene drei Gruppen sind es von welthistorischem Interesse, welche hier einer besondern Beachtung verdienen, da man schon aufmerksamer bei ihrer Untersuchung zu Werke ging, obwohl noch sehr Vieles in ihnen näher zu erforschen übrig beliebt; was aber neben oder zwischen ihnen liegen mag, ist bisher meist unbeachtet geblieben, wird aber in Zukunft noch manche lehrreiche Entdeckung, manchen Fortschritt für die Wissenschaft herbeiführen, der aber hier auf dem Boden fortwährender Plünderungen und Mordscenen nur sehr allmählig stattfinden kann. Um so wichtiger ist es, sich das viele Zerstreute, schon von bewährtesten Augenzeugen Erforschte, in einem Brennpunct gewissenhaft zusammenzufassen […]. Wir werden hier, wie wir es schon bei Persepolis, Ecbatana, Susa, Ninive und vielen andern Gelegenheiten versucht haben, die topographischen Thatsachen so vollständig als uns möglich erörtern, die Hypothesen über dieselben aber andern überlassen oder gelegentlich anführen und nur die directen Resultate namhaft zu machen suchen.[45]

---

43 Ritter, Carl: Stufenland, Vol. 2, S. 841–845.
44 Ritter, Carl: Stufenland, Vol. 2, S. 831.
45 Ritter, Carl: Stufenland, Vol. 2, S. 846.

Die Archäologie des Umlandes von Bagdad wurde von Ritter, wie er selbst sagt, dreigeteilt. Dabei ist vorauszuschicken, dass diese Beschreibungen der Stätten gleichzeitig ein Bild von der Landschaft um die neuere Stadt vermitteln, auch wenn die „Erdkunde" dies nicht explizit ausgewiesen hat.[46] Entgegen der Ankündigung, die auch kaum der Art seiner Arbeit entspricht, hat Ritter es nicht geschafft, sich auf „directe Resultate" zu konzentrieren. Er hat wie üblich weit ausgegriffen und die Forschungsberichte und Beschreibungen der monumentalen Felder ausführlich zitiert oder zusammengefasst. Schranken erlegte ihm hierbei nur ein Umstand auf: Von der Geschichte der Stätten war wenig bekannt, soweit sie ins zweite Jahrtausend v. Chr. gehörten.[47] Damit entzogen sie sich zum größten Teil der griechisch-römischen Historiographie. Keilschrifttexte oder ihre Fragmente wurden zwar an den meisten der folgenden Orte aufgefunden, standen jedoch erst später zur Verfügung oder konnten noch nicht lesbar gemacht werden.

Aqar Quf – der „Turm Nimruds"

Die erste Stätte von Bedeutung hat Ritter als „Aker Kuf" (Aqar Quf) bezeichnet.[48] Die Ruinengruppe liegt rechts des Tigris, etwa 30 Kilometer nordwestlich von Bagdad, nahe der Mündung des Diyala. Die „Erdkunde" erwähnt, dass zwar Rauwolff und andere den Ort besucht haben, genauere Informationen lieferten jedoch erst Niebuhr und Rich.[49] Der britische Konsul hat 1811 vor allem den weithin sichtbaren Stumpf der Zikkurat ausführlicher erforscht. Seinen Bericht kannte Ritter, jedoch scheint er diejenigen von Fraser und Ker Porter vorgezogen zu haben.[50] Die Zikkurat wird heute als Dur-Kurigalzu angesprochen und ist nach ihrem Erbauer, einem babylonischen König aus dem 14. Jahrhundert v. Chr., benannt.[51] Weil die Reste des Lehmziegelbaus bis zu umfangreichen Rekonstruktionsmaßnahmen in den 1970er-Jahren eher einem Turm und nicht einer Pyramide glichen, stellten die Forscher des 19. Jahrhunderts einige Spekulationen an. Diese zielten allesamt in Richtung Altes Testament. Dementsprechend finden sich bei Ritter mehrere Verweise auf das erste Buch Mose, wo von Nimrud als Herr von „Accad" die Rede ist.[52] Aqar Quf könnte, so die Zeitgenossen weiter, diesem alten Ort

46 Ritter, Carl: Stufenland, Vol. 2, S. 846.
47 Zur Geschichte Babylons als Stadt und politisches Zentrum siehe Edzard, Dietz Otto: Geschichte Mesopotamiens, S. 121f. und S. 131–135; Nissen, Hans: Geschichte Alt-Vorderasiens, S. 121f.
48 Meyers, Eric (Hrsg.): The Oxford Encyclopedia of Archaeology in the Near East, s. v. „Aqar Quf".
49 Ritter, Carl: Stufenland, Vol. 2, S. 847f.; Niebuhr, Carsten: Reisebeschreibungen, Vol. 2, S. 305f. Es wird außerdem Richs Schrift „Memoir on Babylon and Persepolis" (S. 2) zitiert.
50 Fraser, James Baillie: Travels in Koordistan, Mesopotamia, &c., Vol. 1, S. 317 sowie Travels in Koordistan, Vol. 2, S. 163; Ker Porter, Robert: Travels, Vol. 2, S. 276–280.
51 Meyers, Eric (Hrsg.): The Oxford Encyclopedia of Archaeology in the Near East, s. v. „Aqar Quf"; Edzard, Dietz Otto: Geschichte Mesopotamiens, S. 171f.
52 Gen. 10.

entsprechen. Leichte Bedenken im Hinblick auf die etymologische Verwandtschaft der Namen wurden hintangestellt. Konsequent wurde der imposante Stumpf auch gerne als der Turm Nimruds angesprochen.[53]

Die Dimensionen der Ruine schätzte Ritter auf einen Durchmesser von 100 und eine Höhe von circa 125 Fuß. Die Angaben zum umliegenden Trümmerfeld, also zur eigentlichen Ausdehnung der Zikkurat, hat Ainsworth mit rund 400 Fuß annähernd richtig berechnet. Ritter hat sich hauptsächlich an den Befunden der Zeitgenossen orientiert und detailreich über Backsteingröße und Architekturtechnik des Bauwerkes berichtet, obgleich weder die Zeit seiner Errichtung noch die Kultur, die sich dahinter verbarg, für ihn greifbar waren.[54] Soweit die Zeitgenossen – darunter später auch Kinneir, Buckingham, Olivier und andere – von den Sichtbefunden sprechen, bewegen sich ihre Texte auf sicherem Boden.[55] Die Eindrücke vom Aqar Quf haben der Forschung übrigens bis heute gute Einblicke in die Verbundbauweise von Schilf und Ziegel gegeben.[56] Wo man aber seinerzeit versucht hat, weiterführende Hypothesen aufzustellen, schossen die Spekulationen ins Kraut. Olivier hat den Bau für einen freistehenden „Warteturm" ohne umstehende Anlagen gehalten, Kinneir versuchte ihn mit einer weiteren Station von Xenophons Zug in Verbindung zu bringen und datierte diesen wie auch Ker Porter in dieselbe Zeit, in der Babylon erbaut wurde, ohne diese jedoch angeben zu können. Fraser sah in dem Turm wieder das Werk Nimruds. Kurz und knapp: Man wusste, dass man nichts wusste. Einig war man sich darin, dass eine frappierende Ähnlichkeit zum Birs Nimrud (Euriminanki) am Euphrat festzustellen war.[57]

Seleucia-Ktesiphon

Einige Stunden den Tigris hinab in Richtung Südosten findet sich das zweite Areal, das Ritter einige Ausführungen wert war. Der oben als „Tak i Kesra" (Taq-i Kisra) bezeichnete Bau ist nur ein kleiner, wenn auch bemerkenswerter Teil der antiken Residenzstadt

---

53 Ritter, Carl: Stufenland, Vol. 2, S. 847–852.
54 Ritter, Carl: Stufenland, Vol. 2, S. 848; Ainsworth, William Francis: Researches in Assyria, Babylonia und Chaldaea, S. 176.
55 Kinneir, John Macdonald: Geographical Memoir of the Persian Empire, S. 252f.; Buckingham, James Silk: Travels in Mesopotamia, S. 394–406. Aus Oliviers Schrift „Voyage dans l'Empire Othoman, l'Égypte et la Perse" zitiert Ritter „l. c. Vol. II. Chapt. XIV. p. 431". Die Stelle kann so nicht im vorhandenen Exemplar der Bibliothek Ritters aufgefunden werden. Sie entspricht aber den Seiten 703–713 im zweiten Band der deutschen Ausgabe des Werkes. Vgl. Olivier, Guillaume-Antoine: Reise durch das Türkische Reich, Egypten und Persien. Während der ersten sechs Jahre der französischen Republik […], Vol. 2, Weimar 1805.
56 Ritter, Carl: Stufenland, Vol. 2, S. 849.
57 Ritter, Carl: Stufenland, Vol. 2, S. 850f.; Fraser, James Baillie: Travels in Koordistan, Mesopotamia, &c., Vol. 1, S. 317ff. sowie Vol. 2, S. 162ff.; Ker Porter, Robert: Travels, Vol. 2, S. 276–280; Kinneir, John Macdonald: Geographical Memoir of the Persian Empire, S. 252f. (Auswahl).

Ktesiphon.[58] Diese wurde ihrer Lage gemäß zusammen mit Seleucia und dem weitläufigen Ruinenfeld besprochen.[59] Den prominentesten Platz in Ritters Text nimmt der Überrest der sassanidischen Palastruine, der Taq-i Kisra im eigentlichen Sinne, selbst ein. Dieser konnte – im Gegensatz zu der zuvor besprochenen Zikkurat – bereits im 19. Jahrhundert sicher historisch zugeordnet werden. Heute wird der Bau gerne in die Zeit Schapurs I. datiert; unter seiner Herrschaft war Ktesiphon ja schließlich Residenzstadt gewesen.[60] Ritter hat die Reste von Ktesiphon auf der linken Seite des Tigris und die von Seleucia auf der rechten mehrfach beschrieben und nacheinander die Berichte der Zeitgenossen wiedergegeben. Es sind wieder einmal hauptsächlich die Schriften von Olivier, Fraser und Rich, die ihm hierbei gute Dienste geleistet haben.[61] Ausdrückliches Bedauern über das Ableben des zuverlässigen Rich begegnet dem Leser der „Erdkunde" an mehr als einer Stelle. Der Brite hat zwar mehrfach über die Ruinen Ktesiphons und Seleucias berichtet und diese auch, wie es scheint, viermal besucht. Jedoch geschah dies weniger gezielt im Kontext der Erforschung Babylons.[62]

Die noch zu Ritters Zeit relativ gut erhaltene und prächtige „Porticus" bestand aus einer Art Bogengewölbe in der Mitte, eingefasst von angrenzenden Gebäudeflügeln. Vor allem Letztere wurden bis auf den heutigen Tag von der Witterung und gelegentlichen Tigris-Hochwassern stark in Mitleidenschaft gezogen. Eine Rekonstruktion ist nur teilweise erfolgt.[63] Die wiederholte Darstellung des Bauwerkes bei Ritter beinhaltet auch Abmessungen sowie Beobachtungen zur Fassade, die in den Worten der Forscher beschrieben wird. Angedeutete, vermauerte Fenster zierten die Fassaden des über 100 Meter breiten und mehr als 35 Meter hohen Bauwerkes.[64] Es ist wohl Oliviers Verdienst, dass die „Porticus" stets richtig als „kühle Sommerhalle, oder vielmehr [als] die große Audienzhalle der alten Perserkönige"[65] identifiziert wurde. Neben Vermerken zum Baumaterial – es handelt sich um sonnengebrannte Ziegel – wurden nun Vermutungen angeführt, wonach ein gewisser römischer Einfluss zu erkennen sei. Durch diese bis heute nicht ganz ausgeräumte Behauptung konnte das Bauwerk zeitlich etwas

---

58 Meyers, Eric (Hrsg.): The Oxford Encyclopedia of Archaeology in the Near East, s. v. „Ctesiphon" und „Seleucia on the Tigris" ebenso McEvedy, Colin: Cities of the Classical World, s. v. „Seleucia on the Tigris" sowie „Ctesiphon".

59 Ritter, Carl: Stufenland, Vol. 2, S. 852–865.

60 Auch Chosrau I., ein Sassanidenherrscher des sechsten Jahrhunderts n. Chr., kommt für die moderne Forschung als Bauherr in Frage. Vgl. Wiesehöfer, Josef: Das Antike Persien, S. 217f.

61 Ritter, Carl: Stufenland, Vol. 2, S. 852ff.

62 Vgl. u. a. Rich, Claudius James: Narrative of a Residence in Koordistan, Vol. 2, S. 159f.

63 Meyers, Eric (Hrsg.): The Oxford Encyclopedia of Archaeology in the Near East, s. v. „Ctesiphon".

64 Vgl. u. a. Rich, Claudius James: Narrative of a Residence in Koordistan, Vol. 1, S. 404; Kinneir, John Macdonald: Geographical Memoir of the Persian Empire, S. 253f.

65 Ritter, Carl: Stufenland, Vol. 2, S. 854. Aus Oliviers Schrift „Voyage dans l'Empire Othoman, l'Égypte et la Perse" zitiert Ritter „l. c. II. P. 433–436". Dies entspricht den Seiten 710–713 im zweiten Band der deutschen Ausgabe des Werkes. Vgl. Olivier, Guillaume-Antoine: Reise durch das Türkische Reich, Vol. 2.

genauer eingeordnet werden, was aber durch die Verbindung mit der Hauptstadt der Sassaniden ja ohnehin bereits geschehen war. Münzfunde, die in der unmittelbaren Umgebung gemacht wurden, untermauerten eine Datierung in post-hellenistische und neupersische Zeit, passend zur Doppel-Residenzstadt am Tigris. Abgesehen vom Taq-i Kisra fielen die Befunde jedoch spärlich aus. Zwar wollte man umlaufende Stadtmauern hier und dort erkannt haben und deren einstige Monumentalität betonen, jedoch war insgesamt nicht viel festzumachen. Vermutlich war dies nicht nur der „Gier" der Araber – die durchaus mehrfach betont wurde – geschuldet, sondern vielmehr auf Veränderungen des Flusslaufes und dessen zerstörerischen Einfluss zurückzuführen. Das hatte schon Claudius James Rich erkannt.[66] Für das gegenüberliegende Seleucia lagen die Dinge nicht anders. Es konnte lediglich von den Fundamenten und Resten der Stadtmauern, die zur Flussseite hin offen gewesen sein sollen, sowie von unzähligen Kleinfunden berichtet werden.

Die verschiedenen aneinandergereihten Berichte der Zeitgenossen können nicht wirklich zu einer Verdichtung des Bildes beitragen. Im Großen und Ganzen ist ein jeder dieser Texte Zeugnis der beginnenden und noch unzureichend fortgeschrittenen Erforschung der antiken Stätten. Die „Erdkunde" verliert sich beinahe in den Schilderungen der Erlebnisse, die die Autoren ihrer Quellen vor Ort gemacht hatten. Während in der Wiedergabe der Reise- und Wegstrecken noch ein gewisser Nutzen für die Beschreibung der Landschaft und der Verortung der verschiedenen Stätten liegt, müssen die Berichte über die Unsicherheit des Landes und über die Einheimischen in eine Reihe mit den negativen Stereotypen eingeordnet werden, die vor allem für den Osten Irans ebenfalls festgestellt worden sind.[67]

Zu einer Geschichte von Seleucia-Ktesiphon hat Ritter in seinen Ausführungen zu den Trümmerfeldern nicht mehr angesetzt. Hierzu wurde ja bereits im historischen Überblick am Anfang des Bandes manches gesagt. Konsequent findet sich nur ein einziger Verweis, und zwar auf ein weiter südlich gelegenes, nicht klar zu verortendes Areal, der im weitesten Sinne historiographisch gedeutet werden kann. Bemerkenswert ist er allemal wegen der Verquickung von lokaler Überlieferung einerseits und historiographischer Quellenarbeit andererseits:

Nach der Sage der Araber soll einst hier die große Stadt, wegen der Sünden des Volks, durch den Allmächtigen zerstört sein (wie Jesaias 14, 23 von den Assyriern geschrieben steht: Und will sie machen zum Erbe den Igeln und zum Wassersee,

---

66 Rich, Claudius James: Narrative of a Residence in Koordistan, Vol. 1, S. 405; Ritter, Carl: Stufenland, Vol. 2, S. 858.

67 Die „Erdkunde" berichtet unter Verweis auf einen britischen Gewährsmann von einer Erhebung, auf der die Einheimischen jeden Abend und jede Nacht „eine Anzahl von Teufel" beim „tanze zwischen Feuerflammen" gesehen haben wollen. Ritter hat versucht, das Phänomen, das nicht weiter kommentiert wird, mit austretenden Erdgasen zu erklären. Vgl. Ritter, Carl: Stufenland, Vol. 2, S. 861f.

und will sie in die Tiefe des Verderbens versenken, spricht der Herr Zebaoth); auch sagen sie, in diesen Stein sei ein Bruder und eine Schwester, die mit einander sündigten, verwandelt.[68]

Nun ist eine einheimische Legende zugegebenermaßen eine wacklige Stütze für die Brücke zur obendrein namenlosen Stadt. Dennoch war die Verbindung nun einmal da. Bemerkenswert ist weniger der eindeutige Versuch, einen Konnex zwischen Legende und Altem Testament herzustellen, als vielmehr die letzten beiden Zeilen des Zitats. Ritter hat nämlich zuvor, gestützt auf die Auskünfte der Zeitgenossen, eine Granitstatue beschrieben, die eine weibliche Figur abbildet.[69] Auf diese soll sich die Sage von den in Stein Verwandelten bezogen haben. Kaum glaubwürdig, haben die Zeitgenossen doch davon erzählt, sodass Ritter den merkwürdigen Bericht mit allen drei Facetten (Geschichte, Fund und alttestamentlicher Quelle) in seine „Erdkunde" aufgenommen hat.

Den Abschluss des Kapitels zu den Ruinen von Seleucia und Ktesiphon macht der Bericht Frasers, der die Beobachtungen vor Ort offensichtlich gut zusammenfasst und recht passend auch die Befunde der kommenden Forschergenerationen vorwegnimmt. Er hatte sich scheinbar von einer erhöhten Position einen Überblick verschafft und konstatierte: „Von Seleucia bis gegen Babylon, [...] müsse einst die ganze mesopotamische Verengung zwischen Tigris und Euphrat mit Menschenwohnungen, Dörfern wie Städten, bedeckt gewesen sein."[70] Hierin kommt nicht nur eine Beobachtung, sondern auch ein Dilemma zum Ausdruck. Die verschiedenen Ruinenstädte – und gerade die am Tigris, südlich von Bagdad – waren und sind teilweise noch heute nur schwer voneinander zu trennen.[71]

Die Ruinen Babylons

Um die Ruinen, die dem alten Babylon zugeschrieben wurden, zu besprechen, liefert die „Erdkunde" zunächst eine kleine Einführung, die den Weg der Zeitgenossen von Bagdad in Richtung Süden beziehungsweise Südwesten an den Euphrat nachzeichnet. Vorangestellt ist dem Ritter'schen Text auch ein Quellenüberblick. Er zählt eine große Anzahl

---

68 Ritter, Carl: Stufenland, Vol. 2, S. 862f. Die Übersetzung der Stelle aus Jesaja ist freilich recht frei, der Sinn der Zerstörung aber nicht entstellt. Mitunter wird die Stadt oder Landschaft heute als Babylon angesprochen.

69 Vgl. Keppel, George: Personal Narrative of Travels in Babylonia, S. 126–131; Rich, Claudius James: Narrative of a Residence in Koordistan, Vol. 2, S. 404ff.; Ritter, Carl: Stufenland, Vol. 2, S. 862.

70 Ritter, Carl: Stufenland, Vol. 2, S. 865; nach Fraser, James Baillie: Travels in Koordistan, Mesopotamia, &c., Vol. 2, S. 1–9.

71 Meyers, Eric (Hrsg.): The Oxford Encyclopedia of Archaeology in the Near East, s. v. „Babylon" sowie Dumper, Michael/Stanley, Bruce (Hrsgg.): Cities of the Middle East and North Africa, s. v. „Babylon" und McEvedy, Colin: Cities of the Classical World, s. v. „Babylon".

von Zeitgenossen auf, die Beobachtungen vor Ort unternommen hatten. Beginnend bei älteren, weniger nützlichen Berichten seit Rauwolffs Zeit, werden sämtliche Forscher angeführt, die auch für die vorangegangenen Kapitel einschlägig waren. Eine besonders hohe Meinung hatte Ritter auch hier wieder von Kinneir, Ker Porter und Fraser, sodass sich hinsichtlich seiner Präferenz keine Veränderung feststellen lässt. Zu Einzelaspekten verweist die „Erdkunde" auch auf die Berichte von deren Reisebegleitern. Claudius James Richs Verdienste ragen sicherlich heraus, zumal er die Umgebung mehrfach besucht und Verschiedenes dazu publiziert hat.[72] Nicht zuletzt sein bereits erwähnter Disput mit seinem Landsmann Rennell hatte die Forschung ja durchaus weitergebracht. Die Quellenlage war also aufgrund der zeitgenössischen Schriften durchaus komfortabel. Weil das zu untersuchende Areal aber noch mehr als das um Seleucia-Ktesiphon uferlos erschien und sich die verschiedenen Berichte inhaltlich auch immer wiederholten, kann diese Aussage qualitativ jedoch nur eingeschränkt gelten. Ritter hat dazu selbst festgestellt: „Eine eigentliche Aufnahme, wie wir sie so meisterhaft von der Ruinengruppe von Thebae […] erhalten haben, wird wol noch lange ein Wunsch bleiben müssen."[73]

Die Route nach der rund 100 Kilometer entfernten Stadt Hillah wurde also wiederum mehrfach beschrieben, wobei vertraute Inhalte im Zentrum stehen: Kärgliche Vegetation und ärmliche wie unsichere Verhältnisse machten es den Forschern vor Ort nicht leicht. Ritter bemerkt, dass der „älteste Zustand Babylons mit seinen Umgebungen gänzlich aus der Anschauung und der Erinnerung verschwunden und ausgelöscht worden [sei,] durch die Jahrtausende der Verwüstungen und der Zerstörungen […]".[74] Dieser aktuelle Befund wurde durch die anschließende Passage aus dem Alten Testament scharf kontrastiert. Ritter gibt nämlich an, dass der Prophet einst „mit vollem Recht sagte: ,Babel die schönste unter den Königreichen, die herrliche Pracht der Chaldäer' (Jesaias 13, 19)."[75] Die Botschaft der „Erdkunde" an ihren Leser wird spätestens mit der Zusammenfassung von Richs Zug nach Hillah klar. Wo sich einst die blühendste Metropole des Zweistromlandes erhob, musste der britische Konsul ein Geleit von Husaren, ein Dutzend Seapoys, einen Arzt, Begleiter des Paschas und neben 70 Lasttieren sogar eine Feldkanone zu seiner Sicherheit mit sich führen.[76]

Auf dem Weg entdeckten die Forscher manche Ruine, die Ritter in diesem Abschnitt des Bandes zwar ebenfalls genannt, jedoch erst später eingehender beschrieben hat. Sein vorrangiges Ziel war es, zunächst einmal einen Überblick über das von Altertümern übersäte Areal zu gewinnen:

---

72 Zur Übersicht über die Quellen beziehungsweise Berichterstatter siehe Ritter, Carl: Stufenland, Vol. 2, S. 865–868.

73 Ritter, Carl: Stufenland, Vol. 2, S. 866.

74 Ritter, Carl: Stufenland, Vol. 2, S. 868.

75 Ritter, Carl: Stufenland, Vol. 2, S. 868f.

76 Rich, Claudius James: Narrative of a Journey to the Site of Babylon, S. 1–4; Ritter, Carl: Stufenland, Vol. 2, S. 869f.

Die Morgenstunden, über Ebene mit kleinen Büschen hie und da bewachsen, sagt Rich, hatte er fortwährend den Rahar Malcha [Königscanal] vor Augen und gelangte über mehrere Kunsthügel, die man „alte Tigrisufer" nannte, nach 2½ Stunden zur betretenen Hilla-Route [...]. Mittags, nach 3¾ Stunden war der Assad Khan erreicht, von dem man den Aker Kuf oder Nimrods-Thurm, R. 26° O., erblicken konnte. Auch Ker Porter nahm denselben Weg, ward aber südostwärts des Kiahya Khans zur Seite eines etwa 30 Fuß hohen Ruinenkegels ansichtig, der ihm viel Aehnlichkeit mit dem Aker Kuf zu haben schien, und den die Araber Bursa Shishara nannten. Er fand hier eine ganz mit dem Aker Kuf analoge Construktion [...]. Sollte hier vielleicht, meinte Ker Porter, als er diesen Trümmerhaufen erstieg und von da die Gegend von Seleucia am Tak i Kesra-Palaste deutlich erkannte, in diesem Bursa der antike Name der Stadt Borsippa sich erhalten haben, die (nach Strabo XVI. 739) dem Apollo und der Artemis geweiht war, und in welche sich Alexander zurückziehen mochte, als die chaldäischen Wahrsager ihn warnten seinen zweiten Einzug in Babylon zu halten (nach Diodor Sic. XVII. c. 112).[77]

Recht viel mehr als die Angabe von Richtungen, in denen das „Trümmerfeld" Babylon lag, konnte Ritter zunächst nicht aus den Reiseberichten entnehmen, sodass ihm am Ende des Abschnittes auch nichts anderes übrig blieb, als verschiedene Gruppen von Ruinen zu identifizieren und diese nacheinander zu besprechen.[78] Die Passage zeigt allerdings ein vertrautes Merkmal seiner Arbeit, das bei den beiden vorher besprochenen Abschnitten ein wenig zu kurz gekommen war. Mit Strabon und Diodor weist die „Erdkunde" wieder dezidiert auf antike Autoren hin, mit deren Hilfe später verstärkt archäologische Befunde interpretiert und auch der historische Kontext aufgezeigt werden konnten. Auch die Verbindung von etymologisch verwandten Namen klingt hier erneut an. So ist es kein Zufall, wenn Ritter auf Strabon verweist, um eine mögliche Schätzung zur gesamten Ausdehnung der alten Stadt anzugeben. Eine quadratische Anlage zu beiden Seiten des Euphrat angenommen, könnte nach dem griechischen Geographen die Seitenlänge der Stadt einst vier Stunden betragen haben.[79] Hinsichtlich der Größe Babylons ist hier eine allgemeine Bemerkung vorauszuschicken: Über die Ausdehnung der Metropole ist viel spekuliert worden. Erst in den 1850er-Jahren konnte Austen Henry Layard[80] (1817–1894) die eigentliche Stadt genauer lokalisieren und das in Frage kommende Areal einschränken. Ritter und seinen Gewährsmännern fehlten dazu noch die nötigen Befunde. Geht man nach den Ruinengruppen, die in der „Erdkunde" zu Babylon gezählt werden, so muss man feststellen, dass hier sicherlich viel zu weitläufig verfahren wurde. Indem auch

---

77 Ritter, Carl: Stufenland, Vol. 2, S. 870.

78 Es wurde durchaus versucht, die bekannten Ruinengruppen als Eck- und Fixpunkte anzusetzen, um so die Größe der Stadt abzuschätzen.

79 Strab. 16, 1, 5. Hier ist jedoch die Rede von 365 Stadien. Zur Größe Babylons basieren Ritters Aussagen, wie es scheint, auf der Zusammenstellung von Rennell. Vgl. Rennell, James: The Geographical System of Herodotus, Vol. 1, S. 441–511 (Section XIV).

80 Vgl. Henze, Dietmar: Enzyklopädie der Entdecker und Erforscher der Erde, s. v. „Layard, Austen Henry".

andere Stätten wie Borsippa, von der noch die Rede sein wird, Babylon zugeschlagen wurden, übersteigt das angenommene Babylon des frühen 19. Jahrhunderts die Stadt des Altertums um ein Vielfaches.[81]

Allein schon die große Anzahl der verschiedenen Monumente, die von den Reisenden entdeckt und von Ritter beschrieben wurden, macht eine vollständige Wiedergabe an dieser Stelle unmöglich, solange das Ziel – die Frage nach der Quellenarbeit in der „Erdkunde" – im Blick behalten werden soll. Es gilt sich daher auf die wichtigsten und bekanntesten Bauten zu beschränken. Orte, bei denen Hypothesen und Spekulationen dominierten, wurden ja bisher in ausreichendem Maße besprochen. So erscheint es sinnvoll, drei der bedeutenden babylonischen Stätten herauszugreifen: Diese sind der Birs Nimrud, also der oben kurz erwähnte Ort Borsippa,[82] die direkt am Euphrat gemachten Entdeckungen[83] sowie der Königspalast mit dem ersten der sieben Weltwunder, den sagenumwobenen Hängenden Gärten.[84]

Der Birs Nimrud

Den Birs Nimrud, jenen bis heute sichtbaren und berühmten Stumpf einer Zikkurat, hat Ritter auch als „Ort des Kampfes" bezeichnet. Der Text der „Erdkunde" spiegelt an zentraler Stelle geradezu idealtypisch Ritters Arbeitsweise wider:

> Der Name Birs bleibt noch unermittelt; obwohl bei Arabern im Gebrauch, ist es doch kein arabisches Wort, die jüdischen Sprachgelehrten erklären es als das Gefängniß, wo Jojakim im Kerker des Belus bis zur Befreiung durch Evilmerodach[85] gefangen saß. Andere wollen Birs für Ueberbleibsel des Namens der heiligen Stadt Βόρσιππα der Chaldäer halten, wo eine ihrer Priestersecten wohnte, deren Lage nach Josephus nicht sehr fern von Babylon war, aber freilich von Strabo und andern als eine eigne Stadt genannt wird. Dieser einsame Birs Nimrud oder dieser Thurm Nimruds, durch die genauesten Untersuchungen unzweifelhaft der berühmte Thurm oder die vierseitige Pyramide des Belus, wie sie von Strabo genannt ward (Strabo XVI. 738), zeigt sich, von der Südostseite gesehen, als ein langgestreckter Hügel, der gegen West pyramidal

---

81 Ritter wägt den Zeitgenossen folgend die Existenz verschiedener Ruinengruppen ab. Die vorsichtige Vermutung, wonach das Areal am Euphrat das einstige Stadtzentrum ausgemacht hat, klingt zwar an, jedoch werden insgesamt sechs „Hauptgruppen" ausgemacht und zu Babel gezählt. Vgl. Ritter, Carl: Stufenland, Vol. 2, S. 875f. Zur Blütezeit Babylons siehe Edzard, Dietz Otto: Geschichte Mesopotamiens, S. 237–246

82 Ritter, Carl: Stufenland, Vol. 2, S. 876–891.

83 Ritter, Carl: Stufenland, Vol. 2, S. 896–903.

84 Ritter, Carl: Stufenland, Vol. 2, S. 913–921.

85 Gemeint sind Jojakim, ein König Judas, sowie Amel-Marduk, Nachfolger des babylonischen Königs Nebukadnezar II.

und steil endet. Sein Umfang, ein von West nach Ost längliches Rechteck, gab, nach Messung an der Basis, so genau als dies bei der Zertrümmerung sich thun ließ, eine Ausdehnung von 694 Schritt [...]. [86]

Dieser Hügel diente nach Ker Porter's Ansicht wahrscheinlich zum, nach Herodot neben dem Thurmbau liegenden, großen Altar des Belus und der andern Götter, wo die ausgewachsenen Thiere geopfert wurden, wo beim großen Jahresfeste der Chaldäer, wie Herodot sagt, auf einmal für 1000 Talente Weihrauch empordampfte; er diente wol zugleich zu den vielen Priesterwohnungen und dem Schatzhause, wo die Beute Ninivehs und Jerusalems von Nebucadnezar niedergelegt ward, wo vielleicht auch die 12 Cubitus nach Herodot, oder 40 Fuß hohe goldne Bildsäule des Gottes, nach Diodors Erzählung, mit dem goldnen Tisch und dem Throne stand, die schon Xerxes plünderte, als er die Belspriester hinrichten ließ.[87]

Obgleich die sprachliche Gestaltung der beiden Absätze irritiert, erfüllt der Inhalt die Erwartungen an Ritters Quellenarbeit in jeder Hinsicht vollständig. Hier zeigt sich wieder einmal die Verbindung von zeitgenössischer Literatur und antiken Quellen, wobei beide ihrem Stellenwert nach völlig gleichberechtigt nebeneinanderstehen. Die „Erdkunde" bespricht verschiedene historische Episoden, gibt aber der Version Herodots und seiner Erben den Vorzug.[88] Die Details, die dessen Schrift zusammen mit dem Werk Strabons lieferten, passten ja auch ausgezeichnet zu den Befunden der Zeitgenossen. Der archäologischen Stätte wurde aber nicht nur ein historischer Kontext gegeben. Natürlich befand sich die Zikkurat, die nun auch im Gegensatz zum Turm Nimruds als Pyramide bezeichnet wurde, im Zustand des Verfalls. Jedoch konnte mit Hilfe von Herodot, Arrian und Strabon von den acht Stufen und der Höhe des Bauwerkes gesprochen werden. Auch die schon erwähnten Renovierungsmaßnahmen, die Alexander zu Babylon angeordnet haben soll, hat Ritter erwähnt. Weiter befassen sich die Ausführungen mit der Zerstörung – man hat einen Brand vermutet – sowie mit der Bauweise. Sie gehen sowohl auf antike als auch auf zeitgenössische Texte zurück.

Die Frage, ob die Aussagen der antiken Autoren auf den Stufenbau von Borsippa bezogen werden können, hat die neuere Forschung mehrfach beschäftigt. Schwierigkeiten liegen vor allem darin begründet, dass mehrere solcher Pyramiden für eine Zuweisung in Frage kommen könnten.[89] So wird etwa die nördlich von Hillah gelegene namens Ete-

---

86 Ritter, Carl: Stufenland, Vol. 2, S. 878.

87 Ritter, Carl: Stufenland, Vol. 2, S. 879f.

88 Den im Zitat enthaltenen Verweisen auf Strabon (16, 1, 5) sind Hdt. 1, 181 und Diod. 2, 9, 9 sowie Arr. an. 3, 16 nachzutragen.

89 Hornblower, Simon (Hrsg.): The Oxford Classical Dictionary, s. v. „Borsippa" und „Babylon"; Schmid, Hansjörg: Der Tempelturm Etemenanki in Babylon, S. 10f.; zur Erschließung der Tempelbauten in und um Babylon siehe Allinger-Csollich, Wilfried: Birs Nimrud I. Die Baukörper der Zikkurat von Borsippa, ein Vorbericht, in: Baghdader Mitteilungen, Vol. 22 (1991), S. 383–499; Edzard, Dietz Otto: Geschichte Mesopotamiens, S. 122, S. 238 und S. 255.

menanki bis heute mit der Geschichte vom Turmbau zu Babel in Verbindung gebracht. Bei dieser geht man jedoch von sieben vormals existierenden Stufen aus, sodass Herodots Bericht damit nicht in Einklang gebracht werden kann. Näher liegt die Verbindung der antiken Aussagen mit einem Esagila genannten Bau. Er befand sich einst im Zentrum des alten Babylon, unweit der Zikkurat Etemenanki. Diese Version wird von der modernen Forschung präferiert.[90] Für Ritter und seine Zeitgenossen war diese Zuweisung allerdings noch nicht möglich gewesen, auch wenn aus den Beschreibungen des Areals nördlich von Hillah nicht abgeleitet werden kann, dass Etemenanki und Esagila unbekannt waren. Als Monumentalbauten waren beide noch nicht identifiziert – auch weil epigraphische Befunde fehlten und der Verfall hier enorm fortgeschritten war. Insofern wundert eine Verlagerung der herodoteischen Geschichte nach Borsippa nicht.

Babylon am Euphrat – der Königspalast mit den Hängenden Gärten

Die direkt am Euphrat liegende Ruinengruppe hat Ritter nördlich von Hillah, wie gesagt, zu beiden Seiten des Flusses angegeben. Diese wurde von den Zeitgenossen weniger stark frequentiert, was dementsprechend Auswirkungen auf ihre Darstellung in der „Erdkunde" hatte. Hier, wo Robert Koldewey[91] (1855–1926) später das berühmte Ischtar-Tor finden sollte, hatte sich vorher nur ein weitläufiges Trümmerfeld präsentiert – zumindest war dies Ritter so zugetragen worden. Die „Erdkunde" führt dementsprechend in diesem Abschnitt weniger die Berichte der Zeitgenossen an, sondern bietet unter Verweis auf die antiken Quellen generelle Überlegungen zur Ausdehnung, zur Geschichte und zu den Bauwerken Babylons.[92] Mit Hilfe von Herodot, Strabon und Diodor wurde zunächst festgestellt, dass der Euphrat die Stadt in der Mitte geteilt haben soll,[93] wobei im Weiteren der Frage nach der Ausdehnung der Westseite besondere Aufmerksamkeit zuteilwurde. Zwar befand sich dort ein erheblich kleineres Ruinenfeld als am gegenüberliegenden Ufer, jedoch war eine Erklärung dafür schnell gefunden:

> Offenbar muß, nach der Aussage der Alten von zwei Städten zu beiden Uferseiten, demnach einst auch ein anderer Stadttheil auf der […] Westseite des Stromes gestanden haben, wo man zuvor keine Ruinenreste nachgewiesen fand. Und doch, bemerkt schon Ker Porter, müsste auch auf dieser Westseite des Stromes keineswegs ein nur geringer, sondern vielmehr ein recht bedeutender Theil der Stadt (Diodor

---

90 Meyers, Eric (Hrsg.): The Oxford Encyclopedia of Archaeology in the Near East, s. v. „Babylon".
91 Meyers, Eric (Hrsg.): The Oxford Encyclopedia of Archaeology in the Near East, s. v. „Koldewey, Robert".
92 Die Schriften von Rich und Ker Porter werden zwar zitiert, jedoch nur um Auskünfte über die aktuellen Eindrücke von der Topographie wiederzugeben. Vor allem die Diskussion, ob der Euphrat seinen Lauf über die Zeit verändert habe, steht dabei im Zentrum.
93 Ritter, Carl: Stufenland, Vol. 2, S. 896; Strab. 16, 1, 5; Hdt. 1, 180 und 186 sowie Diod. 2, 7.

sagt, dass dieser Westtheil von Babylon 60 Stadien in Umfang hatte, Bibl. Hist. II. 8) gelegen haben, der aber sehr frühzeitig eine größere Zerstörung erlitten, da schon Cyrus Heer, das bei der Belagerung der Stadt (nach Herodots Angabe I. 191) an diejenige Stelle postirt war, wo der Euphrat in die Stadt hineinfloß, also in nordwestlicher Richtung von den heutigen Ruinenhügeln, den Befehl erhalten hatte, durch Abgrabung des Euphratwassers und dessen Leitung in einen großen See sein Bette trocken zu legen, was nun die ganze Westseite in große Sümpfe verwandelte, wodurch dann schon ein Theil der Stadt auf jener Seite mußte zerstört worden sein (Herod. I. 191; eine Belagerungslist die auch Darius zum zweitenmale vergeblich, obwohl nicht ohne großen Nachtheil für diesen Theil der Stadt, wiederholte, Herod. III. 152). Daß auf jener Westseite, wo die Versumpfungen bis heute vorherrschend blieben, weshalb auch Alexanders ominöser zweiter Einmarsch nach dem Rath der chaldäischen Weissager nicht von der Westseite statt finden konnte (Arrian. De Exped. Alex. VII. 17) [...].[94]

Es ist nicht nur ein wichtiger Teil der Stadtgeschichte, der hier von Ritter berichtet wird. Auch die Topographie beziehungsweise ihre Veränderung, wie sie sich bis heute darstellt, wird historisch erklärt. Dies war trotz der wenigen Aussagen aus neuerer Zeit möglich. Die antiken Quellen reichten aus. Die Ausdehnung der Weststadt wurde noch weiter geführt und sogar als weit größer als der östliche Teil angenommen. Weil eben in Letzterem – wieder basierend auf den „Alten" – mehrere Kultstätten und Palastanlagen angenommen wurden, hat Ritter die Weststadt als „Volksstadt" bezeichnet. Diese habe seiner Meinung nach mehr Platz für die „Privatwohnungen der Gewerbetreibenden" geboten.[95] Die „Erdkunde" stellt dazu explizit fest: „Diese Weststadt endet wahrscheinlich gen Süden, wie schon oben gezeigt ward, mit dem Belusthurm".[96]

Einzelne Bauwerke des alten Babylon konnten nicht genau verortet werden, jedoch war ihre Existenz sehr wohl bekannt. Vor allem Arrians Bericht über den Tod Alexanders konnte hierfür herangezogen werden. Dieser spricht von insgesamt zwei Königspalästen auf beiden Seiten des Euphrat sowie von einer Verbindungsbrücke. Alexander soll sich, nachdem er am Fieber erkrankt war, zunächst in den paradiesischen Gärten, dann im Königspalast aufgehalten haben – beide im östlichen Teil der Stadt.[97] Ritter hat also aus den antiken Texten die Existenz verschiedener zentraler Anlagen abgeleitet. Ähnlich ist er auch für die bedeutenden Maueranlagen vorgegangen. Jedoch wäre seine Quellenarbeit unvollständig geblieben, wenn zur Beschreibung der Königspaläste das Alte Testament nicht herangezogen worden wäre. Der Schmuck des Baus, der dort bis auf Nebukadnezar

94 Ritter, Carl: Stufenland, Vol. 2, S. 897.
95 Ritter, Carl: Stufenland, Vol. 2, S. 898.
96 Ritter, Carl: Stufenland, Vol. 2, S. 897f.
97   Arr. an. 7, 25; Ritter, Carl: Stufenland, Vol. 2, S. 898.

zurückgeht, wurde nach dem Buch Daniel angegeben.[98] Diese archäologisch unbestätigten Schlüsse hat Ritter selbst treffend zusammengefasst:

> Da nur Diodor, der später compilirende Autor, allein von zwei Palästen in beiden Stadtseiten in Ost und West des Stromes spricht, Strabo nur von dem einen Beschreibung giebt, ohne zu sagen, auf welcher Seite derselbe gelegen, Herodot zwar von zwei Stadttheilen spricht, aber nur von dem einen Palaste in dem einen und von dem Belusthurm in dem andern […] so werden die genauern Bestimmungen hierüber immer nur Conjecturen oder Wahrscheinlichkeiten bleiben müssen, bis in den Monumenten selbst die Beweise für die eine oder die andere Ansicht gewonnen werden. Nur so viel bleibt jedoch wol schon hiernach entschieden, dass wenn der Belusthurm Herodots wirklich auf dem Westufer gelegen, so muß der große Königspalast, den Herodot meint, auf dem Ostufer zu suchen sein, und allen Umständen nach auf das entschiedendste mit dem heutigen Kasr, d. i. dem auch noch heute so genannten „Schlossberge," d. h. Kasr, zusammenfallen.[99]

Diesem Kasr, also dem Königspalast, widmet sich die „Erdkunde" recht zügig, wobei zu dessen Beschreibung wieder vermehrt die zeitgenössischen Schriften herangezogen werden konnten. Vor allem Rich, der dort zehn Tage geforscht hatte, Ker Porter und Fraser hatten lebhaft von ihren Beobachtungen berichtet.[100] Auch wenn diese Texte nun wieder stärker als noch zuvor im Zentrum von Ritters Arbeit stehen, so ändert dies nichts an der herausragenden Rolle der antiken Autoren. Sie lieferten nach wie vor den Rahmen oder besser gesagt den Leitfaden für die Interpretation der jüngsten Ausgrabungen.

Das Palastareal wurde zu Recht als zusammenhängende Gruppe von Gebäuden vermutet und war, wie gesagt, am Ostufer in direkter Nähe zum Euphrat lokalisiert worden. Insgesamt bedeckte der Trümmerhügel eine Fläche von 800 Schritt Länge und 600 in der Breite, mit einer Höhe von 70 Fuß über dem Niveau des Euphrat.[101] Wie bei so manchem Ort zuvor beklagten die Zeitgenossen übereinstimmend auch für den Kasr, dass dieser von den Einheimischen als Steinbruch genutzt wurde – im konkreten Fall zur Ausbesserung der Stadtmauern von Hillah. Claudius James Rich hatte, mit Ausnahme einer Kolossstatue, in der er die Gestalt eines Löwen erkennen wollte, noch recht wenig an diesem Ort gefunden.[102] In dieser Statue meinte er genau wie Ritter einen Hinweis auf

---

98 Dan. 4, 26ff.

99 Ritter, Carl: Stufenland, Vol. 2, S. 899.

100 Richs diverse oben aufgezählte Schriften finden sich im Anmerkungsapparat der „Erdkunde" teils uneinheitlich zitiert; unter anderem Rich, Claudius James: Narrative of a Journey to the Site of Babylon, S. 10–36 (bei Ritter als Journal zitiert). Spezieller dazu: Ker Porter, Robert: Travels, Vol. 2, S. 355–363; Fraser, James Baillie: Travels in Koordistan, Mesopotamia, &c., Vol. 2, S. 11ff.

101 Ritter, Carl: Stufenland, Vol. 2, S. 913f.; Meyers, Eric (Hrsg.): The Oxford Encyclopedia of Archaeology in the Near East, s. v. „Babylon" und „Gardens".

102 Rich, Claudius James: Narrative of a Journey to the Site of Babylon, S. 36.

die Geschichte von Daniel in der Löwengrube erkennen zu können. Unter der vermutlich umgestürzten Plastik meinte man nämlich die eines Menschen erkennen zu können. Die alttestamentliche Erzählung, die Daniel unter anderem als Statthalter Babels nennt, passte da mit einiger Fantasie gut ins Bild.[103]

Zahlreiche Gräber und eine Menge Kleinfunde wurden von Ritter aufgezählt, wobei die Mauerarbeiten im Inneren des Palasthügels besonders eingehend beschrieben wurden. Diese sauber gearbeiteten Strukturen, so die „Erdkunde", seien sehr gut in Einklang mit Diodors Beschreibung des großen Palastes zu bringen und harmonierten gleichfalls mit den Angaben zu den Hängenden Gärten bei Diodor, Strabon und anderen. Das Weltwunder soll einstmals den Euphrat und sogar die Stadtmauern überragt haben.[104] Zu dieser Aussage wurden wieder einmal die Auskünfte der genannten Autoren mit der sichtbaren Höhe des Kasr verbunden. Allerdings sollten noch zwei weitere Argumente für die Verortung der Anlage an dieser Stelle sprechen. Ritter hat nämlich zum einen festgestellt, dass „[d]ie Lage des Kasr am Euphratufer entlang, von welchem aus die Gärten durch aufsteigende Pumpwerke (nach Strabo XVI. 738) fortwährend bewässert werden mussten, […] die Identität mit der Lage des großen Palastes" bestätigt.[105] Zum anderen entsprächen auch die von Ker Porter aufgefundenen großen Steinplatten zusammen mit den Stützsäulen in den „subterranen Passagen" den terrassenartigen Abdachungen und Plattformen der Hängenden Gärten, wie sie Diodor beschrieben hat.[106]

So fügte sich für Ritter eins ins andere. Zweifel an dem Ineinandergreifen zeitgenössischer Literatur und antiker Quellen kommen auf diesen Seiten nicht auf. Für den Ansatz der „Erdkunde", archäologische Befunde mit historischen Berichten zu verknüpfen, war das Bild perfekt. Widersprüche mussten nicht ausgeräumt werden, und auch wenn weiterführende Erkenntnisse fehlten beziehungsweise noch ausstanden, ist der Abschnitt zum Palasthügel in sich stimmig – auch wenn bis heute von der Forschung verschiedene Stätten als historische Vorbilder für die Hängenden Gärten der Semiramis diskutiert werden.[107] Die Analyse der Quellenarbeit ergibt an dieser Stelle, dass auch die Darstellung der Ruinen Babylons am Euphrat alle bisher ausgemachten und formulierten Merkmale aufweist.

103 Ritter, Carl: Stufenland, Vol. 2, S. 914f. mit Verweis auf Dan. 2, 48.
104 Ritter, Carl: Stufenland, Vol. 2, S. 916; Strab. 16, 1, 4; Diod. 2, 8.
105 Ritter, Carl: Stufenland, Vol. 2, S. 916.
106 Ker Porter, Robert: Travels, Vol. 2, S. 363; Diod. 2, 8.
107 Meyers, Eric (Hrsg.): The Oxford Encyclopedia of Archaeology in the Near East, s. v. „Gardens".

VIII   QUELLEN- UND LITERATUR-
VERZEICHNIS

Quellen

Archivalien

Carl Ritters Studienhefte aus der Zeit in Halle: V 326, RT IV/2, B I 99, Schloßmuseum Quedlinburg.

Carl Ritters Tagebuch aus der Hauslehrerzeit in Frankfurt: V 327, RT IV/3, B I 10, Schloßmuseum Quedlinburg.

Carl Ritters Notizbuch, „Titel Geographischer Werke" aus der Hauslehrerzeit in Frankfurt: V 344, RT IV/20, B I 63, Schloßmuseum Quedlinburg.

Carl Ritters Notizbücher u. a. aus der Zeit in Göttingen: V 342, RT IV/18, B I 76; V 343, RT IV/19, B I 47; V 348, RT IV/24, B I 58, Schloßmuseum Quedlinburg.

Carl Ritters Reisetagebücher: V 369, RT IV/45, B I 96; V 370, RT IV/46, B I 97; V 373, RT IV/49, B I 69; V 374, RT IV/50, B I 77; V 375, RT IV/51, B I 33; V 376, RT IV/52, B I 23, Schloßmuseum Quedlinburg.

Antike Autoren

Ammianus Marcellinus: Res gestae, lateinisch–englisch, übersetzt von John Carew Rolfe, 3 Vol., London 1963–1964.

Anonymus: The periplus maris Erythraei, griechisch–englisch, eingeleitet, übersetzt und kommentiert von Lionel Casson, Princeton 1989.

Aristides (eigentlich: Aelius Aristides): Orations, übersetzt von Charles Behr, 2 Vol., Leiden 1981 und 1986.

Aristoteles: History of Animals, griechisch–englisch, übersetzt von Arthur Leslie Peck, 3 Vol., London 1965–1991.

Arrianus (eigentlich: Lucius Flavius Arrianus): History of Alexander and Indica, griechisch–englisch, übersetzt von Peter Astbury Brunt und Ernest Iliff Robson, 2 Vol., London 2010.

Athenaios: The Deipnosophists, griechisch–englisch, übersetzt von Charles Burton Gulick, 7 Vol., London 1961.

(Pseudo-)Aurelius Victor: Abrégé des Césars, lateinisch–französisch, übersetzt und kommentiert von Michel Festy, Paris 2002[2].

Die Bibel. Altes und Neues Testament. Einheitsübersetzung, herausgegeben im Auftrag der Bischöfe Deutschlands, Österreichs, der Schweiz u. a., Stuttgart 1980.

Cassius Dio (eigentlich: Lucius Cassius Dio): Roman History, griechisch–englisch, übersetzt von Earnest Cary, 9 Vol., London 1969–1970.

Curtius Rufus (eigentlich: Quintus Curtius Rufus): History of Alexander, lateinisch–englisch, übersetzt von John Carew Rolfe, 2 Vol., London 2006.

Diodoros: Library of History, griechisch–englisch, übersetzt von Charles Henry Oldfather, 12 Vol., London 1968–1984.

Dionysios Periegetes: Description of the Known World, griechisch–englisch, eingeleitet, übersetzt und kommentiert von Jane Lightfoot, Oxford 2014.

Eratosthenes: Geography, zusammengestellt, übersetzt und kommentiert von Duane Roller, Princeton und Oxford 2010.

Eusebius: Praeparatio evangelica, herausgegeben von Karl Mras, 2 Vol., Berlin 1982² und 1983².

Festus (eigentlich: Rufus Festus): Abrégé des hauts faits du peuple romain, lateinisch–französisch, übersetzt von Marie-Pierre Arnaud-Lindet, Paris 2002².

Galenos: Method of Medicine, griechisch–englisch, übersetzt von Ian Johnston, 3 Vol., Cambridge (MA) 2011.

Herodianos: History of the Empire, griechisch–englisch, übersetzt von Charles Whittaker, 2 Vol., London 1969 und 1970.

Herodotos: Historiae, übersetzt von August Horneffer, herausgegeben von Hans Wilhelm Haussig, Stuttgart 1955.

Herodotos: Histories, griechisch–englisch, übersetzt von Alfred Denis Godley, 4 Vol., London 1981–1990.

Isidor von Sevilla: The Etymologies, eingeleitet, übersetzt und kommentiert von Stephen Barney u. a., Cambridge 2006.

Isidoros von Charax: Parthian Stations, griechisch–englisch, übersetzt und kommentiert von Wilfred Schoff, Chicago 1989.

Josephus (eigentlich: Flavius Iosephus): Works, griechisch–englisch, übersetzt von Henry Thackeray, 10 Vol., Cambridge (MA) 1967–1981.

Justinus (eigentlich: Marcus Iunianus Iustinus): Epitome of the Philippic History of Pompeius Trogus, übersetzt von John Yardley und kommentiert von Wademar Heckel, 2 Vol., Oxford 1997 und 2011.

Johannes von Ephesos: Die Kirchengeschichte, übersetzt von Josef Maria Schönfelder, München 1862.

Der Koran, aus dem Arabischen neu übertragen von Hartmut Bobzin unter Mitarbeit von Katharina Bobzin, München 2010.

Lukianos: Works, griechisch–englisch, übersetzt von Austin Morris Haron, 8 Vol., London 1953–1967.

Manu's Code of Law. A Critical Edition and Translation of the Manava-Dharmasastra, übersetzt von Patrick Olivelle, Oxford 2005.

Marcellinus Comes: The Chronicle of Marcellinus, lateinisch–englisch, übersetzt und kommentiert von Brian Croke, mit einem Abdruck von Mommsens Textausgabe, Sydney 1995.

Moses von Choren: History of the Armenians, übersetzt und kommentiert von Robert Tomson, Cambridge (MA) 1978.

Notitia dignitatum. Accedunt notitia urbis Constantinopolitanae et laterculi provinciarum, bearbeitet von Otto Seeck, Frankfurt am Main 1962.

Olympiodoros, in: The Fragmentary Classicising Historians of the Later Roman Empire. Eunapius, Olympiodorus, Priscus and Malchus, herausgegeben, übersetzt und kommentiert von Roger Blockley, 2 Vol., Liverpool 1981 und 1983.

Orosius (eigentlich: Paulus Orosius): Histoires contre les Païens, lateinisch–französisch, übersetzt von Marie-Pierre Arnaud-Lindet, 3 Vol., Paris 1990–1991.

Pausanias Periegetes: Description of Greece, griechisch–englisch, übersetzt von William Jones und Henry Ormerod, 5 Vol., London 1978–1980.

Platon: Laws, griechisch–englisch, übersetzt von Robert Gregg Bury, 2 Vol., Cambridge (MA) 1952.

Plinius d. Ä. (eigentlich: Caius Plinius Secundus Maior): Naturkunde, lateinisch–deutsch, herausgegeben und übersetzt von Roderich König, Gerhard Winkler u. a., 38 Vol., Düsseldorf 1973–2004.

Plutarchos: Lives, griechisch–englisch, übersetzt von Bernadotte Perrin, 11 Vol., London 1967–1975.

Polybios: The Histories, griechisch–englisch, übersetzt von William Roger Paton, 6 Vol., Cambridge (MA) 2010–2012.

Prokopios: History of the Wars, griechisch–englisch, übersetzt von Henry Dewing, 7 Vol., Cambridge (MA) 1960–1961.

Ptolemaios (eigentlich: Klaudios Ptolemaios): Handbuch der Geographie, griechisch–deutsch, herausgegeben von Alfred Stückelberger und Gerd Graßhoff, 3 Vol., Basel 2006–2009.

Scriptores Historiae Augustae: Historia Augusta, lateinisch–englisch, übersetzt von David Magie, 3 Vol., London 1960–1961.

Seneca (eigentlich: Lucius Annaeus Seneca): Epistles, lateinisch–englisch, übersetzt von Richard Gummere, 3 Vol., Cambridge (MA) 2006.

Stephanos von Byzanz: Ethnica, griechisch–deutsch, übersetzt und kommentiert von Margarethe Billerbeck, 4 Vol., Berlin 2006–2016.

Strabon: Geographika, griechisch–englisch, übersetzt von Horace Leonard Jones, 8 Vol., London 1960–1961.

Strabon: Geographika, griechisch–deutsch, übersetzt und kommentiert von Stefan Radt, 10 Vol., Göttingen 2002–2011.

Sueton (eigentlich: Caius Suetonius Tranquillus): Lives of the Caesars, lateinisch–englisch, übersetzt von John Carew Rolfe, 2 Vol., Cambridge (MA) 2001.

Tacitus (eigentlich: Publius Cornelius Tacitus): Works, lateinisch–englisch, übersetzt von John Jackson und Clifford Herschel Moore, 5 Vol., Cambridge (MA) 2006.

Theokritos: Gedichte, griechisch–deutsch, herausgegeben und übersetzt von Bernd Effe, Darmstadt 1999.

Theophrastus: De historia et causis plantarum, griechisch–englisch, übersetzt von Benedict Einarson, 3 Vol., London 1976–1990.

Vergil (eigentlich: Publius Vergilius Maro): Georgica, lateinisch–deutsch, übersetzt von Manfred Erren, 2 Vol., Heidelberg 1985 und 2003.

Xenophon: Anabasis. Der Zug der Zehntausend, griechisch–deutsch, herausgegeben von Walter Müri, bearbeitet und mit einem Anhang versehen von Bernhard Zimmermann, Darmstadt 1990.

Xenophon: Kyropädie. Die Erziehung des Kyros, griechisch–deutsch, herausgegeben und übersetzt von Rainer Nickel, München und Zürich 1992.

Orientalische Autoren

Eichhorn, Johann Gottfried: Abvlfedae Africa, Göttingen 1791.

Hartmann, Johann: Edrisii Africa, Göttingen 1746.

Hudson, John: Geographiae veteris scriptores graeci minores. Accedunt geographica arabica &c, Vol. 3., Oxford 1712.

Jaubert, Pierre: Géographie d'Édrisi. Traduite de l'arabe en français d'après deux manuscrits de la bibliothèque du roi et accompagnée de notes, 2 Vol., Paris 1836 und 1840.

Lee, Samuel: The Travels of ibn Batuta. Translated from the Abridged Arabic Manuscript Copies. With Notes, Illustrative of the History, Geography, Botany, Antiquities, &c. Occurring throughout the Work, London 1829.

Leyden, John/Erskine, William: Memoirs of Zehir-Ed-Din Muhammed Baber, Emperor of Hindustan, London 1826.

Marsden, William: The Travels of Marco Polo. A Venetian in the Thirteenth Century, Being a Description, by that Early Traveller, of Remarkable Places and Things, in the Eastern Parts of the World, London 1818.

Ouseley, William: The Oriental Geography of Ebn Haukal. An Arabian Traveller of the Tenth Century, London 1800.

Reiske, Johann Jakob: Abilfedae tabvlarvm geographicarvm, in: Anton Büsching (Hrsg.), Magazin für die neue Historie und Geographie, Vol. 4, Hamburg 1770, S. 121–298 sowie Vol. 5, Hamburg 1771, S. 299–366.

Rommel, Christopher: Abvlfedea arabiae descriptio. Commentario perpetvo illvstrata, Göttingen 1802.

Sionita, Gabriel: Geographia Nubiensis. Idest accvratissima totivs orbis in septem climata divisi descriptio, Paris 1619.

Uylenbroek, Peter: Dissertatio de ibn Haukalo Geographo, et Iracae Persicae Descriptio, Brittenburg 1822.

Wüstenfeld, Ferdinand: Abulfedae Tabulae quaedam Geographicae. Nunc primum arabice edidit, latine vertit, notis illustravit, Göttingen 1835.

Wüstenfeld, Ferdinand: Zakarija Ben Muhammed Ben Mahmud el-Cazwini's Kosmographie, 2 Vol., Göttingen 1848.

Literatur und Reiseberichte bis zum frühen 19. Jahrhundert

Abel-Rémusat, Jean-Pierre: Recherches sur les langues tartares, ou mémoires sur différens points de la grammaire et de la littérature des Mandchous, des Mongols, des Ouigours et des Tibetains, Paris 1820.

Abel-Rémusat, Jean-Pierre: Mélanges asiatiques, ou choix de morceaux de critique, et de mémoires relatifs aux religions, aux sciences, à l'histoire, et à la géographie des nations orientales, 2 Vol., Paris 1825 und 1826.

Abel-Rémusat, Jean-Pierre: Mémoire sur l'extension de l'empire chinois du côté de l'occident, in: Histoires et mémoires de l'Institut Royal de France, Académie des inscriptions et belles-lettres, Vol. 8 (1827), S. 60–130.

Abel-Rémusat, Jean-Pierre: Nouveaux mélanges asiatiques, ou recueil de morceaux critiques et de mémoires relatifs aux religions, aux sciences, aux coutumes, à l'histoire et à la géographie des nations orientales, 2 Vol., Paris 1829.

Ainsworth, William Francis: Researches in Assyria, Babylonia, and Chaldaea; Forming Part of the Labours of the Euphrates Expedition, London 1838.

Ainsworth, William Francis: Travels and Researches in Asia Minor, Mesopotamia, Chaldea, and Armenia, 2 Vol., London 1842.

Ainsworth, William Francis: Travels in the Track of the Ten Thousand Greeks; Being a Geographical and Descriptive Account of the Expedition of Cyrus and of the Retreat of the Ten Thousand Greeks, as Related by Xenophon, London 1844.

Alighieri, Dante: Opere, con annotazioni del Dr. Biscioni, 2 Vol., Venedig 1793.

Belzoni, Giovanni Battista: Narrative of the Operations and Recent Discoveries within the Pyramids, Temples, Tombs, and Excavations, in Egypt and Nubia; and of a Journey to the Coast of the Red Sea, in Search of the Ancient Berenice; and Another to the Oasis of Jupiter Ammon, 2 Vol., London 1821[2] und 1822[2].

Berghaus, Heinrich: Kritische Bemerkungen über die von Berghaus bearbeitete Karte von Afrika, in: Hertha, Vol. 5 (1825), S. 5–32.

Blanc, Ludwig Gottfried: Handbuch des Wissenswürdigsten aus der Natur und Geschichte der Erde und ihrer Bewohner. Zum Unterricht in Schulen und Familien, vorzüglich für Hauslehrer auf dem Lande, sowie zum Selbstunterricht, 3 Vol., Braunschweig 1853[6].

Boré, Eugène: Correspondance et mémoires d'un voyageur en Orient, 2 Vol., Paris 1840.

Browne, William George: Travels in Africa, Egypt and Syria. Form the Year 1792 to 1798, London 1799.

Bruce, James: Travels to Discover the Sources of the Nile. In the Years 1768, 1769, 1770, 1771, 1772, & 1773, 7 Vol., London 1805[2].

Buckingham, James Silk: Travels in Mesopotamia, Including a Journey from Aleppo, across the Euphrates to Orfah, through the Plains of the Turcomans, to Diarbekr, in Asia Minor. From thence to Mardin, on the Borders of the Great Desert, and by the Tigris to Mousul and Bagdad. With Researches on the Ruins of Babylon, Nineveh, Arbela, Ctesiphon, and Seleucia, London 1827.

Buckingham, James Silk: Travels in Assyria, Media, and Persia, Including a Journey from Bagdad by Mount Zagros, to Hamadan, the Ancient Ecbatana, Researches in Isphahan and the Ruins of Persepolis; etc., London 1829.

Buckingham, James Silk: Travels in Assyria, Media, and Persia, Including a Journey from Bagdad by Mount Zagros, to Hamadan, the Ancient Ecbatana, Researches in Isphahan and the Ruins of Persepolis; etc., 2 Vol., London 1830².

Burckhardt, Johann Ludwig: Travels in Nubia, London 1819.

Burnes, Alexander: Travels into Bokhara. Being the Account of a Journey from India to Cabool, Tartary and Persia. Also, Narrative of a Voyage on the Indus from the Sea to Lahore, 3 Vol., London 1834–1839.

Burnes, Alexander: Cabool. Being a Personal Narrative of a Journey to, and Residence in that City in the Years 1836, 7, and 8, London 1842.

Burnouf, Eugène: Commentaire sur le Yaçna. L'un des livres lithurgiques des Parses, 2 Vol., Paris 1833.

Burnouf, Eugène: Mémoire sur deux inscriptions cunéiformes trouvées près d'Hamadan. Et quifont maintenant partie des papiers du Dr. Schulz, Paris 1836.

Cailliaud, Frédéric: Voyage à Méroé et au Fleuve Blanc, 4 Vol., Paris 1823–1827.

Champollion, Jean-François: l'Égypte sous les pharaons, 2 Vol., Paris 1814.

Conolly, Arthur: Journey to the North of India, Overland from England, through Russia, Persia, and Affghaunistaun, 2 Vol., London 1834.

Conolly, Arthur: Journey to the North of India, Overland from England, through Russia, Persia, and Affghaunistaun, 2 Vol., London 1838².

Droysen, Johann Gustav: Geschichte Alexanders des Großen. Nach dem Text der Erstausgabe 1833, mit einem Nachwort von Jürgen Busche, Zürich 1984.

Dubois de Montpéreux, Frédéric: Voyage autour de Caucas, chez Tcherkesses et les Abkhases, en Colchide, en Géorgie, en Arménie et en Crimée, 6 Vol., Paris 1839–1843.

Dupré, Adrien: Voyage en Perse, fait dans les années 1807, 1808 et 1809, en traversant la Natolie et la Mésopotamie, depuis Constantinople jusqu'à l'extrémité du Golfe Persique, et de la à Irèwand; etc., 2 Vol., Paris 1819.

Elphinstone, Mountstuart: An Account of the Kingdom of Caubul, and its Dependencies in Persia, Tartary and India. Comprising a View of the Afghaun Nation, and a History of the Dooraunee Monarchy, London 1815.

Fraser, James Baillie: Narrative of a Journey into Khorasan, in the Years 1821 and 1822, Including some Account of the Countries to the North-East of Persia, London 1825.

Fraser, James Baillie: Travels in Koordistan, Mesopotamia, &c., Including an Account of Parts of those Countries hitherto Unvisited by Europeans with Sketches of the Character and Manners of the Koordish and Arab Tribes, 2 Vol., London 1840.

Grotefend, Georg Friedrich: Ueber Pasargadä und Kyros' Grabmal, in: Arnold Heeren, Ideen über die Politik, den Verkehr und den Handel der vornehmsten Völker der alten Welt, Vol. 1, 2, Göttingen 1824⁴, S. 371–383.

Hammer-Purgstall, Joseph von: Des Osmanischen Reichs Staatsverfassung und Staatsverwaltung. Dargestellt aus den Quellen seiner Grundgesetze, 2 Vol., Wien 1815.

Hammer-Purgstall, Joseph von: Ueber die Geographie Persiens, in: Wiener Jahrbücher der Literatur, Vol. 7 (1819), S. 197–300 sowie Vol. 8 (1819), S. 299–404.

Hammer-Purgstall, Joseph von: Geschichte des Osmanischen Reiches. Grossentheils aus bisher unbenützten Handschriften und Archiven, 10 Vol., Pest 1827–1833.

Hammer-Purgstall, Joseph von: Über die Länderverwaltung unter dem Chalifate, Berlin 1835.

Herder, Johann Gottfried: Ideen zur Philosophie und Geschichte der Menschheit, 4 Vol., Riga und Leipzig 1784–1791.

Herder, Johann Gottfried, Sämmtliche Werke. Zur Philosophie und Geschichte, Vol. 9, herausgegeben von Johann Georg Müller, Stuttgart und Tübingen 1828.

Heeren, Arnold: Ideen über Politik, den Verkehr und den Handel der vornehmsten Völker der Alten Welt, 2 Vol., Göttingen 1793–1796.

Heeren, Arnold: Ideen über Politik, den Verkehr und den Handel der vornehmsten Völker der Alten Welt, 5 Vol., Göttingen 1824–1826⁴.

Hügel, Karl: Notice of a Visit to the Himmáleh Mountains and the Valley of Kashmir, in 1835, in: Journal of the Royal Geographical Society of London, Vol. 6, 2 (1836), S. 344–349.

Humboldt, Alexander von/Bonplandt, Aimé: Essai sur la géographie des plantes (Voyage de Humboldt et Bonplandt, Vol. 1), Paris 1807.

Humboldt, Alexander von/Bonplandt, Aimé: Reise in die Aequinoctial-Gegenden des neuen Continents, übersetzt von Hermann Hauff, 4 Vol., Stuttgart 1859 und 1860.

Humboldt, Alexander von: Kosmos. Entwurf einer physischen Weltbeschreibung, Vol. 5 (Register über den Kosmos, ausgearbeitet von Eduard Buschmann), Stuttgart 1862.

Humboldt, Alexander von: Werke, herausgegeben und kommentiert von Hanno Beck, 7 Vol., Darmstadt 2008².

Humboldt, Wilhelm von: Über die Verschiedenheit des menschlichen Sprachbaues, in: Albert Leitzmann (Hrsg.), Wilhelm von Humboldts gesammelte Schriften, Vol. 6, 1, Berlin 1907, S. 111–303.

Jomard, Francois (Hrsg.): Description de l'Egypte. Ou recueil des observations et des recherches qui ont été faites en Ègypte pendant l'expedition de l'armée française, 23 Vol., Paris 1809–1818.

Kant, Immanuel: Physische Geographie, herausgegeben von Gottfried Vollmer, 4 Vol., Mainz und Hamburg 1801–1805.

Kant, Immanuel: Physische Geographie. Auf Verlangen des Verfassers, aus seiner Handschrift herausgegeben und zum Theil bearbeitet von Friedrich Theodor Rink, 2 Vol., Königsberg 1802.

Kant, Immanuel: Sämtliche Werke, herausgegeben von Gustav Hartenstein, 8 Vol., Leipzig 1867–1868.

Kant, Immanuel: Vorlesungen über Physische Geographie (Kant's Vorlesungen, Vol. 3, 1), herausgegeben von Werner Stark, Berlin 2009.

Keppel, George: Personal Narrative of a Journey from India to England, by Bussorah, Bagdad, the Ruins of Babylon, Curdistan, the Court of Persia, the Western Shore of the Caspian Sea, Astrakhan, Nishney Novogorod, Moscow, and St. Petersburgh, in the Year 1824, 2 Vol., London 1827².

Ker Porter, Robert: A Narrative of the Campaign in Russia during the Year 1812, London 1814.

Ker Porter, Robert: Travels in Georgia, Persia, Armenia, Ancient Babylonia. During the Years 1817, 1818, 1819 and 1820, 2 Vol., London 1821 und 1822.

Kinneir, John Macdonald: A Geographical Memoir of the Persian Empire, London 1813.

Kinneir, John Macdonald: Journey through Asia Minor, Armenia and Koordistan, in the Years 1813 and 1814, with Remarks on the Marches of Alexander, and Retreat of the Ten Thousand, London 1818.

Klaproth, Julius: Mémoire dans lequel on prouve l'identité des Ossètes, peuple du Caucase, avec les Alains du Moyen Âge, Paris 1822.

Klaproth, Julius: Observations sur la carte de l'Asie, Paris 1822.

Klaproth, Julius: Asia polyglotta, Paris 1823.

Klaproth, Julius: Tableaux historiques de l'Asie. Depuis la monarchie de Cyrus jusqu'a nos jours, 4 Vol., Paris 1823.

Klaproth, Julius: Beleuchtung und Widerlegung der Forschungen über die Geschichte der mittelasiatischen Völker des Herrn J. J. Schmidt in Sankt Petersburg über die Geschichte der mittelasiatischen Völker, Paris 1824.

Klaproth, Julius: Mémoires relatifs à l'Asie. Contenant des recherches historiques, géographiques et philologiques sur les peuples de l'Orient, 2 Vol., Paris 1824 und 1826.

Klaproth, Julius: Mémoire sur l'identité du Thou Khiu et des Hioungnou avec les Turks, in: Journal Asiatique, Vol. 7 (1825), S. 257–268.

Klaproth, Julius: Sur l'origine des Huns, in: Ders., Mémoires relatifs à l'Asie. Contenant des recherches historiques, géographiques et philologiques sur les peuples de l'Orient, Vol. 2, Paris 1826, S. 372–378.

Lassen, Christian: Die Altpersischen Keil-Inschriften von Persepolis. Entzifferung des Alphabets und Erklärung des Inhalts nebst geographischen Untersuchungen über die Lage der Herodoteischen Satrapien-Verzeichnisse und in einer Inschrift erwähnten Altpersischen Völker, Bonn 1836.

Lehmann, Johann Georg: Darstellung einer neuen Theorie der Bezeichnung der schiefen Flächen im Grundriß oder der Situationszeichnung der Berge, Leipzig 1799.

Link, Heinrich Friedrich: Die Urwelt und das Alterthum. Erläutert durch die Naturkunde, 2 Vol., Berlin 1821 und 1822.

Long, George: On the Site of Susa, in: The Journal of the Royal Geographical Society of London, Vol. 3 (1833), S. 257–267.

Ludolf, Hiob: Historia Aethiopica. Sive brevis & succincta descriptio regni Habessionorum. Quod vulgò malè Presbyteri Iohannis vocatur, Frankfurt am Main 1681.

Malcolm, John: The History of Persia, from the Most Early Period to the Present Time. Containing an Account of the Religion, Government, Usages and Character of the Inhabitants of that Kingdom, 2 Vol., London 1829.

Mannert, Konrad: Geographie der Griechen und Römer. Aus ihren Schriften dargestellt, 14 Vol., Nürnberg 1788–1825.

Meyen, Fanz Julius Ferdinand: Grundriss der Pflanzengeographie mit ausführlichen Untersuchungen über das Vaterland, den Anbau und den Nutzen der vorzüglichsten Culturpflanzen, welche den Wohlstand der Völker begründen, Berlin 1836.

Mignan, Robert: Some Account of the Ruins of Ahwuz, with Notes by Captain Robert Taylor, Resident at Bussorah, in: Transactions of the Royal Asiatic Society of Great Britain and Ireland, Vol. 2 (1830), S. 203–212.

Morier, James: A Journey through Persia, Armenia, and Asia Minor to Constantinople. In the Years 1808, Boston 1806.

Morier, James: A Second Journey through Persia, Armenia, and Asia Minor to Constantinople. Between the Years 1810 and 1816, London 1818.

Morier, James: The Adventures of Hajji Baba of Ispahan, 3 Vol., London 1824.

Niebuhr, Carsten: Reisebeschreibung nach Arabien und andern umliegenden Ländern, 2 Vol., Kopenhagen 1774 und 1778.

Olivier, Guillaume-Antoine: Reise durch das Türkische Reich, Egypten und Persien. Während der ersten sechs Jahre der französischen Republik oder von 1792–1798, 3 Vol., Weimar 1802–1808.

Orlich, Leopold: Reise in Ostindien. In Briefen an Alexander von Humboldt und Carl Ritter, 2 Vol., Leipzig 1845[2].

Ouseley, William: Travels in Various Countries in the East, More Particularly Persia, 3 Vol., London 1819–1823.

Parrot, Friedrich: Reise zum Ararat, 2 Vol., Berlin 1834.

Poncet, Charles: Relation abrégée du voyage que M. Charles Poncet fit en Éthiopie en 1698, 1699 et 1700, Paris 1704.

Poncet, Charles: Rélation du voyage en Ethiopie, in: Lettres édifiantes et curieuses, Vol. 4 (Recueil, 1705), S. 1–195.

Pottinger, Henry: Travels in Beloochistan and Sinde. Accompanied by a Geographical and Historical Account of those Countries, with a Map, London 1816.

Prinsep, Henry Thoby: Origin of the Sikh Power in the Punjab, and Political Life of Muha-Raja Runjeet Singh. With an Account of the Present Condition, Religion, Laws and Customs of the Sikhs, Calcutta 1834.

Rauwolff, Leonhart: Aigentliche beschreibung der Raiß. so er vor diser zeit gegen Auffgang inn die Morgenländer. fürnemlich Syriam, Iudaeam, Arabiam, Mesopotamiam, Babyloniam, Assyriam, Armeniam [...], 2 Vol., Laugingen 1582 und 1583.

Rawlinson, Henry Creswicke: Notes on a March from Zoháb, at the Foot of Zagros, along the Mountains to Khuzistan (Susiana), and from thence through the Province of Luristan to Kirmanshah, in the Year 1836, in: Journal of the Royal Geographical Society, Vol. 9 (1839), S. 26–116.

Rennell, James: The Geographical System of Herodotus, examined; and explained, by a Comparison with those of Other Ancient Authors and with Modern Geography, London 1800.

Rennell, James: Illustrations of the History of the Expedition of Cyrus, from Sardis to Babylonia; and the Retreat of the Ten Thousand Greeks, from thence to Trebisonde, and Lydia, London 1816.

Rennell, James: The Geographical System of Herodotus, examined; and explained, by a Comparison with those of Other Ancient Authors and with Modern Geography, 2 Vol., London 1830[2].

Rich, Claudius James: Memoir on the Ruins of Babylon, London 1818.

Rich, Claudius James: Second Memoir on Babylon: Containing an Inquiry into the Correspondence between the Ancient Descriptions of Babylon and the Remains still Visible on the Site. Suggested by the „Remarks" of Major Rennel [sic] Published in the Archaeologia, London 1818.

Rich, Claudius James: Narrative of a Residence in Koordistan, and on the Site of Ancient Nineveh; with Journal of a Voyage Down the Tigris to Bagdad and an Account of a Visit to Shirauz and Persepolis, 2 Vol., London 1836.

Rich, Claudius James: Narrative of a Journey to the Site of Babylon in 1811, London 1839.

Richter, Carl Friedrich: Historisch-kritischer Versuch über die Arsaciden- und Sassaniden-Dynastie. Nach den Berichten der Perser, Griechen, und Römer bearbeitet, Leipzig 1804.

Rüppell, Eduard: Reise in Nubien, Kordofan und dem peträischen Arabien, Frankfurt am Main 1829.

Saint-Martin, Antoine-Jean: Mémoires historiques et géographiques sur l'Arménie, 2 Vol., Paris 1818 und 1819.

Salt, Henry: A Voyage to Abyssinia, and Travels to the Interior of that Country. Executed under the Orders of the British Government, in the Years 1809 and 1810, London 1814.

Southgate, Horatio: Narrative of a Tour through Armenia, Kurdistan, Persia and Mesopotamia. With Observations on the Condition of Mohammedanism and Christianity in those Countries, 2 Vol., London 1840.

Sprengel, Kurt: Geschichte der Botanik. Neu bearbeitet, 2 Vol., Altenburg und Leipzig 1817 und 1818.

Sprengel, Matthias Christian: Geschichte der Europäer in Nordamerika bis 1688, Leipzig 1782.

Varenius, Bernhardus: Geographia generalis. In qua affectiones affinis materiae, ex variis autoris collecta et in ordinem redacta, Amsterdam 1650.

Wellsted, James Raymond: Travels to the City of the Caliphs, along the Shores of the Persian Gulf and the Mediterranean, 2 Vol., London 1840.

Zeune, Johann August: Gea. Versuch einer wissenschaftlichen Erdbeschreibung, Berlin 1808.

Zimmermann, Carl: Geographische Analyse der Karte von Inner-Asien. Erstes Heft zum Atlas von Vorder-Asien zur Allgemeinen Erdkunde von Carl Ritter. Erste Lieferung, Berlin 1841.

Carl Ritters Werke

Ritter, Carl: Europa. Ein geographisch-historisch-statistisches Gemählde, 2 Vol., Frankfurt am Main 1804 und 1807.

Ritter, Carl: Einige Bemerkungen über den methodischen Unterricht in der Geographie, in: Zeitschrift für Pädagogik, Erziehungs- und Schulwesen, Vol. 2, 7 (1806), S. 198–218.

Ritter, Carl: Die Erdkunde im Verhältniß zur Natur und zur Geschichte des Menschen, oder allgemeine, vergleichende Geographie, als sichere Grundlage des Studiums und Unterrichts in physikalischen und historischen Wissenschaften, 2 Vol., Berlin 1817 und 1818.

Ritter, Carl: Die Vorhalle Europäischer Völkergeschichten vor Herodotus, um den Kaukasus und an den Gestaden des Pontus. Eine Abhandlung zur Alterthumskunde, Berlin 1820.

Ritter, Carl: Die Erdkunde im Verhältniß zur Natur und zur Geschichte des Menschen, oder allgemeine, vergleichende Geographie, als sichere Grundlage des Studiums und Unterrichts in physikalischen und historischen Wissenschaften, 19 Vol., Berlin 1822–1859[2].

Ritter, Carl: Ueber Alexander des Großen Feldzug am Indischen Kaukasus, in: Philologische und historische Abhandlungen der Königlichen Akademie der Wissenschaften zu Berlin, Vol. 10, Berlin 1832, S. 137–174.

Ritter, Carl: Über die geographische Verbreitung der Baumwolle und ihr Verhältniss zur Industrie der Völker alter und neuer Zeit, Berlin 1852.

Ritter, Carl: Einleitung zu dem Versuche einer allgemeinen vergleichenden Erdkunde, in: Ders., Einleitung zur allgemeinen vergleichenden Geographie. Und Abhandlungen zur Begründung einer mehr wissenschaftlichen Behandlung der Erdkunde, Berlin 1852, S. 2–62.

Ritter, Carl: Allgemeine Bemerkungen über die festen Formen der Erdrinde, in: Ders., Einleitung zur allgemeinen vergleichenden Geographie. Und Abhandlungen zur Begründung einer mehr wissenschaftlichen Behandlung der Erdkunde, Berlin 1852, S. 63–99.

Ritter, Carl: Ueber geographische Stellung und horizontale Ausbreitung der Erdtheile, in: Ders., Einleitung zur allgemeinen vergleichenden Geographie. Und Abhandlungen zur Begründung einer mehr wissenschaftlichen Behandlung der Erdkunde, Berlin 1852, S. 103–128.

Ritter, Carl: Ueber das historische Element in der geographischen Wissenschaft, in: Ders., Einleitung zur allgemeinen vergleichenden Geographie. Und Abhandlungen zur Begründung einer mehr wissenschaftlichen Behandlung der Erdkunde, Berlin 1852, S. 152–181.

Ritter, Carl: Der tellurische Zusammenhang der Natur und der Geschichte in den Produktionen der drei Naturreiche, oder: Ueber eine geographische Produktenkunde, in: Ders., Einleitung zur allgemeinen vergleichenden Geographie. Und Abhandlungen zur Begründung einer mehr wissenschaftlichen Behandlung der Erdkunde, Berlin 1852, S. 183–205.

Ritter, Carl: Ueber räumliche Anordnungen auf der Außenseite des Erdballs und ihre Functionen im Entwicklungsgange der Geschichten, in: Ders., Einleitung zur allgemeinen vergleichenden Geographie. Und Abhandlungen zur Begründung einer mehr wissenschaftlichen Behandlung der Erdkunde, Berlin 1852, S. 206–246.

Ritter, Carl: Geschichte der Erdkunde und der Entdeckungen. Vorlesungen an der Universität zu Berlin gehalten, herausgegeben von Hermann Adalbert Daniel, Berlin 1861.

Ritter, Carl: Verzeichnis der Bibliothek und Kartensammlung (Katalog zur Versteigerung der Bibliothek in Weigels Auktions-Local zu Leipzig), Leipzig 1861.

Ritter, Carl: Allgemeine Erdkunde. Vorlesungen an der Universität zu Berlin gehalten, herausgegeben von Hermann Adalbert Daniel, Berlin 1862.

Ritter, Carl: Europa. Vorlesungen an der Universität zu Berlin gehalten, herausgegeben von Hermann Adalbert Daniel, Berlin 1863.

Ritter, Carl: Comparative Geography. By Carl Ritter, late Professor of Geography in the University of Berlin, übersetzt von William L. Gage, Philadelphia 1865.

Ritter, Carl: The Comparative Geography of Palestine and the Sinaitic Peninsula. Translated and Adapted to the Use of Biblical Students by William Leonard Gage, 4 Vol., New York 1866–1870.

Karten und Atlanten

d'Anville, Jean-Baptiste Bourguignon: Afrique, Paris 1749.

Arrowsmith, Aaron: Africa, London 1802.

Berghaus, Heinrich: Physikalischer Atlas. Oder Sammlung von Karten, auf denen die hauptsächlichen Erscheinungen der anorganischen und organischen Natur nach ihrer geographischen Verbreitung und Vertheilung bildlich dargestellt sind, Gotha 1838–1848.

Browne, William: Map of the Route of the Soudan Caravan. From Assiut to Darfur, London 1799.

Bruce, James: Chart of the Arabian Gulf. With its Egyptian, Ethiopian and Arabian Coasts, from Suez to Bab el Mandeb, a Journey through Abyssinia to Gondar, London 1790.

Burnes, Alexander: Central Asia. Comprising Bokhara, Cabool, Persia, The River Indus, & Countries Eastward of it, London 1834.

Cailliaud, Frédéric: Carte générale de l'Égypte et de la Nubie, Paris 1827.

Hase, Johann Matthias: Africa, Nürnberg 1737.

Klaproth, Heinrich Julius: Carte de l'Asie Centrale, Paris 1828.

Ludolf, Hiob: Habessinia seu Abassia, Amsterdam 1683.

Pottinger, Henry: A Map of Beloochistan & Sinde, Bloomsbury 1814.

Reinecke, Johann Christoph: Charte von Africa, Weimar 1804.

Reinecke, Johann Christoph: Charte von Africa, Weimar 1812[3].

Rennell, James: A Map Shewing the Progress of Discovery & Improvement in the Geography of North Africa, London 1798.

Ritter, Carl: Sechs Karten von Europa. Mit erklärendem Texte darstellend, Schnepfenthal 1806.

Ritter, Carl/O'Etzel, Franz August (Hrsgg.): Hand-Atlas von Afrika, in 14 Blättern zu Ritter's allgemeiner Erdkunde, drei Hefte, Berlin 1825–1831.

Ritter, Carl/O'Etzel, Franz August (Hrsgg.): Atlas von Asien, zu C. Ritter's allgemeiner Erdkunde, vier Lieferungen, Berlin 1833–1854.

Ritter, Carl/O'Etzel, Franz August (Hrsgg.): Atlas von Vorder-Asien zur Allgemeinen Erdkunde von Carl Ritter, sechs Hefte, Berlin 1841–1851.

Rüppell, Eduard: Karte von Kordufan und Nubien. Nach eigenen astronomischen Beobachtungen entworfen, Frankfurt am Main 1825/1829.

Salt, Henry: Map of Abyssinia and the Adjacent Districts, London 1814.

Ziegler, Jakob Melchior: Karte über die geographische Verbreitung des Kameels nach einer Handzeichnung von Carl Ritter. Reducirt und vermehrt mit der geographischen Verbreitung der Dattelpalme, Berlin 1847.

Ziegler, Jakob Melchior: Geographischer Atlas über alle Theile der Erde, Winterthur 1862–1854[2].

Forschungsliteratur

Aufsätze und Monographien

Abetekov, A./Yusupov, H.: Ancient Iranian Nomads in Western Central Asia, in: János Harmatta (Hrsg.), History of Civilizations of Central Asia, Vol. 2, Paris 1994, S. 24–34.

Allinger-Csollich, Wilfried: Birs Nimrud I. Die Baukörper der Ziqqurat von Borsippa, ein Vorbericht, in: Baghdader Mitteilungen, Vol. 22 (1991), S. 383–499.

Axworthy, Michael: Iran. Weltreich des Geistes. Von Zoroaster bis heute, Berlin 2014[3].

Baberowski, Jörg: Afghanistan als Objekt britischer und russischer Fremdherrschaft im 19. Jahrhundert, in: Bernhard Chiari (Hrsg.), Wegweiser zur Geschichte. Afghanistan, Paderborn u. a. 2009[3], S. 27–35.

Bauer, Konrad: Hiob Ludolf. Der Begründer der äthiopischen Sprachwisschaft und des äthiopischen Buchdrucks, Frankfurt am Main 1937.

Baum, Wilhelm: Josef von Hammer-Purgstall. Ein österreichischer Pionier der Orientalistik, in: Österreich in Geschichte und Literatur, Vol. 46 (2002), S. 224–239.

Beck, Hanno: Moritz Wagner in der Geschichte der Geographie, Marburg 1951.

Beck, Hanno: Moritz Wagner als Geograph, in: Erdkunde, Vol. 8, 2 (1953), S. 125–128.

Beck, Hanno: Carl-Ritter-Forschungen, in: Erdkunde, Vol. 10, 3 (1956), S. 227–233.

Beck, Hanno: Alexander von Humboldt, 2 Vol., Wiesbaden 1959 und 1961.

Beck, Hanno: Die Ritterforschung Karl Simons, in: Die Erde, Vol. 90, 2 (1959), S. 241–250.

Beck, Hanno: Beiträge zur Kenntnis der Literatur über Carl Ritter, in: Die Erde, Vol. 90, 2 (1959), S. 251–253.

Beck, Hanno: Gespräche Alexander von Humboldts, Berlin 1959.

Beck, Hanno: Zeichnungen von Carl Ritter, in: Die Erde, Vol. 90, 2 (1959), S. 240–242.

Beck, Hanno: Große Reisende. Entdecker und Erforscher unserer Welt, München 1971.

Beck, Hanno: Geographie. Europäische Entwicklung in Texten und Erläuterungen, Freiburg und München 1973.

Beck, Hanno: Carl Ritter. Genius der Geographie, Berlin 1979.

Beck, Hanno: Carl Ritter und Alexander v. Humboldt – eine Polarität, in: Karl Lenz (Hrsg.), Carl Ritter – Geltung und Deutung. Beiträge des Symposiums anläßlich der Wiederkehr des 200. Geburtstages von Carl Ritter. November 1979 in Berlin, Berlin 1981, S. 93–100.

Beck, Hanno: Carl Ritter als Geograph, in: Karl Lenz (Hrsg.), Carl Ritter – Geltung und Deutung. Beiträge des Symposiums anläßlich der Wiederkehr des 200. Geburtstages von Carl Ritter. November 1979 in Berlin, Berlin 1981, S. 13–24.

Beck, Hanno: Große Geographen. Pioniere – Außenseiter – Gelehrte, Berlin 1982.

Bernhardt, Peter/Breuste, Jürgen: Schrifttum über Carl Ritter (Geographisches Jahrbuch, Vol. 66), Gotha 1983.

Bhabha, Homi K.: The Location of Culture, New York 1994.

Birkenhauer, Josef: Traditionslinien und Denkfiguren. Zur Ideengeschichte der sogenannten Klassischen Geographie in Deutschland, Stuttgart 2001.

Bittel, Kurt: Orden Pour le Mérite für Wissenschaft und Künste. Die Mitglieder des Ordens, 3 Vol., Berlin und Gerlingen 1975–1994.

Bitterling, Richard: Carl Ritter zum Gedächtnis an seinem 150. Geburtstage: 7. August 1929 (Sonderabdruck aus: Geographischer Anzeiger, Vol. 30), Gotha 1929.

Black, Jeremy: Maps and History. Constructing Images of the Past, New Haven und London 1997.

Bopp, Franz: Vergleichende Grammatik des Sanskrit, Send, Armenischen, Griechischen, Lateinischen, Litauischen, Altslavischen, Gothischen und Deutschen, Berlin 1833.

Brett, Michael/Fentress, Elizabeth: The Berbers. The Peoples of Africa, Oxford 1997.

Büttner, Manfred: Wandlungen im geographischen Denken von Aristoteles bis Kant. Dargestellt an ausgewählten Beispielen, Paderborn u. a. 1979.

Büttner, Manfred: Zu Ritters Konzeption der Geographiegeschichte und aus ihr sich ergebende Anregungen für gegenwärtige Forschungen, in: Ders., Carl Ritter. Zur europäisch-amerikanischen Geographie an der Wende vom 18. zum 19. Jahrhundert, Paderborn 1980, S. 111–144.

Büttner, Manfred (Hrsg.): Carl Ritter. Zur europäisch-amerikanischen Geographie an der Wende vom 18. zum 19. Jahrhundert, Paderborn 1980.

Büttner, Manfred/Hoheisel, Karl: Carl Ritter, in: Manfred Büttner (Hrsg.), Carl Ritter. Zur europäisch–amerikanischen Geographie an der Wende vom 18. zum 19. Jahrhundert, Paderborn 1980, S. 85–110.

Büttner, Manfred: Zu Beziehungen zwischen Geographie, Theologie und Philosophie im Denken Carl Ritters, in: Karl Lenz (Hrsg.), Carl Ritter – Geltung und Deutung. Beiträge des Symposiums anläßlich der Wiederkehr des 200. Geburtstages von Carl Ritter. November 1979 in Berlin, Berlin 1981, S. 75–92.

Burleigh, Nina: Mirage. Napoleon's Scientists and the Unveiling of Egypt, New York 2008.

Buttmann, Günther: Friedrich Ratzel. Leben und Werk eines deutschen Geographen 1844–1904, Stuttgart 1977.

Cameron, George: The Monuments of King Darius at Bisitun, in: Archaeology, Vol. 13 (1960), S. 162–171.

Campbell, Anthony: The Assassins of Alamut, o. O. 2008.

Christ, Karl: Geschichte der Römischen Kaiserzeit. Von Augustus bis zu Konstantin, München 2005[5].

Clark, Robert: Herder. His Life and Thought, Los Angeles 1955.

Clot, André: Harun al-Raschid. Kalif von Bagdad, München und Zürich 1988.

Deutsch, Ernst: Das Verhältniß C. Ritters zu Pestalozzi und seinen Jüngern, Leipzig 1893.

Dickinson, Robert: The Makers of Modern Geography, New York 1969.

Dörries, Hans: Carl Ritter und die Entwicklung der Geographie in heutiger Beurteilung, in: Die Naturwissenschaften, Vol. 32 (1929), S. 627–631.

Edzard, Dietz Otto: Geschichte Mesopotamiens. Von den Sumerern bis zu Alexander dem Großen, München 2009².

Eich, Armin: Die Römische Kaiserzeit. Die Legionen und das Imperium, München 2014.

Eid, Volker: Im Land des Ararat. Völker und Kulturen im Osten Anatoliens, Darmstadt 2006.

Elfenbein, Josef: A Periplous of the 'Brahui Problem', in: Studia Iranica, Vol. 16 (1987), S. 215–233.

Engel, Josef: Die deutschen Universitäten und die Geschichtswissenschaft, in: Theodor Schieder (Hrsg.), Hundert Jahre Historische Zeitschrift. 1859–1959. Beiträge zur Geschichte der Historiographie in den deutschsprachigen Ländern, München 1959, S. 223–378.

Engelmann, Gerhard: Carl Ritters „Sechs Karten von Europa", in: Erdkunde, Vol. 20 (1966), S. 104–110.

Engelmann, Gerhard: Carl Ritter und Heinrich Pestalozzi, in: Karl Lenz (Hrsg.), Carl Ritter – Geltung und Deutung. Beiträge des Symposiums anläßlich der Wiederkehr des 200. Geburtstages von Carl Ritter. November 1979 in Berlin, Berlin 1981, S. 101–114.

Enoki, K./Koshelenko, G. A./Haidary, Z.: The Yüeh-Chih and their Migrations, in: János Harmatta (Hrsg.), History of Civilizations of Central Asia, Vol. 2, Paris 1994, S. 165–183.

Gage, William Leonard: Geographical Studies. By the Late Professor Carl Ritter of Berlin, New York 1863.

Gage, William Leonard: The Life of Carl Ritter. Late Professor of Geography in the University of Berlin, New York 1867.

Gheiby, Bijan: Zarathustras Feuer. Eine Kulturgeschichte des Zoroastrismus, Darmstadt 2014.

Glas, Toni: Valerian. Kaisertum und Reformansätze in der Krisenphase des Römischen Reiches, Paderborn 2014.

Golzio, Karl-Heinz: Geschichte Afghanistans. Von der Antike bis zur Gegenwart, Berlin 2010.

Grafton, Anthony: The Footnote. A Curious History, Cambridge (MA) 1999.

Grewal, Jagtar Singh: The Sikhs of the Punjab, Cambridge 1998².

Grondin, Jean: Immanuel Kant, Hamburg 2013⁵.

Großens, Peter: Carl Ritter und die Weltliteratur. Zur Frühgeschichte des ‚spatial turn', in: Michael Eggers (Hrsg.), Von Ähnlichkeiten und Unterschieden. Vergleich, Analogie und Klassifikation in Wissenschaft und Literatur (18./19. Jahrhundert), Heidelberg 2011, S. 91–120.

Grundmann, Johannes: Die geographischen und völkerkundlichen Quellen und Anschauungen in Herders „Ideen zur Geschichte der Menschheit", Berlin 1900.

Guthe, Hermann: Lehrbuch der Geographie. Für die mittleren und oberen Classen höherer Bildungsanstalten sowie zum Selbstunterricht, Hannover 1868.

Guyot, Arnold: The Earth and Man. Lectures on Comparative Physical Geography, in its Relation to the History of Mankind, Boston 1849.

Guyot, Arnold: Carl Ritter. An Address to the American Geographical and Statistical Society, in: Journal of the American Geographical and Statistical Society, Vol. 2, 1 (1860), S. 25–63.

Haarmann, Ulrich/Halm, Heinz (Hrsgg.): Geschichte der arabischen Welt. München 2004⁵.

Halm, Heinz: Kalifen und Assassinen. Ägypten und der vordere Orient zur Zeit der ersten Kreuzzüge 1074–1171, München 2014.

Harding, Leonhard: Geschichte Afrikas im 19. und 20. Jahrhundert, München 2013³.

Harley, John/Woodward, David (Hrsgg.): The History of Cartography, Vol. 1, Chicago und London 1987.

Harmatta, János (Hrsg.): History of Civilizations of Central Asia, Vol. 2, Paris 1994.

Hasan, Shaikh Khurshid: Historical Forts in Pakistan, Islamabad 2005.

Hehn, Victor: Kulturpflanzen und Hausthiere in ihrem Übergang aus Asien nach Griechenland und Italien sowie in das übrige Europa, Berlin 1902⁷.

Heise, Jens: Johann Gottfried Herder, Hamburg 2006².

354

Henze, Dietmar: Afrika im Spiegel von Carl Ritters „Erdkunde", in: Karl Lenz (Hrsg.), Carl Ritter – Geltung und Deutung. Beiträge des Symposiums anläßlich der Wiederkehr des 200. Geburtstages von Carl Ritter. November 1979 in Berlin, Berlin 1981, S. 155–163.

Herrmann, Georgina: The Sasanian Rock Reliefs at Bishapur, 3 Vol., Berlin 1980 und 1983.

Herzog, Christoph: Osmanische Herrschaft und Modernisierung im Irak. Die Provinz Bagdad, 1817–1917, Bamberg 2012.

Hettner, Alfred: Die Entwicklung der Geographie im 19. Jahrhundert, in: Geographische Zeitschrift, Vol. 4, 6 (1889), S. 305–320.

Hözel, Emil: Das geographische Individuum bei Karl Ritter und seine Bedeutung für den Begriff des Naturgebietes und der Naturgrenze, in: Geographische Zeitschrift, Vol. 2 (1896), S. 378–396 sowie S. 433–444.

Hoffmann, Wilhelm: Die Erdkunde im Lichte des Reiches Gottes, in: Deutsche Zeitschrift für christliche Wissenschaft und christliches Leben, Neue Folge, Vol. 3 (1860), S. 17–21 und Vol. 4 (1860), S. 25–27.

Hofmann, Tessa: Annäherung an Armenien. Geschichte und Gegenwart, München 2006[2].

Hoheisel, Karl: Immanuel Kant und die Konzeption der Geographie am Ende des 18. Jahrhunderts, in: Manfred Büttner (Hrsg.), Wandlungen im geographischen Denken von Aristoteles bis Kant. Dargestellt an ausgewählten Beispielen, Paderborn u. a. 1979, S. 263–275.

Hoheisel, Karl: Kant – Herder – Ritter, in: Manfred Büttner (Hrsg.), Carl Ritter. Zur europäisch-amerikanischen Geographie an der Wende vom 18. zum 19. Jahrhundert, Paderborn 1980, S. 65–81.

Hopkirk, Peter: The Great Game. On Secret Service in High Asia, London 2006.

Hornig, Karin: Obelisken unterwegs: Untersuchungen zu einem wiederkehrenden Kulturphänomen, in: Renate Schlesier/Ulrike Zellmann (Hrsgg.), Mobility and Travel in the Mediterranean from Antiquity to the Middle Ages, Münster 2004, S. 37–71.

Howse, Derek: Greenwich Time and the Discovery of the Longitude, Oxford 1980.

Hübner, Jürgen: Beziehungen zwischen Theologie und Naturwissenschaften vom 17. bis zum 19. Jahrhundert, in: Manfred Büttner (Hrsg.), Carl Ritter. Zur europäisch-amerikanischen Geographie an der Wende vom 18. zum 19. Jahrhundert, Paderborn 1980, S. 13–26.

Imhof, Eduard: Ein Besuch Carl Ritters bei Jakob Melchior Ziegler in Winterthur, in: Geographica Helvetica, Vol. 19, 3 (1964), S. 186–192.

Ishjamats, N.: Nomads in Eastern Central Asia, in: János Harmatta (Hrsg.), History of Civilizations of Central Asia, Vol. 2, Paris 1994, S. 146–164.

Keay, John: The Honourable Company. A History of the English East India Company, New York 1994.

Kemper, Herwart: Die Natur als Schule: Salzmanns Konzept einer Öffnung von Schule und Unterricht, in: Herwart Kemper/Ulrich Seidelmann (Hrsgg.), Menschenbild und Bildungsverständnis bei Christian Gotthilf Salzmann, Weinheim 1995, S. 48–63.

Kipling, Rudyard: The Man Who Would be King, in: Ders., The Phantom 'Rickshaw & Other Eerie Tales, London 1888, S. 66–104.

Kipling, Rudyard: Kim, New York 1901.

Kirchhoff, Alfred: Humboldt, Ritter und Peschel, die drei Hauptlenker der neueren Erdkunde, in: Deutsche Revue, Vol. 2, 2 (1878), S. 32–37.

Kirsten, Ernst: C. Ritters „Vorhalle europäischer Völkergeschichten", in: Die Erde, Vol. 90, 2 (1959), S. 167–183.

Köseoglu, Caner: Das Mogulreich. Entstehung und Zerfall, München 2013.

Koner, Wilhelm: Reisebriefe Carl Ritter's, in: Zeitschrift für Allgemeine Erdkunde, Vol. 13 (1862), S. 304–341.

Krämer, Walter (Hrsg.): Entdeckung und Erforschung der Erde. Mit einem ABC der Entdecker und Forscher, Leipzig 1971.

Kramer, Gustav: Carl Ritter. Ein Lebensbild nach seinem handschriftlichen Nachlaß, 2 Vol., Halle 1864 und 1870.

Kramer, Gustav: Carl Ritter. Ein Lebensbild nach seinem handschriftlichen Nachlaß, 2 Vol., Halle 1875[2].

Kreiser, Klaus: Der Osmanische Staat. 1300–1922, München 2008[2].

Kretschmer, Ingrid: Der Einfluß Carl Ritters auf die Atlaskartographie des 19. Jahrhunderts, in: Karl Lenz (Hrsg.), Carl Ritter – Geltung und Deutung. Beiträge des Symposiums anläßlich der Wiederkehr des 200. Geburtstages von Carl Ritter. November 1979 in Berlin, Berlin 1981, S. 165–189.

Kuhoff, Wolfgang: Diokletian und die Epoche der Tetrarchie. Das römische Reich zwischen Krisenbewältigung und Neuaufbau (284–313 n. Chr.), Frankfurt am Main 2001.

Kulke, Hermann: Indische Geschichte bis 1750, München 2005.

Kupčík, Ivan: Alte Landkarten. Von der Antike bis zum Ende des 19. Jahrhunderts. Ein Handbuch zur Geschichte der Kartographie, Stuttgart 2011.

Lachmann, Rainer: Die Religions-Pädagogik Christian Gotthilf Salzmanns. Ein Beitrag zur Religionspädagogik der Aufklärung und Gegenwart, Jena 2005.

Lafont, Jean-Marie: Maharaja Ranjit Singh. Lord of the Five Rivers, Oxford 2003[2].

Laissus, Yves: Jomard. Le dernier égyptien. 1777–1862, Paris 2004.

Lane Fox, Robin: Introduction, in: Ders., The Long March. Xenophon and the Ten Thousand, New Haven und London 2004.

Lane Fox, Robin: Alexander der Grosse. Eroberer der Welt, Stuttgart 2005[4].

Lehmann, Edgar: Carl Ritters kartographische Leistung, in: Die Erde, Vol. 90, 2 (1959), S. 185–222.

Lehmann, Edgar: Carl Ritters Vermächtnis, in: Hans Richter (Hrsg.), Carl Ritter. Werk und Wirkung. Beiträge eines Symposiums im 200. Geburtsjahr des Gelehrten, Gotha 1983, S. 15–43.

Lehmann, Paul: Herder in seiner Bedeutung für die Geographie, Berlin 1883.

Lenz, Karl: Carl Ritter – Geltung und Deutung. Beiträge des Symposiums anläßlich der Wiederkehr des 200. Geburtstages von Carl Ritter. November 1979, Berlin 1981.

Linke, Max: Ritters Leben und Werk. Ein Leben für die Geographie, Halle 2000.

Livingstone, David: The Geographical Tradition. Episodes in the History of a Contested Enterprise, Oxford 2008.

Loschge, Fritz: Conrad Mannert. Leben und Wirken eines Nürnberger Gelehrten in Franken und Altbayern (1756 bis 1834), Erlangen 1970.

Madelung, Wilfred: The Succession to Muhammad. A Study of the Early Caliphate, Cambridge 1997.

Marsh, George Perkins: Man and Nature. Or Physical Geography as Modified by Human Action, London 1864.

Marthe, Friedrich: Festvortrag zum Andenken an Carl Ritter, in: Verhandlungen der Gesellschaft für Erdkunde zu Berlin, Vol. 6 (1879), S. 285–295.

Marthe, Friedrich: Was bedeutet Carl Ritter für die Geographie?, in: Zeitschrift der Gesellschaft für Erdkunde zu Berlin, Vol. 14 (1879), S. 374–400.

Matuz, Josef: Das Osmanische Reich. Grundlinien seiner Geschichte, Darmstadt 2012[7].

May, Joseph: Kant's Concept of Geography and its Relation to recent geographical Thought, Toronto 1970.

Mayrhofer, Manfred: Indogermanistik. Über Darstellungen und Einführungen von den Anfängen bis in die Gegenwart, Wien 2009.

McLynn, Frank: Hearts of Darkness. The European Exploration of Africa, London u. a. 1992.

Millar, Fergus: The Roman Near East. 31 BC – AD 337, Cambridge (MA) und London 1993.

Mirus, Hans/Possner, C.: Einflüsse Carl Ritters auf die Schulgeographie, in: Hans Richter (Hrsg.), Carl Ritter. Werk und Wirkung. Beiträge eines Symposiums im 200. Geburtsjahr des Gelehrten, Gotha 1983, S. 185–195.

Müller, Alice: Carl Ritter. Eine Auswahl von Reisetagebüchern und Briefen, Quedlinburg 1959.

Müller, Klaus: Carl Ritter und die kulturhistorische Völkerkunde, in: Paideuma: Mitteilungen zur Kulturkunde, Vol. 11 (1965), S. 24–57.

Nisbet, Barry: Herder and the Philosophy and History of Science, Cambridge 1979.

Nissen, Hans: Geschichte Alt-Vorderasiens, München 2012[2].

Osterhammel, Jürgen: Die Entzauberung Asiens. Europa und die asiatischen Reiche im 18. Jahrhundert, München 2010.

356

Osterhammel, Jürgen: Die Verwandlung der Welt. Eine Geschichte des 19. Jahrhunderts, München 2011 (Sonderausgabe).

Päßler, Ulrich (Hrsg.): Alexander von Humboldt. Carl Ritter. Briefwechsel, Berlin 2010.

Parzinger, Hermann: Die Skythen, München 2010³.

Parzinger, Hermann: Die frühen Völker Eurasiens. Vom Neolithikum zum Mittelalter, München 2011².

Perthes, Bernhard: Justus Perthes in Gotha. 1785–1885, München und Gotha 1885.

Perthes, Justus (Hrsg.): Bericht zu Stieler's Hand-Atlas. Über alle Theile der Erde nach dem neuesten Zustande und über das Weltgebäude. Nebst ausführlichen Erläuterungen einzelner Karten desselben, Gotha 1837² (enthält das Vorwort der ersten Auflage).

Peschel, Oscar: Das Leben Carl Ritters, in: Das Ausland, Vol. 38, 5 (1865), S. 97–104.

Peschel, Oscar: Geschichte der Erdkunde bis auf A. v. Humboldt und Carl Ritter, München 1865.

Peschel, Oscar: Die Erdkunde als Unterrichtsgegenstand, in: Deutsche Vierteljahrsschrift, Vol. 31, 2 (1868), S. 103–131.

Peschel, Oscar: Abhandlungen zur Erd- und Völkerkunde, 3 Vol., Leipzig 1877–1879.

Pfeiffer, Stefan: Herrscher- und Dynastiekulte im Ptolemäerreich. Systematik und Einordnung der Kulturformen, München 2008.

Plewe, Ernst: Untersuchungen über den Begriff der „vergleichenden Erdkunde" und seine Anwendung in der neueren Geographie (Zeitschrift der Gesellschaft für Erdkunde zu Berlin, Ergänzungsheft Vol. 4), Berlin 1932.

Plewe, Ernst: Randbemerkungen zur geographischen Methodik, in: Geographische Zeitschrift, Vol. 41 (1935), S. 226–237.

Plewe, Ernst: Carl Ritter. Hinweise und Versuche zu einer Deutung seiner Entwicklung, in: Die Erde, Vol. 90, 2 (1959), S. 98–166.

Plewe, Ernst: Carl Ritters Stellung in der Geographie, in: Erich Otremba/Hans-Günter Gierloff-Emden (Hrsgg.), Deutscher Geographentag Berlin. 20. bis 25. Mai 1959. Tagungsbericht und wissenschaftliche Abhandlungen, Wiesbaden 1960, S. 59–68.

Plewe, Ernst (Hrsg.): Die Carl Ritter Bibliothek, Wiesbaden 1978.

Plewe, Ernst: Carl Ritter. Von der Kompendien- zur Problemgeographie, in: Karl Lenz (Hrsg.), Carl Ritter – Geltung und Deutung. Beiträge des Symposiums anläßlich der Wiederkehr des 200. Geburtstages von Carl Ritter. November 1979 in Berlin, Berlin 1981, S. 37–53.

Plott, Adalbert: Bibliographie der Schriften Carl Ritters, in: Die Erde, Vol. 94 (1963), S. 13–36.

Pourshariati, Parvaneh: Decline and Fall of the Sasanian Empire. The Sasanian-Parthian Confederacy and the Arab Conquest of Iran, New York 2008.

Preuß, Helmut: Johann August Zeune in seiner Bedeutung für die Geographie, Halle 1950.

Puri, B. N.: The Sakas and Indo-Parthians, in: János Harmatta (Hrsg.), History of Civilizations of Central Asia, Vol. 2, Paris 1994, S. 184–201.

Ratzel, Friedrich: Anthropogeographie. Die geographische Verbreitung des Menschen, 2 Vol., Stuttgart 1882–1891.

Ratzel, Friedrich: Völkerkunde, 3 Vol., Leipzig 1885–1888.

Rau, Susanne: Räume. Konzepte, Wahrenehmungen, Nutzungen, Frankfurt am Main 2013.

Reclus, Jacques Élisée: Nouvelle Géographie Universelle. La Terre et les Hommes, 19 Vol., Paris 1875–1894.

Reinhard, Wolfgang: Geschichte der europäischen Expansion, 4 Vol., Stuttgart u. a. 1983–1990.

Reinhard, Wolfgang: Die Unterwerfung der Welt. Globalgeschichte der europäischen Expansion 1415–2015, München 2016³.

Richter, Hans: Carl Ritter. Werk und Wirkungen. Beiträge eines Symposiums im 200. Geburtsjahr des Gelehrten, Gotha 1983.

Richter, Heinz: GutsMuths' Bedeutung für die Schulgeographie und sein Einfluß auf Carl Ritter, in: Hans Richter (Hrsg.), Carl Ritter. Werk und Wirkung. Beiträge eines Symposiums im 200. Geburtsjahr des Gelehrten, Gotha 1983, S. 85–88.

Richter, Otto: Der teleologische Zug im Denken Carl Ritters, Leipzig 1905.

Robinson, Arthur: Early Thematic Mapping. In the History of Cartography, Chicago und London 1982.

Roller, Duane: Ancient Geography. The Discovery of the World in Classical Greece and Rome, London und New York 2015.

Rüegg, Walter: Geschichte der Universität in Europa, 4 Vol., München 1993–2010.

Rührdanz, Karin: Das alte Bagdad. Hauptstadt der Kalifen, Leipzig u. a. 1991².

Sandler, Christian: Die Homannschen Erben (1724–1852) und ihre Landkarten. Das Leben und Wirken von Johann Georg Ebersperger (1695–1760) und Johann Michael Franz (1700–1761). Ein Handbuch, Bad Langensalza 2006.

Sarnowsky, Jürgen: Die Erkundung der Welt. Die großen Entdeckungen von Marco Polo bis Humboldt, München 2016².

Schach, Andreas: Carl Ritter (1779–1859). Naturphilosophie und Geographie. Erkenntnistheoretische Überlegungen und mögliche heutige Implikationen, Münster 1996.

Schetter, Conrad: Die Anfänge Afghanistans, in: Bernhard Chiari (Hrsg.), Wegweiser zur Geschichte. Afghanistan, Paderborn u. a. 2009³, S. 19–25.

Schlicht, Alfred: Geschichte der arabischen Welt, Stuttgart 2013.

Schlögel, Karl: Im Raume lesen wir die Zeit. Über Zivilisationsgeschichte und Geopolitik, München 2003.

Schmid, Hansjörg: Der Tempelturm Etemenanki in Babylon, Mainz 1995.

Schmitthenner, Heinrich: Studien über Carl Ritter (Frankfurter Geographische Hefte, Vol. 25, 4), Frankfurt 1951.

Schmitthenner, Heinrich: Die Allgemeine Erdkunde Carl Ritters und dessen Stellung zur geographia generalis (Münchner Geographische Hefte, Vol. 4), München 1954.

Schmitthenner, Heinrich: Zum Problem der Allgemeinen Geographie und der Länderkunde, Regensburg 1954.

Schmitthenner, Heinrich: Die Entstehung der Geomorphologie als geographische Disziplin (1869–1905), in: Petermanns Geographische Mitteilungen, Vol. 100, 4 (1956), S. 257–268.

Schnädelbach, Herbert: Georg Friedrich Wilhelm Hegel, Hamburg 2011⁴.

Schneider, Ute: Die Macht der Karten. Eine Geschichte der Kartographie vom Mittelalter bis heute, Darmstadt 2004.

Schröder, Iris: Carl Ritters Berliner Studien zur Universalgeographie und zur Geschichte, in: Wolfgang Hardtwig/Philipp Müller (Hrsgg.), Die Vergangenheit der Weltgeschichte. Universalhistorisches Denken in Berlin. 1800–1933, Göttingen 2010, S. 123–140.

Schröder, Iris: Das Wissen von der ganzen Welt. Globale Geographien und räumliche Ordnungen Afrikas und Europas 1790–1870, Paderborn u. a. 2011.

Schröder, Willi: Johann Christoph Friedrich GutsMuths. Leben und Wirken des Schnepfenthaler Pädagogen, Sankt Augustin 1996.

Schultz, Hans-Dietrich: Carl Ritter – Ein Gründer ohne Gründerleistung?, in: Karl Lenz (Hrsg.), Carl Ritter – Geltung und Deutung. Beiträge des Symposiums anläßlich der Wiederkehr des 200. Geburtstages von Carl Ritter. November 1979 in Berlin, Berlin 1981, S. 55–74.

Schulz, Heinz: Bemerkungen zur Weltanschauung Carl Ritters, in: Hans Richter (Hrsg.), Carl Ritter. Werk und Wirkung. Werk und Wirkungen. Beiträge eines Symposiums im 200. Geburtsjahr des Gelehrten, Gotha 1983, S. 45–56.

Schulze, Bruno: Charakter und Entwicklung der Länderkunde Karl Ritters, Halle 1902.

Schwarz, Gabriele: Johann Gottfried von Herder und Karl Ritter, eine geistesgeschichtliche Parallele, in: Otto Flachsbart u. a. (Hrsgg.), Jahrbuch der Technischen Hochschule Hannover, Jg. 1952, S. 149–159.

Sergent, Bernard: Les Indo-Européens. Histoire, langues, mythes, Paris 2005.

Shafer, Byron u. a.: Temples of Ancient Egypt, London 2005.

Shinnie, Peter: Meroe. A Civilization of the Sudan, London 1967.

Smidt, Wolbert: Schwarze Königreiche von der Antike bis zur kolonialen Unterwerfung, in: Bernhard Chiari (Hrsg.), Wegweiser zur Geschichte. Sudan, Paderborn u. a. 2008, S. 17–25.

Sölken, Heinz: Über die Herkunft des Wortes „Zucker", in: Zeitschrift für die Zuckerindustrie, Vol. 9 (1959), S. 462–465.

Stach, Reinhard: Die Erziehung zum Menschen als zentrales Thema in Salzmanns „erzählender" Pädagogik, in: Herwart Kemper/Ulrich Seidelmann (Hrsg.), Menschenbild und Bildungsverständnis bei Christian Gotthilf Salzmann, Weinheim 1995, S. 31–47.

Stark, Werner: Immanuel Kant's Lectures on Physical Geography. A Brief Outline of its Origin, Transmission and Development: 1754–1805, in: Stuart Elden/Eduardo Mendieta (Hrsgg.), Reading Kant's Geography, Albany 2011, S. 69–86.

Steinmetzler, Johannes: Die Anthropogeographie Friedrich Ratzels und ihre ideengeschichtlichen Wurzeln, Bonn 1956.

Stern, Philip: The Company State. Corporate Sovereignty and the Early Modern Foundations of the British Empire in India, Oxford 2011.

Steward, Jules: On Afghanistan's Plains. The Story of Britain's Afghan Wars, London 2011.

Strohmeier, Martin/Yalçın-Heckmann, Lale: Die Kurden. Geschichte, Politik, Kultur, München 2000.

Stukenberg, Marla: Die Sikhs. Religion, Geschichte, Politik, München 1995.

Tarn, William: The Greeks in Bactria & India, Cambridge 1951.

Thiel, Wolfgang: Die Pompeius-Säule in Alexandria und die Vier-Säulen-Monumente Ägyptens. Überlegungen zur tetrarchischen Repräsentationskultur in Nordafrika, in: Dieter Boschung/Werner Eck (Hrsg.), Die Tetrarchie. Ein neues Regierungssystem und seine mediale Präsentation, Wiesbaden 2006, S. 249–322.

Thomson, Mark: Studies in the Historia Augusta, Brüssel 2012.

Updegraff, Robert: The Blemmyes I: The Rise of the Blemmyes and the Roman Withdrawal from Nubia under Diocletian, in: Hildgard Temporini (Hrsg.), Aufstieg und Niedergang der römischen Welt, Vol. 2, 10, 1 (Politische Geschichte. Provinzen und Randvölker: Afrika mit Ägypten), Berlin und New York 1988, S. 44–106.

Walravens, Hartmut: Zur Geschichte der Ostasienwissenschaften in Europa. Abel Rémusat (1788–1832) und das Umfeld Julius Klaproths (1783–1835), Wiesbaden 1999.

Wappäus, Johann Eduard: Carl Ritter. Ein Lebensbild nach seinem handschriftlichen Nachlaß, in: Göttingische gelehrte Anzeigen, Jg. 1876, 1, S. 417–432.

Wappäus, Johann Eduard: Carl Ritter's Briefwechsel mit Johann Friedrich Ludwig Hausmann, Leipzig 1879.

Welsby, Derek: The Medieval Kingdoms of Nubia. Pagans, Christians and Muslims along the Middle Nile, London 2002.

Wiemer, Hans-Ulrich: Quellenkritik, historische Geographie und immanente Teleologie in Johann Gustav Droysens „Geschichte Alexanders des Großen", in: Stefan Rebenich/Hans-Ulrich Wiemer (Hrsgg.), Johann Gustav Droysen. Philosophie und Politik – Historie und Philologie, Frankfurt und New York 2012, S. 95–157.

Wiemer, Hans-Ulrich: Alexander der Große, München 2015[2].

Wiesehöfer, Josef: Das antike Persien. Von 550 v. Chr. bis 650 n. Chr., Düsseldorf und Zürich 1998.

Wilkinson, Richard: Die Welt der Tempel im alten Ägypten, Darmstadt 2005.

Windisch, Ernst: Geschichte der Sanskrit-Philologie und indischen Altertumskunde, 2 Vol., Strassburg 1917 und 1920.

Wisotzki, Emil: Zeitströmungen in der Geographie, Leipzig 1897.

Wolzogen, Christoph von: Zur Geschichte des Dietrich Reimer Verlages. 1845–1985, Berlin 1986.

Wozniak, Thomas: Quedlinburg. Kleine Stadtgeschichte, Regensburg 2014.

Wünsche, Alwin: Die geschichtliche Bewegung und ihre geographische Bedingtheit bei Carl Ritter und seinen hervorragendsten Vorgängern in der Anthropo-Geographie, Leipzig 1899.

Zadneprovskiy, Y. A.: The Nomads of Northern Central Asia after the Invasion of Alexander, in: János Harmatta (Hrsg.), History of Civilizations of Central Asia, Vol. 2, Paris 1994, S. 448–463.

Zögner, Lothar: Carl Ritter in seiner Zeit. 1779–1859, Berlin 1979.

Zohary, Daniel: Domestication of Plants in the Old World. The Origin and Spread of Domesticated Plants in South-West Asia, Europe, and the Mediterranean Basin, Oxford 2012⁴.

Lexika

Ágoston, Gábor/Masters, Bruce (Hrsgg.): Encyclopedia of the Ottoman Empire, New York 2009.

Atiya, Aziz (Hrsg.): The Coptic Encyclopedia, 8 Vol., New York 1991.

Bard, Kathryn (Hrsg.): Encyclopedia of the Archaeology of Ancient Egypt, London und New York 2014.

Bearman, Peri u. a. (Hrsgg.): Encyclopaedia of Islam. New Edition, 12 Vol., Leiden 1960–2009.

Bosworth, Edmund (Hrsg.): Historic Cities of the Islamic World, Leiden und Boston 2007.

Dumper, Michael/Stanley, Bruce (Hrsgg.): Cities of the Middle East and North Africa. A Historical Encyclopedia, Santa Barbara u. a. 2007.

Helck, Wolfgang u. a. (Hrsgg.): Lexikon der Ägyptologie, 7 Vol., Wiesbaden 1975–1992.

Henze, Dietmar: Enzyklopädie der Entdecker und Erforscher der Erde, 6 Vol., Darmstadt 2011.

Hornblower, Simon (Hrsg.): The Oxford Classical Dictionary, Oxford 2003³.

Jankuhn, Herbert (Hrsg.): Reallexikon der Germanischen Altertumskunde, 36 Vol., Berlin 1973–2008.

Kafadar, Cemal (Hrsg.): Historians of the Ottoman Empire. Online Edition, Chicago seit 2003.

Klötzer, Wolfgang (Hrsg.): Frankfurter Biographie. Personengeschichtliches Lexikon, 2 Vol., Frankfurt am Main 1994 und 1996.

McEvedy, Colin: Cities of the Classical World. An Atlas and Gazetteer of 120 Centres of Ancient Civilization, London 2011.

Meyers, Eric (Hrsg.): The Oxford Encyclopedia of Archaeology in the Near East, 5 Vol., New York 1997.

Millar, James (Hrsg.): Encyclopaedia Britannica. Or a Dictionary of Arts, Sciences, and Miscellaneous Literature, 20 Vol., Edinburgh 1817⁵.

Scott Meisami, Julie/Starkey, Paul (Hrsgg.): The Routledge Encyclopedia of Arabic Literature, London 2010.

Tietze, Wolf (Hrsg.): Westermann Lexikon der Geographie, 5 Vol., Braunschweig 1968–1972.

Yarshater, Ehsan (Hrsg.): Encyclopaedia Iranica. Online Edition, New York seit 1996.

IX ABBILDUNGSNACHWEISE

Online-Kartenverzeichnis abrufbar unter: http://www.reimer-mann-verlag.de/pdfs/101599_2.pdf

Frontispiz: „Carl Ritter".
wikimedia.org, https://upload.wikimedia.org/wikipedia/commons/f/f8/Carl_Ritter_Litho.jpg, letzter Zugriff: 29.11.2017.

Titelblatt der „Erdkunde von Asien".
im eigenen Besitz

Ritter, Carl/O'Etzel, Franz August (Hrsgg.): Hand-Atlas von Afrika, „Karte von Afrika", Berlin 1825–1831.
UCT Libraries Digital Collections, http://www.digitalcollections.lib.uct.ac.za/collection/islandora-19659, letzter Zugriff: 20.11.2017.

D'Anville, Jean-Baptiste Bourguignon: Afrique, Paris 1749.
David Rumsey Map Collection, https://www.davidrumsey.com/luna/servlet/s/py7g00, letzter Zugriff: 2.12.2017.

Reinecke, Johann Christoph: Charte von Africa, Weimar 1812[3].
Bibliothèque nationale de France, http://catalogue.bnf.fr/ark:/12148/cb40675166c, letzter Zugriff: 2.12.2017.

Burnes, Alexander: Central Asia. Comprising Bokhara, Cabool, Persia, the River Indus, & Countries Eastward of it, London 1834.
David Rumsey Map Collection, https://www.davidrumsey.com/luna/servlet/s/eja7j5, letzter Zugriff: 2.12.2017.

Ritter, Carl/O'Etzel, Franz August (Hrsgg.): Atlas von Asien, dritte Lieferung, „Übersichts-Karte von Iran oder West-Hochasien", Berlin 1852.
Universitäts- und Landesbibliothek Münster, Sign.: RK Haxt 555, https://sammlungen.ulb.uni-muenster.de/hd/content/titleinfo/2659740 (urn:nbn:de:hbz:6:1-114470), letzter Zugriff: 1.12.2017.

Triumphrelief Schapurs bei Bischapur.
Foto: Peter Schmutterer, April 2017.

Ritter, Carl: Sechs Karten von Europa, „Oberfläche von Europa als ein Bas-Relief dargestellt", Schnepfenthal 1806.
Universitätsbibliothek Erlangen-Nürnberg, Sign. H61/GGR.C 79.

Ritter, Carl: Sechs Karten von Europa, „Tafel der Gebirgshöhen von Europa", Schnepfenthal 1806.
Universitätsbibliothek Erlangen-Nürnberg, Sign. H61/GGR.C 79.

Bruce, James: Chart of the Arabian Gulf. With its Egyptian, Ethiopian and Arabian Coasts, London 1790.
Geographicus Rare Antique Maps, https://www.geographicus.com/P/AntiqueMap/EgyptAbyssiniaRed-Sea2-bruce-1790, letzter Zugriff: 3.12.2017.

Browne, William: Map of the Route of the Soudan Caravan. From Assiut to Darfur, London 1799.
Bibliothèque nationale de France, http://catalogue.bnf.fr/ark:/12148/cb407077547, letzter Zugriff: 2.12.2017.

Rennell, James: A Map Shewing the Progress of Discovery & Improvement in the Geography of North Africa, London 1798.
Library of Congress, https://lccn.loc.gov/2009583841, letzter Zugriff: 24.11.2017.

Arrowsmith, Aaron: Africa, London 1802.
David Rumsey Map Collection, https://www.davidrumsey.com/luna/servlet/s/o50c36, letzter Zugriff: 2.12.2017.

Ritter, Carl/O'Etzel, Franz August (Hrsgg.): Hand-Atlas von Afrika, „Aethiopisches Hochland", Berlin 1825–1831.
Universitäts- und Landesbibliothek Münster, Sign.: RK Haxt 515, https://sammlungen.ulb.uni-muenster.de/hd/content/titleinfo/2655719, (urn:nbn:de:hbz:6:1-114005), letzter Zugriff: 1.12.2017.

Ritter, Carl/O'Etzel, Franz August (Hrsgg.): Atlas von Asien, dritte Lieferung, „Turan oder Türkistan", Berlin 1852.
Universitäts- und Landesbibliothek Münster, Sign.: RK Haxt 554, https://sammlungen.ulb.uni-muenster.de/hd/content/titleinfo/2659744 (urn:nbn:de:hbz:6:1-114487), letzter Zugriff: 1.12.2017.

X REGISTER

STÄDTE UND LÄNDER